Handbuch der Gartenarbeit

Ein praktischer Leitfaden für die Gestaltung von Hausgärten und den Anbau von Blumen, Obst und Gemüse für den Heimgebrauch

LH Bailey

Writat

Diese Ausgabe erschien im Jahr 2023

ISBN: 9789359253893

Herausgegeben von
Writat
E-Mail: info@writat.com

Inhalt

ERLÄUTERUNG ....- 1 -

KAPITEL I DER STANDPUNKT ....- 3 -

KAPITEL II DER ALLGEMEINE PLAN ODER DIE THEORIE
DES ORTES ....- 8 -

KAPITEL III AUSFÜHRUNG EINIGER LANDSCHAFTSMERKMALE ....- 67 -

KAPITEL IV DER UMGANG MIT DEM LAND ....- 91 -

KAPITEL V DER UMGANG MIT DEN PFLANZEN ....- 119 -

KAPITEL VI SCHUTZ VON PFLANZEN VOR DINGEN, DIE IHNEN NACHFOLGEN ....- 188 -

KAPITEL VII DER WACHSTUM DER ZIERPFLANZEN – DIE PFLANZENKLASSEN UND LISTEN ....- 228 -

KAPITEL VIII DER WACHSTUM DER ZIERPFLANZEN – ANWEISUNGEN
ZU BESTIMMTEN ARTEN ....- 361 -

KAPITEL IX DER WACHSTUM DER FRUCHTPFLANZEN - ....- 422 -

KAPITEL X DER WACHSTUM DER GEMÜSEPFLANZEN - 467 -

KAPITEL XI SAISONALE ERINNERUNGEN ....- 523 -

ERLÄUTERUNG

Es war mein Wunsch, die beiden Bücher „Garden-Making“ und „Practical Garden-Book“ zu rekonstruieren; Aber da diese Bücher in ihrer jetzigen Form eine Anhängerschaft gefunden haben, schien es das Beste zu sein, sie so stehen zu lassen, wie sie sind, ihre Veröffentlichung fortzusetzen, solange die Nachfrage bestehen bleibt, und ein neues Werk über Gartenarbeit vorzubereiten. Dieses neue Werk biete ich jetzt als „Ein Handbuch der Gartenarbeit“ an. Es ist eine Kombination und Überarbeitung der Hauptteile der beiden anderen Bücher, zusammen mit viel neuem Material und den Ergebnissen der Erfahrung von zehn Jahren.

Ein Buch dieser Art kann nicht vollständig aus der eigenen Praxis stammen, es sei denn, es ist für eine sehr begrenzte und lokale Anwendung konzipiert. Viele der besten Vorschläge in einem solchen Buch kommen von Korrespondenten, Fragestellern und denen, die gerne über Gärten reden; und meine Situation war so, dass diese Mitteilungen ungehindert zu mir gelangten. Ich habe jedoch immer versucht, alle derartigen Vorschläge durch Erfahrung zu prüfen und sie mir zu eigen zu machen, bevor ich sie meinem Leser anbiete. Ich muss meine besondere Verpflichtung gegenüber den Personen zum Ausdruck bringen, die an der Erstellung der beiden anderen Bücher mitgewirkt haben und deren Beiträge in diesem Buch frei verwendet wurden: gegenüber CE Hunn, einem Gärtner mit langjähriger Erfahrung; Professor Ernest Walker, aufgewachsen als kommerzieller Florist; Professor LR Taft und Professor FA Waugh, bekannt für ihre Studien und Schriften zu Gartenbauthemen.

Bei der Erstellung dieses Buches habe ich stets an den Hausmann selbst und nicht an den professionellen Gärtner gedacht. Es ist von größter Bedeutung, dass wir viele Menschen mit dem Land verbinden; und ich bin davon überzeugt, dass das Interesse an der Gartenarbeit natürlich viele Wünsche ersetzen wird, die viel schwieriger zu befriedigen sind und außerhalb der Reichweite des durchschnittlichen Mannes oder der durchschnittlichen Frau liegen.

Ich hatte das Glück, in allen Teilen der Vereinigten Staaten Amateur- und kommerzielle Gartenarbeit gesehen zu haben, und ich habe versucht, etwas von dieser Allgemeingültigkeit in dem Buch zum Ausdruck zu bringen; Dennoch beziehen sich meine Erfahrungen, wie auch die meiner ursprünglichen Mitarbeiter, auf die nordöstlichen Staaten, und das Buch ist daher zwangsläufig auf dieser Region als Grundlage geschrieben. Ein Gartenbuch kann nicht in allen Teilen der Vereinigten Staaten und Kanadas in der Praxis angewendet werden, es sei denn, seine Anweisungen sind so allgemein, dass sie praktisch nutzlos sind. aber die Prinzipien und Standpunkte können eine breitere Anwendung finden. Obwohl ich versucht habe, nur die fundiertesten und geprüftesten Ratschläge zu geben, kann ich nicht hoffen, Fehlern und Mängeln entgangen zu sein, und ich werde meinem Leser dankbar sein, wenn er mich auf Fehler oder Mängel hinweist, die er möglicherweise entdeckt. Ich gehe davon aus, dass ich diese Informationen bei der Erstellung nachfolgender Ausgaben verwenden werde.

Natürlich kann sich ein Autor nicht für Fehler verantwortlich machen, die sein Leser erleiden könnte. Die Aussagen in einem Buch dieser Art haben den Charakter von Ratschlägen und können unter bestimmten Bedingungen zutreffen oder auch nicht, und der Erfolg oder Misserfolg ist größtenteils das Ergebnis des Urteilsvermögens und der Sorgfalt des Betreibers. Ich hoffe, dass kein Leser eines Gartenbuchs jemals auf die Idee kommen wird, dass das Lesen und Befolgen eines Buches ihn buchstäblich zum Gärtner machen wird. Er muss immer seine eigenen Risiken eingehen, und dies wird der erste Schritt in seinem persönlichen Fortschritt sein.

Ich sollte erklären, dass die botanische Nomenklatur dieses Buches die der „Cyclopedia of American Horticulture“ ist, sofern nicht anders angegeben. Eine Ausnahme bilden die „Handelsnamen“, die von Baumschulen und Saatguthändlern beim Verkauf ihrer Bestände verwendet werden.

Ich sollte den Grund für das Weglassen von Ligaturen und die Verwendung von Wörtern wie Pfingstrose, Spirea, Dracena, Cobea näher erläutern. Als technische lateinische Formelsammlungen müssen die Komposita natürlich beibehalten werden, wie in *Pæonia officinalis* , *Spiræa Thunbergi* , *Dracæna fragrans* , *Cobæa scandens* ; aber als anglisierte Wörter der allgemeinen Sprache ist es an der Zeit, dem Brauch der allgemeinen Literatur zu folgen, in der die Kombinationen æ und œ verschwunden sind. Diese Vereinfachung wurde in der „Cyclopedia of American Horticulture“ begonnen und in anderen Schriften fortgesetzt.

LH BAILEY.

ITHACA, NEW YORK,
20. Januar 1910.

KAPITEL I
DER STANDPUNKT

I. Das offene Zentrum.

Wo es Boden gibt, wachsen und produzieren Pflanzen ihrer Art, und alle Pflanzen sind interessant; Wenn jemand entscheidet, welche Pflanzen er an einem bestimmten Ort anbauen möchte, wird er Gärtner oder Bauer. und wenn die Bedingungen so sind, dass er keine Wahl treffen kann, kann er die Pflanzen, die dort von Natur aus wachsen, übernehmen und, indem er das Beste aus ihnen macht, in gewissem Maße immer noch ein Gärtner oder Bauer sein.

Daher kann jede Familie einen Garten haben. Wenn kein Fuß Land vorhanden ist, gibt es Veranden oder Fenster. Wo es Sonnenlicht gibt, können Pflanzen wachsen; und eine Pflanze in einer Blechdose kann für den einen ein hilfreicherer und inspirierenderer Garten sein als ein ganzer Hektar Rasen und Blumen für den anderen.

Die Zufriedenheit eines Gartens hängt weder von der Fläche noch glücklicherweise auch vom Preis oder der Seltenheit der Pflanzen ab. Es hängt vom Temperament der Person ab. Man muss zuerst versuchen, Pflanzen und Natur zu lieben und dann den glücklichen Seelenfrieden zu kultivieren, der sich mit wenig zufrieden gibt.

In den allermeisten Fällen wird ein Mensch glücklicher sein, wenn er keine starren und willkürlichen Vorstellungen hat, denn Gärten sind launisch, besonders bei Anfängern. Wenn Pflanzen wachsen und gedeihen, sollte er glücklich sein; Und wenn die Pflanzen, die gedeihen, zufällig nicht die sind, die er gepflanzt hat, sind sie dennoch Pflanzen, und die Natur gibt sich mit ihnen zufrieden.

Wir sind es gewohnt, die Dinge zu begehren, die wir nicht haben können; Aber wir sind glücklicher, wenn wir die Dinge lieben, die wachsen, weil sie wachsen müssen. Ein Fleck üppiger Schweinskrautpflanzen, die in üppiger Hingabe wachsen und sich drängen, kann ein besserer und würdigerer Gegenstand der Zuneigung sein als ein Beet mit Buntlippen, in denen jeder Funke Leben, Geist und Individualität herausgeschnitten und unterdrückt wurde. Der Mann, der sich morgens und abends Sorgen um den Löwenzahn im Rasen macht, wird große Erleichterung darin finden, den Löwenzahn zu lieben. Jede Blüte ist mehr wert als eine Goldmünze, denn sie glänzt im üppigen Sonnenlicht des wachsenden Frühlings und lockt die Insekten an ihre Brust. Kleine Kinder mögen den Löwenzahn: Warum auch nicht? Liebe die Dinge, die dir am nächsten sind; und intensiv lieben. Wenn ich ein Motto über das Tor eines Gartens schreiben würde, würde ich die Bemerkung wählen, die Sokrates gemacht haben soll, als er den Luxus auf dem Markt sah: „Wie viel gibt es auf der Welt, das ich nicht will!"

Ich glaube wirklich, dass dieser Absatz, den ich gerade geschrieben habe, mehr wert ist als alle Ratschläge, mit denen ich die folgenden Seiten vollstopfen möchte, ungeachtet der Tatsache, dass ich diese Ratschläge mit größter Sorgfalt von verschiedenen würdigen, aber glücklicherweise längst vergessenen Autoren erhalten habe. Glück ist eine Eigenschaft eines Menschen, nicht einer Pflanze oder eines Gartens; und die Vorfreude auf die Freude beim Schreiben eines Buches könnte der Grund dafür sein, dass so viele Bücher über Gartenbau geschrieben wurden. Natürlich waren alle diese Bücher gut und nützlich. Es wäre zumindest undankbar, wenn der Autor dieses Artikels etwas anderes sagen würde; Aber Bücher werden alt und die Ratschläge werden zu vertraut. Hin und wieder müssen die Sätze transponiert und die Reihenfolge der Kapitel variiert werden, sonst bleibt das Interesse zurück. Oder um es im Klartext zu sagen: In jedem Jahrzehnt, in der heutigen Zeit vieler Verlage, wird ein neuer Ratgeber zum Thema Handwerk benötigt. Es gab eine lange und würdige Prozession dieser Handbücher – Gardiner & Hepburn, M'Mahon, Cobbett – origineller, scharfsinniger, vielseitiger Cobbett! – Fessenden, Squibb, Bridgeman, Sayers, Buist und ein Dutzend mehr, jedes ein wenig reicher, weil die anderen geschrieben worden waren. Aber selbst die Tatsache, dass alle Bücher in Vergessenheit geraten, hält eine andere Hand nicht davon ab, ein weiteres Wagnis einzugehen.

Ich erwarte also, dass jeder, der dieses Buch liest, einen Garten anlegen wird oder versuchen wird, einen anzulegen; Wenn aber nur Unkraut wächst, wo Rosen erwünscht sind, muss ich den Leser daran erinnern, dass ich zu Beginn zu Schweinskraut geraten habe. Das Buch wird daher jedem gefallen – dem erfahrenen Gärtner, weil es eine Wiederholung dessen sein wird, was er bereits weiß; und der Anfänger, denn es eignet sich sowohl für einen Klettengarten als auch für einen Zwiebelgarten.

1. The ornamental burdock.

Was für ein Garten ist.

Ein Garten ist der persönliche Teil eines Anwesens, der Bereich, der am engsten mit dem Privatleben des Hauses verbunden ist. Ursprünglich war der Garten der Bereich innerhalb der Umzäunung oder der Befestigungslinien, im Unterschied zu den ungeschützten Bereichen oder Feldern, die dahinter lagen; und dieses letztere Gebiet war die besondere Domäne der Landwirtschaft. In diesem Buch wird der Garten als der Teil des persönlichen oder häuslichen Geländes verstanden, der der Zierde und dem Anbau von Gemüse und Obst gewidmet ist. Der Garten ist daher ein schlecht definiertes Grundstück; Aber der Leser darf nicht den Fehler machen, ihn nach Maßen zu definieren, denn man kann einen Garten in einem Blumentopf oder auf tausend Hektar haben. Mit anderen Worten: Dieses Buch erklärt, dass jedes Stück Land, das nicht für Gebäude, Spaziergänge, Zufahrten und Zäune genutzt wird, bepflanzt werden sollte. Was wir pflanzen werden – ob Rasen, Flieder, Disteln, Kohl, Birnen, Chrysanthemen oder Tomaten – darüber werden wir im weiteren Verlauf sprechen.

Die einzige Möglichkeit, Land vollkommen unproduktiv zu halten, besteht darin, es in Bewegung zu halten. In dem Moment, in dem der Besitzer es in Ruhe lässt, hat die Bepflanzung begonnen. In meinem eigenen Garten handelt es sich bei dieser ersten Pflanzung um Schweinskraut. Diesen könnten im nächsten Jahr Ambrosia folgen, dann Ampfer und Disteln, mit hier und da einem Anflug von Klee und Gras; und alles endet im Junigras und Löwenzahn.

Die Natur lässt nicht zu, dass das Land kahl und brach bleibt. Sogar die Ufer, an denen vor zwei oder drei Jahren Gips und Latten abgeladen wurden, sind jetzt üppig mit Kletten und Steinklee bewachsen; Und doch sagen Leute, die jeden Tag an diesen Mülldeponien vorbeikommen, dass sie in ihrem eigenen Garten nichts anbauen können, weil der Boden so arm ist! Ich gehe jedoch davon aus, dass dieselben Personen den Großteil des Schweinekrautsamens liefern, den ich in meinem Garten verwende.

Die Lehre ist, dass es keinen Boden gibt, auf dem ein Haus gebaut werden könnte, der so dürftig ist, dass darauf nicht etwas Wertvolles angebaut werden kann. Wenn Kletten wachsen, wächst etwas anderes; oder wenn sonst nichts wächst, dann sind mir Kletten lieber als Sand und Müll.

Die Klette ist eine der auffälligsten und dekorativsten Pflanzen, und ein gutes Stück davon an einem Gebäude oder auf einem rauen Ufer ist genauso nützlich wie viele Pflanzen, die Geld kosten und schwierig zu züchten sind. Ich hatte einen guten Klettenbüschel unter meinem Arbeitszimmerfenster, und das war ein großer Trost; aber der Mann wollte es beim Rasenmähen immer wieder abschneiden. Als ich protestierte, erklärte er, es sei nichts als Klette; Ich beharrte jedoch darauf, dass es sich dabei keineswegs um eine Klette handelte, sondern vielmehr um eine Lappa-Major-Klette, und seitdem genießen die Pflanze und ihre Nachkommen seinen größten Respekt. Und ich stelle fest, dass die meisten meiner Freunde ihre Wertschätzung für eine Pflanze zurückhalten, bis sie ihren Namen und ihre Familienzusammenhänge erfahren haben.

Die von mir erwähnte Mülldeponie hat eine Fläche von fast einhundertfünfzig Quadratmetern, und ich finde, dass dort in diesem Jahr über zweihundert gute Pflanzen der einen oder anderen Art gewachsen sind. Das ist mehr, als mein Gärtner auf gleicher Fläche geschafft hat, mit Mist und Wasser und einem Mann, der ihm hilft. Der Unterschied bestand darin, dass die Pflanzen auf der Mülldeponie wachsen wollten und die importierten Pflanzen im Garten nicht wachsen wollten. Es war der Unterschied zwischen einem willigen Pferd und einem widerspenstigen Pferd. Wenn jemand sein Können unter Beweis stellen möchte, kann er sich für die sperrige Pflanze entscheiden; aber wenn er Spaß und Trost bei der Gartenarbeit haben möchte, sollte er sich besser für den bereitwilligen entscheiden.

Ich konnte nie herausfinden, wann die Kletten und der Senf auf der Mülldeponie gepflanzt wurden; und ich bin sicher, dass sie nie gehackt oder bewässert wurden. Die Natur praktiziert eine wunderbar starre Wirtschaft. Fast die Hälfte des Sommers verweigerte sie den Pflanzen sogar den Regen, aber sie gediehen trotzdem; Dennoch blieb ich eines Sommers von einem Urlaub zu Hause, um zu verhindern, dass meine Pflanzen absterben. Inzwischen habe ich gelernt, dass die Pflanzen in meinen winterharten Rabatten für mich kein Trost sind, wenn sie sich eine Zeit lang nicht selbst versorgen können.

Die Freude am Gartenmachen liegt in der geistigen Einstellung und in den Gefühlen.

KAPITEL II
DER ALLGEMEINE PLAN ODER DIE THEORIE DES ORTES

Nachdem wir nun die wesentlichsten Elemente der Gartenarbeit besprochen haben, können wir uns auf kleinere Aspekte konzentrieren, beispielsweise auf die tatsächliche Art und Weise, wie ein zufriedenstellender Garten geplant und ausgeführt werden soll.

Im Großen und Ganzen wird ein Mensch aus einem Garten das bekommen, was er hineinlegt; Daher ist es von größter Bedeutung, dass zu Beginn eine klare Vorstellung von der Arbeit formuliert wird. Ich will damit nicht sagen, dass der Garten immer so werden wird, wie man es sich gewünscht hat; aber wenn es nicht richtig gelingt, liegt meist ein Fehler im ersten Plan oder eine Vernachlässigung bei der Ausführung vor.

Manchmal ist die Enttäuschung über einen Ziergarten das Ergebnis einer unklaren Vorstellung darüber, wofür ein Garten gedacht ist. Einer meiner Freunde war sehr enttäuscht, als er Anfang September in seinen Garten zurückkehrte und feststellte, dass er nicht mehr so voll und blühend war wie damals, als er ihn im Juli verließ. Er hatte nicht die einfache Lektion gelernt, dass selbst ein Blumengarten den natürlichen Verlauf der Jahreszeiten zeigen sollte. Wenn der Garten Ende August oder Anfang September beginnt, ausgefranste Stellen zu zeigen und zu verfallen, ist dies auf die gesamte umgebende Vegetation zurückzuführen. Das Jahr reift. Der Garten soll das Gefühl der verschiedenen Monate zum Ausdruck bringen. Die verfallenden Blätter und verwelkten Pflanzen sind daher zumindest bis zu einem gewissen Grad als die natürliche Ordnung und Bestimmung eines guten Gartens anzusehen.

Diese Eigenschaften kommen im Gemüsegarten gut zur Geltung. Im Frühling ist der Gemüsegarten ein Muster an Sauberkeit und Präzision. Die Reihen sind gerade. Es fehlen keine Pflanzen. Die Erde ist weich und frisch. Unkraut fehlt. Einer geht mit seinen Freunden in den Garten und macht Fotos davon. Ende Juni oder Anfang Juli beginnen die Pflanzen zu wuchern und ihre Form zu verlieren. Die Käfer haben einige davon mitgenommen. Die Reihen sind nicht mehr sauber und präzise. Die Erde ist heiß und trocken. Das Unkraut macht Fortschritte. Im August und September hat der Garten seine frühe Regelmäßigkeit und Frische verloren. Die Kamera wird zur Seite gelegt. Die Besucher lassen sich nicht hinreißen: Der Gärtner geht lieber alleine auf die Suche nach der Melone oder den Tomaten und geht wieder weg, sobald er sich sein Produkt gesichert hat. Tatsächlich erlebt der Garten nun sein regelmäßiges saisonales Wachstum. Es ist natürlich, dass es ausgefranst wird. Es ist nicht notwendig, dass Unkraut es besiegt; aber ich vermute, dass es ein sehr dürftiger und gewiss uninteressanter Garten wäre, wenn er zu der Zeit, in der er die Persönlichkeiten des Alters entwickeln sollte, das Kleid der Kindheit behalten würde.

Es gibt zwei Arten der Gartenarbeit im Freien, bei denen der Verlauf der Saison nicht eindeutig zum Ausdruck kommt: die Art der Teppichbepflanzung und die subtropische Art. Ich hoffe, dass mein Leser in diesen Angelegenheiten eine klare Unterscheidung treffen wird, denn das ist überaus wichtig. Bei der Teppichbeetgärtnerei handelt es sich um das Anlegen von Figurenbeeten aus Hauslauch, Achyranthes, Coleus und Sanitalia sowie anderen Arten, die in kompakten Massen angebaut und möglicherweise geschoren werden können, um sie an Ort und Stelle zu halten. Der Leser sieht diese Beete in einigen Parks und in Floristenbetrieben in Perfektion; Er wird sofort verstehen, dass sie in keiner Weise die Jahreszeit ausdrücken sollen, denn der Unterschied zwischen September und Juni besteht nur darin, dass sie im September möglicherweise perfekter sind. Die subtropische Gartenarbeit (Tafeln IV und V) ist das Pflanzen von selbst angebautem Material, um bestimmte Effekte zu erzielen, von Pflanzen wie Palmen, Dracenas, Crotons, Kaladien, Papyrus, zusammen mit so üppigen Dingen wie Dahlien und Cannas usw große Ziergräser und Rizinusbohnen; Diese Pflanzen sollen Wirkungen hervorrufen, die dem Ausdruck einer nördlichen Landschaft völlig fremd sind, und sie gedeihen gewöhnlich am schönsten und üppigsten, wenn sie von den Herbstfrösten überrollt werden.

Heutzutage verlässt sich der Hobbygärtner meist auf Pflanzen, die mehr oder weniger mit den Jahreszeiten kommen und gehen. Gewiss, er kompensiert und verlängert die Saison; Aber ein Garten mit Stiefmütterchen, Nelken, Stiefmütterchen, Rosen, Erbsen, Petunien, Ringelblumen, Salpiglossis, Süsssultan, Mohnblumen, Zinnien, Astern, Kosmos und dem Rest ist dennoch ein Garten, der sich im Laufe der Saison entwickelt; und wenn es sich um einen Garten mit Stauden handelt, drückt er die Jahreszeit noch vollständiger aus.

Mein Leser wird nun vielleicht darüber nachdenken, ob er seinen Gartenakzent beibehalten und sein natürliches Jahr vom Frühling zum Herbst verlängern möchte, oder ob er seinem Jahr das Gefühl einer anderen Vegetationsordnung verleihen möchte. Beides ist zulässig; aber der Gärtner sollte von Anfang an unterscheiden.

Ich möchte meinen Lesern auch sagen, dass der Garten auch in den Wintermonaten durchaus interessant bleiben kann. Ich frage mich manchmal, ob es überhaupt klug ist, die alten Gartenstämme im Herbst zu vollständig und zu glatt zu entfernen und dadurch für die Wintermonate alle Spuren davon zu verwischen; Wie dem auch sei, es gibt zwei Möglichkeiten, das Gartenjahr zu verlängern: durch das Pflanzen von Dingen, die im Herbst sehr spät blühen, und anderen, die im Frühling sehr früh blühen; durch die freie Verwendung von Büschen und Bäumen im Hintergrund, die interessante Wintercharaktere haben.

Der Plan des Geländes (siehe Tafel II).

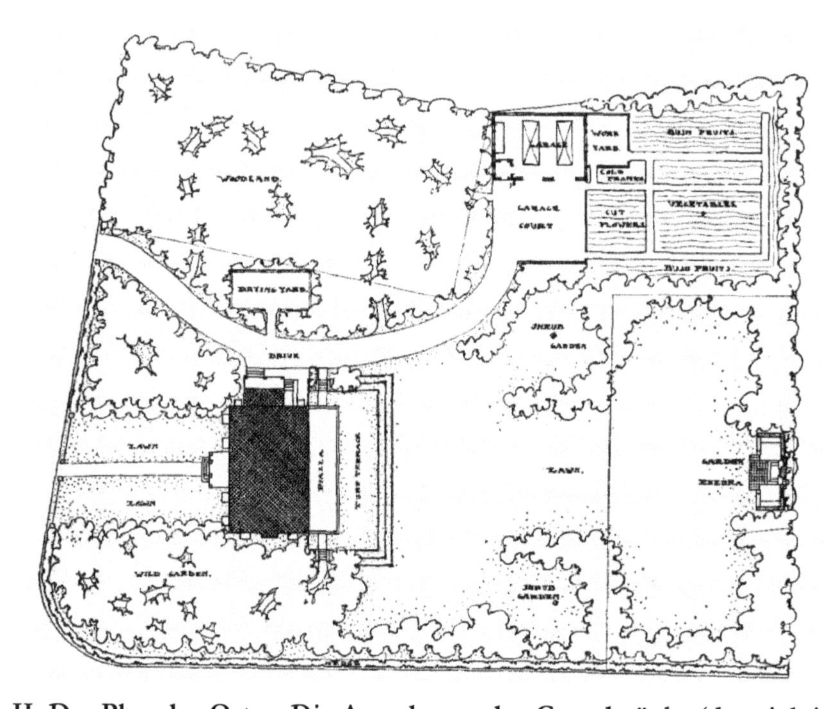

II. Der Plan des Ortes. Die Anordnung des Grundstücks (das sich in New York befindet) wird durch ein bestehendes Waldgebiet links oder südöstlich des Hauses und eine natürliche Öffnung südwestlich des Hauses bestimmt. Das Haus ist im Kolonialstil gehalten und die gesamte Einrichtung ist von beträchtlicher Einfachheit. Rechts und links des Eingangs wurden Wild- oder Waldgärten angelegt, wobei letztere bzw. Eingangsrasen in ihrer Gestaltung sehr einfach und schlicht gehalten sind. Auf der Rückseite des Hauses führt eine Rasenterrasse, die drei Stufen über dem allgemeinen Rasenniveau liegt, zu einem allgemeinen Rasen, der von einer kleinen Garten-Exedra oder einem Teehaus mit einem Brunnen in der Mitte abgeschlossen wird, und zu zwei Strauchgärten, die interessante und geschlossene Bereiche bilden Rasen. Der Stall und der Gemüsegarten liegen südlich des Hauses in einer natürlichen Waldöffnung. Der Entwurf wird von einem professionellen Landschaftsarchitekten erstellt.

Man kann bei der Bepflanzung und Entwicklung eines Heimgebiets keine Zufriedenheit erwarten, wenn man nicht eine klare Vorstellung davon hat, was zu tun ist. Dies folgt notwendigerweise, da die Freude, die jemand an einem Unternehmen hat, hauptsächlich von der Bestimmtheit seiner Ideale und seiner Fähigkeit, sie zu entwickeln, abhängt. Der Hausfrau sollte seinen Plan entwickeln, bevor er versucht, sein Zuhause zu entwickeln. Er muss die verschiedenen Unterteilungen studieren, damit die Räumlichkeiten alle seine Bedürfnisse erfüllen können. Er sollte die Lage der wichtigsten Merkmale des Ortes und die relative Bedeutung bestimmen, die den verschiedenen Teilen davon beigemessen werden muss, z. B. den Landschaftsteilen, den Zierflächen, dem Gemüsegarten und der Obstplantage.

Die Einzelheiten der Bepflanzung können teilweise im Zuge der Entwicklung des Ortes festgelegt werden; Lediglich die baulichen Gegebenheiten und Zwecke müssen bei den meisten kleinen Objekten im Vorfeld geklärt werden. Die zufälligen Änderungen, die von Zeit zu Zeit bei der Bepflanzung vorgenommen werden können, halten das Interesse am Leben und ermöglichen es dem Pflanzer, seinen Wunsch zu befriedigen, mit neuen Pflanzen und neuen Methoden zu experimentieren.

Es muss klar sein, dass ich hier von gewöhnlichen Hausgrundstücken spreche, die der Hausbesitzer selbst verbessern möchte. Wenn das Gebiet groß genug ist, um ausgeprägte Landschaftsmerkmale zu präsentieren, ist es immer am besten, einen Landschaftsarchitekten mit anerkannten Leistungen zu engagieren, ganz so, wie man auch einen Architekten engagieren würde. Die Details können jedoch auch dann vom Eigentümer ausgefüllt werden, wenn er dazu Lust hat, und dabei dem Plan des Landschaftsarchitekten folgen.

2. Diagram of a back yard.

Es ist wünschenswert, einen genauen (maßstabsgetreuen) Plan auf Papier für die Lage der wichtigsten Merkmale des Ortes zu haben. Diese Merkmale sind das Wohnhaus, die Nebengebäude, die Spaziergänge und Zufahrten, die Servicebereiche (als Kleiderhöfe), die Grenzbepflanzung, der Blumengarten, der Gemüsegarten und der Obstgarten. Es ist nicht zu erwarten, dass der Kartenplan in allen Einzelheiten befolgt werden kann, er dient jedoch als allgemeiner Leitfaden; und wenn es in ausreichend großem Maßstab angefertigt wird, können die verschiedenen Pflanzenarten an ihren richtigen Positionen lokalisiert und eine Aufzeichnung des Ortes geführt werden. Es ist sowohl für den Eigentümer als auch für den Planer fast immer unbefriedigend, wenn ein Plan des Ortes ohne eine persönliche Besichtigung des Geländes erstellt wird. Linien, die auf einer Karte gut aussehen, passen sich möglicherweise nicht ohne weiteres an die unterschiedlichen Konturen des Ortes selbst an, und die Lage der Merkmale innerhalb des Geländes hängt auch in sehr großem Maße von den Objekten ab, die außerhalb des Geländes liegen. Beispielsweise sollten alle interessanten und kühnen Ansichten in den Ort gebracht und alle unansehnlichen Objekte in der unmittelbaren Umgebung ausgepflanzt werden.

In Abb. 2 ist ein Plan eines Hinterhofs eines schmalen Stadtgrundstücks dargestellt, der die üppige Bepflanzung mit Bäumen und Sträuchern sowie die umlaufende Blumeneinfassung zeigt. Vorne stehen zwei große Bäume, die gerne Schatten spenden. Aus diesem Plan lässt sich leicht erkennen, wie groß die Fläche für Blumen wird, wenn sie entlang einer so verschlungenen Grenze platziert werden. Durch eine solche Anordnung der Blumen kann ein größerer Farbeffekt erzielt werden, als wenn die gesamte Fläche als Blumenbeet bepflanzt würde.

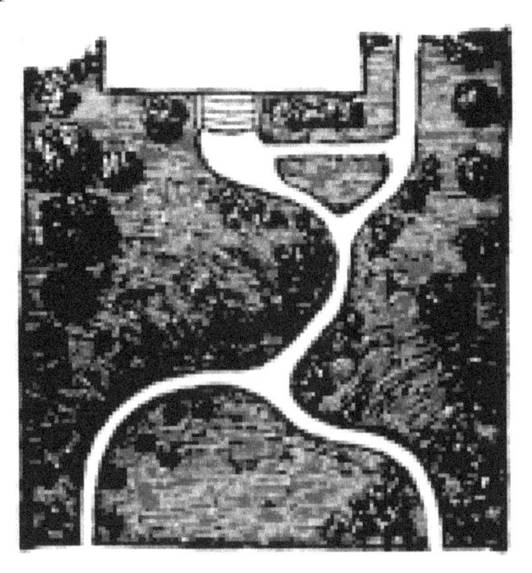

3. Plan of a rough area.

Ein Höhenlinienplan eines sehr rauen Geländestücks ist in Abb. 3 dargestellt. Die Seiten des Ortes sind hoch und es ist notwendig, einen Spaziergang durch den mittleren Bereich durchzuführen; und auf beiden Seiten der Vorderseite verläuft es an den Ufern entlang. Ein solcher Plan sieht auf dem Papier meist unansehnlich aus, kann aber dennoch für besondere Fälle sehr gut passen. Der Plan wird hier eingefügt, um zu veranschaulichen, dass ein Plan, der vor Ort funktioniert, nicht unbedingt auf einer Karte funktioniert.

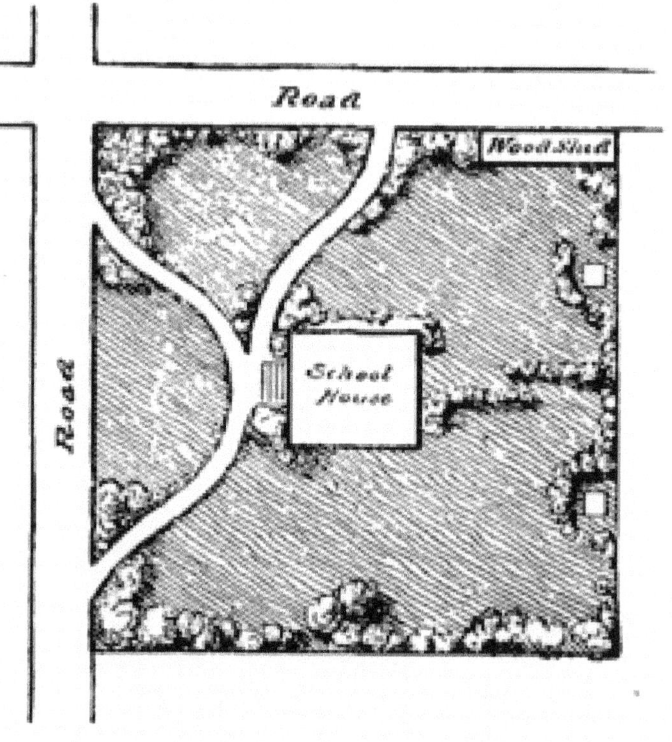

4. Suggestion for a school-ground on a four-corners.

Bei der Kartierung eines Ortes ist es wichtig, die Punkte zu lokalisieren, von denen aus die Spaziergänge beginnen und an denen sie das Gelände verlassen sollen. Diese beiden Punkte werden dann durch direkte und einfache Kurven verbunden ; und entlang der Wege, insbesondere in Winkeln oder kräftigen Kurven, können Bepflanzungen eingefügt werden.

Ein Vorschlag für ein viereckiges Schulgelände, das die Schüler aus drei Richtungen betreten, ist in Abb. 4 dargestellt. Die beiden Spielplätze sind durch eine unterbrochene Buschgruppe getrennt, die sich vom Gebäude bis zur hinteren Begrenzung erstreckt; aber im Allgemeinen bleiben die Räume offen und die dichten Grenzmassen kleiden den Ort und machen ihn heimelig. Die lineare Ausdehnung der Gruppenränder ist erstaunlich groß, und auf Wunsch können an allen Rändern Blumen gepflanzt werden.

Wenn zwischen einem Schulhaus und dem Zaun nur 1,80 m Abstand sind, ist immer noch Platz für einen Strauchrand. Diese Grenze sollte zwischen dem Gehweg und dem Zaun liegen – genau an der Grenze – und nicht zwischen dem Gehweg und dem Gebäude, denn im letzteren Fall teilt die

Bepflanzung das Gelände und schwächt die Wirkung. Ein Raum von zwei Fuß Breite erlaubt eine unregelmäßige Wand aus Büschen, wenn hohe Gebäude das Licht nicht abschneiden; und wenn die Fläche 30 Meter lang ist, können dreißig bis fünfzig Arten von Sträuchern und Blumen perfekt gezüchtet werden, und das Schulgelände wird für die Plantage praktisch nicht kleiner sein.

Man kann einen Ortsplan erst erstellen, wenn man weiß, was man mit dem Grundstück machen möchte; und deshalb können wir den Rest dieses Kapitels der Entwicklung der Idee in der Gestaltung des Geländes widmen und nicht den Details der Kartenerstellung und Bepflanzung.

Da ich in diesem Buch von der freien Behandlung von Gartenräumen spreche, darf nicht daraus geschlossen werden, dass eine Reflexion auf den „formellen" Garten abzielt. Es gibt viele Orte, an denen der formale oder „Architektengarten" sehr zu wünschen übrig lässt; aber jeder dieser Fälle sollte ganz für sich behandelt und zu einem Teil der architektonischen Umgebung des Ortes gemacht werden. Diese Fragen liegen außerhalb des Themenbereichs dieses Buches. Alle formalen Gärten sind eigentlich Einzelstudien.

Alle sehr speziellen Arten der Gartengestaltung sind in einem solchen Buch selbstverständlich ausgeschlossen, wie zum Beispiel die japanische Gartengestaltung. Personen, die diese Fachgebiete weiterentwickeln möchten, werden sich die Dienste von Fachkräften sichern; und es gibt auch Bücher und Zeitschriftenartikel, die sie lesen können.

Das Bild in der Landschaft.

Der Mangel besteht bei den meisten Hausgrundstücken nicht so sehr darin, dass zu wenig Bäume und Sträucher gepflanzt werden, sondern vielmehr darin, dass diese Pflanzung sinnlos ist. Jeder Hof sollte ein Bild sein. Das heißt, der Bereich sollte sich von anderen Bereichen abheben und einen solchen Charakter haben, dass der Betrachter seine gesamte Wirkung und seinen Zweck erfasst, ohne innezuhalten, um seine Teile zu analysieren. Der Garten sollte eine Einheit sein, ein Bereich, in dem jedes Element seinen Teil zu einem starken und homogenen Effekt beiträgt.

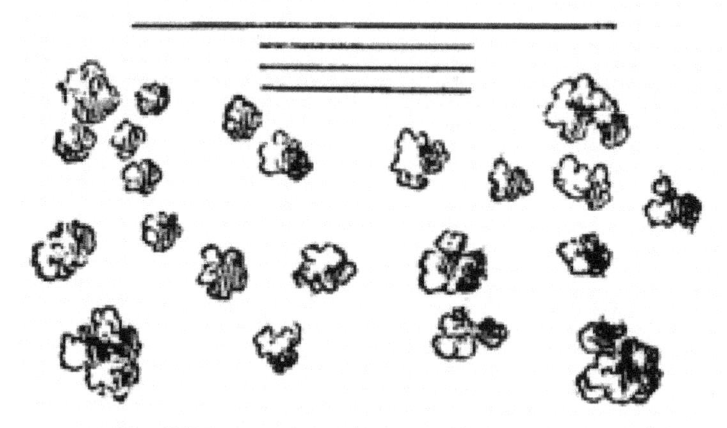

5. The common or nursery way of planting.

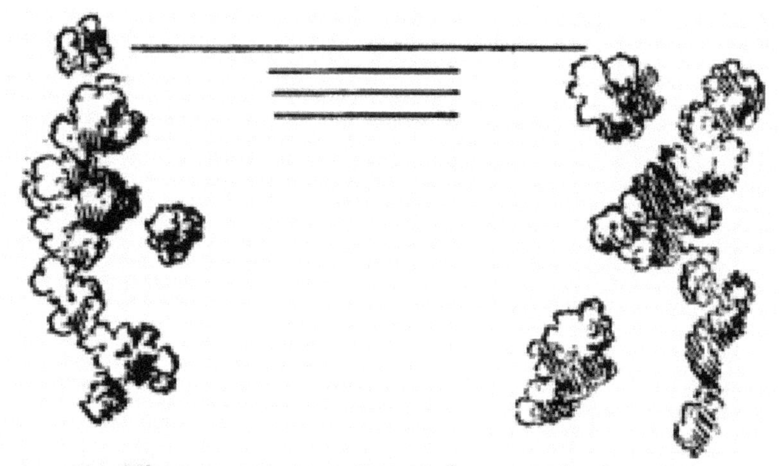

6. The proper or pictorial type of planting.

Konkret werden diese Ausführungen, wenn der Leser seinen Blick auf die Abbildungen richtet. 5 und 6. Ersteres stellt eine übliche Art der Vorgartenbepflanzung dar. Die Büsche und Bäume sind verstreut über das Gelände verteilt. Ein solcher Hof hat keinen Zweck, keine zentrale Idee. Es zeigt deutlich, dass der Pflanzer keine konstruktive Vorstellung hatte, kein Verständnis für irgendein Design und kein Verständnis für die grundlegenden Elemente der Schönheit der Landschaft. Sein einziger Vorzug ist die Tatsache, dass Bäume und Sträucher gepflanzt wurden; und dies ist für die meisten Menschen das Wesen und die Summe der Verzierung von Grundstücken. Jeder Baum und Strauch ist ein eigenständiges

Individuum, unbeaufsichtigt, von seiner Umgebung getrennt und daher bedeutungslos. Ein solcher Hof ist nur eine Kinderstube.

Der andere Plan (Abb. 6) ist ein Bild. Der Blick erkennt sofort seine Bedeutung. Die zentrale Idee ist das Wohnhaus mit einer freien und offenen Grünfläche davor. Dieselben Bäume und Büsche, die willkürlich über Abb. 5 verstreut waren, sind zu einem Rahmen zusammengefasst, um dem Bild von Zuhause und Komfort Wirkung zu verleihen. Diese Art der Bepflanzung schafft eine Landschaft, auch wenn die Fläche nicht größer als ein Wohnzimmer ist. Der andere Stil ist nur eine Sammlung seltsamer Pflanzen. Das eine hat eine sofortige und bleibende Bildwirkung, die beruhigend und befriedigend ist: Der Betrachter ruft: „Was für ein wunderschönes Zuhause das ist!" Das andere weckt die Neugier, verdunkelt die Wohnung, spaltet und lenkt die Aufmerksamkeit ab: Der Betrachter ruft: „Was sind das für herrliche Fliederbüsche!"

Eine Untersuchung der Ursachen der unterschiedlichen Eindrücke, die man von einer bestimmten Landschaft und einem Gemälde davon erhält, erklärt das Thema auf bewundernswerte Weise. Ein Grund, warum das Bild uns mehr anspricht als die Landschaft, liegt darin, dass das Bild verdichtet ist und der Geist seinen gesamten Zweck auf einmal erkennt, während die Landschaft so weitläufig ist, dass die einzelnen Objekte zunächst die Aufmerksamkeit fesseln, und das ist auch der Fall Erst durch einen Prozess der Synthese wird die Einheit der Landschaft schließlich deutlich. Dies wird in Fotos wunderbar veranschaulicht. Eine der ersten Überraschungen, die der Neuling im Umgang mit der Kamera erlebt, ist die Entdeckung, dass sehr zahme Szenen auf dem Foto interessant und oft sogar temperamentvoll werden. Doch in dieser belebenden und verschönernden Wirkung der Fotografie oder des Gemäldes steckt mehr als bloße Verdichtung: Einzelne Objekte werden so stark reduziert, dass sie uns nicht mehr als eigenständige Subjekte ansprechen, und so unhöflich sie in der Realität auch sein mögen, wirken sie doch kein Eindruck im Bild; Die dünne und dürre Grasnarbe kann eher wie ein kurz geschorener Rasen oder eine frisch gemähte Wiese aussehen. Und wieder setzt das Bild der Szene eine Grenze; es umrahmt es und schneidet dadurch alle überflüssigen, verwirrenden oder irrelevanten Landschaften ab.

Diese Bemerkungen werden in der Ästhetik des Landschaftsgartenbaus veranschaulicht. Es ist der einzige Wunsch des Künstlers, Bilder in der Landschaft zu schaffen. Dies geschieht auf zwei Arten: durch die Form von Plantagen und durch die Nutzung von Ausblicken. Er wird seine Plantagen so positionieren, dass sich dem Betrachter an verschiedenen Stellen offene und doch mehr oder weniger begrenzte Grünflächen präsentieren. Diese bildhafte Öffnung ist nahezu oder ganz frei von kleinen oder einzelnen Objekten, die meist die Einheit solcher Bereiche zerstören und für sich genommen bedeutungslos sind. Ein Ausblick ist eine schmale Öffnung oder Aussicht zwischen Plantagen auf eine ferne Landschaft. Es zerschneidet den weiten Horizont in leicht erkennbare Teile. Es umrahmt Teile der Landschaft. Die grünen Seiten der Bepflanzung sind die Seiten des Rahmens; Der Vordergrund ist unten und der Himmel ist oben. Es ist von größter Bedeutung, dass von den besten Fenstern des Hauses (nicht zu vergessen das Küchenfenster) eine gute Aussicht gewährleistet ist . Tatsächlich kann die Platzierung des Hauses oft durch die Ansichten bestimmt werden, die man sich aneignen kann.

Wenn eine Landschaft ein Bild ist, muss sie eine Leinwand haben. Diese Leinwand ist der Greensward. Darauf malt der Künstler mit Bäumen, Sträuchern und Blumen, so wie es der Maler mit Pinsel und Pigmenten auf seiner Leinwand tut. Nirgendwo ist die Möglichkeit zur künstlerischen Gestaltung und Gestaltung so groß wie im Landschaftsgarten, denn keine andere Kunst verfügt über ein so grenzenloses Feld für den Ausdruck ihrer Gefühle. Wenn dies wahr ist, ist es nicht verwunderlich, dass es nur wenige große Landschaftsgärtner gab und dass der Landschaftsgärtner, da er hinter der Kunst zurückbleibt, allzu oft in der Sphäre des Handwerkers arbeitet. Für die Landschaftsgärtnerei kann es keine Regeln geben, ebenso wenig wie für die Malerei oder Bildhauerei. Dem Bediener kann beigebracht werden, wie man die Bürste hält, den Meißel schlägt oder den Baum pflanzt, aber er bleibt ein Bediener; Die Kunst ist intellektuell und emotional und beschränkt sich nicht auf Vorschriften.

Die Anlage eines guten und großzügigen Rasens ist daher die allererste praktische Überlegung in einem Landschaftsgarten.

Wenn der Rasen angelegt ist, erkennt der Gärtner, was das dominierende und zentrale Merkmal des Ortes ist, und ordnet dann das gesamte Grundstück diesem Merkmal unter. Auf einem Privatgrundstück ist dieses zentrale Element das Haus. Das Verstreuen von Bäumen und Sträuchern über das Gebiet verstößt gegen den grundlegenden Zweck des Ortes – den Zweck, jeden Teil des Geländes zum Haus hinführen zu lassen und dessen Gemütlichkeit zu betonen.

7. A house.

Ein Haus muss einen Hintergrund haben, damit es ein Zuhause werden kann. Ein Haus, das auf einer kahlen Ebene oder einem Hügel steht, ist ein Teil des Universums, kein Teil eines Hauses. Erinnern Sie sich an das gemütliche kleine Bauernhaus, das von einem Wald oder Obstgarten umgeben ist; Vergleichen Sie dann ein prätentiöses Bauwerk, das sich von allen Bepflanzungen abhebt. Doch wie viele Bauernhäuser stehen so kahl und kalt vor dem Himmel, als konkurrierten sie mit dem Mond! Wir würden es nicht für möglich halten, dass ein Mann fünfundzwanzig Jahre in einem Haus lebt und nicht aus Versehen einen Baum wachsen lässt, wenn es nicht so wäre!

8. A home.

Natürlich sind diese Bemerkungen zum Rasen für die Länder gedacht, in denen Grasnarben die natürliche Bodenbedeckung sind. Im Süden und in trockenen Ländern ist Grünrasen nicht das vorherrschende Landschaftsmerkmal, und in diesen Regionen kann die

Landschaftsgestaltung einen völlig anderen Charakter annehmen, wenn das Werk naturähnlich sein soll. Wir haben andere Vorstellungen von Landschaftsarbeit noch nicht in einem vollkommenen Ausmaß entwickelt und wir bringen die englische Greensward-Behandlung sogar in Wüsten ein. Wir erwarten vielleicht die Zeit, in der ein brauner Landschaftsgarten in einem braunen Land angelegt werden kann, und es könnte gute Kunst sein, in Regionen, in denen Unterholz und nicht Rasen die natürliche Bodenbedeckung darstellt, nicht den Versuch zu unternehmen, ein breites, offenes Zentrum zu schaffen. In Teilen der Vereinigten Staaten entwickeln wir eine gute spanisch-amerikanische Architektur, vielleicht entwickeln wir eine anerkannte, vergleichbare Landschaftsbehandlung als künstlerischen Ausdruck.

Vögel; und Katzen

Das Landschaftsbild ist ohne Vögel nicht vollständig, und die Vögel dürften mehr Arten umfassen als Englische Spatzen. Wenn jemand Vögel auf seinem Grundstück haben möchte, muss er (1) sie anlocken und (2) schützen.

Man lockt Vögel an, indem man ihnen Nistplätze zur Verfügung stellt. Die freien Randbepflanzungen haben deutliche Vorteile, da sie Steinsperlinge, Katzenvögel und andere Arten anlocken. Drosseln, Zaunkönige und Martins können von Kisten angelockt werden, in denen sie bauen können.

Man kann Vögel anlocken, indem man sie füttert und mit Wasser versorgt. Talg für Spechte und andere, Getreide und Krümel für andere Arten, und wenn man darauf achtet, sie nicht zu erschrecken oder zu belästigen, wird man bald das Vertrauen der Vögel gewinnen. Ein langsam laufender oder tropfender Brunnen mit einem guten Rand, auf dem sie sich niederlassen können, wird sie ebenfalls anlocken, und es ist kein geringer Spaß, den Vögeln beim Baden zuzusehen . Oder, wenn jemand nicht auf die Kosten eines Vogelbrunnens gehen möchte, kann er seinen Bedarf mit einer flachen Wasserschale auf dem Rasen decken.

Die Vögel müssen vor Katzen geschützt werden. Es gibt keinen weiteren Grund, warum Katzen nach Belieben und unkontrolliert herumlaufen sollten, als dass Hunde, Pferde oder Geflügel eine unbegrenzte Lizenz haben sollten. Eine Katze, die nicht zu Hause ist, ist ein Eindringling und sollte so behandelt werden. Eine Person hat nicht mehr das Recht, einer Nachbarschaft eine Katze anzutun, als einer Ziege oder einem Kaninchen oder einer anderen Belästigung zuzufügen. Alle Menschen, die Katzen halten, sollten für sie die gleiche Verantwortung empfinden wie für anderes Eigentum; und sie sollten bereit sein, ihr Eigentumsrecht einzubüßen, wenn sie ihre Kontrolle verlieren. Die Katzen zerstören nicht nur Vögel, sie zerstören auch den Frieden. Das nächtliche Katzengejammer ist in gut regierten Gemeinden ebenso wenig erlaubt wie das Schießen mit

Feuerwaffen oder bösartiges Reden: Alle nachts umherstreunenden Katzen sollten eingesammelt werden, ebenso wie für streunende Hunde und Landstreicher gesorgt ist.

Ich mag Katzen nicht, aber ich möchte, dass sie zu Hause und unter Kontrolle bleiben. Wenn Personen sagen, dass sie sie nicht auf ihrem eigenen Gelände aufbewahren können, dann sollte es diesen Personen nicht erlaubt werden, sie zu haben. Eine Glocke an der Katze verhindert, dass sie alte Vögel fängt, und das kann spät in der Saison einen guten Zweck erfüllen; Aber es wird den Raub von Nestern und die Entnahme junger Vögel nicht stoppen, und hier wird das größte Chaos angerichtet.

Es wird oft behauptet, dass Katzen umherstreifen müssen, um Ratten und Mäuse zu reduzieren; aber wahrscheinlich werden nur wenige Hausmäuse und wenige Ratten von Wanderkatzen gefangen; und wiederum sind viele Katzen keine Mauser. Es gibt andere Möglichkeiten, Ratten und Mäuse zu bekämpfen; oder wenn Katzen zu diesem Zweck eingesetzt werden, achten Sie darauf, dass sie auf die Orte beschränkt werden, an denen sich die Hausratten und Mäuse aufhalten.

Viele Menschen mögen Eichhörnchen in der Gegend, aber sie können nicht damit rechnen, sowohl Vögel als auch Eichhörnchen zu haben, wenn nicht ganz besondere Vorsichtsmaßnahmen getroffen werden.

Der Englische oder Haussperling vertreibt die einheimischen Vögel, obwohl er selbst im Winter ein attraktiver Bewohner ist, insbesondere dort, wo einheimische Vögel nicht ansässig sind. Der Englische Spatz sollte in reduzierter Anzahl gehalten werden. Dies lässt sich leicht erreichen, indem man sie im Winter (wenn andere Vögel nicht gefährdet sind) mit in Strychninwasser getränktem Weizen vergiftet. Der Inhalt einer Acht-Unzen-Durchstechflasche mit Strychnin, die in einer Drogerie erhältlich ist, wird mit ausreichend Wasser versetzt, um einen Liter Weizen zu bedecken. Lassen Sie den Weizen vierundzwanzig bis achtundvierzig Stunden im giftigen Wasser stehen (aber nicht lange genug, damit die Körner sprießen) und trocknen Sie den Weizen dann gründlich ab. Er ist nicht von gewöhnlichem Weizen zu unterscheiden und Spatzen fressen ihn normalerweise reichlich, insbesondere wenn sie die Angewohnheit haben, verstreutes Getreide und Krümel zu fressen. Natürlich ist größte Vorsicht geboten, damit es bei der Verwendung solch hochgiftiger Materialien nicht zu Unfällen mit anderen Tieren oder mit Menschen kommt.

III. Open-Center-Behandlung in einem halbtropischen Land.

9. The nursery or single-specimen type of planting in a front yard.

Die Bepflanzung ist Teil des Designs oder Bildes.

10. A native fence-row.

11. Birds build their nests here.

Wenn der Leser die volle Bedeutung dieser Seiten erfasst, hat er sich einige der wichtigsten Konzepte der Landschaftsgärtnerei angeeignet. Die Suggestion wird ihm von Tag zu Tag stärker werden; und wenn er ein beobachtender Geist ist, wird er feststellen, dass diese einfache Lektion seine Denkgewohnheiten hinsichtlich der Bepflanzung von Grundstücken und der Schönheit von Landschaften revolutionieren wird. Er wird erkennen, dass ein Strauch oder ein Blumenbeet, das nicht Teil eines allgemeinen Zwecks oder Designs ist – das heißt, das nicht zur Entstehung eines Bildes beiträgt –, besser nie gepflanzt worden wäre. Ich persönlich hätte lieber eine kahle und offene Weide als einen Hof wie den in Abb. 9 gezeigten, obwohl er die erlesensten Pflanzen aller Länder enthielt. Die Weide wäre zumindest schlicht, erholsam und unprätentiös; aber der Hof wäre voller Mühe und Unruhe.

12. A free-and-easy planting of things wild and tame.

Auf einen einzigen Ausdruck reduziert bedeutet dies, dass der größte künstlerische Wert der Pflanzung in der Wirkung der Masse und nicht in der einzelnen Pflanze liegt. Eine Masse hat den größeren Wert, weil sie eine viel größere Bandbreite und Vielfalt an Formen, Farben, Schattierungen und Texturen aufweist, weil sie über ausreichende Ausmaße oder Dimensionen verfügt, um einem Ort strukturellen Charakter zu verleihen, und weil ihre Merkmale so kontinuierlich und so gut sind gemischt, dass der Geist nicht durch zufällige und irrelevante Ideen abgelenkt wird. Zwei Bilder sollen das alles veranschaulichen. Die Abbildungen 10 und 11 sind Bilder von natürlichen Gehölzen. Ersterer erstreckt sich entlang eines Feldes und macht aus einem davor liegenden Wiesenstück einen Rasen. Die Landschaft ist durch diese grüne Uferlandschaft so klein geworden und so gut definiert, dass sie ein vertrautes und persönliches Gefühl vermittelt. Die großen, kahlen, offenen Wiesen sind zu schlecht abgegrenzt und zu weitläufig, als dass sie irgendein häusliches Gefühl vermitteln könnten; aber hier ist ein Teil der Wiese, der in einen Bereich abgegrenzt ist, den man mit seinen Zuneigungen umkreisen kann.

Diese Massen in Abb. 10, 11 und 12 haben ihre eigenen intrinsischen Vorzüge sowie ihre Aufgabe, ein Stück Natur zu definieren. Man wird von der Freiheit der Anordnung, der Unregelmäßigkeit der Skyline, den kühnen Buchten und Vorgebirgen und dem unendlichen Spiel von Licht und Schatten angezogen. Der Beobachter interessiert sich für jede einzelne Masse, weil sie einen Charakter oder Merkmale aufweist, die keine andere Masse auf der Welt besitzt. Er weiß, dass die Vögel ihre Nester im Gewirr bauen und die Kaninchen darin ein Versteck finden.

Wenden wir uns nun Abb. 9 zu, die ein Bild eines „verbesserten" Stadthofs zeigt. Hier gibt es keinen strukturellen Umriss der Bepflanzung, keine Festlegung der Fläche, keinen kontinuierlichen Fluss von Form und Farbe. Jeder Busch ist, was jeder andere ist oder sein kann, und es gibt Hunderte davon in derselben Stadt. Die Vögel meiden sie. Nur die Käfer finden darin ihr Glück. Der Ort hat keine grundlegende Gestaltung oder Idee, keinen Rasen, auf dem ein Bild errichtet werden könnte. Dieser Hof ist wie ein Satz oder ein Gespräch, in dem jedes Wort gleichermaßen betont wird.

13. An open treatment of a school-ground. More trees might be placed in the area, if desired.

In starkem Kontrast zu diesem Hof steht die offene Mittelgestaltung in Abb. 13. Hier liegt ein malerischer Effekt vor; und es besteht die Möglichkeit, entlang der Ränder Bäume und Sträucher zu verteilen, die als Einzelexemplare erwünscht sein könnten.

14. A rill much as nature made it.

15. A rill "improved," so that it will not look "ragged" and unkempt.

Das Motiv, das die Bäume schert, zerstört auch das Gehölz, damit der Gärtner oder „Verbesserer“ seine Kunst zeigen kann. Vergleichen Sie die Abbildungen. 14 und 15. Viele Menschen scheinen zu befürchten, dass sie der Welt nie bekannt werden, wenn sie nicht viel Muskelkraft aufwenden oder etwas Nachdrückliches oder Spektakuläres tun; und ihre Ängste sind normalerweise begründet.

Es reicht nicht aus, dass Bäume und Sträucher in Massen gepflanzt werden. Sie müssen in Massen gehalten werden, indem man sie auf natürliche Weise frei wachsen lässt. Das Astmesser ist der erbittertste Feind des Gebüschs. Die Bilder 16 und 17 veranschaulichen, was ich meine. Ersteres stellt, soweit es die Anordnung betrifft, eine gute Gruppe von Büschen dar; aber es wurde durch die Schere ruiniert. Die Aufmerksamkeit des Betrachters wird sofort von den einzelnen Büschen gefesselt. Anstelle eines freien und ausdrucksstarken Objekts gibt es mehrere steife und ausdruckslose. Wenn der Betrachter innehält, um über seine eigenen Gedanken nachzudenken, wenn er auf eine solche Ansammlung stößt, wird er wahrscheinlich dabei sein, die Büsche zu zählen; oder zumindest wird er im Kopf Vergleiche der verschiedenen Büsche anstellen und sich fragen, warum sie nicht alle genau gleich geschoren sind. Abbildung 17 zeigt, wie derselbe „Künstler“ zwei Deutzien und einen Wacholder behandelt hat. Der gleiche Effekt hätte erreicht werden können, und zwar mit viel weniger Aufwand, wenn man zwei Mehlfässer aneinandergereiht und ein drittes dazwischen gestellt hätte.

16. The making of a good group, but spoiled by the pruning shears.

17. The three guardsmen.

18. A bit of semi-rustic work built into a native growth.

Ich muss mich beeilen zu sagen, dass ich nicht den geringsten Einwand gegen das Abschneiden von Bäumen habe. Das einzige Problem besteht darin, die Praxis als Kunst zu bezeichnen und die Bäume dort zu platzieren, wo die Leute sie sehen müssen (es sei denn, sie sind Teil einer anerkannten formalen Gartengestaltung). Wenn der Betreiber den Betrieb einfach als Scheren bezeichnet und die Dinge dort ablegt, wo er und andere, die sie mögen, sie sehen können, könnte kein Einspruch erhoben werden. Manche Menschen mögen bemalte Steine, andere mögen eiserne Bulldoggen im Vorgarten und das in die Fußmatte eingearbeitete Wort „Willkommen", und wieder andere mögen geschorene Bäume. Solange diese Vorlieben rein persönlicher Natur sind, wäre es wohl geschmackvoller, solche Kuriositäten in den Hinterhof zu stellen, wo der Besitzer sie ohne Belästigung bewundern kann

Unter den Arbeitern besteht ein hartnäckiger Wunsch, Scheren und Trimmen zu betreiben: Das zeigt ihren Fleiß. Es ist eine tolle Sache, die Freiheit der Natur bestehen zu lassen. Der Künstler baut seine Strukturen oft in eine einheimische Bepflanzung ein (wie in Abb. 18), anstatt sich selbst zuzutrauen, durch die Bepflanzung auf geschleiften Flächen ein gutes Ergebnis zu erzielen.

In dieser Diskussion habe ich versucht, die Bedeutung des offenen Zentrums auf nicht-formalen Heimgeländen in Greensward-Regionen hervorzuheben. Dies bedeutet natürlich nicht, dass in bestimmten Fällen, in denen die Bedingungen dies erfordern, auf eine zentrale Bepflanzung verzichtet werden darf oder dass auf dem Rasen keine Bäume stehen. Wenn man die Bäume platziert, kann man sehen, dass sie nicht ziellos verstreut sind; aber wenn auf dem Platz bereits gute Bäume wachsen, wäre es töricht, daran zu denken, sie zu entfernen, nur weil sie nicht in den besten idealen Positionen stehen; In diesem Fall kann es sehr notwendig sein, die Behandlung der Fläche an die Bäume anzupassen. Der Hausbesitzer sollte immer auch darüber nachdenken, an solchen Stellen ein paar Bäume zu pflanzen, um das Haus zu beschatten und zu schützen: Je besser sie in die allgemeine Gestaltung oder Gestaltung des Ortes integriert werden können, desto besser sind die Ergebnisse wird sein.

Der Blumenanbau sollte Teil des Designs sein.

Ich möchte nicht von der Verwendung leuchtender Blumen, leuchtendem Laub und auffälligen Vegetationsformen abraten; Aber diese Dinge sind in einem guten Bereich niemals vorrangige Überlegungen. Zunächst werden die Strukturelemente des Ortes entworfen. Anschließend werden die flankierenden und angrenzenden Massen gepflanzt. Schließlich werden die Blumen und Accessoires hineingelegt, so wie ein Haus nach dem Bau gestrichen wird. Blumen kommen vor einem Blatthintergrund besonders gut zur Geltung und sind dann auch ein integraler Bestandteil des Bildes. Der Blumengarten als solcher sollte wie alle anderen persönlichen Einrichtungen im hinteren Teil oder an der Seite eines Ortes liegen; aber Blumen und helle Blätter können frei entlang der Ränder und in der Nähe der Laubmassen verstreut sein.

Es ist ein weitverbreitetes Sprichwort, dass viele Menschen keine Liebe oder Wertschätzung für Blumen empfinden, aber es ist wahrscheinlich wahrer, wenn man sagt, dass es niemandem in dieser Hinsicht gänzlich mangelt. Sogar diejenigen, die erklären, dass sie sich nichts aus Blumen machen, werden im Allgemeinen durch ihre Abneigung gegen Blumenbeete und die herkömmlichen Methoden des Blumenanbaus getäuscht. Ich kenne viele Menschen, die jede Vorliebe für Blumen strikt ablehnen, sich aber dennoch über das Blühen der Obstgärten und das Lila der Kleefelder freuen. Der Fehler liegt möglicherweise nicht so sehr bei den Personen selbst, sondern vielmehr bei den Methoden, mit denen die Blumen gezüchtet und präsentiert werden.

Mängel im Blumenanbau.

Der größte Mangel unseres Blumenanbaus ist seine Geizigkeit. Wir züchten unsere Blumen, als wären sie die erlesensten Raritäten, um sie in einer Brutstätte oder unter einer Glasglocke zu verhätscheln und dann als einzelne Exemplare in einem kleinen, lächerlichen Loch im Rasen zur Schau zu stellen oder auf einer Ameise zu sitzen -Hügel, den irgendein Gärtner mühsam zu einem Rasen aufgehäuft hat. Die Natur hingegen lässt viele ihrer Blumen in der üppigsten Wildnis wachsen, und man kann ohne Bedenken einen Armvoll davon pflücken. Sie baut ihre Blumen ernsthaft an, wie ein Mann eine Maisernte anbaut. Man kann die Farbe und den Duft genießen und zufrieden sein.

Der nächste Mangel bei unserem Blumenanbau ist das Blumenbeet. Die Natur hat keine Zeit, Blumenbeete zu gestalten: Sie ist damit beschäftigt, Blumen zu züchten. Und wenn man ihr dann Blumenbeete überlassen würde, würde der ganze Effekt verloren gehen, denn sie könnte nicht länger luxuriös und mutwillig sein, und wenn eine Blume gepflückt würde, könnte ihr ganzer Plan durcheinander geraten. Stellen Sie sich ein Geranienbeet oder ein Buntlippenbeet mit seinem wunderbaren „Design" vor, aufgestellt in einem Wald oder in einer freien und offenen Landschaft! Sogar die Vögel würden darüber lachen!

Was ich sagen möchte ist, dass wir Blumen frei züchten sollten, wenn wir einen Blumengarten anlegen. Wir sollten genug davon haben, damit sich der Aufwand lohnt. Ich sympathisiere mit dem Mann, der Sonnenblumen mag. Es gibt genug davon, um einen Blick wert zu sein. Sie füllen das Auge. Zeigen Sie diesem Mann nun zehn Quadratmeter große Nelken, Astern oder Gänseblümchen, die alle frei und locker wachsen, und er wird Ihnen sagen, dass er sie mag. All dies gilt insbesondere für den Landwirt, von dem oft gesagt wird, dass er Blumen nicht mag. Er baut Kartoffeln, Buchweizen und Unkraut auf dem Hektar an: Zwei oder drei unglückliche Nelken oder Geranien reichen nicht aus, um Eindruck zu machen.

Rasenblumenbeete.

19. Hole-in-the-ground gardening.

Der einfachste Weg, einen guten Rasen zu verderben, besteht darin, ein Blumenbeet anzulegen; Und der effektivste Weg, Blumen möglichst unvorteilhaft zur Geltung zu bringen, besteht darin, sie in ein Beet im Grünen zu pflanzen. Blumen brauchen einen Hintergrund. Wir hängen unsere Bilder nicht an Zaunpfosten. Wenn Blumen auf einem Rasen wachsen sollen, sollten sie von der winterharten Art sein, die in der Grasnarbe eingebürgert werden kann und frei im hohen, ungemähten Gras wächst; oder auch Stauden, die so beschaffen sind, dass sie selbst attraktive Büschel bilden. Rasenflächen sollten frei und großzügig sein, aber je mehr sie geschnitten und mit trivialen Effekten besorgt werden, desto kleiner und gemeiner wirken sie.

20. Worth paying admittance price to see!

Aber selbst wenn wir diese Rasenbeete völlig unabhängig von ihrer Umgebung betrachten, müssen wir zugeben, dass sie bestenfalls unbefriedigend sind. Im Allgemeinen läuft es darauf hinaus, dass wir vier Monate spärliche und niedergeschlagene Vegetation, einen Monat schlaffe und erfrorene Pflanzen und sieben Monate nackte Erde haben (Abb. 19). Ich bin jetzt nicht gegen die Teppichbeete, die professionelle Gärtner anfertigen in Parks und anderen Museen. Ich mag Museen, und einige der Teppichbeete und Versatzstücke sind „furchteinflößend und wunderbar gemacht" (siehe Abb. 20). Ich beziehe mich mit meinen Bemerkungen auf die bescheidenen, selbstgemachten Blumenbeete, die auf Rasenflächen auf dem Land und in der Stadt so häufig anzutreffen sind Häuser gleichermaßen. Diese Beete werden aus dem guten, frischen Rasen geschnitten, oft in den phantastischsten Mustern, und sind mit Pflanzen gefüllt, die die Frauen des Ortes vielleicht in Keller oder ans Fenster tragen können. Die Pflanzen selbst mögen in Töpfen sehr gut aussehen, aber wenn sie ins Freie gestellt werden, haben sie einen Monat lang Mühe, sich an Sonne und Wind zu gewöhnen, und im Allgemeinen geht es schon weit in Richtung Hochsommer, bevor sie beginnen, die Erde zu bedecken . In all diesen Wochen haben sie mehr Zeit und Arbeit in Anspruch genommen, als für die Pflege einer viel größeren Plantage nötig gewesen wäre, auf der vom Nistbeginn der Vögel im Frühjahr bis zum Flug des letzten Rotkehlchens jeden Tag Blumen hervorgegangen wären im November.

21. An artist's flower-border.

Blumenrabatten.

22. Petunias against a back-ground of osiers.

23. A sowing of flowers along a marginal planting.

Wir sollten uns angewöhnen, von der Blumengrenze zu sprechen. Die Grenzbepflanzung, von der wir gesprochen haben, grenzt den Ort ab und macht ihn zu einem Eigenen. Der Mensch lebt an seinem Platz, nicht dort. Entlang dieser Grenzen, vor Gruppen, oft an den Ecken des Hauses oder vor Veranden – das sind Orte für Blumen. Zehn Blumen vor einem Hintergrund sind wirkungsvoller als hundert im offenen Garten.

Ich habe einen professionellen Künstler, Herrn Mathews, gebeten, mir die Art von Blumenbeet zu zeichnen, die ihm gefällt. Es ist in Abb. 21 dargestellt. Es handelt sich um eine Grenze – einen zwei bis drei Fuß breiten

Streifen Land entlang eines Zauns. Dies ist der Ort, an dem normalerweise Schweinskraut wächst. Hier hat er Ringelblumen, Gladiolen, Goldrute, wilde Astern, chinesische Astern und – das Beste von allem – Stockrosen gepflanzt. Jeder möchte diesen Blumengarten haben. Er hat etwas von dem lokalen und undefinierbaren Charme, der einem „altmodischen Garten" mit seiner Mischung aus Formen und Farben immer anhaftet. Fast jeder Hof hat einen solchen Landstreifen entlang eines Hinterwegs oder Zauns oder gegen ein Gebäude Es ist die einfachste Sache, es zu pflanzen – viel einfacher, als das charakterlose Geranienbeet mitten in einen harmlosen Rasen zu graben. Die Vorschläge werden in 22 bis 25 weitergeführt.

24. An open back yard. Flowers may be thrown in freely along the borders, but they would spoil the lawn if placed in its center.

25. A flower-garden at the rear or one side of the place.

Der altmodische Garten.

Wenn man vom altmodischen Garten spricht, erinnert man sich an einen der hervorragenden Absätze von William Falconer („Gardening", 15. November 1897, S. 75): „Wir haben es dieses Jahr im Schenley Park versucht. Wir brauchten einen praktischen Abladeplatz und stießen auf den Kopf einer tiefen Schlucht zwischen zwei Wäldern; Wir schütteten Hunderte und Aberhunderte Wagenladungen mit Steinen und Lehm hinein, füllten es bis zur Oberfläche auf und bedeckten es dann mit guter Erde. Hier pflanzten wir einige Sträucher und verteilten dazwischen Scharlachmohn, Eschscholtzia, Zwerg-Kapuzinerkresse, Löwenmäulchen, Stiefmütterchen, Ringelblumen und alle möglichen winterharten krautigen Pflanzen, wobei wir von jeder Sorte genug hatten, um eine Masse ihrer Art und Farbe zu bilden, und Die Wirkung war in Ordnung. In der Mitte befand sich eine Plantage mit Hunderten von Büscheln japanischer und deutscher Schwertlilien, gefolgt von Tausenden von Gladiolen und gesäumt von Montbretien, die bis zum Frost blühten. Die steile Seite dieses Hügels war leicht geneigt und mit einer Reihe gewundener Steinstufen versehen, die den Abstieg in die Mulde recht einfach machten. Bei den Steinen handelte es sich um raue, unebene Platten, die beim Planieren in anderen Teilen des Parks durch Sprengen der Felsen befestigt wurden, und sowohl entlang der Außenkanten der Stufen als auch an den Seiten des oberen Weges wurde ein breiter Gürtel aus moosrosa gepflanzt; und die Ufer ringsum waren mit Sträuchern, Weinreben, Wildrosen, Akelei und anderen Pflanzen bepflanzt. Auf dieses Stück Gartenanlage richteten Besucher mehr Kameras und Kodaks als an jedem anderen Ort im Park, und trotzdem hatten wir Hektar große bemalte Sommerbeete."

Inhalt der Blumenrabatten.

Es gibt keine vorgeschriebene Regel, was man in diese informellen Blumenrabatten stecken sollte. Setzen Sie die Pflanzen hinein, die Ihnen gefallen. Vielleicht sollten es zum größten Teil Stauden sein, die jeden Frühling von selbst austreiben und robust und zuverlässig sind. Besonders wirkungsvoll sind Wildblumen. Jeder weiß, dass viele der einheimischen Kräuter der Wälder und Lichtungen attraktiver sind als einige der wertvollsten Gartenblumen. Der größte Teil dieser einheimischen Blumen gedeiht problemlos im Anbau, manchmal sogar an Orten, die sich in Boden und Lage stark von ihren heimischen Standorten unterscheiden. Viele von ihnen bilden verdickte Wurzeln und können jederzeit nach dem Verblühen der Blüten sicher umgepflanzt werden. Den meisten Menschen sind die Wildblumen weniger bekannt als viele Exoten mit geringerem Wert, und die Ausweitung des Anbaus führt ständig dazu, dass sie ausgelöscht werden. Hier, im informellen Blumenbeet, besteht also die Möglichkeit, sie zu retten.

Dann kann man leicht wachsende einjährige Pflanzen wie Ringelblumen, Chinesische Astern, Petunien und Phloxen sowie Edelwicken frei säen.

26. Making the most of a rock.

Einer der Vorteile dieser an der Grenze liegenden Beete besteht darin, dass sie immer bereit sind, weitere Pflanzen aufzunehmen, sofern sie nicht voll sind. Das heißt, ihre Symmetrie wird nicht beeinträchtigt, wenn einige Pflanzen herausgerissen und andere gepflanzt werden. Und wenn das Unkraut ab und zu beginnt, wird nur sehr wenig Schaden angerichtet. So ein Beet, das zur Hälfte mit Unkraut bewachsen ist, sieht schöner aus als ein durchschnittliches Geranienbeet in einem Loch im Rasen. Ein großzügiges Beet kann jeden Monat im Jahr, wenn der Boden frostfrei ist, mit Wildpflanzen bepflanzt werden. Bei jedem Ausflug, auch im Juli, werden Pflanzen in den Wäldern oder auf den Feldern ausgegraben. Die Spitzen werden abgeschnitten, die Wurzeln feucht gehalten, bis sie ins Beet gepflanzt werden; Die meisten dieser viel missbrauchten Pflanzen werden wachsen. Sicherlich wird man einiges Unkraut beseitigen; aber das Unkraut ist ja Teil der Sammlung! Natürlich werden einige Pflanzen diese Behandlung übel nehmen, aber die Grenze kann eine glückliche Familie sein und umso schöner und persönlicher sein, weil sie das Ergebnis von Momenten der Entspannung ist. Ein solches Beet bietet jeden Monat während der Vegetationsperiode etwas Neues und Interessantes; und selbst im Winter halten die hohen Grasbüschel und Asterstängel ihre Banner über den Schnee und sind eine Quelle der Freude für jede ausgelassene Schar von Schneevögeln.

Ich habe von einem Unkrautland gesprochen, um zu verdeutlichen, wie einfach und leicht es ist, eine attraktive Massenplantage anzulegen. Man kann einen Felsen (Abb. 26), eine Böschung oder eine andere unerwünschte

Eigenschaft des Ortes optimal nutzen. Graben Sie den Boden um, machen Sie ihn reichhaltig und setzen Sie dann Pflanzen hinein. Im ersten Jahr wird es Ihnen nicht passen, im zweiten oder dritten vielleicht auch nicht; Sie können jederzeit Pflanzen herausnehmen und neue einsetzen. Ich möchte keinen Rasengarten haben, der so perfekt ist, dass ich ihn nicht jedes Jahr in irgendeiner Form ändern könnte; Ich sollte das Interesse daran verlieren.

Es darf nicht so verstanden werden, dass ich nur für gemischte Grenzen spreche. Im Gegenteil, es ist in den meisten Fällen viel besser, wenn jede Grenze oder jedes Beet vom Ausdruck einer Blumen- oder Strauchart dominiert wird. An einer Stelle wünscht sich jemand vielleicht einen Wildaster-Effekt, einen Petunien-Effekt, einen Rittersporn-Effekt oder einen Rhododendron-Effekt; Oder es kann wünschenswert sein, in einer Richtung starke Blättereffekte und in einer anderen Richtung leichte Blüteneffekte zu erzielen. Das gemischte Beet ist eher eine Blumengartenidee als eine Landschaftsidee; Wann es wünschenswert sein soll, das eine und wann das andere hervorzuheben, kann nicht in einem Buch niedergelegt werden.

Der Wert von Pflanzen liegt möglicherweise eher im Blattwerk und in der Form als in der Blüte.

27. The plant-form in a perennial salvia.

Welche Arten von Sträuchern und Blumen gepflanzt werden sollen, ist eine völlig zweitrangige und weitgehend persönliche Überlegung. Die Hauptpflanzungen bestehen aus winterharten und wüchsigen Arten; Dann werden die Dinge hinzugefügt, die Ihnen gefallen. Es gibt eine endlose Auswahl an Arten, aber die Anordnung oder Disposition der Pflanzen ist weitaus wichtiger als die Art; und das Blattwerk und die Form der Pflanze sind normalerweise wichtiger als ihre Blüte.

Die Wertschätzung von Laubeffekten in der Landschaft ist ein höheres Gefühl als der Wunsch nach bloßer Farbe. Blumen sind vergänglich, aber Laub und Pflanzenformen bleiben. Die gewöhnlichen Rosen haben für die Landschaftsbepflanzung nur einen sehr geringen Wert, da das Laub und der Wuchs des Rosenstrauchs nicht attraktiv sind, die Blätter ständig von Ungeziefer befallen werden und die Blüten flüchtig sind. Einige der Wildrosen und die Japanische *Rosa rugosa* haben jedoch eindeutige Vorteile für Massenwirkungen.

Sogar die gewöhnlichen Blumen wie Ringelblumen, Zinnien und Gaillardien sind als Pflanzenformen interessant, lange bevor sie blühen. Für viele Menschen ist die Zeit vor der Blüte die befriedigendste Zeit im Garten, denn dann sind die Gewohnheiten und die Statur der Pflanzen unverhüllt. Am interessantesten sind die frühen Stadien von Lilien, Narzissen und allen Stauden; und man schätzt einen Garten erst dann, wenn man erkennt, dass das so ist.

28. Funkia, or day-lily. Where lies the chief interest, — in the plant-form or in the bloom?

29. A large-leaved nicotiana.

Lassen Sie den Leser nun mit diesen Vorschlägen im Hinterkopf eine Woche lang die Pflanzenformen in den einfachen Kräutern beobachten, denen er begegnet, unabhängig davon, ob es sich bei diesen Kräutern um starke Gartenpflanzen oder um die auffälligen Skulpturen von Königskerzen, Kletten und Zitronengras handelt. Die Abbildungen 27 bis 31 werden beispielhaft sein.

Wildsträucher sind in Rabatten und Gruppen fast immer attraktiv in Form und Wuchs. Unter der Kultivierung verbessern sie ihr Aussehen, da sie bessere Wachstumschancen haben. In der wilden Natur gibt es einen so heftigen Kampf ums Dasein, dass Pflanzen meist nur wenige oder einzelne Stängel haben und spärlich und dürr geformt sind; Aber wenn man ihnen erst einmal den nötigen Raum und einen guten Boden gibt, werden sie üppig, voll und anmutig. Auf den meisten Grundstücken im Land kann die Bepflanzung sehr effektiv aus Büschen bestehen, die aus den angrenzenden Wäldern und Feldern stammen. Die Massen können dann belebt werden, indem hier und da kultivierte Büsche hinzugefügt und Blumen und Kräuter an den Rändern gepflanzt werden. Es ist nicht unbedingt erforderlich, die Namen dieser wilden Büsche zu kennen, obwohl die Kenntnis ihrer botanischen Verwandtschaft das Vergnügen, sie anzubauen, erheblich steigern wird. Auch wenn sie auf den Rasen übertragen werden, sehen sie nicht gewöhnlich aus. Es gibt nicht viele Menschen, die auch nur die gewöhnlichsten wilden Büsche genau kennen, und wenn sie auf fruchtbares Gelände gebracht werden, verändert sich ihr Aussehen so sehr, dass nur wenige Hausfrauen sie wiedererkennen.

30. The awkward century plant that has been laboriously carried over winter year by year in the cellar: compare with other plants here shown as to its value as a lawn subject.

31. Making a picture with rhubarb.

Seltsame und formale Bäume.

32. A weeping tree at one side of the grounds and supported by a background.

Es ist nur eine logische Konsequenz dieser Diskussion, dass Pflanzen, die einfach seltsam, grotesk oder ungewöhnlich sind, mit größter Vorsicht verwendet werden sollten, da sie unerwünschte und störende Wirkungen mit sich bringen. Sie haben wenig Verständnis für einen Landschaftsgarten. Ein Künstler würde kein Interesse daran haben, eine immergrüne Pflanze zu malen, die in eine groteske Form geschnitten ist. Es ist nur neugierig und zeigt, was ein Mann mit viel Zeit und einer langen Gartenschere erreichen kann. Ein Trauerbaum (insbesondere eine kleinwüchsige Art) kommt normalerweise am besten zur Geltung, wenn er als Vorgebirge vor einer Gruppe oder Masse von Blättern steht (Abb. 32) und dem Beet Schwung und Geist verleiht. es hat dann eine Beziehung zum Ort.

Dies bringt mich dazu, von der Pflanzung der Lombardei-Pappel zu sprechen, die als Typus des formalen Baumes und als Veranschaulichung dessen angesehen werden kann, was ich ausdrücken möchte. Seine Hauptvorteile für den durchschnittlichen Pflanzer sind sein schnelles Wachstum und die Bereitschaft, mit der er sich durch Sprossen vermehrt. Aber im Norden ist es wahrscheinlich ein kurzlebiger Baum, er leidet unter Stürmen und er hat nur wenige wirklich nützliche Eigenschaften. Es kann mit einigem Vorteil als Windschutz für Pfirsichplantagen und andere kurzlebige Plantagen eingesetzt werden; Aber nach ein paar Jahren beginnt ein Schirm der Lombardei zu versagen, und die Angewohnheit, an der Wurzel zu saugen, trägt zu seinen unerwünschten Eigenschaften bei. Für den Schatten ist es wenig geeignet, für das Holz jedoch nicht. Die Leute mögen es, weil es auffällig ist, und das ist im künstlerischen Sinne sein größter Fehler. Es ist anders als alles andere in unserer Landschaft und passt nicht gut in unsere Landschaft. Eine Reihe Lombardien am Straßenrand ist wie eine Reihe Ausrufezeichen!

IV. Subtropische Bettwäsche vor einem Gebäude. Caladien, Cannas, Abutilons, permanente Rhododendren und andere große Pflanzen, dazwischen Knollenbegonien und Balsame.

Aber die Lombardei kann oft gut als ein Faktor in einer Baumgruppe eingesetzt werden, wo ihre turmartige Form, die das umliegende Laubwerk überragt, der Landschaft einen temperamentvollen Charme verleihen kann. In solchen Gruppen lässt es sich gut kombinieren, wenn es in optischer Nähe zu Kaminen oder anderen hohen formalen Objekten steht. Dann verleiht es einer Gruppe eine Art architektonischen Abschluss und Geist; aber die Wirkung wird in kleinen Orten, wenn mehr als eine Lombardei im Blick ist, im Allgemeinen abgeschwächt, wenn nicht sogar ganz verdorben. Ein oder zwei Exemplare können häufig verwendet werden, um schwere Anpflanzungen an niedrigen Gebäuden zu stärken, und die Wirkung ist im Allgemeinen am besten, wenn sie hinter dem Gebäude oder an der Rückseite des Gebäudes gesehen werden. Beachten Sie die Verwendung, die der Künstler in den Hintergründen der Abbildungen vorgenommen hat. 12, 13 und 43.

Pappeln und dergleichen.

Ein weiterer Mangel bei gewöhnlichen Zierpflanzen, der sich gut an der Verwendung von Pappeln zeigt, ist der Wunsch nach Pflanzen, nur weil sie schnell wachsen. Ein sehr schnell wachsender Baum erzeugt fast immer günstige Effekte. Dies lässt sich gut an der häufigen Anpflanzung von Weiden und Pappeln an Sommerplätzen oder Seeufern veranschaulichen. Ihre Wirkung ist fast ausschließlich dünn und vorübergehend. Bei Weiden und Pappeln gibt es kaum Hinweise auf Stärke oder Haltbarkeit, und aus diesem Grund sollten sie in der Regel als untergeordnete oder sekundäre Elemente in Zier- oder Privatgärten eingesetzt werden. Wenn schnelle Ergebnisse erwünscht sind, gibt es nichts Besseres als diese Bäume zu pflanzen; aber bessere Bäume, wie Ahorne, Eichen oder Ulmen, sollten mit ihnen gepflanzt werden, und die Pappeln und Weiden sollten so schnell entfernt werden, wie die anderen Arten beginnen, Schutz zu bieten. Wenn die Plantage schließlich ihren dauerhaften Charakter annimmt, können einige der verbleibenden Pappeln und Weiden, wenn sie mit Bedacht zurückgelassen werden, sehr hervorragende Wirkungen erzielen; Aber niemand, der das Gefühl eines Künstlers hat, würde sich damit zufrieden geben, den Rahmen seines Ortes aus diesen schnell wachsenden und weichholzigen Bäumen zu errichten.

33. A spring expression worth securing. Catkins of the small poplar.

34. Plant-form in cherries. — Reine Hortense.

Ich habe gesagt, dass die legitime Verwendung von Pappeln in Ziergärten darin besteht, geringfügige oder sekundäre Effekte zu erzielen. In der Regel eignen sie sich weniger für die Einzelpflanzung als Einzelbäume als für die Verwendung in

Kompositionen, also als Teile allgemeiner Baumgruppen, wo ihre Eigenschaften dazu dienen, die Monotonie schwererer Formen und schwererer Blätter zu durchbrechen. Die Pappeln sind in der Regel bunte Bäume, besonders solche, die, wie die Espen, ein zitterndes Laub haben. Ihre Blätter sind hell und die Baumkronen sind dünn. Die Espe oder Popple, *Populus tremuloides* , aus unseren Wäldern ist ein verdienstvoller kleiner Baum für bestimmte Wirkungen. Seine baumelnden Kätzchen (Abb. 33), sein helles, tanzendes Laub und seine silbergrauen Zweige machen immer Freude, und seine Herbstfarbe ist eines der reinsten Goldgelbe unserer Landschaft. Es ist schön zu sehen, wie ein Baum davon vor einer Gruppe von Ahornbäumen oder immergrünen Pflanzen hervorsteht.

Pflanzenformen.

Bevor man eine große Sensibilität für die Wertschätzung von Gärten erlangt, lernt man, Pflanzen anhand ihrer Formen zu unterscheiden. Dies gilt insbesondere für Bäume und Sträucher. Jede Art hat ihren eigenen „Ausdruck", der durch die für sie natürliche Größe, die Art der Verzweigung, die Form der Spitze, die Merkmale der Zweige, der Rinde, der Blätter und in gewissem Maße auch die Merkmale der Blüten und Früchte bestimmt wird. Es ist eine nützliche Praxis, sein Auge zu schulen, indem man die Unterschiede im Ausdruck der Bäume verschiedener Sorten von Kirschen, Birnen, Äpfeln oder anderen Früchten lernt, wenn man Zugang zu einer Plantage dieser Bäume hat. Die Unterschiede zwischen Kirschen und Birnen sind sehr deutlich (Abb. 34-36). Er kann auch die Arten von Bäumen oder Sträuchern, von denen es in der Nachbarschaft zwei oder drei Arten gibt, sorgfältig gegenüberstellen und vergleichen und lernen, sie ohne nähere Untersuchung zu unterscheiden; wie Zuckerahorn, Rotahorn, Weichahorn und Spitzahorn (sofern gepflanzt); die weiße oder amerikanische Ulme, die Korkulme, die Glattulme, die gepflanzten europäischen Ulmen; die Espe, die Dickzahnpappel, die Pappel, die Balsampappel, die Carolina-Pappel und die Lombardei-Pappel; die wichtigsten Eichenarten; die Hickorybäume; und dergleichen.

35. Morello cherry.

36. May Duke cherry.

Es wird nicht lange dauern, bis der Beobachter erfährt, dass viele der Baum- und Strauchmerkmale im Winter am stärksten ausgeprägt sind; und er wird unbewusst beginnen, den Winter zu seinem Jahr hinzuzufügen.

Verschiedene konkrete Beispiele .

Die vorstehenden Bemerkungen werden noch aussagekräftiger, wenn dem Leser einige konkrete Beispiele gezeigt werden. Ich habe einige Fälle ausgewählt, nicht weil sie die besten sind oder weil sie immer gut genug für Modelle sind, sondern weil sie mir im Weg stehen und veranschaulichen, was ich lehren möchte.

Ein Beispiel für einen Vorgarten.

Wir werden uns zunächst einen ganz gewöhnlichen Vorgarten ansehen. Es enthielt keine Pflanzen, außer einem Birnbaum, der in der Nähe der Hausecke stand. Vier Jahre später sieht der Hof so aus, wie in Abb. 37 dargestellt. Eine Exochorda ist der große Busch ganz im Vordergrund, und das Fundament der Veranda wird abgeschirmt und dadurch wird dem Rasen eine Grenze gegeben. Die Länge dieser Bepflanzung von Ende zu Ende beträgt etwa vierzehn Fuß, mit einem Vorsprung von zehn Fuß nach vorne auf der linken Seite. In der Bucht an der Basis dieses Vorsprungs ist die Bepflanzung nur zwei Fuß breit oder tief, und von hier aus erstreckt sie sich allmählich zu den acht Fuß breiten Stufen. Die auffällige großblättrige Pflanze in der Nähe der Stufen ist ein Brombeerstrauch, *Rubus odoratus* , der in der Nachbarschaft sehr häufig vorkommt und eine bevorzugte Pflanze für dekorative Bepflanzung ist , wenn er unter Kontrolle gehalten wird. Die Pflanzen in diesem Beet vor der Veranda stammen alle aus der Wildnis und umfassen eine stachelige Esche, mehrere Pflanzen von zwei wilden Korbweiden oder Hartriegeln, einen Gewürzstrauch, eine Rose, wilde Sonnenblumen und Astern sowie Goldruten. Das Vorgebirge auf der linken Seite ist eine anspruchsvollere, aber weniger effektive Masse. Es enthält eine Exochorda, ein Schilfrohr, einen bunten Holunder, einen Sacaline, einen bunten Hartriegel, einen Rainfarn und einen jungen Baum wilder Krabben. Auf der Rückseite der Plantage, neben dem Haus, sieht man den Birnbaum. Der beste Einzelbestandteil der Bepflanzung ist das Schilfrohr (*Arundo Donax*), das die Exochorda überragt. Das Foto wurde im Frühsommer aufgenommen, bevor das Schilfrohr auffällig geworden war.

37. The planting in a simple front yard.

Ein Grundriss dieser Bepflanzung ist in Abb. 38 dargestellt. Bei A ist der Weg und bei B die Stufen. Eine Öffnung bei D dient als Durchgang. Die vierzehn Fuß lange Hauptbepflanzung vor der Veranda beherbergte zwölf Pflanzen, von denen sich einige inzwischen in großen Büscheln ausgebreitet haben. Bei 1 steht ein großer Korbweidenstrauch, *Cornus Baileyi* , einer der besten Sträucher mit roten Stielen. Bei 2 ist eine Masse von *Rubus odoratus* ; bei 5 Astern und Goldruten; um 3 ein Büschel wilder Sonnenblumen. Die vorspringende Bepflanzung auf der linken Seite besteht aus etwa zehn Pflanzen, darunter vier Exochorda-Pflanzen, sechs Arundo- oder Schilfpflanzen, auf deren Rückseite sich ein großes Büschel Sacalin befindet, und sieben ein buntblättriger Holunder.

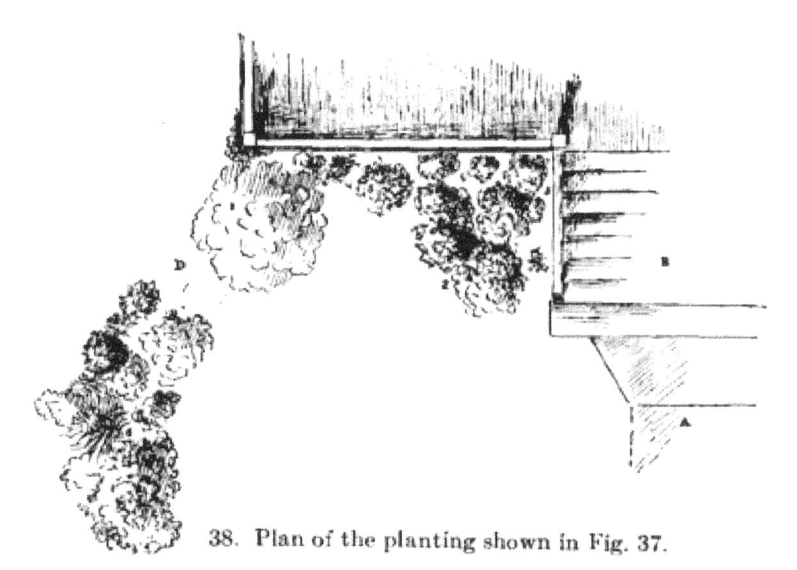

38. Plan of the planting shown in Fig. 37.

39. Diagram of a back-yard planting.
50 × 90 feet.

Ein anderes Beispiel.

40. The beginning of a landscape garden.

41. The result in five years.

Ein Hinterhof ist in Abb. 39 dargestellt. Der Eigentümer wollte einen Tennisplatz, und der Hof ist so klein, dass eine breite Bepflanzung an den Rändern nicht möglich ist. Es könnte jedoch etwas getan werden. Auf der linken Seite befindet sich eine Unkrautgrenze, die die Grundlage für die Diskussion über Wildpflanzen auf Seite 35 bildete. Zunächst wurde ein guter Rasen angelegt. Zweitens wurden in der Gegend keine Gehwege oder

Zufahrten angelegt. Der Antrieb für Lebensmittelwagen und Kohle ist hinten zu sehen, neunzig Fuß vom Haus entfernt. Von I bis J verläuft das Unkraut, das das Gebiet vom Nachbargrundstück trennt. In meiner Nähe steht ein Büschel Rosen. Bei K ist ein großer Haufen Goldruten. H markiert einen Yucca-Büschel. G ist eine Hütte, die an der Vorderseite mit Weinreben bewachsen ist. Von G bis F erstreckt sich ein unregelmäßiger, etwa 1,80 Meter breiter Rand mit Berberitzen, Forsythien, wildem Holunder und anderen Sträuchern. DE ist ein Schirm aus russischem Maulbeerbaum, der den Kleiderschrank vom Vorgarten aus abhebt. In der Nähe der hinteren Veranda, am Ende des Bildschirms, befindet sich eine mit wilden Weintrauben bedeckte Laube, die als Spielhaus für die Kinder dient. Bei A steht ein Fliederbüschel. Bei B befindet sich ein mit Weinreben bewachsener Schirm, der als Hängemattenstütze dient. Nachdem der Rasen angelegt und die Bepflanzung abgeschlossen war, mussten als nächstes die Gehwege angelegt werden. Dies sind völlig informelle Angelegenheiten, bei denen ein zehn Zoll breites Brett bis zur Höhe der Grasnarbe in den Boden versenkt wird. Die Randbepflanzungen dieses Hofes sind zu gerade und regelmäßig, um künstlerische Ergebnisse zu erzielen, aber dies war notwendig, um den zentralen Raum nicht zu beeinträchtigen. Dennoch wird der Leser zweifellos zustimmen, dass dieser Garten viel besser ist, als er mit einem System verstreuter und punktueller Bepflanzung geschaffen werden könnte. Stellen Sie sich vor, wie ein leuchtendes Teppichbett in der Mitte dieses Rasens aussehen würde!

Ein drittes Beispiel.

42. A meaningless back-yard planting, and an unnecessary drive.

43. Suggestions for improving Fig. 42.

Die Herstellung eines Landschaftsbildes ist in den Abbildungen gut veranschaulicht. 40, 41. Ersteres zeigt ein kleines Lehmfeld (75 Fuß breit und 300 Fuß tief) mit einer Scheune im Hintergrund. Vor der Scheune steht ein Weidenschirm. Der Betrachter schaut vom Wohnhaus aus. Die Fläche wurde gepflügt und für einen Rasen gesät. Der Bediener hat dann mit einem Hackenstiel eine Umleitungslinie an beiden Rändern markiert und den gesamten Raum zwischen diesen Rändern mit einer Gartenwalze bearbeitet, um den Bereich der gewünschten Grünfläche zu markieren.

Die Rabatten sind jetzt mit verschiedenen kleinen Bäumen, Sträuchern und Kräutern bepflanzt. Fünf Jahre später wurde die in Abb. 41 gezeigte Ansicht aufgenommen.

Ein kleiner Hinterhof.

In Abb. 42 ist ein Hinterhof dargestellt. Er ist etwa sechzig Fuß im Quadrat groß. Derzeit enthält es ein Laufwerk, das unnötig, teuer in der Reparatur und schädlich für jeden Versuch ist, ein Bild von der Gegend zu machen. Der Ort könnte verbessert werden, indem man ihn etwas nach der Art von Abb. 43 bepflanzt.

V. Ein subtropisches Bett. Zentrum von Cannas, mit Rand aus *Pennisetum longistylum* (einem Gras), begonnen Ende Februar oder Anfang März.

Ein städtisches Grundstück.

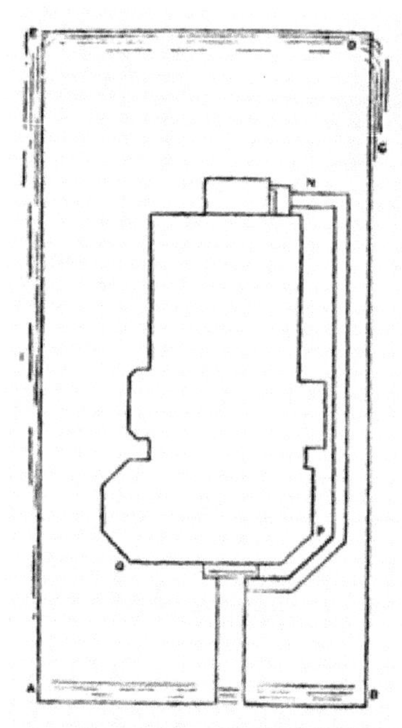

44. Present outline of a city back yard, desired to be planted.

Ein Plan eines städtischen Grundstücks ist in Abb. 44 dargestellt. Die Fläche beträgt fünfzig mal einhundert, und das Haus nimmt den größten Teil der Breite ein. Es ist eben, aber das umgebende Land ist höher, was zu einer scharfen, drei bis vier Fuß hohen Terrasse auf der Rückseite führt, E D. Diese Terrasse verschwindet bei C auf der rechten Seite, erstreckt sich aber fast über die gesamte Länge der anderen Seite. allmählich kleiner, je mehr sie sich A nähert. Es gibt eine zwei Fuß hohe Terrasse, die sich von A nach B entlang der Vorderseite erstreckt. Hinter der Linie ED befindet sich die Rückseite einer Einrichtung, die man verbergen möchte. Da die Terrassen eine klare Grenze zu diesem kleinen Ort bilden, ist es wünschenswert, die Grenzen ziemlich stark zu bepflanzen. Wenn die angrenzenden Rasenflächen auf derselben Ebene lägen oder die Nachbarn es erlauben würden, dass ein Bereich durch angenehme Gefälle in den anderen übergeht, könnten die drei Höfe zu einem Bild zusammengefasst werden; aber der Ort muss isoliert bleiben.

Bei der strukturellen Bepflanzung des Ortes gibt es drei Probleme: Bereitstellung einer Abdeckung oder eines Sichtschutzes an der Rückseite; um auf den Seitenterrassen geringere Randmassen vorzusehen; als nächstes die Fundamente des Hauses zu legen. Abgesehen von diesen Problemen hat der Züchter Anspruch auf eine bestimmte Anzahl von Einzelpflanzen, wenn er bestimmte Arten besonders mag. Diese Exemplare müssen jedoch in einem bestimmten Verhältnis zu den Strukturmassen und nicht in der Mitte des Rasens gepflanzt werden.

Der Eigentümer wünschte sich zur Abwechslung eine gemischte Bepflanzung. Die folgenden Sträucher wurden tatsächlich ausgewählt und gepflanzt. Der Ort liegt im Zentrum von New York:—

Sträucher für den hohen Hintergrund

- 2 Berberitze, *Berberis vulgaris* und Var. *Purpurea* .
- 1 Cornus Mas.
- 2 hohe Deutzien.
- 3 Flieder.
- 2 Scheinorangen, *Philadelphus grandiflorus* und *P. coronarius* .
- 2 bunte Älteste.
- 2 Eleagnus, *Elæagnus hortensis* und *E. longipes* .
- 1 Exochorda.
- 2 Hibiskus.
- Liguster.
- 3 Viburnum.
- 1 Schneeball.
- 1 tatarisches Geißblatt.
- 1 Silberglocke, *Halesia tetraptera* .

45. The planting of the terrace in Fig. 44.

Diese wurden am abfallenden Ufer der Terrasse von E nach D gepflanzt. Die Terrasse hat eine Neigung oder Breite von etwa drei Fuß. Abbildung 45 zeigt diese Terrasse nach Abschluss der Bepflanzung, gesehen von Punkt C.

Mittelgroße Sträucher, geeignet für Seitenpflanzungen und Gruppen im obigen Beispiel

- 3 Berberitzen, *Berberis Thunbergii* .
- 3 Korbweiden-Hartriegel, bunt.
- 2 japanische Quitten, *Cydonia Japonica* und *C. Maulei* .
- 4 hohe Deutzien.
- 1 bunter Holunder.
- 7 Weigelas, verschiedene Farben.
- 1 Rhodotypos.
- 9 Spireas mittleren Wuchses, sortiert.
- 1 Rubus odoratus.
- 1 Lonicera fragrantissima.

46. Said to have been planted.

Die meisten dieser Sträucher wurden in einem zwei Fuß breiten Beet gepflanzt, das sich von B bis CD erstreckte, wobei die Bepflanzung etwa zehn Fuß von der Straße entfernt begann. Einige von ihnen wurden auf der Terrasse links platziert und erstreckten sich von E über ein Viertel der Distanz bis A. Die Pflanzen wurden etwa zwei Fuß voneinander entfernt aufgestellt. Zur Abschirmung des Hinterhofs wurde im Norden ein starker Block aufgestellt. In diesem Hinterhof wurden ein paar kleine Obstbäume und ein Erdbeerbeet gepflanzt.

Niedrige, formlose Sträucher für die Vorderseite der Veranda und als Abgrenzung zum Haus

- 3 Deutzia gracilis.
- 6 Kerrias, grün und bunt.
- 3 Daphne Mezereum.

- 3 Lonicera Halliana.
- 3 Rubus phœnicolasius.
- 3 Symphoricarpus vulgaris.
- 4 Mahonien.
- 1 Ribes aureum.
- 1 Ribes sanguineum.
- 1 Rubus crataegifolius.
- 1 Rubus fruticosus var. Laciniatus.

47. An area well filled. Compare Fig. 46.

Diese Büsche wurden an der Vorderseite des Hauses (eine Veranda auf einem hohen Fundament erstreckt sich nach rechts von O) und vom Rundgang bis P gepflanzt, und einige davon wurden an der Rückseite des Hauses platziert.

Exemplarische Sträucher zur bloßen Zierde für diesen Ort

- Azalee.
- Rhododendron.
- Rose.
- 2 Hortensien.
- 1 Schneeball.
- Je 1 Forsythia suspensa und F. viridissima.
- 2 blühende Mandeln.

Diese wurden hier und da an auffälligen Stellen gegen die anderen Massen gepflanzt.

Hier sind hundert ausgezeichnete und interessante Büsche in einem Garten gepflanzt, der nur fünfzehn Fuß breit und hundert Fuß tief ist, und doch hat der Ort darin genauso viel Platz wie zuvor. Entlang der Ränder gibt es reichlich Gelegenheit, Cannas, Dahlien, Stockrosen, Astern, Geranien, Buntlippen und andere prächtige Pflanzen anzupflanzen. Die Büsche werden sich zwar bald drängen, aber es braucht eine Masse, und die Enge der Plantagen wird es jedem Busch ermöglichen, sich seitlich perfekt zu entwickeln. Wenn die Ränder jedoch zu dick werden, können einige Büsche problemlos entfernt werden. aber das werden sie wahrscheinlich nicht. Stellen Sie sich die Farbe, Vielfalt und das Leben in diesem kleinen Garten vor. Und wenn ab und zu ein Schweinskraut im Beet wächst, kann es nicht schaden, es in Ruhe zu lassen: Es gehört dorthin! Stellen Sie sich dann denselben Bereich voller unzusammenhängender, fleckiger, dyspeptischer und kraftloser Blumenbeete und Rosenbüsche vor!

Diverse Beispiele.

48. The screening of the tennis-screen.

49. At the bottom of the clothes-post.

Starke und kahle Fundamente sollten durch starke Bepflanzung entlastet werden. Füllen Sie die Ecken mit Schneeverwehungen aus Laub. Pflanzen Sie mit freier Hand, als ob Sie es so meinen (vgl. Abb. 46 und 47). Die Ecke an der Treppe ist eine ständige Quelle schlechter Laune. Der Rasenmäher berührt ihn nicht und das Gras muss mit einem Metzgermesser geschnitten werden. Wenn nichts anderes zur Hand ist, lassen Sie eine Klette darin wachsen (Abb. 1).

Der Tennisschirm kann durch einen Hintergrund ergänzt werden (Abb. 48), und ein Büschel Bandgras oder etwas anderes steht nicht im Weg an einem Pfosten (Abb. 49).

Hervorragende Masseneffekte können erzielt werden, indem jedes Jahr gut etablierte Pflanzen wie Sumach, Ailanthus, Linde und andere stark wachsende Pflanzen bis auf den Boden zurückgeschnitten werden, um die kräftigen Triebe zu sichern. Abbildung 50 gibt den Hinweis.

50. Young shoots of ailanthus (and sunflowers for variety).

Aber wenn jemand keine Fläche hat, die er in einen Rasen verwandeln und auf der er solche grünen Massen pflanzen kann, was kann er dann tun? Selbst dann besteht möglicherweise die Möglichkeit, ein wenig ordentlich und kunstvoll zu bepflanzen. Selbst wenn jemand in einem gemieteten Haus wohnt, kann er einen Strauch oder ein Kraut aus dem Wald mitbringen und damit ein Bild malen. Pflanzen Sie es in der Ecke neben der Treppe, vor der Veranda, an der Ecke des Hauses – fast überall außer in der Mitte des Rasens. Machen Sie den Boden nährstoffreich, sorgen Sie für eine starke Wurzel und pflanzen Sie ihn sorgfältig; dann warte. Der kleine Klumpen wird nicht nur eine eigene Schönheit und einen besonderen Reiz haben, sondern er kann auch eine enorme Bereicherung für die Einrichtung des Gartens darstellen.

51. A backyard cabin.

Um diese Büschel herum kann man leuchtende Tulpenzwiebeln oder zierliche Schneeglöckchen und Maiglöckchen pflanzen; und darauf können Stiefmütterchen und Phlox und andere einfache Leute folgen. Sehr bald stellt man fest, dass man sich sehr für diese zufälligen und isolierten Bilder interessiert, und fast bevor man es merkt, stellt man fest, dass er die Ecken des Hauses abgerundet, gemütliche kleine Lauben aus wilden Weintrauben und Clematis gebaut und den hinteren Zaun und das Nebengebäude abgedeckt hat mit Actinidia und Bittersüß, und hat mit Malven, Cannas und Lilien Farbtupfer hinzugefügt und die Fundamente der Gebäude mit niedrigen Weinreben oder geschickten Pflanzstücken an der Grünfläche befestigt. Er kommt bald zu dem Schluss, dass Blumen die schönsten Gefühle am besten zum Ausdruck bringen, wenn sie hier und dort vor einem Hintergrund aus Blattwerk zierlich platziert oder als Seitenteil an der Stelle angebracht werden. Den Anpassungen sind keine Grenzen gesetzt; Feigen. 51 bis 58 deuten auf einige der Hinterhofmöglichkeiten hin.

Gegenwärtig rebelliert er gegen die kühnen, harten und unverschämten Pläne einiger Gärtner und entwickelt eine einfallsreiche Liebe zu Pflanzenformen und Grünpflanzen. Er mag zwar immer noch die Trauer-, Schnittlaub- und Party-Bäume des Gärtners mögen, aber er sieht, dass sie ihre beste Wirkung erzielen, wenn sie sparsam gepflanzt werden, als Ränder oder Vorgebirge der Strukturmassen.

52. A garden path with hedgerows, trellis, and bench, in formal treatment.

Die beste Bepflanzung, die beste Malerei und die beste Musik sind nur mit dem besten und zartesten Gefühl und dem engsten Zusammenleben mit der Natur möglich. Der Platz eines Menschen wird zu einem Spiegelbild seiner selbst, verändert sich, während er sich verändert, und drückt bis zuletzt sein Leben und sein Mitgefühl aus.

Rezension

Wir haben nun einige Prinzipien und Anwendungen der Landschaftsarchitektur oder des Landschaftsgartenbaus besprochen, insbesondere in Bezug auf die Bepflanzung. Ziel der Landschaftsgärtnerei ist es, *ein Bild zu schaffen* . Das Sortieren, Säen und Pflanzen erfolgt nebenbei und ergänzt diese eine zentrale Idee. Der Rasen ist die Leinwand, das Haus oder ein anderer markanter Punkt ist die zentrale Figur, die Bepflanzung vervollständigt die Komposition und verleiht ihr Farbe.

53. An enclosure for lawn games.

54. Sunlight and shadow.

Die zweite Konzeption ist das Prinzip, dass *das Bild einen Landschaftseffekt haben sollte* . Das heißt, es sollte naturähnlich sein. Teppichbetten sind eine Fülle von Farben, keine Bilder. Es handelt sich um kleine Verzierungen und Reliefs, die sehr vorsichtig eingesetzt werden sollten, da kleine Exzentrizitäten und Konventionalitäten in einem Gebäude niemals mehr als sehr unbedeutende Merkmale sein sollten.

Alle anderen Konzepte im Landschaftsgartenbau sind diesen beiden untergeordnet. Einige der wichtigsten dieser sekundären, aber zugrunde liegenden Überlegungen sind wie folgt:

Einheit zu begreifen . Wenn ein Gebäude nicht gefällt, bitten Sie einen Architekten, es zu verbessern. Der echte Architekt wird das Gebäude als Ganzes untersuchen, seine Gestaltung und Bedeutung erfassen und Verbesserungen vorschlagen, die der gesamten Struktur mehr Kraft verleihen. Ein Handwerker würde hier einen Schornstein und dort ein Fenster hinzufügen und verschiedene Farbtupfer auf das Gebäude auftragen. Jede dieser Funktionen könnte für sich genommen gut sein. Die Farben könnten die besten Farben Ocker, Ultramarin oder Pariser Grün sein, aber sie könnten keinen Bezug zum gesamten Gebäude haben und wären nur lächerlich. Diese beiden Beispiele verdeutlichen den Unterschied zwischen Landschaftsgärtnerei und der Verstreuung bloßer Zierelemente über den Ort.

55. An upland garden, with grass-grown steps, sundial, and edge of foxgloves.

56. A garden corner.

einen zentralen und nachdrücklichen Punkt im Bild geben . Ein Bild einer Schlacht zieht sein Interesse aus der Aktion einer zentralen Figur oder Gruppe. In dem Moment, in dem die Neben- und Nebenfiguren ebenso hervorstechen wie die Hauptfiguren, verliert das Bild an Gewicht, Leben und Bedeutung. Die Grenzen eines Ortes sind weniger wichtig als sein Zentrum. Daher:

Halten Sie die Mitte des Platzes offen ;

Rahmen und Masse der Seiten; Vermeiden Sie Streueffekte .

In einem Landschaftsbild *sind Blumen Ereignisse* . Sie setzen Akzente, liefern Farbe, sorgen für Abwechslung und Abschluss; Sie sind der Schmuck, aber der Rasen und die Massenpflanzungen bilden den Rahmen. Eine Blume im Beet, die das Bild in Szene setzt, wirkt wirkungsvoller als zwanzig Blumen in der Mitte des Rasens.

Es kommt mehr auf *die Positionen an, die Pflanzen im Verhältnis zueinander und auf die strukturelle Gestaltung des Ortes einnehmen* , als auf die intrinsischen Vorzüge der Pflanzen selbst.

Landschaftsgärtnerei ist also die Verschönerung von Grundstücken, so dass sie einen naturähnlichen oder landschaftlichen Effekt haben. Die Blumen und Accessoires können die Wirkung verstärken und beschleunigen, sie sollten ihr aber nicht widersprechen.

57. An old-fashioned doorway.

58. An informally treated stream.

KAPITEL III
AUSFÜHRUNG EINIGER LANDSCHAFTSMERKMALE

Nachdem wir nun den allgemeinen Grundriss eines kleinen Wohnhauses betrachtet haben, können wir die praktischen Abläufe bei der Ausführung des Plans besprechen. In diesem Kapitel soll nicht die allgemeine Frage des Umgangs mit dem Boden erörtert werden; diese Diskussion findet in Kapitel IV statt; noch im Detail, wie man mit Pflanzen umgeht: Das kommt in den Kapiteln V bis X vor; Aber die Themen Planieren, Anlegen von Gehwegen und Auffahrten, Ausführen der Randbepflanzung und Anlegen von Rasenflächen können kurz betrachtet werden.

Natürlich sind die Anweisungen in einem Buch, wie vollständig sie auch sein mögen, im Vergleich zu den Ratschlägen einer guten, erfahrenen Person sehr unzureichend und unbefriedigend. Allerdings ist es nicht immer möglich, eine solche Person zu finden; und es ist für den Hausfrauen eine große Genugtuung, wenn er das Gefühl hat, die Arbeit selbst bewältigen zu können, selbst wenn er einige Fehler mit sich bringt.

Die Benotung .

Die erste Überlegung besteht darin, das Land einzustufen. Die Sortierung ist sehr kostspielig, insbesondere wenn sie zu einer Jahreszeit durchgeführt wird, in der der Boden stark wasserhaltig ist. Daher sollten alle Anstrengungen unternommen werden, um die Abstufung auf ein Minimum zu reduzieren und dennoch eine ansprechende Kontur sicherzustellen. Ein guter Zeitpunkt zum Planieren ist, wenn man Zeit hat, im Herbst, bevor die starken Regenfälle kommen, und dann die Oberfläche bis zum Frühjahr absetzen zu lassen, wenn die Endbearbeitung vorgenommen werden kann. Die gesamte Füllung setzt sich mit der Zeit ab, sofern sie nicht gründlich festgestampft wird.

Je kleiner die Fläche, desto mehr Sorgfalt muss bei der Einstufung aufgewendet werden. aber auf jeder Platte, die 100 Fuß oder mehr im Quadrat hat, können mit ausgezeichneter Wirkung sehr beträchtliche Wellen in der Oberfläche zurückbleiben. Bei Rasenflächen dieser Größe oder auch nur der Hälfte dieser Größe ist es selten ratsam, sie vollkommen flach und eben zu halten. Sie sollten allmählich vom Haus weg abfallen; und wenn der Rasen 75 Fuß oder mehr breit ist, kann er mit gutem Effekt leicht krönend sein. Ein Rasen sollte niemals hohl sein, d. h. in der Mitte tiefer als an den Rändern, und breite Rasenflächen, die vollkommen flach und eben sind, wirken oft hohl. Eine Neigung von einem Fuß zu zwanzig oder dreißig ist nicht zu viel für ein angenehmes Gefälle bei Rasenflächen einigermaßen.

An kleinen Orten kann die Einstufung nach Augenmaß erfolgen, es sei denn, es sind ganz besondere Bedingungen zu erfüllen. In großen oder schwierigen Bereichen ist es sinnvoll, die Konturierung mithilfe von Instrumenten vorzunehmen. Dies ist insbesondere dann wünschenswert, wenn die Benotung im Auftrag erfolgen soll. Es wird eine Grund- oder Bezugslinie festgelegt, über oder unter der alle Flächen in gemessenen Abständen geformt werden sollen. Selbst in kleinen Höfen ist eine solche Bezugslinie für optimale Arbeiten wünschenswert.

Die Terasse .

59. A terrace in the distance; in the foreground an ideal "running out" of the bank.

An Stellen, an denen das natürliche Gefälle deutlich erkennbar ist, besteht die Tendenz, den Rasen zu terrassieren, um die verschiedenen Teile oder Abschnitte mehr oder weniger eben und eben zu machen. In fast allen Fällen ist eine Terrasse in einer Hauptrasenfläche jedoch zu beanstanden. Es schneidet den Rasen in zwei oder mehr Teile, wodurch er kleiner aussieht und die Wirkung des Bildes beeinträchtigt wird. Eine Terrasse drängt immer auf eine harte und starre Linie und lenkt die Aufmerksamkeit eher auf sich selbst als auf die Landschaft. Auch die Herstellung und Instandhaltung von Terrassen ist teuer; und eine schäbige Terrasse lenkt immer ab.

Wenn formale Effekte erwünscht sind, hängt ihr Erfolg jedoch weitgehend von der Strenge der Linien und der Sorgfalt ab, mit der sie beibehalten werden. Wenn eine Terrasse erforderlich ist, sollte diese in Form einer Stützmauer an der Straße angelegt werden oder am Gebäude anliegen, so dass eine möglichst breite und durchgehende Rasenfläche entsteht. Es sollte jedoch beachtet werden, dass eine Terrasse neben einem Gebäude kein Teil der Landschaft, sondern Teil der Architektur sein sollte; das heißt, es sollte als Basis für das Gebäude dienen. Es ist daher sofort ersichtlich, dass Terrassen vor allem bei Gebäuden mit starken horizontalen Linien angebracht sind, wohingegen sie bei Gebäuden mit sehr gebrochenen Linien und gemischten oder gotischen Elementen wenig geeignet sind. Um die

Terrasse mit dem Gebäude zu verbinden, ist es in der Regel ratsam, auf ihrer Krone ein architektonisches Element wie eine Balustrade anzubringen und sie über architektonische Stufen zu besteigen. Die Terrassenfassade wird somit Teil des Sockels des Gebäudes und bildet an ihrer Spitze eine Esplanade.

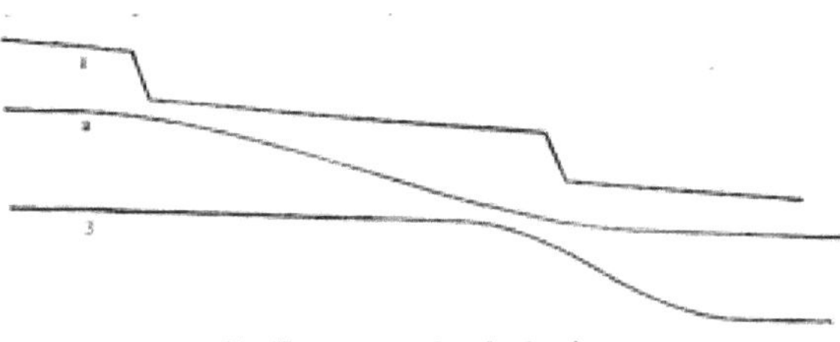

60. Treatment of a sloping lawn.

Anstelle einer Terrasse kann fast immer ein einfaches und allmählich abfallendes Ufer gebaut werden. Lassen Sie den Betreiber beispielsweise im Herbst des Jahres eine Terrasse mit spitzen Winkeln oben und unten anlegen; Im Frühjahr wird er feststellen (wenn er es nicht stark durchnässt hat), dass die Natur die Sache in die Hand genommen hat und der obere Winkel der Terrasse weggespült und im unteren Winkel abgelagert wurde, und das Ergebnis ist der Beginn von a gute Kurvenserie. Abbildung 59 zeigt einen idealen Hang mit seiner Doppelkurve, bestehend aus einer konvexen Kurve oben am Ufer und einer konkaven Kurve im unteren Teil. Dies ist ein Hang, der normalerweise terrassiert wäre, aber in seinem gegenwärtigen Zustand ist er Teil des Landschaftsbildes. Er kann genauso leicht gemäht werden wie jeder andere Teil des Rasens und kümmert sich um sich selbst.

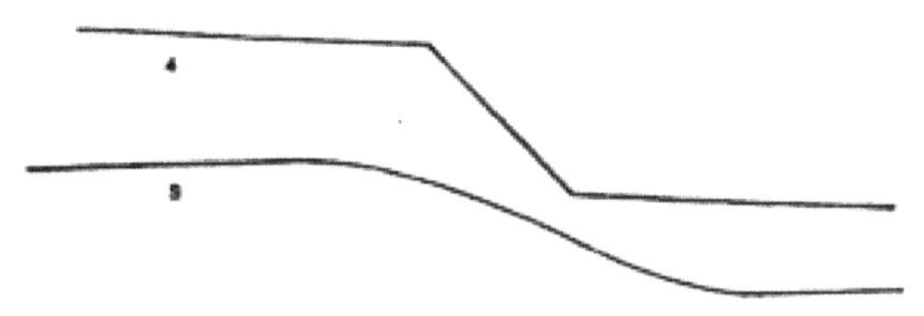

61. Treatment of a very steep bank.

Die Diagramme in Abb. 60 zeigen eine schlechte und eine gute Behandlung eines Rasens. Die Terrassen werden in diesem Fall nicht benötigt; oder wenn ja, sollten sie niemals wie bei 1 durchgeführt werden. Die gleiche Senke könnte in einer einzelnen gekrümmten Bank wie bei 3 aufgenommen werden, aber im Allgemeinen ist es besser, die in 2 gezeigte Behandlung durchzuführen. Abbildung 61 zeigt, wie eine sehr hohe Terrasse 4 durch eine abfallende Bank 5 ersetzt werden kann. Abbildung 62 zeigt eine Terrasse, die zu plötzlich vom Haus abfällt.

Die Begrenzungslinien .

Beim Planieren entlang der Grundstücksgrenzen ist es nicht immer notwendig und auch nicht wünschenswert, dass eine kontinuierliche Kontur beibehalten wird, insbesondere wenn die Grenze höher oder niedriger als der Rasen liegt. Eine etwas unregelmäßige Bepflanzungslinie erscheint am natürlichsten und eignet sich am besten für eine effektive Bepflanzung. Dies gilt insbesondere für den Verlauf von Wasserläufen, die in der Regel mehr oder weniger abzweigend oder kurvenreich sein sollten; und das angrenzende Grundstück sollte daher unterschiedliche Höhen und Konturen aufweisen. Es ist jedoch nicht immer notwendig, entlang von Wasserläufen ausgeprägte Ufer anzulegen, insbesondere wenn der Ort klein ist und die natürliche Lage des Landes mehr oder weniger eben oder flach ist. Eine sehr leichte Senke, wie in Abb. 63 dargestellt, kann an solchen Stellen allen Zwecken eines Wasserspiegels genügen.

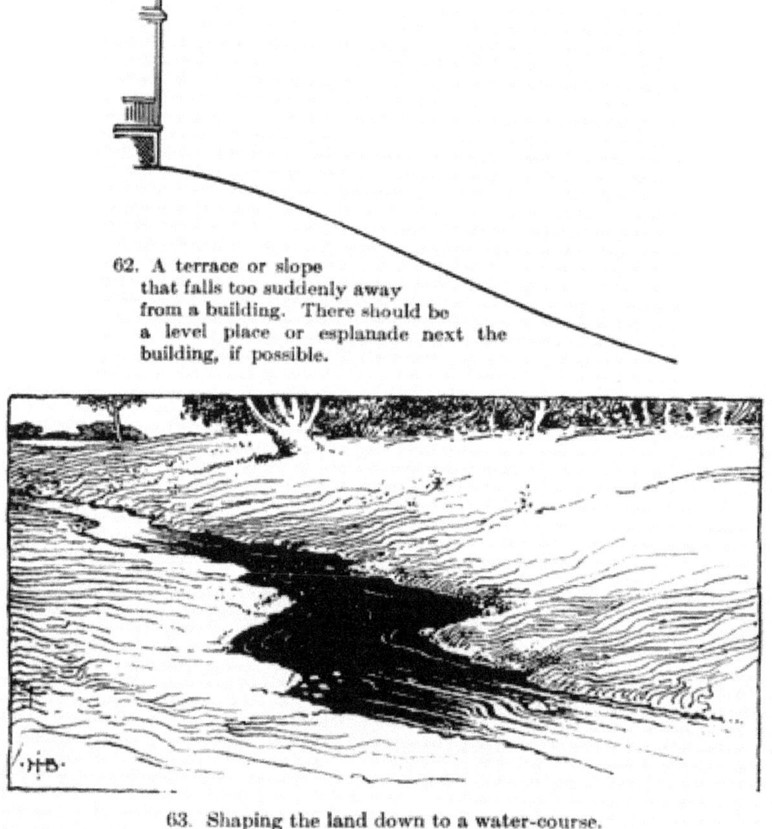

62. A terrace or slope that falls too suddenly away from a building. There should be a level place or esplanade next the building, if possible.

63. Shaping the land down to a water-course.

Wenn der Rasen möglichst groß und geräumig sein soll, sollte die Begrenzung entfernt werden. Entfernen Sie die Zäune, Bordsteine und andere rechte Linien. In ländlichen Gegenden kann manchmal ein versenkter

Zaun quer zum Rasen an dessen hinterem Rand angebracht werden, um das Vieh vom Platz fernzuhalten und so die angrenzende Landschaft einzubeziehen. Abbildung 64 zeigt, wie dies geschehen kann. Die Vertiefung am Fuße des Rasens, die in Wirklichkeit ein Graben ist und wegen der leichten Erhebung am inneren Rand vom oberen Teil des Platzes aus kaum sichtbar ist, erfüllt alle Zwecke eines Zauns.

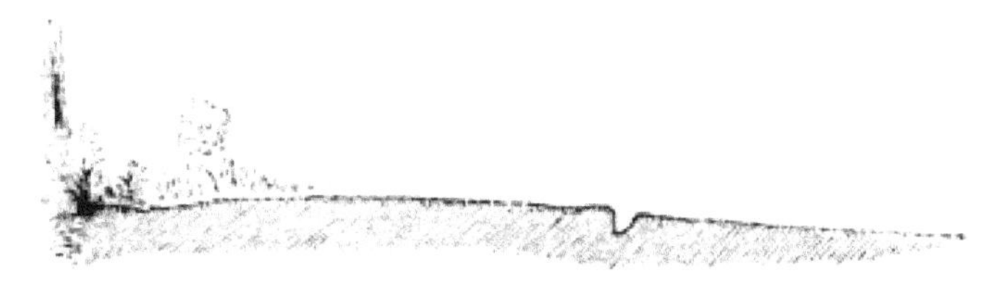

64. A sunken fence athwart a foreground.

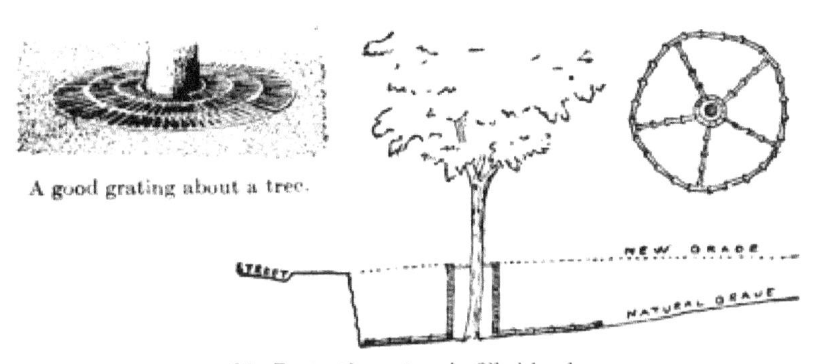

A good grating about a tree.

65. Protecting a tree in filled land.

Fast alle Bäume werden beschädigt, wenn die Erde bis zu einer Tiefe von 30 cm oder mehr mit Erde gefüllt wird. Die natürliche Basis der Pflanze sollte so weit wie möglich freigelegt werden, nicht nur zum Schutz des Baumes, sondern auch, weil die Basis eines Baumstamms eines seiner markantesten Merkmale ist. Eichen, Ahorne und tatsächlich die meisten Bäume verlieren ihre Rinde in der Nähe der Krone, wenn sie mit Erde beaufschlagt werden. Dies gilt insbesondere dann, wenn das Wasser dazu neigt, sich an den Stämmen festzusetzen. Abbildung 65 zeigt, wie diese Schwierigkeit umgangen werden kann. Ein Brunnen wird zugemauert, so dass auf allen Seiten ein bis zwei Fuß Platz bleibt, und rund um den Boden des Brunnens werden geflieste Abflüsse verlegt, wie in der Abbildung rechts dargestellt. Dargestellt ist auch ein Gitter zur Abdeckung eines Brunnens. Es ist oft möglich, knapp über dem Baum eine schräge Böschung anzulegen und den Boden an der Unterseite von den Wurzeln wegfallen zu lassen, so dass kein Brunnen oder Loch entsteht; Dies ist jedoch nur praktikabel, wenn das Land darunter, der Baum, erheblich niedriger ist als das Land darüber.

Wenn ein großer Teil der Oberfläche entfernt werden muss, sollte die gute oberste Erdschicht aufbewahrt und wieder auf die Fläche gelegt werden, auf der die Grassamen gesät und die Bepflanzung vorgenommen werden soll. Dieser oberste Boden kann während der Planierung an einer Seite aufgeschüttet werden, damit er nicht im Weg ist.

Spaziergänge und Autofahrten .

Was das Bild in der Landschaft betrifft, sind Spaziergänge und Autofahrten Schönheitsfehler. Da sie jedoch notwendig sind, müssen sie Teil der Landschaftsgestaltung sein. Sie sollten so wenige wie möglich sein, nicht nur, weil sie die künstlerische Komposition beeinträchtigen, sondern auch, weil ihre Herstellung und Wartung teuer sind.

An den meisten Orten gibt es eher zu viele als zu wenige Spaziergänge und Autofahrten. Kleine Stadtgebiete benötigen selten eine Einfahrt, nicht einmal bis zur Hintertür. Der Hinterhof in Abb. 39 verdeutlicht diesen Punkt. Die Entfernung vom Haus zur Straße auf der Rückseite beträgt etwa 30 Meter, dennoch gibt es im Ort keine Zufahrt. Die Kohle und der Proviant werden hereingetragen; Und obwohl sich die Lieferboten zunächst beschweren mögen, akzeptieren sie sehr bald das Unvermeidliche. Es lohnt sich nicht, an einem solchen Ort eine Einfahrt zu betreiben, um den LKW-Fahrern und Lebensmittelhändlern die Arbeit zu erleichtern. Auch ist eine Einfahrt in den Vorgarten häufig nicht notwendig, wenn das Haus weniger als 22 oder 30 Meter von der Straße entfernt liegt. Wenn eine Einfahrt erforderlich ist, sollte diese nach Möglichkeit an der Seite des Wohnhauses einfahren und nicht im Vorgarten einen Kreis bilden. Diese Bemerkung gilt möglicherweise nicht für Flächen von einem halben Hektar oder mehr.

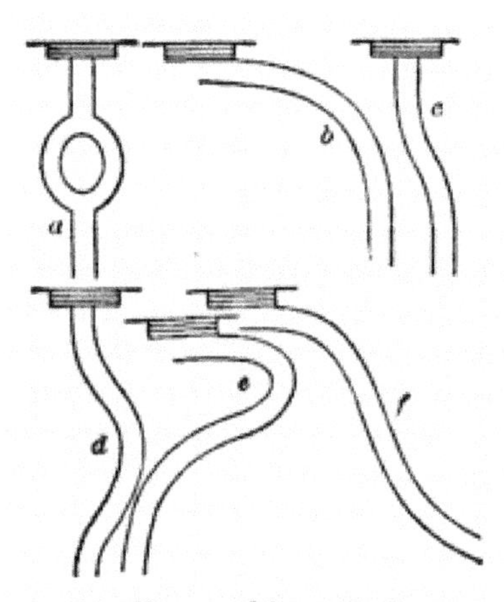

66. Forms of front walks.

Die Fahrten und Spaziergänge sollten direkt sein. Sie sollten dahin gehen, wohin sie zu gehen scheinen, und praktisch die kürzesten Entfernungen zwischen den zu erreichenden Punkten aufweisen. Abbildung 66 veranschaulicht einige der Probleme, die mit dem Gang zur Haustür verbunden sind. Eine häufige Form des Spaziergangs ist *ein* lästiger Spaziergang. Die Zeit, die man beim Umgehen der Kameenkulisse in der Mitte verliert, würde, wenn man sie spart, ausreichen, um das Leben eines Menschen um mehrere Monate oder ein Jahr zu verlängern. Ein solches Gerät hat weder einen künstlerischen noch einen praktischen Nutzen. Gehweg *b* ist besser, aber immer noch nicht ideal, da er eine zu große rechtwinklige Kurve darstellt und der Fußgänger den Wunsch hegt, über die Ecke zu gehen. Auch erstreckt sich ein solcher Weg meist zu weit über die Ecke des Hauses hinaus, als dass er direkt wirken könnte. Es hat jedoch den Vorteil, dass die Rasenmitte praktisch unberührt bleibt. Die Kurve in Schritt *d* ist normalerweise unnötig, es sei denn, der Boden rollt. An kleinen Orten wie diesem ist es besser, direkt vom Bürgersteig zum Haus zu gehen. Tatsächlich trifft dies in fast allen Fällen zu, in denen der Rasen nicht tiefer als 12 bis 22 Meter ist. Auch Plan *C* ist unentschuldbar. Ein gerader Spaziergang wäre für jeden Zweck besser geeignet. Jeder Spaziergang, der am Haus vorbei und wieder dorthin zurückführt, ist unentschuldbar, *es* sei denn, es ist ein sehr steiler Aufstieg erforderlich. Wenn die meisten Reisen vom Haus aus in eine Richtung erfolgen, ist ein Spaziergang wie *f* möglicherweise am direktesten und effizientesten. Sie wird als direkte Kurve bezeichnet und setzt sich aus einer konkaven und einer konvexen Kurve zusammen.

Es ist wichtig, dass jeder Serviceweg oder jede Servicefahrt, egal wie lang sie ist, von Ende zu Ende in Richtung und Design durchgehend sein sollte. Abbildung 67 zeigt eine lange Fahrt, die diesem Prinzip widerspricht.

67. A patched-up drive, showing meaningless crooks.

Es ist eine Reihe bedeutungsloser Kurven. Der Grund für diese Kurven ist die Tatsache, dass die Auffahrt von Zeit zu Zeit verlängert wurde, da neue

Häuser an die Villa angebaut wurden. Der Leser wird leicht erkennen, wie alle Knicke aus diesem Antrieb entfernt und durch eine direkte und kräftige Kurve ersetzt werden könnten.

Die Frage der Entwässerung, Eindämmung und Dachrinnen.

Eine gründliche Entwässerung, ob natürlich oder künstlich, ist bei anstrengenden und dauerhaften Spaziergängen und Autofahrten unerlässlich. Dieser Punkt wird zu oft vernachlässigt. Über die Entwässerung und Planierung von Wohnstraßen schreibt ein bekannter Landschaftsgärtner, OC Simonds, in „Park and Cemetery" Folgendes:

68. Treatment of walk and drive in a suburban region. There are no curbs.

„Die Oberflächenentwässerung ist etwas, das uns immer dann interessiert, wenn es regnet oder der Schnee schmilzt. Es ist üblich, an Straßenkreuzungen Auffangbecken zur Aufnahme des Oberflächenwassers anzubringen . Diese Anordnung führt dazu, dass der größte Teil des Oberflächenwassers von beiden Straßen an den Kreuzungen vorbeifließt, was es erforderlich macht, den Bürgersteig abzusenken, so dass man hin- und hersteigen muss, um von einer Straßenseite zur anderen zu gelangen oder einen Durchgang zu schaffen Das Wasser muss durch die Kreuzung geleitet werden. Man kann sagen, dass ein Schritt hinab zum Bürgersteig und wieder hinauf zum Bürgersteig an den Straßenkreuzungen keine Konsequenz hat, aber es ist wirklich eleganter und befriedigender, den Weg praktisch kontinuierlich zu gestalten (Abb. 68). Wenn sich das Auffangbecken an der Ecke befindet, der Zufluss verstopft ist oder ein starker Regenfall einsetzt, wird der Übergang manchmal mit Wasser bedeckt, sodass man entweder waten oder aus dem Weg gehen muss. Mit Auffangbecken in der Mitte der Blöcke oder, wenn die Blöcke lang sind, in einiger Entfernung von der Kreuzung, können die Kreuzungen relativ hoch und trocken gehalten werden. Fahrbahnen werden im Allgemeinen in der Mitte ballig angelegt, so dass das Wasser zu den Seiten abläuft, doch häufig ist das Gefälle in Längsrichtung der Fahrbahn geringer, als es sein sollte.

Stadtbauingenieure neigen in der Regel dazu, das Gefälle entlang einer Straße möglichst eben zu gestalten. Behörden, die sich eingehend mit dem Thema Straßen befasst haben, empfehlen einen Längssturz von mindestens einem Fuß pro Hundertundzwanzig und nicht mehr als sechs Fuß pro Hundert. Solche Gefälle sind nicht immer machbar, aber in einer Wohnstraße können in der Regel gewisse Höhenunterschiede vorgenommen werden, die das Erscheinungsbild deutlich verbessern und gewisse praktische Vorteile mit sich bringen, wenn es darum geht, die Straße trocken zu halten. Das Wasser wird normalerweise durch Eindämmung auf den Rand des Bürgersteigs beschränkt, der zwischen 10 und 14 Zoll über die Oberfläche steigen kann. Dies führt dazu, dass das gesamte Wasser, das auf die Fahrbahn fällt, in das Auffangbecken gelangt und verschwendet wird, mit Ausnahme der Verwendung zur Spülung des Abwasserkanals. Würde man auf die in den meisten Fällen wirklich unnötigen Randsteine verzichten, würde ein Großteil des Oberflächenwassers in den Boden zwischen Gehweg und Gehweg eindringen und sich positiv auf Bäume, Sträucher und Gras auswirken. Die Wurzeln der Bäume reichen von Natur aus so weit oder weiter als ihre Äste, und zu ihrem Wohl sollte der Boden unter dem Bürgersteig und Gehweg mit einer gewissen Menge Feuchtigkeit versorgt werden.

VI. Ein Baum, der einem Ort Charakter verleiht.

„Die für die Entfernung des Oberflächenwassers von der Straße getroffene Regelung muss auch das überschüssige Wasser von angrenzenden Grundstücken berücksichtigen , sodass es einen praktischen Vorteil hat, wenn das Niveau der Straße niedriger ist als das des angrenzenden Geländes. Auch das Erscheinungsbild von Häusern und Grundstücken wirkt viel besser, wenn sie höher als die Straße liegen. Aus diesem Grund ist es in der Regel wünschenswert, diese so niedrig wie möglich zu halten und die unterirdischen Leitungen ausreichend abzudecken, um sie vor Frost zu schützen. Wenn der Boden hoch ist und die Abwasserkanäle sehr tief sind, sollten die Güteklassen natürlich nur anhand der Oberflächenbedingungen bestimmt werden. Es kommt manchmal vor, dass diese allgemeine Anordnung der Gefälle von Wohngrundstücken, die in den meisten Fällen wünschenswert ist, dazu führt, dass Wasser aus schmelzendem Schnee im Winter über den Gehweg fließt, wo es gefrieren und eine Gefahr für Fußgänger darstellen kann. Eine leichte Absenkung des Grundstücks vom Bürgersteig weg und dann ein Anstieg zum Haus würde normalerweise dieses Problem beheben und das Haus auch höher erscheinen lassen. Manchmal sollte jedoch ein Rohr unter dem Gehweg verlegt werden, damit das Wasser von innerhalb der Grundstücksgrenze auf die Straße gelangen kann. Das Ziel bei der Oberflächenentwässerung sollte immer darin bestehen, die befahrenen Straßenabschnitte in einem möglichst einwandfreien Nutzungszustand zu halten. Die schnelle Entfernung von überschüssigem Wasser von Gehwegen, Kreuzungen und Fahrbahnen wird dazu beitragen, dieses Ergebnis sicherzustellen."

69. A common form of edge for walk or drive. 70. A better form.

Diese Bemerkungen zu den Bordsteinen und harten Rändern städtischer Straßen können auch auf Spaziergänge und Fahrten in kleinen Grundstücken angewendet werden. Abbildung 69 zeigt zum Beispiel die übliche Methode zur Bearbeitung der Kante eines Gehwegs, indem eine scharfe und klare Erhebung erstellt wird. Diese Kante muss ständig beschnitten werden, sonst wird sie unförmig; und dieser Beschnitt führt tendenziell zu einer Verbreiterung des Ganges. Für allgemeine Zwecke ist ein Rand, wie in Abb. 70 gezeigt, besser. Die Grasnarbe rollt um, bis sie auf den Gehweg trifft, und der Rasenmäher ist in der Lage, sie in gutem Zustand zu halten. Wenn es mehr oder weniger rau und unregelmäßig wird, wird es gestampft.

71. Sod cutter.

Wenn Sie es für notwendig erachten, die Kanten von Gehwegen und Auffahrten zu kürzen, können Sie zu diesem Zweck eine der verschiedenen Arten von Grassodenschneidern verwenden, die von Händlern verkauft werden, oder Sie können den Schaft einer alten Hacke begradigen und die Ecken der Rasenhacke begradigen lassen Klinge abgerundet, wie in Abb. 71, und dies wird alle Zwecke des gemeinsamen Sod-Cutter erfüllen; Manchmal kann auch ein scharfer Spaten mit gerader Kante verwendet werden. Das lose überhängende Gras an diesen Rändern wird normalerweise mit einer großen, speziell für diesen Zweck hergestellten Schere geschnitten.

Gehwege und Auffahrten sollten in einer solchen Richtung verlegt werden, dass sie dazu neigen, sich selbst zu entwässern; Wenn jedoch Dachrinnen erforderlich sind, sollten diese am Boden tief und scharf sein, da sich das Wasser dann zusammenzieht und die Dachrinne sauber hält. Eine flache und abgerundete Dachrinne aus Ziegeln oder Kopfsteinpflaster reinigt sich nicht von selbst; Es ist sehr wahrscheinlich, dass es sich mit Unkraut füllt und häufig von Fahrzeugen befahren wird. Die besten Dachrinnen und Bordsteine bestehen heute aus Zement. Abbildung 72 zeigt ein Auffangbecken links von einem Gehweg oder einer Auffahrt und die darunter verlegten Fliesen zum Ableiten des Oberflächenwassers.

Die Materialien.

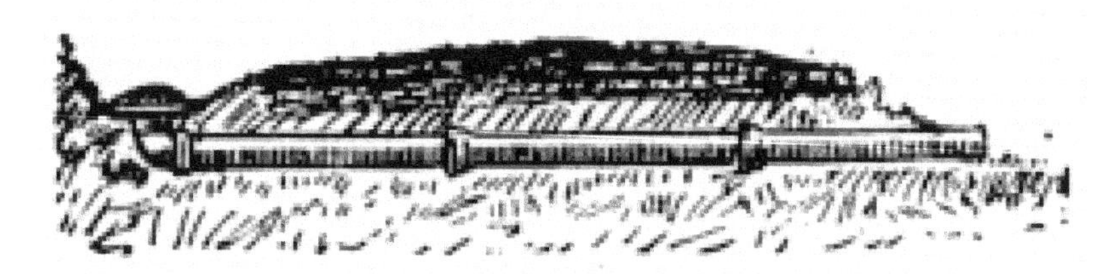

72. Draining the gutter and the drive.

Die besten Materialien für die Hauptwege sind Zement und Steinplatten. In vielen Böden ist jedoch genügend Bindematerial im Boden vorhanden, um ohne die Zugabe von anderem Material einen guten Spaziergang zu ermöglichen. Von Kies, Asche, Asche und dergleichen ist fast immer abzuraten, da sie bei trockenem Wetter leicht locker werden und bei nassem Wetter klebrig werden können. Beim Verlegen von Zement ist es wichtig, dass der Gehweg durch eine Schicht von ein oder zwei Fuß aus gebrochenem Stein oder Ziegelsteinen gut entwässert wird, es sei denn, der Gehweg befindet sich auf lockerem und ausgelaugtem Boden oder in einem frostfreien Land.

In Hinterhöfen ist es oft am besten, keinen klar definierten Weg zu haben. Ein Spaziergang über die Grasnarbe kann genauso gut sein. Für einen Rückweg, den Lieferboten zurücklegen müssen, ist es am besten, ein fußbreites Brett auf Höhe der Rasenoberfläche in die Erde zu versenken; und es ist nicht notwendig, dass der Weg vollkommen gerade ist. Diese Spaziergänge beeinträchtigen die Arbeit des Rasenmähers nicht und erledigen sich von selbst. Wenn das Brett nach Ablauf von fünf bis zehn Jahren verrottet, wird es hochgehoben und durch ein anderes ersetzt. Dies ist normalerweise die beste Art eines Spaziergangs entlang einer hinteren Grenze. (Tafel XI.) In Gärten gibt es nichts Schöneres für einen Spaziergang als Tanbark.

73. Planting alongside a walk.

Die Seiten von Wegen und Auffahrten werden oft mit Sträuchern bepflanzt. Es ist nicht notwendig, dass sie immer klare und eindeutige Grenzen haben. Abbildung 73 zeigt eine Laubbank, die die harte Linie eines Wegs durchbricht und auch als Grenze für das Wachstum von Blumen und interessanten Exemplaren dient. Auch dieser Spaziergang zeichnet sich dadurch aus, dass es keine hohen und harten Grenzen gibt. Abbildung 68 verdeutlicht diese Tatsache und zeigt auch, wie die Parkplätze zwischen Gehweg und Straße effektiv bepflanzt werden können.

Grenzen schaffen .

Auf dem Papierplan werden die Beete und Pflanzgruppen festgelegt. Es gibt verschiedene Möglichkeiten, sie auf den Boden zu übertragen. Manchmal werden sie erst hergestellt, nachdem der Rasen angelegt wurde, sodass der unerfahrene Bediener sie leichter anlegen kann. In der Regel erfolgen Pflanzung und Rasengestaltung jedoch mehr oder weniger gleichzeitig. Nachdem die Bodenbearbeitung abgeschlossen ist, werden die Flächen durch Pfähle, ein auf die Oberfläche gelegtes schlaffes Seil oder durch eine Markierung mit einem Rechenstiel markiert. Sobald der Rand bestimmt ist, kann der Rasen gesät und gerollt werden (Abb. 40) und die Bepflanzung kann nach Belieben erfolgen; Alternativ kann die gesamte Bepflanzung innerhalb der Beete erfolgen und die Aussaat dann auf den Rasen erfolgen. Wenn die Hauptabmessungen der Ränder und Beete sorgfältig ausgemessen und mit Pfählen markiert werden, ist es einfach, den Umriss durch

Anbringen einer Markierung mit einem Stock oder einer Rechenstange zu vervollständigen.

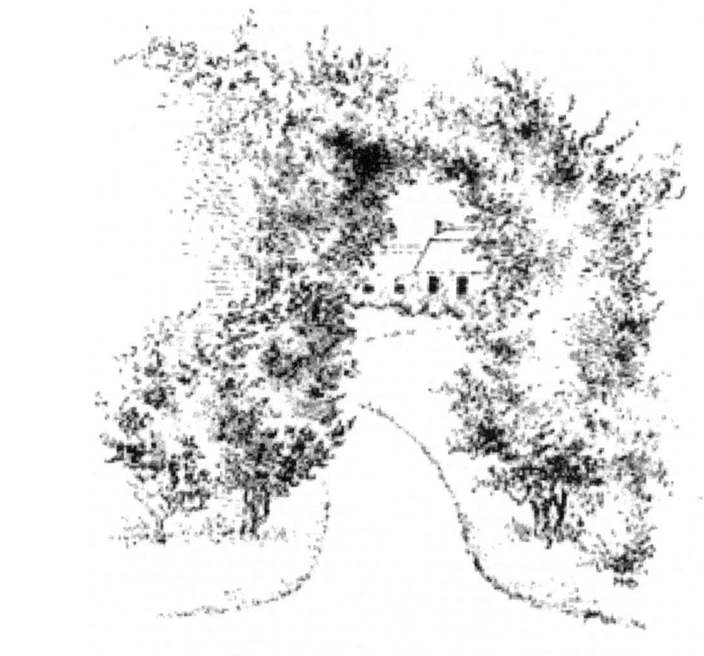

74. A bowered pathway.

75. Objects for pity.

Die Pflanzung kann im Frühjahr oder Herbst erfolgen, vorzugsweise im Herbst, wenn der Bestand bereit ist (und aus winterharten Arten besteht) und das Land in einwandfreiem Entwässerungszustand ist; In der Regel ist der Herbst jedoch noch nicht früh genug für eine ausgedehnte Pflanzung bereit, und die Arbeiten werden in der Regel erledigt, sobald sich der Boden im Frühjahr stabilisiert (siehe Kapitel V). Gehe mit den Büschen zurück. Graben Sie das gesamte Gebiet um. Spaten Sie den Boden auf, setzen Sie die Büsche dicht an, hacken Sie sie in Abständen und lassen Sie sie dann los. Wenn Ihnen die nackte Erde dazwischen nicht gefällt, säen Sie die Samen winterharter einjähriger Blumen wie Phlox, Petunie, Steinkraut und Nelken. Setzen Sie die Büsche niemals in Löcher ein, die in die alte Grasnarbe gegraben wurden (Abb. 75). Derjenige, der seine Sträucher in Löcher in der Grasnarbe pflanzt, meint es nicht im Ernst, eine Laubmasse zu bilden, und es ist wahrscheinlich, dass er nicht weiß, in welchem Verhältnis die Randmasse zur künstlerischen Bepflanzung steht. Die Abbildung, Abb. 76, zeigt die Funktion, die ein Gebüsch in Bezug auf ein Gebäude ausüben kann; Dieses besondere Gebäude wurde auf freiem Feld errichtet.

76. A border group, limiting the space next the residence and separating it from the fields and the clothes-yards.

Ich habe gesagt, ich solle die Büsche dick pflanzen. Dies dient der schnellen Wirkung. Es ist einfach, die Plantage auszudünnen, wenn sie zu dick wird. Alle gewöhnlichen Sträucher können in der Regel in einem Abstand von bis zu 60 cm in jede Richtung gepflanzt werden, besonders wenn man viele davon auf dem Feld bekommt, so dass man sie nicht kaufen muss. Wenn für eine dichte Bepflanzung nicht genügend dauerhafte Sträucher vorhanden sind, können die Zwischenräume vorübergehend mit billigeren oder gewöhnlicheren Sträuchern bepflanzt werden. Vergessen Sie jedoch nicht, die Füller so schnell zu entfernen, wie die anderen den Platz benötigen.

Den Rasen anlegen .

Das erste, was Sie beim Anlegen eines Rasens tun müssen, ist die Festlegung der richtigen Beschaffenheit. Dies sollte mit größter Sorgfalt erarbeitet werden, denn wenn ein Rasen einmal angelegt ist, sollten seine Höhe und Kontur niemals verändert werden.

Den Boden vorbereiten.

Der nächste wichtige Schritt besteht darin, den Boden gründlich und gründlich vorzubereiten. Die Haltbarkeit der Grasnarbe hängt zu Beginn sehr stark von der Fruchtbarkeit und Vorbereitung des Bodens ab. Der Boden sollte tiefgründig und durchlässig sein, damit die Wurzeln tief in ihn eindringen können und dadurch Dürreperioden und kalte Winter überstehen können. Das beste Mittel zur Vertiefung des Bodens ist, wie in Kapitel IV erläutert, das Trockenlegen von Fliesen; In gewissem Umfang kann dies aber auch durch den Einsatz des Untergrundpfluges und durch Grabenaushub erreicht werden. Da der Rasen jedoch nicht erneuert werden kann, ist es wahrscheinlich, dass der Untergrund in ein paar Jahren wieder in eine harte Schale zurückfällt, wenn er mit Untergrund oder Gräben versehen wurde, wohingegen eine gute Drainage aus Fliesen eine dauerhafte Verbesserung des Untergrunds ermöglicht. Böden, die von Natur aus locker und porös sind, benötigen diese zusätzliche Aufmerksamkeit möglicherweise nicht. Tatsächlich kann es bei Böden, die sehr locker und sandig sind, erforderlich sein, sie zu verdichten oder zu zementieren, anstatt sie zu lockern. Eines der besten Mittel hierfür ist, sie mit Humus zu füllen, damit das Wasser nicht schnell durch sie hindurchsickert. Nahezu alle Ländereien , die für Rasenflächen vorgesehen sind, sind von großem Nutzen, wenn sie zu Beginn gründlich mit schwerem Mist gedüngt werden, obwohl es möglich ist, dass der Boden an der Oberfläche zunächst zu reichhaltig wird; Es ist nicht notwendig, dass die gesamte zugesetzte pflanzliche Nahrung sofort verfügbar ist.

Der Rasen profitiert von einer jährlichen Anwendung eines guten chemischen Düngers. Gemahlener Knochen ist mit einer Menge von 300 bis 400 Pfund pro Hektar eines der am besten anzuwendenden Materialien. Die Aussaat erfolgt üblicherweise im zeitigen Frühjahr. Stattdessen kann gelöstes Gestein aus South Carolina verwendet werden, die Anwendung muss jedoch schwerer sein, wenn ähnliche Ergebnisse erwartet werden. Gelbes und schlechtes Gras kann oft durch die Anwendung von 200 bis 300 Pfund Natronlauge pro Hektar wiederbelebt werden. Holzasche ist oft gut, insbesondere auf Böden, die zu Säure neigen. Kalisalz wird nicht so oft verwendet, obwohl es in einigen Fällen hervorragende Ergebnisse liefern kann. Es gibt keine unveränderliche Regel. Der beste Plan besteht darin, dass der Rasenbauer die verschiedenen Behandlungen an einem kleinen Stück oder einer Ecke des Rasens ausprobiert; Auf diese Weise sollte er sich mehr wertvolle Informationen sichern, als auf andere Weise erlangt werden könnten.

Der erste Arbeitsgang nach dem Entwässern und Planieren ist das Pflügen oder Spaten der Oberfläche. Wenn die Fläche groß genug ist, um ein Team aufzunehmen, wird die Oberfläche mit Eggen verschiedener Art bearbeitet. Anschließend wird mit Schaufeln und Hacken und abschließend mit Gartenharken eine Einebnung vorgenommen. Je feiner und vollständiger der Boden pulverisiert wird, desto schneller kann der Rasen gesichert werden und desto dauerhafter sind die Ergebnisse.

Die Art von Gras.

Das beste Gras für den Körper oder das Fundament von Rasenflächen im Norden ist Junigras oder Kentucky-Blaugras (*Poa pratensis*), nicht Kanada-Blaugras (*Poa compressa*).

Ob Weißklee oder anderes Saatgut mit dem Grassamen ausgesät werden soll, ist weitgehend eine persönliche Frage. Manchen gefällt es, anderen nicht. Wenn gewünscht, kann die Aussaat direkt nach der Aussaat des Grassamens erfolgen, und zwar in einer Menge von ein bis vier Litern oder mehr pro Hektar.

Für besondere Zwecke können auch andere Gräser für Rasenflächen verwendet werden. Auf dem Markt gibt es verschiedene Arten von Rasenmischungen für bestimmte Einsatzzwecke, von denen einige sehr gut sind.

Ein Parkverwalter in einer der östlichen Städte berichtet über die folgenden Erfahrungen mit Grasarten: „Für die Wiesen in den großen Parks verwenden wir im Allgemeinen extra gereinigtes Kentucky -Blaugras, Rothirse und Weißklee im Verhältnis dreißig." Pfund Blaugras, dreißig Pfund Rotgras und zehn Pfund Weißklee pro Hektar. Manchmal verwenden wir für kleinere Rasenflächen Blaugras und Rotgras ohne Weißklee. Wir haben Blaugras, Rotgras und Rhode-Island-Bäume im Verhältnis von jeweils zwanzig Pfund und zehn Pfund Weißklee pro Hektar verwendet, aber der Rhode-Island-Bäume ist so teuer, dass wir ihn selten kaufen. Für Gras an schattigen Plätzen, wie in einem Hain, verwenden wir Kentucky-Blaugras und Rispengras (*Poa trivialis*) zu gleichen Teilen in einer Menge von 70 Pfund pro Hektar. Auf den Golfplätzen verwenden wir auf einigen Putting Greens Bluegrass ohne jegliche Mischung; Manchmal verwenden wir Rhode Island Bent und auf Sandgrüns verwenden wir Red-Top. Wir kaufen jede Saatgutsorte immer einzeln und mischen sie. Dabei legen wir besonderen Wert darauf, von jeder Sorte das beste, extra nachgereinigte Produkt zu erhalten. Häufig holen wir uns den Samen von drei verschiedenen Händlern, um uns das Beste zu sichern."

In den meisten Fällen keimt und wächst das Junigras etwas langsam, und es ist normalerweise ratsam, mit dem Junigras-Samen vier bis fünf Liter Lieschgras auf den Acker zu säen. Das Wiesen-Lieschgras blüht schnell und bildet im ersten Jahr eine grüne Pflanze, die bald vom Junigras verdrängt wird. Es ist nicht ratsam, als Pflegepflanze Getreide in den Rasen zu säen. Wenn das Land gut vorbereitet ist und die Aussaat in der kühlen Jahreszeit erfolgt, sollte das Gras ohne die anderen Feldfrüchte viel besser wachsen als mit ihnen. Böden, die hart sind und denen es an Stickstoff mangelt, können von Vorteil sein, wenn Purpurklee (vier oder fünf Liter) mit dem Grassamen gesät wird. Dadurch entsteht im ersten Jahr ein Grün, das den Untergrund durch seine tiefen Wurzeln auflockert und Stickstoff liefert. Da es sich um eine einjährige Pflanze handelt, wird sie nicht zu Problemen, wenn sie häufig genug gemäht wird, um eine Aussaat zu verhindern.

In den südlichen Bundesstaaten, wo Junigras nicht gedeiht, ist Bermudagras die häufigste Art für Rasenflächen; obwohl es zwei oder drei andere gibt, wie das Gänsegras von Florida, die an besonderen Orten verwendet werden können. Bermudagras wird normalerweise durch Wurzeln vermehrt, aber importiertes Saatgut (angeblich aus Australien) ist mittlerweile erhältlich. Das Bermudagras verfärbt sich nach Frost rötlich; und englisches Weidelgras kann im August oder September weit im Süden auf der Rasenfläche der Bermudas für Wintergrün gesät werden; im Frühling wird es von den Bermudas verdrängt.

Wann und wie wird die Saat gesät?

Die Aussaat des Rasens sollte erfolgen, wenn der Boden feucht und das Wetter vergleichsweise kühl ist. Normalerweise empfiehlt es sich, den Rasen im Spätsommer oder Frühherbst zu ebnen, da der Boden dann vergleichsweise trocken ist und kostengünstig bewegt werden kann. Die Oberfläche kann möglicherweise auch für die Aussaat Ende September oder Anfang Oktober im Norden vorbereitet werden; oder, wenn die Oberfläche stark aufgefüllt werden muss, ist es gut, sie bis zum Frühjahr in einem etwas unfertigen Zustand zu belassen, damit sich die weichen Stellen setzen können, und dann vor der Aussaat wieder aufzufüllen. Wenn die Aussaat früh im Herbst möglich ist, bevor der Regen kommt, sollte das Gras groß genug sein, um dem Winter standzuhalten, außer in den nördlichsten Gegenden; Im Allgemeinen ist es jedoch am wünschenswertesten, im sehr frühen Frühling zu säen. Wenn das Land im Herbst gründlich vorbereitet wurde, kann die Saat bei einem der späten, leichten Schneefälle im Frühjahr gesät werden. Wenn der Schnee schmilzt, wird die Saat ins Land getragen und keimt sehr schnell. Wenn das Saatgut gesät wird, während das Land locker und bearbeitbar ist, sollte es eingeharkt werden; Und wenn das Wetter Trockenheit verspricht oder die Aussaat verspätet ist, sollte die Oberfläche gewalzt werden.

Die Aussaat erfolgt in der Regel auf allen kleinen Flächen per Hand, wobei die Sämaschine in beide Richtungen (im rechten Winkel) über die Fläche fährt, um die Wahrscheinlichkeit zu verringern, dass Teile übersehen werden. Steile Ufer werden manchmal mit Samen gesät, die mit Schimmel oder Erde vermischt und mit Wasser versetzt werden, bis das Material gerade noch durch den Auslauf einer Gießkanne läuft; Anschließend wird das Material auf die zunächst aufgelockerte Oberfläche gegossen.

Da wir viele, sehr feine Grashalme statt einiger großer Grashalme sichern möchten, ist es wichtig, dass die Saat sehr dick gesät wird. Die übliche

Ausbringung von Grassamen beträgt drei bis fünf Scheffel pro Hektar (Seite 79).

Einen festen Rasen sichern.

Der Rasen wird im ersten Jahr normalerweise eine starke Unkrauternte produzieren, insbesondere wenn viel Stallmist verwendet wurde. Das Unkraut muss nicht entfernt werden, es sei denn, dass so bösartige Eindringlinge wie Ampfer oder andere mehrjährige Pflanzen Fuß fassen; Die Fläche sollte jedoch häufig mit einem Rasenmäher gemäht werden. Das einjährige Unkraut stirbt bei Einsetzen der Kälte ab und wird durch den Einsatz des Rasenmähers niedergehalten, während das Gras nicht geschädigt wird.

Es kommt selten vor, dass jeder Teil des Rasens gleich viel Gras hat. Die kahlen oder spärlich besäten Stellen sollten jedes Jahr im Herbst und Frühjahr erneut eingesät werden, bis der Rasen endgültig fertig ist. Tatsächlich bedarf es ständiger Aufmerksamkeit, um einen Rasen in guter Grasnarbe zu halten, und dieser muss ständig im Herstellungsprozess sein. Nicht jede Rasenfläche oder jeder Teil der Fläche ist für Gras geeignet; und es kann lange Studien erfordern, um herauszufinden, warum dies nicht der Fall ist. Kahle oder magere Stellen sollten mit einem eisenzinkigen Rechen kräftig aufgelockert, ggf. noch einmal gedüngt und anschließend neu eingesät werden. Es ist ungewöhnlich, dass ein Rasen nicht jedes Jahr repariert werden muss. Rasenflächen von mehreren Hektar, die dünner und moosiger werden, können im Wesentlichen auf die gleiche Weise behandelt werden, indem man sie im zeitigen Frühjahr mit einer Spitzhacke herauszieht, sobald das Land trocken genug ist, um ein Gespann aufzunehmen. Mittlerweile werden reichlich chemische Düngemittel und Grassamen gesät, und die Fläche wird möglicherweise noch einmal geschleppt, obwohl dies nicht immer notwendig ist; Anschließend wird mit der Walze die Oberfläche in einen glatten Zustand gebracht. Diese dürftigen Rasen zu pflügen bedeutet, den Kampf gegen das Unkraut erneut aufzunehmen und in Wirklichkeit keine Fortschritte zu machen; denn solange die Kontur korrekt ist, kann der Rasen durch diese Oberflächenanwendungen repariert werden.

Je stärker die Grasnarbe, desto geringer ist das Unkrautproblem. Dennoch ist es praktisch unmöglich, Löwenzahn und einige andere Unkräuter vom Rasen fernzuhalten, außer indem man sie mit einem Messer unter der Erde herausschneidet (zu diesem Zweck werden gute Knollen hergestellt, Abb. 108 bis 111). Wenn die Grasnarbe nach dem Entfernen des Unkrauts sehr dünn ist, säen Sie mehr Grassamen.

Das Mähen.

Das Mähen des Rasens sollte im Frühjahr beginnen, sobald das Gras hoch genug ist, und den ganzen Sommer über in den erforderlichen Abständen fortgesetzt werden. Am häufigsten muss zu Beginn der Saison gemäht werden, wenn das Gras schnell wächst. Wenn der Rasen in den Phasen des stärksten Wachstums häufig gemäht wird, beispielsweise ein- oder zweimal pro Woche, ist es nicht erforderlich, das Mähgut abzuharken. Tatsächlich ist es besser, das Gras auf dem Rasen zu belassen, es durch den Regen an die Oberfläche zu treiben und es mit Mulch zu bedecken. Erst wenn der Rasen vernachlässigt wurde und das Gras so hoch wächst, dass es auf dem Rasen unansehnlich wird, oder wenn der Bewuchs ungewöhnlich üppig ist, ist es notwendig, es zu entfernen. Bei trockenem Wetter sollte darauf geachtet werden, den Rasen nicht mehr als unbedingt nötig zu mähen. Das Gras sollte im Winter ziemlich lang sein. In den letzten beiden Monaten des offenen Wetters wächst das Gras nur geringfügig und neigt dazu, herunterzufallen und die Oberfläche dicht zu bedecken, was ihm gestattet werden sollte.

Herbstbehandlung.

Im Herbst ist es in der Regel nicht notwendig, das gesamte Laub von Rasenflächen abzuharken. Sie eignen sich hervorragend als Mulch und in den Herbstmonaten gehören die Blätter auf dem Rasen zu den attraktivsten Landschaftsmerkmalen. Die Blätter wehen im Allgemeinen nach einiger Zeit weg, und wenn der Standort mit einer offenen Mitte und stark bepflanzten Seiten gebaut wurde, bleiben die Blätter in diesen Baum- und Strauchmassen hängen und ergeben dort einen hervorragenden Mulch. Die ideale Landschaftsbepflanzung erledigt sich daher weitgehend von selbst. Es ist wirtschaftlich schlecht, die Blätter zu verbrennen, insbesondere wenn man Staudenrabatten, Rosen und andere Pflanzen hat, die Mulch benötigen. Wenn im Frühjahr das Laub von den Rabatten entfernt wird, sollte es mit dem Mist oder anderen Abfällen gehäuft werden und dort in den Kompost gelangen (Seiten 110, 111).

Wenn der Boden von Anfang an gut vorbereitet wurde und ihm nicht durch große Bäume das Leben geraubt wird, ist es im Herbst normalerweise nicht nötig, den Rasen mit Mist zu bedecken. Von der üblichen Praxis, Gras mit Rohmist zu bedecken, sollte abgeraten werden, da das Material unansehnlich und unappetitlich ist. Die gleichen Ergebnisse können mit der Verwendung von handelsüblichen Düngemitteln in Kombination mit Beizen aus sehr feinem und gut verfaultem Kompost oder Mist erzielt werden, oder auch nicht Harken des Rasens zu sauber vom Mähen des Grases.

Frühlingsbehandlung.

Jedes Frühjahr sollte der Rasen mit einer Walze oder, wenn die Fläche klein ist, mit einem Stampfer oder der Rückseite eines Spatens in den Händen eines kräftigen Mannes gefestigt werden. Der Rasenmäher selbst neigt dazu, die Oberfläche zu verdichten. Wenn es kleine Unregelmäßigkeiten in der Oberfläche gibt, die durch Vertiefungen von etwa einem Zoll verursacht werden, und die höchsten Stellen nicht über der Konturlinie des Rasens liegen, kann die Oberfläche ebener gemacht werden, indem feine, weiche Erde darüber verteilt wird die Depressionen auffüllen. Das Gras wächst schnell durch diesen Boden. Kleine Hügel können abgeschnitten, ein Teil der Erde entfernt und die Grasnarbe ersetzt werden.

Rasen bewässern.

Die übliche Rasenbewässerung mittels Rasensprenger schadet meist mehr als sie nützt. Dies liegt daran, dass die Bewässerung in der Regel bei klarem Wetter erfolgt und das Wasser in sehr feinen Sprühnebeln durch die Luft geschleudert wird, so dass ein erheblicher Teil davon in Dampf verloren geht. Außerdem ist der Boden heiß und das Wasser dringt nicht tief in den Boden ein. Wenn der Rasen überhaupt bewässert wird, sollte er eingeweicht werden; Schalten Sie den Schlauch bei Einbruch der Dunkelheit ein und lassen Sie ihn laufen, bis das Land ebenso tief nass wie trocken ist. Bewegen Sie dann den Schlauch an einen anderen Ort. Ein gründliches Einweichen wie dieses, ein paar Mal in einem trockenen Sommer, bringt mehr, als es jeden Tag zu bestreuen. Wenn das Land von vornherein tief vorbereitet ist, so dass die Wurzeln weit in den Boden eindringen, besteht selten Bedarf an Bewässerung, es sei denn, der Ort ist trocken, die Jahreszeit ungewöhnlich trocken oder die Bäume saugen Feuchtigkeit aus. Die oberflächliche Beregnung führt dazu, dass die Wurzeln in der Nähe der Oberfläche beginnen. Je mehr der Rasen daher leicht bewässert wird, desto größer ist die Notwendigkeit, ihn zu bewässern.

Den Rasen durchnässen.

77. Cutting sod for a lawn.

Personen, die einen Rasen sehr schnell sichern möchten, können die Fläche eher besäen als säen, obwohl die dauerhaftesten Ergebnisse in der Regel durch die Aussaat erzielt werden. Grasnarben sind jedoch teuer und dürfen nur an den Grundstücksgrenzen, in der Nähe von Gebäuden oder in Bereichen verwendet werden, in denen der Eigentümer erhebliche Geldausgaben leisten kann. Die beste Grasnarbe ist die, die auf einer alten Weide gesichert ist, und das aus zwei oder drei Gründen. Erstens ist es die richtige Grasart, denn das Junigras (im Norden) ist die Art, die am häufigsten auf Weiden wächst und andere Pflanzen verdrängt. Auch hier wurde es, insbesondere wenn es von Schafen auf der Weide gehalten wurde, so stark abgefressen, dass daraus eine sehr dichte und gut gefüllte Grasnarbe entstanden ist, die in dünnen Schichten aufgerollt werden kann. Drittens dürfte der Boden auf alten Weiden reich an Tierkot sein.

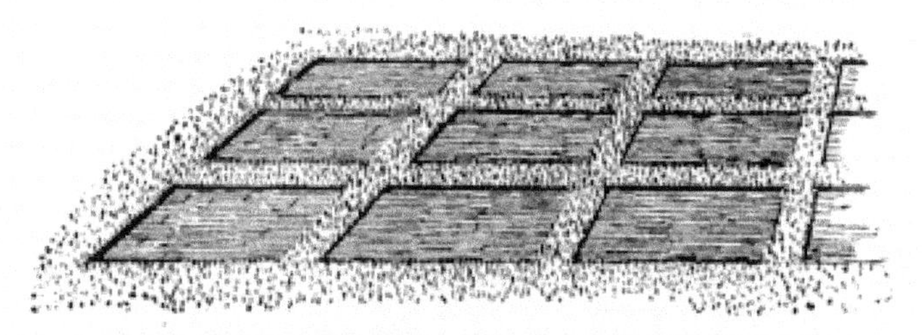

78. Economical sodding, the spaces being seeded.

Bei der Grasnarbe ist es wichtig, dass sie sehr dünn geschnitten wird. Eine Dicke von anderthalb Zoll ist normalerweise ausreichend. Normalerweise wird es in Streifen von 30 cm Breite und beliebiger Länge aufgerollt, sodass die Rollen von ein oder zwei Männern gehandhabt werden können. Ein fußbreites Brett wird auf den Rasen gelegt und die Grasnarbe an beiden Rändern entlang geschnitten. Dann steht eine Person auf dem Rasenstreifen und rollt ihn zu sich heran, während ein anderer ihn mit einem Spaten losschneidet, wie in Abb. 77 dargestellt. Wenn der Rasen gelegt ist, wird er auf dem Land ausgerollt und dann fest niedergeschlagen. Das zu begrünende Gelände sollte an der Oberfläche weich sein, damit sich die Grasnarbe gut eindrücken lässt. Wenn die Grasnarbe nicht gut gestampft wird, setzt sie sich ungleichmäßig ab und weist eine schlechte Oberfläche auf. Außerdem trocknet sie aus und übersteht möglicherweise eine Trockenperiode nicht. Es ist fast unmöglich, die Grasnarbe zu fest anzudrücken. Wenn das Land frisch gepflügt wird, ist es wichtig, dass die Ränder, die gepflügt werden, ein bis zwei Zentimeter tiefer liegen als das angrenzende Land, da sich das Land im Laufe einiger Wochen setzt. In einer trockenen Zeit kann die Grasnarbe etwa 2,5 bis 2,5 cm mit feiner, weicher Erde als Mulch bedeckt werden. Das Gras sollte problemlos durch diesen Boden wachsen. Auf Terrassen und steilen Ufern kann die Grasnarbe durch Einschlagen von Holzpflöcken an Ort und Stelle gehalten werden.

Eine Kombination aus Soding und Seeding.

In „American Garden“ (Abb. 78) wird ein „sparsames Soden“ beschrieben: „Es ist oft eine schwierige Angelegenheit, ausreichend Grasnarbe geeigneter Qualität für die Abdeckung von Terrassenböschungen oder kleinen Blöcken zu erhalten, die aus irgendeinem Grund nicht gut besät werden können.“ In der beigefügten Abbildung zeigen wir, wie eine Rasenfläche vorteilhaft auf einer größeren Fläche genutzt werden kann, als ihre tatsächliche Abmessung darstellt. Dies geschieht durch das Verlegen der Grasnarben, die in Streifen von 15 bis 25 cm Breite geschnitten sind, in Linien und Querlinien, und nachdem die Zwischenräume mit gutem Boden gefüllt wurden, werden diese Zwischenräume mit Grassamen besät. Sollte die Saatgutaufnahme aus irgendeinem Grund schlecht ausfallen, breitet sich die Grasnarbe der Streifen tendenziell über die Zwischenräume zwischen ihnen aus, und es ist nahezu unmöglich, innerhalb einer angemessenen Zeit eine gute Grasnarbe zu erhalten. Wenn man außerdem Grasnarbe benötigt und außer dem Rasen keinen Platz zum Schneiden hat, werden die kahlen Stellen schnell mit Grün bedeckt, indem man Grasnarbenblöcke aufnimmt, Streifen und Querstreifen stehen lässt und die Oberfläche wie beschrieben behandelt.“

Aussaat mit Rasen.

Rasen kann statt mit Samen auch mit Grasnarbenstücken gesät werden. Grasnarben können in Stücke von einem oder zwei Quadratzoll zerschnitten werden, die über das Gebiet verstreut und in das Land gerollt werden können. Während es vorzuziehen ist, dass die Stücke richtig herum liegen, ist dies nicht notwendig, wenn sie dünn geschnitten und bei kühlem und feuchtem Wetter ausgesät werden. Das Aussäen von Grasnarbenstücken ist eine gute Praxis, wenn es schwierig ist, den Samenfang zu sichern.

Wenn man einerseits einen permanenten Rasengarten für die Auswahl und den Anbau der allerbesten Grasnarbe anlegen würde (so wie man einen Vorrat an Mais- oder Bohnensamen anbauen würde), müsste diese Methode die rationalste aller Vorgehensweisen sein Zumindest bis zu dem Zeitpunkt, an dem wir Rasengrassorten produzieren, die aus Samen entstehen.

Andere Bodendecker.

Unter Bäumen und an anderen schattigen Orten kann es notwendig sein, den Boden mit etwas anderem als Gras zu bedecken. Gute Pflanzen für solche Zwecke sind Immergrün (*Vinca Minor*, eine immergrüne Pflanze, oft auch „Laufmyrte“ genannt), Geldkraut (*Lysimachia nummularia*), Maiglöckchen und verschiedene Arten von Segge oder Carex. An einigen dunklen oder schattigen Orten und unter manchen Baumarten ist es praktisch unmöglich, einen guten Rasen zu sichern, und man muss möglicherweise auf liegende Büsche oder andere Pflanzformen zurückgreifen.

Kapitel IV
: Die Handhabung des Landes

Fast jedes Land verfügt über ausreichend Nahrung für den Anbau guter Nutzpflanzen, aber die Nahrungsbestandteile sind möglicherweise chemisch nicht verfügbar oder es ist nicht genügend Wasser vorhanden, um sie aufzulösen. Es ist eine zu lange Geschichte, um sie an dieser Stelle zu erklären – die Philosophie der Bodenbearbeitung und der Bereicherung des Landes – und der Leser, der Ausflüge in dieses entzückende Thema unternehmen möchte, sollte King zu „The Soil" und Roberts zu „The Fertility" konsultieren des Landes" und neuere Schriften verschiedenster Art. Der Leser muss mir glauben, dass die Bebauung des Landes es produktiv macht.

Ich muss meine Leser darauf aufmerksam machen, dass es in diesem Buch um die Gestaltung von Gärten geht – um die Planung und Ausführung der Arbeiten vom Jahresende bis zum Ende – und nicht um die Wertschätzung eines fertiggestellten Gartens. Ich möchte, dass der Leser weiß, dass ein Garten keinen Wert hat, wenn er ihn nicht mit seinen eigenen Händen anlegt oder bei der Gestaltung mithilft. Er muss sich darauf einarbeiten. Er muss die Freude kennen, das Land vorzubereiten, sich mit Ungeziefer und allen anderen Schwierigkeiten herumzuschlagen, denn nur dadurch lernt er den wahren Wert eines Gartens zu schätzen.

Ich sage dies, um den Leser auf die Arbeit vorzubereiten, die ich in diesem Kapitel darlege. Ich möchte, dass er die wahre Freude erkennt, die in den einfachen Vorgängen liegt, die Erde aufzubrechen und sie für die Saat vorzubereiten. Je mehr Mühe er sich mit diesen Prozessen gibt, desto größer wird natürlich seine Freude daran sein. Niemand kann eine andere Befriedigung als die bloße manuelle Betätigung haben, wenn er die Gründe für das, was er mit seinem Boden anstellt, nicht kennt. Ich bin mir sicher, dass meine größte Freude an einem Garten der eine Monat der Eröffnungssaison und der andere Monat der Schlusssaison sind. Das sind die Monate, in denen ich am härtesten arbeite und dem Boden am nächsten bin. Den Stoß des Spatens spüren, die süße Erde riechen, sich auf die jungen Pflanzen vorbereiten und sich dann auf das letzte Jahr vorbereiten, mit den Werkzeugen mit Bedacht umgehen, sich vor Frost schützen, nahe bei Regen und Wind sein, Zu sehen, wie die jungen Tiere ins Leben starten und dann in den Winter übergehen – das sind einige der schönsten Freuden der Gartenarbeit. In diesem Sinne sollten wir mit der Bewirtschaftung des Landes beginnen.

Die Trockenlegung des Landes .

79. Ditching tools.

Der erste Schritt bei der Vorbereitung des Landes, nachdem es gründlich gerodet und von Wald oder früherer Vegetation befreit wurde, besteht darin, sich um die Entwässerung zu kümmern. Alles Land, das federnd, niedrig und „sauer" ist oder das Wasser nach starken Regenfällen ein oder zwei Tage lang in Pfützen hält, sollte gründlich entwässert werden. Durch die Entwässerung wird auch der physikalische Zustand des Bodens verbessert, selbst wenn der Boden nicht überflüssiges Wasser entfernen muss. In harten Böden senkt es den Grundwasserspiegel oder führt dazu, dass der Boden in größerer Tiefe aufgelockert und belüftet wird, sodass er mehr Wasser speichern kann, ohne die Pflanzen zu schädigen. Die Entwässerung ist besonders bei trockenem, aber hartem Gartenland sinnvoll, da diese Flächen oft mit Grasnarben bedeckt oder dauerhaft bepflanzt sind und der Boden nicht durch tiefe Bodenbearbeitung aufgebrochen werden kann. Bei der Fliesenentwässerung handelt es sich um eine dauerhafte Untergrundverlegung.

Hartgebrannte zylindrische Fliesen sind die besten und dauerhaftsten Abflüsse. Die Gräben sollten normalerweise nicht weniger als zweieinhalb Fuß tief sein, oft ist eine Tiefe von drei bis dreieinhalb Fuß besser. In den meisten Gartenbereichen können Abflüsse alle zehn Meter sinnvoll verlegt werden. Geben Sie allen Abflüssen ein gutes und kontinuierliches Gefälle. Für einzelne Abflüsse und für Anschlussleitungen mit einer Länge von nicht mehr als 400 oder 500 Fuß ist eine 2,5 Zoll dicke Fliese ausreichend, es sei denn, es muss viel Wasser aus Mulden oder Quellen transportiert werden. In steinigen Ländern können flache Steine anstelle von Fliesen verwendet werden, und Personen, die sich darin auskennen, sie zu verlegen, machen Abflüsse genauso gut und dauerhaft wie solche aus Fliesen. Die Fliesen oder Steine werden mit Grasnarben, Stroh oder Papier bedeckt und die Erde wird dann aufgefüllt. Diese temporäre Abdeckung hält den losen Schmutz von den Fliesen fern, und wenn sie verrottet ist, hat sich die Erde festgesetzt.

An kleinen Stellen muss das Graben normalerweise ausschließlich mit Handwerkzeugen durchgeführt werden. Üblicherweise werden ein gewöhnlicher Spaten und eine Spitzhacke verwendet, obwohl ein Spaten mit langem Griff und schmaler Klinge, wie in Abb. 79 gezeigt, sehr nützlich zum Ausheben der Grabensohle ist.

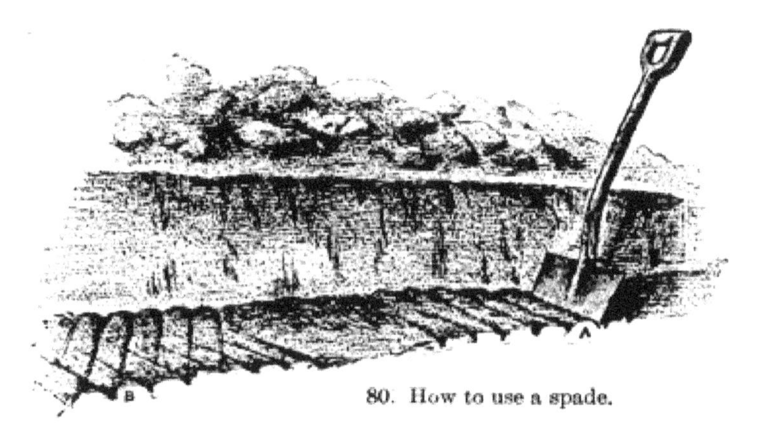

80. How to use a spade.

In den meisten Fällen geht bei der Verwendung des Pickels viel Zeit und Muskelkraft verloren. Wenn das Graben richtig durchgeführt wird, kann ein Spaten verwendet werden, um den Boden selbst in ziemlich hartem Lehmboden ohne große Schwierigkeiten zu schneiden. Der wesentliche Punkt bei der einfachen Verwendung des Spatens besteht darin, sicherzustellen, dass eine Kante des Spatens immer eine freie oder freiliegende Oberfläche schneidet. Die Abbildung (Abb. 80) erläutert die Methode. Wenn der Bediener versucht, den Boden mit der bei A gezeigten Methode zu schneiden , muss er bei jedem Stoß des Werkzeugs beide Kanten brechen; aber wenn er die Scheibe diagonal schneidet, indem er seinen Spaten zuerst nach rechts und dann nach links wirft, wie bei B gezeigt, schneidet er nur eine Seite und kann ohne den Aufwand nutzloser Anstrengung vorankommen. Diese Bemerkungen gelten für jede Spatenbearbeitung des Landes.

Auf großen Flächen können Pferde zur Erleichterung der Grabungsarbeiten eingesetzt werden. Es gibt Grabenpflüge und -maschinen, auf die hier jedoch nicht näher eingegangen werden muss; aber drei oder vier Furchen können mit einem starken Pflug in beide Richtungen ausgeworfen werden, und ein Untergrundpflug kann hinterhergefahren werden, um die harte Pfanne aufzubrechen, und dies kann die Arbeit des Grabens um bis zu die Hälfte reduzieren. Wenn der Aushub abgeschlossen ist, wird der Boden des Grabens mit einer Linie oder Wasserwaage geebnet und das Bett für die

Fliesen mit einer Schwanenhalsschaufel vorbereitet (siehe Abb. 79). Dies ist sehr wichtig dass die Abflüsse der Abflüsse frei von Unkraut und Abfall gehalten werden. Wenn der Abfluss mit Maurerarbeiten gebaut wird, um das Ende der Fliese intakt zu halten, wird die Haltbarkeit des Abflusses erheblich erhöht.

VII. Bettwäsche mit Palmen. Wenn um die Veranda herum eine zugemauerte Grube angelegt wird, können im Frühjahr Topfpalmen und im Winter Topfkoniferen hineingepflanzt werden; und Herbstzwiebeln in Blechdosen (damit die Gefäße bei Frost nicht platzen) können zwischen den immergrünen Pflanzen gepflanzt werden.

Grabenaushub und Untergrunderhebung .

Obwohl die Unterdrainage das wichtigste Mittel zur Erhöhung der Bodentiefe ist, ist es nicht immer praktikabel, Drainagen durch Gartengrundstücke zu verlegen. In solchen Fällen muss entweder jedes Jahr oder alle zwei oder drei Jahre auf eine sehr gründliche Bodenbearbeitung zurückgegriffen werden.

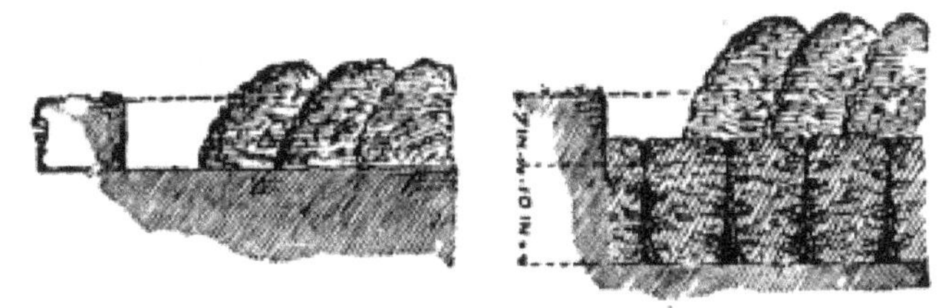

81. Trenching with a spade.

In kleinen Gartenbereichen erfolgt diese Tiefenvorbereitung normalerweise durch das Ausheben von Gräben mit einem Spaten. Bei diesem Grabenaushub wird die Erde zwei Spaten tief aufgebrochen. Abbildung 81 erläutert die Bedienung. Der Abschnitt links zeigt eine einzelne Spatenarbeit, bei der die Erde nach rechts umgeworfen wird, so dass der Untergrund über die gesamte Breite des Bettes freiliegt. Der Ausschnitt rechts zeigt einen ähnlichen Vorgang, was die oberflächliche Spatenbearbeitung anbelangt, allerdings wurde auch der Untergrund ebenso schnell geschnitten, wie er freigelegt wurde. Dieser Untergrund wird nicht an die Oberfläche geworfen und normalerweise auch nicht umgedreht; aber ein Spaten voll wird angehoben und dann fallen gelassen, so dass er bei der Manipulation gründlich zerbrochen und pulverisiert wird.

In allen Gebieten mit hartem und hohem Untergrund ist es in der Regel unerlässlich, den Grabenaushub zu üben, um die besten Ergebnisse zu erzielen. Dies gilt insbesondere dann, wenn tiefwurzelnde Pflanzen wie Rüben, Pastinaken und andere Hackfrüchte angebaut werden sollen. es bereitet den Boden darauf vor, Feuchtigkeit zu speichern; und es ermöglicht, dass das Wasser starker Regenfälle in größere Tiefen gelangt, anstatt als Pfützen und im Schlamm an der Oberfläche festzuhalten.

82. Home-made subsoil plow.

83. Forms of subsoil plows.

An Orten, die mit einem Team betreten werden können, kann auf harten Böden ein tiefes und schweres Pflügen bis zu einer Tiefe von sieben bis zehn Zoll wünschenswert sein, insbesondere wenn solche Böden nicht sehr oft gepflügt werden können; und die Tiefe der Pulverisierung wird oft mit Hilfe des Untergrundpfluges erweitert. Dieser Untergrundpflug zieht keine Furche, sondern ein zweites Team zieht das Gerät hinter den gewöhnlichen Pflug, und der Boden der Furche wird gelockert und gebrochen. Abbildung 82 zeigt einen selbstgebauten Untergrundpflug und Abbildung 83 zwei Arten kommerzieller Werkzeuge. Es ist zu bedenken, dass gerade die härtesten Böden eine Bodenlockerung benötigen und dass der Bodenpflug daher äußerst stark sein sollte.

Vorbereitung der Oberfläche .

Es sollten alle Anstrengungen unternommen werden, um zu verhindern, dass die Oberfläche des Landes verkrustet oder verkrustet, denn die harte Oberfläche stellt eine Kapillarverbindung mit dem darunter liegenden feuchten Boden her und ist ein Mittel zur Ableitung des Wassers in die Atmosphäre. Lockerer und lockerer Boden enthält außerdem mehr freie Pflanzennahrung und bietet die günstigsten Bedingungen für das Pflanzenwachstum. Die Werkzeuge, die man zur Vorbereitung des

Oberflächenbodens verwenden kann, sind mittlerweile so vielfältig und so gut an die Arbeit angepasst, dass der Umgang mit ihnen für den Gärtner eine besondere Freude bereiten dürfte.

Wenn es sich bei dem Boden um einen steifen Lehmboden handelt, ist es oft ratsam, ihn im Herbst zu pflügen oder umzugraben, damit er den ganzen Winter über rau und locker liegen kann, damit er durch die Witterung pulverisiert und ausgetrocknet werden kann. Wenn der Lehm sehr hartnäckig ist, kann es notwendig sein, vor dem Spatentieren Laub oder Streu über die Oberfläche zu werfen, um zu verhindern, dass der Boden vor dem Frühjahr zusammenläuft oder zementiert. Bei milden und lehmigen Böden ist es jedoch normalerweise am besten, die Vorbereitung der Oberfläche bis zum Frühjahr aufzuschieben.

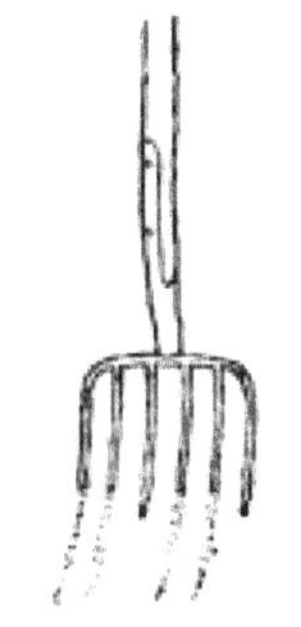

84. Improvising a spading-fork.

Zur Vorbereitung der Oberfläche können gewöhnliche Handwerkzeuge oder Spaten und Schaufeln verwendet werden. Wenn der Boden jedoch weich ist, ist eine Gabel ein besseres Werkzeug als ein Spaten, da sie den Boden nicht zerschneidet, sondern dazu neigt, ihn in kleinere und unregelmäßigere Massen aufzubrechen. Die gewöhnliche Spatengabel mit starken, flachen Zinken ist ein äußerst brauchbares Werkzeug; Eine Spatengabel für weichen Boden kann aus einer alten Mistgabel hergestellt werden, indem man die Zinken abschneidet, wie in Abb. 84 gezeigt.

Es ist wichtig, dass der Boden bei der Vorbereitung nicht klebrig ist, da er sonst hart und verbacken wird und die körperliche Verfassung stark beeinträchtigt wird. Allerdings kann Land, das für die Aufnahme von Samen zu nass ist, trotzdem mit einem Spaten oder einer Gabel aufgeschüttet und trocknen gelassen werden, und nach zwei bis drei Tagen kann die Oberflächenvorbereitung mit der Hacke und dem Rechen abgeschlossen werden. In gewöhnlichen Böden ist die Hacke das Werkzeug, das der

Spatengabel oder dem Spaten folgt, aber für die endgültige Vorbereitung der Oberfläche ist ein Gartenrechen aus Stahl das ideale Werkzeug.

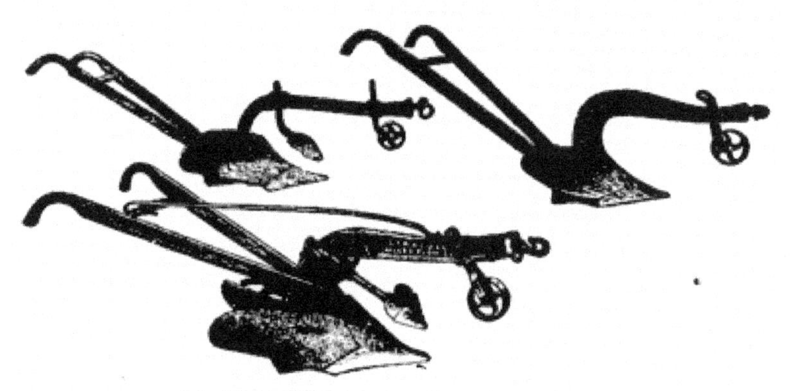

85. Excellent types of surface plows.

In Gebieten, die groß genug sind, um Pferdewerkzeuge aufzunehmen, kann das Land mit Hilfe der verschiedenen Arten von Pflügen, Eggen und Grubbern, die bei jedem Händler für landwirtschaftliche Geräte erhältlich sind, wirtschaftlicher bewirtschaftet werden. Abbildung 85 zeigt verschiedene Typen von Modellflächenpflügen. Der oben links abgebildete Pflug wird von Roberts in seinem Werk „Fruchtbarkeit des Landes" als der ideale Allzweckpflug angesehen, was Form und Bauweise betrifft.

Der Typ der zu verwendenden Maschine muss ausschließlich von der Beschaffenheit des Grundstücks und den Zwecken, für die sie eingesetzt werden soll, bestimmt werden. Harte und klumpige Böden können durch den Einsatz von Scheiben- oder Acme-Eggen zerkleinert werden, wie in Abb. 86 dargestellt; Aber diejenigen, die mürbe und sanft sind, benötigen möglicherweise keine so schweren und kräftigen Werkzeuge. Auf diesen milderen Böden kann die Federzahnegge, deren Typen in Abb. 87 dargestellt sind, dem Pflug folgen. Auf sehr harten Böden können diese Federzahneggen dem Scheiben- und Acme-Typ folgen. Die endgültige Vorbereitung des Landes erfolgt mit leichten Geräten nach dem in Abb. 88 gezeigten Muster. Diese Glätteggen mit Stachelzähnen erledigen für das Feld das, was die Handharke für das Gartenbeet tut.

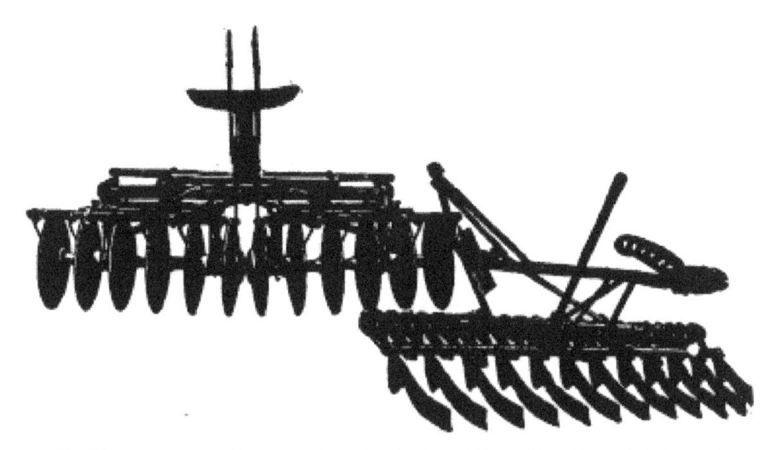

86. Disk and Acme harrows, for the first working of hard or cloddy land.

87. Spring-tooth harrows.

Wenn Sie mit Pferdewerkzeugen ein sehr feines Finish auf der Bodenoberfläche erzielen möchten, können Geräte wie der Breed- oder Wiard-Unkrautvernichter verwendet werden. Diese sind nach dem Prinzip eines Federzinken-Pferderechens konstruiert und eignen sich hervorragend nicht nur für die Bearbeitung lockerer Flächen für die normale Aussaat, sondern auch für die anschließende Bodenbearbeitung.

88. Spike-tooth harrow.

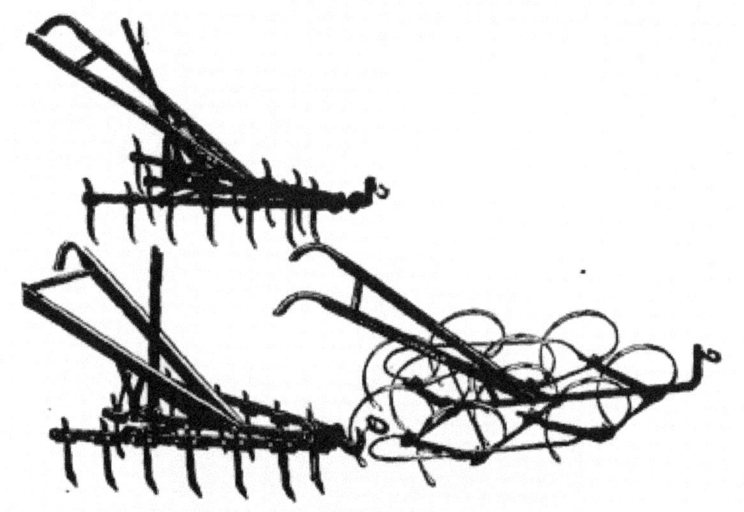

89. Spike-tooth and spring-tooth cultivators.

In Bereichen, die nicht mit einem Team betreten werden können, können verschiedene einspännige Geräte die Arbeit erledigen, die schwerere Geräte auf dem Feld erledigen müssen. Der Federzahn-Grubber, rechts in Abb. 89 dargestellt, kann auf größeren Flächen die Art von Arbeit erledigen, die von Federzahn-Eggen erwartet wird; und verschiedene verstellbare Spitzzahngrubber, von denen zwei in Abb. 89 dargestellt sind, sind nützlich, um das Land zu bearbeiten. Diese Werkzeuge stehen auch für die Bodenbearbeitung während des Pflanzenanbaus zur Verfügung. Der Federzahngrubber ist ein äußerst nützliches Werkzeug für den Anbau von Himbeeren und Brombeeren sowie anderen stark wurzelnden Pflanzen.

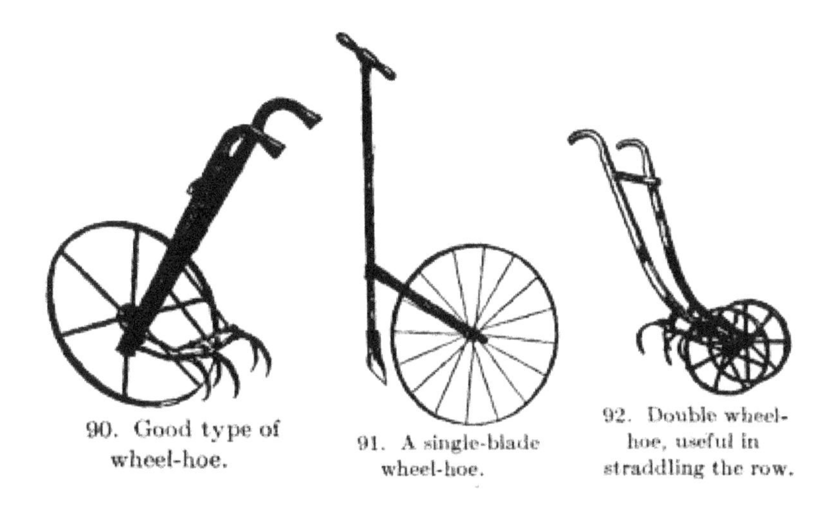

90. Good type of wheel-hoe.

91. A single-blade wheel-hoe.

92. Double wheel-hoe, useful in straddling the row.

Für noch kleinere Flächen, auf denen keine Pferde eingesetzt werden können und die immer noch zu groß sind, um sie ausschließlich mit Hacken und Rechen zu bearbeiten, können verschiedene Arten von Radhacken verwendet werden. Mittlerweile werden diese Geräte in einer großen Vielfalt an Mustern hergestellt, um jedem Geschmack und fast jeder Art von Bodenbearbeitung gerecht zu werden. Um optimale Ergebnisse zu erzielen, ist es wichtig, dass das Rad groß ist und über einen breiten Reifen verfügt, damit es Hindernisse überwinden kann. Abbildung 90 zeigt einen ausgezeichneten Typ einer Radhacke mit fünf Klingen und Abb. 91 zeigt eine mit einer einzigen Klinge, die in sehr schmalen Reihen verwendet werden kann. Zweirädrige Hacken (Abb. 92) werden häufig verwendet, insbesondere wenn das Gerät sehr stabil sein muss und die Räder die Reihen niedriger Pflanzen überspannen können. Viele dieser Radhacken sind mit verschiedenen Messerformen ausgestattet, so dass das Gerät an viele Arten von Arbeiten angepasst werden kann. Nahezu das gesamte Unkrautjäten von Zwiebelbeeten und ähnlichen Pflanzen kann mit Hilfe dieser Radhacken durchgeführt werden, wenn der Boden von Anfang an gut vorbereitet ist; Es muss jedoch beachtet werden, dass sie auf sehr hartem, klumpigem und steinigem Gelände von vergleichsweise geringem Nutzen sind.

***Die Einsparung von Feuchtigkeit*.**

Der Garten muss reichlich mit Feuchtigkeit versorgt sein. Der erste Versuch zur Sicherstellung dieser Versorgung sollte die Einsparung des Regenwassers sein.

Durch die richtige Vorbereitung und Bodenbearbeitung wird das Land in einen solchen Zustand versetzt, dass es das Niederschlagswasser aufnehmen kann. Land, das sehr hart und kompakt ist, kann Niederschlag abgeben, insbesondere wenn es abschüssig ist und die Oberfläche frei von Vegetation ist. Befindet sich die harte Pfanne nahe der Oberfläche, kann das Land nicht viel Wasser aufnehmen, und jeder gewöhnliche Regen kann es so voll füllen, dass es überläuft oder sich Pfützen auf der Oberfläche bilden. An Land mit guter Bodenneigung sinkt das Niederschlagswasser ab und ist nicht als freies Wasser sichtbar.

Sobald die Feuchtigkeit aus der darüber liegenden Atmosphäre zu entweichen beginnt, beginnt die Verdunstung an der Erdoberfläche. Jeder Körper, der sich zwischen Land und Luft befindet, hemmt diese Verdunstung; Aus diesem Grund befindet sich unter einem Brett Feuchtigkeit. Es ist jedoch nicht praktikabel, den Garten mit Brettern zu bedecken, aber jede Abdeckung hat eine ähnliche Wirkung, jedoch in unterschiedlichem Ausmaß. Eine Abdeckung mit Sägemehl, Laub oder trockener Asche verhindert den Feuchtigkeitsverlust. Das gilt auch für eine Decke aus trockener Erde. Da das Land nun bereits mit Erde bedeckt ist, muss nur noch eine Schicht oder Schicht darüber aufgelockert werden, um den Mulch zu sichern.

All dies ist nur ein Umweg zu sagen, dass eine häufige, oberflächliche Bodenbearbeitung die Feuchtigkeit spart. Der vergleichsweise trockene und lockere Mulch unterbricht die Kapillarverbindung zwischen der Erdoberfläche und dem Untergrund, und obwohl der Mulch selbst als Nahrungsgrundlage für Wurzeln unbrauchbar sein mag, zahlt er sich mehr als aus, indem er den Feuchtigkeitsverlust verhindert; und seine eigenen löslichen Pflanzennahrungsmittel werden durch den Regen in den unteren Boden gespült.

Sobald die Oberfläche kompakter wird, sollte der Mulch mit Hilfe des Rechens, des Grubbers oder der Egge erneuert oder repariert werden. Man täuscht sich, wenn man annimmt, dass das Land im bestmöglichen Zustand sei, solange die Oberfläche feucht bleibt; Eine feuchte Oberfläche kann bedeuten, dass Wasser schnell in die Atmosphäre gelangt. Eine trockene Oberfläche kann bedeuten, dass weniger Verdunstung stattfindet und sich darunter möglicherweise feuchtere Erde befindet; und Feuchtigkeit wird eher unterhalb der Oberfläche als oben benötigt. Ein fein geharktes Beet ist oben trocken; Doch die Fußabdrücke der Katze bleiben feucht, denn das Tier verdichtete überall dort, wo es hintrat, den Boden und es entstand eine kapillare Verbindung mit dem Wasserreservoir darunter. Gärtner empfehlen, die Erde über neu gepflanzten Samen zu festigen, um die Keimung zu beschleunigen. Dies ist in trockenen Zeiten unerlässlich; aber was wir durch die Beschleunigung der Keimung gewinnen, verlieren wir durch die schnellere Verdunstung der Feuchtigkeit. Die Lektion ist, dass wir den Boden lockern sollten, sobald die Samen gekeimt sind, um die Verdunstung auf ein Minimum zu reduzieren. Große Samen, wie Bohnen und Erbsen, können tief gepflanzt werden und die Erde um sie herum festigen, und dann kann der Rechen an der Oberfläche angebracht werden, um das Aufsteigen der Feuchtigkeit zu stoppen, bevor sie in die Luft gelangt.

Zwei Illustrationen nach Roberts' „Fruchtbarkeit" zeigen eine gute und eine schlechte Vorbereitung des Landes. Abbildung 93 ist ein zwölf Zoll tiefer Landabschnitt. Der Untergrund wurde fein gebrochen und pulverisiert und anschließend verdichtet. Es ist weich, aber fest und ein ausgezeichneter Wasserspeicher. Drei Zoll der Oberfläche besteht aus lockerer und trockener Erde. Abbildung 94 zeigt einen Erdmulch, der jedoch zu flach ist; und der Untergrund ist so offen und klumpig, dass das Wasser hindurchfließt.

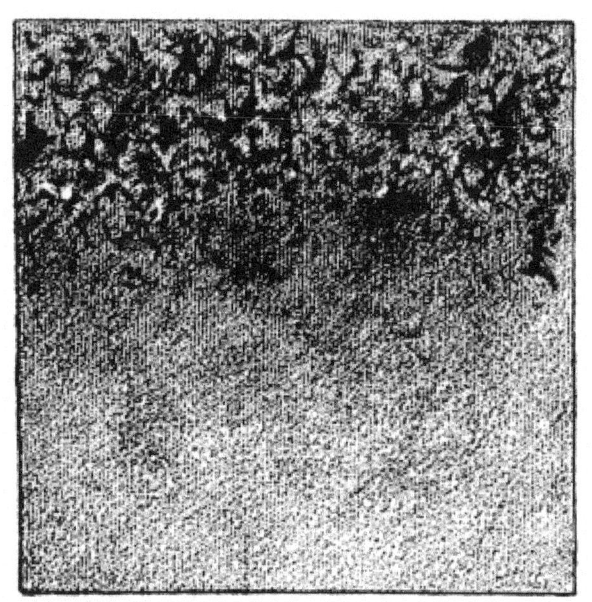

93. To illustrate good preparation of ground.

94. To illustrate poor preparation of ground.

Wenn das Land einmal richtig vorbereitet ist, wird der Bodenmulch durch Oberflächenbearbeitungswerkzeuge gepflegt. In der Feldpraxis handelt es sich bei diesen Werkzeugen um Eggen und Pferdegrubber verschiedener Art; In der Hausgartenpraxis sind es Radhacken, Rechen und viele Arten von

Handhacken und Vertikutierern, mit Fingerhacken und anderen kleinen Geräten für die Arbeit direkt zwischen den Pflanzen.

Ein Gartenboden ist nicht in gutem Zustand, wenn er hart und an der Oberfläche verkrustet ist. Die Kruste kann die Ursache für Wasserverschwendung sein, sie hält die Luft fern und ist im Allgemeinen ein unangenehmer körperlicher Zustand; aber die Verdunstung von Wasser ist wahrscheinlich ihr Hauptmangel. Anstatt Wasser auf das Land zu gießen, versuchen wir daher zunächst, die Feuchtigkeit im Land zu halten. Sollte der Boden dennoch so trocken werden, dass die Pflanzen nicht gedeihen, dann bewässern Sie das Beet. *Bestreuen Sie es* nicht , sondern *gießen Sie* es. Abends klar durchnässen. Dann morgens, wenn die Erde zu trocknen beginnt, lockern Sie die Oberfläche wieder auf, damit das Wasser nicht abfließen kann. Das Besprühen der Pflanzen jeden Tag oder jeden zweiten Tag ist eine der sichersten Methoden, sie zu verderben. Wir können den Boden mit einem Gartenrechen bewässern.

Handwerkzeuge zum Unkrautjäten und zur anschließenden Bodenbearbeitung sowie für andere Handarbeiten.

Alle Grubber und Radhacken sind für die anschließende Bodenbearbeitung ebenso nützlich wie für die anfängliche Vorbereitung des Bodens, aber es gibt auch andere Werkzeuge, die die Aufrechterhaltung der Ordnung in der Plantage erheblich erleichtern. Doch ganz abgesehen vom Wert eines Werkzeugs als Werkzeug zur Bodenbearbeitung und als Waffe zur Unkrautbekämpfung besteht sein Verdienst lediglich darin, ein formschönes und interessantes Instrument zu sein. Ein Mann wird sich unendlich viel Mühe geben, eine Waffe oder eine Angelrute nach seinem Geschmack auszuwählen, und eine Frau schenkt der Auswahl eines Regenschirms ihre größte Aufmerksamkeit; aber eine Hacke ist nur eine Hacke und ein Rechen nur ein Rechen. Wenn jemand seine persönliche Entscheidung bei der Sicherung von Pflanzen für einen Garten trifft, sollte er auch bei der Wahl der Handwerkzeuge differenziert vorgehen, um solche zu sichern, die leicht, ordentlich, gut verarbeitet und genau auf die auszuführende Arbeit abgestimmt sind. Eine Kiste mit gepflegten Gartengeräten sollte einem fröhlichen Gärtner eine große Freude bereiten. Deshalb bin ich bereit, näher auf das Thema Hacken und ihre Art einzugehen.

Die Hacke .

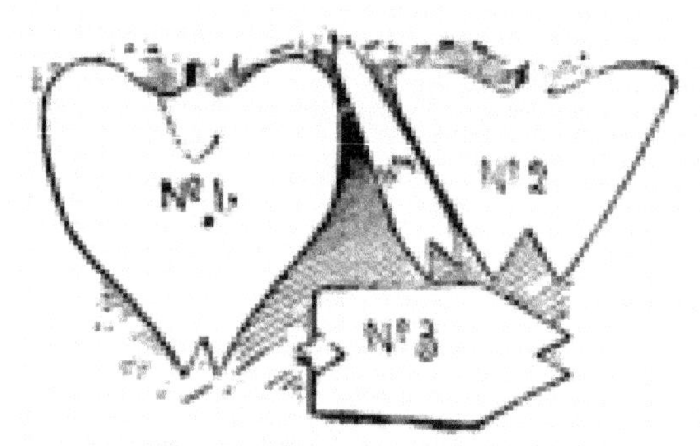

95. Useful forms of hoe-blades.

Die gewöhnliche Hacke mit rechteckiger Klinge hat sich in der Bevölkerung so stark etabliert, dass es sehr schwierig ist, neue Muster einzuführen, auch wenn sie an sich überlegen sein mögen. Als Allzweckwerkzeug ist eine gewöhnliche Hacke zweifellos besser als jede ihrer Modifikationen, aber es gibt verschiedene Muster von Hackmessern, die für spezielle Zwecke weit überlegen sind und die jeder ruhigen Seele gefallen sollten Wer liebt einen Garten?

Die große Breite des gewöhnlichen Halmes lässt nicht zu, dass er in sehr engen Reihen oder in der Nähe von empfindlichen Pflanzen verwendet wird, und ermöglicht keine tiefe Umwälzung des Bodens in engen Räumen. Außerdem ist es mit einer so breiten Schlagfläche schwierig, in hartes Gelände einzudringen. Von Zeit zu Zeit wurden verschiedene spitze Klingen eingeführt, und die meisten davon haben ihre Berechtigung. Manche Menschen bevorzugen zwei Spitzen gegenüber der Hacke, wie in Marvins Klingen in Abb. 95 gezeigt. Diese interessanten Formen repräsentieren die Vorschläge von Gärtnern, die nicht an das gebunden sind, was der Markt bietet, sondern die Klingen zu ihrer eigenen Zufriedenheit schneiden und anpassen lassen .

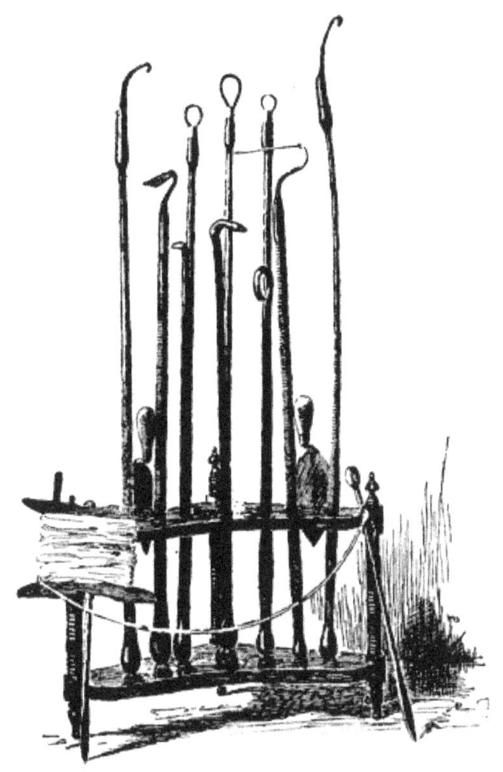

96. A stack of gardening weapons, comprising some of Tarryer's weeding spuds and thimbles.

Wer die unterhaltsamen Schriften von jemandem, der sich Mr. AB Tarryer nannte, vor ein paar Jahren in „American Garden" verfolgt hat, wird sich an die große Vielfalt an Werkzeugen erinnern, die er zum Zweck der Ausrottung seiner Erbfeinde, des Unkrauts, empfahl. Eine Vielzahl dieser Klingen und Werkzeuge ist in den Abbildungen dargestellt. 96 und 97. Ich werde Herrn Tarryer seine Geschichte ausführlich erzählen lassen, um meinen Leser schmerzlos in ein neues Feld der Gartenfreuden zu führen.

Herr Tarryer behauptet, dass die Radhacke eine viel zu ungeschickte Angelegenheit sei, um die Verfolgung eines einzelnen Unkrauts zu ermöglichen. Während der Bediener damit beschäftigt ist, seine Maschine einzustellen und sie in den Ecken des Gartens zu manipulieren, ist das Quacksalbergras über den Zaun entwichen oder hat sich am anderen Ende der Plantage ausgesät. Er erfand ein praktisches Werkzeug für jede noch so kleine Arbeit im Garten – für harten und weichen Boden, für altes und junges Unkraut (eines seiner Geräte hieß „Kinderverdammung").

97. Some of the details of the Tarryer tools.

„Während der Saison“, schreibt Herr Tarryer, „zahlten die zehn oder fünfzehn Minuten, die man im Blumen-, Obst- und Gemüsegarten genießen muss – und das würde für das notwendige Jäten mit den Hacken, die wir feiern, ausreichen.“ Ich verliere mich darauf, Pferde anzuspannen oder quietschende Radhacken einzustellen und zu ölen, selbst wenn jeder welche hätte. Der „Amerikanische Garten“ ist nicht groß genug und meine Geduld nicht lang genug, um mehr als eine Ahnung von den unsäglichen Vorzügen dieser Waffen der Gesellschaft und Zivilisation zu vermitteln. Als Mrs. Tarryer zwölf oder fünfzehn Hektar Garten zeigte, in dem kein Unkraut zu sehen war, schätzte sie ihr Dutzend oder mehr dieser leichten Geräte auf fünf oder zehn Dollar pro Tag; Ob sie tatsächlich genutzt wurden oder wie Jäger- oder Anglermöbel die Eingangshalle schmückten, machte keinen Unterschied. Aber wo werden diese tausendjährigen Werkzeuge hergestellt und verkauft? Nirgends. Sie sind so unbekannt wie die Bibel im dunklen Zeitalter, und wir müssen ein paar Hinweise zu ihrer Herstellung geben.

„Erstens zu den Griffen. Der gewöhnliche Händler oder Handwerker könnte sagen, dass diese Knöpfe an jedem Griff geformt werden können, indem man sie mit Leder umwickelt; Aber stellen Sie sich nur ein junges Mädchen vor, das nachdenklich seine Hacke aufstellt und ihre Hände und ihr Kinn auf einen alten Lederknauf legt, um über etwas nachzudenken, was ihr im Garten gesagt wurde, und wir werden erkennen, dass ein Knauf mit einem anderen Namen weit riechen würde süßer. Darüber hinaus wachsen Bäume am Stamm so groß, dass sie uns alle benötigten Knöpfe liefern – sogar für Besenstiele – obwohl Säger, Drechsler, Händler und die Öffentlichkeit sich dessen offenbar nicht bewusst sind; Dennoch muss man zugeben, dass wir in der Verdorbenheit so weit fortgeschritten sind, dass es Schwierigkeiten geben wird, diese Griffe zu bekommen ...

„Bei einem Rundfunkgebet dieser öffentlichen Art wären absolute Vorgaben unhöflich. Schwarznuss und Butternuss sind duftende und schöne Hölzer.

Kirsche ist steif, schwer, langlebig und lässt sich wie Ahorn leicht polieren. Für feine, leichte Griffe, an denen die Handfläche festklebt, sind Stumpfschnitte aus Pappel- oder Pappelholz nicht zu übertreffen, gerade gemaserte Esche verträgt jedoch eine unvorsichtigere Verwendung.

„Die Griffe von Mrs. Tarryers Hacken sind nie ganz gerade. Die gesamte Bajonettklasse biegt sich im Gebrauch um einen halben Zoll oder mehr nach unten; Alle Stiele der Stoßhacke biegen sich in einer regelmäßigen Kurve (wie ein umgedrehter Geigenbogen) um zwei bis drei Zoll nach oben. Wenn sie nicht richtig aufgehängt sind, sind diese Hacken sehr unangenehme Dinge. Wenn sie für den einen perfekt geeignet sind, passen sie möglicherweise nicht für den anderen. Das heißt, eine große, scharfsichtige Person kann die Hacke, die nur für eine sehr kleine Hacke geeignet ist, nicht benutzen. ... Kurven in den Griffen verlagern die Schwerpunkte dorthin, wo sie hingehören. Gutes Holz verzieht sich in der Regel in einem Griff ungefähr nach rechts, nur Gerätebauer und Anfänger wissen vielleicht nicht, wann es mit der richtigen Seite nach oben in der Hacke festgemacht wird.

„Es gibt viele solcher Schubhacken auf dem Markt. Einige haben Fassungen und Bügel aus formbarem Eisen – schwerer für den Käufer und billiger für den Händler – anstelle von Schmiedeeisen und Stahl, wie es für den wahren Wert erforderlich ist."

Vertikutierer.

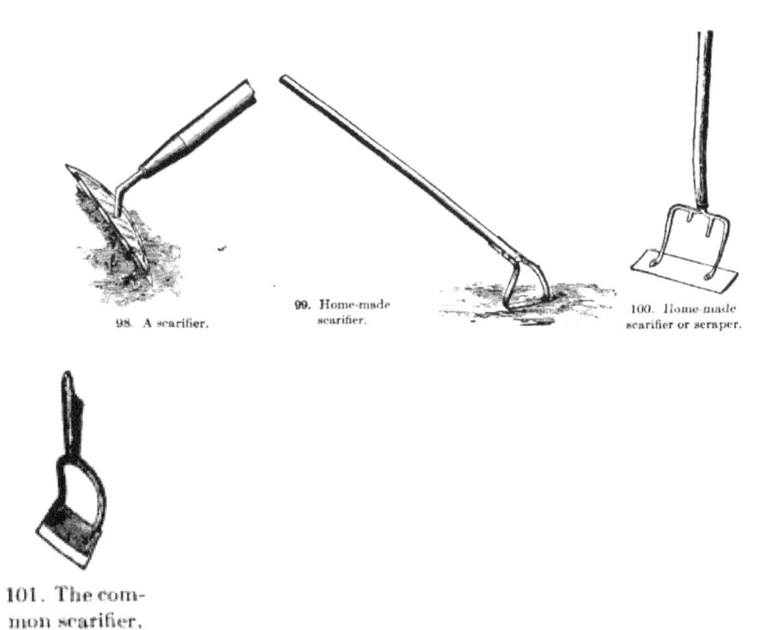

98. A scarifier.

99. Home-made scarifier.

100. Home-made scarifier or scraper.

101. The common scarifier.

Für viele Zwecke sind Werkzeuge, die die Oberfläche abkratzen oder aufreißen, den Hacken vorzuziehen, die den Boden umgraben. Unkraut lässt sich eher durch Abschneiden, wie auf Gehwegen und häufig in Blumenbeeten, bekämpfen, als durch Ausrotten. Abbildung 98 zeigt ein solches Werkzeug, und ein selbstgebautes Gerät, das denselben Zweck erfüllt, ist in Abbildung 99 dargestellt. Dieses letztere Werkzeug lässt sich leicht aus starkem Bandeisen herstellen. Ein anderer Typ ist in Abb. 100 angedeutet und stellt eine Hacke dar, die durch Befestigen eines Blechs aus gutem Metall an den Zinken einer gebrochenen Gabel hergestellt wurde. Die Art, die hauptsächlich auf dem Markt ist, ist in Abb. 101 dargestellt.

Handjäter.

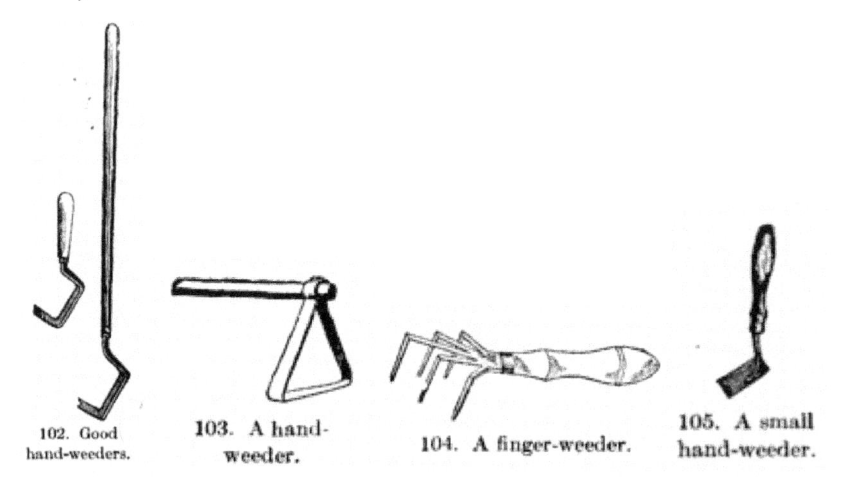

102. Good hand-weeders. 103. A hand-weeder. 104. A finger-weeder. 105. A small hand-weeder.

Für kleine Blumen- oder Gemüsebeete sind Handjäter mit verschiedenen Mustern für ein einfaches und effizientes Arbeiten unerlässlich. Eines der besten Muster mit langen und kurzen Griffen ist in Abb. 102 dargestellt. Ein anderer Stil, der zu Hause aus Bügeleisen hergestellt werden kann, ist in Abb. 103 dargestellt. Ein Fingerhacker ist in Abb. 104 dargestellt . In Abb. 105 ist eine übliche Form dargestellt. Auf dem Markt sind viele Modelle von Handjätern erhältlich, und für den Bediener bieten sich auch andere Formen an.

Kellen und ihre Art.

Kleine Handwerkzeuge zum Graben, wie Maurerkellen, Erdschaufeln und Erdspieße, sind bei Händlern erhältlich. Beim Kauf einer Kelle ist es sinnvoll, einen Aufpreis zu zahlen und sich eine Stahlklinge mit einem starken Schaft zu sichern, der über die gesamte Länge des Griffs verläuft. Eines dieser Werkzeuge hält zwar mehrere Jahre und kann auch auf hartem Boden eingesetzt werden, die Anschaffung der günstigen Glätteisen lohnt sich jedoch in der Regel kaum. Es wird auch eine solide schmiedeeiserne

Kelle aus einem Stück hergestellt, die das langlebigste Modell darstellt. Eine Stahlkelle kann an einem langen Stiel befestigt werden; oder die Klinge einer kaputten Kelle kann auf die gleiche Weise verwendet werden (Abb. 106). Eine sehr gute Kelle kann auch aus einem weggeworfenen Messer einer Mähmaschine hergestellt werden (Abb. 107) und erfüllt den Zweck eines Handjäters.

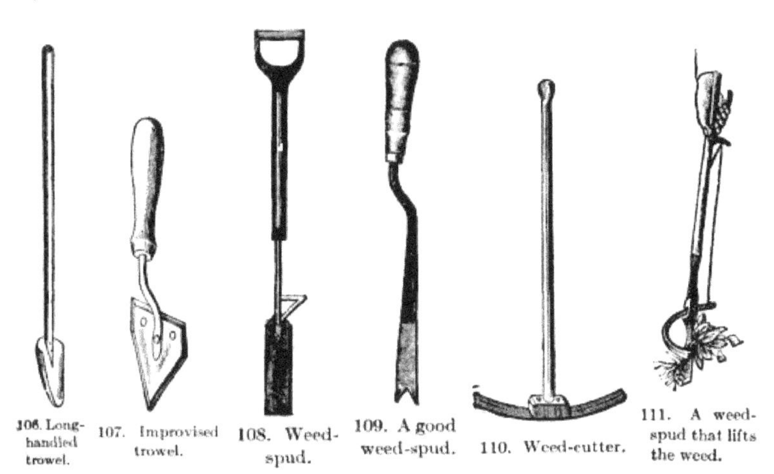

106. Long-handled trowel. 107. Improvised trowel. 108. Weed-spud. 109. A good weed-spud. 110. Weed-cutter. 111. A weed-spud that lifts the weed.

Unkraut-Spuds sind in den Abbildungen dargestellt. 108 bis 111. Die erste eignet sich besonders gut zum Schneiden von Ackergras und anderen starken Unkräutern auf Rasenflächen und Weiden. Es ist mit einer Strebe versehen, damit es mit dem Fuß in den Boden gedrückt werden kann. Es ist selten notwendig, mehrjährige Unkräuter bis zu den Spitzen ihrer tiefen Wurzeln auszugraben, wenn die Krone kurz unter der Oberfläche durchtrennt wird.

Rollen.

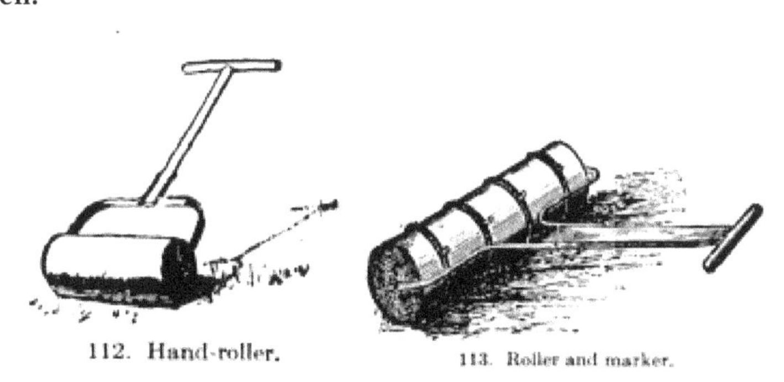

112. Hand-roller. 113. Roller and marker.

Oft ist es unerlässlich, das Land nach dem Spaten oder Hacken zu verdichten, und eine Art Handwalze ist dann nützlich. Sehr effiziente Eisenwalzen sind auf dem Markt, aber eine gute kann aus einem harten Kastanien- oder Eichenstamm hergestellt werden, wie in Abb. 112 gezeigt.

(Man sollte bedenken, dass Wasser schnell aus der Oberfläche entweicht, wenn sie hart und kompakt ist , und Pflanzen können bei warmem Wetter unter Feuchtigkeit leiden.) Die Walze ist auf zwei Arten nützlich: zum Verdichten der Unterseite. In diesem Fall sollte die Oberfläche wieder gelockert werden, sobald das Walzen beendet ist; und um die Erde um Samen (Seite 98) oder die Wurzeln neu gesetzter Pflanzen herum zu festigen.

Markierungen.

114. Roller and marker.

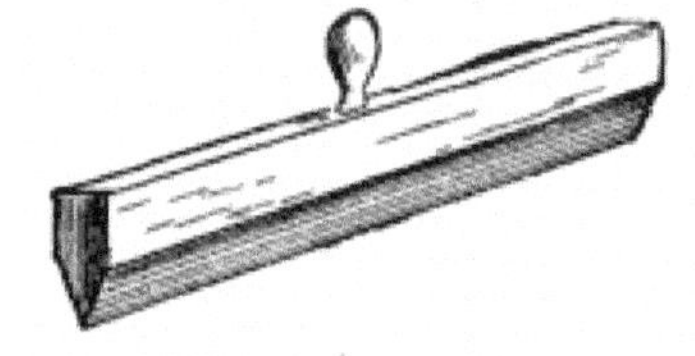

115. Marking-stick.

Eine Markierung kann oft vorteilhaft mit der Walze kombiniert werden, wie in Abb. 113. Seile sind in geeigneten Abständen um den Zylinder befestigt und markieren die Reihen. In den Seilen können Knoten angebracht werden, um die Stellen anzuzeigen, an denen Pflanzen gepflanzt oder Samen abgeworfen werden sollen. Eine Erweiterung derselben Idee ist in Abb. 114 zu sehen, die Eisen- oder Holzpflöcke zeigt, die Löcher bohren, in die sehr kleine Pflanzen gesetzt werden können. An einer Seite ragt ein L-förmiger Stab hervor, der die Stelle der nächsten Reihe markiert.

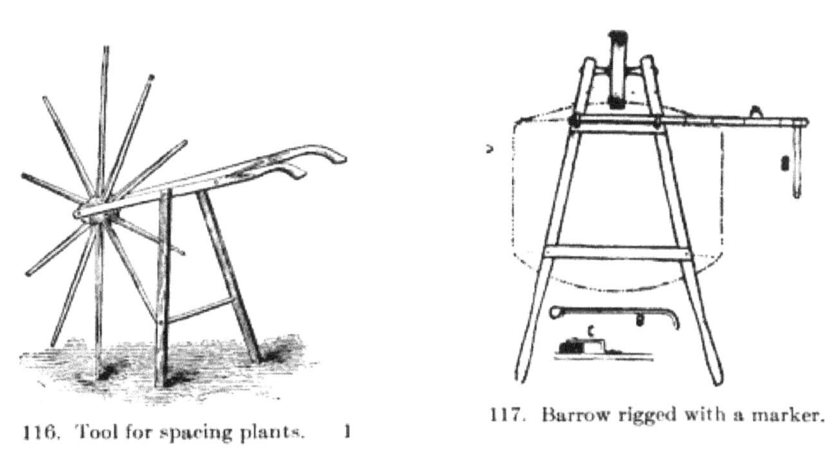

116. Tool for spacing plants.

117. Barrow rigged with a marker.

118. Hand sled marker.

In den meisten Fällen ist die beste und schnellste Methode zum Abstecken des Gartens die Verwendung einer Gartenschnur, die an einer Rolle befestigt ist (Abb. 96), aber auch verschiedene andere Geräte sind oft nützlich. Bei sehr kleinen Beeten können Bohrungen oder Furchen mit einem einfachen Markierungsstab angelegt werden (Abb. 115). Eine praktische Markierung ist in Abb. 116 dargestellt. Eine Markierung kann an einer Schubkarre befestigt werden, wie in Abb. 117. Eine Stange ist unter dem vorderen Fachwerk befestigt und an ihrem Ende ist ein verstellbarer Anhänger, B, aufgehängt. Das Rad der Karre markiert die Reihe und der Anhänger zeigt die Position der nächsten Reihe an, wodurch die Reihen parallel gehalten werden. Ein Handschlittenmarkierer ist in Abb. 118 dargestellt, und ein ähnliches Gerät kann am Rahmen eines Sulky-Grubbers (Abb. 119) oder eines anderen Radwerkzeugs befestigt werden. Ein guter verstellbarer Schlittenmarkierer ist in Abb. 120 dargestellt.

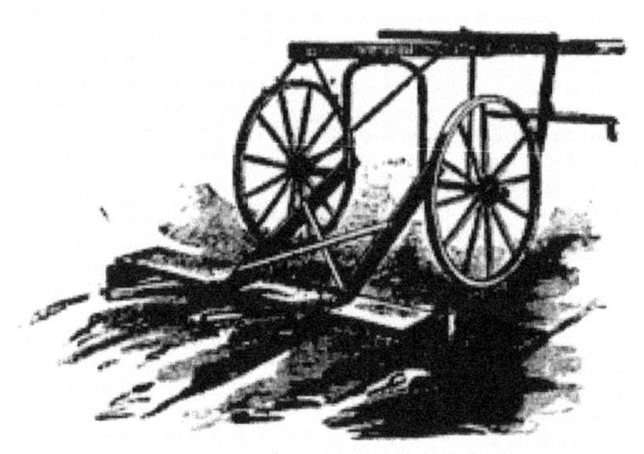

119. Trailing sled-marker.

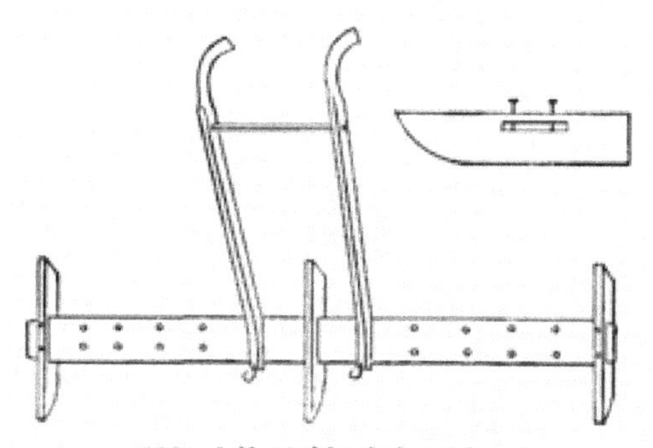

120. Adjustable sled-marker.

Das Land bereichern .

Mit der Düngung des Bodens sind zwei Probleme verbunden: die direkte Zugabe pflanzlicher Nahrung und die Verbesserung der physikalischen Struktur des Bodens. Letzteres Amt ist oft das wichtigere.

Böden, die einerseits sehr hart und fest sind und zum Backen neigen und andererseits locker und auslaugig sind, profitieren sehr von der Zugabe organischer Substanz. Wenn diese organischen Stoffe – Tier- und Pflanzenreste – zerfallen und sich vollständig mit dem Boden vermischen, bilden sie den sogenannten Humus. Die Zugabe dieses Humus macht den Boden weich, bröckelig, feuchtigkeitsspeichernd und fördert die allgemeinen chemischen Aktivitäten des Bodens. Außerdem wird der Boden in den besten physischen Zustand für den Komfort und das Wohlbefinden der Pflanzen versetzt. Sehr viele der Ländereien, von denen man sagt, dass sie keine Pflanzennahrung mehr haben, enthalten immer noch genug Kali, Phosphorsäure, Kalk und andere Düngemittel, um gute Ernten zu produzieren; Ihre körperliche Verfassung wurde jedoch durch den lang andauernden Ackerbau, die unsachgemäße Bodenbearbeitung und das Zurückhalten von Pflanzenmaterial stark geschädigt. Ein Teil der bemerkenswerten Ergebnisse, die beim Unterpflügen von Klee erzielt werden, ist auf die Einarbeitung pflanzlicher Stoffe zurückzuführen, ganz abgesehen von der Zugabe von Düngemitteln; und das gilt in besonderem Maße für Klee, denn seine tief wachsenden Wurzeln dringen in den Untergrund ein und lockern ihn auf.

Dreck und Blattschimmel sind oft sehr nützlich, um sehr harte oder sehr lockere Böden zu verbessern. Wenn das Laub, der Gartenabfall und ein Teil des Mists aufgeschichtet und kompostiert werden, kann stets ein ausgezeichneter Humus zur Verfügung stehen (S. 114). Wenn der Flor mehrmals im Jahr gewendet wird, erhält das Material eine feine und gleichmäßige Textur.

Die verschiedenen Fragen im Zusammenhang mit der Düngung des Bodens sind zu umfangreich, um hier im Detail behandelt zu werden. Wer sich mit dem Thema vertraut machen möchte, sollte aktuelle Bücher zu Rate ziehen. Man kann jedoch sagen, dass die meisten Ländereien in der Regel alle Elemente der pflanzlichen Nahrung in ausreichenden Mengen enthalten, mit Ausnahme von Kali, Phosphorsäure und Stickstoff. In vielen Fällen ist Kalk sehr vorteilhaft für den Boden, meist weil er den Säuregehalt korrigiert und eine mechanische Wirkung bei der Pulverisierung und Flockung von Ton sowie bei der Zementierung von Sanden hat.

Die Hauptquellen für kommerzielles Kali sind Kalisalz, Kalisulfat und Holzasche. Für allgemeine Zwecke empfiehlt sich mittlerweile das Kalisalz, da es vergleichsweise günstig ist und eine gleichmäßige Zusammensetzung aufweist. Eine normale Anwendung von Kalisalz beträgt 200 bis 300 Pfund pro Hektar; aber in manchen Ländern, wo die größten Ergebnisse verlangt werden, kann dieser Aufwand manchmal sogar doppelt so hoch sein.

Phosphorsäure kommt in gelöstem Gestein aus South Carolina und Florida sowie in verschiedenen Knochenpräparaten vor. Diese Materialien werden in einer Menge von 200 bis 400 Pfund pro Hektar ausgebracht.

Kommerzieller Stickstoff wird hauptsächlich in Form von tierischen Abfällen, wie Blut und Tank sowie in Nitrat gewonnen. Es ist wahrscheinlicher, dass es durch Auswaschung durch das Land verloren geht als die Mineralstoffe, insbesondere wenn es dem Land an Humus mangelt. Salpetersäure ist sehr gut löslich und sollte in regelmäßigen Abständen in kleinen Mengen aufgetragen werden. Stickstoff ist das Element, das das vegetative Wachstum am meisten fördert und neigt dazu, die Reifezeit zu verzögern, wenn er stark oder spät in der Saison eingesetzt wird. Auf den Hektar können 100 bis 300 Pfund Salpeternatron ausgebracht werden, in der Regel ist es jedoch besser, zwei oder drei Anwendungen im Abstand von drei bis sechs Wochen durchzuführen. Düngemittel können entweder im Herbst oder Frühjahr ausgebracht werden; Im Falle von Natron ist es jedoch in der Regel besser, die Anwendung nicht im Herbst durchzuführen, es sei denn, der Boden verfügt über reichlich Humus, um eine Auswaschung zu verhindern, oder bei Pflanzen, die sehr früh im Frühjahr beginnen.

Das Düngemittel wird im Streuverfahren ausgesät oder leicht in Furchen unter die Samen gestreut und anschließend mit Erde bedeckt. Bei einer Streusaat kann die Ausbringung entweder nach der Aussaat der Samen oder davor erfolgen. Normalerweise ist es besser, es vorher aufzutragen, denn obwohl der Regen es nach unten trägt, führt die Aufwärtsbewegung des Wassers während des trockenen Sommerwetters dazu, dass es wieder an die Oberfläche gelangt. Es ist wichtig, dass große Düngerklumpen, insbesondere Kalisalz und Soda, nicht in die Nähe der Pflanzenkronen fallen; Andernfalls kann es zu schweren Verletzungen der Pflanzen kommen. Es ist auch ein allgemeiner Grundsatz, dass es am besten ist, sparsamer mit Düngemitteln als mit der Bodenbearbeitung umzugehen. Die Tendenz geht dahin, Düngemittel als Buße für die Sünden der Vernachlässigung einzusetzen, aber die Ergebnisse entsprechen oft nicht den Erwartungen.

Wenn jemand nur einen kleinen Garten oder einen eigenen Hof hat, lohnt es sich normalerweise nicht, die Chemikalien separat zu kaufen, wie oben vorgeschlagen, aber er kann einen Volldünger kaufen, der unter einer Marke oder Marke verkauft wird und über eine garantierte Analyse verfügt. Wenn man Pflanzen hauptsächlich wegen ihres Laubs züchtet, wie Rhabarber und Ziersträucher, sollte man einen Dünger wählen, der vergleichsweise reich an Stickstoff ist; Wenn er jedoch hauptsächlich Obst und Blumen wünscht, sollten die Mineralstoffe wie Kali und Phosphorsäure normalerweise hoch sein. Wenn man die Chemikalien verwendet, ist es nicht notwendig, dass sie vor der Anwendung gemischt werden; Tatsächlich ist es normalerweise besser, sie nicht zu vermischen, da manche Pflanzen und manche Böden mehr von einem Element benötigen als von einem anderen. Welche Materialien und wie viel unterschiedliche Böden und Pflanzen benötigen, muss der Züchter selbst durch Beobachtung und Experimente ermitteln; und es ist eine der Befriedigungen der Gartenarbeit, in solchen Angelegenheiten zu Unterscheidungsvermögen zu gelangen.

Kalisalz kostet 40 $ und mehr pro Tonne, Sulfat etwa 48 $, gelöster Knochenschwarz etwa 24 $, gemahlener Knochen etwa 30 $, Kainit etwa 13 $ und Sodanitrat etwa 2 1/4 Cent pro Pfund. Diese Preise variieren natürlich je nach Zusammensetzung oder mechanischem Zustand der Materialien und der Marktlage. Die durchschnittliche Zusammensetzung ungelaugter Holzasche auf dem Markt ist etwa wie folgt: Kali, 5,2 Prozent; Phosphorsäure, 1,70 Prozent; Kalk, 34 Prozent; Magnesia, 3,40 Prozent. Die durchschnittliche Zusammensetzung von Kainit beträgt 13,54 Prozent Kali und 1,15 Prozent Kalk.

Die Tatsache, dass der Boden selbst der größte Vorrat an Pflanzennahrung ist, wird durch den folgenden Durchschnitt von 35 Analysen des Gesamtgehalts der ersten 20 Zoll Oberflächenboden pro Acre gezeigt: 3521 Pfund Stickstoff, 4400 Pfund Phosphor Säure, 19.836 Pfund Kali. Vieles davon ist nicht verfügbar, aber eine gute Bodenbearbeitung, Gründüngung und eine ordnungsgemäße Bewirtschaftung neigen dazu, es zu erschließen und es gleichzeitig vor Verschwendung zu bewahren.

121. A good cart for collecting leaves and other materials.

, Schnittgut und Stallabfälle aufzubewahren und daraus Kompost zu machen, um die natürlichen Vorräte im Boden zu ergänzen. Es wird eine abgelegene Ecke für einen dauerhaften Stapel gefunden, in der man ihn von Zeit zu Zeit aufstapeln kann. Der Haufen wird durch seine Gartenbepflanzung abgeschirmt. (Abbildung 121 schlägt einen nützlichen Wagen zum Sammeln solcher Materialien vor.) Er wird auch die Kraft seines Landes schonen, indem er seine Feldfrüchte Jahr für Jahr auf andere Teile des Gartens verlagert und keine China-Astern, Löwenmäulchen oder Kartoffeln anbaut oder Erdbeeren kontinuierlich auf der gleichen Fläche; und so wird auch sein Garten jedes Jahr ein neues Gesicht bekommen.

Damit der Leser nicht auf die Idee kommt, dass der Bereicherung des Bodens keine Grenzen gesetzt sind, möchte ich ihn am Ende meiner Diskussion warnen, dass er den Ort leicht so reichhaltig machen könnte, dass einige Pflanzen überwachsen und nicht wachsen vor dem Frost in die Blüte oder Fruchtbildung, und den Blüten kann es an Brillanz mangeln. Auf sehr fruchtbarem Land wächst der Scharlachsalbei zu großer Größe, blüht aber in der nördlichen Jahreszeit nicht; Edelwicken werden zum Weinstock wachsen; Gaillardien und einige andere Pflanzen werden absterben; Tomaten, Melonen und Paprika können so spät kommen, dass die Früchte nicht reifen. Nur Erfahrung und gutes Urteilsvermögen können den Gärtner darüber absichern, wie weit er gehen sollte oder nicht.

KAPITEL V
DER UMGANG MIT DEN PFLANZEN

Es gibt ein Talent im erfolgreichen Umgang mit Pflanzen, das man nicht in gedruckter Form beschreiben kann. Alle Menschen können ihre Praxis durch sorgfältiges Lesen nützlicher Gartenliteratur verbessern, aber noch so viel Lektüre und Ratschläge werden einen guten Gärtner aus einer Person machen, die nicht gerne in einem Garten gräbt oder sich nicht um Pflanzen kümmert, nur weil sie es tut sind Pflanzen.

Um eine Pflanze gut wachsen zu lassen, muss man ihre natürlichen Gewohnheiten kennen lernen. Manche Menschen lernen dies wie durch Intuition, indem sie das Wissen durch genaue Beobachtung des Verhaltens der Pflanze erlangen. Oft sind sie sich dieser Fähigkeit, zu wissen, was die Pflanze zum Gedeihen bringt, selbst nicht bewusst; Aber es ist keineswegs notwendig, über ein solch intuitives Urteilsvermögen zu verfügen, um mehr als nur ein einigermaßen guter Gärtner zu sein. Sorgfältige Beachtung der Gewohnheiten und Anforderungen der Pflanze und eine echte Rücksichtnahme auf das Wohlergehen der Pflanze machen jeden zu einem erfolgreichen Pflanzenzüchter.

Einige der Dinge, die jemand über jede Pflanze, die er anbauen möchte, wissen sollte, sind diese:

- Ob die Pflanze im ersten, zweiten, dritten oder folgenden Jahr reift; und wenn es auf natürliche Weise zu scheitern beginnt.
- Die Zeit des Jahres oder der Jahreszeit, in der es normalerweise wächst, blüht oder Früchte trägt; und ob es zu anderen Jahreszeiten erzwungen werden kann.
- Ob es eine trockene oder feuchte oder nasse, heiße oder kühle, sonnige oder schattige Lage bevorzugt.
- Seine Vorlieben hinsichtlich des Bodens, ob sehr nährstoffreich oder nur mäßig nährstoffreich, Sand oder Lehm, oder Torf oder Ton.
- Seine Widerstandsfähigkeit gegenüber Frost, Wind, Trockenheit und Hitze.
- Ob es besondere Anforderungen an die Keimung stellt und ob es sich gut verpflanzen lässt.
- Ob es besonders anfällig für Insekten- oder Krankheitsbefall ist.
- Ob es eine besondere Unfähigkeit hat, zwei Jahre hintereinander auf demselben Land zu wachsen.

Nachdem die Situation an die Pflanze angepasst, der Boden gut vorbereitet und beschlossen wurde, ihn gut zu erhalten, muss folgenden Dingen besondere Aufmerksamkeit gewidmet werden:

- Schutz vor allen Insekten und Krankheiten; und auch von Katzen und Hühnern und Hunden; und ebenso von Kaninchen und Mäusen.
- Schutz vor Unkraut.
- Beschneiden, bei Obstbäumen und Sträuchern, gelegentlich auch bei Ziergehölzen und teilweise auch bei einjährigen Kräutern.
- Stecken und Binden, insbesondere von ausladenden Gartenblumen.
- Ständiges Pflücken von Samenkapseln oder abgestorbenen Blüten von Blütenpflanzen, um die Kraft der Pflanze zu erhalten und ihre Blütezeit zu verlängern.
- Bei trockenem Wetter gießen (aber nicht streuen oder träufeln).
- Gründlicher Winterschutz für Pflanzen, die ihn benötigen.
- Entfernen Sie abgestorbene Blätter, abgebrochene Äste, schwache und kränkliche Pflanzen und halten Sie den Platz ansonsten sauber und ordentlich.

Aussaat der Samen .

Bereiten Sie die Erdoberfläche gut vor, um ein gutes Saatbett zu schaffen. Pflanzen Sie wenn möglich, wenn der Boden feucht ist, und vorzugsweise kurz vor einem Regen, wenn der Boden so beschaffen ist, dass er nicht verbackt. Bei flach gepflanzten Samen festigen Sie die Erde darüber, indem Sie über die Reihe gehen oder sie mit einer Hacke abklopfen. Es ist besonders darauf zu achten, dass keine sehr kleinen und langsam keimenden Samen wie Sellerie, Karotte oder Zwiebel in schlecht vorbereitete oder backende Erde gesät werden. Mit solchen Samen ist es gut, Rettich- oder Rübensamen auszusäen, denn diese keimen schnell und brechen die Kruste auf, und markieren Sie auch die Reihe, damit mit der Bodenbearbeitung begonnen werden kann, bevor die regulären Samen aufgegangen sind.

Sie können verhindern, dass das Land über den Samen verbackt, indem Sie eine sehr dünne Schicht feiner Einstreu, z. B. Spreu, oder gesiebtes Moos oder Schimmel, über die Reihe streuen. Manchmal wird ein Brett auf die Reihe gelegt, um die Feuchtigkeit zurückzuhalten. Es muss jedoch nach und nach angehoben werden, sobald die Pflanzen beginnen, den Boden zu durchbrechen, da die Pflanzen sonst schwer verletzt werden. Wann immer möglich, sollten die Samenbeete von Sellerie und anderen langsam keimenden Samen beschattet werden. Wenn die Beete bewässert werden, achten Sie darauf, dass der Boden nicht durch die Kraft des Wassers verdichtet oder durch die Sonne ausgebacken wird. In dicht gesäten Saatbeeten die Pflanzen ausdünnen oder verpflanzen, sobald sie ihre ersten echten Blätter gebildet haben.

Auf den meisten Privatgrundstücken kann die Aussaat von Hand erfolgen, für große Flächen mit einer Kulturpflanze kann jedoch eine der vielen Arten von Sämaschinen verwendet werden. Die einzelnen Methoden der Saatgutaussaat werden üblicherweise in den Saatgutkatalogen angegeben, sofern eine andere als die gewöhnliche Behandlung erforderlich ist. Die Schlittenmarkierungen (bereits beschrieben, S. 108) öffnen eine Furche von ausreichender Tiefe für die Aussaat der meisten Samen. Wenn keine Markierungsfurchen verfügbar sind, kann eine Furche für tief gepflanzte Samen wie Erbsen und Edelwicken mit einer Hacke oder für kleinere Samen mit einer Kelle oder dem Ende eines Rechens geöffnet werden. In schmalen Beeten oder Kästen kann ein Stock oder Lineal (Abb. 115) verwendet werden, um die Falten zu öffnen und die Samen aufzunehmen.

Die Tiefe, in der die Samen gepflanzt werden müssen, hängt von der Art, dem Boden und seiner Vorbereitung, der Jahreszeit und davon ab, ob sie im Freien oder im Haus gepflanzt werden. In Kisten und unter Glas ist es eine gute Regel, dass das Saatgut in einer Tiefe gesät wird, die dem Doppelten seines eigenen Durchmessers entspricht. Eine tiefere Aussaat ist jedoch normalerweise im Freien erforderlich, insbesondere bei heißem und trockenem Wetter. Starke und robuste Samen wie Erbsen, Edelwicken und große Obstbaumsamen können 7 bis 15 cm tief gepflanzt werden. Zarte Samen, die durch Kälte und Nässe beschädigt werden , können gepflanzt werden, nachdem sich der Boden beruhigt und erwärmt hat, und zwar in größerer Tiefe als vor dieser Saison. In der Regel nützt es nichts, zarte Samen zu säen, bevor sich das Wetter gut beruhigt hat und der Boden warm ist.

Vermehrung durch Stecklinge .

Viele gängige Pflanzen werden eher durch Stecklinge als durch Samen vermehrt, insbesondere wenn eine bestimmte Sorte vermehrt werden soll.

Stecklinge sind Pflanzenteile, die in Erde oder Wasser eingebracht werden, damit sie wachsen und neue Pflanzen hervorbringen können. Es gibt sie verschiedener Art. Sie können anhand des Alters des Holzes oder Gewebes in zwei Klassen eingeteilt werden; nämlich. solche aus vollkommen hartem oder ruhendem Holz (aus den winterlichen Zweigen von Bäumen und Sträuchern) und solche aus mehr oder weniger unreifem oder wachsendem Holz. Sie können wiederum in Bezug auf den Teil der Pflanze, von dem sie stammen, in Wurzelstecklinge, Knollenstecklinge (als gewöhnlicher „Samen“, der für Kartoffeln gepflanzt wird), Stängelstecklinge und Blattstecklinge klassifiziert werden.

Ruhende Stängelstecklinge.

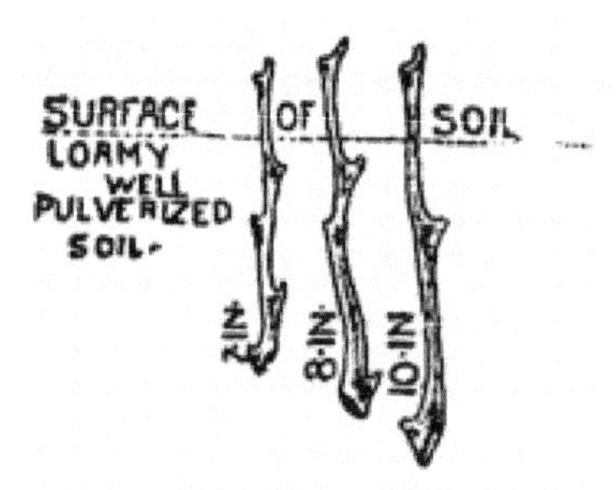

122. The planting of the dormant-wood cuttings.

Ruheholzstecklinge werden für Weintrauben (Abb. 122), Johannisbeeren, Stachelbeeren, Weiden, Pappeln und viele andere Arten von Weichholzbäumen und -sträuchern verwendet. Normalerweise werden solche Stecklinge im Herbst oder Winter entnommen, aber auf die richtige Länge geschnitten und dann in Sand oder Moos vergraben, wo sie nicht gefrieren, damit das untere Ende verheilen oder verhornen kann. Im Frühjahr werden diese Stecklinge in die Erde gesetzt, vorzugsweise an einem eher sandigen und gut durchlässigen Ort.

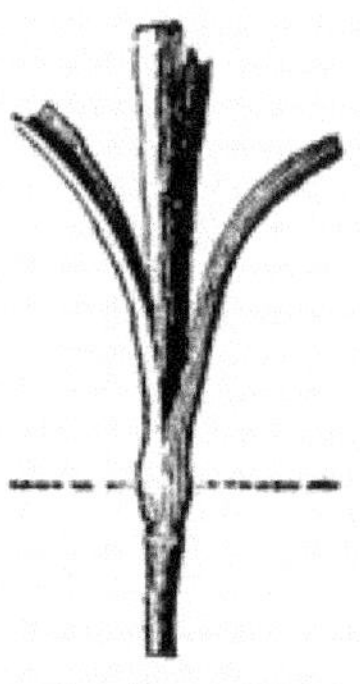

123. Carnation cutting.

Normalerweise werden Hartholzstecklinge mit zwei bis vier Gelenken oder Knospen hergestellt, und wenn sie gepflanzt werden, ragt nur die obere Knospe aus dem Boden. Sie können aufrecht gepflanzt werden, wie Abb. 122 zeigt, oder etwas schräg. Damit der Schnitt bis zur feuchten Erde reichen kann, ist es wünschenswert, dass er nicht weniger als 6 Zoll lang ist; und manchmal ist es besser, wenn es 8 bis 12 Zoll lang ist. Wenn das Holz kurzgliedrig ist, können sich an einem Steckling dieser Länge mehrere Knospen befinden; Und um zu verhindern, dass aus diesen Knospen zu viele

Triebe entstehen, werden oft die untersten Knospen herausgeschnitten. Die Wurzelbildung beginnt auch dann, wenn die unteren Knospen entfernt werden, da die Knospen zu Trieben und nicht zu Wurzeln heranwachsen.

Stecklinge von Johannisbeeren, Weintrauben, Stachelbeeren und dergleichen können in Reihen angeordnet werden, die weit genug voneinander entfernt sind, um eine einfache Bodenbearbeitung entweder mit Pferd oder Handwerkzeugen zu ermöglichen, und die Stecklinge können in einem Abstand von 3 bis 8 Zoll in der Reihe platziert werden. Die hierzulande in großem Umfang angebauten englischen Stachelbeersorten vermehren sich nicht leicht durch Stecklinge.

Nachdem die Stecklinge eine Saison lang gewachsen sind, werden die Pflanzen normalerweise umgepflanzt und erhalten im zweiten Jahr mehr Platz für das Wachstum. Danach können sie in dauerhafte Plantagen gepflanzt werden. In manchen Fällen werden die Pflanzen am Ende des ersten Jahres gesetzt; aber zweijährige Pflanzen sind stärker und normalerweise vorzuziehen.

Stecklinge von Wurzeln.

Wurzelstecklinge werden für Brombeeren, Himbeeren und einige andere Dinge verwendet. Sie bestehen normalerweise aus Wurzeln von der Größe eines Bleistifts bis zum kleinen Finger und werden in Längen von 3 bis 5 Zoll Länge geschnitten. Die Stecklinge werden wie Stängelstecklinge gelagert und kahl werden gelassen. Im Frühjahr werden sie in horizontaler oder nahezu horizontaler Position in feuchten Sandboden gepflanzt, wobei sie bis zu einer Tiefe von 1 bis 2 Zoll vollständig bedeckt sind.

Grüne Stecklinge.

124. Verbena cutting.

Weichholz- oder Grünholzschnitte bestehen in der Regel aus Holz, das reif genug ist, um bei starker Biegung zu brechen. Wenn das Holz so weich ist, dass es sich verbiegt und nicht bricht, ist es bei den meisten Pflanzen zu unreif, um gute Stecklinge zu machen.

125. Leaf-cutting. 12

Ein bis zwei Fugen sind die richtige Länge eines Grünholzschnitts. Bei zweiteiligen Blättern sollten die unteren Blätter abgeschnitten und die oberen Blätter in zwei Teile geschnitten werden, damit sie nicht mit ihrer gesamten Oberfläche der Luft ausgesetzt sind und dadurch die Pflanzensäfte zu schnell verdunsten. Wenn nur eine Fuge geschnitten wird, wird das untere Ende normalerweise direkt über einer Fuge geschnitten. In beiden Fällen werden die Stecklinge normalerweise bis fast oder ganz bis zu den Blättern in Sand oder gut gewaschenen Kies gesteckt. Halten Sie das Beet über die gesamte Tiefe gleichmäßig feucht, vermeiden Sie jedoch Böden, die so viel Feuchtigkeit enthalten, dass sie schlammig und sauer werden. Diese Stecklinge sollten beschattet werden, bis sie beginnen, ihre Wurzeln auszutreiben. Coleus, Geranien, Fuchsien, Nelken und fast alle gängigen Gewächshaus- und Zimmerpflanzen werden durch diese Stecklinge oder Stecklinge vermehrt (Abb. 123, 124).

Blattstecklinge.

Für die Blattbegonien, Gloxinien und einige andere Pflanzen werden häufig Blattstecklinge verwendet. Die junge Pflanze entspringt in der Regel am leichtesten aus dem Blattstiel oder Blattstiel. Das Blatt wird daher ähnlich wie ein grüner Steckling in den Boden gesteckt. Begonienblätter werfen junge Pflanzen aus den Hauptrippen, wenn diese Adern oder Rippen durchtrennt werden. Deshalb werden gut gewachsene und feste Begonienblätter manchmal flach auf den Sand gelegt und die Hauptadern abgeschnitten; Anschließend wird das Blatt mit Kieselsteinen oder Pflöcken beschwert, sodass diese Schnittflächen in engen Kontakt mit der darunter liegenden Erde kommen. Die übliche Vorgehensweise besteht jedoch darin, ein dreieckiges Stück des Blattes abzuschneiden (Abb. 125) und die Spitze in Sand zu stecken. Lassen Sie sich nicht entmutigen, solange der Steckling am Leben ist, auch wenn er nicht beginnt.

VIII. Ein gut bepflanzter Eingang. Gewöhnliche Bäume und Sträucher mit Boston-Efeu am Pfosten und *Berberis Thunbergii* davor.

Allgemeine Behandlung von Stecklingen.

Beim Anbau aller Grünholz- und Blattstecklinge ist darauf zu achten, dass sie eine sanfte Unterhitze haben; Der Boden sollte so beschaffen sein, dass er Feuchtigkeit speichert und dennoch nicht nass bleibt. Die Luft an den Wipfeln sollte nicht dicht werden und stagnieren, sonst werden die Pflanzen feucht; und die Spitzen sollten eine Zeit lang beschattet werden. Um alle Bedingungen unter Kontrolle zu halten, werden solche Stecklinge abgedeckt angebaut, beispielsweise in einem Gewächshaus, einem Frühbeet oder einer Kiste im Fenster des Hauses.

126. Cuttings inserted in a double pot.

Eine hervorragende Methode, um im Wohnzimmer Stecklinge zu pflanzen, besteht darin, einen Doppeltopf zu machen, wie in Abb. 126 gezeigt. Topfset a 4-in. Topf. Füllen Sie den Boden mit *Kies* oder Ziegelstücken zur Entwässerung. Verschließen Sie das Loch im Innentopf. Füllen Sie die Zwischenräume *c* mit Erde und setzen Sie die Stecklinge hinein. Zur Feuchtigkeitszufuhr kann Wasser in den Innentopf *b gegossen werden.*

Umpflanzen junger Setzlinge .

127. To check evaporation at transplanting.

Beim Umpflanzen von Kohl, Tomaten, Blumen und allen Pflanzen, die erst kürzlich aus Samen entstanden sind, ist es wichtig, dass der Boden gründlich gelockert und verdichtet wird. Pflanzen leben in der Regel besser, wenn sie in frisch umgegrabenen Boden verpflanzt werden. Wenn möglich, verpflanzen Sie die Pflanze bei bewölktem oder regnerischem Wetter, insbesondere gegen Ende der Saison. Festigen Sie die Erde mit den Händen oder Füßen fest um die Wurzeln herum, um die Bodenfeuchtigkeit anzuheben. Im Allgemeinen ist es jedoch am besten, die Oberfläche zu harken, um den Erdmulch wiederherzustellen, es sei denn, die Pflanzen sind so klein, dass ihre Wurzeln nicht durch den Mulch reichen können (S. 98).

Wenn die Pflanzen aus Töpfen genommen werden, gießen Sie die Töpfe einige Zeit vorher. Wenn Sie den Topf umdrehen und leicht darauf klopfen, fällt die Erdkugel heraus. Beim Aufnehmen von Pflanzen aus dem Boden ist es außerdem ratsam, sie einige Zeit vor dem Herausnehmen gut zu gießen; Die Erde kann dann an den Wurzeln festgehalten werden. Stellen Sie sicher, dass die Bewässerung weit genug im Voraus erfolgt, damit sich das Wasser absetzen und verteilen kann. Die Erde sollte beim Entfernen der Pflanzen nicht schlammig sein.

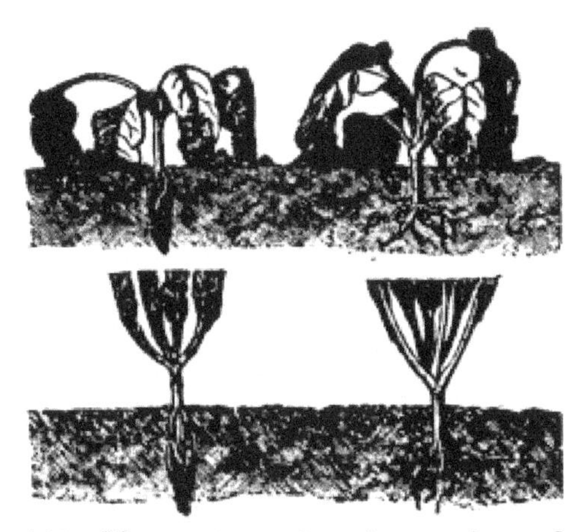

128. Plants sheared and not sheared when transplanted.

Um die Verdunstung der Pflanze zu reduzieren, können Schindeln in den Boden gesteckt werden, um die Pflanze zu beschatten; oder ein Schirm kann mit Papierstücken (Abb. 122), Blechdosen, umgedrehten Blumentöpfen, Bürstenabdeckungen oder anderen Mitteln improvisiert werden.

129. Where to shear the tops of young plants.

Es ist fast immer ratsam, einen Teil des Laubs zu entfernen, insbesondere wenn die Pflanze mehrere Blätter hat und nicht in einem Topf gewachsen ist und auch wenn das Umpflanzen bei warmem Wetter erfolgt. Abbildung 128 zeigt eine gute Behandlung für transplantierte Pflanzen. Wenn das Laub vollständig belassen ist, verhalten sich die Pflanzen wahrscheinlich wie in der oberen Reihe; aber wenn das meiste davon abgeschnitten ist, wie in der unteren Reihe, welkt es kaum und es bilden sich bald neue Blätter. Abbildung 129 zeigt auch, welcher Teil der Blätter beim Umpflanzen abgeschnitten werden kann. Wenn der Boden frisch umgegraben und die Umpflanzung gut durchgeführt wurde, ist es selten notwendig, die Pflanzen zu gießen; Wenn jedoch eine Bewässerung erforderlich ist, sollte dies bei Einbruch der Dunkelheit erfolgen und die Oberfläche sollte am nächsten Morgen oder sobald sie trocken ist, gelockert werden.

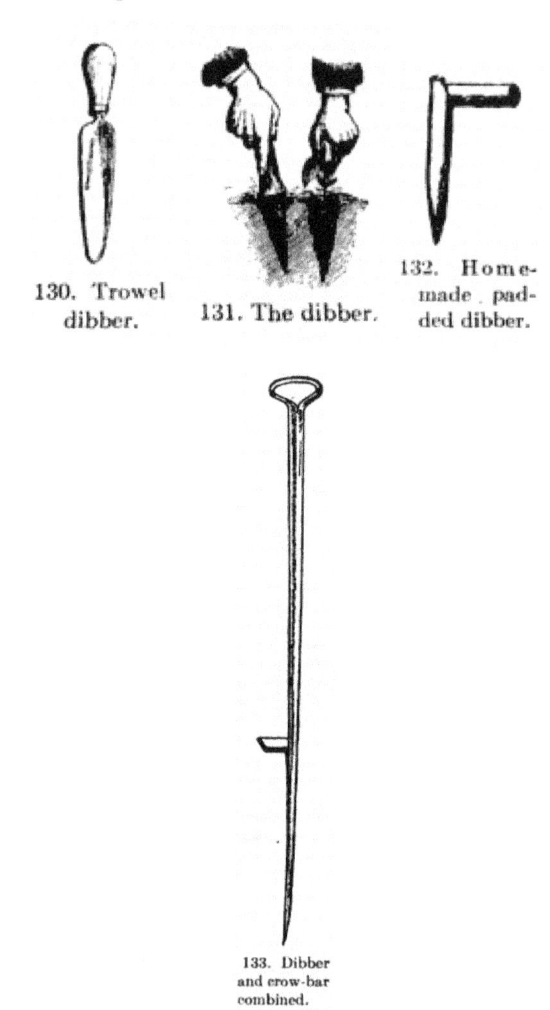

130. Trowel dibber.

131. The dibber.

132. Home-made padded dibber.

133. Dibber and crow-bar combined.

Beim Umpflanzen junger Pflanzen sollte zum Bohren der Löcher eine Art Dibber verwendet werden. Dibber machen Löcher, ohne etwas von der Erde zu entfernen. Eine gute Form eines Dibbers ist in Abb. 130 dargestellt und ähnelt einer flachen Kelle. Viele Menschen bevorzugen einen zylindrischen und konischen Dibber, wie in Abb. 131 gezeigt. Für harte Böden und größere Pflanzen kann ein starker Dibber aus einem Ast hergestellt werden, der einen rechtwinkligen Zweig hat, der als Griff dient. Dieser Griff kann weicher gemacht werden, indem man ein Stück Gummischlauch darüber streift (Abb. 132). In Abb. 133 ist ein langer eiserner Dibber dargestellt, der auch als Brecheisen verwendet werden kann. Beim Umpflanzen mit dem Dibber wird zunächst durch einen Stoß mit dem Werkzeug ein Loch gebohrt und dann die Erde gegen die Wurzel gedrückt mit dem Fuß, der Hand oder dem Dibber selbst (wie in Abb. 131). Das Loch wird nicht durch das Einbringen von Erde von oben gefüllt.

134. Strawberry planter.

Für große Pflanzen kann ein breiterer Dibber verwendet werden. Ein Gerät wie das in Abb. 134 dargestellte eignet sich zum Setzen von Erdbeeren und anderen Pflanzen mit großen Wurzeln. Es besteht aus einem 5 cm dicken Brett und hat oben einen Block, der als Fußstütze dient und verhindert, dass die Klinge zu tief eindringt. Um Platz für den Fuß zu schaffen und den Stoß leicht zu steuern, kann der Griff seitlich in der Mitte angebracht werden. Zum Eintauchen von Töpfen ist ein Dibber wie in Abb. 135 nützlich, insbesondere wenn der Boden so hart ist, dass ein Werkzeug mit langer Spitze erforderlich ist. Der Boden des Lochs kann vor dem Einsetzen des Topfes mit Erde gefüllt werden; Es ist jedoch oft ratsam, den freien Raum unten zu lassen (wie in *b*), um eine Drainage zu gewährleisten, die Pflanze am Wurzeln zu hindern und zu verhindern, dass Regenwürmer in das Loch im Topfboden eindringen. Bei kleineren Töpfen kann das Werkzeug weniger tief eingeführt werden (wie bei *c*).

135. The plunging of pots.

Umpflanzen etablierter Pflanzen und Bäume .

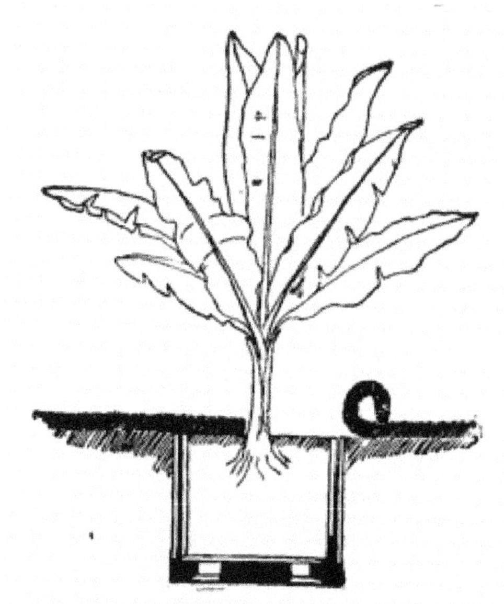
136. Setting large tub-plants in the lawn.

Beim Aufstellen von Topfpflanzen im Freien ist es fast immer ratsam, sie einzutauchen, das heißt, die Töpfe in die Erde zu stellen, es sei denn, der Ort ist sehr nass. Die Töpfe werden dann durch den Regen bewässert und erfordern wenig Pflege. Sollen die Pflanzen im Herbst wieder ins Haus zurückgebracht werden, dürfen sie nicht durch das Loch im Topf Wurzeln schlagen. Das Durchwurzeln kann verhindert werden, indem der Topf alle paar Tage umgedreht wird. Große Zierpflanzen können so aussehen, als würden sie auf natürliche Weise im Rasen wachsen, indem der Topf oder die Kiste direkt unter die Oberfläche versenkt und die Grasnarbe darüber gerollt wird, wie in Abb. 136 vorgeschlagen. Es kann ein Platz um und unter der Wanne vorgesehen werden Entwässerung sicherstellen.

Kübelpflanzen.

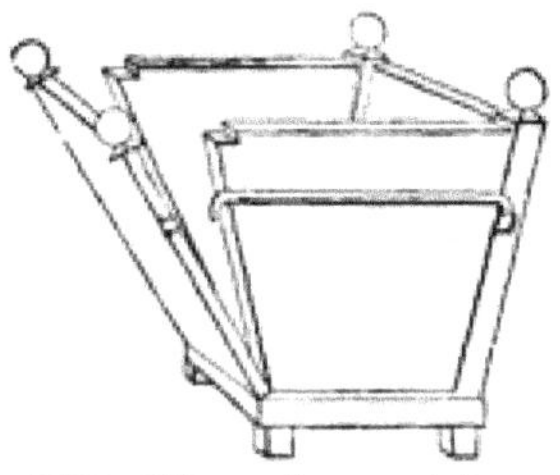

137. Plant-box with a movable side.

Für das Umsetzen sehr großer Kübelpflanzen ist eine Kiste oder Wanne mit beweglichen Seiten, wie in Abb. 137, praktisch und effizient. Der Pflanzenkasten, der denjenigen empfohlen wird , die Pflanzen für die Ausstellung auf der Weltausstellung züchten, ist in Abb. 138 dargestellt. Er besteht aus starken Brettern oder Planken. Bei A ist die Innenseite eines von zwei gegenüberliegenden Abschnitten oder Seiten dargestellt, oben vier Fuß breit, unten drei Fuß breit und drei Fuß hoch. Bei den Stollen handelt es sich um zwei mal vier Kanthölzer, durch die Löcher gebohrt werden, um die Schrauben aufzunehmen, mit denen der Kasten zusammengehalten werden soll. B ist eine Außenansicht eines der abwechselnden Abschnitte, oben drei Fuß vier Zoll breit, unten zwei Fuß vier Zoll breit und drei Fuß tief. Zur Verstärkung wird ein Streifen von jeweils sechs Stück durch die Mitte genagelt. C ist eine Endansicht von A, die die Bolzen und auch eine zwei mal vier große Klampe zeigt, an die der Boden genagelt werden soll. Diese Kiste wurde hauptsächlich für den Transport großer Pflanzenbestände zur Ausstellung verwendet, wobei die Bestände im Freien gegraben und die Kiste um den Erdball herum befestigt wurde.

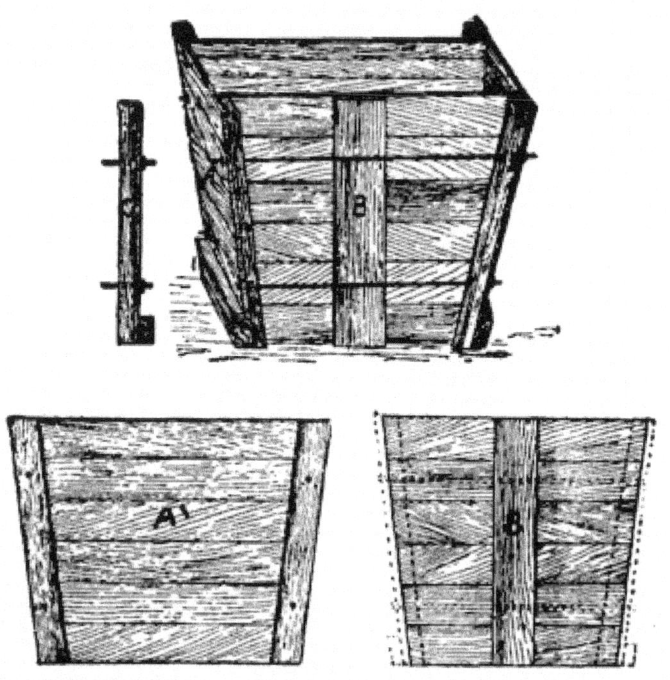

138. Box for transporting large transplanted stock.

Wann transplantieren?

Im Allgemeinen ist es am besten, winterharte Pflanzen im Herbst zu pflanzen, insbesondere wenn der Boden ziemlich trocken ist und die Lage nicht zu kahl ist. Zu dieser Klasse gehören die meisten Obstbäume sowie Zierbäume und -sträucher; auch winterharte Kräuter wie Akelei, Pfingstrosen, Lilien, Tränendes Herz und dergleichen. Sie sollten gepflanzt werden, sobald sie vollständig ausgereift sind, damit die Blätter auf natürliche Weise fallen. Wenn beim Pflanzen noch Blätter am Baum oder Strauch verbleiben, entfernen Sie diese , es sei denn, es handelt sich um eine immergrüne Pflanze. Im Allgemeinen ist es am besten, im Herbst gepflanzte Bäume nicht vollständig zurückzuschneiden, sondern sie im Herbst um drei Viertel der erforderlichen Länge zu kürzen und das verbleibende Viertel im Frühjahr zu entfernen , damit keine toten oder trockenen Spitzen entstehen bleiben an der Pflanze. Immergrüne Pflanzen wie Kiefern und Fichten werden nur selten und meist überhaupt nicht angepflanzt.

Alle zarten und sehr kleinen Pflanzen sollten im Frühjahr gepflanzt werden. In diesem Fall ist eine sehr frühe Pflanzung wünschenswert; Eine Frühjahrspflanzung ist immer dann zu empfehlen, wenn der Boden nicht gründlich entwässert und gut vorbereitet ist.

Tiefe zur Transplantation.

In gut verdichtetem Boden sollten Bäume und Sträucher etwa in der gleichen Tiefe gepflanzt werden, in der sie in der Baumschule standen. Wenn der Boden jedoch tiefe Gräben aufweist oder aus anderen Gründen locker ist, sollten die Pflanzen tiefer gesetzt werden, weil die Die Erde wird sich wahrscheinlich beruhigen. Das Loch sollte mit feiner Oberflächenerde gefüllt werden. Im Allgemeinen ist es nicht ratsam, Mist in das Loch zu geben. Wenn er jedoch verwendet wird, sollte er nur in geringer Menge vorhanden sein und sehr gründlich mit der Erde vermischt werden, da er sonst zum Austrocknen des Bodens führt. Auf Rasenflächen und an anderen Orten, an denen keine Oberflächenbearbeitung möglich ist, kann ein leichter Mulch aus Einstreu oder Mist um die Pflanzen gelegt werden; aber der Erdmulch (Seite 98) ist, wenn er befestigt werden kann, bei weitem der beste Feuchtigkeitsspeicher.

Die Reihen gerade machen.

139. A planting board.

Um Bäume in Reihen zu setzen, ist es notwendig, eine Gartenlinie zu verwenden (Abb. 96) oder den Boden mit einigen der bereits beschriebenen Geräte abzustecken (Abb. 113-120); oder in großen Gebieten kann der Ort abgesteckt werden. Beim Anlegen von Obstgärten wird die Fläche (vorzugsweise von einem Gutachter) mit zwei oder mehr Pfahlreihen so angelegt, dass ein Mann von einem festen Punkt zum anderen sehen kann. Zwei oder drei Männer arbeiten am besten bei einer solchen Pflanzung.

140. Device for placing the tree.

Es gibt verschiedene Vorrichtungen zum Auffinden der Stelle des Pfahls, nachdem der Pfahl entfernt und das Loch gegraben wurde, für den Fall, dass das Gebiet nicht regelmäßig so abgesteckt wird, dass eine Sichtung des gesamten Gebiets möglich ist. Eines der einfachsten ist in Abb. 139 dargestellt. Es ist ein schmales und dünnes Brett mit einer Kerbe in der Mitte und einem Stift an beiden Enden, wobei einer der Stifte stationär ist. Das Gerät wird so platziert, dass die Kerbe auf den Pfahl trifft, dann wird ein Ende davon weggeworfen, bis das Loch gegraben ist. Wenn das Gerät wieder in seine ursprüngliche Position gebracht wird, markiert die Kerbe die Stelle des Pflocks und des Baums. Abbildung 140 ist ein Gerät mit einem Deckel, an dessen Ende sich eine Kerbe befindet, um die Stelle des Pfahls zu markieren. Dieser Deckel wird beim Ausheben des Lochs zurückgeschleudert, wie die gestrichelten Linien zeigen. Abbildung 141 zeigt eine Methode, Bäume durch Messung anhand einer Linie in Reihe zu bringen.

141. Lining a tree from a stake.

Zurückschneiden; Füllung.

Beim Pflanzen eines Baums oder Strauchs sollten die Wurzeln bis auf alle Brüche und ernsthaften Druckstellen zurückgeschnitten werden, und feine Erde sollte gründlich aufgefüllt und um sie herum festgezurrt werden, wie in Abb. 142. Kein Werkzeug ist dafür so gut wie die Finger Bearbeiten des Bodens um die Wurzeln herum. Wenn der Baum viele Wurzeln hat, bewegen Sie ihn beim Füllen des Lochs mehrmals leicht auf und ab, um die Erde an Ort und Stelle zu halten. Wenn die Erde unvorsichtig hineingeworfen wird, verklemmen sich die Wurzeln und oft bleibt eine freie Stelle unter der Krone zurück, wie in Abb. 143, was zur Austrocknung der Wurzeln führt.

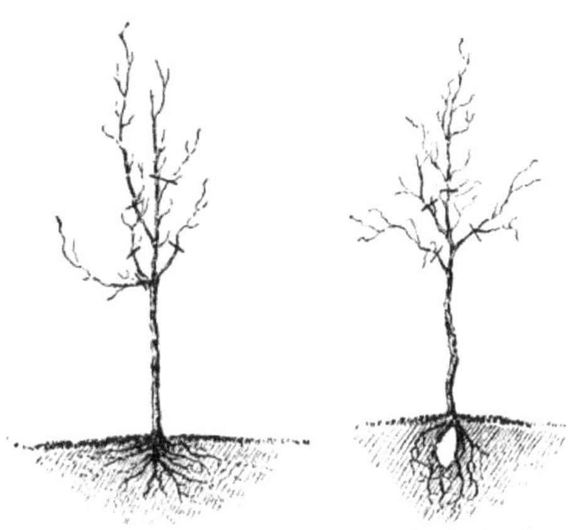
142. Proper planting of a tree. 143. Careless planting of a tree.

144. Pruned young tree. 145. Pruned young tree.

Die Markierungen auf den Wipfeln dieser Bäume in Abb. 142 und 143 zeigen, wo die Äste geschnitten werden können. Siehe auch Abb. 152. Die Abbildungen 144 und 145 zeigen die Baumkronen nach dem Beschneiden. Stark verzweigte Bäume wie Äpfel, Birnen und Zierbäume werden beim Pflanzen normalerweise auf diese Weise zurückgeführt. Wenn der Baum einen geraden Stamm und viele oder mehrere schlanke Zweige hat (Abb. 146), wird er normalerweise beschnitten, wie in Abb. 147, wobei jeder Zweig bis auf eine oder zwei Knospen zurückgeschnitten wird. Wenn keine oder nur sehr wenige Zweige vorhanden sind – in diesem Fall befinden sich gute Knospen am Hauptstamm – kann der Leittrieb um ein Drittel oder die Hälfte seiner Länge auf eine bloße Peitsche zurückgeschnitten werden. Ziersträucher mit langen Spitzen werden im Setzzustand meist um ein Drittel oder die Hälfte zurückgeschnitten, wie in Abb. 45 dargestellt.

Lassen Sie immer etwas von dem kleinen Knospenwachstum übrig. Von der Praxis, schattenspendende Bäume auf bloße lange Zweige oder Stangen ohne kleine Zweige zurückzuschneiden, ist abzuraten. Der Baum ist in einem solchen Fall gezwungen, zufällige Knospen aus dem alten Holz auszutreiben, und er hat möglicherweise nicht die Kraft, dies zu tun; und der Prozess kann sich so lange verzögern, dass der Baum von der Dürre heimgesucht wird, bevor er in Gang kommt.

Entfernung sehr großer Bäume.

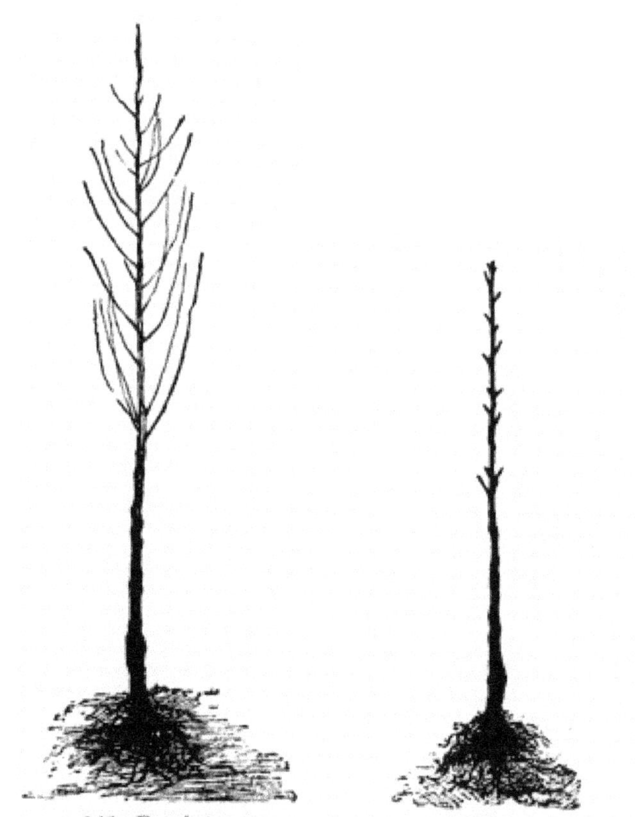

146. Peach tree. 147. Peach tree pruned for planting.

Sehr große Bäume können oft sicher bewegt werden. Es ist wichtig, dass die Umpflanzung dann erfolgt, wenn die Bäume vollkommen ruhen (vorzugsweise der Winter), dass eine große Menge Erde und Wurzeln mit dem Baum mitgenommen werden und dass die Spitze kräftig zurückgeschnitten wird. Große Bäume werden im Winter oft auf einem Steinboot transportiert, indem man einen großen, um die Wurzeln gefrorenen Erdballen befestigt. Diese gefrorene Kugel wird durch mehrtägiges Umgraben um den Baum herum gesichert, so dass das Gefrieren mit der Ausgrabung fortschreitet. Eine gute Vorrichtung zum Bewegen solcher Bäume ist in Abb. 148 dargestellt. Der Stamm des Baumes wird fest mit Sackleinen oder anderem weichen Material umwickelt und anschließend mit einem Ring oder einer Kette befestigt. Eine lange Stange, *b*, wird über den Drehgestell eines Wagens geführt und das Ende davon wird an der Kette oder dem Ring am Baum befestigt. Diese Stange ist ein Hebel zum Anheben des Baumes aus dem Boden. Ein Gespann ist an *a* angehängt und ein Mann hält die Stange *b* . Andere und aufwändigere Geräte sind in Gebrauch, aber das erklärt die Idee und ist daher für den vorliegenden Zweck ausreichend; Denn wenn jemand einen sehr großen Baum entfernen möchte, sollte er die Dienste eines Experten in Anspruch nehmen.

148. Moving a large tree.

Die folgenden expliziteren Anweisungen zum Umsetzen großer Bäume stammen von Edward Hicks, der viel Erfahrung in der Branche hat und vor einigen Jahren der Presse folgenden Bericht vorlegte: „Beim Umsetzen großer Bäume sagen wir solche mit einem Durchmesser von zehn bis zwölf Zoll.“ Bei einer Höhe von 25 bis 30 Fuß empfiehlt es sich, sie vorzubereiten, indem man im Juni die Wurzeln in einem angemessenen Abstand von den Stämmen, sagen wir 6 bis 8 Fuß, beschneidet und abschneidet oder absägt. Die abgeschnittenen Wurzeln verheilen und bilden faserige Wurzeln aus, die beim Umsetzen der Bäume im nächsten Herbst oder Frühjahr nicht stärker verletzt werden sollten, als nötig ist. Junge, genügsame Ahorne und Ulmen, die ursprünglich aus der Baumschule stammen, benötigen eine solche Vorbereitung nicht annähernd so oft wie andere und ältere Bäume. Wenn wir einen Baum umsetzen, graben wir zunächst einen breiten Graben, sechs bis acht Fuß von ihm entfernt, und lassen alle möglichen Wurzeln daran fest. Durch das Graben unter dem Baum im breiten Graben und das Herausarbeiten der Erde aus den Wurzeln mit runden oder stumpfen Stöcken fällt die Erde in den Hohlraum unter dem Baum. Drei oder vier Männer könnten in so vielen Stunden so viel Erde von den Wurzeln entfernen, dass es sicher wäre, ein Seil und eine Angel am oberen Teil des Stammes und an einem angrenzenden Pfosten oder Baum zu befestigen, um ihn herauszuziehen Baum vorbei. Um Verletzungen vorzubeugen, muss ausreichend Sackleinen um den Baum unter dem Seil gelegt werden und es muss darauf geachtet werden, dass beim Ziehen des Seils kein Ast absplittert oder bricht. Ein Team wird an das Ende des Zugseils gehängt und langsam in die richtige Richtung getrieben, um den Baum herunterzuziehen. Wenn der Baum nicht leicht umkippt, graben Sie ihn unter und schneiden Sie alle festen Wurzeln ab. Während es umgekippt ist, bearbeiten Sie mit den Stöcken mehr Erde. Führen Sie nun ein großes Seil doppelt um einige große Wurzeln in der Nähe des Baumes herum und lassen Sie die Enden des Seils am Stamm hochgestülpt, damit Sie den Baum zum richtigen Zeitpunkt anheben können. Kippen Sie den Baum in die entgegengesetzte Richtung und legen Sie ein weiteres großes Seil um die großen Wurzeln nahe am Stamm; Entfernen Sie mehr Erde und achten Sie darauf, dass keine Wurzeln fest mit dem Boden verbunden sind. Vier an den oberen Teilen des Baumes befestigte Abspannleinen, wie im Schnitt (Abb. 149) zu sehen, sollten ordnungsgemäß angelegt werden und dazu dienen, den Baum vor zu großem Umkippen zu schützen und ihn aufrecht zu halten. Ein großer Teil der Erde kann wieder in das Loch gegeben werden, ohne die Wurzeln zu bedecken, damit sie der Maschine nicht im Weg steht. Letzterer kann nun um den Baum herum platziert werden, indem man den mit vier Schrauben befestigten Vorderteil entfernt, den Rahmen mit den Hinterrädern um den Baum legt und die Vorderteile wieder anbringt. Zwei Balken mit einer Größe von 3 x 9 Zoll und einer Länge von 20 Fuß werden nun unter den Hinterrädern und vor ihnen parallel zueinander auf den Boden gelegt, um die Hinterräder aus dem großen Loch herauszuhalten beim Wegziehen des Baumes; und sie werden auch verwendet, während die Hinterräder rückwärts über das neue Loch geschoben werden, in das der Baum gepflanzt werden soll. Die Maschine (Abb. 149, 150) besteht aus einer zwölf Fuß langen Hinterachse und breitbereiften Rädern. Der Rahmen besteht aus Fichtenholz mit einer Größe von 7,6 x 20 Zentimetern und einer Länge von 6 Metern. Die Streben sind drei mal fünf Zoll und zehn Fuß lang und aufrecht drei mal neun Zoll und drei Fuß hoch; Diese werden mit der Hinterachse und dem Hauptrahmen verschraubt. Die Vorderachse verfügt über einen Satz miteinander verschraubter Blöcke, die ausreichend hoch sind, um das vordere Ende des Rahmens zu tragen. In die oberen Balken werden im richtigen Abstand Aussparungen von 7,6 x 15 cm eingeschnitten, um die Enden von zwei Heuschreckenwalzen aufzunehmen. An jedem Ende des Rahmens ist eine Ankerwinde oder Winde angebracht, mit der Bäume leicht und gleichmäßig angehoben und abgesenkt werden können, wobei die großen Doppelseile über die Rollen zu den Ankerwinden verlaufen. Ein Heuschreckenbaum wird quer über die Maschine unter dem Rahmen und über den Streben angebracht; Eisenstifte halten es an Ort und Stelle. Die seitlichen Abspannseile werden an den Enden dieses Auslegers befestigt. Die anderen Abspannseile werden vorne und hinten an der Maschine befestigt. Im Inneren des Rahmens sind vier Seilschlaufen befestigt, die so platziert sind, dass durch zwei- oder dreimaliges Führen eines Seils um den Baumstamm und durch die Schlaufen ein Seilring um den Baum entsteht, der den Stamm festhält Mitte des Rahmens und achten Sie darauf, dass er nicht gegen die Kanten oder die Rollen stößt – eine sehr notwendige Schutzmaßnahme. Während der Baum langsam von den Ankerwinden angehoben wird, werden die Abspannseile nach Bedarf gelockert. Der Baum kann an Hindernissen vorbeifahren, beispielsweise an Bäumen am Straßenrand. Dabei ist es jedoch besser, den Baum nach hinten zu lehnen. Wenn der Baum an seinem neuen Platz angekommen ist, werden die beiden Hölzer an den gegenüberliegenden Rändern des Lochs platziert, damit die Hinterräder rückwärts darüber fahren können. Anschließend wird der Baum auf die richtige Tiefe abgesenkt und mit den Abspannseilen in Lot gebracht. Außerdem wird guter, weicher Boden hineingeworfen und gut in alle Hohlräume unter den Wurzeln gepackt. Wenn das Loch zur Hälfte gefüllt ist, sollten mehrere Fässer Wasser hineingegossen werden; Dadurch wird die Erde viel besser in die Hohlräume unter der Baummitte gespült. Wenn sich das Wasser gelegt hat, füllen Sie die Erde auf und verdichten Sie sie, bis das Loch kaum mehr als voll ist. Lassen Sie eine Mulde, damit eventuell fallender Regen zurückgehalten wird. Der Baum sollte nun sorgfältig beschnitten und die Maschine entfernt werden. Fünf Männer können an einem Tag einen Baum aufnehmen, bewegen und pflanzen, wenn die Entfernung kurz ist und das Graben nicht zu anstrengend ist. Der Baum sollte ordnungsgemäß mit Pfählen verdrahtet sein, um zu verhindern, dass der Wind ihn umweht. Der vordere Teil der Maschine ist Teil unseres Marktwagens mit Plattformfederung, während die Hinterräder von einem Holzachswagen stammen. Ein Baum mit einem Durchmesser von zehn Zoll, an dessen Wurzeln etwas Schmutz haftet, wird eine Tonne oder mehr wiegen."

149. The tree ready to lift.

150. The tree ready to move.

Winterschutz von Pflanzen .

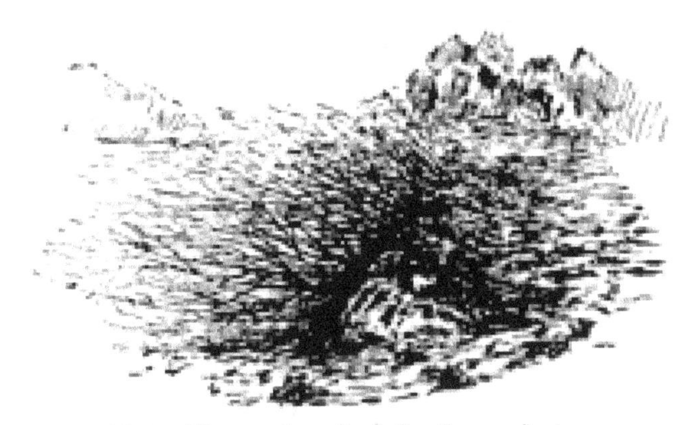

151. Trees heeled-in for winter.

Wenn der Boden im Herbst nicht für die Bepflanzung bereit ist oder wenn aus irgendeinem Grund eine Verzögerung bis zum Frühjahr gewünscht wird, können die Bäume oder Büsche eingestülpt werden, wie in Abb. 151 dargestellt. Die Wurzeln werden in eine Furche gelegt oder Graben und sind mit fester Erde bedeckt. Stroh oder Mist können noch weiter über die Erde geworfen werden, um die Wurzeln zu schützen, aber wenn sie darüber geworfen werden, können Mäuse dadurch angelockt werden und die Bäume werden umgürtet. Zarte Bäume oder Sträucher können bis zur Spitze leicht mit Erde bedeckt werden. Pflanzen sollten nur in lockerem, warmem, lehmigem oder sandigem Boden und an einem gut durchlässigen Ort gepflanzt werden.

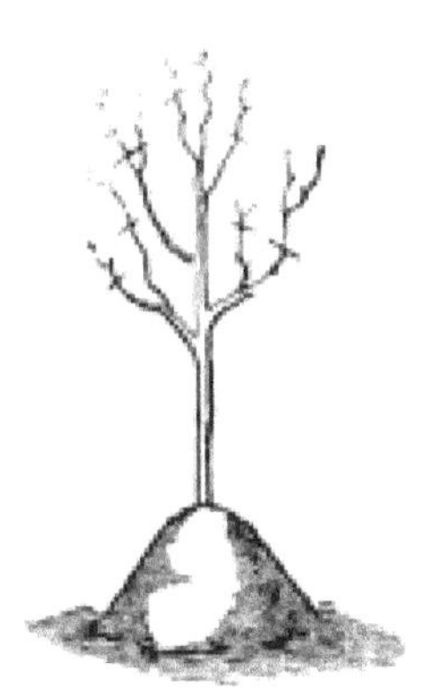

152. Tree earthed up for winter.

Im Herbst gepflanzte Bäume sollten im Allgemeinen aufgeschüttet werden, manchmal sogar so hoch wie in Abb. 152 gezeigt. Diese Aufschüttung hält die Pflanze in Position, leitet das Wasser ab, verhindert ein zu tiefes

Gefrieren und verhindert, dass sich die Erde hebt. Der Hügel wird im Frühjahr abgetragen. Manchmal ist es ratsam, etablierte Bäume im Herbst aufzuhäufen, auf gut entwässertem Land ist dies jedoch normalerweise nicht erforderlich. Beim Hügeln von Bäumen sollte darauf geachtet werden, dass keine tiefen Löcher, aus denen die Erde gegraben wurde, in der Nähe des Baumes zurückbleiben, da sich dort Wasser ansammelt. Rosen und viele andere Sträucher können im Herbst mit Gewinn gepflanzt werden.

Es ist immer ratsam, im Herbst gesetzte Pflanzen zu mulchen. Zu diesem Zweck kann jedes lose und trockene Material wie Stroh, Mist, Laub, Blattschimmel, Einstreu aus Höfen und Ställen, Kiefernzweige verwendet werden. Sehr starke oder kompakte Düngemittel, also solche mit wenig Stroh oder Einstreu, sollten vermieden werden. Der Boden kann bis zu einer Tiefe von 12 bis 15 cm bedeckt sein, bei losem Material sogar bis zu 30 cm oder mehr. Vermeiden Sie es, starken Mist direkt auf die Krone der Pflanzen zu werfen, insbesondere bei Kräutern, da die aus dem Mist austretenden Stoffe manchmal die Kronenknospen und die Wurzeln verletzen.

Dieser Schutz kann auch etablierten Pflanzen gewährt werden, insbesondere solchen, von denen wie Rosen und krautigen Pflanzen erwartet wird, dass sie im folgenden Jahr üppig blühen. Dieser Mulch bietet nicht nur Winterschutz, sondern ist auch ein effizientes Mittel zur Düngung des Bodens. Ein großer Teil der pflanzlichen Nahrungsstoffe ist bis zum Frühjahr aus dem Mulch ausgewaschen und in den Boden eingearbeitet, wo die Pflanze sie ohne weiteres verwerten kann.

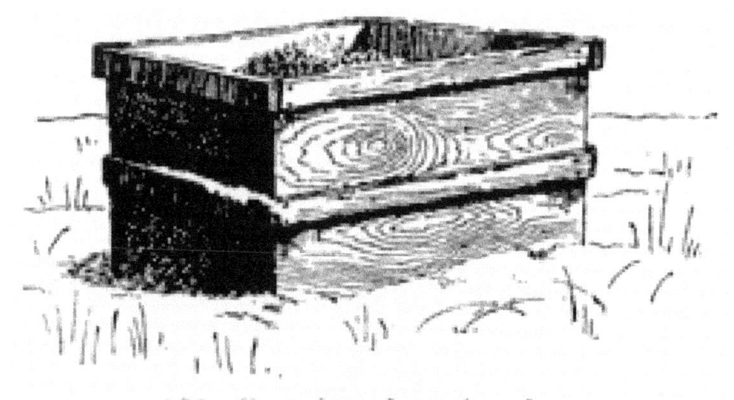

153. Covering plants in a box.

Mulch erfüllt auch einen äußerst nützlichen Zweck, indem er verhindert, dass sich der Boden durch das Gewicht von Schnee und Regen verdichtet und zusammenbackt, sowie durch die zementierende Wirkung von zu viel Wasser im Oberflächenboden . Im Frühjahr können die gröberen Teile des

Mulchs entfernt und die feineren Teile in den Boden gespatet oder gehackt werden.

154. Covering plants in a barrel.

Zarte Büsche und kleine Bäume können mit Stroh, Heu, Sackleinen oder Matten- oder Teppichstücken umwickelt werden. Sogar ziemlich große Bäume, wie tragende Pfirsichbäume, werden oft auf diese Weise oder manchmal mit Maisfutter zu Ballen gepresst, obwohl die Ergebnisse beim Schutz der Fruchtknospen oft nicht sehr zufriedenstellend sind. Es ist wichtig, dass kein Korn im Ballenmaterial zurückbleibt, da sonst Mäuse davon angelockt werden könnten. (Mit der Gefahr des Nagens durch Mäuse, die in Winterdecken nisten, ist immer zu rechnen.) Man sollte sich auch darüber im Klaren sein, dass es beim Zusammenbinden oder Ballenpressen von Pflanzen nicht so sehr darum geht, sie vor direkter Kälte zu schützen, sondern vielmehr darum, deren Auswirkungen zu mildern abwechselndes Einfrieren und Auftauen sowie zum Schutz vor austrocknenden Winden. Pflanzen können so dick und fest eingewickelt sein, dass sie verletzt werden.

Der Aufwand für den Schutz großer Pflanzen ist oft groß und die Ergebnisse ungewiss, und in den meisten Fällen stellt sich die Frage, ob nicht mehr Zufriedenheit dadurch erreicht werden könnte, dass man nur robuste Bäume und Sträucher anbaut.

Der Einwand, zarte Gehölze zu bedecken, kann nicht mit gleicher Kraft gegen zarte Kräuter oder sehr niedrige Büsche vorgebracht werden, denn diese lassen sich leicht schützen. Sogar gewöhnlicher Mulch kann ausreichenden Schutz bieten; und wenn die Spitzen absterben, erneuert sich die Pflanze schnell in der Nähe der Basis, und bei vielen Pflanzen – wie bei den meisten ewigen Hybridrosen – blühen diese neuen Triebe der Saison am besten. Zum Schutz empfindlicher niedriger Pflanzen können alte Kisten oder Fässer verwendet werden (Abb. 153, 154). Die Kiste wird mit Blättern oder trockenem Stroh gefüllt und entweder oben offen gelassen oder mit Brettern, Zweigen oder sogar Sackleinen abgedeckt (Abb. 154).

Kenner zarter Rosen und anderer Pflanzen machen sich manchmal die Mühe, einen zusammenklappbaren Schuppen über dem Strauch zu errichten und ihn mit Blättern oder Stroh zu füllen. Ob sich dies lohnt, hängt ganz davon ab, wie zufrieden man mit dem Anbau ausgewählter Pflanzen ist (siehe „ *Rosen*“ in Kap. VIII).

155. Laying down of trellis-grown blackberries.

Für den Winter können die Spitzen der Pflanzen abgelegt werden. Abbildung 155 zeigt eine Methode zum Ablegen von Brombeeren, wie sie im Tal des Hudson River praktiziert wird. Die Pflanzen wurden an ein Spalier gebunden, wie es in diesem Land üblich ist, wobei zwei Drähte (*a, b*) auf beiden Seiten der Reihe verlegt wurden. Die Pfosten sind an einem Drehpunkt an einem kurzen Pfosten angelenkt (*c*) und werden durch eine Strebe (*d*) in Position gehalten. Bei Einbruch des Winters wird dann das gesamte Spalier abgelegt, wie in der Abbildung dargestellt. Die Brombeerspitzen sind so stark, dass sie die Drähte auch dann vom Boden halten, wenn das Spalier hingelegt ist . Um die Drähte nah an der Erde zu halten, werden Pfähle schräg darüber gesteckt, wie bei *nn gezeigt* . Der Schnee, der durch die Pflanzen weht, bietet normalerweise ausreichend Schutz für so winterharte Pflanzen wie Weintrauben und Beeren. Tatsächlich können die Arten auch ohne Deckung unverletzt bleiben, da sie in ihrer Liegeposition der Kälte und dem trocknenden Wind entgehen.

In rauen Klimazonen oder bei empfindlichen Pflanzen sollten die Spitzen mit Stroh, Zweigen oder Einstreu bedeckt werden, wie es für normale

Mulchabdeckungen empfohlen wird. Manchmal wird ein V-förmiger Trog aus zwei Brettern über die abgelegten Stängel langer oder rebenartiger Pflanzen gestülpt. Alle Pflanzen mit schlanken oder mehr oder weniger biegsamen Stängeln lassen sich problemlos ablegen. Mit einem solchen Schutz können Feigen in den nördlichen Bundesstaaten angebaut werden. Pfirsich- und andere Obstbäume können so geformt sein, dass sie umgekippt und abgedeckt werden können.

Liegende Pflanzen werden häufig verletzt, wenn die Abdeckung im Frühjahr zu spät bleibt. Der Boden erwärmt sich früh und es kann sein, dass an Teilen der vergrabenen Pflanzen Knospen entstehen. Diese zarten Knospen können beim Hochziehen der Pflanzen brechen oder durch Sonne, Wind oder Frost beschädigt werden. Die Pflanzen sollten hochgezogen werden, solange das Holz und die Knospen noch hart und ruhend sind.

Beschneiden .

Das Beschneiden ist notwendig, um Pflanzen in Form zu halten, sie blühfreudiger und fruchtbarer zu machen und sie in Grenzen zu halten.

Sogar einjährige Pflanzen können häufig vorteilhaft beschnitten werden. Dies gilt für Tomaten, von denen die überflüssigen oder überfüllten Triebe entfernt werden können, insbesondere wenn das Land so reichhaltig ist, dass sie sehr üppig wachsen; Manchmal werden sie an einem einzigen Stamm befestigt und die meisten Seitentriebe werden entfernt, sobald sie erscheinen. Wenn Pflanzen von Ringelblumen, Gaillardien oder anderen starken und ausladenden Trieben durch Pfähle oder Drahthalter gehalten werden (eine gute Praxis), kann es ratsam sein, die schwachen und ausladenden Triebe zu entfernen. Balsame liefern bessere Ergebnisse, wenn die Seitentriebe entfernt werden. Auch das Entfernen der alten Blüten, wie es bei Blumengartenpflanzen zu empfehlen ist (Seite 116), gehört zum Schnitt.

Es sollte zwischen Beschneiden und Scheren unterschieden werden. Pflanzen werden in vorgegebene Formen geschert. Dies kann bei Beetpflanzen erforderlich sein und gelegentlich, wenn bei Sträuchern und Bäumen ein formaler Effekt gewünscht wird; Der beste Geschmack zeigt sich jedoch in den allermeisten Fällen darin, den Pflanzen zu erlauben, ihre natürlichen Gewohnheiten anzunehmen, sie lediglich in Form zu halten, altes oder totes Holz herauszuschneiden und in manchen Fällen ein Zusammendrängen der Triebe zu verhindern, das zu einer Verringerung führen würde die Größe der Blüte. Die übliche Praxis, Sträucher zu scheren, ist durchaus zu verurteilen; Dieses Thema wird auf Seite 24 aus einem anderen Blickwinkel behandelt.

Der Gartenschneider sollte den Blütentrieb der Pflanze, die er beschneidet, kennen – ob die Blüte an den Trieben der letzten Saison oder am neuen Holz der aktuellen Saison erfolgt und ob die Blütenknospen der im Frühling blühenden Pflanzen getrennt sind aus den Blattknospen. Eine sehr kleine sorgfältige Beobachtung wird diese Punkte für jede Pflanze bestimmen. (1) Die im Frühling blühenden Gehölze produzieren ihre Blüten normalerweise aus Knospen, die im Herbst zuvor entstanden sind und über den Winter ruhen. Dies gilt für die meisten Obstbäume und Sträucher wie Flieder, Forsythie, Strauchpfingstrose, Glyzinien, einige Spireas und Viburnums, Weigela und Deutzie. Durch das Zurückschneiden der Triebe dieser Pflanzen zu Beginn des Frühlings oder Spätherbsts wird daher die Blüte entfernt. Der richtige Zeitpunkt zum Beschneiden solcher Pflanzen (es sei denn, man beabsichtigt, die Blüte zu reduzieren oder auszudünnen) ist direkt nach der Blütezeit. (2) Die sommerblühenden Gehölze bringen ihre Blüten meist an Trieben hervor, die früh in derselben Jahreszeit wachsen. Dies gilt für Weintrauben, Quitten, Hybrid-Ewige Rosen, strauchigen Hibiskus, Kreppmyrte, Scheinorangen, Hortensien (Paniculata) und andere. Daher ist in diesen Fällen ein Rückschnitt im Winter oder zeitigen Frühjahr die richtige Vorgehensweise, um für kräftige neue Triebe zu sorgen.

Hinweise zum Beschneiden finden Sie in den folgenden Kapiteln bei der Diskussion von Rosen und anderen Pflanzen, wenn die Pflanzen besondere oder besondere Aufmerksamkeit benötigen.

Obstbäume und Schattenbäume werden normalerweise im Winter beschnitten, vorzugsweise spät im Winter oder sehr früh im Frühjahr. Gegen einen maßvollen Schnitt zu jeder Jahreszeit ist jedoch in der Regel nichts einzuwenden; Es wird empfohlen, die Pflanze jedes Jahr mäßig zu beschneiden, anstatt sie in gelegentlichen Jahren heftig zu beschneiden. Es ist eine alte Vorstellung, dass das Beschneiden im Sommer dazu neigt, die Bildung von Fruchtknospen zu begünstigen und somit für Fruchtbarkeit zu sorgen; Daran ist zweifellos etwas Wahres dran, aber es muss beachtet werden, dass Fruchtbarkeit nicht das Ergebnis einer Behandlung oder eines Zustands ist, sondern aller Bedingungen, unter denen die Pflanze lebt.

Alle Gliedmaßen sollten in der Nähe des Astes oder Stammes entfernt werden, aus dem sie stammen, und die Oberfläche der Wunde sollte praktisch parallel zu diesem Ast oder Stamm verlaufen und nicht auf Stummel zurückgeschnitten werden. Die Stummel heilen nicht ohne weiteres ab.

Alle Wunden mit einem Durchmesser von mehr als 2,5 cm können durch eine Schicht guter Leinölfarbe geschützt werden; Aber kleinere Wunden bedürfen, wenn der Baum kräftig ist, normalerweise keinem Schutz. Der Zweck der Farbe besteht darin, die Wunde vor Rissbildung und Fäulnis zu schützen, bis das heilende Gewebe sie bedeckt.

Überflüssige und störende Äste sollten von Obstbäumen entfernt werden, damit die Oberseite für die Sonne und die Pflücker einigermaßen offen ist. Gut beschnittene Bäume ermöglichen eine gleichmäßige Verteilung und gleichmäßige Entwicklung der Früchte. Wassersprossen und Ausläufer sollten entfernt werden, sobald sie entdeckt werden. Wie offen die Oberseite sein darf, hängt vom Klima ab. Im Westen leiden offene Bäume unter Sonnenbrand.

Beim Schnitt muss die Fruchtbildung des Obstbaumes berücksichtigt werden. Der Gartenschere sollte in der Lage sein, Fruchtknospen von Blattknospen bei Arten wie Kirschen, Pflaumen, Aprikosen, Pfirsichen, Birnen und Äpfeln zu unterscheiden und sie so zu beschneiden, dass diese Knospen verschont oder verständlich ausgedünnt werden. Die Fruchtknospen unterscheiden sich durch ihre Position am Baum sowie durch ihre Größe und Form. Bei allen oben genannten Früchten können sie sich auf deutlichen „Sporen" oder kurzen Zweigen befinden; oder, wie beim Pfirsich, können sie hauptsächlich seitlich an den neuen Trieben sein (beim Pfirsich sind die Fruchtknospen normalerweise zwei an einem Knoten und mit einer Blattknospe dazwischen), oder, wie manchmal bei Äpfeln und Birnen, Sie befinden sich möglicherweise am Ende des letztjährigen Wachstums. Fruchtknospen sind normalerweise dicker oder „fetter" als Blattknospen und oft flockig. Wenn man den Baum zurückzieht, konzentriert man natürlich die Fruchtknospen und hält sie näher an der Mitte der Baumkrone; Das Zurückziehen muss jedoch mit einer intelligenten Schonung und Ausdünnung der Innentriebe kombiniert werden. Das Zurückschneiden von Birnen, Pfirsichen und Pflaumen ist normalerweise eine sehr wünschenswerte Praxis.

Baumchirurgie und -schutz .

Abgesehen vom regelmäßigen Beschneiden, um den Baum in seine beste Form zu bringen, damit er seine beste Arbeit leisten kann, müssen Wunden und Missbildungen behandelt werden. In letzter Zeit hat die Behandlung verletzter und verfallener Bäume große Aufmerksamkeit erregt, und „Baumärzte" und „Baumchirurgen" haben sich in diesem Geschäft engagiert. Wenn es unter diesen Leuten Quacksalber gibt, gibt es auch kompetente und zuverlässige Männer, die nützliche Dienste bei der Rettung und Verlängerung des Lebens von Bäumen leisten; Man sollte einen Baumarzt mit der gleichen Sorgfalt auswählen, mit der man jeden anderen Arzt wählen würde. Die Verletzungsgefahr von Straßenbäumen in der modernen Stadt und die zunehmende Wertschätzung von Bäumen machen die Dienste guter Experten immer notwendiger.

Straßenbäume werden aus vielen Gründen geschädigt: zum Beispiel weil sie verhungern, weil der Boden schlecht ist und es an Wasser unter den

Gehwegen mangelt; Rauch und Staub; Leckagen aus dem Gasnetz und aus der Elektroinstallation; Nagen durch Pferde; Schlachten durch Personen, die Drähte spannen; Nachlässigkeit von Auftragnehmern und Bauherren; Wind- und Eisstürme; Überfüllung; und die plumpe Arbeit von Leuten, die meinen, sie wüssten, wie man beschneidet. Gut durchgesetzte kommunale Vorschriften sollten in der Lage sein, die meisten dieser Probleme in den Griff zu bekommen.

Baumschutz.

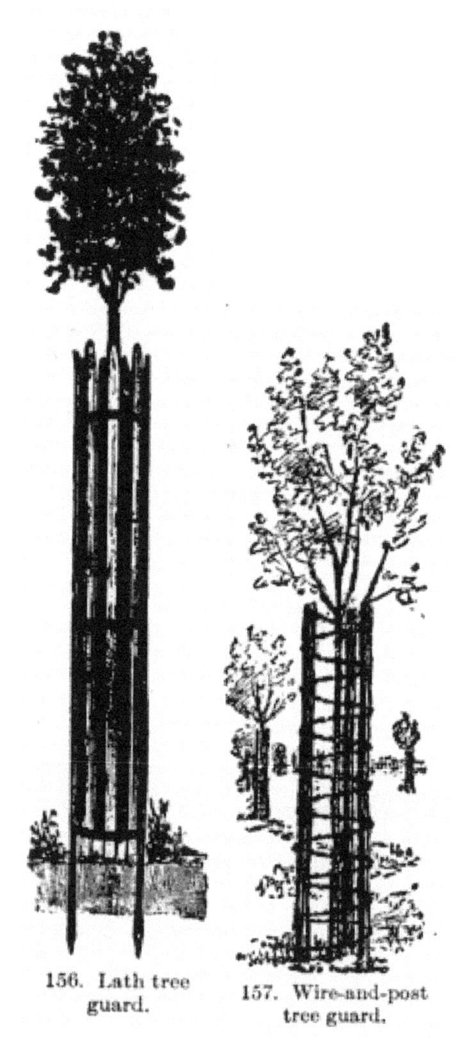

156. Lath tree guard.

157. Wire-and-post tree guard.

Entlang von Straßenrändern und anderen exponierten Stellen ist es oft notwendig, neu gepflanzte Bäume vor Pferden, Jungen und Fahrzeugen zu schützen. Zu diesem Zweck gibt es verschiedene Arten von Baumschutzvorrichtungen. Die besten Arten sind solche, die mehr oder weniger offen sind, so dass die Luft ungehindert zirkulieren kann, und die so weit vom Baumkörper entfernt sind, dass sich der Stamm problemlos ausdehnen kann. Wenn die Schutzvorrichtungen sehr eng anliegen, können sie den Stamm so sehr beschatten, dass der Baum leiden kann, wenn die Schutzvorrichtung entfernt wird, und sie verhindern die Entdeckung von Insekten und Verletzungen. Es ist wichtig, dass sich der Schutz nicht mit Abfall füllt, in dem sich Insekten verstecken könnten. Sobald der Baum alt genug ist, um Verletzungen zu vermeiden, sollten die Schutzvorrichtungen entfernt werden. Ein sehr guter Schutz, der aus Latten besteht, die mit drei Bandeisenstreifen zusammengehalten und an Eisenpfosten befestigt werden, ist in Abb. 156 dargestellt. Abbildung 157 zeigt einen Schutz, der durch Aufwickeln von Zaundraht auf drei Pfosten oder Pfähle hergestellt wurde. Wenn eine Gefahr durch eine zu starke Beschattung des Stammes besteht, ist diese letztere Form des Schutzes eine der besten. Es gibt gute Arten von Baumschutzvorrichtungen auf dem Markt. Selbstverständlich sollten überall dort, wo Pferde stehen sollen, Anhängepfosten vorhanden sein, um der Versuchung, sich an Bäume anzuhängen, vorzubeugen. Abbildung 158 zeigt jedoch ein sehr gutes Gerät, wenn ein Anhängepfosten nicht gewünscht ist. Ein starker, etwa 1,2 bis 1,5 Meter langer Stock wird mit einer Klammer am Baum befestigt und am unteren Ende des Stocks befindet sich eine kurze Kette mit einem Karabiner am Ende. Der Karabiner ist am Zaumzeug befestigt und das Pferd kann den Baum nicht erreichen.

158. How a horse may be hitched to a tree.

Mäuse und Kaninchen.

Bäume und Sträucher werden durch das Nagen von Mäusen und Kaninchen oft schwer verletzt. Die beste Vorbeugung besteht darin, das Ungeziefer zu meiden. Wenn es keine Orte gibt, an denen Kaninchen und Mäuse graben und brüten können, wird es kaum Schwierigkeiten geben. Wenn vor dem Winter Angst vor Mäusen besteht, sollte die trockene Einstreu rund um die Bäume entfernt oder sehr fest verpackt werden, damit die Mäuse nicht darin nisten können. Wenn es sehr viele Nagetiere gibt, kann es ratsam sein, ein feines Drahtgeflecht um den Baumstamm zu wickeln. Ein Junge, der gerne Fallen stellt oder jagt, wird normalerweise die Kaninchenschwierigkeit lösen. An Stöcken befestigte Lumpen, die in Abständen auf der Plantage verteilt werden, erschrecken Kaninchen oft.

Umgürtete Bäume.

150. Bridge-grafting a girdle.

Bäume, die von Mäusen umgürtet werden, sollten sofort nach Entdeckung eingepackt werden, damit das Holz nicht zu trocken wird. Wenn warmes Wetter naht, rasieren Sie die Ränder des Gürtels ab, damit das heilende Gewebe frei wachsen kann, bestreichen Sie die gesamte Oberfläche mit Pfropfwachs oder Ton und verbinden Sie die gesamte Wunde mit starken Tüchern. Auch wenn der Baum über eine Länge von drei bis vier Zoll vollständig umgürtet ist, kann er durch diese Behandlung normalerweise gerettet werden, es sei denn, die Verletzung erstreckt sich bis ins Holz. Das Wasser aus den Wurzeln steigt durch das weiche Holz auf und nicht, wie gemeinhin angenommen, zwischen Rinde und Holz. Wenn dieses Saftwasser das Blattwerk erreicht hat, beteiligt es sich an der Herstellung pflanzlicher Nahrung, und diese Nahrung wird in der gesamten Pflanze verteilt, wobei der Übertragungsweg über die inneren Schichten der Rinde verläuft. Dieses

Nahrungsmaterial, das zurück zum Gürtel verteilt wird, heilt im Allgemeinen über der Wunde, wenn das Holz nicht austrocknen darf.

In manchen Fällen ist es jedoch notwendig, die Rinde ober- und unterhalb des Gürtels durch Zäpfchen zu verbinden, die an beiden Enden keilförmig angeschnitzt und unter die beiden Ränder der Rinde gesteckt werden (Abb. 159). Die Enden der Sporen und die Ränder der Wunde werden durch einen Stoffverband gehalten, und das ganze Werk wird durch darüber gegossenes geschmolzenes Pfropfwachs geschützt. [Fußnote: Ein gutes Pfropfwachs wird wie folgt hergestellt: In einen Kessel ein Gewichtsteil Talg, zwei Gewichtsteile Bienenwachs und vier Gewichtsteile Kolophonium geben. Wenn es vollständig geschmolzen ist, gießen Sie es in eine Wanne oder einen Eimer mit kaltem Wasser und bearbeiten Sie es dann mit den Händen (die gefettet sein sollten), bis es eine Körnung entwickelt und die Farbe von Toffee-Bonbons annimmt. Die ganze Frage der Pflanzenvermehrung wird im „The Nursery-Book" besprochen.]

Straßenbäume reparieren.

161. A wound, made by freezing, trimmed out and filled with cement.

Der folgende Ratschlag zur „Baumchirurgie" stammt von AD Taylor (Bulletin 256, Cornell University, aus dem die beigefügten Abbildungen übernommen wurden):—

„Zur Baumchirurgie gehört der intelligente Schutz aller mechanischen Verletzungen und Karies. Für das Beschneiden ist eine vorherige genaue Kenntnis der Wachstumsgewohnheiten der Bäume erforderlich; Chirurgische Eingriffe hingegen erfordern darüber hinaus Kenntnisse über die besten Methoden, um Hohlräume luftdicht zu machen und Karies vorzubeugen. Das Verfüllen von Baumhöhlen wird noch nicht so lange praktiziert, dass eine eindeutige Aussage über den dauerhaften Erfolg oder Misserfolg der Operation nicht möglich wäre; die Arbeit befindet sich noch im experimentellen Stadium. Die Pflege von Hohlräumen in Bäumen muss als einzige Möglichkeit zur Erhaltung betroffener Exemplare empfohlen werden, und die Erhaltung vieler edler Exemplare wurde durch die Bemühungen derjenigen, die diese Art von Arbeit ausüben, zumindest vorübergehend sichergestellt.

160. A cement-filled cavity at the base of a tree.

„Eine erfolgreiche Operation hängt von zwei wichtigen Faktoren ab: erstens, dass alle verfallenen Teile der Höhle vollständig entfernt und die freigelegte Oberfläche gründlich mit einem Antiseptikum gewaschen werden; Zweitens muss der Hohlraum im gefüllten Zustand möglichst luftdicht und hermetisch verschlossen sein. Bäume werden wie folgt behandelt: Der Hohlraum wird gründlich gereinigt, indem alles verfaulte Holz entfernt und die Innenfläche mit einer Lösung aus Kupfersulfat und Kalk gewaschen wird, um eventuell verbleibende Pilze abzutöten. Die Ränder der Kavität werden glatt geschnitten, um ein freies Wachstum des Kambiums nach dem Füllen der Kavität zu ermöglichen. Jedes Antiseptikum wie ätzendes Sublimat, Kreosot oder sogar Farbe kann den Zweck erfüllen; Kreosot besitzt jedoch die durchdringendste Kraft von allen. Die Art und Weise, wie die Hohlräume gefüllt werden, hängt in hohem Maße von deren Größe und Form ab. Sehr große Hohlräume mit großen Öffnungen werden in der Regel außen über der Öffnung gemauert und innen mit Beton gefüllt, wobei der Ziegel als Stützmauer dient, um den Beton an Ort und Stelle zu halten. Beton, der für die Hauptfüllung verwendet wird, besteht normalerweise aus einem Teil gutem Portlandzement, zwei Teilen Sand und vier Teilen Schotter, wobei die Konsistenz der Mischung so ist, dass sie in den Hohlraum gegossen werden kann und nur wenig oder gar kein Stampfen erfordert um die Masse fest zu machen. (Abb. 160.)

„Auf diese Weise hergestellte Füllungen werden von erfahrenen Baumpflegern als dauerhafte Vorbeugung gegen Fäulnis angesehen. Die Außenseite der Füllung wird immer mit einer dünnen Betonschicht überzogen, die aus einem Teil Zement und zwei Teilen Feinsand besteht. Durch Gefrieren entstandene Hohlräume, die zwar innen groß sind, an der Außenseite aber nur einen langen, schmalen Riss aufweisen, lassen sich am einfachsten ausfüllen, indem man an der gesamten Länge der Öffnung eine Form anlegt, die oben einen Raum hat, durch den der Zement fließen kann gegossen werden kann (Abb. 161). Eine andere Methode, den Beton festzuhalten, besteht darin, ihn von außen zu verstärken, indem man Reihen von Spikes entlang der Innenfläche auf beiden Seiten des Hohlraums eintreibt und einen stabilen Draht über die Oberfläche des Hohlraums schnürt. Um optimale Ergebnisse zu erzielen, müssen alle Füllungen nach Fertigstellung bündig mit der inneren Rinde abschließen. Im Laufe des ersten Jahres breitet sich dieses wachsende Gewebe über den äußeren Rand der Füllung aus und bildet so einen hermetisch verschlossenen Hohlraum. Im Laufe der Zeit sollte die Außenseite kleiner oder enger Öffnungen vollständig mit Gewebe bedeckt sein, das die Füllung unsichtbar verbirgt.

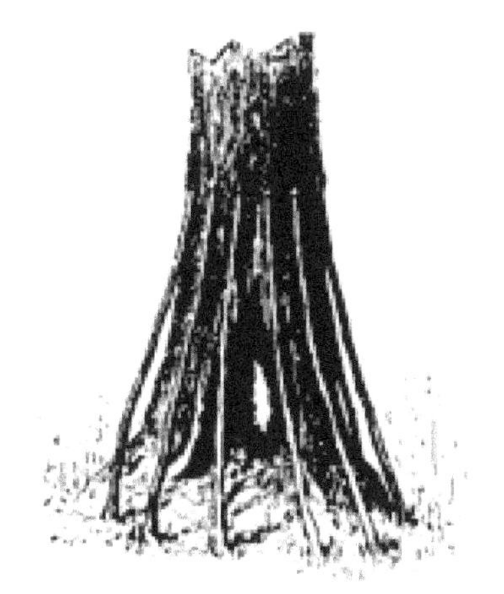

162. Bridge-grafting or inarching from saplings planted about the tree.

„Es wurde festgestellt, dass Portlandzement dazu neigt, sich nach dem Trocknen aus dem Holz zusammenzuziehen, wodurch zwischen Holz und Zement ein Raum entsteht, durch den Wasser und Fäulniskeime eindringen können. Als Abhilfe für diesen Mangel wurde die Verwendung einer dicken Teerschicht oder eines elastischen Zements vorgeschlagen, der vor dem Füllen auf der Oberfläche des Hohlraums verteilt werden könnte. Das Reißen von Portlandzement an der Oberfläche langer Hohlräume wird durch das Schwanken von Bäumen bei schweren Stürmen verursacht und sollte bei korrekter Verfüllung nicht auftreten.

163. Faulty methods of bracing a crotched tree. The lower method is wholly wrong. The upper method is good if the bolt-heads are properly countersunk and the bolts tightly fitted; but if the distance between the branches is great, it is better to have two bolts and join them by hooks, to allow of wind movements.

„Zusätzlich zur Konservierung verfallener Exemplare durch Auffüllen der Hohlräume, wie oben beschrieben, wurde vorgeschlagen, den Baum durch eine Behandlung wie in Abb. 162 zu stärken. Junge Setzlinge derselben Art, nachdem sie sich wie gezeigt etabliert haben, werden durch Annäherung an das reife Exemplar gepfropft.

„Verletzungen resultieren häufig aus Fehlern bei dem Versuch, abgebrochene Äste zu retten oder schwache, ansonsten gesunde Äste zu stärken und zu stützen. Die Mittel zum Stützen rissiger, windgepeitschter und überlasteter Äste, die dazu neigen, an den Gabeln zu spalten, sind Bolzen und Ketten. Die Praxis, Eisenbänder um große Äste zu legen, um sie zu schützen, hat zu großem Schaden geführt; Wenn der Baum wächst und sich ausdehnt, ziehen sich diese Bänder zusammen, was dazu führt, dass die Rinde bricht und nach einigen Jahren zu einem teilweisen Gürtel führt (Abb. 163).

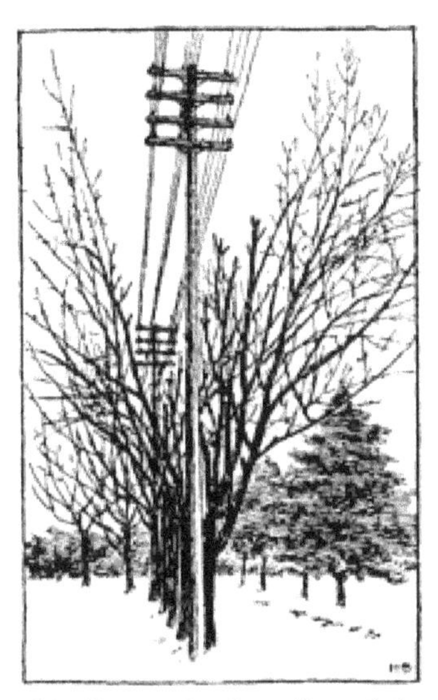

164. Trees ruined to allow of the passage of wires.

165. Accommodating a wall to a valuable tree.

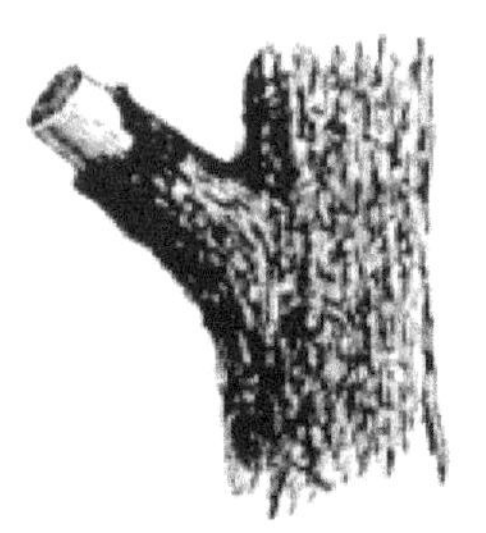

166. The death of a long stub.

167. Bungling pruning.

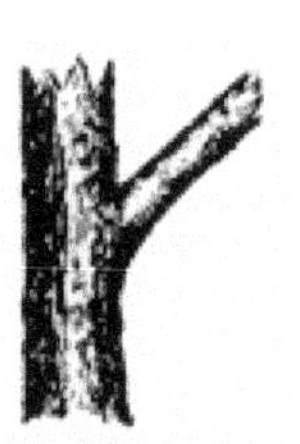

168. The proper way to saw off a large limb. A cut is first made on the under side to prevent splitting down; then it is cut on the upper side. Then the entire "stub" is removed close to the trunk.

„Einen Baum richtig einzuschrauben ist vergleichsweise kostengünstig. Die sicherste Methode besteht darin, einen starken Bolzen durch ein dafür vorgesehenes Loch im Abzweig zu stecken und ihn außen mit einer Unterlegscheibe und einer Mutter zu befestigen. Im Allgemeinen wird die Unterlegscheibe gegen die Rinde gelegt und die Mutter hält sie dann an Ort und Stelle. Eine bessere Methode zum Schrauben, die ein gepflegtes Aussehen des Astes gewährleistet und außerdem als sicherster Schutz vor dem Eindringen von Krankheiten dient, besteht darin, die Mutter in die Rinde zu versenken und sie in Portlandzement einzubetten. Das Loch zum Versenken der Mutter und der Unterlegscheibe wird dick mit Bleifarbe und dann mit einer Zementschicht bestrichen, auf die die Mutter und die Unterlegscheibe gelegt werden, die dann beide in Zement eingebettet werden. Wenn die Außenfläche der Nuss bündig mit der Rindenebene abschließt, wird sie innerhalb weniger Jahre von wachsendem Gewebe bedeckt sein.

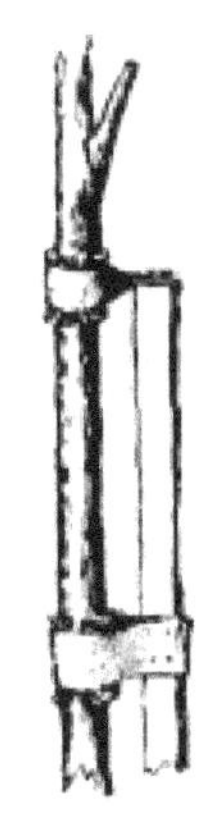

169. A weak bodied young tree well supported; padding is placed under the bandages.

170. The wrong way of attaching a guy rope.

171. An allowable way of attaching a guy rope.

172. The best way of attaching a guy rope, if a tree must be used as support.

„Die inneren Enden der Stäbe in den beiden Zweigen können durch einen Stab oder eine Kette verbunden sein. Die Bevorzugung der Kette gegenüber der Stangenbefestigung basiert auf den Druck- und Zugspannungen, die bei Windstürmen auf die Verbindung wirken. Stabverbindungen werden jedoch bevorzugt, wenn Steifigkeit erforderlich ist, wie zum Beispiel bei Verbindungen, die nahe am Schritt erfolgen; Um jedoch zwei Äste zusammenzubinden, bevor sie an der Gabelung Anzeichen einer Schwächung zeigen, kann die Kette am besten verwendet werden, da der Befestigungspunkt in einiger Entfernung vom Schritt platziert werden kann, wo der Flexibilitätsfaktor wichtig und die Belastung vergleichsweise gering ist . Ulmen in einem fortgeschrittenen Reifestadium zeigen häufig diese Neigung zur Spaltung, wenn sie starken klimatischen Bedingungen ausgesetzt sind. Insbesondere diese Bäume sollten sorgfältig untersucht werden und es sollten Maßnahmen zu ihrer Erhaltung getroffen werden, bei Bedarf auch durch Stecken.“

173. A method of saving valuable trees along streets on which heavy lowering of grade has been made.

Die Abbildungen, Abb. 164-173, sind selbsterklärend und zeigen schlechte und gute Praktiken bei der Pflege von Bäumen.

IX. Ein felsiges Ufer, das mit dauerhafter informeller Bepflanzung bedeckt ist.

Das Pfropfen von Pflanzen .

Beim Pfropfen handelt es sich um den Vorgang, bei dem ein Teil einer Pflanze in eine andere Pflanze eingefügt wird, mit der Absicht, dass diese wächst. Der Unterschied zur Stecklingsherstellung besteht darin, dass der abgetrennte Teil in einer anderen Pflanze und nicht im Boden wächst.

Es gibt zwei allgemeine Arten der Veredelung: Bei der einen wird ein Aststück in den Stamm eingefügt (eigentliche Veredelung), und bei der anderen wird nur eine Knospe mit wenig oder gar keinem Holz eingefügt (Knospung). In beiden Fällen hängt der Erfolg der Operation vom Zusammenwachsen des Kambiums des Zweiges (oder Stecklings) und des Stammes ab. Das Kambium ist das neue und wachsende Gewebe, das unter der Rinde und an der Außenseite des wachsenden Holzes liegt. Daher sollte die Grenzlinie zwischen Rinde und Holz beim Zusammenfügen von Stamm und Stamm übereinstimmen.

Die Pflanze, auf die das abgetrennte Stück gelegt wird, wird Stamm genannt. Der Teil, der entfernt und in den Stamm eingesetzt wird, wird als Zweig bezeichnet, wenn es sich um ein Stück eines Astes handelt, oder als „Knospe", wenn es sich nur um eine einzelne Knospe mit einem daran befestigten Stück Gewebe handelt.

Der größte Teil des Pfropfens und der Knospenbildung wird durchgeführt, wenn der Zweig oder die Knospe fast oder ganz in der Ruhephase ist. Das heißt, die Veredelung erfolgt normalerweise spät im Winter und früh im Frühling, und die Knospenbildung kann dann oder spät im Sommer erfolgen, wenn die Knospen fast oder ganz ausgereift sind.

174. Budding. The "bud"; the opening to receive it; the bud tied.

Der Hauptzweck der Veredelung besteht darin, eine Pflanzenart zu erhalten, die sich nicht aus Samen vermehren kann oder deren Samen nur sehr schwer zu gewinnen sind. Aus dieser Pflanze werden daher Triebe oder Knospen entnommen und in jede verfügbare Pflanze eingesetzt, auf der sie wachsen sollen. Wenn man also den Baldwin-Apfel vermehren möchte , sät man zu diesem Zweck nicht Samen davon, sondern nimmt Zweige oder Knospen von einem Baldwin-Baum und pfropft sie in einen anderen Apfelbaum ein. Die Vorräte werden in der Regel aus Samen gewonnen. Beim Apfel werden junge Pflanzen aus Samen gezüchtet, die größtenteils aus Apfelweinfabriken stammen, ohne Rücksicht auf die Sorte, von der sie stammen. Wenn die Sämlinge ein bestimmtes Alter erreicht haben, werden sie geknostet oder gepfropft, wobei der gepfropfte Teil die gesamte Spitze des Baumes bildet; und die Spitze trägt Früchte wie der Baum, von dem die Zweige genommen wurden.

Es gibt viele Arten, wie die Verbindung zwischen Stamm und Bestand hergestellt werden kann. Das Aufkeimen kann zunächst besprochen werden.

Es besteht darin, eine Knospe unter die Rinde des Stammes zu stecken, und die gängigste Praxis ist die, die in den Abbildungen dargestellt ist. Der Austrieb erfolgt meist im Juli, August und Anfang September, wenn die Rinde noch locker ist oder sich abschälen lässt. Von dem Baum, den man vermehren möchte, werden Zweige abgeschnitten und mit einem scharfen Messer die Knospen abgeschnitten, wobei ein schildförmiges Stück Rinde (evtl. mit etwas Holz) übrig bleibt (Abb. 174). Die Knospe wird dann in einen Schlitz im Sud geschoben und durch Festbinden mit einem weichen Faden festgehalten. In zwei bis drei Wochen wird die Knospe „festsitzen“ (das heißt, sie ist fest am Stamm gewachsen) und der Strang wird abgeschnitten, um zu verhindern, dass er den Stamm erwürgt. Normalerweise wächst die Knospe erst im folgenden Frühjahr. Zu diesem Zeitpunkt wird der gesamte Stamm oder Zweig, in den die Knospe eingeführt wird, einen Zoll über der Knospe abgeschnitten. und die Knospe erhält dadurch die gesamte Energie des Bestandes. Das Knospen ist die häufigste Veredelungsoperation in Baumschulen. Pfirsichsamen können im Frühjahr gesät werden, und die daraus entstehenden Pflanzen sind noch im August zum Austrieb bereit. Im folgenden Frühjahr oder ein Jahr nach der Aussaat des Samens wird der Stamm direkt über der Knospe (die in Bodennähe eingesetzt wird) abgeschnitten, und im Herbst dieses Jahres ist der Baum zum Verkauf bereit; Das heißt, die Spitze ist eine Saison alt und die Wurzel ist zwei Saisons alt, aber im Handel wird er als einjähriger Baum bezeichnet. Im Süden kann der Pfirsichbestand im Juni oder Anfang Juli des Jahres, in dem der Samen gepflanzt wird, Knospen bilden, und die Knospe wächst noch im selben Jahr zu einem verkaufsfähigen Baum heran: Dies wird als Juni-Knospenbildung bezeichnet. Bei Äpfeln und Birnen ist der Bestand normalerweise zwei Jahre alt, bevor er Knospen bildet, und der Baum wird erst verkauft, wenn die Spitze zwei oder drei Jahre gewachsen ist. Die Knospenbildung kann auch im Frühjahr erfolgen. In diesem Fall wächst die Knospe noch in derselben Jahreszeit. Die Knospung erfolgt immer bei jungen Trieben, vorzugsweise bei solchen, die nicht älter als ein Jahr sind.

175. Whip-graft.

Beim Pfropfen handelt es sich um das Einsetzen eines kleinen Zweiges (oder Zweiges), der normalerweise mehr als eine Knospe trägt. Bei der Veredelung kleiner Bestände ist es üblich, die Peitschentransplantation zu verwenden (Abb. 175). Sowohl die Brühe als auch die Stange werden diagonal durchgeschnitten und jeweils gespalten, so dass das eine in das andere passt. Das Transplantat wird mit einer Schnur festgebunden und anschließend, wenn es sich über der Erde befindet, auch sorgfältig gewachst.

176. Cleft-graft before waxing.

Bei größeren Gliedmaßen oder Beständen ist die übliche Methode die Verwendung des Spalttransplantats (Abb. 176). Dabei wird der Stamm abgeschnitten, gespalten und auf einer oder beiden Seiten des Spalts ein keilförmiger Spross eingesetzt. Dabei ist darauf zu achten, dass die Kambiumschicht des Spross mit der des Stamms übereinstimmt. Anschließend werden die freigelegten Flächen sicher mit Wachs abgedeckt.

Die Veredelung erfolgt in der Regel früh im Frühjahr, kurz bevor die Knospen anschwellen. Die Zweige hätten vor diesem Zeitpunkt geschnitten werden müssen, als sie vollkommen in Ruhe waren. Kionen können im Sand im Keller oder im Eiskeller gelagert oder auf dem Feld vergraben werden. Das Ziel besteht darin, sie frisch und ruhend zu halten, bis sie benötigt werden.

Wenn man die Spitze eines alten Pflaumen-, Apfel- oder Birnbaums durch eine andere Sorte ersetzen möchte, wird dies normalerweise mit Hilfe der Spalttransplantation erreicht. Wenn der Baum sehr jung ist, kann eine Knospung oder Peitschenveredelung eingesetzt werden. Auf einer alten Spitze sollten die Stecklinge im Alter von drei bis vier Jahren anfangen zu tragen. Alle wichtigen Gliedmaßen sollten transplantiert werden. Es ist wichtig, die Ausläufer oder Wassersprossen um die Transplantate herum fernzuhalten, und ein Teil der verbleibenden Spitze sollte jedes Jahr abgeschnitten werden, bis die Spitze vollständig ausgetauscht ist (was zwei bis vier Jahre dauern wird).

Ein gutes Wachs zum Abdecken der freiliegenden Stellen ist in der Fußnote auf Seite 145 beschrieben.

Aufzeichnungen über die Plantage führen .

Wenn jemand über eine große und wertvolle Sammlung von Obst- oder Zierpflanzen verfügt, ist es wünschenswert, dass er eine dauerhafte Aufzeichnung davon hat. Die zufriedenstellendste Methode besteht darin, die Pflanzen zu beschriften und dann eine Tabelle oder Karte zu erstellen, auf der die verschiedenen Pflanzen an ihren richtigen Positionen angegeben sind. Es besteht immer die Gefahr, dass die Etiketten verloren gehen oder unleserlich werden, und oft werden sie von unvorsichtigen Arbeitern oder schelmischen Jungen verlegt.

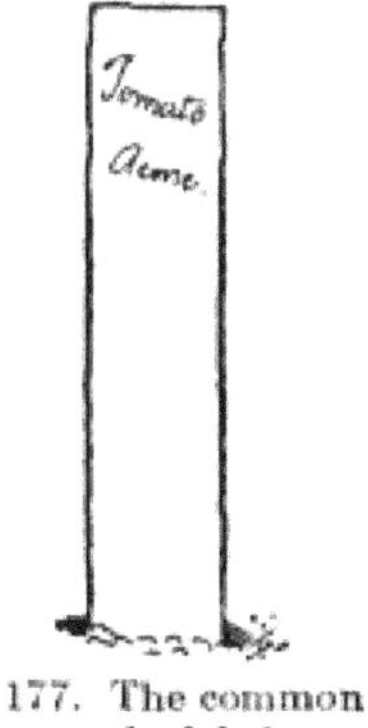

177. The common stake label.

Für Gemüse, einjährige Pflanzen und andere vorübergehende Pflanzen sind die besten Etiketten einfache Pfähle, wie in Abb. 177 dargestellt. Gartenpfähle, die einen Fuß lang, einen Zoll breit und drei Achtel Zoll dick sind, können von Etikettenherstellern für drei bis drei Zoll gekauft werden fünf Dollar pro Tausend. Diese nehmen einen weichen Stift sehr gut auf, und wenn die Etiketten im Herbst abgenommen und an einem trockenen Ort aufbewahrt werden, halten sie zwei bis drei Jahre.

178. A good stake label, with the legend covered.

Für dauerhaftere krautige Pflanzen wie Rhabarber und Spargel oder sogar für Sträucher ist ein aus klarer Kiefer oder Zypresse gesägter Pfahl mit einer Länge von 18 Zoll, einer Breite von 3 Zoll und einer Dicke von 1 Zoll oder mehr ein äußerst ausgezeichnetes Etikett. Das untere Ende des Pfahls wird spitz zugesägt und in Kohlenteer, Kreosot oder ein anderes Konservierungsmittel getaucht. Die Oberseite des Pfahls ist weiß gestrichen und die Legende ist mit einem großen und weichen Bleistift geschrieben. Wenn die Schrift unleserlich wird oder der Pfahl für andere Pflanzen benötigt wird, wird mit einem Hobel ein Span von der Vorderseite des Etiketts entfernt, ein neuer Anstrich aufgetragen und das Etikett ist so gut wie immer. Diese Etiketten sind stark genug, um Stößen durch Whiffletrees und Werkzeuge standzuhalten, und sollten zehn Jahre halten.

Wenn eine Legende mit einem Bleistift geschrieben wird, empfiehlt es sich, den Bleistift zu verwenden, wenn die Farbe (bei der es sich um weiße Mine handeln sollte) noch frisch oder weich ist. Abbildung 178 zeigt eine sehr gute Vorrichtung zur Erhaltung der Beschriftung auf der Vorderseite des Etiketts. Ein Holzklotz wird mit einer Schraube am Schild befestigt und deckt so die Beschriftung vollständig ab und schützt sie vor Witterungseinflüssen.

Wenn Sie dekorativere Pfahletiketten wünschen, können Sie verschiedene Typen auf dem Markt kaufen oder eines nach der Art von Abb. 179 anfertigen. Dabei handelt es sich um eine Zinkplatte, die schwarz gestrichen werden kann und auf die der Name mit weißer Farbe geschrieben ist . Viele Menschen ziehen es jedoch vor, das Zink weiß zu streichen und das Etikett mit schwarzer Tinte oder schwarzer Schriftart zu beschriften oder zu stempeln. Am Etikett sind zwei starke Drahtschenkel angelötet, die ein Umdrehen verhindern. Diese Etiketten sind natürlich viel teurer als die gewöhnlichen Pfahletiketten und meist nicht so zufriedenstellend, aber attraktiver.

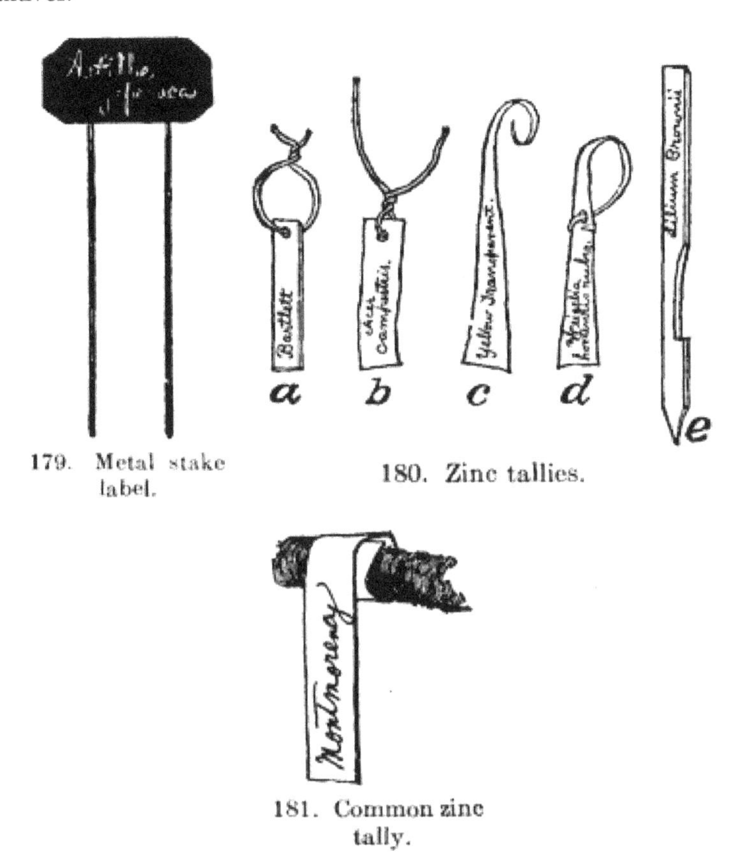

179. Metal stake label.

180. Zinc tallies.

181. Common zinc tally.

Zur Kennzeichnung von Bäumen werden üblicherweise verschiedene Arten von Zinkmarkierungen verwendet, wie in den Abbildungen dargestellt. 180 und 181. Frisches Zink nimmt einen Bleistift problemlos auf, und die Schrift wird oft mit zunehmendem Alter besser lesbar und bleibt normalerweise drei oder vier Jahre erhalten. Diese Etiketten werden entweder mit Drähten befestigt, wie *a, b* , Abb. 180, oder sie werden um die Gliedmaße gewickelt, wie in *c, d* und *e* , Abb. 180 gezeigt. Die am häufigsten verwendete Art von Zinketikett ist ein einfaches Ein Streifen Zink, wie in Abb. 181 gezeigt, wird um das Glied gewickelt. Das Metall ist so flexibel, dass es sich mit dem Wachstum des Astes leicht ausdehnt. Obwohl diese Zinketiketten langlebig sind, sind sie aufgrund ihrer neutralen Farbe sehr unauffällig und in dichten Blattwerken oft schwer zu finden.

Das gemeinsame Holzschild der Gärtner (Abb. 182) ist für allgemeine Zwecke vielleicht genauso nützlich wie jedes andere. Wenn das Etikett mit einer dünnen Schicht dünner weißer Mine versehen war und die Beschriftung mit einem weichen Bleistift erstellt wurde , sollte die Schrift vier bis fünf Jahre lang lesbar bleiben. Abb. 183 zeigt eine andere Art von Etikett, das haltbarer ist, da der Draht steif und groß ist und mit einer Zange um das Glied befestigt wird. Durch die große Schlaufe kann sich das Glied ausdehnen, und der steife Draht verhindert, dass das Etikett durch Wind und Arbeiter verlegt wird. Die Strichzeichnung selbst ist das sogenannte „Verpackungsetikett" der Gärtner, sie ist sechs Zoll lang, eineinhalb Zoll breit und kostet (bemalt) weniger als eineinhalb Dollar pro Tausend. Die Beschriftung wird mit einem Bleistift angefertigt, wenn die Farbe frisch ist, und manchmal wird das Etikett nach dem Beschriften in dünnes weißes Blei getaucht, so dass die Farbe die Schrift mit einer sehr dünnen Schutzschicht bedeckt. Ein ähnliches Etikett ist in Abb. 184 dargestellt. Es verfügt über eine große Drahtschlaufe mit einer Spule, um die Ausdehnung des Gliedes zu ermöglichen. Die Talisman dieser Art bestehen oft aus Glas oder Porzellan und sind mit dem Namen unauslöschlich bedruckt. Abbildung 185. zeigt einen Zinkstab, der mit einem scharfen, spitzen Draht, der in das Holz getrieben wird, am Baum befestigt wird. Manche bevorzugen es, zwei Arme an diesem Draht zu haben, die einen Punkt auf beiden Seiten des Baumes antreiben. Bei Verwendung von verzinktem Draht halten diese Etiketten viele Jahre.

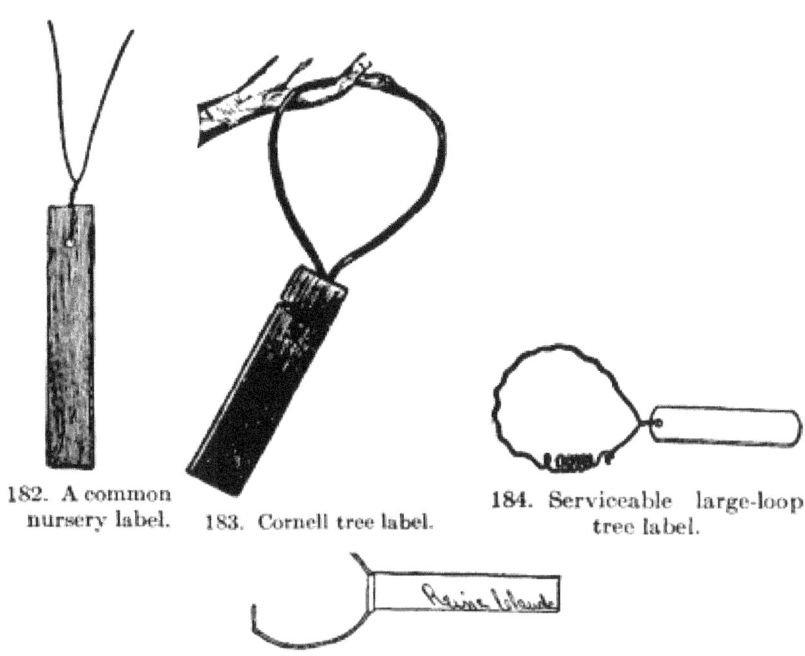

182. A common nursery label. 183. Cornell tree label. 184. Serviceable large-loop tree label.

185. Zinc tree label.

186. Injury by a tight label wire.

Beim Anbringen von Etiketten an Bäumen ist es sehr wichtig, darauf zu achten, dass der Draht nicht fest am Holz anliegt. Abbildung 186 zeigt die Verletzung, die wahrscheinlich durch Etikettendrähte verursacht wird. Wenn ein Baum eingeengt oder umgürtet ist, ist es sehr wahrscheinlich, dass er durch den Wind abbricht. Es sollte eine Regel sein, das Etikett an einem Glied von untergeordneter Bedeutung anzubringen, damit der Verlust bei einer Verletzung des Teils durch den Draht nicht schwerwiegend ist. Beim Anbringen des Etiketts, Abb. 182, sollten nur die Spitzen des Drahtes zusammengedreht werden, so dass eine große Schlaufe für die Dehnung des Gliedes übrig bleibt.

Die Lagerung von Obst und Gemüse .

187. The old-fashioned "outdoor cellar," still a very useful and convenient storage place.

Die Grundsätze für die Lagerung verderblicher Produkte wie Obst und Gemüse unterscheiden sich je nach Ware. Alle Hackfrüchte und die meisten Früchte müssen bei einer kühlen, feuchten und gleichmäßigen Temperatur gelagert werden, wenn sie über einen längeren Zeitraum haltbar sein sollen. Kürbisse, Süßkartoffeln und einige andere Dinge müssen bei einer mittleren und einer sogenannten hohen Temperatur aufbewahrt werden; und die Atmosphäre sollte trockener sein als bei den meisten anderen Produkten. Die niedrige Temperatur bewirkt, dass die Zersetzung und die Arbeit von Pilzen und Bakterien gehemmt wird. Die feuchte Atmosphäre verhindert eine zu starke Verdunstung und damit einhergehendes Schrumpfen.

Bei der Lagerung jeglicher Ware ist es sehr wichtig, dass sich das Produkt in einem ordnungsgemäßen Aufbewahrungszustand befindet. Entsorgen Sie alle Proben, die Druckstellen aufweisen oder wahrscheinlich zerfallen. Ein Großteil des Verfalls von Obst und Gemüse bei der Lagerung ist nicht auf den Lagerungsprozess zurückzuführen, sondern auf Krankheiten zurückzuführen, mit denen die Materialien infiziert werden, bevor sie eingelagert werden. Wenn zum Beispiel Kartoffeln und Kohl von der Fäulnis befallen sind, ist es praktisch unmöglich, sie über einen längeren Zeitraum aufzubewahren.

188. Lean-to fruit cellar, covered with earth. The roof should be of cement or stone slabs. Provide a ventilator.

Äpfel, Winterbirnen und alle Wurzeln sollten bei einer Temperatur nahe dem Gefrierpunkt aufbewahrt werden. Für beste Ergebnisse sollte die Temperatur nicht über 40 °F steigen. Äpfel können bei gleichmäßiger Temperatur auch bei ein bis zwei Grad unter dem Gefrierpunkt aufbewahrt werden. Keller, in denen Heizungen stehen, sind wahrscheinlich zu trocken und die Temperatur ist zu hoch. An solchen Orten empfiehlt es sich, frisches Gemüse und Obst in dichten Behältern aufzubewahren und die Wurzeln in Sand oder Moos zu packen, um ein Schrumpfen zu verhindern. An diesen Orten sind Äpfel normalerweise besser haltbar, wenn sie in Fässern gelagert werden, als wenn sie auf Gestellen oder Regalen gelagert werden. In feuchten und kühlen Kellern ist es jedoch für die Hauswirtschaft vorzuziehen, sie auf Regalen zu platzieren und sie nicht mehr als fünf bis sechs Zoll hoch zu stapeln, denn dann können sie nach Bedarf umsortiert werden. Achten Sie bei Früchten darauf, dass die Exemplare bei der Lagerung nicht überreif sind. Wenn Äpfel vor dem Verpacken einige Tage in der Sonne liegen, reifen sie so stark, dass es sehr schwierig ist, sie aufzubewahren.

Kohl sollte auf einer niedrigen und gleichmäßigen Temperatur gehalten werden und das Wasser sollte abgelassen werden. Sie werden auf dem Feld auf unterschiedliche Weise gelagert, der Erfolg hängt jedoch so stark von der Jahreszeit, der jeweiligen Sorte, dem Reifegrad und der Freiheit von Schäden durch Pilze und Insekten ab, dass einheitliche Ergebnisse nur selten mit einer einzigen Methode erzielt werden können. Die besten Ergebnisse sind zu erwarten, wenn sie in einem eigens dafür gebauten Haus aufbewahrt werden können, in dem die Temperatur gleichmäßig und die Luft relativ feucht ist. Bei Lagerung im Freien besteht die Gefahr, dass sie abwechselnd gefrieren und auftauen. und wenn das Wasser in die Köpfe läuft, entsteht Unheil. Manchmal lassen sie sich leicht lagern, indem man sie auf gut durchlässigem Boden zu einem kegelförmigen Haufen aufhäuft , mit trockenem Stroh bedeckt und das Stroh mit Brettern abdeckt. Es spielt keine Rolle, ob sie bereift sind, sofern sie nicht häufig auftauen. Manchmal werden Kohlköpfe mit dem Kopf nach unten in eine flache Furche gelegt, die in gut entwässertem Land gepflügt wird, und darüber wird Stroh geworfen, wobei man die Stümpfe durch die Abdeckung hervorragen lässt. Nur in Wintern mit eher gleichmäßiger Temperatur sind mit solchen Methoden gute Ergebnisse zu erwarten. Dies sind einige der wichtigsten Überlegungen bei der Lagerung von Dingen wie Kohl; Das Thema wird in der Diskussion über Kohl in Kapitel X noch einmal erwähnt.

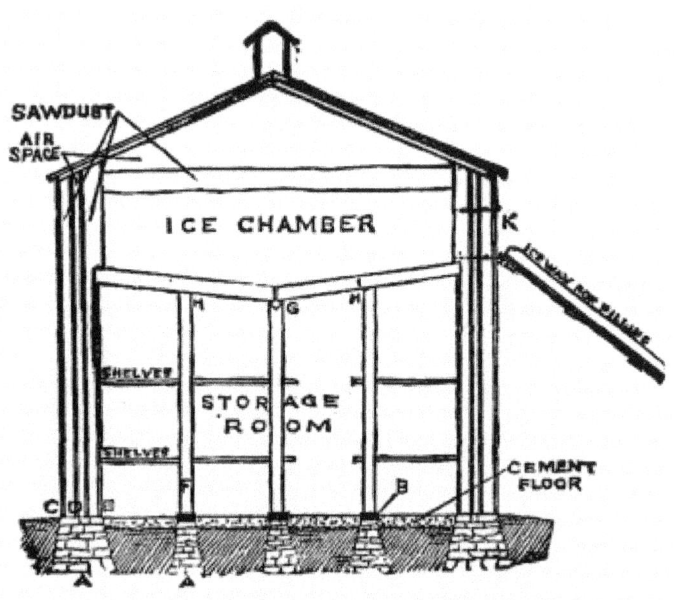

189. A fruit storage house cooled by ice.

Bei der Lagerung aller Produkte, insbesondere derjenigen, die weiche und grüne Bestandteile enthalten, wie z. B. Kohl, ist es gut, dafür zu sorgen, dass die Produkte nicht erhitzt werden. Wenn die Dinge im Freien vergraben werden, ist es wichtig, zunächst eine sehr leichte Abdeckung anzubringen, damit die Hitze entweichen kann. Decken Sie sie nach und nach ab, wenn es kalt wird. Dies ist bei allen Gemüsesorten wichtig, die in Kerne gelegt werden, wie Kartoffeln, Rüben und dergleichen. Wenn sie sofort tief abgedeckt werden, besteht die Gefahr, dass sie erhitzen und verfaulen. Alle im Freien angelegten Gruben sollten auf gut durchlässigem und vorzugsweise sandigem Boden liegen.

Wenn im Winter in regelmäßigen Abständen Gemüse aus Gruben benötigt wird, empfiehlt es sich, Abteilgruben anzulegen, wobei jedes Abteil eine Wagenladung oder eine beliebige Menge aufnehmen kann, die jeweils benötigt wird. Diese Gruben werden in gut entwässertem Land versenkt, und zwischen jeder der beiden Gruben verbleibt eine etwa einen Fuß dicke

Erdwand. Bei kaltem Wetter kann dann eine Grube geleert werden, ohne die anderen zu beeinträchtigen.

Ein Außenkeller ist zwar besser als ein Hauskeller mit Heizung, aber nicht so praktisch. Wenn es in der Nähe des Hauses liegt, muss es jedoch nicht unbequem sein. Ein Haus ist in der Regel gesünder, wenn der Keller nicht als Lagerraum genutzt wird. Zur Lagerung genutzte Hauskeller sollten über einen Lüftungsschacht verfügen.

Einige der Prinzipien eines eisgekühlten Lagerhauses werden im Diagramm, Abb. 189, erläutert. Wenn der Leser sich eingehend mit der Lagerung und den Lagerstrukturen befassen möchte, sollte er Zyklopädien und Fachartikel zu Rate ziehen.

Das Treiben von Pflanzen .

Es gibt drei allgemeine Methoden (abgesehen von Gewächshäusern), um Pflanzen im zeitigen Frühjahr vor ihrer Saison zu treiben: mittels Treibhügeln und Handkästen, durch Frühbeete und durch Brutbeete.

Der Treibhügel ist eine Anordnung, mit der eine einzelne Pflanze oder ein einzelner „Pflanzenhügel“ gezwungen werden kann, dort zu bleiben, wo er dauerhaft steht. Diese Art des Treibens kann bei mehrjährigen Pflanzen wie Rhabarber und Spargel oder bei einjährigen Pflanzen wie Melonen und Gurken angewendet werden.

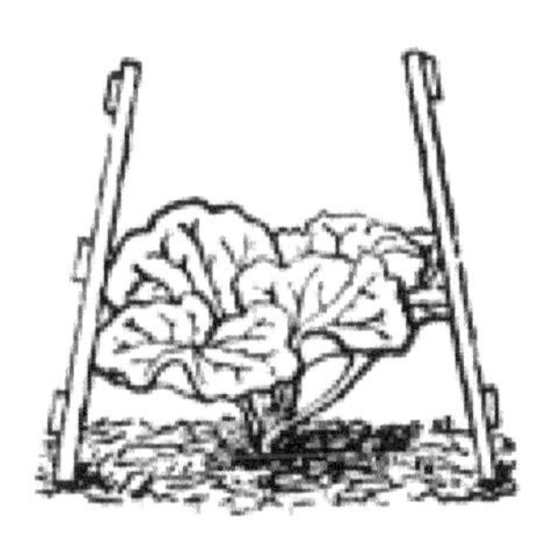

190. Forcing-hill for rhubarb.

In Abb. 190 ist eine gängige Methode zur Beschleunigung des Rhabarberwachstums im Frühjahr dargestellt. Im Herbst wird um die Pflanze herum ein Kasten mit vier abnehmbaren Seitenwänden aufgestellt, von denen in der Abbildung zwei im Endbereich dargestellt sind. Das Innere der Kiste ist mit Stroh oder Einstreu gefüllt und die Außenseite ist gründlich mit jeglichem Abfall geschüttet, um ein Einfrieren des Bodens zu verhindern. Wenn die Pflanzen gepflanzt werden sollen, wird die Abdeckung sowohl von der Innen- als auch von der Außenseite des Kastens entfernt und heißer Mist bis zur Oberseite des Kastens aufgehäuft.

Wenn das Wetter noch kalt ist, können trockene, helle Blätter oder Stroh in die Kiste gelegt werden; Alternativ kann eine Glasscheibe oder ein Glasrahmen auf den Kasten gelegt werden, um daraus einen Frühbeetkasten zu machen. Rhabarber, Spargel, Meerkohl und ähnliche Pflanzen können mit dieser Treibmethode zwei bis vier Wochen vorgedrungen werden. Manche Gärtner verwenden anstelle der Kiste alte Fässer oder Halbfässer. Die Box ist jedoch besser und handlicher und die Seiten können für den späteren Gebrauch aufbewahrt werden.

191. Forcing-hill, and the mold or frame for making it.

Pflanzen, die eine lange Reifezeit benötigen und die sich nicht leicht verpflanzen lassen, wie Melonen und Gurken, können in Treibhügeln auf dem Feld gepflanzt werden. Einer dieser Hügel ist in Abb. 191 dargestellt. Der Rahmen oder die Form ist links dargestellt. Bei dieser Form handelt es sich um eine Schachtel mit ausgestellten Seiten, ohne Ober- und Unterseite und mit einem Griff. Dieser Rahmen wird mit dem schmalen Ende nach unten an die Stelle gestellt, an der die Samen gepflanzt werden sollen, und die Erde wird darüber aufgehäuft und mit den Füßen fest verdichtet. Anschließend wird die Form entfernt und eine Glasscheibe auf die Spitze des Hügels gelegt, um die Sonnenstrahlen zu konzentrieren und zu verhindern, dass der Regen das Ufer überschwemmt. Um die Scheibe festzuhalten, kann ein Klumpen Erde oder ein Stein auf die Scheibe gelegt werden. Manchmal wird ein Ziegelstein als Form verwendet. Diese Art von Treibhügeln wird nicht oft verwendet, da die Erdschicht leicht weggespült wird und starker Regen, wenn das Glas abgenommen wird, den Hügel mit Wasser füllt und die Pflanze ertrinkt. Es kann jedoch sehr gut genutzt werden, wenn der Gärtner ihm viel Aufmerksamkeit schenken kann.

192. Hand-box.

Ein Treibhügel wird manchmal dadurch angelegt, dass man ein Loch in den Boden gräbt und die Samen in den Boden pflanzt, wobei man die Glasscheibe auf einen leichten Grat oder Hügel legt, der auf der Bodenoberfläche gebildet wird. Diese Methode ist weniger wünschenswert als die andere, da die Samen in den ärmsten und kältesten Boden gelegt werden und sich das Loch in den ersten Frühlingstagen sehr wahrscheinlich mit Wasser füllt.

Eine ausgezeichnete Art von Treibhügel wird durch die Verwendung des Handkastens hergestellt, wie in Abb. 192 gezeigt. Dabei handelt es sich um einen rechteckigen Kasten ohne Ober- und Unterseite, und eine Glasscheibe wird in eine Rille an der Oberseite geschoben. Es ist wirklich eine Miniatur-Kühlbox. Um den Kasten herum wird die Erde leicht aufgeschüttet, um ihn vor Wind zu schützen und zu verhindern, dass Wasser hineinläuft. Wenn diese Kisten aus gutem Bauholz gefertigt und bemalt sind, halten sie viele Jahre. Es kann jede gewünschte Glasgröße verwendet werden, aber eine 10 x 12 große Scheibe ist für allgemeine Zwecke genauso gut wie jede andere.

Nachdem sich die Pflanzen in diesen Treibhügeln vollständig etabliert haben und sich das Wetter beruhigt hat, wird der Schutz vollständig entfernt und die Pflanzen wachsen normal im Freien.

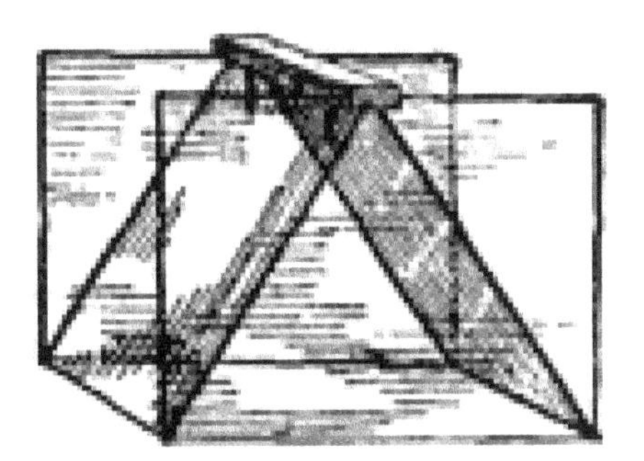

193. Glass forcing-hill.

Ein sehr guter vorübergehender Schutz kann zarten Pflanzen durch die Verwendung von vier Glasscheiben gegeben werden, wie in Abb. 193 erläutert, wobei die beiden inneren Scheiben oben durch einen Holzblock zusammengehalten werden, durch den vier Nägel getrieben werden. Pflanzen verbrennen in diesen Glasrahmen eher als in den Handkästen, und solche Rahmen eignen sich nicht so gut zum Schutz von Pflanzen im sehr frühen Frühling; aber sie sind oft für besondere Zwecke nützlich.

Bei allen Treibhügeln, wie auch bei Frühbeeten und Frühbeeten, ist es äußerst wichtig, dass die Pflanzen an hellen Tagen ausreichend Luft erhalten.

Pflanzen, die zu nahe stehen, werden schwach oder „gezogen“ und verlieren die Fähigkeit, Witterungsveränderungen standzuhalten, wenn der Schutz entfernt wird. Auch wenn der Wind kalt und rau ist, werden die Pflanzen in den Rahmen normalerweise nicht beeinträchtigt, wenn das Glas bei Sonnenschein abgenommen wird.

Frühbeete.

Ein Frühbeet ist nichts anderes als eine vergrößerte Handbox; Das heißt, anstatt nur eine einzelne Pflanze oder einen einzelnen Hügel mit einer einzigen Glasscheibe zu schützen, ist der Rahmen mit einem Flügel abgedeckt und groß genug, um viele Pflanzen aufzunehmen.

Es gibt drei allgemeine Zwecke, für die ein Frühbeet verwendet wird: Für den Beginn der Pflanzen im frühen Frühling; zur Aufnahme teilweise ausgehärteter Pflanzen, die früher in Treibhäusern und Treibhäusern gepflanzt wurden; zum Überwintern von jungem Kohl, Salat und anderen winterharten Pflanzen, die im Herbst gesät werden.

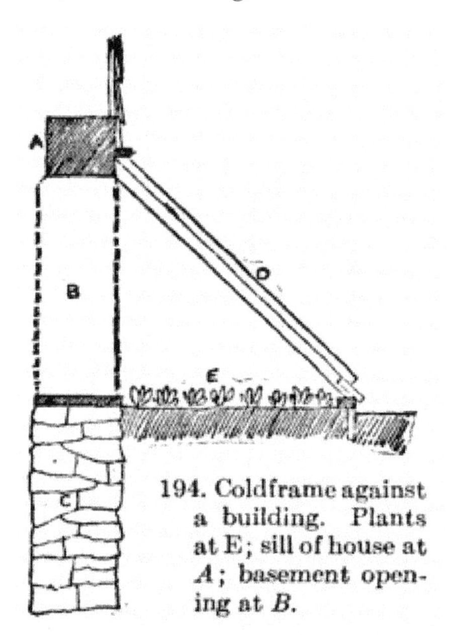

194. Coldframe against a building. Plants at E; sill of house at *A*; basement opening at *B*.

Normalerweise werden Frühbeete in der Nähe von Gebäuden aufgestellt und die Pflanzen werden bei ruhigem Wetter ins Freiland gepflanzt. Manchmal werden sie jedoch direkt auf dem Feld hergestellt, auf dem die Pflanzen bleiben sollen, und die Rahmen und nicht die Pflanzen werden entfernt. Wenn die Rahmen für diesen letztgenannten Zweck verwendet werden, werden sie sehr kostengünstig hergestellt, indem zwei Reihen paralleler Bretter im Abstand von 1,80 m durch das Feld geführt werden.

Das Brett im Norden ist normalerweise zehn bis zwölf Zoll breit, das im Süden acht bis zehn Zoll. Diese Bretter werden von Pflöcken gehalten und die Flügel werden darüber gelegt. Anschließend werden Radieschen-, Rüben-, Salat- und ähnliche Samen unter die Schärpe gesät. Sobald sich das Wetter beruhigt, werden die Schärpe und die Bretter entfernt, und die Pflanzen wachsen auf natürliche Weise auf dem Feld. Halbharte Pflanzen, wie die genannten, können auf diese Weise zwei oder drei Wochen vor der normalen Saison vollständig gepflanzt werden.

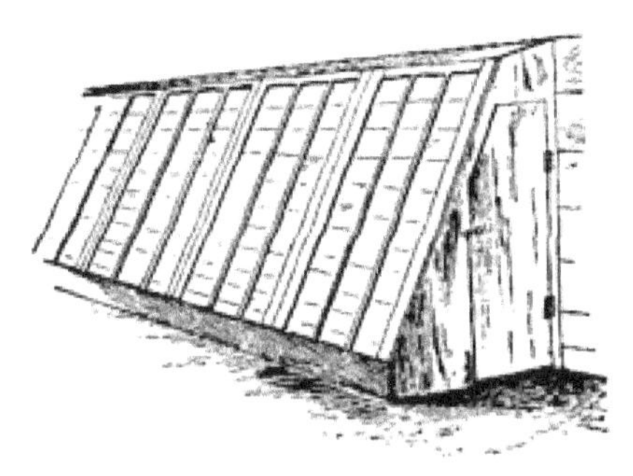

195. Weather screen, or cold-frame, against a building.

Eine der einfachsten Arten von Frühbeeten ist in Abb. 194 dargestellt, bei der es sich um einen Anbau an das Fundament eines Hauses handelt. Ein Fensterbrett wird knapp über der Erdoberfläche verlegt, und die bei D gezeigten Flügel werden auf Sparren gelegt, die von diesem Fensterbrett zum Fensterbrett des Hauses verlaufen, A. Wenn sich dieser Rahmen auf der Südseite des Gebäudes befindet, Mit der Bepflanzung kann bereits einen Monat vor Saisonbeginn begonnen werden. Solche Anbaurahmen werden manchmal an Gewächshäusern oder warmen Kellern gebaut und ihnen wird Wärme durch das Öffnen einer Tür in der Wand zugeführt, wie bei B. Bei Rahmen, die sich an so sonnigen Standorten wie diesen befinden, ist dies äußerst wichtig Achten Sie darauf, an allen sonnigen Tagen den Flügel zu entfernen oder zumindest für ausreichende Belüftung zu sorgen.

Eine andere Art von Unterbau ist in Abb. 195 dargestellt. Dabei kann es sich entweder um ein temporäres oder ein dauerhaftes Gebäude handeln, und es wird im Allgemeinen zum Schutz halbharter Pflanzen verwendet, die in Töpfen und Kübeln wachsen. Es kann jedoch zum Transport von Topfpflanzen zu Beginn des Frühlings und zum Schutz von Pfirsichen, Weintrauben, Orangen oder anderen Früchten in Kübeln oder Kisten verwendet werden. Wenn die Pflanzen lediglich über den Winter geschützt werden sollen, ist es am besten, die Struktur auf der Nordseite des Gebäudes anzubringen, damit die Sonne die Pflanzen nicht in Aktivität drängen kann.

196. A pit or coldframe on permanent walls, and a useful adjunct to a garden. The rear cover is open (*a*).

197. The usual form of coldframe.

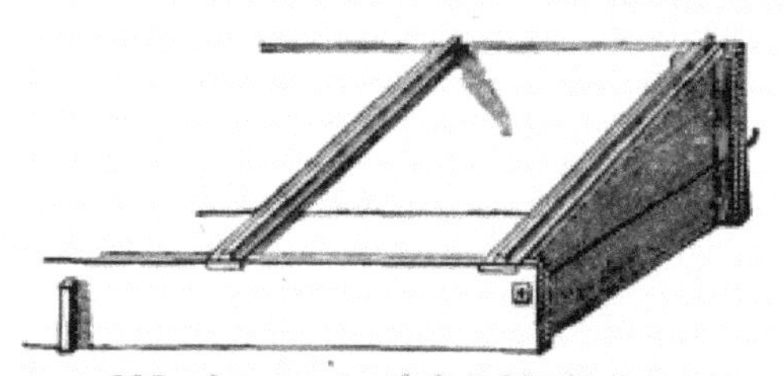

198. A strong and durable frame.

Eine andere Struktur, die sowohl zum Transport halbharter Pflanzen über den Winter als auch zum Pflanzenstart im Frühjahr verwendet werden kann, ist in Abb. 196 dargestellt. Es handelt sich in Wirklichkeit um ein Miniaturgewächshaus ohne Heizung. Es ist gut für mildes Klima geeignet. Das Bild wurde von einem Bauwerk in der Küstenregion von North Carolina aus aufgenommen.

Der gebräuchliche Frühbeettyp ist in Abb. 197 dargestellt. Er ist zwölf Fuß lang und sechs Fuß breit und mit vier drei mal sechs großen Flügeln bedeckt. Es besteht aus gewöhnlichem Holz, das lose zusammengenagelt ist. Wenn man jedoch erwartet, jedes Jahr Frühbeete oder Frühbeete zu verwenden, ist es ratsam, die Rahmen aus 5 cm dickem Material herzustellen, gut zu streichen und die Teile mit Schrauben und Zapfen zu verbinden, so dass sie auseinandergenommen und bis zur Verwendung aufbewahrt werden können für die Ernte des nächsten Jahres. Abbildung 198 schlägt eine Methode vor, Rahmen so herzustellen, dass sie auseinandergenommen werden können.

199. A frame yard.

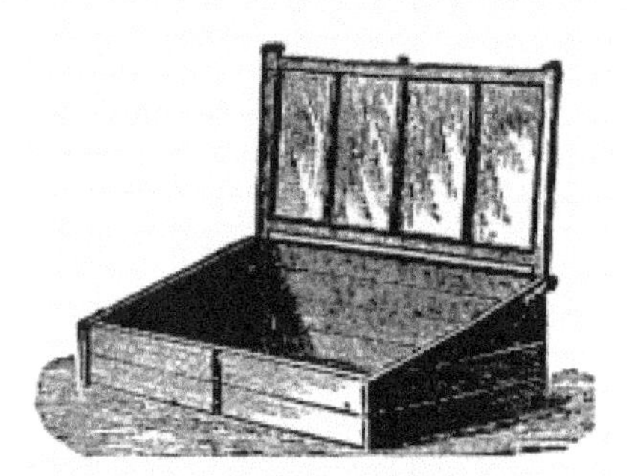

200. Portable coldframe.

201. A larger portable coldframe.

202. A commodious portable frame.

Es ist immer ratsam, Frühbeete und Frühbeete an einem geschützten Ort aufzustellen, insbesondere um sie vor kalten Nordwinden zu schützen. Gebäude bieten einen hervorragenden Schutz, allerdings ist die Sonne auf der Südseite großer und heller Gebäude manchmal zu heiß. Eines der besten Mittel zum Schutz ist das Pflanzen einer Hecke aus immergrünen Pflanzen, wie in Abb. 199 dargestellt. Es ist immer wünschenswert, auch alle Frühbeete und Brutbeete dicht beieinander zu platzieren, um Zeit und Arbeit zu sparen. Zu diesem Zweck kann ein normaler Bereich oder Hof reserviert werden.

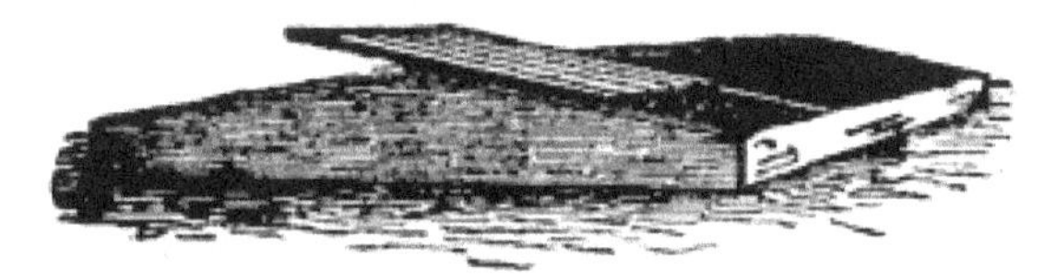

203. A low coldframe.

Verschiedene kleine und tragbare Frühbeete können im Garten verwendet werden, um zarte Pflanzen zu schützen oder sie früh im Frühjahr in Betrieb zu nehmen. Stiefmütterchen, Gänseblümchen und Randnelken beispielsweise können sehr früh herangezogen werden, indem man solche Rahmen darüber stellt oder sie im Herbst unter die Rahmen pflanzt. Diese Rahmen können jede gewünschte Größe haben und der Flügel kann entweder abnehmbar sein oder, bei kleinen Rahmen, oben mit einem Scharnier versehen sein. Feigen. 200-203 veranschaulichen verschiedene Typen.

Brutstätten.

Ein Frühbeet unterscheidet sich von einem Frühbeet dadurch, dass es mit Unterhitze ausgestattet ist. Diese Wärme wird normalerweise durch gärenden Mist zugeführt, sie kann jedoch auch aus anderem gärenden Material wie Tannenrinde oder Blättern oder durch künstliche Wärme wie Schornsteine, Dampfrohre oder Wasserrohre gewonnen werden.

Das Brutbeet wird für den sehr frühen Pflanzenanbau genutzt; und wenn die Pflanzen aus dem Beet herausgewachsen sind oder zu dick geworden sind, werden sie in kühlere Gewächsbeete oder Frühbeete umgepflanzt. Es gibt jedoch einige Feldfrüchte, die im Gewächshaus selbst ihre volle Reife erreichen, wie etwa Radieschen und Salat.

Der Zeitpunkt, zu dem die Brutstätte gefahrlos in Betrieb genommen werden kann, hängt fast ausschließlich von den Mitteln ab, mit denen sie erhitzt werden kann, und von der Geschicklichkeit des Bedieners. In den nördlichen Bundesstaaten, wo die Gartenarbeit im Freien erst am ersten oder letzten Mai beginnt, werden Brutstätten manchmal bereits im Januar angelegt; aber sie werden normalerweise bis Anfang März verschoben.

Die Wärme für Brutstätten wird üblicherweise durch die Vergärung von Pferdemist bereitgestellt. Wichtig ist, dass der Mist in Zusammensetzung und Konsistenz möglichst einheitlich ist, von gut genährten Pferden stammt und praktisch gleich alt ist. Die besten Ergebnisse werden in der Regel mit Stallmist erzielt, aus dem er in kurzer Zeit in großen Mengen gewonnen werden kann. Vielleicht sollte die Hälfte des gesamten Materials aus Einstreu oder Stroh bestehen, das als Einstreu verwendet wurde.

204. Hotbed with manure on top of the ground.

Der Mist wird auf einen langen und flachen Haufen mit quadratischer Spitze gelegt, der in der Regel nicht höher als 1,20 bis 1,80 m ist, und dann gären gelassen. Bessere Ergebnisse werden im Allgemeinen erzielt, wenn der Mist abgedeckt aufgeschüttet wird. Wenn das Wetter kalt ist und die Gärung nicht leicht einsetzt, kann es sein, dass der Haufen mit heißem Wasser benetzt wird. Die erste Gärung verläuft fast immer unregelmäßig; das heißt, es beginnt an mehreren Stellen im Stapel ungleichmäßig. Um eine gleichmäßige Gärung zu gewährleisten, muss der Haufen gelegentlich gewendet werden, wobei darauf zu achten ist, alle harten Klumpen aufzubrechen und den heißen Mist in der Masse zu verteilen. Manchmal ist es notwendig, den Stapel fünf- oder sechsmal zu wenden, bevor er endgültig verwendet wird, obwohl die Hälfte dieser Wendungen normalerweise ausreicht. Wenn der Haufen gleichmäßig dampft, wird er in das Brutbeet gelegt und mit der Erde bedeckt, in der die Pflanzen wachsen sollen.

Gelegentlich werden Brutrahmen auf den Gärmisthaufen gestellt, wie in Abb. 204 dargestellt. Der Mist sollte ein Stück über die Ränder des Rahmens hinausragen; Andernfalls wird es im Rahmen außen zu kalt und die Pflanzen leiden darunter.

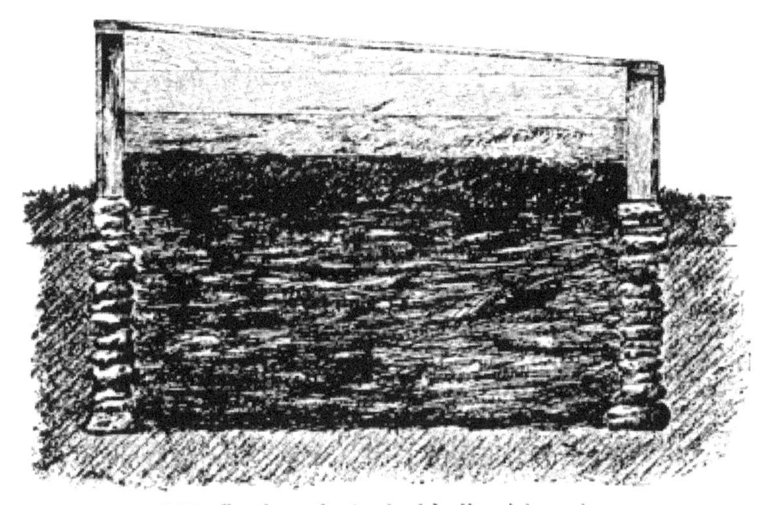

205. Section of a hotbed built with a pit.

Es ist jedoch vorzuziehen, unter dem Rahmen eine Grube zu haben, in die der Mist gegeben wird. Wenn das Beet mitten im Winter oder sehr früh im Frühjahr angelegt werden soll, empfiehlt es sich, diese Grube im Herbst anzulegen und mit Stroh oder anderer Einstreu zu füllen, um ein tiefes Gefrieren der Erde zu verhindern. Wenn es Zeit ist, das Beet zu machen, wird die Einstreu weggeworfen und der Boden ist warm und bereit für die Aufnahme des gärenden Mists. Die Grube sollte auf beiden Seiten einen Fuß breiter sein als die Breite des Rahmens. Abb. 205 ist ein Querschnitt einer solchen Brutgrube. Auf den Boden wird eine etwa zwei Zentimeter dicke Schicht groben Materials gelegt, um den Mist von der kalten Erde fernzuhalten. Darauf werden 30 bis 30 Zoll Mist gelegt. Über dem Mist befindet sich eine dünne Schicht aus Blattschimmel oder einem porösen Material, die als Wärmeverteiler dient, und darüber befindet sich 10 bis 12 cm weicher Gartenlehm, in dem die Pflanzen wachsen sollen.

Es ist ratsam, den Mist in Schichten in die Grube zu legen, wobei jede Schicht gründlich niedergestampft werden muss, bevor eine weitere eingebracht wird. Diese Schichten sollten eine Dicke von 10 bis 20 Zoll haben. Auf diese Weise lässt sich die Konsistenz der Masse leicht vereinheitlichen. Mist, der zu viel Stroh enthält, um die besten Ergebnisse zu erzielen, und der daher seine Wärme bald abgibt, quillt schnell auf, wenn der Druck der Füße wegfällt. Mist, der zu wenig Stroh enthält und daher nicht gut erhitzt werden kann oder seine Wärme schnell abgibt, wird sich unter den Füßen zu einer matschigen Masse zusammenballen. Wenn der Mist ausreichend Streu enthält, fühlt er sich an den Füßen federnd an, wenn eine Person darüber geht, bauscht sich aber nicht auf, wenn der Druck wegfällt. Die Menge des zu verwendenden Mists hängt von seiner Qualität und auch von der Jahreszeit ab, in der das Brutbeet angelegt wird. Je früher das Beet angelegt wird, desto größer sollte die Mistmenge sein. Brutstätten, die für zwei Monate ausgelegt sind, sollten in der Regel etwa 60 cm Mist enthalten.

Normalerweise erwärmt sich der Mist nach dem Einbringen ins Beet einige Tage lang sehr stark. Ein Bodenthermometer sollte durch die Erde bis zum Mist gesteckt werden und der Rahmen sollte fest verschlossen bleiben. Wenn die Temperatur unter 90 °C sinkt, können Samen warmer Pflanzen wie Tomaten gesät werden, und wenn die Temperatur unter 80 °C oder 70 °C sinkt, können Samen kühlerer Pflanzen gesät werden.

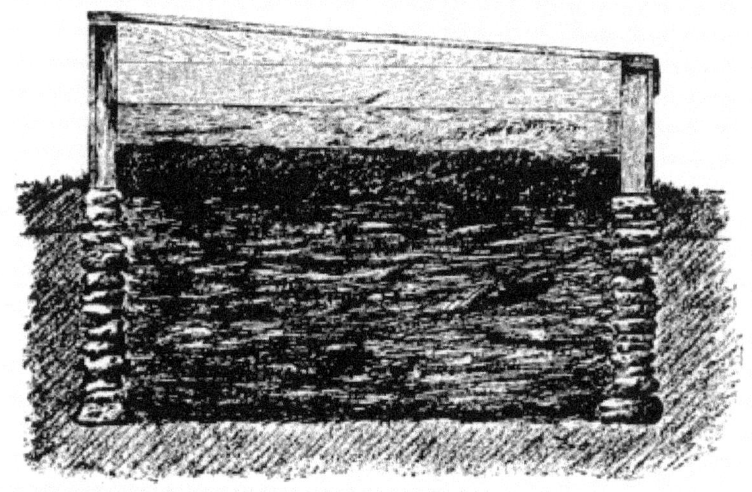

205. Section of a hotbed built with a pit.

Sollen Brutstätten jedes Jahr genutzt werden, sollten dafür feste Gruben vorgesehen werden. Die Gruben haben eine Tiefe von zwei bis drei Fuß, vorzugsweise die frühere Tiefe, und sind mit Steinen oder Ziegeln zugemauert. Wichtig ist, dass sie von unten gut entwässert werden. Im Sommer, nachdem die Schärpe abgezogen wurde, können die alten Beete für den Anbau verschiedener empfindlicher Nutzpflanzen wie Melonen oder halbharte Blumen genutzt werden. In dieser Position können die Pflanzen im Herbst geschützt werden. Wie bereits vorgeschlagen, sollten die Gruben im Herbst gereinigt und mit Einstreu aufgefüllt werden, um im Winter oder Frühjahr die Arbeiten zum Anlegen des neuen Beetes zu erleichtern.

207. Manure-heated greenhouse.

Dem Bediener bieten sich verschiedene Modifikationen des üblichen Brutstättentyps an. Die Rahmen sollten normalerweise in parallelen Reihen verlaufen, so dass ein Mann, der zwischen ihnen geht, gleichzeitig für die Belüftung von zwei Flügelreihen sorgen kann. Abb. 206 zeigt eine andere Anordnung. Es gibt zwei parallele Läufe mit Laufstegen an der Außenseite und zwischen ihnen befinden sich Gestelle zur Aufnahme der Flügel der angrenzenden Rahmen. Der Flügel des linken Betts verläuft nach rechts, der Flügel des rechten Betts verläuft nach links. Da sie auf Gestellen laufen, muss der Bediener sie nicht handhaben und es kommt daher weniger zu Glasbrüchen. Dieses System wird jedoch kaum genutzt, da es schwierig ist, vom Einzelgang aus die andere Seite des Bettes zu erreichen.

Wenn die Brutstätte hoch und breit genug wäre, damit ein Mann darin arbeiten könnte, müssten wir ein Treibhaus haben. Eine solche Struktur ist in Abb. 207 dargestellt, auf deren einer Seite bereits Mist und Erde vorhanden sind. Diese mit Mist beheizten Häuser sind oft sehr effizient und stellen eine gute Notlösung dar, bis der Gärtner es sich leisten kann, eine Abzugs- oder Rohrheizung einzubauen.

Brutstätten können mit Dampf oder heißem Wasser beheizt werden. Sie können von der Heizung in einem Wohnhaus oder Gewächshaus aus geleitet werden. Abb. 208 zeigt ein Brutbeet mit zwei Rohren, in den Positionen 7, 7 unter dem Bett. Die Erde ist bei 4 dargestellt, und die Pflanzen (die in diesem Fall Weinreben sind) wachsen auf einem Gestell bei 6. Am Ende des Hauses (siehe 2, 2) befinden sich Türen, die genutzt werden können Belüftung oder zum Zulassen von Luft unter den Betten. Die Rohre sollten nicht von Erde umgeben sein, sondern durch einen freien Luftraum verlaufen.

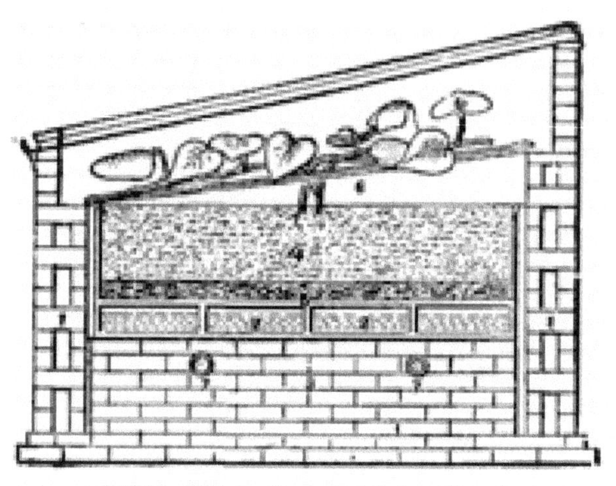

208. Pipe-heated hotbed.

Es würde sich kaum lohnen, einen Heißwasser- oder Dampferhitzer einzubauen, der ausdrücklich zum Heizen von Brutstätten dient, denn wenn solche Kosten anfallen würden, wäre es besser, ein Treibhaus zu bauen. Brutstätten können jedoch mit sehr guten Ergebnissen mit Heißluftöfen beheizt werden. Ein selbstgebauter Ziegelofen kann in einer Grube an einem Ende des Laufs und unter einem Schuppen errichtet werden, und der Rauch und die heiße Luft werden nicht direkt nach oben, sondern durch ein leicht ansteigendes horizontales Rohr geleitet, das unter den Betten verläuft . In einiger Entfernung vom Ofen kann dieser Schornstein aus Ziegelsteinen oder unverglasten Abwasserrohren bestehen, für den größten Teil der Strecke kann jedoch ein Ofenrohr verwendet werden. Der Schornstein befindet sich normalerweise am anderen Ende der Bettenreihe. Er sollte hoch sein, um einen guten Durchzug zu gewährleisten. Wenn die Bettstrecke lang ist, sollte das darunter liegende Rohr eine Steigung von mindestens einem Fuß von fünfundzwanzig aufweisen. Je größer die Steigung in diesem Rohr ist, desto perfekter wird der Luftzug sein. Wenn die Strecken nicht zu lang sind, kann das darunter liegende Rohr unter die Betten zurückführen und direkt über dem hinteren Ende des Ofens in einen Schornstein münden, und ein solcher Schornstein, der vom Ofen erwärmt wird, hat normalerweise einen hervorragenden Zug. Das darunter liegende Rohr sollte einen freien Raum oder eine Grube unter den Betten einnehmen, und wenn es in der Nähe des Bettbodens liegt oder sehr heiß ist, sollte es mit einem Asbesttuch abgedeckt werden. Während solche rauchbeheizten Brutstätten bei einem erfahrenen Züchter oder Bauunternehmer durchaus erfolgreich sein können, lässt sich dennoch als allgemeine Aussage sagen, dass es immer dann, wenn solche Mühen und Kosten anfallen, besser ist, ein Treibhaus zu bauen. Das

Thema Treibhäuser und Gewächshäuser wird in diesem Buch nicht behandelt.

209. Useful kinds of watering-pots. These are adapted to different uses, as are different forms of hoes or pruning tools.

Das am besten geeignete Material für die Verwendung in Frühbeet- und Frühbeet-Flügeln ist doppelt dickes Glas zweiter Qualität; und zwölf Zoll breite Scheiben sind normalerweise breit genug und erleiden verhältnismäßig wenig Bruchschäden. Für Frühbeete können jedoch verschiedene geölte Papiere und wasserfeste Tücher verwendet werden, insbesondere für Pflanzen, die kurz vor Beginn der Saison gepflanzt werden. Wenn diese Materialien verwendet werden, ist kein teurer Flügel erforderlich, sondern rechteckige Rahmen werden aus Kiefernholzstreifen mit einer Dicke von sieben Achtel Zoll und einer Breite von zweieinhalb Zoll hergestellt, an den Ecken halbiert und jede Ecke durch ein Quadrat verstärkt Kutschenecken, wie sie von Kutschenbauern zur Sicherung der Ecken von Kinderwagenkästen verwendet werden. Diese Ecken können in Baumärkten pro Pfund gekauft werden.

Management von Brutstätten.

Bei der Bewirtschaftung von Gewächshäusern ist besondere Aufmerksamkeit erforderlich, um sicherzustellen, dass sie nicht zu heiß werden, wenn die Sonne plötzlich herauskommt, und um für ausreichend frische Luft zu sorgen.

Die Belüftung erfolgt üblicherweise dadurch, dass der Flügel am oberen Ende angehoben und auf einem Block ruhen gelassen wird. Bei Temperaturen über dem Gefrierpunkt empfiehlt es sich generell, den Flügel teilweise abzunehmen, wie im mittleren Teil von Abb. 199 dargestellt, oder ihn sogar ganz abzunehmen, wie in Abb. 197 dargestellt.

Es sollte darauf geachtet werden, die Pflanzen nicht bei Einbruch der Dunkelheit zu gießen, insbesondere bei trübem und kaltem Wetter, sondern sie am Morgen zu gießen, wenn die Sonne die Temperatur bald auf den Normalwert bringen wird. Geschicklichkeit und Urteilsvermögen beim Gießen sind bei der Bewirtschaftung von Brutstätten von größter Bedeutung. Aber diese Fähigkeit entsteht nur durch sorgfältige Übung. Die Zufriedenheit und Effektivität der Arbeit werden durch gute Schlauchverbindungen und gute Gießkannen erheblich gesteigert (Abb. 209).

Brutstätten müssen außer durch Glas auch durch einen gewissen Schutz geschützt werden. Sie müssen in jeder kalten Nacht und bei sehr schlechtem Wetter manchmal auch den ganzen Tag über abgedeckt werden. Ein sehr gutes Material zum Abdecken des Flügels sind Matten, wie sie zum Abdecken von Fußböden verwendet werden. Es können auch alte Teppichstücke verwendet werden. Im Fachhandel für Gartenbedarf werden verschiedene Brutmatten angeboten.

210. The making of straw mats.

Gärtner stellen oft Matten aus Roggenstroh her, obwohl der Preis von gutem Stroh und die Qualität der hergestellten Materialien diese selbstgemachten Matten weniger wünschenswert als früher machen. Solche Matten sind dick und haltbar und werden morgens aufgerollt, wie in Abb. 199 gezeigt. Es gibt verschiedene Methoden zur Herstellung dieser Strohmatten, aber Abb. 210 zeigt eine der besten. Es wird ein Rahmen nach Art eines Sägebocks mit doppelter Oberseite hergestellt, und zum Befestigen der Strohstränge wird Teer- oder Marlinschnur verwendet. Es ist üblich, sechs Läufe dieser Kette zu verwenden. Zwölf Spulen Schnur sind im Lieferumfang enthalten, sechs davon hängen auf jeder Seite. Manche Leute wickeln die Schnur auf zwei Zwanzig-Penny-Nägel, wie in der Abbildung gezeigt, wobei diese Nägel an einem Ende durch Draht zusammengehalten werden, der in Kerben befestigt ist, die in sie gefeilt sind. Die anderen Enden der Spikes sind frei und ermöglichen das Einklemmen der Schnur zwischen ihnen, wodurch verhindert wird, dass sich die Kugeln abwickeln, wenn sie am Rahmen hängen. Zwei Stränge geraden Roggenstrohs werden befestigt und auf den Rahmen gelegt, wobei die Enden nach außen zeigen und die Köpfe sich überlappen. Dann werden zwei gegenüberliegende Spulen heraufgezogen und an jeder Stelle ein fester Knoten gebunden. Anschließend werden die überstehenden Halmenden mit einem Beil abgeschnitten und man lässt die Matte hindurchfallen, um das nächste Paar Strähnen aufzunehmen. Bei der Herstellung dieser Matten ist es wichtig, dass der Roggen kein reifes Getreide enthält; sonst lockt es die Mäuse an. Es ist am besten, Roggen zu diesem Zweck anzubauen und ihn zu schneiden, bevor das Korn in die Milch gelangt, damit das Stroh nicht gedroschen werden muss.

Zusätzlich zu diesen Abdeckungen aus Stroh oder Matten ist es manchmal notwendig, Fensterläden aus Brettern anzubringen, um die Beete zu schützen, insbesondere wenn die Pflanzen sehr früh in der Saison begonnen werden. Diese Fensterläden bestehen aus Kiefernholz mit einer Dicke von einem halben Zoll oder fünf Achtel Zoll und haben die gleiche Größe wie der Flügel – drei mal sechs Fuß. Sie können auf dem Flügel unterhalb der Matte angebracht oder oberhalb der Matte verwendet werden. Teilweise werden sie auch ohne Mattierung eingesetzt.

Beim Anbau von Pflanzen in Gewächshäusern sollte jede Anstrengung unternommen werden, um zu verhindern, dass die Pflanzen spindelförmig wachsen oder „ausgezogen" werden. Um stämmige Pflanzen zu bilden, ist es notwendig, jeder Pflanze Platz zu geben, um sicherzustellen, dass der Abstand zwischen den Pflanzen und dem Glas nicht zu groß ist, um bei trübem und kaltem Wetter nicht zu viel Wasser bereitzustellen und vor allem für reichlich Luft zu sorgen .

KAPITEL VI
SCHUTZ VON PFLANZEN VOR DINGEN, DIE IHNEN NACHFOLGEN

Pflanzen werden von Insekten und Pilzen gejagt; und sie sind verschiedenen Arten von Krankheiten ausgesetzt, die größtenteils noch nicht verstanden sind. Sie werden oft auch von Mäusen und Kaninchen (S. 144), von Maulwürfen, Hunden, Katzen und Hühnern verletzt; und Früchte werden von Vögeln gefressen. Auf sandigem Boden können Maulwürfe lästig sein; Sie heben den Boden durch ihr Graben auf und können oft durch Stampfen getötet werden, wenn der Bau angehoben wird. Es gibt Maulwurfsfallen, die mehr oder weniger erfolgreich sind. Hunde und Katzen verletzen sich meist, wenn sie über neu angelegte Gärten laufen oder darin liegen. Diese Tiere sowie Hühner sollten an ihrem richtigen Platz gehalten werden (S. 160); Oder wenn sie nach Belieben umherstreifen, muss der Garten von einem dichten Drahtzaun umgeben sein oder die Beete müssen durch dicht über sie gelegtes Gestrüpp geschützt werden.

Die Insekten und Krankheiten, die Gartenpflanzen befallen, sind zahlreich; und doch sind sie größtenteils nicht sehr schwer zu bekämpfen, wenn man rechtzeitig und gründlich vorgeht. Diese Schwierigkeiten lassen sich in drei große Kategorien einteilen: die durch Insekten verursachten Verletzungen; die Verletzungen durch parasitäre Pilze; die verschiedenen Arten sogenannter Konstitutionskrankheiten, die teilweise durch Keime oder Bakterien verursacht werden und von denen viele noch nicht erforscht sind.

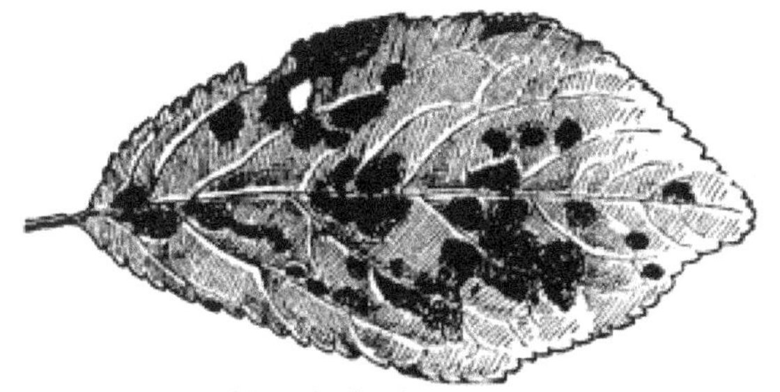

211. Shot-hole disease of plum.

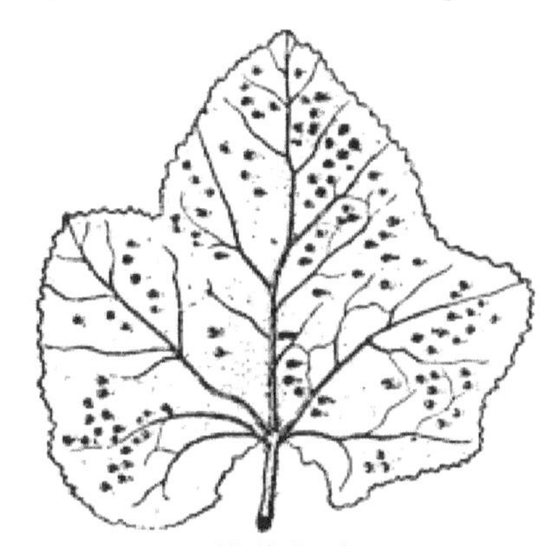

212. Hollyhock rust.

Die durch parasitäre Pilze verursachten Krankheiten zeichnen sich in der Regel durch deutliche Flecken, Flecken oder Blasen auf den Blättern oder Stängeln sowie durch die allmähliche Schwächung oder den Tod der Teile aus; und in vielen Fällen fallen die Blätter körperlich ab. Meistens zeigen diese Flecken auf den Blättern oder Stängeln früher oder später aufgrund der Entwicklung der Sporen oder Fruchtkörper ein schimmelartiges oder rostiges Aussehen. Abb. 211 veranschaulicht die verheerenden Auswirkungen eines der parasitären Pilze, des Lochpilzes der Pflaume. Jeder Fleck stellt wahrscheinlich einen bestimmten Pilzbefall dar, und bei dieser besonderen Krankheit besteht die Gefahr, dass diese verletzten Gewebeteile herausfallen und Löcher im Blatt hinterlassen. Pflaumenblätter, dic zu Beginn der Saison von dieser Krankheit befallen werden, fallen normalerweise vorzeitig ab; aber manchmal bleiben die Blätter bestehen und werden am Ende der Saison von Löchern übersät. Abb. 212 ist der Rost der Stockrose. In diesem Fall sind die Pusteln des Pilzes sehr deutlich auf der Blattunterseite zu erkennen. Die Blasen der Blattkräuselung sind in Abb. 213 dargestellt. Die zerlumpte Arbeit des Apfelschorfpilzes ist in Abb. 214 dargestellt.

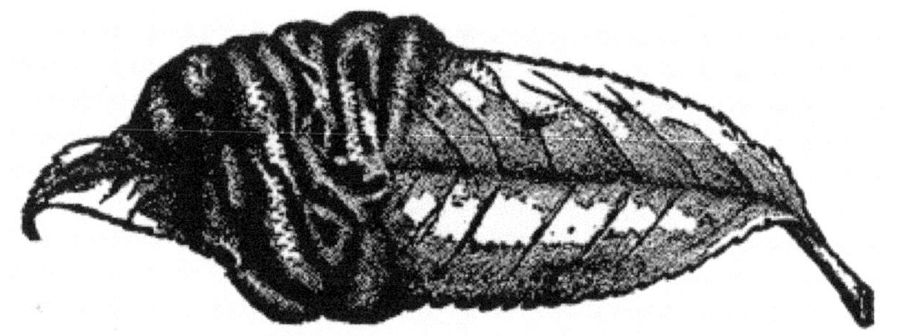

213. Leaf-curl of peach, due to a fungus.

Die konstitutionellen und bakteriellen Erkrankungen betreffen meist die ganze Pflanze oder zumindest große Teile davon; und der Angriffspunkt liegt gewöhnlich nicht so sehr in den einzelnen Blättern als vielmehr in den Stängeln, wodurch die Nahrungsquellen vom Laub abgeschnitten werden. Die Symptome dieser Krankheitsklasse sind eine allgemeine Schwächung der Pflanze, wenn die Krankheit die Pflanze als Ganzes oder große Zweige befällt; oder manchmal schrumpfen die Blätter und sterben an den Rändern oder an großen, unregelmäßig verfärbten Stellen ab, jedoch ohne die deutlichen Pustelspuren der parasitären Pilze. Es besteht eine allgemeine Tendenz, dass die Blätter von Pflanzen, die von solchen Krankheiten betroffen sind, schrumpfen und eine Zeit lang am Stängel hängen bleiben. Eines der besten Beispiele für diese Art von Krankheit ist die Birnenfäule. Manchmal führt die Pflanze zu abnormalem Wachstum, wie bei den „Weidensprossen" von Pfirsichen, die von Gelbfärbung befallen sind (Abb. 215).

214. Leaves and fruits injured by fungi, chiefly apple-scab.

Eine weitere Klasse von Krankheiten sind die Wurzelgallen. Es gibt sie verschiedener Art. Die Wurzelgalle von Himbeeren, die Wurzelgalle von Pfirsichen, Äpfeln und anderen Bäumen ist die am weitesten verbreitete Krankheitsart dieser Art (Abb. 216). Es ist seit langem als Krankheit des Baumschulviehs bekannt. Viele Staaten haben Gesetze gegen den Verkauf von Bäumen, die diese Krankheit aufweisen. Die Ursache war unbekannt, bis Smith und Townsend vom Bureau of Plant Industry des US-Landwirtschaftsministeriums 1907 eine Untersuchung durchführten. Sie bewiesen, dass es sich um eine bakterielle Erkrankung handelt (verursacht durch *Bacterium tumefaciens*); Es ist jedoch nicht bekannt, wie die Bakterien in die Wurzel gelangen. Das gleiche Bakterium kann Gallen an den Stängeln anderer Pflanzen verursachen, beispielsweise an bestimmten Gänseblümchen. Es ist bekannt, dass auch die „Haarwurzel" von Äpfeln und bestimmte Gallen, die häufig an den Ästen großer Apfelbäume auftreten, durch dasselbe Bakterium verursacht werden. Die Krankheit scheint bei Himbeeren, insbesondere bei der Sorte Cuthbert, am schwerwiegendsten und zerstörerischsten zu sein. Das Beste, was Sie tun können, wenn das Himbeerbeet befallen ist, ist, die Pflanzen auszurotten und zu zerstören und ein neues Beet mit sauberem Bestand auf einem Land zu pflanzen, auf dem seit einiger Zeit keine Beeren mehr gewachsen sind. Ungeachtet der Gesetze, die gegen die Verbreitung von Wurzelgallen aus Baumschulen erlassen wurden, scheinen die Beweise zu zeigen, dass es sich nicht um eine ernsthafte Krankheit bei Äpfeln oder Pfirsichen handelt, zumindest nicht im Nordosten der Vereinigten Staaten. Es ist nicht geklärt, inwieweit solche Bäume dadurch geschädigt werden können.

215. The slender tufted growth indicating peach yellows. The cause of this disease is undetermined.

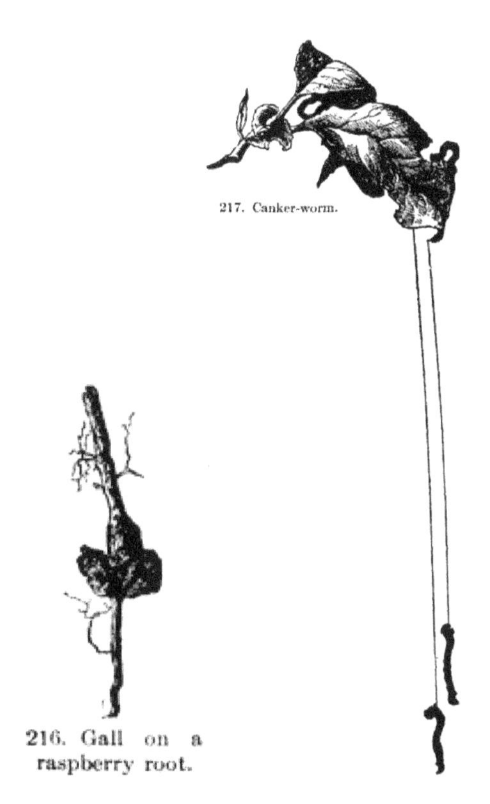

217. Canker-worm.

216. Gall on a raspberry root.

Von offensichtlichen Insektenverletzungen gibt es zwei allgemeine Arten: solche, die durch Insekten verursacht werden, die ihre Nahrung beißen oder kauen, wie gewöhnliche Käfer und Würmer, und solche, die durch Insekten verursacht werden, die die Oberfläche der Pflanze durchstechen und ihre Nahrung durch Saugen der Säfte aufnehmen , wie Schuppeninsekten und Pflanzenläuse. Der Krebswurm (Abb. 217) ist ein bemerkenswertes Beispiel der ersteren Klasse; und viele dieser Insekten können durch die Anwendung von Gift auf die Teile, die sie fressen, vernichtet werden. Es ist jedoch offensichtlich, dass Insekten, die den Saft der Pflanze saugen, durch eventuell auf die Oberfläche aufgetragene Flüssigkeit nicht vergiftet werden. Sie können durch verschiedene Materialien abgetötet werden, die von außen auf sie einwirken, wie Seifenwaschmittel, mischbare Öle, Kerosinemulsionen, Kalk- und Schwefelsprays und dergleichen.

In den letzten Jahren gab es viele Aktivitäten zur Identifizierung und Untersuchung von Insekten, Pilzen und Mikroorganismen, die Pflanzen schädigen. und es wurden zahlreiche Bulletins und Monographien veröffentlicht; Und doch wird der Gärtner, der sich eifrig bemüht hat, diese Untersuchungen zu verfolgen, wahrscheinlich jeden Morgen in seinen Garten gehen und auf Probleme stoßen, die er nicht identifizieren kann und die vielleicht sogar ein Forscher selbst nicht verstehen könnte. Daher ist es wichtig, dass sich der Gärtner nicht nur über bestimmte Insektenarten und Krankheiten informiert, sondern auch einen eigenen Einfallsreichtum entwickelt. Er sollte in der Lage sein, etwas zu tun, auch wenn er kein vollständiges oder spezifisches Heilmittel kennt. Einige der vorbeugenden und behebenden Maßnahmen, die immer berücksichtigt werden müssen, sind wie folgt:

Halten Sie den Ort sauber und frei von Infektionen. Abgesehen davon, dass die Pflanzen kräftig und kräftig bleiben, ist dies das erste und beste Mittel, um Schädlinge durch Insekten und Pilze abzuwenden. Müll und alle Orte, an denen die Insekten überwintern und sich die Pilze vermehren können, sollten beseitigt werden. Alle abgefallenen Blätter von Pflanzen, die von Pilzen befallen sind, sollten zusammengeharkt und verbrannt werden, und im Herbst sollte alles kranke Holz herausgeschnitten und zerstört werden. Es ist wichtig, dass kranke Pflanzen nicht auf den Misthaufen geworfen werden, sondern in der folgenden Saison im Garten verteilt werden.

Üben Sie eine Fruchtfolge oder einen Fruchtwechsel (S. 114). Einige der Krankheiten bleiben im Boden und befallen die Pflanze Jahr für Jahr. Wenn bei einer Kulturpflanze Anzeichen einer Wurzel- oder Bodenkrankheit auftreten, ist es besonders wichtig, dass an dieser Stelle eine andere Kulturpflanze angebaut wird.

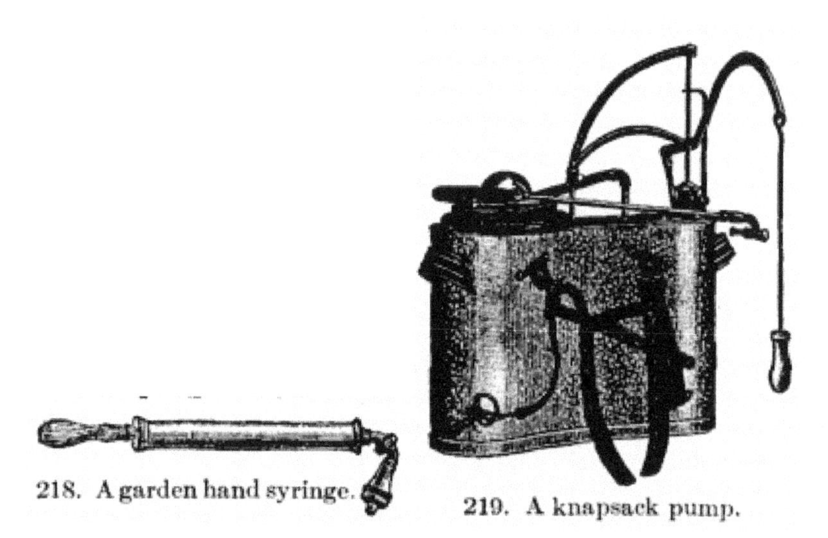

218. A garden hand syringe.

219. A knapsack pump.

Stellen Sie sicher, dass die Krankheit oder das Insekt nicht auf Unkräutern oder anderen Pflanzen gezüchtet wird, die botanisch mit der von Ihnen angebauten Pflanze verwandt sind. Wenn die wilde Malve, eine Pflanze, die bei Kindern „Käse“ genannt wird, *(Malva rotundifolia*) zerstört wird, wird es viel weniger Probleme mit dem Stockrosenrost geben. Lassen Sie nicht zu, dass sich die Kohl-Keulenwurz-Krankheit auf wilden Rüben und anderen Senfpflanzen, die Schwarzknöterichkrankheit auf Pflaumensprossen und Wildkirschen oder die Zeltraupe auf Wildkirschen und anderen Bäumen vermehrt.

Seien Sie immer bereit, auf die Handernte zurückzugreifen. Wir haben uns so daran gewöhnt, Insekten auf andere Weise zu töten, dass wir fast vergessen haben, dass das Pflücken von Hand oft das sicherste und manchmal sogar das schnellste Mittel ist, um einer Invasion in einem Hausgarten Einhalt zu gebieten. Viele Insekten können frühmorgens abgeschreckt werden. Eimassen auf Blättern und Stängeln dürfen entfernt werden. Cutworms können ausgegraben werden. Kranke Blätter können abgepflückt und verbrannt werden; Dies wird viel zur Bekämpfung von Malvenrost, Asterrost und anderen Infektionen beitragen.

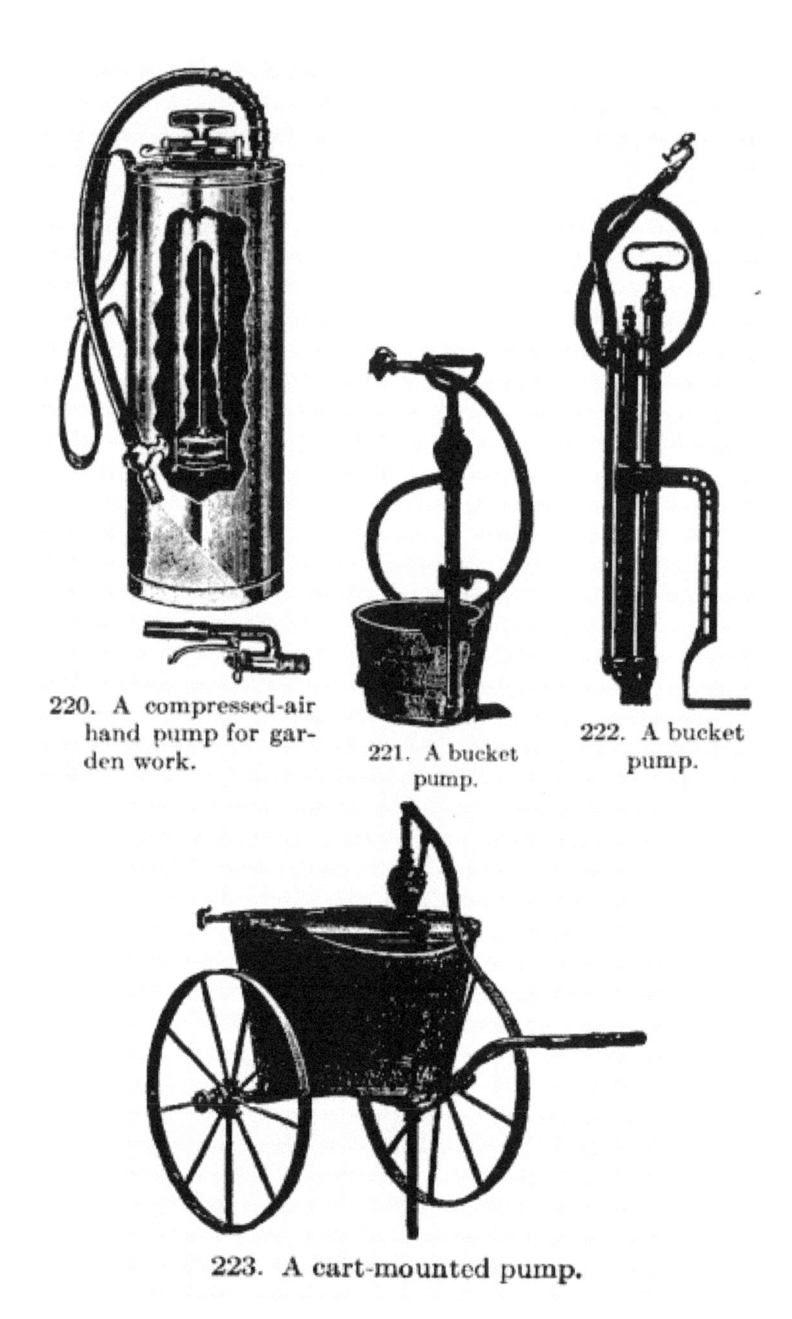
220. A compressed-air hand pump for garden work.

221. A bucket pump.

222. A bucket pump.

223. A cart-mounted pump.

Behalten Sie die Pflanzen im Auge und seien Sie bereit, schnell zuzuschlagen. Für einen Gärtner sollte es eine Sache des Stolzes sein, in seinem Arbeitshaus über einen Vorrat an gängigen Insektiziden und Fungiziden zu verfügen (Parisgrün oder Bleiarsenat, einige Tabakpräparate, weiße Nieswurz, Walölseife, Bordeaux-Mischung, Blüten von ...). Schwefel, Kupferkarbonat zur Lösung in Ammoniak), außerdem eine gute Handspritze (Abb. 218), eine Rucksackpumpe (Abb. 219, 220), eine Eimerpumpe (Abb. 221, 222), einen Handblasebalg oder ein Pulver Gewehr, vielleicht eine Karrenausrüstung (Abb. 223, 224, 225) und, wenn die Plantage groß genug ist, eine Art Kraftpumpe (Abb. 226, 227, 228). Wenn man immer bereit ist, besteht kaum eine Gefahr durch Insekten oder Krankheiten, die durch Sprühen bekämpft werden können.

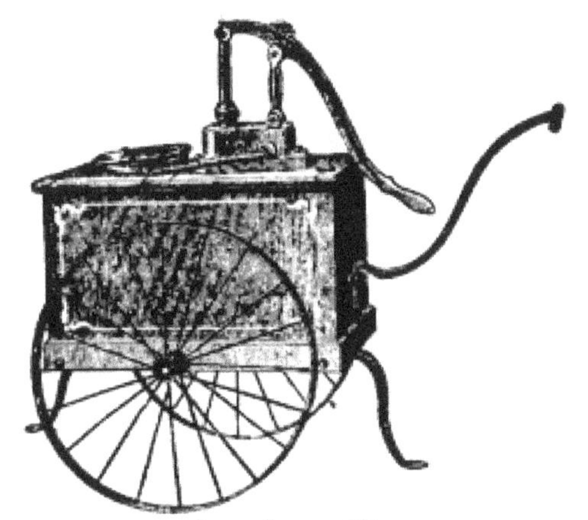

224. A garden outfit.

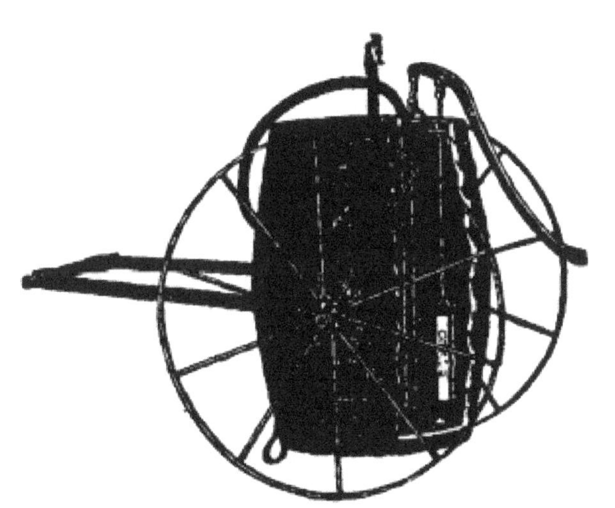

225. A cart-mounted barrel pump.

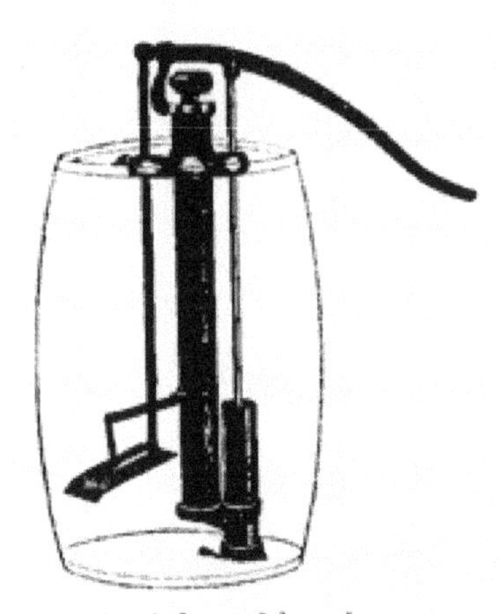

226. A barrel hand pump.

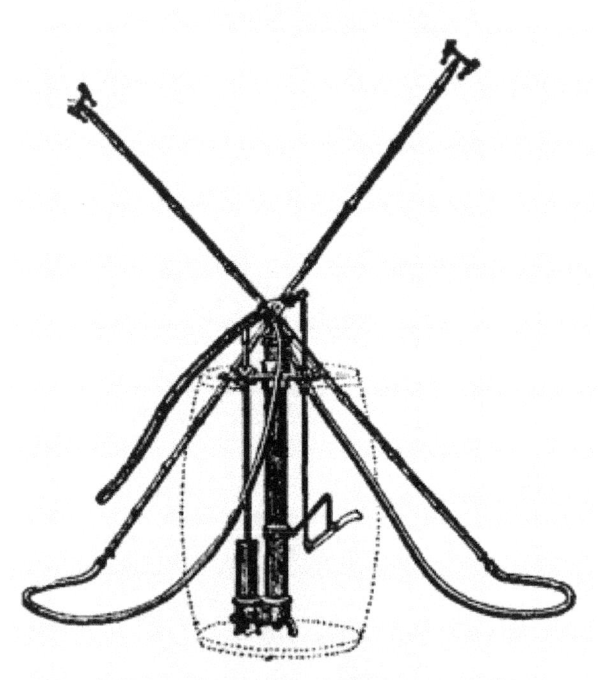

227. A barrel outfit, showing nozzles on extension rods for trees.

228. A truck-mounted barrel hand spray pump.

Bildschirme und Abdeckungen .

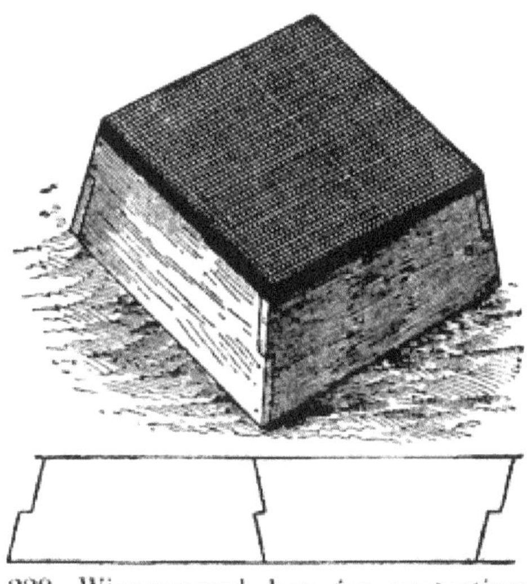

229. Wire-covered box for protecting plants from insects.

Es gibt verschiedene Möglichkeiten, Insekten von Pflanzen fernzuhalten. Am besten ist es, die Pflanzen mit einem feinen Moskitonetz abzudecken oder sie in Handrahmen zu züchten, oder eine mit Draht überzogene Kiste zu verwenden, wie in Abb. 229 gezeigt. Beim Anbau von Pflanzen unter solchen Abdeckungen ist Vorsicht geboten dass die Pflanzen nicht zu eng oder zu eng gehalten werden; und in Fällen, in denen die Insekten im Boden überwintern, können diese Boxen, indem sie den Boden warm halten, dazu führen, dass die Insekten umso früher schlüpfen. In den meisten Fällen sind diese Abdeckungen jedoch sehr effizient, insbesondere um die

Streifenwanzen von jungen Pflanzen von Melonen und Gurken fernzuhalten.

230. Protecting from cut-worms.

Cutworms können von Pflanzen ferngehalten werden, indem man Blätter aus Blech oder schwerem glasiertem Papier um den Stamm der Pflanze legt, wie in Abb. 230 gezeigt. Kletternde Cutwürmer werden von jungen Bäumen mit den in Abb. 231 gezeigten Mitteln ferngehalten Oder man legt eine Watterolle um den Stamm des Baumes, befestigt eine Schnur am unteren Rand der Rolle und dreht die Oberkante der Watte nach unten wie die Spitze eines Stiefels. Die Insekten können dieses Hindernis nicht überwinden (S. 203).

Die Maden, die die Wurzeln von Kohl und Blumenkohl befallen, können durch Teerpapierstücke, die dicht um den Stängel herum auf die Erdoberfläche gelegt werden, von der Pflanze ferngehalten werden. Abb. 232 zeigt ein Sechseck aus Papier und zeigt auch ein Werkzeug, mit dem es geschnitten wird. Dieses Mittel zur Verhinderung von Kohlmadenbefall wird von dem verstorbenen Professor Goff ausführlich beschrieben (eine weitere Methode zur Bekämpfung von Kohlmaden finden Sie auf Seite 201):

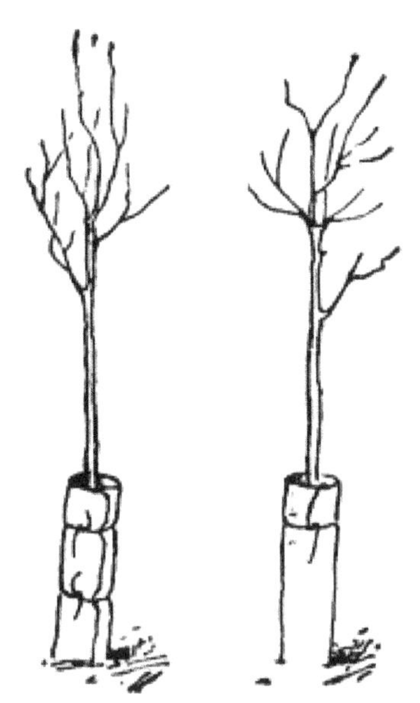

231. Protecting trees from cut-worms.

„Die Karten werden sechseckig geschnitten, um das Material besser zu sparen, und es wird eine dünnere Teerpapiersorte als herkömmliche Dachpappe verwendet, da diese nicht nur billiger, sondern auch flexibler ist und die daraus hergestellten Karten flexibler sind." lassen sich leichter um die Pflanze legen, ohne zu zerreißen. Die Klinge des Werkzeugs, die von einem erfahrenen Schmied angefertigt werden sollte, besteht aus einem Stahlband, das in Form eines halben Sechsecks gebogen wird und dann einen spitzen Winkel einnimmt und fast bis zur Mitte reicht, wie in Abb. 232. Der Teil, der den sternförmigen Schnitt ausführt, ist aus einem separaten Stück Stahl geformt und so am Griff befestigt, dass eine enge Verbindung mit der Klinge entsteht. Letzterer ist von außen umlaufend abgeschrägt, so dass durch Entfernen des sternförmigen Schnittteils die Kante auf einem Schleifstein geschliffen werden kann. Es ist wichtig, dass die Winkel der Klinge perfekt sind und dass ihr Umriss genau ein halbes Sechseck darstellt. Um das Werkzeug zu verwenden, legen Sie das Teerpapier auf das Ende eines Abschnitts eines Baumstamms oder Holzstücks und schneiden Sie zunächst die Unterkante in Kerben, wie in *a* , Abb. 232, gezeigt, wobei Sie nur einen Winkel des Werkzeugs verwenden. Beginnen Sie dann auf der linken Seite, platzieren Sie die Klinge wie durch die gestrichelten Linien angezeigt und schlagen Sie mit einem leichten Hammer auf das Ende des Griffs. So entsteht eine vollständige Karte. Fahren Sie auf diese Weise im gesamten Papier fort. Der erste Schnitt jedes alternativen Verlaufs ergibt eine unvollständige Karte, und der letzte Schnitt eines beliebigen Verlaufs kann unvollständig sein, aber die anderen Schnitte ergeben perfekte Karten, wenn das Werkzeug richtig hergestellt und richtig verwendet wird. Die Karten sollten zum Zeitpunkt des Umpflanzens um die Pflanzen gelegt werden. Um die Karte zu platzieren, biegen Sie sie leicht, um den Schlitz zu öffnen, schieben Sie sie dann in die Mitte, sodass der Stiel in den Schlitz eindringt. Breiten Sie dann die Karte flach aus und drücken Sie die durch den sternförmigen Schnitt gebildeten Spitzen fest um den Stiel herum ."

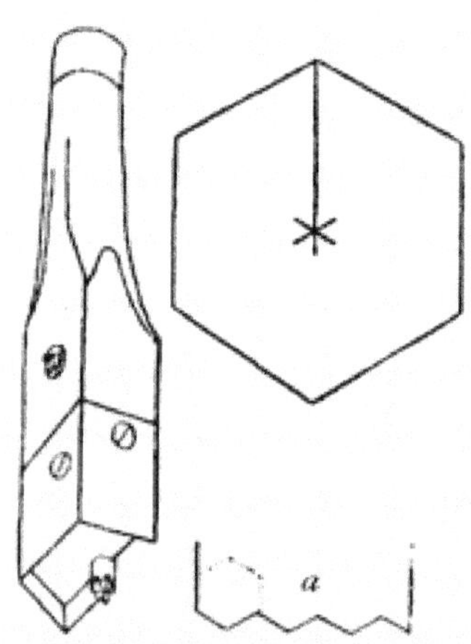

232. Showing how paper is cut for protecting cabbages from maggots. The Goff device.

Begasung .

Ein wirksames Mittel zur Vernichtung von Insekten in Glashäusern ist die Begasung mit verschiedenen Arten von Rauch oder Dämpfen. Das beste Material für allgemeine Zwecke ist irgendeine Form von Tabak oder Tabakverbindungen. Die alte Methode des Räucherns mit Tabak besteht darin, leicht angefeuchtete Tabakstiele langsam in einem Kessel oder Eimer zu verbrennen, sodass das Haus mit dem stechenden Rauch gefüllt wird. In letzter Zeit werden jedoch flüssige Extrakte und andere Tabakpräparate verwendet, und diese sind so wirksam, dass die Tabakstammmethode überholt ist. Der Einsatz von Blausäuregas in Gewächshäusern ist mittlerweile üblich, um Pflanzenläuse, Weiße Fliegen und andere Insekten zu bekämpfen. Es wird auch zur Begasung von Baumschulbeständen für San-José-Schuppen sowie von Mühlen und Behausungen zur Beseitigung von darin angesiedelten Schädlingen und Ungeziefer verwendet. Die folgenden Anweisungen stammen aus dem Cornell Bulletin 252 (aus dem auch die Formeln auf den folgenden Seiten und die meisten Ratschläge stammen): –

„Für die Begasung der verschiedenen Arten von Pflanzen, die in Gewächshäusern wachsen, kann keine allgemeine Formel angegeben werden, da sich die Arten und Sorten in ihrer Fähigkeit, der Wirkung des Gases zu widerstehen, stark unterscheiden. Farne und Rosen sind sehr anfällig für Verletzungen und eine Begasung sollte, wenn überhaupt, mit großer Vorsicht durchgeführt werden. Die Begasung tötet Insekteneier nicht ab und muss daher wiederholt werden, wenn die neue Brut erscheint. Begasen Sie nur nachts, wenn kein Wind weht. Sorgen Sie dafür, dass das Haus so trocken wie möglich ist und die Temperatur so nahe wie möglich bei 60 °C liegt.

„Blausäuregas ist ein tödliches Gift und bei seiner Verwendung ist größte Vorsicht geboten. Verwenden Sie immer 98 bis 100 Prozent reines Kaliumcyanid und eine gute handelsübliche Schwefelsäure. Die Chemikalien werden immer im folgenden Verhältnis kombiniert: Kaliumcyanid, 1 oz.; Schwefelsäure, 2 Flüssigunzen; Wasser, 4 Unzen Flüssigkeit. Benutzen Sie immer eine irdene Schüssel, *gießen Sie zuerst das Wasser hinein* und fügen Sie dann die Schwefelsäure hinzu. Füllen Sie die erforderliche Menge Zyanid in eine dünne Papiertüte, tropfen Sie es in die Flüssigkeit, wenn alles fertig ist, und verlassen Sie sofort den Raum. Für Mühlen und Wohnhäuser verwenden Sie 1 Unze. Zyanid pro 100 cu. Fuß Platz. Machen Sie die Türen und Fenster so dicht wie möglich, indem Sie Papierstreifen über die Risse kleben. Entfernen Sie Besteck und Lebensmittel. Wenn Messing- und Nickelarbeiten nicht entfernt werden können, bedecken Sie sie mit Vaseline. Geben Sie für jeden Raum die richtige Menge Säure und Wasser in einen 2-Gallonen-Behälter. Gläser. Verwenden Sie zwei oder mehr davon in großen Räumen oder Hallen. Wiegen Sie das Kaliumcyanid in Papiertüten ab und stellen Sie diese in die Nähe der Gläser. Wenn alles fertig ist, geben Sie das Zyanid in die Gläser, beginnend in den oberen Etagen, da die Dämpfe leichter als Luft sind. In großen Gebäuden ist es häufig notwendig, die Zyanidbeutel an Schnüren über den Gläsern aufzuhängen, die durch Schraubösen verlaufen und alle zu einer Stelle in der Nähe der Tür führen. Durch das gleichzeitige Durchtrennen aller Schnüre wird das Zyanid in die Gefäße abgesenkt und der Bediener kann ohne Verletzung entkommen. Lassen Sie die Begasung die ganze Nacht weitergehen, schließen Sie alle Außentüren ab und bringen Sie Gefahrenschilder am Haus an."

In Gewächshäusern kann die Weiße Fliege auf Gurken und Tomaten durch Begasung über Nacht mit 1 oz. abgetötet werden. Kaliumcyanid pro 1000 cu. Fuß Raum; oder mit einem Kerosin-Emulsionsspray oder Walölseife auf Pflanzen, die durch diese Materialien nicht verletzt wurden.

Die grüne Blattlaus wird in Häusern durch Begasung mit einem beliebigen Tabakpräparat beseitigt; bei Veilchen durch Begasung mit 1/2 bis 3/4 oz.

Kaliumcyanid pro 1000 cu. ft. Platz und lassen Sie das Gas 1/2 bis 1 Stunde einwirken.

Die schwarze Blattlaus ist schwieriger abzutöten als die grüne Blattlaus, kann aber mit den gleichen gründlich angewandten Methoden bekämpft werden.

Knollen und Samen einweichen .

Kartoffelschorf kann beim Einpflanzen infizierter „Samen" verhindert werden, indem man die Samenknollen eine halbe Stunde lang in 30 Gallonen Wasser einweicht. Wasser mit 1 Pkt. handelsübliches (ca. 40 Prozent) Formalin. Hafer und Weizen können, wenn sie von bestimmten Arten von Schmutz befallen sind, für die Aussaat geeignet gemacht werden, indem man sie zehn Minuten lang in einer ähnlichen Lösung einweicht. Es ist wahrscheinlich, dass einige andere Knollen und Samen auf ähnliche Weise mit guten Ergebnissen behandelt werden können.

Kartoffeln können (gegen Schorf) auch anderthalb Stunden in einer Lösung aus ätzendem Sublimat (1 Unze) eingeweicht werden. bis 7 Gallonen. aus Wasser.

Sprühen .

Das wirksamste Mittel zur Vernichtung von Insekten und Pilzen, ob allgemein oder großflächig, ist jedoch der Einsatz verschiedener Sprays. Die beiden allgemeinen Arten von Insektiziden wurden bereits erwähnt: diejenigen, die durch Vergiftung töten, und solche, die durch Zerstörung des Insektenkörpers töten. Von den ersteren werden drei Materialien häufig verwendet: Pariser Grün, Bleiarsenat und Nieswurz. Von den letzteren sind derzeit Kerosinemulsion, mischbare Öle und die Kalk-Schwefel-Wäsche die gebräuchlichsten.

Die Wirksamkeit von Sprays gegen Pilze beruht in der Regel auf einer Form von Kupfer oder Schwefel oder beidem. Bei oberflächlichem Mehltau, wie z. B. Traubenmehltau, ist das Bestäuben der Blätter mit Schwefelblüten ein Schutz. In den meisten Fällen ist es jedoch notwendig, Materialien in flüssiger Form auszubringen, da diese sich gründlicher und wirtschaftlicher verteilen lassen und besser am Blattwerk haften. Das beste allgemeine Fungizid ist die Bordeaux-Mischung. Von der Anwendung der Bordeaux-Mischung bei Zierpflanzen ist jedoch generell abzuraten, da sie das Laub verfärbt und die Pflanzen sehr unordentlich aussehen lässt. In solchen Fällen ist es am besten, die ammoniakalische Kupferlösung zu verwenden, die keine Flecken hinterlässt.

Bei allen Sprühvorgängen ist es besonders wichtig, dass die Anwendung sofort erfolgt, wenn das Insekt oder die Krankheit entdeckt wird. Bei Pilzkrankheiten ist es ratsam, die Bordeaux-Mischung bereits vorher aufzutragen, wenn ein Befall zu erwarten ist die Krankheit tritt auf. Wenn der Pilz einmal in das Pflanzengewebe eingedrungen ist, ist es sehr schwierig, ihn zu zerstören, da Fungizide auf diese tiefsitzenden Pilze weitgehend einwirken, indem sie ihre Fruchtbildung und ihre weitere Ausbreitung auf der Blattoberfläche verhindern. Unter normalen Bedingungen sind zwei bis vier Sprühstöße erforderlich, um den Feind zu besiegen. Beim Besprühen von Insekten in Hausgärten empfiehlt es sich oft, am Tag nach der ersten eine zweite Anwendung durchzuführen, um die verbleibenden Insekten zu vernichten, bevor sie sich von der ersten Behandlung erholen.

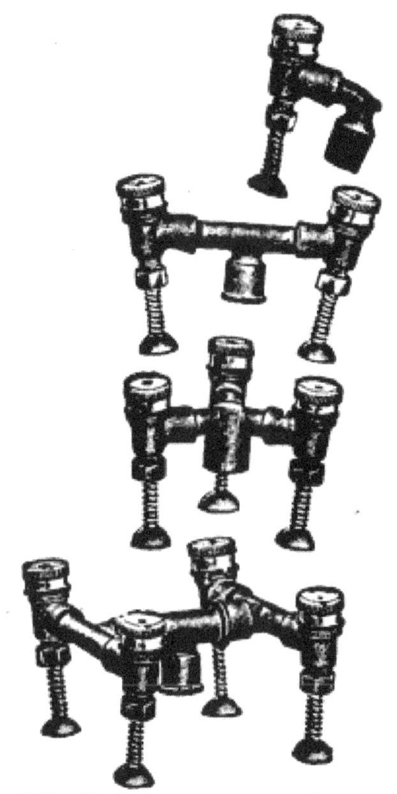

233. Cyclone or vermorel type of nozzle, single and multiple.

Es gibt viele Arten von Maschinen und Geräten zum Auftragen von Sprays auf Pflanzen. Bei einigen einzelnen Exemplaren kann das Spray mit einem Schneebesen oder einer gewöhnlichen Gartenspritze aufgetragen werden. Wenn man jedoch ein paar Bäume behandeln muss, ist es am besten, eine Art Eimerpumpe zu haben, wie sie in den Abbildungen gezeigt wird. 221, 222. Auf einer Rasenfläche oder in einem kleinen Garten ist ein Tank auf Rädern (Abb. 223, 224, 225) praktisch und effizient. In solchen Fällen oder auch für größere Flächen sind einige der Rucksackpumpen (Abb. 219, 220) sehr wünschenswert. Diese Maschinen sind immer wartungsfähig, da der Bediener so nah an seiner Arbeit steht; Da sie jedoch eine verhältnismäßig kleine Flüssigkeitsmenge transportieren und diese nicht schnell ausstoßen, sind sie teuer, wenn viel Arbeit verrichtet werden muss. Doch auf gewöhnlichen Privatgrundstücken ist die Rucksackpumpe oder Druckluftpumpe eines der effizientesten und praktischsten Sprühgeräte überhaupt.

Für große Flächen, wie kleine Obstgärten und Felder, eignet sich am besten eine auf einem Wagen montierte Fasspumpe. Gängige Arten von Fasspumpen sind in den Abbildungen dargestellt. 226, 227, 228. Kommerzielle Plantagen werden jetzt mit Elektromaschinen besprüht. Es gibt viele gute Muster von Spritzmaschinen, und der beabsichtigte Käufer sollte Kataloge von den verschiedenen Herstellern anfordern. Die Adressen finden Sie auf den Anzeigenseiten ländlicher Zeitungen.

Was Sprühdüsen betrifft, kann man sagen, dass es kein Muster gibt, das für alle Zwecke am besten geeignet ist. Für die meisten Anwendungen auf Privatgrundstücken ist der Zyklon- oder Vermorel-Typ (Abb. 233) am besten geeignet. Die Pumpenhersteller liefern für ihre Maschinen spezielle Düsen.

Formeln zum Versprühen von Insektiziden .

Hier werden die beiden Klassen von Insektiziden beschrieben: die Gifte (Arsenite und weiße Nieswurz) für kauende Insekten, wie Käfer und alle Arten von Würmern; die Kontaktinsektizide, wie Kerosin, Öle, Seife, Tabak, Kalk-Schwefel, gegen Pflanzenläuse, Schildläuse und Insekten in einer solchen Position, dass das Material nicht an sie verfüttert werden kann (wie Maden in den unterirdischen Teilen).

Pariser Grün . – Das Standard-Insektizidgift. Dieses wird je nach zu bekämpfendem Insekt und behandelter Pflanzenart in unterschiedlicher Stärke eingesetzt. Mischen Sie das Pariser Grün zu einer Paste und geben Sie es dann zum Wasser. Halten Sie die Mischung beim Sprühen gründlich gerührt. Wenn Sie es an Obstbäumen verwenden möchten, fügen Sie 1 Pfund Branntkalk pro Pfund Pariser Grün hinzu, um ein Verbrennen der Blätter zu verhindern. Bei Kartoffeln wird es häufig allein verwendet, viel sicherer ist jedoch die Verwendung von Kalk. Die Mischung aus Pariser Grün und Bordeaux kann ohne Wertminderung beider kombiniert werden, und die ätzende Wirkung des Arsens wird verhindert. Der Anteil des zu verwendenden Giftes ist für die verschiedenen Insekten angegeben, die auf den folgenden Seiten besprochen werden.

Bleiarsenat. – Dieses kann in einer stärkeren Mischung als andere Arsengifte angewendet werden, ohne das Blattwerk zu beschädigen. Es wird daher häufig gegen Käfer und andere schwer zu vergiftende Insekten wie Ulmenblattkäfer und Krebswürmer eingesetzt. Es liegt in Form einer Paste vor und sollte vor dem Einfüllen in das Sprühgerät gründlich mit einer kleinen Menge Wasser vermischt werden, da sonst die Düsen verstopfen. Bleiarsenat und Bordeaux-Mischung können kombiniert werden, ohne den Wert beider zu mindern. Es wird in Stärken zwischen 4 und 10 Pfund pro 100 Gallone verwendet, abhängig von der Art des zu tötenden Insekts.

Arsenit-Natron und Arsenit-Kalk werden manchmal mit Bordeaux-Mischungen verwendet.

Weiße Nieswurz. – Für die Nassanwendung verwenden Sie frische weiße Nieswurz, 4 oz.; Wasser, 2 oder 3 Gallonen. Verwenden Sie für die trockene Anwendung Nieswurz, 1 Pfund; Mehl oder luftgelöschter Kalk, 5 Pfund. Dies ist ein weißes, gelbliches Pulver, das aus den Wurzeln der weißen Nieswurzpflanze hergestellt wird. Es verliert mit der Zeit an Festigkeit und sollte frisch verwendet werden. Es wird als Ersatz für die Arsengifte auf Pflanzen oder Früchten verwendet, die bald verzehrt werden sollen, beispielsweise auf Johannisbeeren und Stachelbeeren für den Johannisbeerwurm.

Tabak: Dies ist ein wertvolles Insektizid und wird in verschiedenen Formen verwendet. Als *Staub* wird es häufig in Gewächshäusern zur Bekämpfung von Pflanzenläusen sowie in Baumschulen und an Apfelbäumen zur Bekämpfung von Wollläusen eingesetzt. *Der* Tabaksud wird durch Einweichen oder Einweichen der Stängel in Wasser hergestellt. Es wird häufig als Spray gegen Pflanzenläuse eingesetzt. Tabak in Form von *Extrakten*, *Tabaken* und *Pulvern* wird unter verschiedenen Handelsnamen zur Verwendung in Gewächshäusern zur Begasung verkauft. (Siehe Seite 188.)

Kerosinemulsion: Hart-, Weich- oder Walölseife, 1/2 Pfund; Wasser, 1 Gallone; Kerosin, 2 Gallonen. Lösen Sie die Seife in heißem Wasser auf; Vom Feuer nehmen und noch heiß das Kerosin hinzufügen. Pumpen Sie die Flüssigkeit fünf bis zehn Minuten lang in sich selbst zurück, bis eine cremige Masse entsteht. Bei richtiger Herstellung scheidet sich das Öl beim Abkühlen nicht ab.

Zur Anwendung bei ruhenden Bäumen mit 5 bis 7 Teilen Wasser verdünnen. Zum Abtöten von Blattläusen mit 10 bis 15 Teilen Wasser verdünnen. Eine Rohölemulsion wird auf die gleiche Weise hergestellt, indem Rohöl anstelle von Kerosin eingesetzt wird. Die Stärke von Ölemulsionen wird häufig durch den Ölanteil in der verdünnten Flüssigkeit angegeben:

Für eine 10 %ige Emulsion 17 Gallonen hinzufügen. Wasser auf 3 Gallonen. Stammemulsion. Für eine 15 %ige Emulsion 10 1/3 Gallone hinzufügen. Wasser auf 3 Gallonen. Stammemulsion. Für eine 20 %ige Emulsion 7 Gallonen hinzufügen. Wasser auf 3 Gallonen. Stammemulsion. Für eine 25 %ige Emulsion 5 Gallonen hinzufügen. Wasser auf 3 Gallonen. Stammemulsion.

Karbolsäureemulsion . – Seife, 1 Pfund; Wasser, 1 Gallone; rohe Karbolsäure, 1 Pt. Lösen Sie die Seife in heißem Wasser auf, geben Sie die Karbolsäure hinzu und rühren Sie alles zu einer Emulsion um. Zur Bekämpfung von Wurzelmaden mit 30 Teilen Wasser verdünnen.

Seifen : Ein wirksames Insektizid gegen Pflanzenläuse ist *Walölseife* . In heißem Wasser auflösen und so verdünnen, dass man ein Pfund Seife pro fünf bis sieben Gallonen Wasser erhält. Diese Stärke wirkt gegen Pflanzenläuse. Bei Schildläusen sollte es jedoch in stärkeren Lösungen angewendet werden. Selbstgemachte Seifen und gute Waschseifen wie Elfenbeinseife sind oft genauso wirksam wie Walölseife.

Mischbare Öle : Mittlerweile gibt es auf dem Markt eine Reihe von Präparaten aus Erdöl und anderen Ölen, die hauptsächlich zur Behandlung der San-José-Schildlaus gedacht sind. Sie lassen sich gut mit kaltem Wasser vermischen und sind sofort gebrauchsfertig. Obwohl sie schnell zubereitet, einfach anzuwenden und im Allgemeinen wirksam sind, kosten sie erheblich mehr als Kalk-Schwefel-Waschmittel. Sie sind jedoch weniger korrosiv gegenüber den Pumpen und angenehmer in der Anwendung. Sie sind besonders wertvoll für den Mann, der nur wenige Bäume oder Sträucher hat und sich nicht die Mühe und die Kosten machen möchte, um die Kalk-Schwefel-Wäsche herzustellen. Sie sollten mit nicht mehr als 10 bis 12 Teilen Wasser verdünnt werden. Nur bei ruhenden Bäumen verwenden.

Kalk- und Schwefelwäsche . – Branntkalk, 20 Pfund; Schwefelblüten, 15 Pfund; Wasser, 50 Gallonen. Kalk und Schwefel müssen gründlich aufgekocht werden. Für die Arbeit ist oft ein Eisenkessel praktisch. Gehen Sie wie folgt vor: Geben Sie die Limette in den Wasserkocher. Geben Sie nach und nach so viel heißes Wasser hinzu, dass der Kalk möglichst schnell gelöscht wird. Wenn der Kalk zu löschen beginnt, den Schwefel hinzufügen und verrühren. Wenn möglich, die Mischung mit Sackleinen abdecken, um die Hitze zu sparen. Nachdem das Löschen aufgehört hat, fügen Sie mehr Wasser hinzu und kochen Sie die Mischung eine Stunde lang. Wenn der Schwefel in Lösung geht, erscheint eine satte orangerote oder dunkelgrüne Farbe. Nach ausreichendem Kochen Wasser bis zur erforderlichen Menge hinzufügen und in den Sprühtank abseihen. Das Waschmittel ist am effektivsten, wenn es warm aufgetragen wird, kann aber auch kalt aufgetragen werden. Wenn man Zugang zu einem Dampfkessel hat, ist das Kochen mit Dampf bequemer und zufriedenstellender. Zum Aufbewahren der Mischung können Fässer verwendet und der Dampf durch Einführen eines Rohrs oder Gummischlauchs in die Mischung aufgebracht werden. Gehen Sie auf die gleiche Weise vor, bis der Kalk gelöscht ist, dann können Sie den Dampf einschalten. 45 Min. weiterkochen. bis zu einer Stunde oder bis sich der Schwefel aufgelöst hat.

Diese Kraft kann nur dann sicher angewendet werden, wenn die Bäume ruhen. Es handelt sich hauptsächlich um ein Insektizid gegen die San-José-Schildlaus, obwohl es auch als Fungizid von großem Wert ist.

Kalk-Schwefel-Mischungen und Lösungen für die Sommerspritzung ersetzen mittlerweile in vielen Fällen Bordeaux. Scotts selbstgekochte Kalk-Schwefel-Mischung, beschrieben im USDA Bureau Plant Industry Circ. 27 ist heute ein Standard-Fungizid gegen Braunfäule und Schwarzfäule bzw. Schorf des Pfirsichs. Konzentrierte Kalk-Schwefel-Lösungen, entweder selbst gekocht oder kommerziell, wirken gegen Apfelschorf und haben den Vorteil, dass sie die Früchte nicht berosten. Solche Konzentrate, die auf 32° Baume getestet werden, sollten auf etwa 1 Gallone verdünnt werden. bis 30 % Wasser. Gleichzeitig wie bei Bordeaux auftragen. Fügen Sie Bleiarsenat wie bei Bordeaux hinzu.

Fungizid-Sprühformeln .

Das Standard-Fungizid ist eine Bordeaux-Mischung, die in verschiedenen Formen hergestellt wird. Das zweitwichtigste Fungizid für den Hobbygärtner ist ammoniakalisches Kupfercarbonat. Schwefelstaub (Schwefelblüten) und Schwefelleber (Kaliumsulfid) sind auch in Trocken- oder Nasssprays gegen Oberflächenschimmel nützlich. Die Kalk-Schwefel-Wäsche, in erster Linie ein Insektizid, hat auch fungizide Eigenschaften.

Bordeaux-Mischung : Kupfersulfat, 5 Pfund; Steinkalk oder Branntkalk (ungelöscht), 5 Pfund; Wasser, 50 Gallonen. Diese Formel ist die normalerweise empfohlene Stärke. Wünschenswert sind Stammmischungen aus Kupfersulfat und Kalk. Sie werden wie folgt zubereitet:

(1) Lösen Sie die erforderliche Menge Kupfersulfat in Wasser im Verhältnis von einem Pfund zu einer Gallone mehrere Stunden bevor die Lösung benötigt wird, wobei die Kupfersulfatkristalle in einem Sack nahe der Wasseroberfläche aufgehängt werden. Eine Kupfersulfatlösung ist schwerer als Wasser. Sobald sich die Kristalle aufzulösen beginnen, sinkt die Lösung ab und das Wasser bleibt mit den Kristallen in Kontakt. Auf diese Weise lösen sich die Kristalle viel schneller auf, als wenn sie auf den Boden des Wasserfasses gegeben würden. Falls große Mengen Stammlösung benötigt

werden, können zwei Pfund Kupfersulfat in einer Gallone Wasser gelöst werden.

(2) Die erforderliche Menge Kalk in einem Bottich oder Trog löschen. Geben Sie das Wasser zunächst langsam hinzu, sodass die Limette zu einem feinen Pulver zerbröckelt. Wenn kleine Mengen Kalk verwendet werden, ist heißes Wasser zu bevorzugen. Wenn es vollständig gelöscht oder vollständig pulverisiert ist, fügen Sie mehr Wasser hinzu. Wenn der Kalk ausreichend gelöscht ist, fügen Sie Wasser hinzu, um eine dickflüssige Milch oder eine bestimmte Anzahl Gallonen zu erhalten. Aus dieser Vorratsmischung, die nicht austrocknen darf, lässt sich die pro Tank benötigte Spritzbrühe-Menge annähernd decken.

(3) Verwenden Sie fünf Gallonen Kupfersulfat-Stammlösung pro benötigten fünfzig Gallonen Bordeaux. Gießen Sie dies in den Tank. Fügen Sie Wasser hinzu, bis der Tank etwa zu zwei Dritteln gefüllt ist. Aus der Kalkmischung die benötigte Menge entnehmen. Wenn man die Anzahl Pfund Kalk in der Stammmischung und das Volumen dieser Mischung kennt, kann man ungefähr die benötigte Anzahl Pfund herausnehmen. Durch Zugabe von Wasser etwas verdünnen und in den Tank abseihen. Rühren Sie die Mischung um und fügen Sie Wasser hinzu, bis die erforderliche Menge erreicht ist. Experimentierstationen empfehlen häufig, sowohl die Kupfersulfatlösung als auch die Kalkmischung vor dem Zusammengießen auf die Hälfte der erforderlichen Menge zu verdünnen. Dies ist nicht erforderlich und für kommerzielle Arbeiten oft nicht praktikabel. Vorzugsweise wird die Kupfersulfatlösung verdünnt. Gießen Sie die starken Brühemischungen niemals zusammen und verdünnen Sie sie anschließend. Bordeaux-Mischungen anderer Stärken werden, wie empfohlen, auf die gleiche Weise hergestellt, mit der Ausnahme, dass die Mengen an Kupfersulfat und Kalk variiert werden.

(4) Es ist nicht notwendig, den Kalk bei der Herstellung einer Bordeaux-Mischung abzuwiegen, da ein einfacher Test verwendet werden kann, um festzustellen, wann ausreichend Stammkalkmischung hinzugefügt wurde. Lösen Sie eine Unze gelbes Kalilauge in einem halben Liter Wasser auf und bezeichnen Sie es als „Gift". Schneiden Sie einen V-förmigen Schlitz in eine Seite des Korkens, damit die Flüssigkeit tropfenweise ausgegossen werden kann. Fügen Sie die Kalkmischung der verdünnten Kupfersulfatlösung hinzu, bis die Ferrocyanid- (oder Prussiat-)Testlösung *nicht braun wird*, wenn sie aus der Flasche in die Mischung getropft wird. Am besten ist es immer, einen erheblichen Überschuss an Kalk hinzuzufügen.

„Aufkleber" oder Kleber für Bordeaux-Mischung . – Harz, 2 Pfund; Salsoda (Kristalle), 1 Pfund; Wasser, 1 Gallone. Ein bis eineinhalb Stunden lang kochen, bis eine klare braune Farbe entsteht. Im Eisenkessel im Freien

kochen. Fügen Sie diese Menge zu je 50 Gallonen Bordeaux für Zwiebeln und Kohl hinzu. Für andere Pflanzen, die schwer zu benetzen sind, fügen Sie diese Menge zu jeweils 100 Gallonen der Mischung hinzu. Diese Mischung verhindert, dass der Bordeaux durch den stärksten Regen abgewaschen wird.

Ammoniakalisches Kupfercarbonat. – Kupfercarbonat, 5 oz.; Ammoniak, 3 Pkt.; Wasser, 50 Gallonen. Verdünnen Sie das Ammoniak in sieben oder acht Teilen Wasser. Machen Sie eine Paste aus dem Kupfercarbonat mit etwas Wasser. Fügen Sie die Paste dem verdünnten Ammoniak hinzu und rühren Sie, bis sie sich aufgelöst hat. Fügen Sie so viel Wasser hinzu, dass 50 Gallonen entstehen. Diese Mischung verliert beim Stehen an Festigkeit und sollte daher nach Bedarf zubereitet werden. Es wird anstelle von Bordeaux verwendet, wenn man die Färbung reifender Früchte oder Zierpflanzen vermeiden möchte. Nicht so effektiv wie Bordeaux.

Kaliumsulfid : Kaliumsulfid (Schwefelleber), 3 Unzen; Wasser, 10 Gallonen. Da diese Mischung beim Stehen an Festigkeit verliert, sollte sie unmittelbar vor der Verwendung zubereitet werden. Es ist besonders wertvoll gegen den Echten Mehltau vieler Pflanzen, insbesondere Stachelbeere, Nelkenrost, Rosenmehltau usw.

Schwefel: Es wurde festgestellt, dass Schwefel als Fungizid von großem Wert ist. Die Schwefelblüten können über die Pflanzen gestreut werden, insbesondere wenn diese nass sind. Es ist am effektivsten bei heißem, trockenem Wetter. In Rosenhäusern wird es mit der Hälfte der Kalkmenge vermischt und mit Wasser zu einer Paste verarbeitet. Dies ist auf die Dampfrohre aufgemalt. Die Dämpfe zerstören den Schimmel auf den Rosen. Mit Kalk vermischt hat es sich als wirksam bei der Bekämpfung von Zwiebelbrand erwiesen, wenn es zusammen mit der Saat in die Reihen gesät wird. Schwefel wirkt nicht gegen Schwarzfäule bei Weintrauben.

Behandlung einiger häufiger Insekten .

Hier werden kurz die bewährtesten vorbeugenden und heilenden Behandlungen für solche Insektenschädlinge besprochen, die am wahrscheinlichsten Hausgrundstücke und Plantagen bedrohen. Im Falle einer ungewöhnlichen Schwierigkeit, die er nicht kontrollieren kann, sollte der Hausbesitzer sich an die landwirtschaftliche Versuchsstation im Staat wenden und gute Exemplare des Insekts zur Identifizierung einsenden. Er sollte auch über die Veröffentlichungen des Senders verfügen.

Die hier gemachten Aussagen sind eher als Ratschläge denn als Anweisungen gedacht. Sie werden von guten Autoritäten ausgewählt (in diesem Fall hauptsächlich von Slingerland und Crosby); aber der Leser muss selbstverständlich sein eigenes Risiko bei der Anwendung übernehmen. Die

Wirksamkeit einer empfohlenen Behandlung hängt weitgehend von der Sorgfalt, Gründlichkeit und Pünktlichkeit ab, mit der die Arbeit durchgeführt wird. und als Ergebnis neuer Untersuchungen tauchen ständig neue Methoden und Praktiken auf. Die in dieser Wegbeschreibung angegebenen Daten gelten für New York.

Aphis oder Pflanzenlaus. - Die Standardmittel gegen Blattläuse oder Pflanzenläuse sind Kerosinemulsion und Tabakpräparate. Auch Walölseife ist gut. Der Tabak kann als Spray oder im Haus als Begasung angewendet werden; Die kommerziellen Formen von Nikotin sind ausgezeichnet. (Siehe Seite 194.) Tragen Sie das Mittel unbedingt auf, bevor sich die Blätter kräuseln, um den Läusen Schutz zu bieten. Achten Sie auch darauf, die Unterseite der Blätter zu treffen, wo sich die Läuse normalerweise aufhalten. Das Vorhandensein von Läusen auf Bäumen wird manchmal zuerst durch den Honigtau entdeckt, der beim Spazierengehen fällt.

Normalerweise wird die Emulsion mit 10-15 Teilen Wasser gegen Pflanzenläuse verdünnt (siehe Formel, Seite 194); aber einige Arten (wie die dunkelbraune Kirschblattlaus) benötigen eine stärkere Emulsion, etwa 6 Teile Wasser.

234. Lady-bird beetle; larva above.

Die Marienkäfer (von denen einer in Abb. 234 dargestellt ist) vernichten große Mengen Pflanzenläuse, weshalb ihre Anwesenheit gefördert werden sollte.

Apfelmade oder „Eisenbahnwurm“. —Die kleinen weißen Maden machen vor allem bei Sommer- und Frühherbstsorten bräunliche, gewundene Höhlen im Fruchtfleisch. Dieses Insekt kann von einem Spray nicht erreicht werden, da die Mutterfliege ihre Eier unter die Schale des Apfels legt. Wenn die Made ausgewachsen ist, verlässt sie die Frucht, gelangt in den Boden und verwandelt sich dort in eine robuste, ledrige Hülle. Es hat sich herausgestellt, dass die Bodenbearbeitung als Kontrollmittel keinen Wert hat. Die einzig wirksame Behandlung besteht darin, alle zwei bis drei Tage alle Fallobstmengen einzusammeln und sie entweder auszufüttern oder tief zu vergraben, wodurch die Maden abgetötet werden.

Spargelkäfer . – Saubere Kulturmethoden reichen in der Regel aus, um zu verhindern, dass der Spargelkäfer etablierte Beete ernsthaft schädigt. Junge Pflanzen benötigen mehr oder weniger Schutz. Eine gute Bleiarsenatqualität, 1 Pfund bis 25 Gallonen. von Wasser zerstört schnell die Larven auf den Blättern junger oder alter Pflanzen. Tragen Sie es mit einer gewöhnlichen Sprühdose oder besser mit einem der zahlreichen Sprühgeräte auf, die es mittlerweile auf dem Markt gibt. Die Notwendigkeit einer Behandlung muss anhand der Häufigkeit der Schädlinge ermittelt werden. Sie dürfen im Hochsommer nicht in großer Zahl vorkommen, da sonst die überwinternden Käfer die Triebe im Frühjahr verletzen könnten.

Blasenmilbe an Äpfeln und Birnen . – Das Vorhandensein dieser winzigen Milbe wird durch kleine unregelmäßige bräunliche Blasen auf den Blättern angezeigt. Sprühen Sie im Spätherbst oder Frühjahr mit dem Kalk-Schwefel-Waschmittel, mit Kerosinemulsion, verdünnt mit 5 Teilen Wasser, oder mit mischbarem Öl, 1 Gallone. in 10 Gallonen. aus Wasser.

Bohrer: Das einzig sichere Mittel gegen Bohrer besteht darin, sie auszugraben oder mit einem Draht herauszuschlagen. Halten Sie den Bereich um die Basis des Baumes sauber und achten Sie genau auf Anzeichen von Bohrern. Der Flachkopfbohrer des Apfels arbeitet unter der Rinde am Stamm und an größeren Ästen, insbesondere dort, wo er viel der Sonne ausgesetzt ist. Das tote und eingesunkene Aussehen der Rinde weist auf ihre Anwesenheit hin. Der Rundkopfbohrer arbeitet im Holz von Äpfeln, Quitten und anderen Bäumen; Es sollte jeden Frühling und Herbst gejagt werden. Auf hartem Boden ist es gut, die Erde vom Fuß des Baumes wegzugraben und den Raum mit Kohlenasche zu füllen; Dies wird die Prüfungsarbeit erheblich erleichtern.

Der Pfirsich- und Aprikosenzünsler ist die Larve einer Klarflügelmotte. Die Larve gräbt sich direkt unter der Rinde in der Nähe oder unter der Erdoberfläche ein; Sein Vorhandensein wird durch eine gummiartige Masse an der Basis des Baumes angezeigt. Graben Sie im Juni die Bohrer aus und häufen Sie die Bäume auf. Tragen Sie gleichzeitig Gas- oder Kohlenteer auf den Stamm von den Wurzeln bis zu einem Fuß oder mehr über der Erdoberfläche auf.

Der Bronzebirkenbohrer zerstört in einigen Teilen des Landes viele schöne Weißbirken. Seine Anwesenheit erkennt man daran, dass die Baumkrone abstirbt. Es gibt noch keine bekannte Möglichkeit, diesen Bohrer daran zu hindern, Weißbirken anzugreifen, und die einzige praktikable und wirksame Methode, die bisher zur Eindämmung seiner Verwüstungen gefunden wurde, besteht darin, die befallenen Bäume im Herbst, im Winter oder vor dem 1. Mai umgehend zu fällen und zu verbrennen Es besteht keine Chance, einen Baum zu retten, wenn die oberen Äste abgestorben sind, auch wenn das Herausschneiden der abgestorbenen Teile das Problem vorübergehend beheben kann. Schneiden und verbrennen Sie solche Bäume sofort und verhindern Sie so die Ausbreitung des Insekts.

Knospenmotte auf Apfel. – Die kleinen braunen Raupen mit schwarzen Köpfen verschlingen im zeitigen Frühjahr die zarten Blätter und Blüten der sich öffnenden Apfelknospen. Machen Sie zwei Anwendungen von entweder 1 Pfund Pariser Grün oder 4 Pfund Arsenat Blei in 100 Gallonen. aus Wasser; die erste, wenn die Blattspitzen erscheinen, und die zweite, kurz bevor sich die Blüten öffnen. Bei Bedarf nach dem Blütenabfall erneut sprühen.

Kohl- und Blumenkohlinsekten . – Die grünen Raupen, die Kohlblätter und -köpfe fressen, schlüpfen aus Eiern, die vom Weißen Schmetterling gelegt werden (Abb. 295). Zu jeder Jahreszeit gibt es mehrere Bruten. Wenn die Pflanzen nicht wachsen, besprühen Sie sie mit Kerosinemulsion oder Pariser Grün, dem der Aufkleber hinzugefügt wurde. Bei Überschlag Nieswurz anwenden.

Die Kohlblattläuse, kleine mehlige Pflanzenläuse, sind besonders in der kühlen, trockenen Jahreszeit problematisch, wenn ihre natürlichen Feinde weniger aktiv sind. Bevor die Pflanzen zu wachsen beginnen, besprühen Sie sie mit Kerosinemulsion, verdünnt mit 6 Teilen Wasser, oder Walölseife, 1 Pfund in 6 Gallonen. aus Wasser.

Die weißen Maden, die sich von den Wurzeln ernähren, schlüpfen aus Eiern, die von einer kleinen Fliege, die der gewöhnlichen Stubenfliege ähnelt, in der Nähe der Pflanze an der Bodenoberfläche abgelegt werden. Hohlen Sie die Erde rund um jede Pflanze leicht aus und tragen Sie die mit 30 Teilen Wasser verdünnte Karbolsäure-Emulsion frei auf. Beginnen Sie die Behandlung frühzeitig, ein oder zwei Tage nach dem Aufstehen der Pflanzen oder am nächsten Tag nach dem Aufstellen. Wiederholen Sie die Anwendung alle 7 bis 10 Tage bis Ende Mai. Es hat sich auch als praktikabel erwiesen, die Pflanzen durch die Verwendung eng anliegender, aus Teerpapier ausgeschnittener Karten zu schützen. (Siehe Seite 187.)

Krebswürmer. – Bei diesen Raupen handelt es sich um kleine Messwürmer oder Schlingenwürmer, die im Mai und Juni Apfelbäume entlauben (Abb. 217). Die weiblichen Falter haben keine Flügel und kriechen im Spätherbst oder frühen Frühling an den Baumstämmen hoch, um ihre Eier auf den Zweigen abzulegen. Vor dem Öffnen der Blüten ein- oder zweimal gründlich mit 1 Pfund Pariser Grün oder 4 Pfund Bleiarsenat in 100 Gallonen besprühen. aus Wasser. Wiederholen Sie die Anwendung, nachdem die Blüten abgefallen sind. Verhindern Sie den Aufstieg der flügellosen Weibchen durch Klebebänder oder Drahtgitterfallen.

Gehäuseträger auf Apfel . – Die kleinen Raupen leben in pistolen- oder zigarrenförmigen Gehäusen von etwa 1/4 Zoll Länge. Sie erscheinen im Frühjahr an den sich öffnenden Knospen gleichzeitig mit der Knospenmotte und können mit den gleichen Mitteln bekämpft werden.

Kabeljau-Motte. – Der Kabeljau legt die Eier, aus denen die rosafarbene Raupe entsteht, die einen großen Anteil an wurmigen Äpfeln und Birnen hervorbringt. Die Eier werden von einer kleinen Motte auf die Blätter und auf die Schale der Frucht gelegt. Die meisten Raupen dringen am Ende der Blüte in den Apfel ein. Wenn die Blütenblätter fallen, ist der Kelch geöffnet und es ist Zeit zum Besprühen. Der Kelch schließt sich bald und hält das darin enthaltene Gift für die erste Mahlzeit der jungen Raupe bereit. Nachdem sich der Kelch geschlossen hat, ist es zu spät, effektiv zu sprühen. Die Raupen werden im Juli und August ausgewachsen, verlassen die Früchte, kriechen am Stamm herab und spinnen dort zumeist Kokons unter der losen Rinde. In den meisten Teilen des Landes gibt es jährlich zwei Bruten. Unmittelbar nach dem Fallen der Blüten mit 1 Pfund Pariser Grün oder 4 Pfund Bleiarsenat in 100 Gallonen besprühen. aus Wasser. Wiederholen Sie die Anwendung 7 bis 10 Tage später. Befestigen Sie die Stämme mit Jutebändern und töten Sie vom 1. Juli bis zum 1. August alle zehn Tage und noch einmal vor dem Winter alle darunter liegenden Raupen.

Kürbisinsekten (Gurken, Melonen und Kürbisse) . – Gelbe, schwarz gestreifte Käfer erscheinen in großer Zahl und greifen die Pflanzen an, sobald sie aufstehen. Pflanzen Sie Frühkürbisse als Zwischenfrucht rund um das Feld. Schützen Sie die Reben mit Schirmen (Abb. 229), bis sie zu laufen beginnen, oder bedecken Sie sie mit Bordeaux-Mischung, damit sie den Käfern nicht schmecken.

Kürbisreben werden häufig von einer weißen Raupe getötet, die sich in den Stamm nahe der Basis der Pflanze eingräbt. Pflanzen Sie einige frühe Kürbisse als Zwischenfrucht zwischen die Reihen der späten Sorten. Sobald die Früherernte geerntet ist, entfernen Sie die Reben und verbrennen Sie sie. Wenn die Reben lang genug sind, bedecken Sie sie an den

Verbindungsstellen mit Erde, um ein sekundäres Wurzelsystem für die Pflanze zu entwickeln, falls der Hauptstamm beschädigt wird.

Dunkelgrüne Pflanzenläuse ernähren sich von der Unterseite der Kürbisblätter, wodurch diese sich kräuseln und verdorren. Mit Kerosinemulsion, verdünnt mit 6 Teilen Wasser, einsprühen. Es ist notwendig, die Unterseite der Blätter gründlich abzudecken; Das Spritzgerät muss daher mit einer nach oben gerichteten Düse ausgestattet sein. Verbrennen Sie die Reben, sobald die Ernte eingebracht ist, und halten Sie alle Unkräuter zurück.

Die Stinkwanze ist für Kürbisse sehr lästig. Der rostschwarze Falter erwacht im Frühjahr aus dem Winterschlaf und legt seine Eier auf der Unterseite der Blätter ab. Die Nymphen saugen den Saft aus den Blättern und Stängeln und verursachen dadurch schwere Verletzungen. Fangen Sie die erwachsenen Tiere im Frühjahr unter Brettern ein. Untersuchen Sie die Blätter auf die glatt glänzenden bräunlichen Eier und zerstören Sie diese. Die jungen Nymphen können mit Kerosinemulsion getötet werden.

Curculio : Der ausgewachsene Curculio der Pflaume und des Pfirsichs ist ein kleiner Rüsselkäfer, der seine Eier unter die Schale der Frucht legt und dann darunter einen charakteristischen halbmondförmigen Schnitt macht. Die Larve ernährt sich von der Frucht und lässt sie fallen. Wenn er ausgewachsen ist, dringt er in den Boden ein, verwandelt sich im Spätsommer zum Käfer, der schließlich an geschützten Orten überwintert. Besprühen Sie die Pflaumen unmittelbar nach dem Blütenabfall mit Bleiarsenat, 6 bis 8 Pfund pro 100 Gallonen. Wasser und wiederholen Sie die Anwendung nach etwa einer Woche. Nachdem die Früchte fest geworden sind, werfen Sie die Bäume täglich über ein Blatt oder einen Curculio-Fänger und vernichten Sie die Käfer; Dies ist praktisch das einzige Verfahren für Pfirsiche, da diese nicht gespritzt werden können.

Die Quitte curculio ist etwas größer als die Pflaume und unterscheidet sich in ihrer Lebensgeschichte. Die Larven verlassen im Herbst die Früchte und dringen in den Boden ein, wo sie überwintern und sich je nach Jahreszeit im nächsten Mai, Juni oder Juli in erwachsene Tiere verwandeln. Wenn die Erwachsenen auftauchen, werfen Sie sie auf Laken oder Curculio-Fängern vom Baum ab und zerstören Sie sie. Um festzustellen, wann sie erscheinen, werfen Sie ab Ende Mai in New York täglich ein paar Bäume ein.

Johannisbeerwurm. —Im Frühjahr fressen die kleinen grünen, schwarz gefleckten Larven das Laub von Johannisbeeren und Stachelbeeren und beginnen ihre Arbeit an den unteren Blättern. Eine zweite Brut erfolgt im Frühsommer. Wenn Würmer zum ersten Mal auftauchen, besprühen Sie sie mit 1 Pfund Pariser Grün oder 4 Pfund Bleiarsenat in 100 Gallonen. aus

Wasser. Normalerweise sollte das Gift mit Bordeaux (gegen Blattflecken) kombiniert werden.

Schnittwürmer. – Das wahrscheinlich am häufigsten in Gärten angewandte Mittel gegen Schnittwürmer, das bei sorgfältiger Anwendung seine Wirkung nicht verfehlen kann, ist das nächtliche Pflücken mit Laternen oder das Ausgraben aus der Nähe der befallenen Pflanzen tagsüber. Auf diese Weise wurden Unmengen von Schnittwürmern gesammelt, und das mit Gewinn. Wenn aus irgendeinem Grund mit der Verwendung der vergifteten Köder kein Erfolg einhergeht, was im Folgenden besprochen wird, ist das Handpflücken die einzige andere bisher empfohlene Methode, auf die man sich verlassen kann, um den Raub von Cutworms einzudämmen.

Die besten Methoden, die bisher entwickelt wurden, um Schnittwürmer in jeder Situation zu töten, sind vergiftete Köder, zu diesem Zweck werden Pariser Grün oder Bleiarsenat verwendet. Vergiftete Klee- oder Unkrautbüschel wurden auf großen Flächen gründlich getestet, sogar in Wagenladungen, und fast alle haben berichtet, dass sie sehr wirksam seien; Zu den Unkräutern, die für Eulenfalter besonders attraktiv sind, gehören Lammviertel, Pfeffergras und Königskerze. Auf kleinen Flächen erfolgt die Herstellung der Köder von Hand, in großen Mengen werden sie jedoch hergestellt, indem man die Pflanzen auf dem Feld besprüht, sie mit einer Sense oder Maschine schneidet und sie in kleinen Bündeln von Wagen aus an die gewünschte Stelle wirft. Wenn sie bei Einbruch der Dunkelheit im Abstand von ein paar Fuß zwischen Reihen von Gartenpflanzen verteilt sind, haben sie oft genug Schnittwürmer angelockt und abgetötet, um einen großen Teil der Ernte zu retten; Wenn die Trauben mit einer Schindel abgedeckt werden können, bleiben sie viel länger frisch. Je frischer die Köder sind und je gründlicher geködert wird, desto mehr Schnittwürmer können vernichtet werden. Allerdings kann es manchmal vorkommen, dass an manchen Orten nicht rechtzeitig in der Saison eine ausreichende Menge solcher grünen Sukkulenten beschafft werden kann. In diesem Fall, und wir sind uns nicht sicher, aber in allen Fällen kann der vergiftete Kleiebrei optimal genutzt werden. Er lässt sich leicht herstellen und jederzeit anwenden, ist nicht teuer und die bisherigen Ergebnisse zeigen, dass es sich um einen sehr attraktiven und wirksamen Köder handelt. Ein Esslöffel kann schnell um die Basis jeder Kohl- oder Tomatenpflanze verteilt werden; Kleine Mengen können problemlos entlang der Zwiebel- und Rübenreihen verstreut oder ein wenig auf einen Mais- oder Gurkenhügel getropft werden.

Der beste Zeitpunkt für die Anwendung dieser Giftköder ist zwei bis drei Tage, bevor irgendwelche Pflanzen im Garten wachsen oder aufgestellt werden. Wenn der Boden richtig vorbereitet ist, haben die Würmer mehrere Tage lang nur wenig zu fressen und werden daher die erste Gelegenheit nutzen, um ihren Hunger mit den Ködern zu stillen, was zu einer umfassenden Zerstörung führen wird. Die Köder sollten immer zu diesem Zeitpunkt überall dort ausgebracht werden, wo Schnittwürmer zu erwarten sind. Aber normalerweise ist es noch nicht zu spät, den größten Teil einer Ernte zu retten, nachdem die Schädlinge sich durch das Abschneiden einiger Pflanzen bemerkbar gemacht haben. Handeln Sie umgehend und nutzen Sie die Köder freizügig.

Zu den mechanischen Mitteln zum Schutz vor Schnittwürmern siehe S. 186–187.

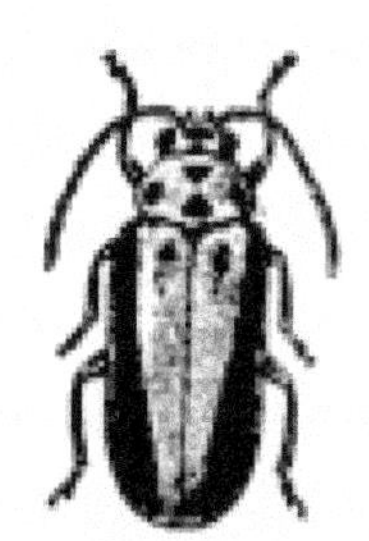

235. Elm-leaf beetle, adult, somewhat enlarged (after Howard).

Ulmenblattkäfer . – Im Allgemeinen reicht ein gründliches und rechtzeitiges Besprühen aus, um den Ulmenblattkäfer zu bekämpfen (Abb. 235). Verwenden Sie Bleiarsenat, 1 Pfund bis 25 Gallonen, und tragen Sie es Ende Mai oder sehr früh im Juni in New York auf die Unterseite der Blätter auf. Gelegentlich, wenn der Käfer sehr häufig vorkommt, was aller Wahrscheinlichkeit nach darauf zurückzuführen ist, dass in früheren Jahren nicht gesprüht wurde, kann es ratsam sein, eine zweite Anwendung durchzuführen. Dasselbe gilt auch, wenn die Bedingungen eine frühere Anwendung erforderlich machen, als wenn sie am wirksamsten ist. Dieser letztgenannte Zustand tritt wahrscheinlich überall dort auf, wo eine große Anzahl von Bäumen mit unzureichender Ausrüstung behandelt werden muss.

Austernschalenschuppe : Hierbei handelt es sich um eine längliche Schuppen- oder Rindenlaus mit einer Länge von 1/8 Zoll, die in ihrer Form einer Austernschale ähnelt und häufig die Rinde von Apfelzweigen verkrustet. Es überwintert als winzige weiße Eier unter den alten Schuppen. Die Eier schlüpfen Ende Mai oder im Juni, je nach Jahreszeit. Nach dem Schlüpfen kann man die Jungen als winzige weißliche Läuse erkennen, die auf der Rinde herumkrabbeln. Wenn diese Jungen erscheinen, besprühen Sie sie mit

Kerosinemulsion, verdünnt mit 6 Teilen Wasser, oder Walöl oder einer anderen guten Seife, 1 Pfund in 4 oder 5 Gallonen. aus Wasser.

Birneninsekten : Die Flohsamen sind eines der schwerwiegendsten Insekten, die den Birnbaum befallen. Es handelt sich um ein winziges, gelbliches, saugendes Insekt mit flachem Körper, das häufig zu Beginn der Saison in den Blatt- und Fruchtachseln vorkommt. Sie entwickeln sich zu winzigen, zikadenartigen Springläusen. Die jungen Flohsamen scheiden eine große Menge Honigtau aus, in dem ein eigenartiger schwarzer Pilz wächst, der der Rinde ein charakteristisches rußiges Aussehen verleiht. Jährlich kann es zu vier Bruten kommen und die Bäume werden oft schwer geschädigt. Nachdem die Blüten gefallen sind, sprühen Sie Kerosinemulsion, verdünnt mit 6 Teilen Wasser, oder Walölseife, 1 Pfund in 4 oder 5 Gallonen, ein. aus Wasser. Wiederholen Sie die Anwendung im Abstand von 3 bis 7 Tagen, bis die Insekten unter Kontrolle sind.

Die Birnenschnecke ist eine kleine, schleimige, dunkelgrüne Larve, die im Juni die Blätter skelettiert, und im August erscheint ein zweiter Brut. Gründlich mit 1 Pfund Pariser Grün oder 4 Pfund Bleiarsenat in 100 Gallonen besprühen. aus Wasser.

Kartoffelinsekten : Der Kartoffelkäfer oder Kartoffelkäfer erwacht im Frühjahr aus dem Winterschlaf und legt massenhaft orangefarbene Eier auf die Unterseite der Blätter. Die Larven sind als „Schnecken“ und „Weichschnecken“ bekannt und verursachen die meisten Schäden an den Reben. Mit Pariser Grün besprühen, 2 Pfund in 100 Gallonen. Wasser oder Arsenit-Natron kombiniert mit einer Bordeaux-Mischung. Manchmal kann es notwendig sein, eine größere Stärke des Giftes zu verwenden, insbesondere bei älteren „Schnecken“.

Die kleinen schwarzen Flohkäfer hinterlassen Löcher in den Blättern und führen zum Absterben der Blätter. Bordeaux-Mischung, wie sie bei Kartoffelfäule angewendet wird, schützt die Pflanzen, indem sie sie abstoßend für die Käfer macht.

Himbeer-, Brombeer- und Kratzbeerinsekten . – Die grünlichen, stacheligen Larven der Sägefliege ernähren sich im Frühling von den zarten Blättern. Mit Pariser Grün oder Bleiarsenat besprühen oder Nieswurz auftragen.

Der Rohrbohrer ist eine Larve, die sich durch die Stöcke bohrt und diese zum Absterben bringt. Beim Legen seiner Eier umgürtet der erwachsene Käfer die Spitze des Stocks mit einem Ring aus Einstichen, wodurch dieser verdorrt und herabhängt. Im Hochsommer die herabhängenden Spitzen abschneiden und vernichten.

Rote Spinne : Winzige rötliche Milben auf der Blattunterseite in Gewächshäusern und manchmal auch im Freien bei trockenem Wetter.

Spritzen Sie die Pflanzen zwei- bis dreimal pro Woche mit klarem Wasser ab und achten Sie darauf, dass die Beete nicht durchnässt werden.

Roseninsekten : Die grünen Pflanzenläuse arbeiten normalerweise an den Knospen, und die gelben Zikaden ernähren sich von den Blättern. Bei Bedarf mit Kerosinemulsion, verdünnt mit 6 Teilen Wasser, Walöl oder einer anderen guten Seife besprühen, 1 Pfund in 5 oder 6 Gallonen. aus Wasser.

Der Rosenkäfer ist oft ein äußerst schädlicher Schädling für Rosen, Weintrauben und andere Pflanzen. Die ungelenken, langbeinigen, gräulichen Käfer kommen in sandigen Regionen vor und schwärmen oft in Weinberge ein, wo sie Blüten und Laub zerstören. Gründlich mit Bleiarsenat besprühen, 10 Pfund in 100 Gallonen. aus Wasser. Wiederholen Sie die Anwendung bei Bedarf. (Siehe unter Rose in Kap. VIII.)

San-José-Schuppe : Diese schädliche Schuppe hat einen fast kreisförmigen Umriss und etwa die Größe eines kleinen Stecknadelkopfes mit einer erhabenen Mitte. Wenn es reichlich vorhanden ist, bildet es eine Kruste auf den Zweigen und verursacht kleine rote Flecken auf den Früchten. Es vermehrt sich mit erstaunlicher Geschwindigkeit, in New York gibt es jährlich drei bis vier Bruten, und jede Mutterschuppe kann mehrere hundert Junge zur Welt bringen. Die Jungen werden lebend geboren und die Fortpflanzung dauert bis zum Spätherbst, wenn alle Stadien durch das kalte Wetter abgetötet werden, mit Ausnahme der winzigen halb ausgewachsenen schwarzen Schuppen, von denen viele sicher Winterschlaf halten. Sprühen Sie im Herbst, nachdem die Blätter abgefallen sind, oder zu Beginn des Frühlings, bevor das Wachstum beginnt, gründlich mit Kalk-Schwefel-Waschmittel oder mischbarem Öl (1 Gallone) ein. in 10 Gallonen. aus Wasser. Bei starkem Befall zwei Ausbringungen vornehmen, eine im Herbst und eine im Frühjahr. Bei großen alten Bäumen sollte eine 25-prozentige Rohölemulsion direkt beim Anschwellen der Knospen aufgetragen werden.

In Baumschulen werden die Bäume nach dem Ausgraben mit Blausäuregas begast, wobei 1 Unze Wasser verwendet wird. Kaliumcyanid pro 100 cu. Fuß Platz. Setzen Sie die Begasung eine halbe bis dreiviertel Stunde lang fort. Begasen Sie die Bäume nicht, wenn sie nass sind, da sie durch die Feuchtigkeit anfällig für Verletzungen sind.

Zeltraupe . – Das Insekt überwintert im Eistadium. Die Eier sind in ringförmigen bräunlichen Massen um die kleineren Zweige geklebt, wo sie leicht gefunden und zerstört werden können. Die Raupen erscheinen im zeitigen Frühjahr, fressen die zarten Blätter und bauen unansehnliche Nester auf den kleineren Zweigen. Dieser Schädling wird normalerweise durch die für den Kabeljau empfohlene Behandlung bekämpft. Zerstören Sie die Nester, indem Sie sie verbrennen oder ausrotten, wenn sie noch klein sind. Oft ein schlimmer Schädling an Apfelbäumen.

Violette Gallfliege. – Unter Glas gewachsene Veilchen werden oft durch eine sehr kleine Made schwer verletzt, wodurch sich die Blattränder kräuseln, gelb werden und absterben. Die erwachsene Fliege ist eine winzige Fliege, die einer Mücke ähnelt. Pflücken und vernichten Sie befallene Blätter, sobald Sie sie entdecken. Eine Begasung wird für dieses Insekt oder die Rote Spinne nicht empfohlen.

Weiße Fliege. —Die winzigen Weißen Fliegen kommen häufig auf Gewächshauspflanzen und im Sommer häufig auf Pflanzen in Gärten in der Nähe von Gewächshäusern vor. Die Nymphen sind kleine grünliche, schuppenartige Insekten, die auf der Unterseite der Blätter zu finden sind; Die Erwachsenen sind winzige, weiße Fliegen mit mehligen Flügeln. Mit Kerosinemulsion oder Walölseife besprühen; oder wenn Gurken oder Tomaten befallen sind, über Nacht mit Blausäuregas begasen, wobei 1 Unze Wasser verwendet wird. Kaliumcyanid pro 1000 Kubikmeter. Fuß Platz. (Siehe Seite 188.)

Weiße Engerlinge : Die großen gebogenen weißen Engerlinge, die auf Rasenflächen und Erdbeerfeldern so lästig sind, sind die Larven des Junikäfers. Sie leben im Boden und ernähren sich von den Wurzeln von Gräsern und Unkräutern. Graben Sie Larven unter befallenen Pflanzen aus. Eine gründliche Bewirtschaftung des für Erdbeeren vorgesehenen Landes im Frühherbst wird viele Puppen zerstören. Entfernen Sie auf Rasenflächen die Grasnarbe, vernichten Sie die Larven und legen Sie eine neue Grasnarbe an, wenn der Befall stark ausgeprägt ist.

Behandlung einiger häufiger Pflanzenkrankheiten .

Die folgenden Ratschläge (meistens übernommen von Whetzel und Stewart) behandeln die häufigsten Arten von Pilzkrankheiten, die dem Hobbygärtner auftreten. Viele andere Arten werden jedoch mit ziemlicher Sicherheit in der ersten Staffel seine Aufmerksamkeit erregen, wenn er genau hinschaut. Das Standardmittel ist Bordeaux-Mischung; Da dieses Material jedoch das Laub verfärbt, wird stattdessen manchmal kohlensäurehaltiges Kupfer verwendet. Die hier empfohlenen Behandlungen gelten für New York; aber es sollte nicht schwierig sein, die Daten anderswo anzuwenden. Der Gärtner muss alle Ratschläge dieser Art durch sein eigenes Urteilsvermögen und seine eigene Erfahrung ergänzen und seine eigenen Risiken eingehen.

Apfelschorf : Meist am deutlichsten an der Frucht sichtbar und bildet Flecken und Schorf. Sprühen Sie mit Bordeaux, 5-5-50 oder 3-3-50; zuerst kurz bevor sich die Blüten öffnen; zweitens, gerade wenn die Blüten fallen; Drittens, 10 bis 14 Tage nach dem Fall der Blüten. Das zweite Sprühen scheint das wichtigste zu sein. Immer *vor* Regen auftragen, nicht *danach* .

Spargelrost : Die häufigste und zerstörerischste Spargelkrankheit, die rötliche oder schwarze Pusteln an den Stielen und Zweigen hervorruft. Verbrennen Sie im Spätherbst alle betroffenen Pflanzen. Reichlich düngen und gründlich kultivieren. Lassen Sie während der Schnittsaison keine Pflanzen ausreifen und schneiden Sie einmal pro Woche alle Wildspargelpflanzen in der Nähe ab. Rost lässt sich teilweise durch Besprühen mit 5-5-50-Bordeaux, das einen Streifen Harz-Salz-Soda-Seife enthält, bekämpfen, aber es ist ein schwieriger und teurer Vorgang und wahrscheinlich nicht rentabel, außer auf großen Flächen. Beginnen Sie mit dem Besprühen nach dem Schneiden, sobald die neuen Triebe 20 bis 25 cm hoch sind, und wiederholen Sie dies ein- oder zweimal pro Woche bis etwa zum 15. September. Das Bestäuben mit Schwefel hat sich in Kalifornien als wirksam erwiesen.

Kohl- und Blumenkohlkrankheiten . – Schwarzfäule ist eine bakterielle Krankheit; Die Pflanzen lassen ihre Blätter fallen und bilden keinen Blütentrieb. Üben Sie die Fruchtfolge; Samen 15 Min. einweichen. in einer Lösung, die durch Auflösen einer ätzenden Sublimattablette in einem halben Liter Wasser hergestellt wird. Tabletten können in Drogerien gekauft werden.

Keulenwurzel oder Klumpfuß ist eine bekannte Krankheit. Der Parasit lebt im Boden. Üben Sie die Fruchtfolge. Setzen Sie nur gesunde Pflanzen. Verwenden Sie keinen Mist, der Kohlabfälle enthält. Wenn es nötig ist, befallenes Land zu nutzen, tragen Sie guten Steinkalk auf, 2 bis 5 Tonnen pro Hektar. Mindestens im Herbst vor der Pflanzung auftragen; zwei bis vier Jahre sind besser. Kalken Sie das Saatbett auf die gleiche Weise.

Nelkenrost . – Diese Krankheit ist an den braunen, pudrigen Pusteln am Stängel und an den Blättern zu erkennen. Pflanzen Sie nur die Sorten, die davon am wenigsten betroffen sind. Nehmen Sie Stecklinge nur von gesunden Pflanzen. Besprühen Sie (im Feld einmal pro Woche; im Gewächshaus alle zwei Wochen) mit Kupfersulfat, 1 Pfund bis 20 Gallonen. aus Wasser. Halten Sie die Gewächshausluft so trocken und kühl, wie es für ein gutes Wachstum vereinbar ist. Halten Sie das Laub frei von Feuchtigkeit. Trainieren Sie die Pflanzen so, dass eine freie Luftzirkulation zwischen ihnen gewährleistet ist.

Kastanie : Die Rindenkrankheit der Kastanie ist im Südosten von New York sehr ernst geworden und führt dazu, dass die Rinde absinkt, abstirbt und den Baum tötet. Das Herausschneiden der erkrankten Stellen und eine aseptische Behandlung können in leichten Fällen sinnvoll sein, stark infizierte Bäume sind jedoch nach unserem derzeitigen Kenntnisstand unheilbar. Die Inspektion des Baumschulbestands und das Verbrennen betroffener Bäume ist derzeit das einzige zu empfehlende Verfahren. Die Krankheit wird in Neuengland und im Westen von New York gemeldet.

Chrysanthemenblattfleck. – Sprühen Sie alle zehn Tage oder oft genug mit Bordeaux, 5-5-50, um neues Laub zu schützen. Es kann ammoniakalisches Kupfercarbonat verwendet werden, das jedoch nicht so wirksam ist.

Gurkenkrankheiten : „Welke" ist eine Krankheit, die durch Bakterien verursacht wird, die hauptsächlich von gestreiften Gurkenkäfern verbreitet werden. Vernichten Sie die Käfer oder vertreiben Sie sie durch gründliches Besprühen mit Bordeaux, 5-5-50. Sammeln und vernichten Sie alle verwelkten Blätter und Pflanzen. Es kann höchstens damit gerechnet werden, dass der Verlust leicht reduziert wird.

Falscher Mehltau ist eine schwere Pilzkrankheit der Gurke, die unter Landwirten als „Falsche Fäule" bekannt ist. Die Blätter werden gelb gesprenkelt, weisen abgestorbene Stellen auf und trocknen dann aus. Mit Bordeaux besprühen, 5-5-50. Beginnen Sie mit dem Sprühen, wenn die Pflanzen zu wachsen beginnen, und wiederholen Sie den Vorgang während der gesamten Saison alle 10 bis 14 Tage.

Johannisbeerkrankheiten : Blattflecken und Anthracnose werden durch zwei oder drei verschiedene Pilze verursacht. Die Blätter werden fleckig, vergilben und fallen vorzeitig ab. Sie können durch drei bis fünf Sprühungen mit Bordeaux (5-5-50) bekämpft werden, aber es ist zweifelhaft, ob die Krankheiten im Durchschnitt ausreichend zerstörerisch sind, um so hohe Kosten zu rechtfertigen.

Echter Stachelbeermehltau . – Die Früchte und Blätter sind mit einem schmutzig weißen Pilzbewuchs bedeckt. Wählen Sie beim Anlegen einer neuen Plantage einen Standort, an dem das Land gut entwässert ist und eine gute Luftzirkulation gewährleistet ist. Herabhängende Äste abschneiden. Halten Sie den Boden darunter frei von Unkraut. Mit Kaliumsulfid besprühen, 1 Unze. bis 2 Gallonen; Beginnen Sie, wenn die Knospen brechen, und wiederholen Sie den Vorgang alle 7 bis 10 Tage, bis die Früchte gesammelt sind. Echter Mehltau ist für die europäischen Sorten sehr schädlich.

Traubenschwarzfäule. —Entfernen Sie alle „Mumien", die beim Trimmen an den Armen haften. Pflügen Sie früh und wenden Sie alle alten Mumien und kranken Blätter ab. Harken Sie den gesamten Abfall unter dem Weinstock bis in die letzte Furche und bedecken Sie ihn mit der Traubenhacke. Dies kann nicht gründlich genug erfolgen. Begünstigt wird die Krankheit durch nasses Wetter und Unkraut bzw. Gras im Weinberg. Benutzen Sie die Bodenbearbeitung und halten Sie alle Unkräuter und Gräser zurück. Sorgen Sie dafür, dass die Reben gut keimen; ggf. zweimal keimen. Bis Mitte Juli mit Bordeaux-Mischung 5-5-50 besprühen, danach mit ammoniakalischem Kupfercarbonat. Die Anzahl der Sprühungen variiert je nach Jahreszeit. Führen Sie die erste Anwendung durch, wenn das dritte Blatt sichtbar ist. Infektionen treten bei jedem Regen auf und treten während der gesamten

Vegetationsperiode auf. Vor jedem Regen sollte das Laub durch eine Schicht Spray geschützt werden. Insbesondere der Neuaustrieb sollte gut besprüht werden.

Stockrose Rost . – Abb. 212. Die wilde Malve *(Malva rotundifolia) ausrotten.* Entfernen Sie alle Malvenblätter, sobald sie Anzeichen von Rost aufweisen. Mehrmals mit der Bordeaux-Mischung besprühen und dabei darauf achten, dass beide Seiten der Blätter bedeckt sind.

Salat fällt oder verrottet . – Dies ist eine Pilzkrankheit, die in Gewächshäusern oft zerstörerisch ist und durch plötzliches Welken der Pflanzen entdeckt wird. Die vollständige Kontrolle erfolgt durch Dampfsterilisation des Bodens bis zu einer Tiefe von 5 cm oder mehr. Wenn es nicht möglich ist, den Boden zu sterilisieren, verwenden Sie für jede Salaternte frische Erde.

Zuckermelonenkrankheiten : „Die Knollenfäule" ist eine sehr lästige Krankheit. Die Blätter zeigen eckige tote braune Flecken, vertrocknen dann und sterben ab; Die Frucht reift oft nicht und es fehlt ihnen an Geschmack. Es wird durch denselben Pilz verursacht wie der Falsche Mehltau an Gurken. Während sich Bordeaux bei der Bekämpfung des Falschen Mehltaus bei Gurken als wirksam erwiesen hat, scheint es bei der Linderung derselben Krankheit bei Melonen von geringem Nutzen zu sein.

„Welke" ist dasselbe wie das Welken von Gurken; die gleiche Behandlung erfolgt.

Pfirsichkrankheiten : Braunfäule ist schwer zu bekämpfen. Pflanzenresistente Sorten. Beschneiden Sie die Bäume, um Sonnenlicht und Luft hereinzulassen. Die Früchte gut verdünnen. Pflücken und vernichten Sie so oft wie möglich alle faulen Früchte. Im Herbst alle verbleibenden Früchte vernichten. Vor dem Knospenbruch mit Bordeaux-Mischung oder selbstgekochtem Kalk-Schwefel besprühen.

Blattkräuselung ist eine Krankheit, bei der die Blätter im Frühjahr anschwellen und sich verformen und im Juni und Juli abfallen (Abb. 213). Elberta ist eine besonders anfällige Sorte. Einfache und vollständige Bekämpfung durch einmaliges Besprühen der Bäume mit Bordeaux, 5-5-50, oder mit den Kalk-Schwefel-Mischungen, die für die San-José-Schuppe verwendet werden, bevor die Knospen anschwellen.

Schwarze Flecken oder Schorf erweisen sich in der Regenzeit und insbesondere in feuchten oder geschützten Situationen oft als problematisch. Während diese Krankheit die Zweige und Blätter befällt, ist sie an den Früchten am auffälligsten und schädlichsten, wo sie als dunkle Flecken oder Flecken auftritt. Bei starkem Befall platzt die Frucht. Bei der Behandlung dieser Krankheit ist es von größter Bedeutung , *eine freie Luftzirkulation* um die Frucht herum sicherzustellen. Dies erreichen Sie, indem Sie niedrige

Standorte meiden, beschneiden und Windschutz entfernen. Sprühen Sie wie bei der Blattkräuselung und tragen Sie anschließend zweimal Kaliumsulfid auf, je 1 Unze. bis 3 Gallonen, wobei das erste kurz nach dem Abbinden der Früchte und das zweite gemacht wird, wenn die Früchte halb ausgewachsen sind.

Gelbfärbung ist eine sogenannte „physiologische Krankheit". Ursache unbekannt. Ansteckend und an manchen Orten schwerwiegend. Erkennbar an der vorzeitigen Reifung der Früchte, an roten Streifen und Flecken im Fruchtfleisch und an den eigentümlichen Büscheln kränklicher, gelblicher Triebe, die hier und da an den Gliedmaßen erscheinen (Abb. 215). Graben Sie erkrankte Bäume aus und verbrennen Sie sie, sobald Sie sie entdecken.

Birnenkrankheiten : Feuerbrand tötet die Zweige und Äste, deren Blätter plötzlich schwarz werden und absterben, aber nicht abfallen. Es entstehen auch Krebserkrankungen am Rumpf und an großen Gliedmaßen. Schneiden Sie befallene Äste sofort nach Entdeckung ab und schneiden Sie sie 15 bis 20 cm unterhalb der niedrigsten Anzeichen der Krankheit ab. Reinigen Sie Gliedmaßen- und Körperkrebs. Alle großen Wunden mit ätzender Sublimatlösung (1:1000) desinfizieren und mit einer Farbschicht abdecken. Vermeiden Sie es, ein schnelles, saftiges Wachstum zu erzwingen. Pflanzen Sie die am wenigsten betroffenen Sorten.

Birnenschorf ist dem Apfelschorf sehr ähnlich. Für einige Sorten ist es sehr zerstörerisch, beispielsweise für Flemish Beauty und Seckel. Dreimal mit Bordeaux besprühen, wie bei Apfelschorf.

Pflaumen- und Kirschkrankheiten : Schwarzknöterich ist ein Pilz, dessen Sporen vom Wind von Baum zu Baum getragen werden und so die Infektion verbreiten. Schneiden Sie alle Knoten heraus und verbrennen Sie sie, sobald Sie sie entdecken. Achten Sie darauf, dass die Äste von allen Pflaumen- und Kirschbäumen in der Nachbarschaft entfernt werden.

Blattfleckenkrankheit ist eine Krankheit, bei der die Blätter mit rötlichen oder braunen Flecken bedeckt werden und vorzeitig abfallen (Abb. 211); stark betroffene Bäume überwintern. Oft fallen die toten Stellen weg und es entstehen klare Löcher. Mit Bordeaux besprühen, 5-5-50. Führen Sie bei Kirschen vier Anwendungen durch: zuerst kurz vor dem Öffnen der Blüten; zweitens, wenn die Frucht frei von Kelchen ist; drittens, zwei Wochen später; Vierter, zwei Wochen nach dem Dritten. Bei Pflaumen kann es durch zwei oder drei Anwendungen von Bordeaux, 5-5-50, kontrolliert werden. Machen Sie die erste etwa zehn Tage nach dem Blütenfall und die weiteren im Abstand von etwa drei Wochen. Dies gilt für europäische Sorten. Japanische Pflaumen sollten nicht mit Bordeaux besprüht werden.

Kartoffelkrankheiten : Es gibt verschiedene Arten von Kartoffelfäule und -fäule. Am wichtigsten sind die Frühfäule und die Spätfäule – beides Pilzkrankheiten. Die Frühfäule befällt nur das Laub. Die Kraut- und Knollenfäule tötet das Laub ab und führt häufig zum Verfaulen der Knollen. Zwei schwerwiegende Probleme, die oft mit Knollenfäule verwechselt werden, sind: (1) Blattspitzenverbrennungen, die durch trockenes Wetter verursachte Bräunung der Blattspitzen und -ränder; und (2) Flohkäferverletzung, bei der die Blätter zahlreiche kleine Löcher aufweisen und dann austrocknen. Der Verlust durch Knollenfäule und Flohkäfer ist enorm – oft beträgt er ein Viertel bis die Hälfte der Ernte. Bei Fäule und Flohkäfern 5-5-50 Mal mit Bordeaux besprühen. Beginnen Sie, wenn die Pflanzen 15 bis 20 cm hoch sind, und wiederholen Sie den Vorgang während der Saison alle 10 bis 14 Tage, wobei Sie insgesamt 5 bis 7 Mal auftragen. Verwenden Sie 40 bis 100 Gallonen. pro Acre bei jeder Anwendung. Unter besonders günstigen Bedingungen für die Krautfäule lohnt es sich, einmal pro Woche zu sprühen.

Schorf wird durch einen Pilz verursacht, der die Oberfläche der Knollen befällt. Die Übertragung erfolgt über erkrankte Knollen und in den Boden. Wenn das Land stark von Schorf befallen ist, ist es im Allgemeinen am besten, es mehrere Jahre lang mit anderen Kulturen zu bepflanzen. (Siehe Seite 190.)

Himbeerkrankheiten : Anthracnose ist für schwarze Himbeeren sehr schädlich, für die roten Sorten jedoch nicht oft schädlich. Erkennbar ist es an den kreisförmigen oder elliptischen grauen, schorfartigen Flecken auf den Stöcken. Vermeiden Sie die Entnahme junger Pflanzen aus erkrankten Plantagen. Entfernen Sie alle alten und stark befallenen neuen Stöcke, sobald die Früchte geerntet sind. Obwohl das Besprühen mit Bordeaux (5-5-50) die Krankheit bekämpft, ist die Behandlung möglicherweise nicht profitabel. Wenn Sprühen ratsam erscheint, führen Sie die erste Anwendung durch, wenn die neuen Stöcke 15 bis 20 cm hoch sind, und folgen Sie mit zwei weiteren in Abständen von 10 bis 14 Tagen.

Zuckerrohrfäule oder Zuckerrohrwelke ist eine zerstörerische Krankheit, die sowohl rote als auch schwarze Sorten befällt. Fruchtstände verwelken plötzlich und sterben ab. Es wird durch einen Pilz verursacht, der irgendwann das Rohr befällt und die Rinde und das Holz abtötet, wodurch die darüber liegenden Teile absterben. Es ist keine erfolgreiche Behandlung bekannt. Verwenden Sie bei Neuanpflanzungen nur Pflanzen aus gesunden Plantagen. Entfernen Sie die Fruchtstände, sobald die Früchte gesammelt sind.

Rotrost ist bei schwarzen Sorten oft schwerwiegend, befällt jedoch keine roten Sorten. Es ist dasselbe wie der rote Rost einer Brombeere. Befallene Pflanzen ausgraben und vernichten.

Rosenkrankheiten : Die Blattfleckenkrankheit ist eine der häufigsten Rosenkrankheiten. Dadurch fallen die Blätter vorzeitig ab. Mit Bordeaux 5-5-50 besprühen, beginnend, sobald die ersten Flecken auf den Blättern erscheinen. Durch zwei bis drei Anwendungen im Abstand von zehn Tagen lässt sich die Krankheit weitestgehend unter Kontrolle bringen. Bei Rosen, die unter Glas wachsen, kann ammoniakalisches Kupfercarbonat verwendet werden. Einmal pro Woche anwenden, bis die Krankheit unter Kontrolle ist.

Um Schimmel auf Gewächshausrosen zu vermeiden, streichen Sie die Dampfleitungen mit einer Paste aus gleichen Teilen Kalk und Schwefel gemischt mit Wasser. Der Mehltau ist ein oberflächenfressender Pilz und wird durch die Dämpfe des Schwefels abgetötet. Freilandrosen, die von Mehltau befallen sind, können mit Schwefel bestäubt oder mit einer Lösung aus Kaliumsulfid (ca. 30 g) besprüht werden. bis 3 Gallonen. Wasser. Besprühen oder bestäuben Sie den Schwefel zwei- oder dreimal im Abstand von einer Woche oder zehn Tagen.

Erdbeerblattfleck. – Die häufigste und schwerwiegendste Pilzkrankheit der Erdbeere; auch Rost- und Krautfäule genannt. Die Blätter weisen zunächst tiefviolette Flecken auf, die sich später jedoch vergrößern und in der Mitte grau oder fast weiß werden. Der Pilz überwintert in den alten, kranken Blättern, die zu Boden fallen. Entfernen Sie beim Anlegen neuer Plantagen alle erkrankten Blätter von den Pflanzen, bevor sie auf das Feld gebracht werden. Besprühen Sie die frisch gesetzten Pflanzen kurz nach Beginn des Wachstums mit 5-5-50 Mal Bordeaux. Führen Sie während der Saison drei oder vier zusätzliche Sprühungen durch. Im folgenden Frühjahr kurz vor der Blüte und 10 bis 14 Tage später noch einmal sprühen. Soll das Beet ein zweites Mal befruchtet werden , mähen Sie die Pflanzen und verbrennen Sie die Beete, sobald die Früchte geerntet sind. Pflanzenresistente Sorten.

Tomatenblattfleck. —Das charakteristische Merkmal dieser Krankheit ist, dass sie an den unteren Blättern beginnt und sich nach oben ausbreitet, wobei sie dabei das Laub abtötet. Es lässt sich nur schwer bekämpfen, da es über den Winter in den kranken Blättern und Wipfeln, die zu Boden fallen, verbreitet wird. Schneiden Sie beim Pflanzen alle unteren Blätter ab, die den Boden berühren. auch alle Blätter, die verdächtig aussehende tote Stellen aufweisen. Die Probleme beginnen oft im Saatbett. Besprühen Sie die Pflanzen sehr gründlich mit Bordeaux, 5-5-50, beginnend, sobald die Pflanzen gepflanzt werden. Für mehr Komfort beim Sprühen abstecken und festbinden. Unter die Blattseite sprühen. Jede Woche oder zehn Tage sprühen.

Kapitel VII
: Das Wachstum der Zierpflanzen – die Klassen der Pflanzen und Listen

Bei der Auswahl der Pflanzenarten für das Hauptgrundstück sollte der Gärtner sorgfältig zwei Kategorien unterscheiden: Pflanzen, die die Struktur und Gestaltung des Ortes bilden, und Pflanzen, die lediglich zur Verzierung verwendet werden. Die Hauptvorteile, die man bei Ersterem anstreben sollte, sind gutes Laub, angenehme Form und Wuchs, Grüntöne und die Farbe der Winterzweige. Die Vorzüge letzterer liegen vor allem in der Blütenpracht oder dem farbigen Laub.

Jede dieser Kategorien sollte noch einmal unterteilt werden. Von Pflanzen für den Hauptentwurf könnten Bäume als Windschutz oder Bäume als Schattenspender diskutiert werden; von Sträuchern für Abschirmungen oder schwere Bepflanzungen, für leichtere Randbepflanzungen und für gelegentliche Massen an Gebäuden oder auf dem Rasen; und vielleicht auch von Weinreben für Veranden und Lauben, von immergrünen Pflanzen, von Hecken und von den schwereren krautigen Massen.

Pflanzen, die lediglich zur Verschönerung oder Verzierung verwendet werden, können wiederum in Kategorien für dauerhafte Staudenrabatten, für Ausstellungsbeete, Bandeinfassungen, einjährige Pflanzen für vorübergehende Effekte, Laubbeete, Pflanzen zum Hinzufügen von Farbe und Betonung der Strauchmassen sowie Pflanzen, die als solche angebaut werden sollen, eingeteilt werden Einzelexemplare oder als Kuriositäten sowie Pflanzen für Verandakästen und Fenstergärten.

Nachdem wir nun kurz die Verwendungsmöglichkeiten der Pflanzen angedeutet haben, werden wir sie nun im Hinblick auf die Gestaltung von Hausgrundstücken diskutieren. Dieses Kapitel enthält eine kurze Betrachtung von:

- *Pflanzung mit sofortiger Wirkung,*
- *Die Verwendung von „Laub"-Bäumen und -Sträuchern,*
- *Windschutz und Sichtschutz,*
- *Das Anlegen von Hecken,*
- *Die Grenzen,*
- *Die Blumenbeete,*
- *Wasser- und Moorpflanzen,*

- *Steingärten und Alpenpflanzen;*

und dann gliedert es sich in neun Unterkapitel, wie folgt:

- 1. Pflanzen für Teppichbeete, S. 234;
- 2. Die einjährigen Pflanzen, S. 241;
- 3. Winterharte Stauden, S. 260;
- 4. Zwiebeln und Knollen, S. 281;
- 5. Das Gebüsch, S. 290;
- 6. Kletterpflanzen, S. 307;
- 7. Bäume für Rasen und Straßen, S. 319;
- 8. Immergrüne Nadelbäume und Sträucher, S. 331;
- 9. Fenstergärten, S. 336.

Und dann, in Kapitel VIII, werden die besonderen Pflanzenkulturen, die besonderer Pflege bedürfen, kurz besprochen.

Bepflanzung mit sofortiger Wirkung .

Es ist immer legitim und sogar wünschenswert, mit sofortiger Wirkung zu pflanzen. Zu diesem Zweck kann man sehr dicht wachsende Bäume und Sträucher pflanzen. Tatsache ist jedoch, dass sehr schnell wachsenden Bäumen meist ein starker oder künstlerischer Charakter fehlt. Mit ihnen sollten andere und bessere Bäume gepflanzt und die merkwürdigen Arten nach und nach entfernt werden. (Seite 41.)

Die Wirkung eines neuen Ortes kann durch den geschickten Einsatz von einjährigen Pflanzen und anderen Kräutern in den Strauchplantagen erheblich gesteigert werden. Bis das Gebüsch den Boden bedeckt, können temporäre Pflanzen dazwischen gezogen werden. Subtropische Beete können Orten, die prätentiös genug sind, um den Eindruck zu erwecken, dass sie dazu passen, einen sehr wünschenswerten vorübergehenden Abschluss verleihen.

Sehr raue, harte, sterile und steinige Ufer können manchmal mit Huflattich (*Tussilago Farfara*), Sacaline, *Rubus cratægifotius,* Beinwell und verschiedenen wilden Gewächsen bedeckt sein, die an ähnlichen Orten in der Nachbarschaft vorkommen.

So sehr der Pflanzer auch mit unmittelbaren Auswirkungen rechnen mag, die Schönheit von Bäumen und Sträuchern kommt mit der Reife und dem Alter, und diese Schönheit wird oft durch Scheren und übermäßiges Zurückschneiden verzögert oder sogar ausgelöscht. Anfangs sind die

Sträucher steif und aufrecht, doch wenn sie ihren vollen Charakter erreicht haben, neigen sie sich meist nach unten oder drehen sich um, um der Grasnarbe zu begegnen. Manche Büsche bilden viel schneller grüne Hügel als andere, die möglicherweise sogar eng miteinander verwandt sind. So bleibt die Gewöhnliche Gelbglocke (*Forsythia virdissima*) einige Jahre lang steif und hart, während *F. suspensa* in zwei oder drei Jahren einen rollenden grünen Haufen bildet. Schnelle informelle Effekte können auch durch die Verwendung von Halls japanischem Geißblatt (*Lonicera Halliana* von Baumschulen) erzielt werden, einem im Süden immergrünen Baum, dessen Blätter bis zur Wintermitte oder später im Norden verbleiben. Es kann zum Abdecken eines Felsens, eines Müllhaufens oder eines Baumstumpfes (Abb. 236) verwendet werden, um eine Ecke an einem Fundament zu füllen, oder es kann auf einer Veranda oder Laube trainiert werden. Es gibt eine Form mit gelb geäderten Blättern. *Rosa Wichuraiana* und einige der Kratzbeeren eignen sich zum Abdecken rauer Stellen.

Viele Weinreben, die üblicherweise für Veranden und Lauben verwendet werden, können auch für die Ränder von Strauchplantagen und zur Abdeckung rauer Ufer und Felsen verwendet werden, um den raueren Teilen des Ortes schnell einen Abschluss zu verleihen. Solche Reben sind unter anderem verschiedene Arten von Clematis, Virginia-Wein, Actinidia, Akebia, Trompeten-Wein, Periploca, Bittersüß (*Solanum Dulcamara*) und Wachspflanze (*Celastrus scandens*).

Selbstverständlich lassen sich sehr gute unmittelbare Effekte durch eine sehr dichte Bepflanzung erzielen (Seite 222), aber der Heimbewohner darf es nicht versäumen, diese Pflanzungen zu gegebener Zeit auszudünnen.

236. Stump covered with Japanese honeysuckle.

Die Verwendung von „Laub"-Bäumen und -Sträuchern .

Es besteht immer die Versuchung, Bäume und Sträucher, die sich durch abnormales oder auffälliges Laub auszeichnen, zu großzügig zu nutzen. Das Thema wird in seinen künstlerischen Bezügen auf den Seiten 40 und 41 behandelt.

In der Regel sind die gelbblättrigen, fleckigen, bunten und anderen anormalen „Laub"-Pflanzen weniger winterhart und weniger zuverlässig als die grünblättrigen oder „natürlichen" Formen. Sie benötigen in der Regel mehr Pflege, wenn sie in einem kräftigen und ordentlichen Zustand gehalten werden . Einige deutliche Ausnahmen hiervon sind in den Baum- und Strauchlisten aufgeführt.

Es gibt jedoch einige Pflanzen mit auffälligem Blattwerk, die absolut zuverlässig sind, aber normalerweise nicht zur Klasse der „gärtnerischen Sorten" gehören, da ihre Eigenschaften für die Art normal sind. Einige der silber- oder weißblättrigen Pappeln beispielsweise erzeugen die auffälligsten Laubkontraste, insbesondere wenn sie in der Nähe dunklerer Bäume gepflanzt werden, und sind aus diesem Grund bei vielen Pflanzern sehr beliebt. Die Bolle-Pappel (*Populus Bolleana* aus den Baumschulen) ist einer der besten dieser Bäume. Sein Habitus ähnelt in etwa dem der Lombardei. Die Oberseite der tief gelappten Blätter ist dunkel mattgrün, während die Unterseite fast schneeweiß ist. Solch eindringliche Bäume wie dieser sollten im Allgemeinen teilweise verdeckt werden, indem man sie zwischen andere Bäume pflanzt, so dass sie sich scheinbar mit dem anderen Laub vermischen; Andernfalls sollten sie aus einiger Entfernung gesehen werden. Andere Sorten der Silberpappel oder Abele sind gelegentlich nützlich, obwohl die meisten von ihnen schlecht austreiben und lästig werden können. Aber das Pflanzen dieser unbescheidenen Bäume ist wahrscheinlich so übertrieben, dass man sie kaum zu empfehlen wagt, obwohl sie bei geschickter Anwendung hervorragende Ergebnisse erzielen können. Wenn ein Leser eine besondere Vorliebe für Bäume dieser Klasse (oder andere mit wollweißem Laub) hat und nur ein gewöhnliches Stadtgrundstück oder einen Bauernhof schmücken möchte, soll er seine Wünsche auf einen einzigen Baum reduzieren und dann Wenn dieser Baum im Inneren einer Gruppe anderer Bäume gepflanzt wird, kann kein Schaden entstehen.

Windschutz und Bildschirme .

Ein Schutzgürtel für das Heimgelände wird oft am äußersten Rand des Heimgartens angebracht, in Richtung des stärksten oder vorherrschenden Windes. Es kann sich um eine dichte Bepflanzung immergrüner Pflanzen handeln. Wenn ja, ist die Gemeine Fichte eine der besten für allgemeine Zwecke in den nordöstlichen Bundesstaaten. Für einen niedrigeren Gürtel ist der Lebensbaum ausgezeichnet. Einige der Kiefern, wie die Wald- oder Österreichische Kiefer, und die einheimische Weißkiefer sind ebenfalls zu empfehlen, insbesondere wenn der Gürtel in einiger Entfernung vom Wohnsitz liegt. Generell gilt: Je gröber der Baum, desto weiter entfernt vom Haus sollte er stehen.

Die in der Region verbreiteten Laubbäume (z. B. Ulme, Ahorn, Buchsbaum) können als Windschutz in einer Reihe oder in Reihen gepflanzt werden. Gute Schutzgürtel werden durch Pappeln und große Weiden gesichert. In den

Prärien und weit im Norden eignet sich die Lorbeerweide *(Salix laurifolia* des Handels) hervorragend. Wenn der Schnee sehr stark weht, können im Abstand von drei bis sechs Stäben zwei Brandungslinien angebracht werden, damit die geschlossene Spur die Schneewehe auffangen kann; Diese Methode wird in Prärieregionen eingesetzt.

Möglicherweise möchten Personen die Lücke als Sichtschutz nutzen, um unerwünschte Objekte zu verbergen. Handelt es sich bei diesen Objekten um dauerhafte Objekte, etwa eine Scheune oder ein ungepflegtes Grundstück, sollten immergrüne Bäume zum Einsatz kommen. Für temporäre Abschirmungen können alle sehr großwüchsigen krautigen Pflanzen verwendet werden. Sehr ausgezeichnete Motive sind Sonnenblumen, die großwüchsigen Nicotianas, Rizinusbohnen, große Maissorten und Pflanzen mit ähnlichem Wuchs. Hervorragende Sichtschutzwände werden manchmal mit Ranken an einem Spalier hergestellt.

Mit Ailanthus, Paulownia, Linde, Sumach und anderen Pflanzen, die dazu neigen, sehr kräftige Triebe aus der Basis auszutreiben, können sehr effiziente Sommerschirme hergestellt werden. Nachdem diese Pflanzen ein oder zwei Jahre lang gepflanzt wurden, werden sie im Winter oder Frühling fast bis zum Boden zurückgeschnitten, und im Sommer treiben kräftige Triebe mit großer Üppigkeit in die Höhe, wodurch ein dichter Schirm entsteht und ein halbtropischer Effekt erzielt wird. Zu diesem Zweck sollten die Wurzeln nur 60–90 cm voneinander entfernt gepflanzt werden. Wenn die Wurzeln nach einiger Zeit so dicht werden, dass die Triebe schwach werden, können einige Pflanzen entfernt werden. Wenn Sie die Fläche jeden Herbst mit Dünger bestreuen, wird der Boden tendenziell nährstoffreich genug, um im Sommer ein sehr starkes Wachstum zu ermöglichen. (Siehe Abb. 50.)

Das Anlegen von Hecken .

Hecken werden hierzulande viel seltener genutzt als in Europa, und das aus mehreren Gründen. Unser Klima ist trocken und die meisten Hecken gedeihen hier nicht so gut wie dort; Arbeitskräfte sind teuer und das Trimmen wird daher wahrscheinlich vernachlässigt. Unsere Höfe sind so groß, dass viele Zäune erforderlich sind. Holz und Draht sind günstiger als lebende Hecken.

Allerdings werden Hecken rund um das Hausgrundstück mit gutem Erfolg eingesetzt. Um eine gute Zierhecke zu sichern, ist es notwendig, einen gründlich vorbereiteten, tiefen Boden zu haben, die Pflanzen dicht zu setzen und sie mindestens zweimal im Jahr zu scheren. Die nützlichste Pflanze für immergrüne Hecken ist im Allgemeinen der Lebensbaum. Die Pflanzen können in Abständen von 1 bis 2 1/2 Fuß voneinander aufgestellt werden.

Für gröbere Hecken wird die Gemeine Fichte verwendet; und für noch gröbere Arten die Wald- und Österreich-Kiefern. In Kalifornien besteht die Hauptkoniferenhecke aus Monterey-Zypressen. Für ausgewählte immergrüne Hecken auf dem Gelände, insbesondere außerhalb der nördlichen Bundesstaaten, sind einige der Retinosporas sehr nützlich. Eines der besten Nadelgehölze für Hecken ist die Hemlocktanne, die sich gut scheren lässt und eine sehr weiche und angenehme Masse ergibt. Die Pflanzen können in einem Abstand von 2 bis 4 Fuß zueinander stehen.

Andere Pflanzen, die ihre Blätter halten und sich gut für Hecken eignen, sind der Buchsbaum und der Liguster. Buchsbaumhecken eignen sich am besten für sehr niedrige Ränder von Wegen und Blumenbeeten. Die Zwergsorte kann beliebig viele Jahre lang bis zu einer Höhe von 15 bis 30 Zentimetern gehalten werden. Die größer wachsenden Sorten bilden ausgezeichnete Hecken mit einer Höhe von 3, 4 und 5 Fuß. Im Norden behält der Gewöhnliche Liguster oder Prim seine Blätter bis weit in den Winter hinein. Der sogenannte Kalifornische Liguster hält seine Blätter etwas länger und steht besser am Meeresufer. Die Mahonie bildet an Standorten, an denen sie gedeihen wird, eine niedrige, lockere Hecke oder Einfassung. Auch Pyracantha ist dort zu empfehlen, wo sie winterhart ist. In den Südstaaten gibt es nichts Besseres als *Citrus trifoliata* . Dies ist in sehr bevorzugten Gegenden auch weiter nördlich als Washington kaum möglich. Im Süden wird *Prunus Caroliniana* auch für Hecken verwendet. Saltbush-Hecken kommen in Kalifornien häufig vor.

Für Hecken aus Laubpflanzen sind die häufigsten Arten Sanddorn, Japanische Quitte, Europäischer Weißdorn und andere Dornen, Tamarix, Osage-Orange, Echte Robinie und verschiedene Rosenarten. Osage-Orange wird am häufigsten für Hecken auf dem Bauernhof verwendet. Für den Hausgarten eignet sich *Berberis Thunbergii* hervorragend als freie Hecke; auch *Spiræa Thunbergii* und andere Spireas. Die Gemeine *Rosa rugosa* ist eine attraktive Freihecke.

Hecken sollten ein Jahr nach ihrer Setzung beschnitten werden, jedoch nicht zu stark geschoren werden, bis sie die gewünschte oder dauerhafte Höhe erreicht haben. Danach sollten sie im Frühjahr oder Herbst oder in beiden Fällen in die gewünschte Form geschnitten werden. Lässt man die Pflanzen ein oder zwei Jahre lang wachsen, ohne sie zu beschneiden, verlieren sie ihre unteren Blätter und werden offen und strähnig. Osage-Orange und einige andere Pflanzen werden gepflanzt; Das heißt, die Pflanzen werden in einem Winkel und nicht senkrecht aufgestellt und schräg miteinander verbunden, so dass sie direkt über der Erdoberfläche eine undurchdringliche Barriere bilden.

Für eng geschnittene oder geschorene Hecken sind die besten Pflanzen Lebensbaum, Retinospora, Hemlocktanne, Gemeine Fichte, Liguster, Sanddorn, Buchsbaum, Osage-Orange, Pyracantha und *Citrus trifoliata* . Der Pyracantha *(Pyracantha coccinea*) ist ein immergrüner Strauch, der mit Cratægus verwandt ist und von dem er manchmal als eine Art betrachtet wird. Manchmal wird sie auch Zwergmispel genannt. Obwohl er an geschützten Orten im Norden winterhart ist, handelt es sich im Wesentlichen um einen Busch der mittleren und südlichen Breiten sowie Kaliforniens. Es hat hartnäckiges Laub und rote Beeren. Var. *Lalandi* hat orangerote Beeren.

***Die Grenzen* .**

Das Wort „Grenze“ wird verwendet, um die starke oder kontinuierliche Bepflanzung an den Grenzen eines Ortes oder entlang der Gehwege und Zufahrten oder an den Gebäuden zu bezeichnen, im Unterschied zur Bepflanzung auf dem Rasen oder in den Innenräumen. Eine Grenze erhält je nach Art der darin wachsenden Pflanzen unterschiedliche Bezeichnungen: Es kann sich um eine Strauchgrenze, eine Blumengrenze, eine winterharte Grenze für einheimische und andere Pflanzen, eine Weinrebengrenze und dergleichen handeln.

Es gibt drei Regeln für die Auswahl der Pflanzen für ein winterhartes Beet: Wählen Sie (1) diejenigen aus, die Ihnen am besten gefallen, (2) diejenigen, die an das Klima und den Boden angepasst sind, (3) diejenigen, die vorhanden sind oder dazu passen Teil des Geländes.

Die Erde für die Grenze sollte fruchtbar sein. Der gesamte Boden sollte gepflügt oder gespatet werden und die Pflanzen sollten unregelmäßig im Raum platziert werden; oder die hintere Reihe kann in einer Linie angeordnet werden. Wenn das Beet aus Sträuchern besteht und groß ist, kann in den ersten zwei bis drei Jahren ein Pferdekultivator zwischen den Pflanzen hin- und herfahren, da die Sträucher einen Abstand von 2 bis 4 Fuß haben. Normalerweise erfolgt die Bodenbearbeitung jedoch mit Handwerkzeugen. Nachdem die Pflanzen einmal etabliert und das Beet gefüllt sind, ist es am besten, so wenig wie möglich auszugraben, da das Graben die Wurzeln stört und die Kronen zerbricht. Normalerweise ist es am besten, das Unkraut zu entfernen und die Grenze jeden Herbst mit gut verfaultem Mist zu düngen. Wenn der Boden nicht sehr nährstoffreich ist, kann von Zeit zu Zeit eine Ausbringung von Asche oder handelsüblichem Dünger erfolgen.

Der Rand sollte so dick gepflanzt werden, dass die Pflanzen zusammenlaufen können und so ein einheitlicher Effekt entsteht. Die meisten Sträucher sollten einen Abstand von 3 Fuß haben. Dinge, die so groß sind wie Flieder, können 1,20 m hoch werden, manchmal sogar noch mehr. Gewöhnliche Stauden wie Blutendes Herz, Rittersporn, Stockrosen und dergleichen sollten zwischen 12 und 18 Zoll groß werden. An der Vorderkante des Beetes ist ein hervorragender Platz für einjährige und zartblühende Pflanzen. Hier kann man zum Beispiel einen Rand aus Astern, Geranien, Buntlippen oder allem anderen machen, was man möchte. (Kap. II.)

In den dicken Beeten rund um die Grundstücksgrenzen treibt das Herbstlaub und ergibt einen hervorragenden Mulch. Wenn diese Ränder mit Sträuchern bepflanzt werden, kann es sein, dass die Blätter dort verrotten und im Frühjahr nicht abgeharkt werden.

Der allgemeine Umriss des Randes zum Rasen sollte mehr oder weniger wellenförmig oder unregelmäßig sein, insbesondere wenn er sich an der Grundstücksgrenze befindet. Bei einem Spaziergang oder einer Autofahrt können die Ränder den allgemeinen Richtungen des Spaziergangs oder der Autofahrt folgen.

Bei der Gestaltung von Rabatten aus mehrjährigen Blumen werden die zufriedenstellendsten Ergebnisse erzielt, wenn von jeder Art oder Sorte ein großer Klumpen angebaut wird. Das Staudenbeet ist einer der flexibelsten Teile des Geländes, da es keine regelmäßige oder formale Gestaltung aufweist. Lassen Sie ausreichend Platz für jede mehrjährige Wurzel – oft bis zu drei bis vier Quadratmeter – und streuen Sie dann, wenn der Raum in den ersten ein oder zwei Jahren nicht ausgefüllt ist, Samen von Mohn, Wicken, Astern, Gilias und Steinkraut über die Fläche oder andere einjährige Pflanzen. Die Abbildungen 237-239 aus Long („Popular Gardening“, I., 17, 18) schlagen Methoden zur Herstellung solcher Grenzen vor. Sie liegen auf einer Skala von zehn Fuß pro Zoll. Die gesamte Oberfläche ist bearbeitet und die unregelmäßigen Diagramme geben die Größe der Klumpen an. Die Diagramme ohne Namen sind bei Bedarf mit Blumenzwiebeln, Einjährigen und zarten Pflanzen zu füllen.

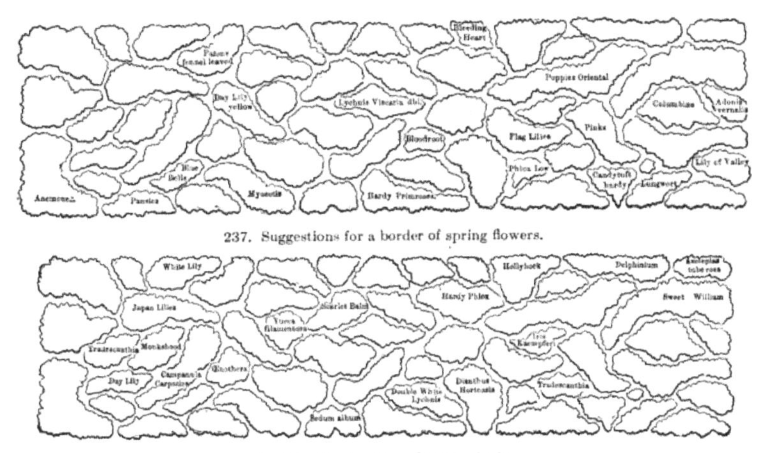

237. Suggestions for a border of spring flowers.

238. A border of summer-flowering herbs.

Es darf jedoch nicht angenommen werden, dass man keine Grenze haben kann, wenn man nicht über weite Randräume um sein Grundstück verfügt. Es ist überraschend, wie viele Dinge man in einem alten Zaun anbauen kann. Stauden, die in Zaunreihen auf Feldern wachsen, sollten auch auf dem heimischen Grundstück in ähnlichen Grenzen wachsen. Einige einjährige Gartenpflanzen gedeihen gut an einem Zaun, insbesondere wenn der Zaun nicht zu viel Licht abhält; und viele Weinreben (sowohl mehrjährige als auch einjährige) werden es effektiv bedecken. Unter den einjährigen Pflanzen gedeihen die großsamen, schnell keimenden und schnell wachsenden Arten am besten. Sonnenblume, Duftwicke, Prunkwinde, Japanischer Hopfen, Zinnie, Ringelblume, Amaranth, Vier-Uhr-Pflanze sind einige der Sorten, die sich behaupten können. Wenn an solchen Orten Pflanzen angebaut werden sollen, ist es wichtig, ihnen zu Beginn der Saison alle möglichen Vorteile zu verschaffen, damit sie dem Gras und dem Unkraut weit voraus sind. Spaten Sie den Boden auf, so viel Sie können. Fügen Sie etwas Schnelldünger hinzu. Es ist am besten, die Pflanzen in Töpfen oder kleinen Kisten zu pflanzen, damit sie beim Pflanzen vor dem Unkraut stehen.

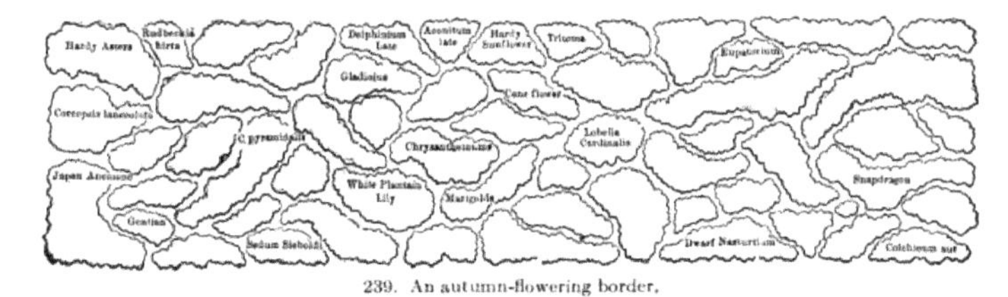

239. An autumn-flowering border.

Die Blumenbeete.

Wir müssen daran denken, zwei Verwendungszwecke von Blumen zu unterscheiden: ihren Teil in einer Landschaftsgestaltung oder einem Bild und ihren Teil in einem Beet oder separaten Garten zum Blühen. Wir betrachten nun das eigentliche Blumenbeet; und wir schließen in das Blumenbeet solche „Blattpflanzen“ wie Coleus, Celosia, Croton und Canna ein, obwohl der Hauptzweck des Blumenbeets darin besteht, eine Fülle von Blumen hervorzubringen.

Achten Sie beim Anlegen eines Blumenbeets darauf, dass der Boden gut entwässert ist; dass der Untergrund tief ist; dass das Land in einem milden und brüchigen Zustand ist und dass es fruchtbar ist. Jeden Herbst kann es eine Mulchschicht aus verrottetem Mist oder Blattschimmel geben, die im Frühjahr tief untergeschaufelt werden kann; oder das Land kann im Herbst gespatet und rau gemacht werden, was eine gute Praxis ist, wenn der Boden viel Lehm enthält. Machen Sie die Blumenbeete so breit wie möglich, damit die Wurzeln des von beiden Seiten eindringenden Grases nicht unter den Blumen zusammentreffen und den Beeten Nahrung und Feuchtigkeit entziehen. Es empfiehlt sich, jeden Herbst oder Frühling etwas handelsüblichen Dünger hinzuzufügen.

Obwohl es gut ist, den Boden fruchtbar zu machen, muss man bedenken (wie am Ende von Kapitel IV angedeutet), dass er leicht zu nährstoffreich gemacht werden kann für solche Pflanzen, die wir innerhalb einer bestimmten Statur halten wollen, und für solche, von denen dies nicht der Fall ist Wir wünschen viel Blüte in einer kurzen Saison. In zu nährstoffreichen Böden wachsen Kapuzinerkresse und einige andere Pflanzen nicht nur zu Ranken heran, sondern es mangelt der Blüte auch an Brillanz. Wenn es um Blätter und Vegetation geht, besteht kaum die Gefahr, dass der Boden zu nährstoffreich wird, obwohl es möglich ist, die Pflanze so saftig und saftig zu machen, dass sie sich ausbreitet oder zusammenbricht; und andere Pflanzen können verkrüppelt und verdrängt werden.

Es gibt verschiedene Arten der Blumenpflanzung. Das gemischte Beet, das mit verschiedenen winterharten Pflanzen bepflanzt war und sich zu beiden Seiten des Gartenwegs erstreckte, war vor Jahren beliebt; und mit Änderungen in Position, Form und Ausmaß war es in den letzten Jahren eine beliebte Ergänzung zu Heimgrundstücken. Um die beste Wirkung zu erzielen, sollten die Pflanzen nahe genug stehen, um den Boden zu bedecken; und die Auswahl sollte so sein, dass eine kontinuierliche Blüte gewährleistet ist.

Das gemischte Blumenbeet darf nur zarte sommerblühende Pflanzen enthalten. In diesem Fall erhebt das Beet, das hauptsächlich aus einjährigen Pflanzen besteht, nicht den Anspruch, die gesamte Saison zum Ausdruck zu bringen.

Im Unterschied zum gemischten oder inhomogenen Blumenbeet gibt es verschiedene Formen von „Beeten“, in denen Pflanzen gehäuft werden, um eine zusammenhängende und homogene kräftige Darstellung von Form oder Farbe zu erreichen. Die Einstreu kann dazu dienen, einen starken Weiß-, Blau- oder Roteffekt zu erzeugen; oder aus bandartigen Linien und Kanten; oder von luxuriösem und tropischem Ausdruck; oder um die Merkmale einer bestimmten Pflanze, wie der Tulpe, der Hyazinthe, der Chrysantheme, kühn darzustellen.

In Bandbeeten werden Blüten- oder Blattpflanzen in bandartigen Linien in harmonisch kontrastierenden Farben angeordnet, die üblicherweise Spaziergänge oder Fahrten begleiten, aber auch zur Markierung von Grenzen oder für die Seitenränder geeignet sind. In solchen und anderen Beeten werden die höchsten Pflanzen hinten platziert, wenn das Beet nur von einer Seite gesehen werden soll, und die niedrigsten vorne. Wenn es von beiden Seiten zu sehen ist, steht der höchste in der Mitte.

Eine Modifikation der Bandlinie, bei der die kontrastierenden Farben zu Massen zusammengeführt werden, die Kreise oder andere Muster bilden, wird als „Massierung" oder „Farbmasse" bezeichnet und manchmal auch als „Teppichbettung" bezeichnet.

Teppichbettwäsche gehört jedoch eher zu einem Beetstil, bei dem Pflanzen mit dichtem, niedrigem, ausladendem Wuchs – hauptsächlich Blattpflanzen mit Blättern unterschiedlicher Form und Farbe – in Mustern gepflanzt werden, die Teppichen oder Vorlegern nicht unähnlich sind. Oftmals ist es notwendig, die Scherung der Pflanzen in Grenzen zu halten. Teppichbeet ist eine so spezielle Form des Pflanzenanbaus, dass wir sie gesondert behandeln werden.

Beete mit großen Blattpflanzen zur Erzielung tropischer Effekte bestehen hauptsächlich aus Motiven, die sich auf natürliche Weise entwickeln können. In der niedrigeren und geordneteren Anordnung sind die Pflanzen nicht nur in Kreisen und Mustern nach Wuchs und Höhe angeordnet, sondern die Auswahl erfolgt auch so, dass einige oder alle durch Kneifen oder Beschneiden in angemessenen Grenzen gehalten werden können. Kreise oder Massen aus blühenden Pflanzen können in der Regel nicht an der Spitze zurückgeschnitten werden, so dass der Wuchs der Pflanzen vor dem Pflanzen bekannt sein muss; und die Pflanzen müssen an Stellen im Beet platziert werden, an denen kein Rückschnitt erforderlich ist. Sie können jedoch an den Seiten abgeschnitten werden, falls die Zweige oder Blätter einer Masse oder Linie im Muster über ihre eigentlichen Grenzen hinauswachsen.

Die Zahl guter einjähriger und mehrjähriger Pflanzen, die in Blumenbeeten verwendet werden können, ist mittlerweile sehr groß, und man hat möglicherweise eine große Auswahl. Am Ende dieses Kapitels finden Sie verschiedene Listen, aus denen Sie auswählen können. Besondere Bemerkungen können jedoch zu den am besten für die Bettung geeigneten

Arten und zu deren Abwandlung in Bandarbeit und subtropischer Masse gemacht werden.

Bettwäsche-Effekte.

Bei der Bepflanzung handelt es sich in der Regel um eine vorübergehende Bepflanzung; das heißt, das Bett wird jedes Jahr neu gefüllt. Der Begriff kann jedoch auch zur Bezeichnung einer dauerhaften Plantage verwendet werden, in der die Pflanzen so dicht gedrängt sind, dass sie eine kontinuierliche oder nachdrückliche Darstellung von Form oder Farbe ermöglichen. Einige der besten dauerhaften Beetmassen bestehen aus verschiedenen winterharten Ziergräsern wie Eulalia, Arundo und dergleichen. Die Farbeffekte in der Bettwäsche können durch Blumen oder Blattwerk verstärkt werden.

Als Sommerbeet werden oft mehrjährige Pflanzen verwendet, die aus dem Vorjahr übernommen werden, oder besser noch, die im Februar und März zu diesem Zweck vermehrt werden. Für diese Beete können Pflanzen wie Geranie, Coleus, Alyssum, Scarlet Salvia, Ageratum und Heliotrop verwendet werden. Es ist eine gängige Praxis, Geranienpflanzen, die im Winter blühen, für die Bepflanzung im Sommer zu verwenden, aber solche Pflanzen sind groß und unförmig und haben den größten Teil ihrer Energie verbraucht. Es ist besser, neue Pflanzen zu vermehren, indem man spät im Winter Stecklinge oder Stecklinge nimmt und junge, frische, kräftige Pflanzen auspflanzt. (Seite 30.)

Manche Bettwaren haben nur eine sehr vorübergehende Wirkung. Dies gilt insbesondere für Frühlingsbeete, bei denen es sich um Tulpen, Hyazinthen, Krokusse oder andere frühblühende Zwiebelpflanzen handelt. In diesem Fall wird der Boden meist später in der Saison von anderen Pflanzen besetzt. Diese späteren Pflanzen sind üblicherweise einjährige Pflanzen, deren Samen zwischen die Zwiebeln gesät werden, sobald die Saison weit genug fortgeschritten ist; Alternativ können die einjährigen Pflanzen auch in Kisten gepflanzt und die Pflanzen zwischen die Zwiebeln gepflanzt werden, sobald das Wetter günstig ist.

Viele der niedrig wachsenden und kompakten, kontinuierlich blühenden einjährigen Pflanzen eignen sich hervorragend für die Beetwirkung im Sommer. Auf Seite 249 finden Sie eine Liste einiger nützlicher Materialien für diesen Zweck.

Pflanzen für subtropische Effekte (Tafeln IV und V).

Die Anzahl der Pflanzen, die zur Bildung einer semitropischen Masse oder für die Mitte oder Rückseite einer Gruppe geeignet sind und leicht aus Samen gezogen werden können, ist begrenzt. Einige der besten Arten sind unten aufgeführt.

Es wird sich oft lohnen, diese durch andere zu ergänzen, die im Floristen erhältlich sind, wie z. B. Kaladien, Schraubenkiefern, *Ficus elastica,* Araukarien, *Musa Ensete* , Palmen, Dracenas, Crotons und andere. Auch Dahlien und Knollenbegonien sind nützlich. Über einem Teich können Papyrus und Lotus verwendet werden.

Praktisch alle Pflanzen, die für diese Gartenart verwendet werden, sind anfällig für Windschäden, daher sollten die Beete an einem geschützten Ort platziert werden. Die Palmen und einige andere Gewächshausmaterialien gedeihen besser, wenn sie teilweise beschattet sind.

Bei der Verwendung solcher Pflanzen ergeben sich Möglichkeiten zur Ausübung des schönsten Geschmacks. Ein grober Futterspender wie der Ricinus ist inmitten eines Beetes aus zarten einjährigen Pflanzen völlig fehl am Platz; und eine stattliche, königlich aussehende Pflanze unter bescheideneren Arten lässt letztere oft gewöhnlich aussehen, während, wenn sie von einem Häuptling ihres eigenen Ranges angeführt werden, alle vom besten Vorteil erscheinen würden.

Einige der Pflanzen, die häufig für subtropische Beete verwendet werden und oft zu diesem Zweck in einem Gewächshaus oder Frühbeet gepflanzt werden, sind:

Akalypha.
Amarantus.Aralia Sieboldii (eigentlich Fatsia
Japonica).Bambus.Caladium und Colocasia.Canna.Coxcomb,
insbesondere die neuen „Laub“-Arten.Gräser wie Eulalia,
Pampasgras, Pennisetum.
Gunnera.
Mais, die gestreifte Form.Ricinus oder
Rizinusbohne.Scharlachroter Salbei.Wigandia.

Wasser- und Moorpflanzen .

Einige der interessantesten und dekorativsten Pflanzen wachsen im Wasser und an feuchten Orten. Es ist möglich, einen Wasserblumengarten anzulegen und auch Wasser- und Moorpflanzen als Teil der Landschaftsgestaltung zu verwenden.

Die wichtigste Überlegung beim Aquaristikanbau ist die Gestaltung des Teiches. Es ist möglich, Seerosen in Kübeln und halben Fässern zu züchten; Dies bietet jedoch nicht genügend Platz, und die Pflanzennahrung wird wahrscheinlich bald erschöpft sein und die Pflanzen verkümmern. Die geringe Wassermenge kann ebenfalls verunreinigen.

Die besten Teiche sind solche, die durch gute Maurerarbeit angelegt wurden, denn das Wasser wird durch die Arbeit zwischen den Pflanzen nicht trüb. In

Zementteichen ist es am besten, die Wurzeln der Seerosen in flache Kisten mit Erde (3 Fuß tief und 3 bis 4 Fuß im Quadrat) zu pflanzen oder die Erde in gemauerten Fächern aufzubewahren.

X: Ein flacher Rasenteich mit Seerosen, bunter Süßfahne, Schwertlilien und subtropischer Bepflanzung im hinteren Bereich; Brunnen bedeckt mit Papageienfedern *(Myriophyllum proserpinacoides*).

Normalerweise sind die Teiche oder Tanks nicht mit Zement ausgekleidet. In manchen Böden reicht ein einfacher Aushub aus, um Wasser zu halten, aber normalerweise ist es notwendig, den Tank mit einer Art Auskleidung zu versehen. Ton wird häufig verwendet. Der Boden und die Seiten des Tanks werden fest gestampft und dann mit 3 bis 6 Zoll dickem Ton bedeckt, der mit den Händen geknetet oder in einer Kiste gestampft und bearbeitet wurde. Handvoll oder Schaufeln des Materials werden gewaltsam auf die Erde geworfen, wobei der Bediener darauf achtet, nicht auf das Werkstück zu treten. Der Ton wird mit einem Spaten oder Hammer geglättet und anschließend geschliffen.

Das Wasser für den Seerosenteich kann aus einem Bach, einer Quelle, einem Brunnen oder einer städtischen Wasserversorgung stammen. Die Pflanzen gedeihen in jedem Wasser, das für Haushaltszwecke verwendet wird. Es ist wichtig, dass das Wasser nicht stagniert und ein Brutplatz für Mücken wird. Es sollte ein Auslass in Form eines Standrohrs vorhanden sein, der die Wassertiefe reguliert. Es ist nicht notwendig, dass das Wasser schnell durch den Teich oder Tank fließt, sondern nur, dass eine langsame Veränderung stattfindet. Manchmal lässt man das Wasser durch eine Brunnenvase eindringen, in der Wasserpflanzen (z. B. Papageienfedern) gezüchtet werden können (Tafel X).

In allen Teichen reicht eine Wassertiefe von 1 Fuß oder 15 Zoll aus, um über den Pflanzenkronen zu stehen; und die größte Wassertiefe sollte für alle Arten von Seerosen nicht mehr als 3 Fuß betragen. Oft reicht die halbe Tiefe aus. Der Boden sollte 1 bis 2 Fuß tief und sehr nährstoffreich sein. Alter Kuhmist kann mit reichhaltigem Lehm gemischt werden. Für die Nymphen oder Seerosen genügen 9 bis 12 Zoll Erde. Die meisten der ausländischen Seerosen sind nicht winterhart, einige lassen sich jedoch problemlos züchten, wenn der Teich im Winter abgedeckt wird.

Die Wurzeln winterharter Seerosen können gepflanzt werden, sobald der Teich frostfrei ist. Die zarten Arten (die auch im Herbst geerntet werden sollen) sollten jedoch erst dann gepflanzt werden, wenn die Zeit zum Auspflanzen der Geranien gekommen ist. Versenken Sie die Wurzeln so in den Schlamm, dass sie knapp begraben sind, und beschweren Sie sie mit einem Stein oder einer Erdscholle. Das Nelumbium, der sogenannte ägyptische Lotus, sollte nicht verpflanzt werden, bevor sich im Frühjahr Wachstum an den Wurzeln zeigt. Die Wurzeln werden von verfaulten Teilen gereinigt und mit etwa 7 cm Erde bedeckt. Für Lotusteiche reicht etwa 30 cm Wasser aus. Die Wurzeln des ägyptischen Lotus dürfen nicht gefrieren. Die Wurzeln aller seerosenähnlichen Pflanzen sollten häufig geteilt und erneuert werden.

Bei winterharten Aquarienpflanzen dürfen Wasser und Wurzeln über den Winter natürlich bleiben. In sehr kalten Klimazonen wird der Teich geschützt, indem Bretter darüber geworfen und mit Heu, Stroh oder immergrünen Zweigen abgedeckt werden. Als weiteren Schutz empfiehlt es sich, eine zusätzliche Wassertiefe vorzusehen.

Als Landschaftselement sollte der Teich einen Hintergrund oder eine Umgebung haben und seine Ränder sollten zumindest an den Seiten und an der Rückseite durch Bepflanzung mit Moorpflanzen aufgelockert werden. In dauerhaften Teichen großer Größe kann die Pflanzung von Weiden, Korbweiden und anderen Sträuchern die Fläche vorteilhaft hervorheben. Viele der wilden Sumpf- und Teichpflanzen eignen sich hervorragend für Randbepflanzungen, wie z. B. Seggen, Rohrkolben-Seggen, Süßgras-Seggen (es gibt eine gestreifte Form) und einige der Sumpfgräser. An solchen Orten kommt die Japanische Schwertlilie hervorragend zur Geltung. Für die Sommerpflanzung in oder in der Nähe von Teichen eignen sich Caladium, Regenschirmpflanze und Papyrus gut.

Wenn es einen Bach, einen „Zweig“ oder einen „Fluss“ durch den Ort gibt, kann dieser oft zu einem der attraktivsten Teile des Geländes gemacht werden, indem entlang des Geländes Moorpflanzen angesiedelt werden.

Steingärten und Alpenpflanzen .

Ein Steingarten ist ein Teil des Ortes, an dem Pflanzen in Taschen zwischen Felsen wachsen. Es handelt sich eher um eine Blumengarten-Konzeption als um ein Landschaftsmerkmal und sollte daher an einer Seite oder im hinteren Teil des Geländes liegen. Der Zweck der Verwendung der Steine besteht in erster Linie darin, bessere Bedingungen für das Wachstum bestimmter Pflanzen zu schaffen; manchmal werden die Felsen dazu verwendet, eine federnde oder abschüssige Bank zu halten, und die Pflanzen werden verwendet, um die Felsen zu bedecken; Hin und wieder wünscht sich jemand einen Stein oder einen Steinhaufen in seinem Garten, so wie ein anderer sich ein Stück Statue oder ein geschorenes Immergrün wünscht. Manchmal sind die Steine natürlicher Natur und können nicht einfach entfernt werden; In diesem Fall sollte die Planung und Bepflanzung so erfolgen, dass sie Teil des Bildes sind.

Der echte Steingarten ist jedoch ein Ort, an dem Pflanzen wachsen. Die Steine sind zweitrangig. Die Steine sollten nicht so aussehen, als wären sie zur Schau gestellt. Wenn jemand eine Sammlung von Steinen anlegt, beschäftigt er sich eher mit Geologie als mit Gartenarbeit.

Doch viele der sogenannten Steingärten sind bloße Steinhaufen, die dort platziert werden, wo es zweckmäßig erscheint, Steine anzuhäufen, und nicht dort, wo die Steine die Bedingungen für das Pflanzenwachstum verbessern könnten.

Die Pflanzen, die auf natürliche Weise in Felstaschen wachsen, benötigen eine kontinuierliche Versorgung mit Wurzelfeuchtigkeit und eine kühle Atmosphäre. Einen Steingarten auf einer Sandbank in der brennenden Sonne zu platzieren, ist daher völlig untypisch.

Zu den Steingartenpflanzen gehören kühle Wälder, Moore und vor allem Hochgebirgs- und Alpenregionen. Es wird allgemein davon ausgegangen, dass ein Steingarten ein Alpengarten ist, obwohl dies nicht unbedingt der Fall ist.

In diesem Land ist alpiner Gartenbau kaum bekannt, vor allem wegen unserer heißen, trockenen Sommer und Herbste. Wenn man jedoch eine eher kühle Lage und eine zuverlässige Wasserversorgung hat, kann man mit vielen Alpen oder zumindest mit den Halbalpinen ziemlich gut zurechtkommen.

Bei den meisten Alpengewächsen handelt es sich um niedrige, oft büschelige Pflanzen, die bei Frühlingstemperaturen blühen. In unseren langen, heißen Jahreszeiten kann davon ausgegangen werden, dass der Alpengarten den größten Teil des Sommers ruhend ist, es sei denn, es sind andere steinliebende Pflanzen darin angesiedelt. Alpenpflanzen gibt es in vielen Arten. Sie kommen insbesondere in den Gattungen arenaria, silene, diapensia, primula, saxifraga, arabis, aubrietia, veronica, campanula und gentiana vor. Sie bestehen aus zahlreichen Farnen und vielen kleinen Heideflächen.

Bei einem guten Steingarten jeglicher Art sind die Steine nicht nur auf der Oberfläche aufgetürmt; Sie sind tief im Boden versenkt und so platziert, dass tiefe Kammern oder Kanäle entstehen, die Feuchtigkeit speichern und in die Wurzeln eindringen können. Die Taschen sind mit gut faseriger, feuchtigkeitsspeichernder Erde gefüllt, oft wird auch etwas Torfmoos oder anderes Moos hinzugefügt. Es muss dann so angeordnet werden, dass die Taschen niemals austrocknen.

Steingärten scheitern meist, weil sie gegen diese sehr einfachen Grundprinzipien verstoßen; Aber auch wenn die Boden- und Feuchtigkeitsverhältnisse gut sind, müssen die Gewohnheiten der Steinpflanzen erlernt werden, und dies erfordert fundierte Erfahrung. Steingärten können nicht generell empfohlen werden.

1. PFLANZEN FÜR TEPPICHBETTEN

(Von Ernest Walker)

Die Schönheit des Teppichbetts liegt größtenteils in seiner Einheitlichkeit, seinem scharfen Kontrast und der Harmonie der Farben, der Eleganz – oft Einfachheit – des Designs, der Feinheit der Ausführung und der anhaltenden Klarheit der Konturen aufgrund sorgfältiger Sorgfalt. Eine großzügige Grünfläche auf allen Seiten trägt wesentlich zur Gesamtwirkung bei – sie ist sogar unverzichtbar.

Welcher Ort auch immer für das Beet gewählt wird, es sollte an einer sonnigen Stelle stehen. Dieses und auch andere Beete sollten nicht in der Nähe großer Bäume gepflanzt werden, da deren gefräßige Wurzeln dem Boden nicht nur seine Nahrung, sondern auch Feuchtigkeit entziehen. Auch der Schatten wird eine Bedrohung sein. Da die Pflanzen so dicht stehen, sollte der Boden gut angereichert und mindestens 30 cm tief gesät sein. Beim Pflanzen muss zwischen der äußeren Pflanzenreihe und dem Grasrand ein Abstand von mindestens 15 cm gelassen werden. Der Stil des Bettes selbst erfordert, dass die Linien gerade und die Kurven gleichmäßig sind und dass sie durch häufigen und sorgfältigen Einsatz der Schere so gehalten werden. In Trockenperioden muss gegossen werden. Allerdings sollten die Beete nicht in der heißen Sonne bewässert werden. Am häufigsten werden

Blattpflanzen verwendet, die sich in den Händen von Unerfahrenen als am besten erweisen, da sie einem starken Schnitt unterliegen und daher leichter zu pflegen sind.

Die folgende Liste wird für Anfänger hilfreich sein. Es umfasst eine Reihe von Pflanzen, die üblicherweise für Teppichbettungen verwendet werden, wenn auch nicht alle. Die üblichen Höhen werden in Zoll angegeben. Dies ist natürlich je nach Boden und unter unterschiedlicher Behandlung eine mehr oder weniger variable Größe. Die Zahlen in Klammern geben in Zoll geeignete Abstände für die Pflanzung in der Reihe an, wenn unmittelbare Auswirkungen zu erwarten sind. Eine Eisenkraut bedeckt in nährstoffreichem Boden mit der Zeit einen Kreis mit einem Durchmesser von drei Fuß oder mehr; andere genannte Pflanzen breiteten sich erheblich aus; aber wenn sie im Teppichbeet verwendet werden, müssen sie dicht gepflanzt werden. Man kann es kaum erwarten, dass sie wachsen. Ziel ist es, den Boden auf einmal abzudecken. Auch wenn sie dicht in der Reihe gepflanzt werden, ist es wünschenswert, mehr Platz zwischen den Reihen zu lassen, wenn sich Pflanzen wie das Eisenkraut ausbreiten. Die meisten von ihnen benötigen jedoch kaum oder gar keinen größeren Abstand zwischen den Reihen, als die angegebenen Zahlen vermuten lassen. In der Liste sind diejenigen Pflanzen, die freien Schnitt tragen, mit * gekennzeichnet:

Listen für Teppichbetten.

Die Zahl unmittelbar hinter dem Namen der Pflanze gibt deren Höhe an, die Zahlen in Klammern den Pflanzabstand in Zoll .

1. NIEDRIG WACHSENDE PFLANZEN

A. BLAUPFLANZEN.

Purpur .-*Alternanthera amœna spectabilis, 6 (4-6). Alternanthera paronychioides major, 5 (3-6). Alternanthera versicolor, 5 (3-6).

Gelb : Alternanthera aurea nana, 6 (4-6).

Grau oder weißlich . – Echeveria secunda, glauca, 1-1/2 (3-4). Echeveria metallica, 9 (6-8). Cineraria maritima, 15 (9-12). Sempervivum Californicum, 1-1/2 (3-4). Thymus argenteus, 6 (4-6).

Bronzebraun . – Oxalis tropæoloides, 3 (3-4).

Bunt
(weiß und grün). – Geranium Mme. Salleroi, 6 (6-8). *Süßer Alyssum, bunt, 6 (6-9).

B. BLÜHENDE PFLANZEN.

Scharlach . – Phlox Drummondii, Zwerg, 6 (4-6).
Cuphea platycentra, Zigarrenpflanze, 6 (4-6).

Weiß : Süßer Alyssum, Little Gem, 4 (4-6).
Steinkraut, häufig, 6 (6-8). Phlox Drummondii, Zwerg, 6 (4-6).

Blau . – Lobelia, Crystal Palace, 6 (4-6).
Ageratum, Zwergblau, 6 (6-8).

2. PFLANZEN MIT HÖHEREM WACHSTUM

A. BLAUPFLANZEN.

Purpur .-*Coleus Verschaffeltii, 24 (9-12).
*Achyranthes Lindeni, 18 (8-12). *Achyranthes Gilsoni, 12 (8-12).
*Achyranthes Verschaffeltii, 12 (8-12). *Acalypha tricolor, 12-18 (12).

Gelb .-*Coleus, Golden Bedder, 24 (9-12).
*Achyranthes, aurea reticulata, 12 (8-12). Goldenes Mutterkraut (Pyrethrum parthenifolium aureum), (6-8). Bronzegeranie, 12 (9).

Silberweiß . – Staubiger Müller (Centaurea gymnocarpa), 12 (8-12).
*Santolina Chamæcyparissus incana, 6-12 (6-8). Geranie, Schneeberg, 12 (6-9).

Bunt
(weiß und grün). – *Stevia serrata var., 12-18 (8-12). Phalaris arundinaeca var., (Gras), 24 (4-8). Cyperus alternifolius var., 24-30 (8-12).

Bronze .-*Acalypha marginata, 24 (12).

B. BLÜHENDE PFLANZEN.

Scharlachrot . – Salvia splendens, 36 (12-18).
Geranien, 24 (12).
Cuphea tricolor (C. Llavae), 18 (8-12).
Zwerg-Kapuzinerkresse (Tropaeolum), 12-18 (12-18). Begonia, Vernon, 12 (6-8). Eisenkraut, 12 (6-12). Phlox Drummondii, Zwerg, 6 (4-6).

Weiß : Salvia splendens, weißblütig, 36 (12-18).

Geranien, 18-24 (12). Lantana, Innocence, 18-24 (8-12). Lantana, Königin Victoria, 24 (8-12). Eisenkraut, Schneekönigin, 12 (6-12). Ageratum, Weiß, 9 (6-9).
Phlox Drummondii, Zwerg, 6 (4-6).

Rosa . – Petunia, Gräfin von Ellesmere, 18 (8-12).
Lantana, 24 (8-12). Verbena, Beauty of Oxford, 6 (8-12). Phlox Drummondii, Zwerg, 6 (4-6).

Gelb : Zwerg-Kapuzinerkresse, 12 (12-18).
Anthemis Coronaria fl. Taf., 12 (6-8).

Blau : Ageratum Mexicanum, 12 (6-8).
Eisenkraut, 6 (6-12). Heliotrop, Königin der Veilchen, 18 (12-18).

In Abb. 240 sind einige Designs dargestellt, die für Teppichbetten geeignet sind. Sie sollen lediglich als Anregung dienen und nicht dazu dienen, genau kopiert zu werden. Die einfachen Formen und Bestandteile der aufwendigeren Betten können zu anderen Designs arrangiert werden. Ebenso ist die Anordnung der Pflanzen, die als geeignet für die Gestaltung eines bestimmten Musters genannt werden, nur eine von vielen möglichen Kombinationen. Die Idee besteht lediglich darin, das Design deutlich hervorzuheben. Um dies zu erreichen, ist es lediglich erforderlich, Pflanzen mit kontrastierender Farbe oder Wuchs zu verwenden. Um zu veranschaulichen, wie vielfältig die möglichen Arrangements sind und wie leicht mit einem einzigen Design unterschiedliche Effekte erzielt werden können, seien einige verschiedene Farbkombinationen für das Bett Nr. 1 erwähnt:

240. Designs for carpet-beds.

Nr. 1. – Anordnung A: Außen, Alternanthera amœna spectabilis; im Inneren Stevia serrata variegata. B: Lobelie, Crystal Palace; Frau. Salleroi-Geranie. C: Lobelie, Crystal Palace; Scharlachroter Zwergphlox. D: süßer Alyssum; Petunie, Gräfin von Ellesmere. E: Coleus, Golden Bedder; Coleus Verschaffeltii. F: Achyranthes Lindeni; Gelbe Zwerg-Kapuzinerkresse.

Nr. 2. – Draußen rote Alternanthera; mittlerer, staubiger Müller; in der Mitte rosa Geranie.

Nr. 3. – Draußen Alternanthera aurea nana; Mitte, Alternanthera amœna spectabilis; Mitte, Anthemis coronaria.

Nr. 4, 5, 6, 7, 8, 12 können jeweils mit einer einzigen Farbe gefüllt oder mit einem Rand aus geeigneten Pflanzen versehen werden, wenn der Pflanzer dies wünscht.

Nr. 9. – Boden, Alternanthera aurea nana; Mitte: Acalypha tricolor; schwarze Punkte, scharlachrote Geranie.

Nr. 10. – Boden von Centaurea gymnocarpa; Kreis, Achyranthes Lindeni; Kreuz, Goldene Coleus.

Nr. 11. – Grenze, Oxalis tropæoloides; Mitte, blaues Heliotrop, blaues Ageratum oder Acalypha marginata; Kreuz um die Mitte, Thymus argenteus oder Centaurea; Jakobsmuschel außerhalb des Kreuzes, blaue Lobelie; Ecken, Innenrand, Santolinina.

Die Entwürfe 13 und 14 haben vom Charakter her etwas den Stil eines Parterres; aber die Zwischenräume im Bett sind keine gewöhnlichen Wege, sondern bestehen aus Gras. Solche Beete sind von nützlicher Art, weil sie groß gemacht und dennoch mit einer verhältnismäßig kleinen Anzahl von Pflanzen ausgeführt werden können. Sie eignen sich besonders für die Mitte eines offenen Rasengrundstücks mit klaren formalen Grenzen nach allen Seiten, wie etwa Gehwegen oder Einfahrten. Ob sie aus hochwüchsigen oder niedrigwüchsigen Pflanzen bestehen sollen, hängt von der Entfernung ab, die sie vom Betrachter haben sollen. Für ein mittelgroßes Grundstück könnten die folgenden Pflanzen verwendet werden:

Nr. 13. – Grenze, rote Alternanthera; zweite Reihe: Zwergorange oder gelbe Kapuzinerkresse; dritte Reihe, Achyranthes Gilsoni oder Acalypha tricolor; zentrales Quadrat, scharlachrote Geranien, mit einem Rand aus Centaurea gymnocarpa; Zwischenräume, Gras. Anstelle der quadratischen Geranien könnte auch eine Vase oder ein Büschel Salvia splendens verwendet werden.

Nr. 14. – Verbundbetten wie dieses und das erstere sind immer suggestiv. Sie enthalten verschiedene Merkmale, die leicht in andere Muster kombiniert werden können. Manchmal kann es praktisch sein, nur Teile des Designs zu verwenden. Der Leser sollte das Gefühl haben, dass keine Anordnung willkürlich ist, sondern lediglich ein Vorschlag, den er mit größter Freiheit verwenden kann, wobei er nur die Harmonie im Auge behält. Für Nr. 14 könnte Folgendes eine akzeptable Pflanzanordnung sein: Grenze, Mme. Salleroi-Geranie; kleine Punkte, zwergscharlachrotes Tropeolum; Diamanten, blaue Lobelie; Halbmonde, Stevia serrata variegata; innerer Rand, purpurrote Achyranthes oder Coleus; Schleifen, Centaurea gymnocarpa; keilförmige Teile, scharlachrote Geranie.

Nr. 15. – Geeignet für eine Ecke. Grenze, rote Alternanthera; zweite Reihe, Alternanthera aurea nana; dritte Reihe, rote Alternanthera; Mitte, Echeveria Californica.

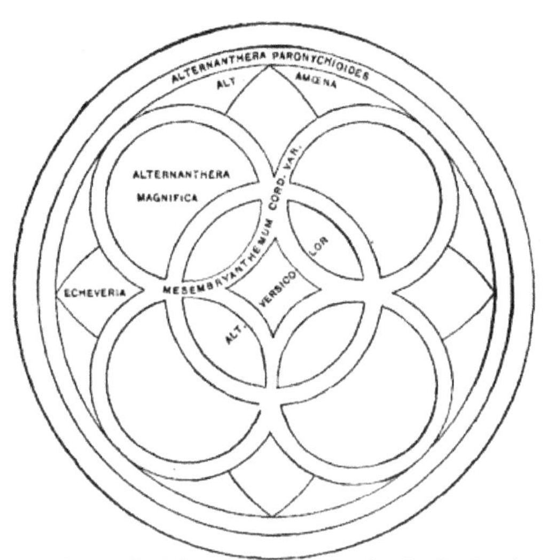

241. Carpet-bed for a bay or recession in the border planting.

Nr. 16 – Rand, purpurroter Alternanthera (ein weiterer Rand aus gelbem Alternanthera könnte darin platziert werden); Boden, Echeveria secunda glauca; innerer Rand, Oxalis tropæoloides; Mitte, Alternanthera aurea nana. Oder, innere Grenze, Echeveria Californica; Mitte, purpurrote Alternanthera.

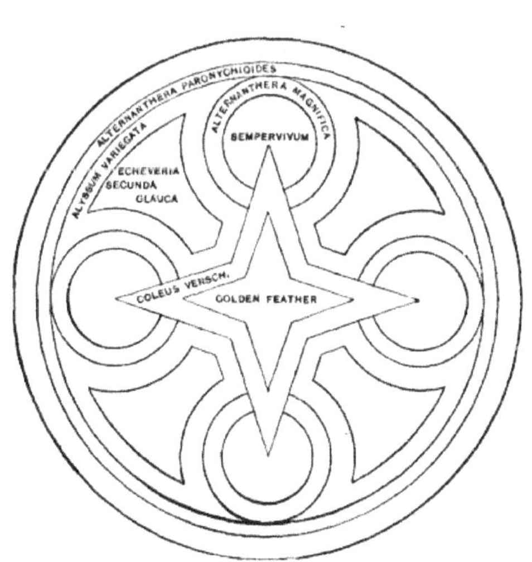

242. Another circular carpet-bed.

Nr. 17. – Ein weiteres Bett, das einen Winkel füllen soll. Seine gebogene Seite eignet sich auch für die Verwendung mit einem runden Design. Rand, zwergblaues Ageratum; Kreis, blaue Lobelie; Boden (3 Teile), purpurrote Alternanthera.

Weitere Teppich- oder Mosaikbeete (nach Long) mit den angegebenen Pflanzen sind in den Abbildungen dargestellt. 241, 242.

2. DIE EINJÄHRIGEN PFLANZEN

Die einjährigen Blüten der Samenkörner sind diejenigen, die genau in dem Jahr, in dem die Samen gesät werden, ihre beste Blüte zeigen. Echte einjährige Pflanzen sind Pflanzen, die ihren gesamten Lebenszyklus in einer Saison abschließen. Einige der sogenannten einjährigen Blumen blühen auch im zweiten und dritten Jahr noch, nach der ersten Saison ist die Blüte jedoch so dürftig und spärlich, dass es sich nicht lohnt, sie aufzubewahren. Einige Stauden können als einjährige Pflanzen behandelt werden, wenn mit der Aussaat früh begonnen wird; Beispiele hierfür sind Chinesisches Rosa, Stiefmütterchen und Löwenmäulchen.

Die regulären Zweijährigen können praktisch wie Einjährige behandelt werden; Das heißt, die Samen können jedes Jahr gesät werden, und nach dem ersten Jahr kann es daher zu einer saisonalen Blüte kommen. Dazu gehören Adlumia, Canterbury Bell, Lunaria, Ipomopsis, Œnothera Lamarckiana; Fingerhut, Baldrian und einige andere Stauden sollten besser als zweijährige Pflanzen behandelt werden.

Die meisten einjährigen Pflanzen blühen im Zentrum von New York, wenn die Samen im Freiland ausgesät werden, wenn sich das Wetter gut beruhigt hat. Es gibt jedoch einige Arten, wie z. B. die späten Kosmos- und Mondblumen, bei denen die nördliche Jahreszeit häufig zu kurz ist, um eine gute Blüte zu erzielen, es sei denn, sie werden in Innenräumen sehr früh gepflanzt.

Wenn die Blüte einer einjährigen Sorte besonders früh erfolgen soll, sollte die Aussaat unter einer Abdeckung erfolgen. Ein Gewächshaus ist hierfür nicht notwendig, obwohl mit einem solchen Gebäude die besten Ergebnisse zu erwarten sind. Das Saatgut kann in Kisten gesät werden und diese Kisten dann an einer geschützten Stelle auf der warmen Seite eines Gebäudes aufgestellt werden. Nachts können sie mit Brettern oder Matten abgedeckt werden. Bei sehr kalten „Perioden" sollten die Kisten ins Haus gebracht werden. Auf diese einfache Weise kann die Aussaat oft schon ein bis drei Wochen vor der Aussaat im Freiland erfolgen. Darüber hinaus wird erwartet, dass die Pflanzen in diesen Kisten besser gepflegt werden und somit schneller wachsen. Wenn noch frühere Ergebnisse erwünscht sind, sollte die Aussaat natürlich in der Küche, im Frühbeet, im Frühbeet oder im

Gewächshaus erfolgen. Achten Sie beim Pflanzenstart vor der Saison darauf, keine zu tiefen Kisten zu verwenden. Die „Wohnung" des Gärtners kann als Anregung dienen. Drei Zoll Erde reichen aus, in manchen Fällen (z. B. wenn die Pflanzen spät beginnen) reicht auch die Hälfte dieser Tiefe aus.

Die Schwierigkeit bei früh gesäten Sämlingen besteht im „Aufrichten" und in der Schwäche aufgrund von Gedränge und Lichtmangel. Am häufigsten tritt dies bei Fensterpflanzen auf. Kräftige, im Juni gesäte Pflanzen sind besser als solche Schwächlinge. Man muss bedenken, dass eine sehr frühe Blüte in der Regel eine Verkürzung der Saison am anderen Ende bedeutet; Dies kann bis zu einem gewissen Grad durch die Aussaat zu unterschiedlichen Zeitpunkten behoben werden.

Die „harten" einjährigen Pflanzen entwickeln sich problemlos ohne künstliche Wärme. Sie werden üblicherweise im Mai oder früher direkt ins Freiland gesät, wo sie wachsen sollen. Floristen säen bestimmte Sorten häufig im Herbst aus und überwintern die Jungpflanzen in Frühbeeten. Sie können auch unter einer Abdeckung aus Blättern oder immergrünen Zweigen überwintert werden. Einige der winterharten einjährigen Pflanzen (wie die Duftwicke) halten erheblichem Frost stand. Die „halbharten" und „zarten" Einjährigen ähneln sich darin, dass sie für ihre Keimung und ihr Wachstum mehr Wärme benötigen. Die zarten Arten werden sehr schnell frostempfindlich. Beide Arten können ebenso wie die winterharten Arten ins Freiland gesät werden, jedoch erst, wenn das Wetter ruhig und warm geworden ist, was bei den zarten Arten normalerweise nicht vor dem 1. Juni der Fall sein wird; Aber zumindest die zarten Arten werden vorzugsweise im Haus gepflanzt und in ihre Beete im Freien verpflanzt. Natürlich sind diese Begriffe völlig relativ. Was in Massachusetts eine zarte einjährige Pflanze sein kann, kann in Louisiana eine winterharte einjährige oder sogar mehrjährige Pflanze sein.

Diese in diesem Land üblicherweise verwendeten Begriffe beziehen sich auf die nördlichen Staaten oder nicht weiter südlich als die Staaten im mittleren Atlantik.

Einige bekannte Beispiele für winterharte einjährige Pflanzen sind Alyssum, Ageratum, Calendula, Calliopsis, Schleifenblume, Centaurea Cyanus, Clarkia, Rittersporn, Gilia, Kalifornischer Mohn, Prunkwinde, Ringelblume, Reseda, Nemophila, Stiefmütterchen, Phlox, Nelken, Mohn, Portulak, Zinnie, Duftwicke, Scabiosa.

Beispiele für halbharte einjährige Pflanzen sind: Chinesische Aster, Alonsoa, Balsam, Petunie, Ricinus, Stängel, Ballonrebe, Martynia, Salpiglossis, Thunbergie, Kapuzinerkresse, Eisenkraut.

Beispiele für zarte einjährige Pflanzen: Amarantus, Celosia oder Coxcomb, Kosmos, Baumwolle, Lobelia Erinus, Cobea, Kürbisse, Eispflanze, Sensible Pflanze, Nachtschattengewächse, Torenia und solche Dinge wie Dahlien, Kaladien und Akalyphen, die als Beet und für subtropische Effekte verwendet werden .

Einige einjährige Pflanzen vertragen das Umpflanzen nicht gut; B. Mohn, Bartonia, Venusspiegel, Zwergfalter, Lupinus und Malopia. Daher ist es am besten, sie dort zu säen, wo sie wachsen sollen.

Einige Arten (z. B. Mohn) blühen nicht den ganzen Sommer über, insbesondere nicht, wenn sie Samen produzieren dürfen. Bei solchen Arten sorgt eine zweite oder dritte Aussaat in Abständen für eine Sukzession. Die Verhinderung der Samenbildung verlängert deren Lebensdauer und Blütezeit.

Einige der einjährigen Pflanzen gedeihen im Halbschatten oder dort, wo sie den halben Tag Sonnenschein bekommen; aber die meisten von ihnen bevorzugen eine sonnige Lage.

Für einjährige Pflanzen ist jeder gute Gartenboden geeignet. Wenn es nicht von Natur aus fruchtbar und bröckelig ist, sollte es durch die Ausbringung von gut verrottetem Stallmist oder Humus hergestellt werden. Der Spaten sollte mindestens einen Fuß tief sein. Die oberen 15 cm werden dann noch einmal gedreht, um sie zu pulverisieren und zu vermischen. Nachdem die Oberfläche fein und glatt gemacht wurde, sollte der Boden mit einem Brett angedrückt werden. Das Saatgut kann nun je nach gewünschter Methode in Linien oder konzentrischen Kreisen auf den Boden gestreut werden. Nach dem Abdecken der Saat sollte die Erde noch einmal mit einem Brett angedrückt werden . Dadurch wird die Kapillarität gefördert, wodurch die Bodenoberfläche von unten besser mit Feuchtigkeit versorgt wird. Markieren Sie immer die Art und Position aller ausgesäten Samen mit einem Etikett.

Wenn die Blumen an den Rasenrändern wachsen sollen, achten Sie darauf, dass die Graswurzeln nicht darunter verlaufen und ihnen Nahrung und Feuchtigkeit entziehen. Es empfiehlt sich, alle zwei bis drei Wochen einen scharfen Spaten entlang der Beetränder tief in den Boden zu stechen, um etwaige Graswurzeln abzuschneiden, die möglicherweise in das Beet gelangt sind. Wenn Beete im Rasen angelegt werden, achten Sie darauf, dass diese mindestens einen Meter breit sind, damit die Graswurzeln sie nicht untergraben. An den Strauchrändern ist diese Vorsichtsmaßnahme möglicherweise nicht erforderlich. Tatsächlich ist es wünschenswert, dass die Blumen den gesamten Raum zwischen den überhängenden Zweigen und der Grasnarbe ausfüllen.

Es ist überraschend, wie wenige der ungewöhnlichen oder wenig bekannten einjährigen Pflanzen wirklich von großem Nutzen für allgemeine Zwecke sind. Es gibt noch nichts, was die alten Gruppen wie Amaranth, Zinnie, Ringelblume, Stechapfel, Balsame, einjährige Nelken, Schleifenblumen, Junggesellenblumen, Mauerblümchen, Rittersporn, Petunien, Gaillardien, Löwenmäulchen, Coxcombs, Lobelien und Coreopsis ersetzen kann oder Calliopsis, kalifornischer Mohn, Vier-Uhr-Mohn, süßer Sultan, Phlox, Reseda, Scabiosa, Kapuzinerkresse, Ringelblume, China-Aster, Salpiglossis, Nicotiana, Stiefmütterchen, Portulak, Rizinus, Mohn, Sonnenblumen, Eisenkraut, Stockblume, Steinkraut usw so gute alte Laufpflanzen wie Scharlachläufer, Duftwicken, Windengewächse, Ipomeas, hohe Kapuzinerkresse, Ballonreben, Cobeas. Unter den einjährigen Reben, die in jüngster Zeit eingeführt wurden, hat der japanische Hopfen sofort einen herausragenden Platz für die Bedeckung von Zäunen und Lauben eingenommen, obwohl er keine florale Schönheit aufweist, die ihn empfehlen würde.

Für kräftige, massenhafte Farbdarstellungen im hinteren Teil des Geländes oder entlang der Ränder sind einige der gröberen Arten wünschenswert. Geeignete Pflanzen hierfür sind: Sonnenblume und Rizinuspflanze für die hinteren Reihen; Zinnien für leuchtende Effekte in Scharlach- und Fliedertönen; Afrikanische Ringelblumen für leuchtende Gelbtöne; Nicotianas für Weiße. Leider haben wir keine robustwüchsigen Einjährigen mit guten Blautönen. Einige der Rittersporn- und Browellia-Arten kommen ihnen vielleicht am nächsten.

Für niedriger wachsende und weniger grobe Massenpräsentationen sind die folgenden gut: Kalifornischer Mohn für Orangen und Gelbtöne; süße Sultantöne für Purpur-, Weiß- und Hellgelbtöne; Petunien für Purpur, Veilchen und Weiß; Rittersporn für Blau und Veilchen; Junggesellenknöpfe (oder Kornblumen) für Blues; Calliopsis und Coreopsis und Calendulas für Gelbtöne; Gaillardien für Rot-Gelb und Orange-Rot; Chinaastern in vielen Farben.

Für noch weniger Robustheit können gute Massenpräsentationen mit Folgendem hergestellt werden: Alyssums und Schleifenbänder für Weiße; Phloxen für Weiße und verschiedene Rosa- und Rottöne; Lobelien und Brovallias für Blues; Rosatöne für Weißtöne und verschiedene Rosatöne; Vorräte für Weiß- und Rotweine; Mauerblümchen für Braun-Gelbtöne; Eisenkraut in vielen Farben.

Ein Garten mit schönen einjährigen Blumen ist nicht vollständig, wenn es nicht einige der „Ewigen" oder Immortellen enthält. Diese „Papierblumen" sind für Kinder immer interessant. Sie eignen sich weniger für die Herstellung von „Trockensträußen" als vielmehr für ihren Wert als Teil eines

Gartens. Die Farben sind leuchtend, die Blüten halten lange an der Pflanze und die meisten Arten sind sehr einfach zu züchten. Meine Lieblingsgruppen sind die verschiedenen Arten von Xeranthemum und Helichrysum. Die Kugelamaranthen mit kleeblattähnlichen Köpfen (manchmal auch Junggesellenknöpfe genannt) sind gute alte Favoriten. Auch Rhodanthesen und Akroklinien sind gut und zuverlässig.

Die Ziergräser sollten nicht übersehen werden. Sie verleihen dem Blumengarten und den Blumensträußen eine besondere Note, die durch keine andere Pflanze gesichert werden kann. Sie sind leicht zu züchten. Zu den guten einjährigen Gräsern gehören *Agrostis nebulosa* , die Brizas, *Bromus brizæformis* , die Arten von Eragrostis und Pennisetums sowie *Coix Lachryma* als Kuriosität. Gute Rasengräser wie Arundo, Pampasgras, Eulalia und Erianthus sind Stauden und werden daher in dieser Diskussion nicht berücksichtigt.

Einige der zuverlässigsten und am einfachsten zu züchtenden einjährigen Pflanzen sind in den folgenden Listen aufgeführt (unter den gebräuchlichen Handelsnamen).

Liste der einjährigen Pflanzen nach Blütenfarbe.

Weiße Blumen

Ageratum Mexicanum-Album.
Alyssum, Gemeine Süßigkeit; Compacta.Centranthus Macrosiphon Albus.China-Astern.Convolvulus Major.Dianthus, Double White Margaret.Iberis amara; Coronaria, Weißer Rucola.Ipomœa hederacea.Lavatera alba.Malope grandiflora alba.Matthiola (Stocks), Cut and Come Again; Dresden Perpetual; Riesige Perfektion; Weiße Perle.Mirabilis longiflora alba.
Nigella.
Phlox, Zwergschneeball; Leopoldii.Poppies, Flagge des Waffenstillstands; Shirley; Die Mikado.Zinnia.

Gelbe und orangefarbene Blumen

Cacalia lutea.
Calendula officinalis, häufig; Meteor; Schwefel; suffruticosa. Calliopsis bicolor marmorata; Cardaminefolia; elegans picta.Cosmidium Burridgeanum.Erysimum Perofskianum.Eschscholtzia Californica.Hibiscus Africanus; Goldene Schale.Ipomœa coccinea lutea.Loasa tricolor.Tagetes, verschiedene Arten.Thunbergia alata Fryeri; aurantiaca.Tropaeolum, Zwerg, Marienkäfer; Groß, Schulzi.Zinnia.

Blaue und lila Blumen

Ageratum Mexicanum; Mexicanum, Zwerg.
Asperula setosa azurea.Brachycome iberidifolia.Browallia Czerniakowski; elata.Centaurea Cyanus, Victoria Dwarf Compact; Cyanus Minor. Chinesische Astern verschiedener Sorten. Convolvulus Minor; Moll unicaulis.Gilia achilleaefolia; capitata.Iberis umbellata; umbellata lilacina.Kaulfussia amelloides; atroviolacea. Lobelia Erinus; Erinus, Elegant.Nigella.Phlox variabilis atropurpurea.Salvia farinacea.Specularia.Verbena, Schwarzblau; caerulea; Goldblättrig.Whitlavia gloxinioides.

Rote und rosarote Blumen

Abromia umbellata.
Alonsoa grandiflora.Cacalia, Scarlet.
Clarkia elegans rosea.
Convolvulus tricolor roseus. Dianthus, Halbzwerg der frühen Margarete; Zwerg-Perpetual; Chinensis.Gaillardia picta.Ipomœa coccinea; volubilis.Matthiola annuus; Blutrote zehn Wochen; grandiflora, Zwergpapaver (Mohn) Cardinale; Mephisto.Phaseolus multiflorus.Phlox, großblühender Zwerg; Zwergfeuerball; Schwarzer Krieger.Salvia coccinea.Saponaria.Tropaeolum, Zwerg, Tom Thumb.Verbena hybrida, Scarlet Defiance.Zinnia.

Nützliche einjährige Pflanzen für Beet- und Gehwegränder sowie für Bandbeete.

Ageraturn, blau und weiß.
Alyssum, süß.Brachycome.Calandrinia.Clarkia.Collinsias.Dianthuses oder Nelken.Gilia.Gypsophila Muralis.Iberis oder Candytufts.Leptosiphons.Lobelia Erinus.Nemophilas.Nigellas.Portulaca oder Rosenmoos (Abb. 243).Saponaria Calabrica.Specularia.Torenia .Whitlavia.

Einjährige Pflanzen, die auch nach dem Frost weiter blühen .

Diese Liste wurde aus Bulletin 161, Cornell Experiment Station, zusammengestellt. In dieser Station (Ithaca, NY) wurden in den Jahren 1897 und 1898 mehrere hundert Arten einjähriger Pflanzen angebaut. Die Anmerkungen sind in den ursprünglichen Handelsnamen angegeben, unter denen die Sämänner den Bestand geliefert haben.

243. Portulaca, or rose moss.

Abronia umbellata.
Adonis aestivalis; Autumnale.Argemone grandiflora.Calendulas.Callirrhoë.Carduus benedictus.Centaurea Cyanus.Centauridium.Centranthus Makro-Cerinthe retorta. {siphon.Cheiranthus Cheiri.Chrysanthemums.Convolvulus minor; tricolor.Dianthus verschiedener Arten.Elsholtzia cristata.
Erysimum perofskianum; Arkansanum.
Eschscholtzias, in mehreren Sorten (Abb. 249).Gaillardia picta.Gilia achilleaefolia; Kopf; Laciniata; tricolor.Iberis affinis.Lavatera alba.Matthiolas oder stocks.Œnothera rosea; Lamarckiana;Phlox Drummondii. {Drummondii.Podolepis affinis; Chrysantha. Salvia coccinea; Farinacea; Horminum.Verbenas.Vicia Gerardi.
Virginia-Aktien.
Viscaria elegans; okulata; Cœli-rosa.

Liste der einjährigen Pflanzen, die für die Bepflanzung geeignet sind (d. h. für „Masseneffekte" der Farbe).

Eine Liste dieser Art ist zwangsläufig sowohl unvollständig als auch unvollkommen, da häufig gute neue Sorten auftauchen und der Geschmack des Gärtners befragt werden muss. Grundsätzlich können alle Pflanzen als Beet verwendet werden; Die folgende Liste (angegeben mit Handelsnamen) zeigt jedoch einige der besten Motive für den Einsatz, wenn Betten mit einfarbigen, kräftigen Farben gewünscht werden.

244. Pansies.

Adonis aestivalis; Autumnalis.
Ageratum Mexicanum; Mexicanum, Zwergbartonia aurea.Cacalia.Calendula officinalis, in verschiedenen Formen; pluvialis; Pongei; Sulfurea, fl. pl.; suffruticosa. Calliopsis bicolor marmorata; Cardaminefolia; elegans picta.Callirrhoë involucrata; Pedata; pedata nana.Centaurea Americana; Cyanus, Victoria Dwarf Compact; Cyanus minderjährig; suaveolens.China-Astern.Chrysanthemum Burridgeanum; Carinatum; Koronarium; dreifarbig.
Convolvulus Minor; dreifarbig.
Cosmidium Burridgeanum.
Delphinium, einzeln; doppelt.
Dianthus, doppelte weiße Halbzwerg-Margaret; Zwerg-Perpetual; Caryophyllus semperflorens; Chinensis, gefüllt; dentosus hybridus; Heddewigii; imperialis; laciniatus, Lachskönigin; plumarius; Superbus, Zwerg fl. pl.; picotee.Elsholtzia cristata.Eschscholtzia Californica; Crocea; Mandarin; tenuifolia (Abb. 249).Gaillardia picta; picta Lorenziana.Gilia achilleaefolia; Kopf; Laciniata; Linifolia; Nivalis; dreifarbig.Godetia Whitneyi; Grandiflora maculata; rubicunda splendens. Hibiscus Africanus; Goldene Schale.Iberis affinis; amara; Koronaria; umbellata.Impatiens oder Balsam.Lavatera alba; trimestris.Linum grandiflorum.Madia elegans.Malope grandiflora.Matricaria eximia plena.Matthiola oder Stamm, in vielen Formen; Mauerblümchenblättrig; bicornis.Nigella oder Love-in-a-mist.Œnothera Drummondii; Lamarckiana; Rosea tetraptera.Papaver oder Mohn, in vielen Arten; Kardinal; Glaukum; umbrosum.Petunia,

Beetarten.Phlox Drummondii, in vielen Sorten.Portulaca (Abb. 243).Salvia farinacea; Horminum; splendens.Schizanthus papilionaceus; pinnatus.Silene Armeria; pendula.Tagetes oder Ringelblume, in vielen Formen; erekta; Patula; signata.Tropaeolum, Zwergverbena auriculaeflora; Italica striata; Hybrida; caerulea; Goldblättrig.Viscaria Cœli-rosa; elegans picta; oculata.Zinnia, Zwerg; elegans alba; Däumling; Haageana; coccinea plena (Abb. 247).

XI. Der Hinterhof mit Sommerhaus und Gärten dahinter.

Liste der einjährigen Pflanzen nach Höhe .

Es ist natürlich unmöglich, eine genaue oder definitive Liste der Pflanzen hinsichtlich ihrer Höhe zu erstellen, aber dem Anfänger können ungefähre Messungen hilfreich sein. Die folgenden Listen stammen aus Bulletin 161 der Cornell Experiment Station, das tabellarische Daten zu vielen in Ithaca, NY, angebauten einjährigen Pflanzen enthält. Die Samen der meisten Arten wurden ziemlich spät im Freien gesät. „Der Boden war etwas unterschiedlich, aber er war leicht und gut bearbeitet und nur mäßig reichhaltig.“ Die Pflanzen wurden ordentlich gepflegt. In diesen Listen ist die durchschnittliche Höhe der Pflanzen jeder Art bei vollem Wachstum angegeben, wenn sie auf dem Boden standen. Natürlich können diese Höhen je nach Boden, unterschiedlicher Behandlung und unterschiedlichem Klima geringer oder größer sein; aber die Zahlen sind untereinander einigermaßen vergleichbar.

Die Messungen basieren auf dem Bestand, der von führenden Saatguthändlern unter den hier angegebenen Handelsnamen geliefert wird. Es ist nicht unwahrscheinlich, dass einige der Abweichungen auf eine Mischung von Saatgut oder nicht typgetreuen Beständen zurückzuführen sind; ein Teil davon könnte auf die Bodenbeschaffenheit zurückzuführen sein. Derselbe Name kann in einigen Fällen in zwei Abteilungen gefunden werden, da die Pflanzen aus unterschiedlichen Samenmengen gezüchtet wurden. Die Listen geben dem Züchter Aufschluss darüber, welche Variationen er bei einer großen Menge Saatgut erwarten kann.

Die Kataloge der Saatgutsammler sollten hinsichtlich der vom Handel als angemessen und normal erachteten Höhe der verschiedenen Pflanzen konsultiert werden.

Pflanzen 6–8 Zoll hoch

Abronia umbellata grandiflora.
Alyssum compactum.Callirrhoë involucrata.Godetia, Bijou, Lady Albemarle und Lady Satin Rose.Gypsophila Muralis.Kaulfussia amelloides.Leptosiphon hybridus.
Linaria Maroccana.
Lobelia Erinus und Erinus Elegant.Nemophila atomaria, discoidalis, insignis und maculata.Nolana lanceolata, paradoxa, prostrata und atriplicifolia.Podolepis chrysantha und affinis.Portulaca.Rhodanthe Manglesii.Sedum caeruleum.Silene pendula ruberrima.Verbena.

Pflanzen 9–12 Zoll hoch

Alyssum.
Asperula setosa azurea.Brachycome iberidifolia.Calandrinia umbellata elegans.Callirrhoë pedata nana.Centaurea Cyanus Victoria Dwarf

Compact.Centranthus Macrosiphon Nanus.
Collinsia bicolor, Candidissima und multicolor marmorata.
Convolvulus minor und tricolor.Eschscholtzia crocea.Gamolepis Tagetes.Gilia laciniata und linifolia.Godetia Herzogin von Albany, Prinz von Wales, Feenkönigin, Brilliant, Grandiflora maculata, Whitneyi, Herzog von Fife, Rubicunda splendens.Helipterum corymbiflorum.Iberis affinis.Kaulfussia amelloides atroviolacea und a. kermesina.Leptosiphon androsaceus und densiflorus.Linaria bipartita splendida.Matthiola zwergtreibende Schneeflocke, Mauerblümchenblättrig.Mesembryanthemum crystallinum.Mimulus cupreus.Nemophila atomaria oculata und marginata.Nigella.Nolana atriplicifolia.Omphalodes linifolia.
Œnothera rosea und tetraptera.
Phlox, großblühender Zwerg- und Zwergschneeball.Rhodanthe maculata.Saponaria Calabrica.Schizanthus pinnatus.Silene Armeria und Pendula.Specularia.Viscaria oculata cserulea.

Pflanzen 13–17 Zoll hoch

Abronia umbellata.
Acroclinium album und Roseum.Brachycome iberidifolia alba.Browallia Czerniakowski und elata.Cacalia.Calandrinia grandiflora.Calendula sulphurea flore pleno.Chrysanthemum carinatum.Collomia coccinea.Convolvulus Minor und Minor Unicaulis.Dianthus, die Margaret-Sorten, Dwarf Perpetual, Caryophyllus semperflorens, Chinensis , Dentosus hybridus, Heddewigii, Imperialis, Laciniatus, Plumarius, Superbus-Zwerg, Picotee, Comtesse de Paris.Elsholtzia cristata.
Eschscholtzia Californica, Mandarine, Maritima und Tenuifolia.
Gaillardia picta.Gilia achillesefolia alba und nivalis.Helipterum Sanfordii.Hieracium, bärtig.Iberis amara, Coronaria Empress, Coronaria White Rocket, süß duftend, Umbellata, Umbellata carnea und Umbellata lilacina.Leptosiphon carmineus.Lupinus nanus, sulphureus.Malope grandiflora. Matthiola, Wallflower-Blatt- und Virginia-Stamm.Mirabilis alba.Nigella.
Œnothera Lamarckiana.
Palafoxia Hookeriana.Papaver, Shirley und glaucum.Petunia.Phlox vieler Arten.Salvia Horminum.Schizanthus papilionaceus.Statice Thouini und Superba.Tagetes, Stolz des Gartens und Zwerg.Tropaeolum, viele Arten von Zwerg.Venidium calendulaceum.Verbene verschiedener Arten .Viscaria Cœli-rosa, elegans picta, oculata und oculata alba.Whitlavia gloxinioides.

Pflanzen 18–23 Zoll hoch

Adonis aestivalis und Autumnalis.
Amarantus atropurpureus.Calendula officinalis, Meteor, suffruticosa und

pluvialis.Calliopsis bicolor marmorata.Callirrhoë pedata.Centaurea Cyanus minor Blau und suaveolens.
Centranthus Makrosiphon.

245. Gaillardia, one of the showy garden annuals.

Chrysantheme Burridgeanum, Carinatum, dreifarbige Dunnettii.
Cosmidium Burridgeanum.Delphinium (einjährig).Eutoca Wrangeliana.Gaillardia picta (Abb. 245), Lorenziana.Gilia achilleaefolia, a. Rosea und Tricolor.Helichrysum atrosanguineum.Ipomœa coccinea.Linum grandiflorum.
Loasa dreifarbig.
Lupinus albus, Hirsutus und pubescens.Malope grandiflora alba.Matricaria

eximia plena.Matthiola, verschiedene Arten.
Œnothera Drummondii.
Papaver Mephisto, Kardinal, ca. hybridum, c. Danebrog, umbrosum.Tagetes patula und signata.Vicia Gerardii.Whitlavia grandiflora und g. alba.Xeranthemum album und multiflorum album.Zinnien in vielen Arten (alle nicht in anderen Listen aufgeführt).

Pflanzen 24–30 Zoll hoch

Bartonia aurea.
Calendula officinalis fl. pl., Prinz von Oranien und Pongei.Calliopsis elegans picta.Cardiospermum Halicacabum.Carduus benedictus.Centaurea Cyanus minderjähriger Kaiser William.Cheiranthus Cheiri.Chrysanthemum tricolor, t. Hybridum und Coronarium sulphureum fl. pl.Clarkia elegans rosea.Datura cornucopia.Erysimum Arkansanum und Perofskianum.Eutoca viscida.Gilia capitata alba.Helichrysum bracteatum und macranthum.Hibiscus Africanus.Impatiens, alle Sorten.Lupinus hirsutus pilosus.Matthiola Blutrot Zehn Wochen, Cut and Come Again, grandiflora, annuus und andere.Mirabilis Jalapa folio variegata und longiflora alba.Papaver, American Flag, Mikado und Double.Perilla laciniata und Nankinensis.Salvia farinacea.Tagetes Eldorado, Goldnugget, erecta fl. Pl. Xeranthemum annuum und Superbissimum fl. pl.Zinnia elegans alba fl. pl.

246. Wild phlox (*P. maculata*), one of the parents of the perennial garden phloxes.

Pflanzen 31–40 Zoll hoch

Acroclinium, gefüllte Rose und Weiß.
Adonis aestivalis.Ageratum Mexicanum album und blau.Amarantus bicolor ruber.Argemone grandiflora.Centaurea Americana.Centauridium Drummondii.Cerinthe retorta. [C. doppelt gelb.Chrysanthemum coronarium album und Clarkia elegans alba fl. pl.Cleome spinosa.Cyclanthera pedata.Datura fastuosa und New GoldenEuphorbia marginata. [Königin.Gilia capitata alba.Helianthus Dwarf Double und Cucu-Hibiscus Golden Bowl. [merifolius.Lavatera trimestris.Madia elegans.
Martynia craniolaria.
Salvia coccinea.

247. Zinnias. Often known as "youth and old age."

Pflanzen 41 Zoll und mehr.

Adonis Autumnalis.
Helianthus verschiedener Gartenarten (an anderer Stelle nicht erwähnt).
Ricinus, alle Sorten. Und viele Kletterpflanzen.

Pflanzabstände für einjährige Pflanzen (oder als einjährige Pflanzen behandelte Pflanzen).

Es kann nur eine ungefähre Vorstellung davon gegeben werden, in welchem Abstand einjährige Pflanzen gepflanzt werden sollten, denn der Abstand hängt nicht nur von der Fruchtbarkeit des Landes ab (je stärker der Boden, desto größer der Abstand), sondern auch von dem Gegenstand, den die Person hat beim Züchten der Pflanzen, sei es zur Erzielung eines soliden Masseneffekts oder zur Sicherung kräftiger Solitärpflanzen mit großer Einzelblüte. Sollen Solitärpflanzen gezogen werden, sollten die Abstände großzügig bemessen sein.

Die hier angegebenen Abstände für einige der gewöhnlicheren einjährigen Pflanzen können als durchschnittliche oder übliche Abstände angesehen werden, die einzelne Pflanzen unter normalen Bedingungen in Blumenbeeten einnehmen können, obwohl es wahrscheinlich unmöglich wäre, zwei Gärtner oder Sämereien zu finden, die sich über die Einzelheiten einig wären. Dabei handelt es sich eher um Vorschläge als um Empfehlungen. Es ist immer ratsam, mehr Pflanzen zu setzen oder zu säen, als man braucht, denn es besteht die Gefahr des Verlusts durch Schnittwürmer und andere Ursachen. Die allgemeine Tendenz besteht darin, die Pflanzen zum Zeitpunkt der Reife zu dicht beieinander stehen zu lassen.

Im Zweifelsfall platzieren Sie Pflanzen, die in Büchern und Katalogen als sehr kleinwüchsig beschrieben werden, bei 15 cm, solche als mittelgroß bei 30 cm, sehr großwüchsige Pflanzen bei 60 cm und verdünnen Sie sie, wenn sie während des Wachstums anspruchsvoll zu sein scheinen.

Die Pflanzen in diesen Listen sind in vier Gruppen eingeteilt (anstatt alle zusammen mit den Nummern dahinter zu platzieren), um das Thema im Kopf des Anfängers zu klassifizieren.

6 bis 9 Zoll voneinander entfernt

Ageratum, sehr Zwergarten.
Alyssum.Asperula setosa.Cacalia.Candytuft.Clarkia, Zwergart.Collinsia.Gysophila Muralis.Kaulfussia.Rittersporn, Zwergart.Linaria.Linum grandiflorumLobelia Erinus. Mignonette, Zwergarten.
Stiefmütterchen.
Phlox, sehr Zwergarten.Rosa, sehr Zwergarten.Rhodanthe.Schizopetalon.Silene Armeria.Snapdragon, Zwerg.Zuckerwicke.Torenia.

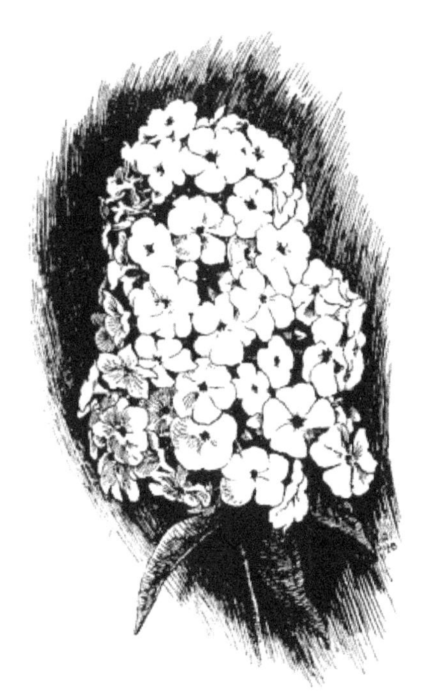

248. Improved perennial phlox,

10 bis 15 Zoll voneinander entfernt

Die mit (ft.) markierten Pflanzen sind Beispiele für Pflanzen, die normalerweise eine Höhe von 12 Zoll erreichen.

Abronia (ft.).
Acroclinium.Adlumia.Adonis Autumnalis.Ageratum, große Arten.Alonsoa.Aster, China, kleinere Arten (ft.).Balsam.Bartonia.Browallia.Calendula.Kalifornischer Mohn (Eschscholtzia).Calliopsis.Cardiospermum.Nelke, Blumengartenarten (ft.).Celosia, kleine Arten.Centaurea Cyanus.
Centauridium (ft.).
Centranthus (ft.).Clarkia, hoch (ft.).Convolvulus tricolor (ft.).Gaillardia, außer auf starkem Land.Gilias.Glaucium.Godetia (ft.).
Gomphrena.
Gypsophila elegans.Helichrysum (ft.).Hunnemannia.Jacobaea. {Arten.Rittersporn, großes einjähriges Malope. {Sorten.Ringelblume, mittlereMignonette, große Arten.Mesembryanthemum (Eispflanze) (ft.).Morning-glory.Nasturtium, Zwerg.Nemophila.Nigella.Petunia.Phlox Drummondii.Pinks.Poppies (6 bis 18 Zoll, je nach Sorte).Portulaca (ft.).Salpiglossis (ft.).Scabiosa (ft.).Schizanthus.Snapdragon, große Arten.Statice (ft.).Stock (ft.).Tagetes, Zwergfranzösisch.Thunbergia (ft.) .Verbena.Whitlavia (ft.), {(ft.).Zinnia, sehr Zwergarten

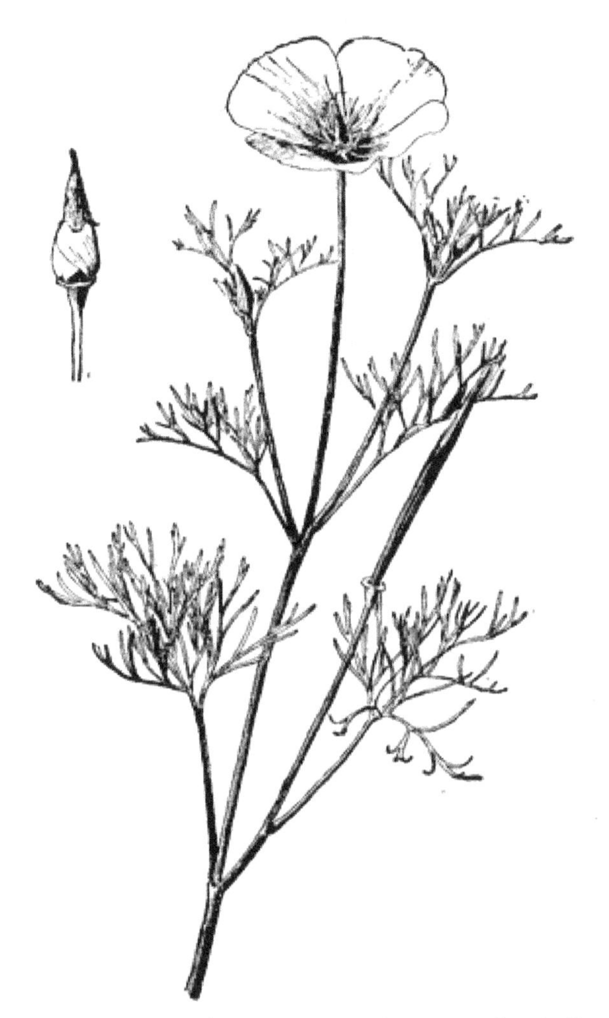

249. Eschscholtzia, or California poppy. One-half size.

18 bis 24 Zoll

Amarantus.
Ammobium.Argemone.Aster, China, die großen Arten (oder Reihen im Abstand von 2 Fuß und Pflanzen im Abstand von 1 Fuß in der Reihe).Callirrhoë.
Canterbury-Glocke (bis zu 3 Fuß).
Celosia, große Arten (bis zu 30 Zoll). Chrysantheme, einjährig. Cosmos, kleinere Arten.
Euphorbia marginata.
Vier Uhr (bis zu 30 Zoll) Hop, Japanisch. (bis 30 Zoll)Kochia oder

SommerzypresseRingelblume, hohe Arten.Kapuzinerkresse, hoch, wenn man sie auf dem Boden ausbreiten darf.Nicotiana (bis zu 30 Zoll).Œnothera, hohe Arten.Salvia coccinea (*splendens grandiflora*), etwa 2 ft.
Zinnie, hohe Arten (bis zu 3 Fuß).

250. A modern peony.

Ungefähr 3 Fuß oder mehr

Caladium.
Schmuckkörbchen, hohe Arten (2 bis 3 Fuß).
Dahlie.
Datura.Martynia.Ricinus oder Rizinusbohne.Solanums.Sonnenblume, große Arten.Wigandia.

3. Winterharte, krautige Stauden

Die Wertschätzung mehrjähriger Kräuter wächst schnell, nicht nur als Blumengärten und Rasenflächen, sondern auch als Teil einheimischer

Landschaften. Jeder Ort bringt seine wilden Astern, Goldruten, Akelei, Iris, Trillien, Lilien, Anemonen, Pentstemons, Minzen, Sonnenblumen oder andere Pflanzen hervor; und viele davon eignen sich auch gut als Motiv für das Heimgelände.

Es ist wichtig zu bedenken, dass einige mehrjährige Kräuter nach ein bis drei Jahreszeiten voller Blüte zu versagen beginnen. Es ist ein guter Plan, neue Pflanzen an ihre Stelle zu setzen; oder die alten Wurzeln können im Herbst aufgenommen und geteilt werden, wobei nur die frischen und starken Teile wieder eingepflanzt werden.

Mehrjährige Kräuter werden auf verschiedene Weise vermehrt: durch Samen und durch Stecklinge der Stängel und Wurzeln, meist jedoch durch die einfache Methode der Teilung. Über die Aufzucht dieser Pflanzen aus Samen schreibt William Falconer in Dreers „Garden Book“ von 1909 Folgendes:

„Winterharte Stauden lassen sich leicht aus Samen ziehen. In vielen Fällen sind sie etwas langsamer als einjährige Pflanzen, aber mit intelligenter Pflege werden sie erfolgreich gezüchtet, und aus Samen lässt sich hervorragend ein großer Vorrat an Stauden anlegen. Bei der Aussaat im Frühling blühen viele Sorten bereits im ersten Jahr aus den Samen, ebenso wie die einjährigen Sorten; zum Beispiel: Gaillardia, Isländischer Mohn, Chinesischer Rittersporn, Platycodon usw. Andere blühen erst im zweiten Jahr.

„Der Amateur hat möglicherweise mehr Erfolg und weniger Mühe, Stauden aus im Freiland gesäten Samen zu züchten, als auf jede andere Art und Weise.“ Bereiten Sie ein Beet an einem schönen, warmen, geschützten Ort im Garten vor, möglichst nicht sehr sonnig. Lassen Sie die Oberfläche des Beetes vier bis fünf Zoll über das allgemeine Niveau angehoben sein, und der Boden soll eine weiche, feine Erde auf der Oberfläche sein. Zeichnen Sie flache Reihen im Abstand von drei bis vier Zoll über die Oberfläche des Beetes und säen Sie hier die Samen, wobei Sie die Sorten einer Art oder Natur so weit wie möglich zusammenhalten und die Samen dünn bedecken; Drücken Sie die gesamte Oberfläche leicht an, wässern Sie sie mäßig und bestäuben Sie dann alles mit etwas feiner, lockerer Erde. Wenn das Wetter sonnig oder windig ist, beschatten Sie es mit Papieren oder einigen Zweigen, entfernen Sie diese jedoch am Abend. Wenn die Sämlinge aufgehen, verdünnen Sie sie, um die verbleibenden zu versteifen. Wenn sie dann fünf bis sieben Zentimeter hoch sind, können sie in dauerhafte Quartiere umgepflanzt werden. All dies sollte im zeitigen Frühjahr erfolgen, beispielsweise im März, April oder Mai. Auch hier können Stauden im Juli oder August ganz einfach im Freien gezogen werden, und zwar weitgehend auf die gleiche Weise wie oben. Sie können aber auch im zeitigen Frühjahr im Innenbereich, am Fenster, im Frühbeet, im Frühbeet oder im Gewächshaus gesät werden, vorzugsweise in Kisten oder Pfannen, wie für den Anbau einjähriger Pflanzen. Manche Gärtner säen Samen direkt im Frühbeet. Ich habe beide Möglichkeiten ausprobiert und finde die Kisten am besten, da die verschiedenen Samensorten nicht gleichzeitig aufgehen und man sie aus dem engen Rahmen in luftigere Räume bringen kann, sobald die Samen aufgehen, wohingegen Wenn sie in einem Rahmen gesät werden, müssten Sie allen die gleiche Behandlung zukommen lassen. Wenn die Sämlinge groß genug sind, verpflanze ich sie in andere Kisten und stelle sie an einen schattigen Teil des Gartens, aber nicht unter den Schatten von Bäumen, da sie dort zu viel „ziehen". Pflanzen Sie sie etwa am 15. September in den Garten, wo sie blühen sollen, oder, wenn der Garten voller sommerblühender Pflanzen ist, legen Sie sie in Beete im Gemüsegarten, um sie im zeitigen Frühjahr auszupflanzen, und geben Sie ihnen einen eine leichte Abdeckung mit Stroh oder Mist, um plötzliche Wetterumschwünge von ihnen fernzuhalten."

Winterharte mehrjährige Kräuter können im September und Oktober mit hervorragenden Ergebnissen gepflanzt werden; auch im Frühling. Sorgen Sie dafür, dass sie im Winter mit Mulch geschützt werden.

Mehrjährige Kräuter, die sich für Rasen- und Pflanzeffekte eignen.

Einige der auffälligen Pflanzen, die für die Rasenbepflanzung im Norden wertvoll sind und hauptsächlich aufgrund ihrer Größe, Blattstruktur und Wuchsform ausgewählt wurden, werden in der folgenden kurzen Liste aufgeführt. Sie können für Blumengärten geeignet sein oder auch nicht. Es ist unmöglich, dieser Liste irgendeinen Grad an Vollständigkeit zu geben; aber die hier gedruckten Namen geben Hinweise auf die Art der Dinge, die verwendet werden können. Das * kennzeichnet einheimische Pflanzen.

Yucca, *Yucca filamentosa.* *

Funkia, *Funkia* , von mehreren Arten.

Peltat-Steinbrech, *Saxifraga peltata.* *

Rosenmalve, *Hibiscus Moscheutos.* *

Alant, *Inula Helenium* (Abb. 251).

Wilde Sonnenblumen, *Helianthus* * verschiedener Arten, insbesondere *H. orygalis, H. giganteus, H. grosse-serratus, H. strumosus* .

251. Elecampane. Naturalized in old fields and along roadsides.

Kompasspflanzen, *Silphium* * verschiedener Arten, insbesondere *S. terebinthinaceum, S. laciniatum, S. perfoliatum* .

Sacaline, *Polygonum Sachalinense* .

Japanischer Staudenknöterich, *Polygonum cuspidatum* .

Bocconia, *Bocconia cordata* .

Wilder Wermut, *Artemisia Stelleriana* * und andere.

Schmetterlingskraut, *Asclepias tuberosa* .*

Wilde Astern, *Aster* * vieler Arten, insbesondere *A. Novæ-Anglæ* (am besten), *A. laevis, A. multiflorus, A. spectabilis* .

Goldruten, *Solidago* * verschiedener Arten, insbesondere *S. speciosa, S. nemoralis, S. juncea, S. gigantea* .

Blutweiderich, *Lythrum Salicaria* .

Fahnen, *Iris* vieler Arten, einige davon einheimisch.

Japanische Windblume, *Anemone Japonica* .

Ziegenbart, *Aruncus sylvester (Spiræa Aruncus*).*

Baptisia, *Baptisia tinctoria* .*

Thermopsis, *Thermopsis mollis* .*

Wilder Senna, *Cassia Marilandica* .*

Wildes Kleeblatt, *Desmodium Canadense* * und andere.

Bandgras, *Phalaris arundinacea* * var. *Bild* .

Zebragras, *Eulalia-* (oder *Miscanthus-*) Arten und Sorten.

Wildes Panikgras, *Panicum virgatum* .*

Bambusas (und verwandte Dinge) verschiedener Art.

Ravennagras, *Erianthus Ravennæ* .

Arundo, *Arundo Donax* und var. *Variegata* .

Reed, *Phragmites communis* .*

Diese und die übrigen Pflanzen der Liste sollten an Gewässerrändern oder in Mooren gepflanzt werden (die Liste könnte erheblich erweitert werden).

Wildreis, *Zizania aquatica* .*

Katzenschwanz, *Typha angustifolia* * und *T. latifolia* .*

Eidechsenschwanz, *Saururus cernuus* .*

Peltandra, *Peltandra undulata* .*

Orontium, *Orontium aquaticum* .*

Einheimische Calla, *Calla palustris* .*

Eine kurze saisonale Blumengarten- oder Rabattenliste mit Stauden.

Um die Auswahl mehrjähriger Kräuter für die Blüte zu erleichtern, sind die Pflanzen in der folgenden Liste nach ihrer Blütezeit geordnet, beginnend mit der frühesten. Der Name des Monats gibt an, wann sie normalerweise zu blühen beginnen. Es sollte klar sein, dass die Blütezeit der Pflanzen kein fester Zeitraum ist, sondern je nach Ort und Jahreszeit mehr oder weniger variiert. Diese Daten gelten für die meisten mittleren und nördlichen

Bundesstaaten. Eingeborene in Nordamerika sind mit einem Sternchen * gekennzeichnet. Diese Liste stammt von Ernest Walker.

MARSCH

Blaue Windblume, *Anemone blanda* . 6 Zoll. März-Mai. Himmelblaue, sternförmige Blüten. Laub tief eingeschnitten. Für Rand- und Felsarbeiten.

Blutwurz, *Sanguinaria Canadensis* .* 6 Zoll. März-April. Reines Weiß. Blaugrünes Laub. Halbschatten. Grenz- oder Felsarbeiten.

APRIL

Berggänsekresse, *Arabis albida* . 6 Zoll. April-Juni. Blüten reinweiß; Köpfe in Hülle und Fülle schließen. Duftend. Für trockene Orte und Felsarbeiten.

Lila Gänsekresse, *Aubrietia deltoidea* . 6 Zoll. April-Juni. Kleine violette Blüten in großer Fülle.

Gänseblümchen, *Bellis perennis* , 4–6 Zoll. April–Juli. Blüten weiß, rosa oder rot; Einzel oder Doppel. Die gefüllten Sorten sind die begehrtesten. Decken Sie die Pflanzen im Winter mit Blättern ab. Kann wie Stiefmütterchen aus Samen gezogen werden.

Frühlingsschönheit, *Claytonia Virginica* .* 6 Zoll. April-Mai. Büschel hellrosa Blüten. Halbschatten. Es sollten sechs bis ein Dutzend zusammengestellt werden.

Shooting Star, *Dodecatheon Meadia* .* 1 ft. April-Mai. Rötlich-violette Blüten, orange-gelbes Auge, in Büscheln. Kühler, schattiger Standort. Pflanzen Sie mehrere an einem Ort.

Hundefluch, *Doronicum plantagineum* var *excelsum* . 20 Zoll. April-Juni. Große, auffällige Blüten; Orange Gelb. Buschige Pflanzen.

Leberblatt, *Hepatica acutiloba* * und *triloba* .* 6 Zoll. April-Mai. Die Blüten sind klein, aber zahlreich und variieren in Weiß und Rosa. Halbschatten.

Winterharte Schleifenblume, *Iberis sempervirens* . 10 Zoll. April-Mai. Kleine weiße Blüten in Büscheln; reichlich. Große, ausladende, immergrüne Büschel.

Alpenlampenblume, *Lychnis alpina* .* 6 Zoll. April-Mai. Blüten sternförmig, in auffälligen Köpfen; Rosa. Für Rabatten und Steingarten.

Frühes Vergissmeinnicht, *Myosotis dissitiflora* . 6 Zoll. April-Juni. Kleine Büschel tief himmelblauer Blüten. Getufteter Wuchs.

252. The wild Trillium grandiflorum.

Everblooming F., *M. palustris* var. *Semperflorens* . 10 Zoll. Hellblau; Gewohnheit verbreiten.

Blauglöckchen, *Mertensia Virginica* .* 1 Fuß. April-Mai. Blüten blau, später rosa; hängend; röhrenförmig; nicht auffällig, aber schön. Reiche Erde. Halbschatten.

Baum-Pfingstrose, *Pæonia Moutan* . (Siehe *Mai* , Pæonia.)

Moosrosa, *Phlox subulata* .* 6 Zoll. April-Juni. Zahlreiche tiefrosa, kleine Blüten; schleichende Angewohnheit; immergrün. Geeignet für trockene Standorte als Deckpflanze.

Trillien .* Von mehreren Arten; immer attraktiv und nützlich in der Grenze (Abb. 252). Sie kommen häufig in üppigen Wäldern und Gehölzen vor. Graben Sie die Knollen im Spätsommer aus und pflanzen Sie sie direkt ins Beet. Die großen blühen im folgenden Frühjahr. Dasselbe gilt für das Erythronium, das Eselszahnveilchen oder die Kreuzotter und für sehr viele andere frühe Wildblumen.

MAI

Ajuga-Reptane . 6 Zoll. Mai-Juni. Ähren aus violetten Blüten. Wächst gut an schattigen Plätzen; Verbreitung. Eine gute Deckpflanze.

Madwort, *Alyssum saxatile* var. *Kompaktum* . 1 Fuß. Mai-Juni. Blüten duftend, in Büscheln, klar goldgelb. Blatt silbrig. Gut durchlässiger Boden. Eine der besten gelben Blumen.

Akelei, *Aquilegia Glandulosa* und andere (Abb. 253). 1 Fuß. Mai-Juni. Tiefblaue Kelchblätter; weiße Blütenblätter. Aquilegias sind alte Favoriten. (Siehe *Juni* .) Die wilde *A. Canadensis* * ist wünschenswert.

Maiglöckchen, *Convallaria majalis* .* 8 Zoll. Mai-Juni. Trauben aus kleinen weißen Glöckchen; duftend. Sehr bekannt. Halbschatten. (Siehe Kap. VIII.)

Erdrauch, *Corydalis nobilis* . 1 Fuß. Mai-Juni. Große Büschel feiner gelber Blüten. Buschiger, aufrechter Wuchs. Geht gut im Halbschatten.

Tränendes Herz, *Dicentra spectabilis* . 2 1/2 Fuß. Mai-Juni. Sehr bekannt. Trauben aus herzförmigen, tiefrosa und weißen Blüten. Verträgt Halbschatten.

Hauben-Schwertlilie, *Iris cristata* .* 6 Zoll. Mai-Juni. Blüten blau, gelb gesäumt. Blätter schwertförmig.

Deutsche Schwertlilie, *I. Germanica* . 12-15 Zoll. Mai-Juni. Zahlreiche Sorten und Farben. Große Blüten, 3-4 an einem Stiel. Breite, glasige, schwertförmige Blätter.

Pfingstrose, *Pæonia Officinalis*. 2 Fuß. Mai-Juni. Dies ist die bekannte krautige Pfingstrose. Es gibt zahlreiche Sorten und Hybriden.

253. One of the columbines.

Große Blüten mit einem Durchmesser von 4 bis 6 Zoll. Purpurrot, weiß, rosa, gelblich usw. Geeignet für Rasen oder Rabatten. Abb. 250.

Strauchpfingstrose, *P. Moutan* . 4ft. April Mai. Zahlreiche benannte Sorten. Blumen wie oben, außer gelb. Verzweigter, dichter, strauchiger Wuchs.

Wiesensalbei, *Salvia pratensis* . 2 1/2 Fuß. Mai-Juni, August. Ähren tiefblauer Blüten. Vom Boden aus verzweigend.

JUNI

Achillea Ptarmica, fl. pl. , var. "Die Perle." 1/2 Fuß. Juni-August. Kleine, gefüllte, weiße Blüten in wenigen Blütenbüscheln. Reiche Erde.

Windblume, *Anemone Pennsylvanica* .* 18 Zoll. Juni-September. Weiße Blüten an langen Stielen. Aufrechte Gewohnheit. Geht gut im Schatten.

St. Brunos Lilie, *Paradisea Liliastrum* . 18 Zoll. Juni-Juli. Glöckchenartige, weiße Blüten in hübschen Ähren.

Goldsporn-Akelei, *Aquilegia chrysantha* .* 3 Fuß. Juni-August. Goldene Blüten mit schlanken Spornen; duftend.

Rocky Mountain Columbine, *A. cærulea* .* 1 Fuß. Juni-August. Blüten mit weißen Blütenblättern und tiefblauen Kelchblättern, 2–3 Zoll im Durchmesser. (Siehe *Mai* .)

Waldmeister, *Asperula odorata* . 6 Zoll. Juni-Juli. Kleine weiße Blüten. Kräuter duften, wenn sie verwelkt sind. Geht gut im Schatten; Gewohnheit verbreiten. Wird zum Aromatisieren von Getränken, Beduften und Schützen von Kleidungsstücken verwendet.

Astilbe Japonica (fälschlicherweise Spiræa genannt). 2 Fuß. Juni-Juli. Kleine weiße Blüten in einem gefiederten Blütenstand. Kompakter Wuchs.

Mohnmalve, *Callirrhoë involucrata* .* 10 Zoll. Juni-Oktober. Große purpurrote Blüten mit weißer Mitte. Schleppgewohnheit. Für Rabatten und Steingarten.

Karpaten-Glockenglocke, *Campanula carpatica* (Abb. 254). 8 Zoll. Juni-September. Blüten tiefblau. Getufteter Wuchs. Für Rabatten oder Steingarten. Gut zum Schneiden.

C. glomerata var. *Dahurica* . 2 Fuß. Juni-August. Tiefviolette Blüten in endständigen Büscheln. Vom Boden aus verzweigend. Aufrechte Gewohnheit.

Canterbury Bell, *C. Medium* . Ein alter Favorit. Sie ist zweijährig, blüht aber bereits in der ersten Saison, wenn sie früh gesät wird.

Corydalis lutea. 1 Fuß. Juni-September. Blüten gelb, in endständigen Büscheln. Locker verzweigter Wuchs. Blaugrünes Laub.

Schottisches Rosa, *Dianthus plumarius* . 10 Zoll. Juni-Juli. Weiße und rosa-geringelte Blüten an schlanken Stielen. Dicht büscheliger Wuchs.

254. Campanula Carpatica.

Fransenrosa, *D. superbus* . 18 Zoll. Juli-August. Gefranste Blumen. Lila Farbton.

Gasanlage, *Dictamnus Fraxinella* . 3 Fuß Juni. Blüten violett, auffällig, duftend; in langen Spitzen. Regelmäßige Gewohnheit. Var. *alba* . Weiß.

Gaillardia aristata .* 2 ft. Juni-Oktober. Auffällige orange- und kastanienbraune Blüten an langen Stielen. Gut zum Schneiden. Hybrid-Gaillardien bieten eine große Vielfalt an leuchtenden Farben.

Heuchera sanguinea .* 18 Zoll. Juni-September. Blüten in offenen Rispen, scharlachrot, an büscheligen Stielen aus einer büscheligen Masse hübscher Blätter.

Japanische Schwertlilie, *Iris laevigata (I. Kaempferi)*. 2–3 Fuß. Juni–Juli. Große Blüten in verschiedenen Farben, in Vielfalt. Grüne, schwertartige Blätter. Dichter, büscheliger Wuchs. Bevorzugt eine feuchte Situation.

Blazing Star, *Liatris spicata* .* 2 ft. Juni-August. Ähren aus feinen, kleinen violetten Blüten. Schlankes Laub. Unverzweigte, aufrechte Stängel. Wächst auf den ärmsten Böden.

Isländischer Mohn, *Papaver nudicaule* .* 1 ft. Juni-Oktober. Leuchtend gelbe Blüten. Eine enge, dichte Angewohnheit. Aufrechte, nackte Stängel. Erwünscht sind auch die Sorten Album, weiß, und Miniatum, tieforange.

Orientalischer Mohn, *P. orientale* . 2–4 Fuß. Juni. Blüten 6–8 Zoll breit; tiefes Scharlachrot mit einem violetten Fleck an der Basis jedes Blütenblatts. Es gibt weitere Varianten in Rosa-, Orange- und Purpurtönen.

Pentstemon barbatus var. *Torreyi* .* 3-4 Fuß. Juni-September. Purpurrote Blüten in langen Ähren. Von der Basis abzweigend. Aufrechte Gewohnheit.

XII. Der Hinterhof mit üppiger Blumenbepflanzung.

Mehrjähriger Phlox, *Phlox paniculata* * und Hybriden mit *P. maculata* .* 2-3 Fuß. Juni. Eine große Farbvielfalt in einfarbigen und bunten Formen. Die Blüten stehen in großen, flachen Rispen. (Abb. 246, 248.)

Rudbeckia maxima * 5–6 Fuß, August. Große Blüten; kegelförmige Mitte und lange, herabhängende, gelbe Blütenblätter.

Tropfenkraut, *Ulmaria Filipendula* . 3 Fuß. Juni-Juli. Weiße Blüten in kompakten Büscheln. Büscheliges Laub, dunkelgrün und schön geschnitten. Aufrechte Stängel. (Oft als Spiræa bezeichnet.)

Adamsnadel, *Yucca filamentosa* .* 4-5 Fuß. Juni-Juli. Wachsweiße, herabhängende Lilienblüten in einer großen Thyrsusform. Blätter lang, schmal, dunkelgrün, mit Randfäden. Für den Rasen und zum Anhäufen großer Grundstücke.

JULI

Stockrose, *Althæa rosea* . 5–8 Fuß. Sommer und Herbst. Die Blüten sind weiß, purpurrot und gelb, lavendelfarben und violett. Stattliche Pflanzen mit turmartigem Wuchs; Nützlich für die Rückseite der Bordüre oder für Beete und Gruppen. Die neueren gefüllten Sorten haben Blüten so fein wie eine Kamelie. Die Pflanze ist fast zweijährig, wird aber in nährstoffreichen, gut durchlässigen Böden und mit Winterschutz mehrjährig. Lässt sich leicht aus Samen ziehen und blüht im zweiten Jahr. Die Samen können im August in Rahmen gesät und über den Winter an derselben Stelle getragen werden. Die Blüte im ersten Jahr ist normalerweise die beste.

Gelbe Kamille, *Anthemis tinctoria* . 12-38 Zoll. Juli-November. Blüten leuchtend gelb, 1–2 Zoll im Durchmesser. Nützlich zum Schneiden. Dichter, buschiger Wuchs.

Delphinium Chinense . 3 Fuß. Juli-September. Variable Farben; von tiefem Blau bis Lavendel und Weiß. Gut für die Grenze.

D. formosum . 4 Fuß. Juli-September. Feine Ähren tiefblauer Blüten. Eine der schönsten kultivierten blauen Blumen.

Funkia lancifolia . (Siehe unter *August* .)

Helianthus multiflorus * var. *fl. pl* . 4 Fuß. Juli-September. Große gefüllte Blüten von feiner goldener Farbe. Aufrechte Gewohnheit. Eine ausgezeichnete Blume.

Lychnis Viscaria var. *Flore Pleno* . 12-15 Zoll. Juli-August. Gefüllte, tief rosarote Blüten in Ähren. Für Gruppen und Massen.

Monarda didyma .* 2 ft. Juli-Oktober. Auffällige scharlachrote Blüten in endständigen Köpfen.

Pentstemon grandiflorus. 2* Fuß. Juli-August. Belaubte Ähren mit auffälligen violetten Blüten.

P. lævigalus var. *Digitalis* .* 3 ft. Juli-August. Reinweiße Blüten in Ähren mit violettem Schlund.

Platycodon grandiflorum (Campanula grandiflora) . 3 Fuß. Juli-September. Tiefblaue, glockenförmige Blüten. Dichter, feiner, aufrechter Wuchs.

P. Mariesi . 1 Fuß. Juli-September. Blüten größer; tiefes Violettblau. Schwereres Laub.

AUGUST

Taglilie, *Funkia subcordata* . 18 Zoll. August-Oktober. Trompetenförmige, lilienartige, reinweiße Blüten in Büscheln, die auf einem Stiel inmitten einer Gruppe herzförmiger grüner Blätter getragen werden.

F. lancifolia var. *albo-marginata* . Juli August. Lavendelblüten. Lanzenförmige Blätter mit weißem Rand.

Flammenblume, *Kniphofia aloides (Tritoma Uvaria*). 3 Fuß. August-September. Leuchtend orange-scharlachrote Blüten in dichten, dichten Ähren an der Spitze mehrerer blattförmiger Stängel. Die Blätter sind schlank und bilden ein großes Büschel. Für Rasen und Rabatten. Im Winter nur winterhart, wenn es mit Streu oder Stroh bedeckt ist.

Kardinalblume, *Lobelia cardinalis* .* 2-1/4-4 ft. August-September. Blüten intensiv kardinalrot, von unvergleichlicher Brillanz. Hohe Spitzen. Stängel gebündelt; aufrecht.

Riesengänseblümchen, *Chrysanthemum* (oder *Pyrethrum) uliginosum* . 3–5 Fuß. Juli-Oktober. Blüten weiß, mit goldener Mitte. Etwa 2 Zoll breit. Eine kräftige, aufrechte, buschige Pflanze. Nützlich zum Schneiden.

Golden Glow, *Rudbeckia laciniata* .* 6-7 Fuß. August-September. Große gefüllte goldgelbe Blüten in großer Fülle. Buschiger Wuchs. Nach der Blüte abschneiden. An der Basis erscheinen Blätter und im Oktober erscheinen neue Blüten an etwa 30 cm hohen Stielen.

Goldrute, *Solidago rigida* .* 3-5 Fuß. August-Oktober. Die für diese Gattung großen Blüten stehen in dichten, kurzen Rispen in einer rispigen Traube. Feines, sattes Gelb. Aufrechte Gewohnheit. Eine der besten Goldruten.

SEPTEMBER

Japanische Windblume, *Anemone Japonica* . 2 Fuß. August-Oktober. Blüten groß, leuchtend rot. Eine der besten Herbstblumen.

A. Japonica var. *alba* . Blüten reinweiß mit gelber Mitte. Gut zum Schneiden.

OKTOBER

Winterharte Chrysanthemen . Die so bekannten chinesischen und japanischen Chrysanthemen sind auf leichten, gut durchlässigen Böden winterhart, wenn sie im Winter gut mit Streu oder Blättern geschützt werden, und stehen in solchen Situationen südlich von Indianapolis ohne Schutz. Chrysanthemen sind Großzehrer und sollten einen nährstoffreichen Boden haben.

Aber es gibt eine Sorte winterharter Chrysanthemen oder Grenzchrysanthemen, die wieder an Beliebtheit gewinnt, und sie wird denjenigen, die sich Blumen im Spätherbst wünschen, mit Sicherheit viel Freude bereiten. Diese Chrysanthemen ähneln den „Artemisias“ aus den

Gärten unserer Mutter, sind jedoch in Größe, Form und Farbpalette verbessert.

***Einhundert besonders winterharte mehrjährige Kräuter*.**

Die folgende Liste der 100 „besten winterharten Stauden“ ist einem Bericht der Central Experimental Farm, Ottawa, Ontario, entnommen. Diese Pflanzen werden aus über 1000 Arten und Sorten ausgewählt, die dort getestet wurden. Diejenigen, die als die besten 25 Kanadas gelten, sind mit einem Dolch † gekennzeichnet; und diejenigen, die in Nordamerika beheimatet sind, durch ein Sternchen *.

Achillea Ptarmica flore pleno . – Höhe: 1 Fuß; blüht in der vierten Juniwoche; Blüten, klein, reinweiß, gefüllt und in Büscheln angeordnet; den ganzen Sommer über frei blühend. †

Aconitum Autumnale . – Höhe: 3 bis 4 Fuß; September; Blüten, bläulich-violett, in lockeren Rispen.

Aconitum napellus . – Höhe: 3 bis 4 Fuß; Juli; Blüten, tiefblau, auf einer großen endständigen Ähre; wünschenswert für die Rückseite der Grenze.

Adonis vernalis : Höhe: 6 bis 9 Zoll; erste Maiwoche; Blüten, groß, zitronengelb, einzeln an den Enden der Stängel.

Agrostemma (Lychnis) Coronaria var. *atropurpurea* . – Höhe: 1 bis 2 Fuß; vierte Juniwoche; Blüten, mittelgroß, leuchtend purpurrot, einzeln an den Seiten und Enden der Stängel; eine sehr auffällige Pflanze mit silbernem Laub, die den ganzen Sommer über blüht.

Anemone patens .* – Höhe 6 bis 9 Zoll; vierte Aprilwoche; Blüten, groß und tiefviolett.

Anthemis tinctoria var. *Kelwayi* . – Höhe: 1 bis 2 Fuß; vierte Juniwoche; Blüten, groß, tiefgelb, einzeln an langen Stielen; es blüht den ganzen Sommer über üppig; ist sehr auffällig und wertvoll zum Schneiden. †

Aquilegia Canadensis .* – Höhe: 1 bis 1 1/2 Fuß; dritte Maiwoche; Blüten, mittelgroß, rot und gelb.

Aquilegia chrysantha .* – Höhe: 3 bis 4 Fuß; vierte Juniwoche; Blüten, groß, leuchtend zitronengelb, mit langen, schlanken Spornen; viel später als andere Akeleiarten. †

Aquilegia cœrulea .* – Höhe: 1 bis 1 1/2 Fuß; vierte Maiwoche; Blüten, groß, tiefblau mit weißer Mitte und langen Spornen. †

Aquilegia Glandulosa . – Höhe: 1 Fuß; dritte Maiwoche; Blüten, groß, tiefblau mit weißer Mitte und kurzen Sporen.

Aquilegia oxysepala . – Höhe: 1 Fuß; zweite Woche im Mai; Blüten, groß, tiefviolettblau mit blauen und gelben Zentren; eine sehr begehrte frühe Art.

Aquilegia Stuarti . – Höhe 9 bis 12 Zoll; dritte Maiwoche; Blüten, groß, tiefblau mit weißer Mitte; eine der besten.

Arabis alpina : Höhe: 6 Zoll; erste Woche im Mai; Blüten, klein, reinweiß, in Büscheln.

Arnebia echioides . – Höhe: 9 Zoll; dritte Maiwoche; Blüten, gelb, in Büscheln mit violett gefleckten Blütenblättern. Eine der bezauberndsten Frühblüher.

Asclepias tuberosa .* – Höhe: 1 1/2 bis 2 Fuß; dritte Juliwoche. Blüten, leuchtend orange, in Büscheln angeordnet. Sehr auffällig.

Aster alpinus .* – Höhe: 9 Zoll; erste Juniwoche; Blüten, groß, leuchtend violett, an langen Stielen von der Basis der Pflanze getragen; die früheste Blüte aller Astern.

Aster Amellus var. *Bessarabicus* . – Höhe: 1 bis 1 1/2 Fuß; Juli bis September; Blüten, groß, tiefviolett, einzeln an langen Stielen; sehr gut. †

Aster Novæ-Anglæ var. *roseus* .* – Höhe: 5 bis 7 Fuß; vierte Augustwoche; Blüten, leuchtend rosa, üppig in großen, endständigen Büscheln; sehr auffällig.

Boltonia asteroides * – Höhe: 4 bis 5 Fuß; September; Blüten, kleiner als die nächsten, blassrosa, sehr üppig in großen Rispen; viel später als die nächste Art.

Boltonia latisquama * – Höhe: 4 Fuß; erste Augustwoche; Die Blüten sind groß, weiß, ähneln ein wenig Astern und stehen sehr üppig in großen Rispen.

Campanula carpatica : Höhe: 6 bis 9 Zoll; erste Juliwoche; Blüten mittelgroß, tiefblau, üppig in lockeren Rispen; blüht den ganzen Sommer über weiter. Eine weiße Sorte davon ist auch gut.

Campanula Grossekii . – Höhe: 3 Fuß; erste Juliwoche; Blüten, groß, tiefblau, auf einer langen Spitze.

Campanula persicifolia . – Höhe: 3 Fuß; Blüten, groß, blau, in einer Traube mit langen Blütenstielen. Es gibt auch weiße und gefüllte Sorten, die gut sind.

Clematis recta . – Höhe: 4 Fuß; vierte Juniwoche; Blüten, klein, reinweiß, üppig in dichten Büscheln. Dies ist eine sehr kompakte, buschige Art und für den hinteren Teil des Beetes wünschenswert. *Clematis Jackmani* mit großen tiefvioletten Blüten und *Clematis Vitalba* mit kleinen weißen Blüten sind ausgezeichnete Klettersorten.

Convallaria majalis * (Maiglöckchen). – Höhe: 6 bis 9 Zoll; Ende Mai.

Coreopsis delphiniflora .* – Höhe: 2 bis 3 Fuß; erste Juliwoche; Blüten, groß, gelb, mit dunkler Mitte und einzeln getragen, mit langen Stielen.

Coreopsis grandiflora .* – Höhe: 2 bis 3 Fuß; vierte Juniwoche; Blüten, groß, tiefgelb, einzeln an langen Stielen, üppig blühend den ganzen Sommer über.

Coreopsis lanceolata .* – Höhe: 2 Fuß; vierte Juniwoche; Die Blüten sind groß, aber etwas kleiner als die letzten, sitzen auf langen Stielen und blühen die ganze Saison über.†

Delphinium Cashmerianum . – Höhe: 1 1/2 Fuß; erste Juliwoche; Blüten, blass bis leuchtend blau, in großen offenen Köpfen.†

Dianthus plumarius flore pleno . – Höhe: 9 Zoll; zweite Juniwoche ; Blüten, groß, weiß oder rosa, sehr süß duftend; und zwei oder drei an einem Stiel getragen. Besonders beliebt ist eine Sorte namens Mrs. Simkins, die sehr gefüllt, weiß und köstlich duftend ist und fast einer Nelke ähnelt. Sie blüht in der vierten Juniwoche.

Dicentra spectabilis (Blutendes Herz). – Höhe: 3 Fuß; zweite Maiwoche; Blüten herzförmig, rot und weiß in hängenden Trauben.

Dictamnus albus . – Höhe: 1 1/2 bis 2 Fuß; zweite Juniwoche; Die Blüten sind weiß, duften aromatisch und stehen in großen, endständigen Trauben. Eine bekannte Sorte hat violette Blüten mit dunkleren Zeichnungen.

Doronicum Caucasicum . – Höhe: 1 Fuß; zweite Maiwoche; Blüten, groß, gelb und einzeln getragen.

Doronicum plantagineum var. *excelsum* . – Höhe: 2 Fuß; dritte Maiwoche; Blüten, groß und tiefgelb.†

Epimedium rubrum . – Höhe: 1 Fuß; zweite Maiwoche; Blüten, klein, leuchtend purpurrot und weiß, in einer lockeren Rispe. Eine sehr zierliche und schöne kleine Pflanze.

Erigeron speciosus .* – Höhe: 1 1/2 Fuß; zweite Juliwoche; Blüten, groß, violettblau, mit gelber Mitte, in großen Büscheln an langen Stielen.

Funkia subcordata (Grandiflora). – Höhe: 1 1/2 Fuß; August; Blüten, groß und weiß, in Trauben angeordnet. Der beste in Ottawa angebaute Funkia; Sowohl Blätter als auch Blüten sind hübsch.

Gaillardia aristata var. *grandiflora* .* – Höhe: 1 1/2 Fuß; dritte Juniwoche; Blüten, groß, gelb, mit tief orangefarbener Mitte, einzeln an langen Stielen. Die genannten Sorten Superba und Perfection sind kräftiger gefärbt und von großem Wert. Diese blühen alle bis spät in den Herbst hinein üppig.†

Gypsophila paniculata (Säuglingsatem). – Höhe: 2 Fuß; zweite Juliwoche; Blüten, klein, weiß, üppig in großen, offenen Rispen.

Helenium Autumnale * – Höhe: 6 bis 7 Fuß; zweite Juliwoche; Blüten, groß, tiefgelb, in großen Köpfen; im Spätsommer sehr dekorativ.

Helianthus doronicoides .* – Höhe: 6 bis 7 Fuß; zweite Augustwoche; Blüten, groß, leuchtend gelb und einzeln getragen; blüht mehrere Wochen lang weiter.

Helianthus multiflorus .* – Höhe: 4 Fuß; Blüten, groß, gefüllt, leuchtend gelb und einzeln getragen; eine sehr auffällige, spätblühende Staude.

Heuchera sanguinea * – Höhe: 1 bis 1 1/2 Fuß; erste Juniwoche; Blüten, klein, leuchtend, scharlachrot, in offenen Rispen; blüht den ganzen Sommer über weiter.

Hemerocallis Dumortierii . – Höhe: 1 1/2 Fuß; zweite Juniwoche; Blüten, groß, orange-gelb, außen bräunlich gefärbt, drei oder vier an einem Stiel.†

Hemerocallis flava . – Höhe: 2 bis 3 Fuß; Ende Juni; Blüten, leuchtend orange-gelb und duftend.†

Hemerocallis minor . – Höhe: 1 bis 1 1/2 Fuß; zweite Juliwoche; Blüten mittelgroß und gelb; blüht später als die beiden vorhergehenden Arten und hat eine kleinere Blüte und schmaleres Laub.

Hibiscus Moscheutos .* – Höhe: 5 Fuß; dritte Augustwoche; Blüten, sehr groß, in der Farbe variierend von weiß bis tiefrosa. Eine Sorte namens „Crimson Eye“ ist sehr gut. Diese Pflanze macht im Spätsommer eine schöne Figur.

Hypericum Ascyron (oder *Pyramidatum*).* – Höhe: 3 Fuß; vierte Juliwoche; Blüten, groß, gelb und einzeln getragen.

Iberis sempervirens . – Höhe: 6 bis 12 Zoll; dritte Maiwoche; Blüten, reinweiß, duftend und in dichten, flachen Büscheln.†

Iris Chamœiris : Höhe: 6 Zoll; vierte Maiwoche; Blüten, leuchtend gelb mit braunen Abzeichen.

Iris flavescens . – Höhe: 1 1/2 bis 2 Fuß; erste Juniwoche; Blüten, zitronengelb mit braunen Abzeichen.

Iris Florentina . – Höhe: 2 Fuß; erste Juniwoche; Blüten, sehr groß, hellblau oder lavendelfarben, süß duftend.†

Iris Germanica : Höhe: 2 bis 3 Fuß; erste Juniwoche; Blüten, sehr groß, von eleganter Form; Farbe, tiefes Lila und leuchtendes Lila, süßer Duft. Es gibt eine große Anzahl erlesener Sorten dieser Iris.†

Iris lœvigata (Kœmpferi). – Höhe: 1 1/2 bis 2 Fuß; erste Juliwoche; Blüten, violett und veränderte Farben, sehr groß und deutlich in Farbe und Form.†

Iris pumila : Höhe: 4 bis 6 Zoll; dritte Maiwoche; Blüten, tiefviolett. Es gibt mehrere Sorten.

Iris Sibirica . – Höhe: 3 bis 4 Fuß; vierte Maiwoche; Blüten, tiefblau, an langen Stielen in Büscheln zu zwei oder drei. Diese Art hat viele Sorten.

Iris variegata . – Höhe: 1 bis 1 1/2 Fuß; erste Juniwoche; Blüten, gelb und braun, mit verschiedenen Brauntönen geadert.

Lilium auratum . – Höhe: 3 bis 5 Fuß; Juli; Blüten, sehr groß, weiß, mit einem gelben Mittelband auf jedem Blütenblatt und dicht violett und rot gefleckt. Die auffälligste aller Lilien und eine prächtige Blume. Dies hat sich auf der Central Experimental Farm als robust erwiesen, obwohl es an einigen Orten als zart gemeldet wurde.†

Lilium Canadense .* – Höhe: 2 bis 3 Fuß; Ende Mai; Blüten, gelb bis blassrot mit rötlichen Flecken, hängend.

Lilium elegans . – Höhe: 6 Zoll; erste Juliwoche; Blüten, blassrot; mehrere Sorten sind besser als der Typ.

Lilium speciosum . – Höhe: 2 bis 3 Fuß; Juli; Blüten, groß, weiß, tiefrosa und rot gefärbt und gefleckt. Robuster als *Lilium auratum* und fast genauso schön. Es gibt mehrere schöne Sorten.†

Lilium superbum .* – Höhe: 4 bis 6 Fuß; erste Juliwoche; Blüten, sehr zahlreich, orangerot, dicht gefleckt und dunkelbraun. Eine bewundernswerte Lilie für die Rückseite des Beetes. †

Lilium tenuifolium . – Höhe: 1 1/2 bis 2 Fuß; dritte Juniwoche; Blüten, hängend und leuchtend scharlachrot. Eine der anmutigsten aller Lilien.

Lilium tigrinum . – Höhe: 2 bis 4 Fuß; Blüten, groß, tieforange, dicht mit violettschwarzen Flecken.

Linum perenne . – Höhe: 1 1/2 Fuß; erste Juniwoche; Blüten, groß, tiefblau, in losen Rispen, die den ganzen Sommer über blühen.

Lobelia cardinalis .* – Höhe: 2 bis 3 Fuß; August; Blüten, leuchtend scharlachrot, in endständigen Trauben; sehr auffällig.

Lychnis Chalcedonica flore pleno . – Höhe: 2 bis 3 Fuß; erste Juliwoche; Die Blüten sind leuchtend purpurrot, gefüllt und stehen in endständigen Trauben.

Lysimachia clethroides . – Höhe: 3 Fuß; vierte Juliwoche; Blüten, weiß, in langen Ähren getragen. Eine sehr auffällige, spätblühende Staude.

Myosotis alpestris . – Höhe: 6 Zoll; dritte Maiwoche; Blüten, klein, leuchtend blau mit gelblichem Auge. Ein sehr üppiger Blüher.

Œnothera Missouriensis. * – Höhe: 1 Fuß; vierte Juniwoche; Die Blüten sind sehr groß, kräftig gelb und werden den ganzen Sommer über einzeln getragen.

Pæonia officinalis . – Höhe: 2 bis 4 Fuß; Anfang Juli. Die gefüllten Sorten sind die besten und in verschiedenen Farben und Schattierungen erhältlich. †

Papaver nudicaule * – Höhe: 1 Fuß; zweite Maiwoche; Blüten, mittelgroß, orange, weiß oder gelb, fast ununterbrochen bis zum Spätherbst. †

Papaver orientale . – Höhe: 2 bis 3 Fuß; erste Juniwoche; Blüten, sehr groß, scharlachrot und je nach Sorte unterschiedlich gezeichnet, wobei es viele Formen gibt.

Pentstemon barbatus var. *Torreyi* .* – Höhe: 2 bis 3 Fuß; erste Juliwoche; Blüten, tiefrot, in langen Ähren, sehr dekorativ.

Phlox amœna .* – Höhe: 6 Zoll; zweite Maiwoche; Blüten, mittelgroß, leuchtend rosa, in kompakten Büscheln.

Phlox decussata * (die mehrjährigen Gartenhybriden). – Höhe: 1 bis 3 Fuß; dritte Juliwoche; Blumen in vielen schönen Schattierungen und Farben finden sich in der großen Zahl benannter Sorten dieser Phloxpflanze, die bis in den Spätherbst hinein blüht. †

Phlox reptans .* – Höhe: 4 Zoll; vierte Maiwoche; Die Blüten sind mittelgroß, violett und stehen in kleinen Büscheln.

Phlox subulata * *(Setacea)*. – Höhe: 6 Zoll; dritte Maiwoche; Blüten, mittelgroß, tiefrosa, in kleinen Büscheln.

Platycodon grandiflorum . – Höhe: 1 1/2 bis 2 Fuß; zweite Juliwoche; Blüten, sehr groß, tiefblau, einzeln oder zu zweit getragen.†

Platycodon grandiflorum var. *album* . – Eine weißblühende Sorte der oben genannten und bildet einen schönen Kontrast dazu, wenn sie zusammengewachsen sind. Sie blüht einige Tage früher als die Art.

Platycodon Mariesii . – Höhe: 1 Fuß; zweite Juliwoche; Blüten, groß und tiefblau.

Polemonium cœruleum .* – Höhe: 2 Fuß; zweite Juniwoche; Blüten, tiefblau, in endständigen Ähren.

Polemonium reptans .* – Höhe: 6 Zoll; dritte Maiwoche; Die Blüten sind mittelgroß, blau und stehen in lockeren Büscheln.

Polemonium Richardsoni .* – Höhe: 6 Zoll; dritte Maiwoche; Blüten, mittelgroß, blau, üppig in hängenden Rispen.

Potentilla hybrida var. *versicolor*. – Höhe: 1 Fuß; vierte Juniwoche; Blüten, groß, tieforange und gelb, halbgefüllt.

Primula cortusoides. – Höhe: 9 Zoll; dritte Maiwoche; Blüten, klein, tiefrosa, in kompakten Köpfen.

Pyrethrum (oder *Chrysanthemum*) *uliginosum* . – Höhe: 4 Fuß; September; Die Blüten sind groß, weiß mit gelber Mitte und stehen einzeln an langen Stielen.

Rudbeckia laciniata * (Golden Glow). – Höhe: 5 bis 6 Fuß; August; Blüten, groß, zitronengelb, gefüllt, an langen Stielen. Eine der besten kürzlich eingeführten Stauden. †

Rudbeckia maxima .* – Höhe: 5 bis 6 Fuß; Juli und August; Blüten, groß, mit langer kegelförmiger Mitte und leuchtend gelben Strahlen, einzeln getragen. Die ganze Pflanze ist sehr auffällig.

Scabiosa Caucascia . – Höhe: 1 1/2 Fuß; erste Juliwoche; Die Blüten sind groß, hellblau und stehen einzeln an langen Stielen, den Rest des Sommers über sehr freistehend.

Solidago Canadensis * (Goldrute). – Höhe: 3 bis 5 Fuß; erste Augustwoche; Die Blüten sind klein, goldgelb und stehen in dichten Rispen.

Spiræa (eigentlich *Aruncus*) *astilboides* . – Höhe: 2 Fuß; vierte Juniwoche; Blumen, klein, weiß, sehr zahlreich und in vielen verzweigten Rispen getragen. Sowohl Blätter als auch Blüten sind dekorativ.

Spiræa (oder *Ulmaria*) *Filipendula* . – Höhe: 2 bis 3 Fuß; dritte Juniwoche; Blüten, reinweiß, üppig in lockeren Rispen. Auch das Laub dieser Art ist sehr gut. Es gibt eine gefüllte Sorte, die sehr effektiv ist. †

Spiræa (Ulmaria) purpurea var. *elegans* . – Höhe: 2 bis 3 Fuß; erste Juliwoche; Blüten, weißlich mit purpurroten Staubbeuteln, sehr üppig in Rispen angeordnet.

Spiræa Ulmaria (Ulmaria pentapetala). – Höhe: 3 bis 4 Fuß; zweite Juliwoche; Blüten, sehr zahlreich, mattweiß, in großen, zusammengesetzten Köpfen, mit weichem, federartigem Aussehen.

Spiræa venusta (Ulmaria rubra var. *venusta*). – Höhe: 4 Fuß; zweite Juliwoche; Blüten, klein, leuchtend rosa, üppig in großen Rispen. †

Statice latifolia . – Höhe: 1 1/2 Fuß; erste Juliwoche; Blüten, klein, blau, sehr üppig in lockeren Rispen. Sehr effektiv im Grenzbereich.

Thalictrum aquilegifolium . – Höhe: 4 bis 5 Fuß; vierte Juniwoche ; Blüten, klein, weiß bis violett, sehr zahlreich und in großen Rispen angeordnet.

Trollius Europæs . – Höhe: 1 1/2 bis 2 Fuß; vierte Maiwoche; Blüten, groß, leuchtend gelb, lange Blütenpracht.

4. Zwiebeln und Knollen

*(Siehe die besondere Kultur der verschiedenen Arten in Kapitel VIII; und Anweisungen zum Forcieren auf *S. 345.)*

Es ist üblich, Zwiebeln und Knollen zusammen zu beschreiben, da die Spitzen und Blüten aller Zwiebel- und Knollenpflanzen aus großen Vorratsspeichern für Nahrungsmittel entspringen, was zu ähnlichen Kultur- und Lagerungsmethoden führt.

Strukturell unterscheidet sich die Knolle jedoch stark von der Knolle. Eine Zwiebel ist praktisch eine große ruhende Knospe, deren Schuppen die Blätter darstellen und in deren Mitte der Embryostamm liegt. Zwiebeln sind kondensierte Pflanzen im Lager. Die Knolle hingegen ist ein fester Körper, aus dem Knospen hervorgehen. Einige Knollen stellen verdickte Stängel dar, wie bei der irischen Kartoffel, einige verdickte Wurzeln, wie wahrscheinlich bei der Süßkartoffel, und einige haben sowohl Stängel als auch Wurzeln, wie die Rübe, die Pastinake und die Rote Bete. Einige Knollen sehen sehr zwiebelartig aus, beispielsweise die Knollen von Krokussen und Gladiolen.

Wenn wir das Wort „Zwiebel“ im Sinne des Gärtners verwenden, um alle diese Pflanzen als kulturelle Gruppe einzuschließen, können wir sie in zwei Klassen einteilen: die winterharten Arten, die im Herbst gepflanzt werden; und die zarten Sorten, die im Frühling gepflanzt werden sollen.

Im Herbst gepflanzte Blumenzwiebeln .

Die im Herbst gepflanzten Blumenzwiebeln lassen sich in zwei Gruppen einteilen: die „Hollandzwiebeln“ oder Frühfrühlingsblüher, wie Krokusse, Tulpen (Abb. 255), Hyazinthen (Abb. 262), Narzissen (Abb. 260) und Meerzwiebeln (Abb. 256). , Schneeglöckchen; die Sommerblüher, als Lilien (Abb. 258, 259). Die Behandlungen der beiden Gruppen sind so ähnlich, dass sie gemeinsam besprochen werden können.

255. Tulips, the warmest of spring flowers.

Alle diese Zwiebeln können gepflanzt werden, sobald sie reif sind; In der Praxis werden sie jedoch bis Ende September oder Oktober aufbewahrt, bevor sie in die Erde gepflanzt werden, da eine frühere Pflanzung keinen Nutzen bringt und außerdem der Boden normalerweise nicht bereit ist, sie aufzunehmen, bis eine andere Ernte entfernt wird.

256. One of the squills.—*Scilla bifolia.*

Diese Zwiebeln werden im Herbst gepflanzt (1), da sie im Boden besser haltbar sind als bei der Lagerung; (2) weil sie im Herbst und Winter Wurzeln schlagen und für die erste Frühlingswärme bereit sind; (3) und weil es normalerweise unmöglich ist, im Frühjahr früh genug auf den Boden zu kommen, um sie mit großer Hoffnung auf Erfolg für diese Saison zu pflanzen.

Dem äußeren Anschein nach ruhen die Zwiebeln bis zum Frühjahr; Sie werden gemulcht, um sicherzustellen, dass sie bei warmem Herbst- oder Winterwetter nicht anspringen, und um den Boden vor Hebungen zu schützen.

Um gute Zwiebeln und die gewünschten Sorten zu sichern, sollte die Bestellung im Frühjahr oder Frühsommer erfolgen. Für einen Blumengarten-Effekt sollten die großen und ausgewachsenen Zwiebeln gesichert werden; Für die Ansiedlung im Gebüsch oder auf dem Rasen können die kleineren Größen ausreichend sein. Bestehen Sie darauf, dass Ihre Glühbirnen erstklassig sind, denn es gibt große Qualitätsunterschiede; Selbst mit der besten Behandlung lassen sich mit schlechten Zwiebeln keine guten Ergebnisse erzielen.

257. A purple-flowered Amaryllis. —*Lycoris squamigera*, but known as *Amaryllis Hallii.*

Es ist nicht allgemein bekannt, dass es herbstblühende Blumenzwiebeln gibt. Im Herbst blühen mehrere Krokusarten, wobei *C. sativus* (der Safrankrokus) und *C. speciosus* allgemein empfohlen werden. Die Colchicum-Blumenzwiebeln sind hervorragende herbstblühende Blumenzwiebeln und sollten generell gepflanzt werden. *C. Autumnale* , rosaviolett, ist die übliche Art. Diese herbstblühenden Blumenzwiebeln werden im August oder Anfang September gepflanzt und im Allgemeinen genauso behandelt wie andere ähnliche Blumenzwiebeln. Die Colchicums bleiben in der Regel mehrere Jahre in gutem Zustand im Boden.

258. The Japanese gold-banded lily. — *Lilium auratum*.

Alle Arten von Blumenzwiebeln bevorzugen einen tiefen, nährstoffreichen und wasserfreien Boden. Dies ist kein geringer Teil ihrer Erfolgskultur. Die Stelle sollte gut entwässert sein, entweder auf natürliche oder künstliche Weise. In flachem und eher feuchtem Land können die Beete etwa 18 Zoll hoch über der Oberfläche angelegt und mit Gras begrenzt werden. Manchmal wird zur Entwässerung am Boden gewöhnlicher Beete eine fußtiefe Schicht grober Steine verwendet, und zwar mit guten Ergebnissen, wenn andere Methoden nicht zweckdienlich sind und die Befürchtung besteht, dass das Beet zu nass werden könnte. Wenn die Stelle wahrscheinlich ziemlich nass ist, legen Sie eine große Handvoll Sand an die Stelle, an der die Glühbirne platziert werden soll, und setzen Sie die Glühbirne darauf. Dadurch wird verhindert, dass das Wasser um die Glühbirne herum stehen bleibt. Mit dieser Methode lassen sich auf schwerem Boden sehr gute Ergebnisse erzielen.

259. One of the common wild lilies.—
Lilium Philadelphicum.

Der Boden für Blumenzwiebeln sollte gut mit altem Mist angereichert sein. Frischer Mist sollte sich niemals in der Nähe der Zwiebel befinden. Auch die Zugabe von Laubschimmel und etwas Sand verbessert die Beschaffenheit schwerer Böden. Bei Lilien kann die Blattform weggelassen werden. Lassen Sie den Spaten mindestens 30 cm tief sein. 18 Zoll sind für Lilien nicht zu tief. Um ein Blumenzwiebelbeet anzulegen, schütten Sie die oberste Erde bis zu einer Tiefe von 15 cm aus. Geben Sie etwa 5 cm gut verrotteten Mist auf den Boden des Beetes und schaufeln Sie ihn in den Boden. Schütten Sie die Hälfte der obersten Erdschicht zurück, ebnen Sie sie gut ein, setzen Sie die Zwiebeln fest auf dieses Beet und bedecken Sie sie dann mit der restlichen Erde; Auf diese Weise werden die Zwiebeln 3 bis 4 Zoll unter der Oberfläche liegen, alle haben eine gleichmäßige Tiefe und liefern gleichmäßige Ergebnisse, wenn die Zwiebeln selbst gut abgestuft sind. Das „Design"-Beet lässt sich auf diese Weise leicht gestalten, da alle Glühbirnen nach dem Einsetzen vollständig freiliegen und alle auf einmal abgedeckt werden.

260. Common species of narcissus.— *a a. Narcissus Pseudo-Narcissus* or daffodil; *b.* Jonquil; *c. N. Poeticus.*

Natürlich ist es nicht notwendig, dass sich der Hausgärtner die Mühe macht, die Erde zu entfernen und zu ersetzen, wenn er nur gute Blüten haben möchte; Aber wenn er ein insgesamt gutes Bett oder einen Masseneffekt will, sollte er sich diese Mühe machen. In den Sträuchern und auf dem Rasen kann er sie hier und da „einstecken", wobei darauf zu achten ist, dass die Oberseite der Zwiebel 3 bis 6 Zoll unter der Oberfläche liegt, wobei die Tiefe von der Größe der Zwiebel abhängt (je größer und stärker die Zwiebel ist). , je tiefer es gehen darf) und von der Beschaffenheit des Bodens (im Sand können sie tiefer gehen als im harten Lehm).

je nach Breitengrad und Art des Materials bis zu einer Tiefe von 10 cm oder mehr mit Laub, Mist oder Einstreu gemulcht werden . Wenn Blätter verwendet werden, reichen 3 Zoll aus, da die Blätter eng beieinander liegen und den Frost im Boden ersticken und die Zwiebeln sprießen lassen können. Es empfiehlt sich, den Mulch mindestens 30 cm über die Beetränder hinausragen zu lassen. Wenn das kalte Wetter vorüber ist, sollte die Hälfte des Mulchs entfernt werden. Der Rest kann so lange belassen werden, bis keine Frostgefahr mehr besteht. Nachdem Sie den letzten Mulch entfernt haben, bearbeiten Sie die Oberfläche zwischen den Blumenzwiebeln vorsichtig mit einer Hacke.

Wenn das Wetter während der Blütezeit sehr hell ist, kann die Blütezeit durch leichte Beschattung verlängert werden – beispielsweise mit Musselin oder Latten über den Beeten. Wenn die Beete an einem Ort gepflanzt werden, an dem sie Halbschatten von den umliegenden Bäumen oder Sträuchern haben, ist eine solche Pflege nicht erforderlich.

Lilien können jahrelang ungestört bleiben. Krokusse und Tulpen können zwei Jahre halten, Hyazinthen sollten jedoch jedes Jahr neu gepflanzt werden; Tulpen eignen sich ebenfalls besser für die gleiche Behandlung. Narzissen können einige Jahre bleiben oder bis sie Anzeichen zeigen, dass sie erschöpft sind.

261. The Belladonna lily.—
Amaryllis Belladonna.

Zwiebeln, die aufgenommen werden sollen, sollten im Boden belassen werden, bis das Laub gelb wird oder auf natürliche Weise absterbt. Dies gibt den Zwiebeln die Möglichkeit zu reifen. Das Laub abzuschneiden und zu früh zu graben, ist ein nicht seltener und schwerwiegender Fehler. Blumenzwiebeln, die an Stellen gepflanzt wurden, die für Sommerbeetpflanzen benötigt werden, können mit dem Laub ausgegraben und unter einen Baum oder entlang eines Zauns gesteckt werden, damit sie bis zur Reife stehen bleiben. Die Pflanze sollte so wenig wie möglich verletzt werden, da das Laub dieses Jahres die Blüten des nächsten hervorbringt. Wenn das Laub gelb geworden ist oder abgestorben ist, können die Zwiebeln – nachdem sie gereinigt und einige Stunden lang in der Sonne gelagert wurden – im Keller oder an einem anderen kühlen, trockenen Ort gelagert werden, bis sie im Herbst gepflanzt werden. Zwiebeln, die auf diese Weise vorzeitig gepflückt werden, sollten dauerhaft in die Rabatten gepflanzt werden, da sie sich im folgenden Jahr nicht gut für Blumengärten eignen. Tatsächlich ist es in der Regel am besten, jedes Jahr frische, kräftige Tulpen-, Hyazinthen- und Krokuszwiebeln zu kaufen, wenn die besten Ergebnisse erzielt werden sollen, und die alten Zwiebeln für Sträucher und gemischte Rabatten zu verwenden.

Im Rasen werden häufig Krokusse und Blausterne gepflanzt. Es ist jedoch nicht damit zu rechnen, dass sie länger als zwei bis drei Jahre halten, selbst wenn beim Rasenschnitt darauf geachtet wird, die Spitzen nicht zu kurz zu schneiden. Die Narzisse (einschließlich Narzissen und Jonquilen) bleibt in grasbewachsenen Teilen des Ortes jahrelang in gutem Zustand, wenn man die Spitzen reifen lässt.

262. The common Dutch hyacinth.

Liste der im Herbst im Freien gepflanzten Blumenzwiebeln für den Norden .

Krokus.
Hyazinthe.
Tulpe.
Narzisse (einschließlich Narzisse und Jonquil).Scilla oder Blaustern.Schneeglöckchen *(Galanthus).*
Schneeflocke *(Leucoium).*
Chionodoxa.Hardy Alliums.Bulbocodium.Camassia.Maiglöckchen.Winterlinge (*Eranthis hycmalis*).
Eselszahnveilchen (*Erythronium*).
Kaiserkrone (*Fritillaria Imperialis*).
Fritillary (*Fritillaria Mekagris*).
Trilliums.Lilien.

Pfingstrosen, Knollenanemonen, Knollenbutterblumen, Schwertlilien, Tränendes Herz und dergleichen können im Herbst gepflanzt werden und werden oft den im Herbst gepflanzten Blumenzwiebeln zugeordnet.

Winterzwiebeln (S. 345).

Einige dieser Zwiebeln können im Winter im Gewächshaus, im Fenstergarten oder im Wohnzimmer zum Blühen gebracht werden. Hyazinthen eignen sich hierfür besonders gut, da die Blüte weniger von bewölktem Wetter beeinträchtigt wird als die von Tulpen und Krokussen. Einige Narzissenarten „zwingen" auch gut, insbesondere die Narzisse; und die Papierweißlilie und die „Chinesische heilige Lilie" sind praktisch die einzigen gewöhnlichen Blumenzwiebeln, von denen der Hausgärtner vor Weihnachten eine gute Blüte erwarten kann. Der Umgang mit Blumenzwiebeln für die Winterblüte wird im Fenstergarten (auf *S. 345) beschrieben.

Sommerzwiebeln **.**

Über die Kultur der sogenannten Sommerblüher und Frühjahrszwiebeln als Klasse gibt es nichts Besonderes zu sagen. Sie sind zart und werden daher gepflanzt, nachdem die kalte Witterung vorbei ist. Für eine frühe Blüte können sie im Innenbereich gepflanzt werden. Natürlich hängt jede Liste der im Frühling gepflanzten Blumenzwiebeln vom Klima ab, denn was im Frühling in New York gepflanzt werden kann, kann möglicherweise im Herbst in Georgia gepflanzt werden.

Die häufigsten „Sommerzwiebeln" sind:

Gladiole
TuberoseDahlieCanna
Arum
CallaCalochortusAlstremeriaAmaryllisColocasia

5. Das Gebüsch

(Ausgenommen sind immergrüne Nadelbäume und Kletterpflanzen.)

Die gewöhnlichen winterharten Sträucher oder Büsche können im Herbst oder Frühling gepflanzt werden. In den nördlichsten Teilen des Landes und in Kanada ist das Pflanzen im Frühling normalerweise sicherer, obwohl die Pflanzen auf gut entwässertem Boden und nach gründlichem Mulchen sogar gut gedeihen können, wenn sie gepflanzt werden, sobald die Blätter im Herbst fallen. Wenn die Sträucher im Frühjahr gekauft werden, stammen sie wahrscheinlich aus „Kellerbeständen"; Das heißt, die Baumschulen graben einen Großteil ihres Viehbestands im Herbst aus und lagern ihn in eigens dafür errichteten Kellern. Während Lagerbestände, die ordnungsgemäß gelagert wurden, vollkommen zuverlässig sind, wachsen Bestände, die zu trocken geworden sind oder auf andere Weise unsachgemäß behandelt wurden, im Frühjahr nur sehr langsam, entwickeln im ersten Jahr ein schlechtes Wachstum und können zum großen Teil absterben.

Beim Pflanzen jeglicher Art von Bäumen oder Sträuchern ist zu bedenken, dass in Baumschulen gezüchtete Exemplare im Allgemeinen leichter umgepflanzt werden und besser gedeihen als aus der Wildnis entnommene Bäume. Dies gilt insbesondere dann, wenn der Bestand in der Baumschule verpflanzt wurde. Bäume, die sich nur schwer verpflanzen lassen, wie Papaya oder Asimina, und einige Nussbäume können auf die Entfernung vorbereitet werden, indem einige ihrer Wurzeln – und insbesondere die Pfahlwurzel, falls vorhanden – ein oder zwei Jahre im Voraus abgeschnitten werden.

XIII. Der Festzug des Sommers. Gärten von CW Dowdeswell, England, nach einem Gemälde von Miss Parsons. Für die Erlaubnis, das obige Bild zu reproduzieren, danken wir der Freundlichkeit der Herren Sutton & Sons, Seed Merchants, Reading, England, den Inhabern des Urheberrechts, die es 1909 in ihrem Amateur's Guide in Horticulture veröffentlicht haben.

Normalerweise ist es am besten, die gesamte Fläche, in der die Sträucher gepflanzt werden sollen, zu pflügen oder zu spaten. Ein oder zwei Jahre lang sollte der Boden zwischen den Sträuchern bearbeitet werden, entweder mit Pferdewerkzeugen oder mit Hacken und Rechen. Wenn die Stelle kahl aussieht, können Samen von schnell wachsenden Blumen an den Rändern der Masse verstreut werden oder es können Stauden verwendet werden.

Die größeren Sträucher, wie Flieder und Syringas, können etwa 1,20 m voneinander entfernt stehen; die kleineren sollten jedoch etwa 60 cm voneinander entfernt platziert werden, wenn eine sofortige Wirkung erzielt werden soll. Wenn die Masse nach einigen Jahren zu eng wird, können einige Exemplare entfernt werden (*S. 76).

Pflanzen Sie die Sträucher unregelmäßig und nicht in Reihen und machen Sie den inneren Rand der Masse mehr oder weniger wellig und gebrochen.

Es empfiehlt sich, die Plantage jeden Herbst mit leichtem Mist, Blattschimmel oder anderem Material zu mulchen. Auch wenn die Sträucher vollkommen winterhart sind, verbessert dieser Mulch den Boden erheblich und fördert das Wachstum. Nachdem die Strauchrabatten zwei bis drei Jahre alt sind, werden die herumtreibenden Herbstblätter darin gefangen und als Mulch festgehalten (S. 82).

Wenn die Sträucher zum ersten Mal gepflanzt werden, werden sie um die Hälfte oder mehr zurückgestülpt (Abb. 45); aber nachdem sie sich etabliert haben, dürfen sie nicht geschoren werden, sondern man darf sie ihren eigenen Weg gehen, und nach ein paar Jahren werden die äußersten herunterhängen und auf die grüne* Grasnarbe treffen (*S. 25, 26).

Viele schnell wachsende Bäume können als Sträucher genutzt werden, indem man sie jedes Jahr oder alle zwei Jahre in Bodennähe abschneidet und junge Triebe wachsen lässt. Linde, schwarze Esche, einige der Ahornbäume, Tulpenbäume, Maulbeeren, Ailanthus, Paulownia, Magnolien, *Acer campestre* und andere können auf diese Weise behandelt werden (Abb. 50).

Fast alle Sträucher blühen im Frühling oder Frühsommer. Wenn Arten erwünscht sind, die spät im Sommer oder im Herbst blühen, suchen Sie vielleicht danach in Baccharis, Caryopteris, Cephalanthus, Clethra, Hamamelis, Hibiskus, Hortensie, Hypericum, Lespedeza, Rhus *(R. Cotinus), Sambucus Canadensis* im Hochsommer und Tamariske.

Pflanzen, die im sehr frühen Frühling blühen (ganz zu schweigen von Birken, Erlen und Haselnüssen), finden sich in Amelanchier, Cydonia, Seidelbast, Dirca, Forsythie, Cercis (in der Baumliste), Benzoe, Lonicera (*L. fragrantissima*) und Salix (*S. verfärben* und andere Weidenkätzchen), Shepherdia.

Sträucher mit auffälligen Beeren, Schoten und dergleichen, die im Herbst oder Winter bestehen bleiben, finden sich in den Gattungen Berberis (insbesondere *B. Thunbergii*), Colutea, Corylus, Cratægus, Euonymus, Ilex, Physocarpus, Ostrya, Ptelea und Pyracantha (Taf XIX) Pyrus, Rhodotypos, Rosa (*R. rugosa*), Staphylea, Symphoricarpus, Viburnum, Xanthoceras.

Liste der Strauchpflanzen für den Norden .

Die folgende Liste von Sträuchern (natürlich nicht vollständig) enthält eine Auswahl mit besonderem Bezug auf Süd-Michigan und Zentral-New York, wo die Quecksilbertemperatur manchmal auf fünfzehn Grad unter Null fällt. Der Antrag wird auch für Kanada gestellt, indem Arten benannt werden, die sich in Ottawa als winterhart erwiesen haben.

Die Liste ist alphabetisch nach den Namen der Gattungen geordnet.

Das * bedeutet, dass die Pflanze in Nordamerika heimisch ist.

Das ‡ kennzeichnet Arten, die von den Central Experimental Farms, Ottawa, Ontario, empfohlen werden.

Es ist oft schwierig zu entscheiden, ob eine Gruppe unter Sträuchern oder Bäumen aufgeführt werden sollte. Manchmal ist die Pflanze kein richtiger Baum und doch etwas mehr als ein Strauch oder Busch; manchmal kann die Pflanze in ihrem südlichen Verbreitungsgebiet eindeutig ein Baum und in ihrem nördlichen Verbreitungsgebiet ein Strauch sein; manchmal enthält dieselbe Gattung oder Gruppe sowohl Sträucher als auch Bäume. In folgenden Gattungen gibt es Zweifelsfälle: æsculus, Alnus, Amelanchier, Betula, Caragana, Castanea, Cornus (*C. Florida*), Cratægus, Elæagnus, Prunus, Robinia.

Zwergrosskastanie, *Æsculus parviflora (Pavia Macrostachya*).* Attraktiv in Wuchs, Blattwerk und Blüte; produziert eine große Blattmasse.

Erle. Mehrere buschige Erlenarten sind gute Rasen- oder Rabattenmotive, insbesondere an feuchten Orten oder entlang von Bächen, wie *A. viridis**, *A. rugosa**, *A. incana* * und andere.

Junibeere, *Amelanchier Canadensis* * und andere. Blüht im Frühling reichlich, bevor die Blätter erscheinen; einige von ihnen werden zu kleinen Bäumen.

Azalee, *Azalea viscosa* * und *A. nudiflora* .* Benötigen Halbschatten und einen holzigen Boden.

Japanische Azalee, *A. mollis* (oder *A. Sinensis*). Auffällige rote und gelbe oder orangefarbene Blüten; winterharter Norden.

Greiskraut, „Weiße Myrte“, *Baccharis halimifolia* .* Heimisch an der Atlantikküste, wächst aber gut, wenn es im Landesinneren gepflanzt wird; wertvoll für seine weiße, flauschige „Blüte“ (Pappus) im Spätherbst; 4–10 Fuß.

Gewürzstrauch, *Benzoe odoriferum (Lindera Benzoin* *). Sehr früh blühender Strauch an feuchten Standorten, die gelben, büscheligen, kleinen Blüten gehen den Blättern voraus; 6–10 Fuß.

Berberitze, *Berberis vulgaris* . Gewöhnliche Berberitze; 4-6 Fuß. Die violettblättrige Form (var. *purpurea* ‡) ist beliebt.

Thunbergs Berberitze, *B. Thunbergii* .‡ Einer der besten Rasen- und Rabattensträucher mit kompaktem und attraktivem Wuchs, tiefrotem Herbstlaub und leuchtend scharlachroten Beeren in Hülle und Fülle im Herbst und Winter; hervorragend für niedrige Hecken; 2–4 Fuß.

Mahonia, *Berberis Aquifolium* .*‡ Immergrün; braucht an exponierten Stellen etwas Schutz; 1-3 Fuß.

Zwergbirke, *Betula pumila* .* Wünschenswert für niedrige Standorte; 3–10 Fuß.

Buchsbaum, *Buxus sempervirens* . Ein immergrüner Strauch, nützlich für Hecken und Einfassungen in Städten; mehrere Sorten, einige davon sehr kleinwüchsig. Siehe Seite 220.

Carolina-Piment, süß duftender Strauch, *Calycanthus floridus* .* Mattviolette, sehr duftende Blüten; 3–8 Fuß.

Sibirischer Erbsenbaum, *Caragana arborescens* .‡ Blüten erbsenartig, gelb, im Mai; sehr winterhart; 10-15 Fuß.

Kleiner Erbsenbaum, *C. pygmæa* . Sehr klein, 1–3 Fuß, aber manchmal veredelt auf *C. arborescens* .

Strauchiger Erbsenbaum, *C. frutescens* .‡ Blüten größer als die von *C. arborescens* ; 3–10 Fuß.

Großblumiger Erbsenbaum, *C. grandiflora* .‡ Größerblütig als der letzte, dem er ähnelt; 4 Fuß.

Blaue Spirea, *Caryopteris Mastacanthus* . Blüten leuchtend blau, im Spätsommer und Herbst; 2–4 Fuß groß, stirbt aber im Winter wahrscheinlich ab.

Chinquapin oder Zwergkastanie, *Castanea pumila* .* Wird ein kleiner Baum, aber normalerweise buschig.

Ceanothus, *Ceanothus Americanus* .* Ein sehr kleiner einheimischer Strauch, wünschenswert für trockene Standorte unter Bäumen; 2–3 Fuß. Es gibt viele gute europäische Gartenformen von Ceanothus, die in den nördlichen Bundesstaaten jedoch nicht winterhart sind.

Knopfstrauch, *Cephalanthus occidentalis* .* Blüten im Juli und August; wünschenswert für Wasserläufe und andere niedrige Stellen; 4–10 Fuß.

Fransenbaum, *Chionanthus Virginica* .* Strauch so groß wie Flieder oder baumartig werdend, mit fransenartigen weißen Blüten im Frühling.

Weißerle, *Clethra alnifolia* .* Ein sehr schöner, robuster Strauch, der im Juli und August sehr duftende Blüten hervorbringt; sollte besser bekannt sein; 4–10 Fuß.

Blasensenna, *Colutea arborescens* . Erbsenartige, gelbliche Blüten im Juni und große, aufgeblasene Schoten; 8-12 Fuß.

Europäische Korbweide, *Cornus alba* (auch bekannt als *C. Sibirica* und *C. Tatarica*). Zweige tiefrot; 4–8 Fuß; die bunte Form ‡ hat weiß umrandete Blätter.

Baileys Korbweide, *Cornus Baileyi* .* Aufgrund der Farbe von Zweigen und Blättern wahrscheinlich die beste einheimische Korbweide; 5–8 Fuß.

Rotzweigige Korbweide, *Cornus stolonifera* .* Die roten Zweige sind im Winter sehr auffällig; 5 bis 8 Fuß; Einige Büsche haben eine hellere Farbe als andere.

Blühender Hartriegel, *C. florida* .* Sehr auffälliger Baum oder großer Strauch, wünschenswert für Gruppen- und Gürtelränder. Eine rotblühende Sorte ist auf dem Markt.

Kornelkirsche, *Cornus Mas* . Wird zu einem kleinen Baum, 15–20 Fuß; Blüten zahlreich in Büscheln, gelb, vor den Blättern; Frucht, kirschartig, essbar, rot.

Haselnuss oder Haselnuss, *Corylus maxima* var. *Purpurea* . Ein bekannter Strauch mit violetten Blättern, der üblicherweise als *C. Avellana purpurea katalogisiert wird* . Interessant sind auch die ostamerikanischen Arten (*C. Americana* * und *C. rostrata* *).

Zwergmispel. Für den Anbau in den mittleren und südlichen Breiten eignen sich mehrere Zwergmispelarten. Sie sind mit Cratægus verbündet. Einige sind immergrün. Einige Arten tragen hübsche, hartnäckige Früchte.

Wilde Dornen, *Cratœgus punctata* ,* *C. coccinea* ,*‡ *C. Crus-galli* ,*‡ und andere. Die heimischen Stechäpfel oder Weißdorne zahlreicher Arten gehören zu unseren besten Großsträuchern zum Anpflanzen und sollten weitaus bekannter sein; 6–20 Fuß.

Japanische Quitte, *Cydonia* (oder *Pyrus*) *Japonica* . Ein alter Favorit, der im ersten Frühling blüht, bevor die Blätter fallen. nicht winterhart in Lansing, Michigan; 4-5 Fuß.

Maules japanische Quitte, *C. Maulei* .‡ Leuchtend rot; Frucht schön; robuster als *C. Japonica* ; 1-3 Fuß.

Daphne, *Daphne Mezereum* . Bringt im Frühjahr, bevor die Blätter erscheinen, reichlich rosa-violette oder weiße Blüten hervor. Sollte an den Rändern von Gruppen gepflanzt werden; Blätter laubabwerfend; 1–4 Fuß.

Girlandenblume, *D. Cneorum* .‡ Rosa Blüten im sehr frühen Frühling und erneut im Herbst; Blätter immergrün; 1-1/2 Fuß.

Deutzia, *Deutzia scabra* (oder *crenata*) und Sorten. Hochstämmige Sträucher; die Sorte „Pride of Rochester" mit rosa Blüten ist vielleicht die beste Form für den Norden; 4–6 Fuß lang. Von dieser und der nächsten gibt es Formen mit ornamentalem Blattwerk.

Kleine Deutzie, *D. gracilis* . Sehr dichter kleiner Strauch mit reinweißen Blüten; 2-3 Fuß.

Lemoines Deutzia, *D. Lemoinei* . Ein Hybrid, sehr wünschenswert; 1-3 Fuß.

Weigela, *Diervilla Japonica* und andere Arten. Freiblüher, sehr schön, in vielen Farben, 4-6 Fuß; Die als *Candida,‡ Rosea* ,‡ *Sieboldii variegata* ‡ bekannten Formen sind winterhart und gut.

Lederholz, *Dirca palustris* .* Wenn es gut wächst, ist das Lederholz eine sehr schöne Pflanze; Blüten erscheinen vor den Blättern, sind aber nicht auffällig; 4-6 Fuß.

Russische Olive, Oleaster, *Elæagnus angustifolia* .‡ Laub silbrig weiß; sehr winterhart; wird zu einem kleinen Baum, 15-20 Fuß.

Wolfsweide, *E. argentea* .*‡ Große und silberne Blätter; saugt schlecht; 8-12 Fuß.

Goumi, *E. longipes* (manchmal auch *E. edulis genannt*). Attraktiver, ausladender Strauch mit hübschen essbaren, cranberryähnlichen Beeren; 5-6 Fuß.

Brennender Busch, *Euonymus atropurpureus* .* Sehr attraktive Früchte; 8–12 Fuß lang oder sogar baumartig.

Mehrere andere Arten werden kultiviert, einige davon sind immergrün. Im Norden ist ein Erfolg mit *E. Europæus* (manchmal ein kleiner Baum), *E. alatus, E. Bungeanus, E. latifolius* und vielleicht auch anderen zu erwarten.

Exochorda, *Exochorda grandiflora* . Ein großer und sehr auffälliger Strauch, der im zeitigen Frühjahr eine Fülle von apfelähnlichen weißen Blüten hervorbringt; 6–12 Fuß; mit den Spireas verbündet.

Forsythie, *Forsythia viridissima* . Blüten gelb, erscheinen vor den Blättern; erfordert vielerorts Schutz im Norden; 6-10 Fuß.

Herabhängende Forsythie, *F. suspensa* . Bildet eine attraktive Masse an einem Ufer oder einer Grenze; 6-12 Fuß.

Färberkraut, *Genista tinctoria* .‡

Gelbe, erbsenartige Blüten im Juni; 1-3 Fuß.

Silberglockenbaum, *Halesia tetraptera* .*

Glockenförmige weiße Blüten im Mai; 8–10 Fuß.

Hamamelis, *Hamamelis Virginiana* .*

Blüten im Oktober und November; einzigartig und begehrenswert, wenn es gut gewachsen ist; 8-12 Fuß.

Althea, Rose von Sharon, *Hibiscus Syriacus* (*Althœa frutex*).

In vielen Formen, lila, rot und weiß, und vielleicht der beste spätsommerblühende Strauch; 8-12 Fuß.

Hortensie, *Hydrangea paniculata* , var. *grandiflora* .‡

Einer der schönsten und auffälligsten kleinen blühenden Sträucher; 4–10 Fuß.

Falsche Hortensie, *H. radiata* .*

Attraktiv sowohl im Blattwerk als auch in der Blüte.

Eichenblättrige Hortensie, *H. quercifolia* .*

Dies ist besonders wertvoll wegen seines üppigen Blattwerks; Selbst wenn sie im Winter bis auf die Grundmauern abgetötet wird, lohnt es sich aufgrund ihrer starken Triebe dennoch, sie zu kultivieren.

Die Gewächshaushortensie (*H. hortensis* in vielen Formen) kann im Süden als Freilandpflanze verwendet werden.

Johanniskraut, *Hypericum Kalmianum,*‡ H. prolificum,* * und *H. Moserianum.*

Kleine Untersträucher, die im Juli und August reichlich leuchtend gelbe Blüten hervorbringen; 2–4 Fuß.

Winterbeere, *Ilex verticillata* .*‡

Produziert auffällige rote Beeren, die den ganzen Winter über bestehen bleiben; sollte auf eher niedrigem Boden angesiedelt werden; Blumen unvollkommen; 6-8 Fuß.

Die immergrünen Stechpalmen sind für den Anbau im Norden nicht geeignet; aber in den wärmeren Breiten können die Amerikanische Stechpalme (*Ilex opaca*), die Englische Stechpalme (*I. Aquifolium*) und die Japanische Stechpalme (*I. crenata*) angebaut werden. Es gibt mehrere einheimische Arten.

Berglorbeer, *Kalmia latifolia* .*

Einer der besten Sträucher im Anbau, immergrün, 5–10 Fuß hoch, oder im Süden sogar zu einem kleinen Baum werdend; profitiert meist von

Halbschatten; gedeiht auf torfigem oder lehmigem, eher lockerem Boden und soll Kalkstein und Ton abgeneigt sein; für Landschaftseffekte an großen privaten Orten ausgiebig aus der Wildnis übertragen; sollte so weit nördlich gedeihen, wie es wild wächst.

Kerria, corchorus, *Kerria Japonica* . Ein brombeerartiger Strauch, der von Juli bis September attraktive gelbe Einzel- oder gefüllte Blüten hervorbringt; Zweige im Winter sehr grün. Es gibt eine buntblättrige Form. Gut für Banken und Grenzen; 2-3 Fuß.

Sandmyrte, *Leiophyllum buxifolium* .* Immergrün, mehr oder weniger liegend; 2-3 Fuß.

Lespedeza, *Lespedeza bicolor* .‡ Rötliche oder violette kleine Blüten im Spätsommer und Herbst; 4–8 Fuß.

Lespedeza, *L. Sieboldii* (*Desmodium penduliflorum*).‡ Rosaviolette große Blüten im Herbst; im Winter bis auf die Grundmauern abgetötet, blüht aber im darauffolgenden Jahr; 4-5 Fuß.

Lespedeza, *L. Japonica* (*Desmodium Japonicum*). Blüten weiß, später als die von *L. Sieboldii* ; entspringt der Wurzel.

Liguster, *Ligustrum vulgare, L. ovalifolium* (*L. Californicum*) und *L. Amurense.* ‡ Wird häufig für niedrige Hecken und Rabatten verwendet; 4–12 Fuß; mehrere andere Arten.

Tatarisches Geißblatt, *Lonicera Tatarica* .‡ Einer der keuschesten und schönsten Sträucher; 6–10 Fuß; rosablütig; mehrere Sorten.

Regel-Geißblatt, *L. spinosa* (*L. Alberti*).‡ Blüht etwas später als oben, rosa; 2–4 Fuß.

Duftendes Geißblatt, *L. fragrantissima* . Blüten überaus duftend, vorangehende Blätter; 2–6 Fuß; eines der frühesten Dinge, die im Frühling blühen. Es gibt noch andere aufrechte Geißblätter, die alle interessant sind.

Scheinorange (fälschlicherweise Syringa), *Philadelphus coronarius* .‡ In vielen Formen und sehr geschätzt; 6–12 Fuß. Andere Arten werden kultiviert, aber die Gartennomenklatur ist verwirrt. Die als *P. speciosus, P. grandiflorus* und var. bekannten Formen. *speciosissimus* ‡ sind gut; auch die Arten *P. pubescens* *, *P. Gordonianus* * und *P. microphyllus,* * wobei die letzte Zwergart mit kleinen weißen, sehr duftenden Blüten ist.

Neunrinde, *Physocarpus opulifolius* (*Spiræa opulifolia*).* Ein guter, kräftiger, robuster Strauch mit Büscheln interessanter Schoten, die den Blüten folgen; die var. *aurea* ‡ ist einer der schönsten gelbblättrigen Sträucher; 6-10 Fuß.

Andromeda, *Pieris floribunda* .*

Eine kleine immergrüne Heidepflanze; sollte etwas Schutz vor der Wintersonne haben; Zu diesem Zweck kann es auf der Nordseite einer Baumgruppe gepflanzt werden. 2–6 Fuß.

Strauchiges Fingerkraut, *Potentilla fruticosa* .*‡

Laub aschfahl; Blüten gelb, im Juni; 2–4 Fuß.

Sandkirsche, *Prunus pumila* * und *P. Besseyi* .*

Die Sandkirsche an sandigen Ufern wird 5–8 Fuß groß; Die westliche Sandkirsche (*P. Besseyi*) ist weiter verbreitet und wird wegen ihrer Früchte angebaut. Die Europäische Zwergkirsche (*P. fruticosa*) wird 2 bis 4 Fuß groß und hat weiße Blüten in Dolden.

Blühende Mandel, *Prunus Japonica* .

In seiner doppelblütigen Form, bekannt für seine frühe Blüte; 3–5 Fuß; oft auf andere Bestände gepfropft, die leicht sprießen und lästig werden können.

Hopfenbaum, *Ptelea trifoliata* .*

Sehr interessant mit seinen rundlichen, geflügelten Früchten; 8–10 Fuß, wird aber immer größer und baumartig.

Sanddorn, *Rhamnus cathartica* .

Wird häufig für Hecken verwendet; 8-12 Fuß.

Alpen-Kreuzdorn, R. *alpina* .

Attraktives Laub; 5-6 Fuß.

Rhododendron, *Rhododendron Catawbiense* * und Gartensorten.

Winterhart an gut angepassten Standorten, 3–8 Fuß, in seinen Heimatregionen höher.

Großer Lorbeer, R. *maximal* *

Eine schöne Art für den Massenanbau, heimisch im Norden bis in den Süden Kanadas. Ausgiebig aus der Wildnis verpflanzt.

Weiße Kerria, *Rhodotypos kerrioides* .

Weiße Blüten im Mai und schwärzliche Früchte; 3–5 Fuß.

Rauchbaum (fälschlicherweise Randbaum), *Rhus Cotinus* .

Einer der besten Sträucher zum Sammeln; zwei Farben sind gewachsen; Die wogende „Blüte“, die spät in der Saison anhält, besteht eher aus Blütenstielen als aus Blüten. Größe großer Fliederbüsche.

Zwergsumach, R. *copallina* .*

Attraktiv im Laub und besonders auffällig im Herbst durch das leuchtende Rot seiner Blätter; 3–5 Fuß, manchmal viel höher.

Sumach, glatt und behaart, R. *glabra* * und R. *typhina* .*

Nützlich für die Grenzen großer Gruppen und Gürtel. Sie können jedes Jahr gefällt werden und zum Keimen gebracht werden (wie in Abb. 50). Am schönsten sind die jungen Spitzen. R. *glabra* ist für diesen Zweck die bessere Art. Sie werden normalerweise 10–15 Fuß hoch.

Osbecks Sumach, R. *semialata* var. *Osbeckii* .

Kräftiger Strauch, 10–20 Fuß lang, mit stark geflügelten Blattrachis, das Laub ist gefiedert.

Blühende oder duftende Johannisbeere, *Ribes aureum* .*‡

Bekannt und beliebt für seine süß duftenden gelben Blüten im Mai; 5–8 Fuß.

Rotblühende Johannisbeere, R. *sanguineum* .*

Blüten rot und attraktiv; 5-6 ft. R. *Gordonianum* , empfehlenswert, ist eine Hybride zwischen R. *sanguineum* und R. *aureum* .

Rosenakazie, *Robinia hispida* .*‡

Sehr auffällige Blüte; 8–10 Fuß.

Rosen, *Rosa* , verschiedene Arten.

263. Rosa rugosa.

Nicht immer sind winterharte Rosen für den Rasen erwünscht. Für allgemeine Rasenzwecke sind die älteren Sorten, einzeln oder halbgefüllt, zu bevorzugen, die keine Hochkultur erfordern. Es ist nicht beabsichtigt, hier die gewöhnlichen Gartenrosen einzubeziehen; siehe hierzu Kapitel VIII. Es wäre sehr zu wünschen, dass die Wildrosen mehr Aufmerksamkeit von Pflanzgefäßen erhalten. Die Aufmerksamkeit wurde zu ausschließlich auf die stark verbesserten Gartenrosen gelenkt.

Japanische Rose, *Rosa rugosa* .‡

Am besten geeignet für die Rasenbepflanzung, da das Laub dick ist und nicht von Insekten befallen wird (Abb. 263); weiß und rosa blühende Formen; 4-6 Fuß.

Wilde Sumpfrose, *R. Carolina* .* 5-8 ft.

Wilde Zwergrose, *R. humilis* * (*R. lucida* aus Michigan). Diese und andere wilde Zwergrosen, 3–6 Fuß groß, können bei Landschaftsarbeiten nützlich sein.

Says Rose, *R. acicularis* var. *Sayi* .* Hervorragend für Rasen; 4-5 Fuß.

Rotblättrige Rose, R. *ferruginea (*R. *rubrifolia*).‡ Ausgezeichnetes Laub; Blüten einzeln, rosa; 5-6 Fuß.

Japanische Brombeerstrauch, *Rubus cratægifolius* . Wertvoll für Holdingbanken; breitet sich schnell aus; im Winter sehr rot; 3-4 Fuß.

Blühende Himbeere, Maulbeere (fälschlicherweise), R. *odoratus* * Attraktiv, wenn sie gut gewachsen ist und häufig geteilt wird, um sie frisch zu halten; es gibt eine weißliche Form; 3-4 Fuß.

Japanische Weinbeere, R. *phaenicolasius* . Attraktives Laub und rothaarige Stöcke; essbare Früchte; 3–5 Fuß.

Kilmarnock-Weide, *Salix Capraea* , var. *Pendel* . Eine kleine Trauerpflanze, aufgepfropft auf einen hohen Stamm; normalerweise eher neugierig als dekorativ.

Rosmarinweide, *S. rosmarinifolia* ‡ von Baumschulen *(* eigentlich R. incana). 6-10 Fuß.

Leuchtende Weide, *S. lucida* .* Sehr wünschenswert für Gewässerränder; 6-12 Fuß.

Langblättrige Weide, *S. innen* .* Unsere heimische Weide mit den schmalsten Blättern; nützlich für Banken; neigt dazu, sich zu schnell auszubreiten; 8–12 Fuß.

Brunnenweide, *S. purpurea* . Attraktives Laub und Aussehen, besonders wenn es hin und wieder zurückgeschnitten wird, um neues Holz zu erhalten; hervorragend zum Halten federnder Ufer geeignet; 10–20 Fuß.

Weidenkätzchen, *S. verfärben sich* * Attraktiv, wenn sie in einiger Entfernung vom Wohnort in Massen gepflanzt werden; 10-15 Fuß.

Lorbeerblättrige Weide, *S. pentandra (S. laurifolia* von Kultivierenden)‡ Siehe unter Bäume, S. 329. Viele der einheimischen Weiden könnten durchaus kultiviert werden.

Holunder, *Sambucus pubens* * und *S. Canadensis* .* Der erstere, der gemeine „Rote Holunder", ist sowohl in der Blüte als auch in der Frucht dekorativ. *S. Canadensis* ist wegen seiner Fülle an duftenden Blüten, die im Juli erscheinen, beliebt. Ersteres ist 6–7 Fuß hoch und letzteres 8–10 Fuß. Goldblättriger Holunder, *S. nigra* var. *foliis aureis* ‡ und auch der Schnittblättrige Holunder sind begehrte Formen der europäischen Art; 5–15 Fuß.

Büffelbeere, *Shepherdia argentea* * Silbernes Laub; attraktive und essbare Beeren; 10–15 Fuß, oft baumartig.

Shepherdia, *S. Canadensis* .* Ausladender Strauch, 3–8 Fuß, mit attraktivem Laub und Früchten.

Frühe Spirea, *Spiræa arguta* .‡ Einer der frühesten Blüher unter den Spireas; 2–4 Fuß.

Dreilappiger Spirea, Brautkranz, *S. Van Houttei* .‡ Einer der auffälligsten frühblühenden Sträucher; hervorragend zum Massieren geeignet; blüht etwas später als oben; 3–6 Fuß.

Sorbusblättriges Spirea, *S. sorbifolia (Sorbaria sorbifolid*).‡ Begehrenswert wegen seiner späten Blüte – Ende Juni und Anfang Juli; 4-5 Fuß.

Pflaumenblättrige Spirea, *S. prunifolia* .

Fortune's Spirea, *S. Japonica (S. callosa*),‡ 2 bis 4 Fuß.

Thunbergs Spirea, *S. Thunbergii* . Ordentliches und attraktives Gewand; nützlich für Randhecken; 3–5 Fuß.

St. Peters Kranz, *S. hypericifolia* ; 4-5 Fuß.

Rundblättrige Spirea, *S. bracteata* .‡ Folgt Van Houttei; 3–6 Fuß.

Douglas' Spirea, *S. Douglasii* .* Blüht spät, im Juli; 4–8 Fuß.

Hard-Hack, *S. tomentosa* .* Ähnlich wie der letzte, aber weniger auffällig; 3-4 Fuß.

Weidenblättrige Spirea, *S. salicifolia* .*‡ Blüht spät; 4-5 Fuß.

Blasennuss, *Staphylea trifolia* * Bekannter, eher grober einheimischer Strauch; 6-12 Fuß.

Colchican-Blasennuss, *S. Colchica* . Guter frühblühender Strauch; 6-12 Fuß.

264. A spirea, one of the most serviceable flowering shrubs.

Styrax, *Styrax Japonica* . Einer der anmutigsten Blütensträucher, der im Frühsommer duftende Blüten hervorbringt; 8–10 Fuß oder mehr.

Schneebeere, *Symphoricarpos racemosus* .*‡ Wird wegen seiner schneeweißen Beeren angebaut, die im Herbst und frühen Winter hängen; 3–5 Fuß.

Indische Johannisbeere, *S. vulgaris* .‡ Blätter zart; Beeren rot; wertvoll für schattige Plätze und an Wänden; 4-5 Fuß.

Gewöhnlicher Flieder, *Syringa vulgaris* .‡ (Der Name Syringa wird häufig fälschlicherweise für die Art *Philadelphus verwendet* .) Der im Frühling übliche blühende Strauch im Norden; 8–15 Fuß; Viele Formen.

Josika-Flieder, *S. Josikaeca* .‡ Blüht etwa eine Woche später als S. *vulgaris* ; 8-10 Fuß.

Persischer Flieder, *S. Persica* . Ausladenderer und offenerer Busch als *S. vulgaris* ; 6-10 Fuß.

Japanischer Flieder, *S. Japonica* .‡ Blüht etwa einen Monat später als gewöhnlicher Flieder; 15-20 Fuß.

Rouen-Flieder, *S. Chinensis* (oder *Rothomagensis*)‡ Blüht mit dem Gewöhnlichen Flieder; Blüten stärker gefärbt als die von *S. Persica* ; 5–12 Fuß.

Chinesischer Flieder, *S. oblata* ‡ und *villosa* .‡ Der erstere ist 10–15 Fuß groß und blüht mit gewöhnlichem Flieder; die letztere ist 4 bis 6 Fuß hoch und blüht einige Tage später.

Tamariske, *Tamarix* mehrerer Arten, insbesondere (für den Norden) *T. Chinensis, T. Africana* (wahrscheinlich sind die Gartenformen unter diesem Namen alle *T. parviflora*) und *T. hispida (T. Kashgarica*).

Alle ungewöhnlichen Sträucher oder kleinen Bäume mit sehr feinem Laub und winzigen rosa Blüten in Hülle und Fülle.

Gewöhnlicher Schneeball, *Viburnum Opulus* .*‡ Der kultivierte Schneeball ‡ stammt aus der Alten Welt; aber die Art wächst in diesem Land wild (bekannt als Hochbusch-Cranberry)‡ und ist es wert, angebaut zu werden; 6-10 Fuß.

Japanischer Schneeball, *V. tomentosum* (katalogisiert als *V. plicatum*). 6-10 Fuß.

Wanderbaum, *V. Lantana* .‡ Zierfrucht; 8–12 Fuß oder mehr.

Pflaumenblättriges Hagebuttenkraut, *V. prunifolium* .*‡ Blätter glatt und glänzend; 8-15 Fuß.

Süßer Viburnum oder Schafsbeere, *Viburnum Lentago* .* Hoher, grober Busch, oder sich zu einem kleinen Baum entwickelnd.

Pfeilholz, *V. dentatum* .* Normalerweise 5–8 Fuß, aber zunehmend höher.

Dockmackie, *V. acerifolium* .* Ahornartiges Laub; 4-5 Fuß.

Weißrute, lila Viburnum, *V. cassinoides.* 2–5* Fuß. Andere einheimische und exotische Viburnums sind wünschenswert.

Xanthoceras, *Xanthoceras sorbifolia* . Mit den Rosskastanien verbündet; winterhart in Teilen Neuenglands; 8–10 Fuß; gutaussehend.

Stachelige Esche, *Zanthoxylum Americanum* .*

Sträucher für den Süden **.**

Viele der Sträucher im vorherigen Katalog sind auch gut an die südöstlichen Bundesstaaten angepasst. Die folgende kurze Liste enthält einige der empfehlenswertesten Arten für die Region südlich von Washington, obwohl einige von ihnen weiter nördlich winterhart sind. Das Sternchen * bedeutet, dass die Pflanze in diesem Land heimisch ist.

Die Kreppmyrte *(Lagerstrœmia Indica*) ist im Süden das, was der Flieder im Norden ist, ein normaler Hausstrauch; bringt den ganzen Sommer über hübsche rote (oder rosafarbene oder weiße) Blüten hervor; 8-12 Fuß.

Zuverlässige Laubsträucher für den Süden sind: Althea, *Hibiscus Syriacus,* in vielen Formen; *Hibiscus Rosa-Sinensis; Azalea calendulacea*, Mollis* und die Genter Azalee *(A. Pontica)* ; blaue Spirea, *Caryopteris Mastacanihus* ; Europäische Formen von Ceanothus; Französische Maulbeere, *Callicarpa Americana* *; Kelch*; blühende Weide, *Chilopsis linearis* *; Franse, *Chionanthus Virginica* *; Weißerle, *Clethra alnifolia* *; corchorus, *Kerria Japonica;* Deutzien verschiedener Art; goumi, *Elæagnus longipes* ; Perlenstrauch, *Exochorda grandiflora* ; Japanische Quitte, *Cydonia Japonica;* Goldglocke, *Forsythia viridissima* ; Ginster, *Spartium junceum;* Hortensien, einschließlich *H. Otaksa* , die im Norden unter Deckung wachsen; *Jasminum nudiflorum* ; Buschhonig säugt; Scheinorange, *Philadelphus coronarius* und *Grandiflorus* *; Granatapfel; weiße Kerria, *Rhodotypos kerrioides* ; Rauchbaum, *Rhus Cotinus;* Rosenheuschrecke, *Robinia hispida* *; Spireas verschiedener Art; *Stuartia pentagyna* *; Schneebeere, *Symphoricarpos racemosus* *; Flieder aller Art; Viburnum verschiedener Arten, darunter der europäische und japanische Schneeball; Weigelas verschiedener Art; Mönchspfeffer, *Vitex Agnus-Castus;* Thunbergs Berberitze; roter Pfeffer, *Capsicum frutescens; Plumbago Capensis* ; Weihnachtsstern.

Im Süden gedeihen zahlreiche breitblättrige immergrüne Sträucher, wie zum Beispiel: Fesselstrauch, *Andromeda floribunda* *; einige der Palmen, wie Palmettoes* und Chamærops; Cycas und Zamia* weit im Süden; *Abelia grandiflora* ; Erdbeerbaum, *Arbutus Unedo;* Ardisia und Aucubas, beide im Norden unter Glas angebaut; Azaleen und Rhododendren (nicht nur R. *Catawbiense* *, sondern auch R. *Maximum** R, *Ponticum* und die Gartenformen); *Kalmia latifolia*; Berberis Japonica* und Mahonia*; Kasten; *Cleyera Japonica* ; Zwergmispel und Pyracantha; eleagnus der im Norden unter Glas wachsenden Arten; Gardenien; Euonymus*; Stechpalmen*; Anisbaum, *Illicium anisatum* ; Kirschlorbeer, *Prunus* oder *Laurocerasus* verschiedener Arten;

Scheinorange (des Südens), *Prunus Caroliniana* * nützlich für Hecken; echter Lorbeer oder Lorbeerbaum, *Laurus nobilis* ; Liguster verschiedener Arten; *Citrus trifoliata* , besonders für Hecken geeignet; Oleander; Magnolien*; Myrte, *Myrtus communis; Osmanthus (Olea) fragrans* , ein Gewächshausstrauch aus dem Norden; *Osmanthus Aquifolium* *; Mäusedorn, *Ruscus aculeatus* ; phillyreas*; *Pittosporum Tobira* ; strauchige Yuccas*; *Viburnum Tinus* und andere; und die Kamelie in vielen Formen.

XIV: Wilder Wildschirm, auf einem alten Zaun, mit Mauerblumen und Stockrosen davor.

6. KLETTERPFLANZEN

Weinreben unterscheiden sich in ihrer Kultur nicht besonders von anderen Kräutern und Sträuchern, es sei denn, sie erfordern die Bereitstellung von Stützen; und da sie andere Pflanzen überragen, benötigen sie wenig Platz auf dem Boden und können daher in engen oder ungenutzten Räumen entlang von Zäunen und Mauern angebaut werden.

In Bezug auf die Art des Kletterns können Weinreben in drei Gruppen geworfen werden: diejenigen, die sich um die Stütze winden; diejenigen, die mittels besonderer Organe klettern, wie Ranken, Wurzeln, Blattstiele; diejenigen, die sich weder winden noch besondere Organe haben, sondern über die Stütze klettern, wie die Kletterrosen und die Brombeersträucher. Man muss die Art des Kletterns kennen, bevor man mit dem Anbau einer Rebe beginnt.

Weinreben können auch in einjährige Pflanzen eingeteilt werden, die sowohl zart (wie Prunkwinde) als auch winterhart (wie Duftwicke) sind; zweijährige Pflanzen wie Adlumia, die praktisch wie einjährige Pflanzen behandelt werden und jedes Jahr zur Blüte im nächsten Jahr gesät werden; krautige Stauden, deren absterbende Spitzen jeweils zu einer bleibenden Wurzel abfallen, wie Zimtrebe und Madeirarebe; verholzende Stauden (Sträucher), deren Spitzen am Leben bleiben, wie Weinrebe, Weintraube und Glyzinie.

Es gibt kaum einen Garten, in dem Kletterpflanzen nicht sinnvoll eingesetzt werden können. Manchmal kann es dazu dienen, aufdringliche Objekte zu verbergen, wiederum um die Monotonie starrer Linien aufzulockern. Sie können auch verwendet werden, um über den Boden zu laufen und seine Nacktheit dort zu verbergen, wo andere Pflanzen keinen Erfolg hatten. Die strauchigen Arten eignen sich häufig an den Rändern von Baumgruppen und Sträuchern, um das Laub bis zum Gras abzuhängen und Linien in der Landschaft abzumildern oder zu löschen.

Im Süden und in Kalifornien werden Weinreben häufig verwendet, nicht nur an Zäunen, sondern auch an Häusern und Lauben. In warmen Ländern verleihen Weinreben Bungalows, Pergolen und anderen individuellen Architekturformen Charakter.

Wenn die Reben hoch wachsen sollen, sollte der Boden fruchtbar sein; hohes Klettern bei einjährigen Pflanzen (wie bei Duftwicken) kann jedoch zu Lasten der Blüte gehen.

Die Verwendung von Weinreben für Sichtschutzwände und Säulendekorationen hat in den letzten Jahren zugenommen, so dass sie heute auf fast allen Grundstücken zu sehen sind. Die Tendenz geht dahin, winterharte Reben zu verwenden, von denen die Ampelopsis oder Virginia-Weinpflanze eine der häufigsten ist. Sie wächst sehr schnell und eignet sich leichter als viele andere für das Training. Die japanische Ampelopsis (*A. tricuspidata* oder *Veitchii*) ist eine gut haftende Rebe, die nach der Etablierung sehr schnell wächst und nach den ersten Herbstfrösten leuchtend gefärbt ist. Es haftet fester als die anderen, ist aber nicht so robust. Beide können aus Stecklingen oder Teilungen der Pflanzen gezogen werden.

Zwei empfehlenswerte, neuere Verbreitungsgehölze sind die Actinidia und die Akebia, beide aus Japan. Sie sind absolut winterhart und wachsen schnell. Ersteres hat große, dicke, glänzende Blätter, die nicht von Insekten oder Krankheiten befallen werden und dicht entlang des Stammes und der Zweige wachsen und ein perfektes Strohdach bilden. Sie blüht im Juni. Die weißen Blüten mit violetter Mitte stehen in Büscheln, aus denen sich runde oder längliche essbare Früchte entwickeln. Die Akebia hat sehr sauber geschnittenes Laub, hübsche violette Blüten und trägt oft Zierfrüchte.

Von den zarten Reben sind im Norden Kapuzinerkresse, Ipomea und Prunkwinde am häufigsten anzutreffen, während Adlumia, Ballonrebe, Passionsrebe, Kürbisgewächse und andere häufig verwendet werden. Eine der besten Neuerscheinungen ist der einjährige Hopfen, insbesondere die bunte Sorte. Dies ist eine sehr schnell wachsende Rebe, die sich jedes Jahr selbst aussät und wenig Pflege benötigt. Die Klettergeranien (*Pelargonium peltatum* und ihre Derivate) werden in Kalifornien häufig verwendet. Alle zarten Reben sollten gepflanzt werden, nachdem die Frostgefahr vorüber ist.

Mittlerweile sind so viele gute Reben auf dem Markt, dass man eine große Vielfalt für viele Verwendungszwecke anbauen kann. Der Hobbygärtner sollte die Augen nach den Wildreben in seiner Nachbarschaft offen halten und die besten davon in seine Sammlung aufnehmen. Die meisten dieser Eingeborenen sind kultivierungswürdig. Sogar der Giftefeu eignet sich sehr gut als Schutz für raue und unzugängliche Orte in der Wildnis, und seine Herbstfärbung ist sehr attraktiv; aber der Anbau kann natürlich nicht empfohlen werden.

Ranken, die eng an Gebäudewänden haften, sind Virginia-Kriechpflanze (eine Form haftet nicht gut), Boston- oder Japanischer Efeu *(Ampelopsis tricuspidata* ; auch *A. Lowii* , mit kleineren Blättern), Englischer Efeu, Euonymus *(E. radicans* und die Art. *variegata*) und *Ficus repens* weit im Süden; Andere, die weniger eng aneinander haften, sind die Trompetenpflanze und die Kletterhortensie *(Schizophragma hydrangeoides).*

Ranken zum Hängen oder Bedecken des Bodens sind Immergrün *(Vinca),* Herniaria, Geldkraut *(Lysimachia nummularia*), Erd-Efeu *(Nepeta Glechoma), Rosa Wichuraiana* , Arten einheimischer Greenbrier oder Smilax (nicht die sogenannte Smilax von Floristen). , *Rubus laciniatus* , Kratzbeeren und auch andere, die normalerweise nicht als Weinreben gelten. Im Süden erfüllen japanisches Geißblatt und Cherokee-Rose diese Funktion in großem Umfang. In Kalifornien werden Mesembryanthemenarten (krautige Arten) häufig als Bodendecker an Ufern verwendet. Seite 86.

Zum schnellen Abdecken von Gestrüpp und rauen Stellen können die vielen Arten von Kürbissen verwendet werden; außerdem Kürbisse und Kürbisse, Wassermelonen, *Cucumis fœtidissima* , wilde Gurken *(Echinocystis lobata* und *Sicyos angulata*), Kapuzinerkresse und andere kräftige einjährige Pflanzen. Viele der verholzenden Stauden können für solche Zwecke genutzt werden, meist sind diese Plätze jedoch nur vorübergehend.

Für Lauben sind kräftige Gehölzranken erwünscht. Die Trauben sind ausgezeichnet; im Süden sind die Muscadine- und Scuppernong-Trauben für diesen Zweck geeignet (Tafel XV). Actinidia und Glyzinien werden ebenfalls verwendet. Akebia, Holländische Pfeife, Trompetenpflanze, Clematis und

Geißblatt können empfohlen werden. Rosen werden häufig in warmen Klimazonen verwendet.

Für die Bedachung von Veranden ist die Virginia-Weinrebe die Standardrebe im Norden . Trauben sind bewundernswert, besonders einige der wilden. Japanisches Geißblatt wird häufig verwendet; und es hat den Vorteil, dass es sein Laub bis weit in den Winter hinein behält, oder sogar den ganzen Winter über im Süden. Zu empfehlen sind Actinidia, Akebia, Glyzinien, Rosen, Pfeifenkraut und Clematis; Die großblumigen Clematis sind jedoch wegen ihrer Blüte wertvoller als wegen ihres Blattwerks (*C. paniculata* , und die einheimischen Arten eignen sich besser zum Abdecken von Veranden).

Die einjährigen Reben werden meist als Blumengarten-Themen verwendet, wie z. B. Wicke, Prunkwinde, Mina, Mondblumen, Zypressenrebe, Kapuzinerkresse, Cobea und Scharlachläufer. Mehrere Convolvulus-Arten, die eng mit der Prunkwinde verwandt sind, haben nun unsere Liste bereichert. Für Körbe und Vasen eignen sich die Maurandia und die verschiedenen Thunbergienarten hervorragend.

Die Mondblumen sind im Süden sehr beliebt, wo die Jahreszeiten lang genug sind, damit sie sich perfekt entwickeln können. Im Norden müssen sie früh gepflanzt werden (es empfiehlt sich, die Samen einzuweichen oder einzukerben) und einen warmen Standort und guten Boden zu erhalten (siehe Kapitel VIII).

In den folgenden Listen sind die in den USA oder Kanada heimischen Pflanzen mit einem Sternchen * gekennzeichnet.

Einjährige krautige Kletterpflanze .
(Jedes Jahr aus Samen angebaut.)

A. Rankenkletterer

Adlumia (alle zwei Jahre).*

Ballonrebe *(Cardiospermum)* .*

Cobea.

Kürbisse.

Kapuzinerkresse *(Tropaeolum)*.

Kanarische Vogelblume *(Tropaeolum peregrinum*).

Edelwicke (Abb. 265).

Wildgurke.*

Maurandien.

Kürbisse oder kürbisähnliche Pflanzen, wie *Coccinia Indica* ; Cucumis mehrerer interessanter Arten, wie *C. erinaceus, grossulariœformis, odoratissimus* ; Wasseramsel oder Flaschenkürbis *(Lagenaria)* ;

Gemüseschwamm, Spültuchkürbis, Lumpenkürbis *(Luffa);* Balsamapfel, Balsambirne *(Momordica)* ; Schlangenkürbis *(Trichosanthes)* ; Bryonopsis;

Abobra viridiflora .

Alle oben genannten Arten, mit Ausnahme von Edelwicken, werden durch Frost schnell abgeholzt.

B. Zwillinge

Bohnen, Blüte.

Zypressenrebe.

Dolichos Lablab und andere.

Hop, Japanisch.

Ipomcea Quamoclit (Zypressenrebe) und andere.

Mondblume, mehrere Arten.

Prunkwinde.

Mina lobata.

Thunbergie.

Mikania scandens.*

Schmetterlingserbse, *Centrosema Virginiana* .*

Scharlachroter Läufer, *Phaseolus multiflorus* (mehrjährige Südpflanze).

Samt- oder Bananenbohne, *Mucuna pruriens* var. *utilis* (für den Süden).

265. Sweet pea.

Mehrjährige krautige Kletterpflanze .

(Die Spitzen sterben im Herbst ab, aber die Wurzel überlebt den Winter und lässt eine neue Spitze wachsen.)

A. Rankenkletterer oder Wurzelkletterer

Immerwährende Erbse, *Lathyrus latifolius* . Clematis verschiedener Arten, wie *C. aromatica, Davidiana, heracleaefolia (C. tubulosa*), sind mehr oder weniger kletternd. Die meisten Clematis sind Sträucher.

Mai-Pop, *Passiflora incarnata* .* Nicht zuverlässig nördlich von Virginia.

Wilder Kürbis, *Cucurbita fœtidissima (Cucumis perennius*).* Hervorragende, starke, robuste Rebe zum Abdecken von Haufen auf dem Boden.

Mexikanische Rose, Bergrose, *Antigonon leptopus* .

Wurzelknollenförmig; ein wuchernder Wuchs mit rosafarbener Blüte; im Freien im Süden und eine Wintergartenanlage im Norden.

Kenilworth-Efeu, *Linaria Cymbalaria* .

Eine sehr anmutige kleine mehrjährige Rebe, die sich selbst dort wieder aussät, wo sie nicht winterhart ist; Favorit für Körbe.

B. Krautige Winder

Hopfen, *Humulus Lupulus* .*

Produziert den kommerziellen Hopfen, sollte aber allgemein als Zierpflanze verwendet werden.

Chinesische Yamswurzel, Zimtrebe, *Dioscorea divaricata (D. Batatas*).

Klettert hoch, produziert aber nicht so viel Laub wie einige andere Reben.

Wilde Yamswurzel, *D. villosa* .*

Kleiner als das vorhergehende; ansonsten völlig genauso gut.

266. Clematis Henryi. One-third natural size.

Erdnuss, *Apios tuberosa* .*

Eine bohnenartige Rebe, die im August und September viele schokoladenbraune Blüten hervorbringt.

Scharlachrote Stangenbohnen und weiße Stangenbohnen, *Phaseolus multiflorus*
.

Staude in warmen Ländern; jährlich im Norden.

Mondblumen, *Ipomcea* , verschiedene Arten.

Einige sind weit im Süden mehrjährige Pflanzen, im Norden jedoch einjährige Pflanzen.

Winterharte Mondblume, *Ipomœa pandurata* .*

Ein Unkraut, wo es wild wächst, aber für manche Zwecke eine ausgezeichnete Rebe.

Wilde Prunkwinde, Rutland-Schönheit, *Convolvulus Sepium* * und Kalifornische Rose, *C. Japonicus* .

Ersteres, weiß und rosa, kommt häufig in Schwalben vor. Letztere, in gefüllter oder halbgefüllter Form, werden oft verwildert.

Madeira-Rebe, Mignonette-Rebe, *Boussingaultia baselloides* .

Bewurzeln Sie eine große, zähe, unregelmäßige Knolle.

Mikania, Kletterhanfkraut, *Mikania scandens* .*

Ein gut zusammengesetzter Zwirn, der in feuchten Gebieten vorkommt.

Verholzende mehrjährige Kletterpflanzen .

(Kettersträucher, deren Spitzen im Herbst nicht absterben, außer in Klimazonen, in denen sie nicht winterhart sind.)

A. Rankenkletterer, Wurzelkletterer, Scrambler und Anhänger

Virginia-Kriechpflanze, *Ampelopsis quinquefolia* ,*

Die beste Rebe zum Bedecken von Gebäuden in kälteren Klimazonen. Pflanzen sollten aus Reben mit bekanntem Wuchs ausgewählt werden, da einige Exemplare viel besser haften als andere. Var. *hirsuta* *, stark anhaftend, wird von der Versuchsstation in Ottawa, Kanada, empfohlen. Var. *Engelmanni* * hat kleines und ordentliches Laub.

Japanischer Efeu, Boston-Efeu, *A. tricuspidata (A. Veitchii*).

Hübscher als die Wildwurz und dichter anliegend, wird aber im Winter oft an exponierten Stellen verletzt, besonders wenn sie jung ist; In nördlichen Regionen sollten die Wipfel im ersten oder zweiten Jahr geschützt werden.

Bunter Efeu, *Ampelopsis heterophylla* var. *elegans* (*Cissus variegata*).

Hübsche, zarte, robuste, traubenartige Ranke mit meist dreilappigen, fleckigen Blättern und bläulichen Beeren.

Gartenclematis, *Clematis* verschiedener Arten und Sorten.

Pflanzen mit robustem und attraktivem Wuchs und wunderschöner Blüte; viele Gartenformen. *C. Jackmani* und seine Sorten gehören zu den besten. *C.*

Henryi (Abb. 266) eignet sich hervorragend für weiße Blüten. Clematis blühen im Juli und August.

Wilde Clematis, *C. Virginiana* *

Sehr attraktiv für Gartenlauben und zum Abdecken unhöflicher Gegenstände. Die Pistillatpflanzen tragen seltsame wollige Fruchtbällchen.

Wilde Clematis, *C. verticillaris* .*

Weniger kräftiger Wuchs als der letzte, aber ausgezeichnet.

Japanische Waldrebe, *C. paniculata* .

Die beste spätblühende Gehölzrebe, die im Spätsommer und Frühherbst enorme Mengen weißer Blüten hervorbringt.

Trompetenpflanze, *Tecoma radicans* .*

Einer der besten aller freiblühenden Sträucher; klettert mittels Wurzeln; Blüten sehr groß, orange-scharlachrot.

Chinesische Trompetenpflanze, *T. grandiflora (Bignonia grandiflora*). Blüten orangerot; manchmal kaum kletternd.

Bignonia, *Bignonia capreolata* .*

Eine gute, starke, immergrüne Rebe, die jedoch auf Feldern im Süden oft ein Ärgernis darstellt.

Frosttraube, *Vitis cordifolia* .*

Eine der schönsten aller Reben. Sie wächst sehr hoch und produziert dicke, schwere, dunkle Blätter. Sein Laub erinnert oft an das des Mondsamens. Wächst nicht leicht aus Stecklingen.

Sommer- und Flussufertrauben, *V. bicolor* * und *V. vulpina (Riparia)* .*

Die häufig vorkommenden Wildreben der Nordstaaten.

Muscadine, Scuppernong, *Vitis rotundifolia* .*

Wird häufig für Lauben in den Südstaaten verwendet (Tafel XV).

Efeu, *Hedera Helix* .

Der europäische Efeu verträgt die strahlende Sonne unseres Winters nicht; auf der Nordseite eines Gebäudes macht es sich oft gut; die besten Reben zur Bedeckung von Gebäuden, wo es gelingt; winterhart an günstigen Standorten bis in den Norden bis ins südliche Ontario; Viele Formen.

Greenbrier, *Smilax rotundifolia* * und *S. hispida* .*

Einzigartig für die Abdeckung von kleinen Lauben und Gartenhäusern.

Euonymus, *E. radicans* .

Ein sehr eng anliegender Wurzelkletterer, der sich hervorragend für niedrige Mauern eignet; immergrün; Die bunte Vielfalt ist gut.

Kletterfeige, *Ficus repens* .

Wird in Gewächshäusern im Norden verwendet, ist aber im weiten Süden winterhart.

Eherebe, Buchsdorn, *Lycium Chinense* .

Blüht den ganzen Sommer über; Blüten rosa-rosa und gelbbraun, achselständig, sternförmig, gefolgt von scharlachroten Beeren im Herbst; Stängel liegen nieder oder krabbeln; eine altmodische Rebe auf Veranden.

Bittersüß, *Solanum Dulcamara* .

Eine an Straßenrändern häufig vorkommende Kletter- oder Halbrankenpflanze mit leuchtend roten, giftigen Beeren; Das Oberteil verstummt oder fast.

Immergrün, *Vinca-Moll* und *V-Dur* .

Ersteres ist die bekannte immergrüne Hängemyrte mit blauen Blüten im zeitigen Frühjahr; Letzteres wird in seiner bunten Form häufig zum Aufhängen von Körben und Vasen verwendet.

Kletterhortensie, *Schizophragma hydrangeoides* .

Haftet mit Wurzeln an Wänden und bringt im Hochsommer weiße Blüten hervor.

Passionsblume, Arten von *Passiflora* und *Tacsonia* .

Wird im Süden und in Kalifornien verwendet.

B. Woody Twiners

Actinidia, *A. arguta* .

Sehr kräftiger Wuchs, mit schönem, dichtem Laub, das nicht von Insekten oder Pilzen befallen wird; eine der besten Reben für Lauben.

Akebia, *A. quinata* . Sehr schöne und seltsame japanische Rebe; ein kräftiger Wuchs und eine würdige allgemeine Bepflanzung.

Geißblatt, Waldrebe, *Lonicera* in vielen Arten.

Japanisches Geißblatt, *L. Halliana* (eine Form von *L. Japonica*).

10–20 Fuß; Blüten, weiß und gelbbraun, duftend hauptsächlich im Frühling und Herbst; Blätter klein, immergrün; Stängel liegen nieder und wurzeln, oder winden sich und klettern. Spaliere oder zum Abdecken von Felsen und kahlen Stellen; im Süden weitgehend verwildert. Var. *aurea reticidata* ähnelt der Art, weist jedoch ein schönes goldenes Aussehen auf.

Belgisches Geißblatt, L. *Periclymenum* var. *Belgien* .

6–10 Fuß; monatlich; Blüten in Büscheln, rosarot, innen hellbraun; Bildet einen großen, runden Busch.

Korallen- oder Trompetengeißblatt, *L. sempervirens* .*

6–15 Fuß; Juni; den ganzen Sommer über scharlachrote Blumen verstreuen; ohne Stütze entsteht ein großer runder Busch; für Spaliere, Zäune oder eine Hecke; Es gehört zu der Liste der winterharten Bäume und Sträucher, die von der Experiment Station in Ottawa für Kanada empfohlen werden.

Geißblatt, *L. Caprifolium* , mit becherartig verbundenen Blättern.

Gute einheimische Klettergeißblätter sind *L. flava* ,* *Sullivanti* ,* *hirsuta* ,* *dioica* * und *Douglasi* .*

Wistaria, *Wistaria Sinensis* und *W. speciosa* .*

Die chinesische Art *Sinensis* ist eine hervorragende Pflanze; Blüten blauviolett; Es gibt eine weißblühende Sorte.

Japanische Glyzinie, *W. multijuga* .

Blüten kleiner und später als die der Chinesischen, in lockereren Trauben.

Holländerpfeife, *Aristolochia Macrophytta (A. Sipho*).* Ein robuster Wuchs mit riesigen Blättern. Nützlich zum Abdecken von Veranden und Lauben.

Wachsarbeit oder falsch bittersüß, *Celastrus scandens* .* Sehr dekorativ in der Frucht; Blumen unvollkommen.

Japanischer Celastrus, *C. orbiculatus (C. articulatus* des Handels). *C. articulatus* und *C. scandens* stehen auf der Liste der 100 Bäume und Sträucher, die von der Experiment Station in Ottawa für Kanada empfohlen werden.

Moonseed, *Menispermum Canadense* .* Ein kleiner, aber sehr attraktiver Twiner, nützlich für Dickichte und kleine Lauben.

Buchara-Kletterpolygonum, *Polygonum Baldschuanicum* . Hardy North, obwohl das junge Wachstum möglicherweise abgetötet wird; Blüten zahlreich, winzig, weißlich; interessant, aber keine schwere Deckung.

Kudzu-Rebe, *Pueraria Thunbergiana (Dolichos Japonicus*). Bildet sehr lange Auswüchse aus einer Knollenwurzel; Strauchig im Süden, stirbt aber im Norden bis auf den Boden ab.

Seidenrebe, *Periploca Græca* . Violette Blüten in achselständigen Büscheln; lange, schmale, glänzende Blätter; schnell wachsend.

Kartoffelrebe, *Solanum jasminoides* . Eine gute immergrüne Rebe im Süden, insbesondere die Sorte. *grandiflorum* .

Gelber Jasmin, *Gelsemium sempervirens* .* Eine gute einheimische immergrüne Rebe für den Süden mit duftenden gelben Blüten.

Malaiischer Jasmin, *Trachelospermum* (oder *Rhynchospermum) Jasminoides* . Eine gute immergrüne Rebe für den Süden und Kalifornien.

Kletterspargel, *Asparagus plumosus* . Beliebt als Freilandrebe weit im Süden und in Kalifornien.

Jasmin, *Jasminum* verschiedener Arten. Die bekanntesten in Gärten sind *J. nudiflorum* , gelb im ersten Frühling, *J. officinale* , der Jasmin der Poesie, mit weißen Blüten, und *J. Sambac* , der Arabische Jasmin (und verwandte Arten) mit weißen Blüten und unverzweigten Blättern; Diese sind ohne großen Schutz nördlich von Washington oder Philadelphia nicht winterhart und *J. Sambac* nur weit südlich.

Bougainvillea, *Bougainvillaea glabra* und *B. spectabilis* .

Die magentafarben blühende Sorte, die manchmal in Wintergärten im Norden zu sehen ist, ist im Süden eine beliebte Freilandrebe und wird in Südkalifornien häufig verwendet. Die rotblühende Form kommt seltener vor, ist aber farblich vorzuziehen.

Drahtrebe (Polygonum der Floristen), *Muehlenbeckia complexa* .

Wird in Südkalifornien häufig an Gebäuden und Schornsteinen verwendet.

XV: Scuppernong-Traube, die Laubrebe des Südens. Diese Tafel zeigt die bekannten Scuppernongs auf Roanoke Island, deren Herkunft unbekannt ist, die aber vor mehr als hundert Jahren von großer Größe waren.

Kletterrosen .

267. Climbing rose, Jules Margottin.

Die Rosen klettern nicht und besitzen auch keine besonderen Kletterorgane; Daher müssen sie mit einem Spalier oder einem Drahtgeflechtzaun versehen werden. Zu den Kletterrosen zählen einige Rosen, die nur eine gute Stütze benötigen, Abb. 267. Zur Rosenkultur siehe Kapitel VIII.

Die beliebteste Kletter- oder Säulenrose ist derzeit die Crimson Rambler, aber obwohl sie eine tolle Blumenpracht bietet, ist sie nicht die beste Kletterrose. Die wahrscheinlich besten echten Kletterrosen für dieses Land, wenn man Blüte, Blattwerk und Wuchs berücksichtigt, sind die Abkömmlinge der einheimischen Prärierose *Rosa setigera* (heimisch bis in den Norden von Ontario und Wisconsin). Zu dieser Klasse gehören Baltimore Belle und Queen of the Prairie.

Zu den kletternden Polyantha-Rosen (Hybriden aus *Rosa multiflora* und anderen Arten) gehört die Klasse der „Rambler"-Rosen, die mittlerweile groß geworden ist, darunter nicht nur die Crimson Rambler, sondern auch

Formen in anderen Farben, einfach und halbgefüllt und in verschiedenen Formen Klettergewohnheiten; Eine sehr wertvolle und robuste Rosenklasse, insbesondere für Spalierrosen.

Die Memorial-Rose *(R. Wichuraiana)* ist eine hängende, halbimmergrüne, weiß blühende Art, die sich sehr gut zum Abdecken von Ufern und Felsen eignet. Mittlerweile sind viele Arten von Derivaten dieser Art erhältlich und wertvoll.

Die Ayrshire-Rosen *(R. arvensis* var. *capreolata)* sind üppig wachsende, aber eher schlanke Rosen, winterhart im Norden und tragen gefüllte weiße oder rosa Blüten.

Die Cherokee-Rose *(R. Icevigata* oder *R. Sinica)* ist im Süden weit verbreitet und wird wegen ihrer großen weißen Blüte und dem glänzenden Laub sehr geschätzt. im Norden nicht winterhart.

Die Banksia-Rose *(R. Banksice)* ist eine starke Kletterrose für den Süden und Kalifornien mit gelben oder weißen Blüten in Büscheln. Eine großblumige Form *(R. Fortuneana)* ist eine Hybride dieser Rose und der Cherokee-Rose.

Die kletternden Tee- und Noisette-Rosen, Formen von *R. Chinensis* und *R. Noisettiana* , sind im Freien im Süden nützlich.

7. BÄUME FÜR RASEN UND STRASSEN

Ein einzelner Baum kann einem ganzen Haus Charakter verleihen; Und einem Ort beliebiger Größe, an dem es nicht mindestens einen guten Baum gibt, fehlt in der Regel jede dominierende Landschaftsnote.

Ebenso kann eine Straße ohne gute Bäume nicht die beste Wohngegend sein; und ein Park, in dem es an gut gewachsenen Bäumen mangelt, ist entweder unreif oder unfruchtbar.

Obwohl die Liste guter und winterharter Rasen- und Straßenbäume recht umfangreich ist, ist die Zahl der allgemein gepflanzten und anerkannten Arten gering. Da es in den meisten Wohngebieten nur wenige Bäume gibt und sie so viele Jahre brauchen, um zu reifen, ist es nur natürlich, dass der Hausbesitzer davor zurückschreckt, zu experimentieren oder Arten auszuprobieren, die er selbst nicht kennt. So pflanzt der Hausmann im Norden Ahorn, Ulme und eine Weißbirke und im Süden eine Magnolie und Chinabeere. Dennoch gibt es eine Vielzahl ebenso nützlicher Bäume, deren Pflanzung unseren Grundstücken und Straßen einen viel reicheren Ausdruck verleihen könnte.

Es wäre sehr zu wünschen, dass einige der Bäume mit „starkem“ und robustem Charakter in das größere Gelände eingeführt würden; so zum Beispiel die Hickory- und Eichenbäume. Die Transplantation ist oft schwierig, aber der Aufwand zu ihrer Sicherung lohnt sich. Gute Eichenbäume und andere, von denen man annimmt, dass sie schwer zu verpflanzen sind, sind jetzt bei den führenden Baumschulen erhältlich. Die Kieferneiche *(Quercus palustris*) gehört zu den besten Straßenbäumen und wird mittlerweile größtenteils gepflanzt.

Es ist zumindest möglich, eine Vielzahl von Bäumen in eine Stadt oder ein Dorf einzuführen, indem man eine Straße oder eine Reihe von Häuserblöcken einer einzigen Baumart widmet – eine Straße ist durch ihre Linden bekannt, eine andere durch ihre Platanen, eine bei seinen Eichen, einer bei seinen Hickorysträuchern, einer bei seinen einheimischen Birken, Buchen, Kaffeebäumen, Sassafras, Eukalyptusbäumen oder Liquidambarbäumen, Tulpenbäumen und dergleichen. Es gibt viele Gründe, warum eine Stadt, insbesondere eine Kleinstadt oder ein Dorf, in gewissem Maße zum künstlerischen Ausdruck ihrer natürlichen Region werden sollte.

Der Hausbesitzer hat Glück, wenn auf seiner Fläche bereits gut gewachsene große Bäume stehen. Es kann sogar wünschenswert sein, den Wohnsitz in Bezug auf solche Bäume zu platzieren (Tafel VI); und die Planung des Geländes sollte sie als feste Arbeitspunkte berücksichtigen. Der Betreiber wird alle Sorgfalt darauf verwenden, genügend stehende Bäume zu erhalten und zu schützen, um dem Ort Einzigartigkeit und Charakter zu verleihen.

Die Pflege des Baumes sollte nicht nur den Schutz vor Feinden und Unfällen umfassen, sondern auch die Erhaltung seiner charakteristischen Eigenschaften. Beispielsweise sollte die natürliche raue Rinde vor den Angriffen von Baumkratzern geschützt werden; und die Einstufung sollte nicht die natürliche Wölbung des Baumes an der Basis verschleiern , denn ein Baum, der ein oder zwei Fuß über der natürlichen Linie liegt, läuft nicht nur Gefahr, getötet zu werden, sondern sieht auch aus wie ein Pfosten.

Die besten Schatten spendenden Bäume sind in der Regel die in der jeweiligen Region heimischen Bäume, da sie winterhart und an den Boden und andere Bedingungen angepasst sind. Ulmen, Ahorn, Linde und dergleichen sind fast immer zuverlässig. In Regionen, in denen es schwerwiegende Insektenfeinde oder Pilzkrankheiten gibt, können die Bäume, die am wahrscheinlichsten befallen werden, weggelassen werden. Beispielsweise ist in Teilen des Ostens die Kastanienrindenkrankheit eine sehr große Bedrohung; und es ist eine gute Idee, an solchen Orten andere Bäume als Kastanien zu pflanzen.

Ein guter schattenspendender Baum hat ein schweres Laub und einen dichten Kopf und wird nicht häufig von abwehrenden Insekten und Krankheiten befallen. Bäumen, die Schatten spenden, sollte normalerweise ausreichend Platz gegeben werden, damit sie sich zu vollgroßen und symmetrischen Köpfen entwickeln können. Für eine vorübergehende

Wirkung können Bäume in einem Abstand von nur 10 bis 15 Fuß gepflanzt werden; aber sobald sie sich zu drängen beginnen, sollten sie ausgedünnt werden, damit sie ihre vollen Eigenschaften als Bäume entfalten können.

Bäume können im Herbst oder Frühjahr gepflanzt werden. Der Herbst ist wünschenswert, außer im äußersten Norden, wenn das Land gut entwässert und vorbereitet ist und die Bäume früh gepflanzt werden können; Unter normalen Bedingungen ist die Frühjahrspflanzung jedoch sicherer, wenn der Bestand gut überwintert wurde (siehe Diskussion unter Sträucher, S. 290). Pflanzen und Beschneiden werden auf den Seiten 124 und 139 besprochen.

Wenn man Bäume mit auffälliger Blüte wünscht, sollte man sie unter den Magnolien, Tulpenbäumen, Kœlreuteria, Trompetenbäumen, Kastanien, Rosskastanien und Rosskastanien, Cladrastis, Robinien- oder Gelben Robinien, wilden Schwarzkirschen und weniger auffällig unter den Linden finden; und auch in solchen Halbbäumen oder großen Sträuchern wie Cercis, Cytisus, blühendem Hartriegel, gefüllten und anderen Formen von Äpfeln, Holzäpfeln, Kirschen, Pflaumen, Pfirsichen, Weißdorn oder Cratægus, Amelanchier und Eberesche.

Unter den hängenden oder hängenden Bäumen sind Weiden *(Salix Babylonica* und andere), Ahornbäume (Wier), Birken, Maulbeeren, Buchen, Eschen, Ulmen, Kirschen, Pappeln und Ebereschen die besten.

Lilablättrige Sorten kommen in Buche, Ahorn, Ulme, Eiche, Birke und anderen vor.

Gelbblättrige und dreifarbige Arten kommen bei Ahorn, Eiche, Pappel, Ulme, Buche und anderen Arten vor.

Schnittblättrige Formen kommen in Birke, Buche, Ahorn, Erle, Eiche, Linde und anderen vor.

Liste winterharter Laubbäume für den Norden .

(Die Gattungen sind alphabetisch geordnet. Einheimische sind mit * gekennzeichnet; gute Arten für Schattenbäume mit †; von der Experiment Station in Ottawa, Ontario, empfohlene Arten mit DD)

In einer Reihe von Gattungen können die Pflanzen in einigen Regionen eher strauchig als arboreusartig sein (siehe Strauchliste), wie bei Acer *(A. Ginnala, A. spicatum*), æsculus, Betula *(B. pumila*), Carpinus und Castanea (*C. pumila*), Catalpa *(C. ovata*), Cercis, Magnolie (insbesondere *M. glauca*), Ostrya, Prunus, Pyrus, Salix, Sorbus.

Spitzahorn, *Acer platanoides* .(D, DD) Einer der schönsten mittelgroßen Bäume für einzelne Rasenexemplare; Es gibt verschiedene Gartenbausorten.

Var. *Schwedleri* ‡ ist einer der schönsten Purpurbäume. Der Spitzahorn hängt zu stark herab und ist für die Pflanzung am Straßenrand zu niedrig.

Schwarzer Zuckerahorn, *A. nigrum* . (A, DD) Dunkler und weicher im Aussehen als der gewöhnliche Zuckerahorn.

Zuckerahorn, *A. saccharum* .(A, DD) Dieser und der letzte gehören zu den allerbesten Straßenbäumen.

Silberahorn, *A. saccharinum (A. dasycarpum*). (A, DD) Wünschenswert für Wasserläufe und für Gruppen; ist sowohl auf nassem als auch auf trockenem Gelände erfolgreich.

Wiers geschnittener Silberahorn, *A. saccharinum* var. *Wieri* .(D, DD)

Leicht und anmutig; Besonders wünschenswert für Vergnügungsparks.

Roter, weicher oder Sumpfahorn, *A. rubrum* .* Wertvoll für seine Frühlings- und Herbstfarben und für die Abwechslung in der Gruppierung.

Bergahorn, *A. Pseudo-platanus.* Ein langsam wachsender Baum, der hauptsächlich als Einzelexemplar verwendet werden kann. Mehrere Gartenbausorten.

Englischer Ahorn, *A. campestre* . Ein guter mittelgroßer Baum mit langsamem Wachstum, der an unseren nördlichen Grenzen nicht winterhart ist; siehe unter Sträucher (S. 291).

Japanischer Ahorn, *A. palmatum (A. polymorphum)* . In vielen Formen, nützlich für kleine Rasenexemplare; wächst nicht über 10–20 Fuß.

Sibirischer Ahorn, *A. Ginnala* .‡ Attraktiv als Rasenpflanze, wenn er als Strauch wächst; die Herbstfarbe ist sehr hell; kleiner Baum oder großer Strauch.

Bergahorn, *A. spicatum* .* Sehr hell im Herbst.

Buchsbaum-Holunder, *Acer Negundo (Negundo aceroides* oder *fraxinifolium*).*† Sehr robust und schnell wachsend; Im Westen wird sie häufig als Windschutz verwendet, weist aber keine ausgeprägten Zierelemente auf.

Rosskastanie, *Æsculus Hippocastanum* .†‡ Nützlich für Einzelexemplare und Straßenränder; Viele Formen.

Buckeye, *Æ. Octandra (Æ. flava)* *‡

Ohio Rosskastanie, *Æ. Glabra* *

Rote Rosskastanie, *Æ. Hornhaut (Æ. rubicunda)* .

Ailanthus, *Ailanthus Glandulosa* . Schnellwüchsiger, mit großen gefiederten Blättern; Die Staminata-Pflanze besitzt während der Blüte einen unangenehmen Geruch; saugt schlecht; am nützlichsten als Strauch; siehe dasselbe unter Sträucher (auch Abb. 50).

Erle, *Alnus glutinosa* . Die var. *imperialis* ‡ ist einer der schönsten kleinblättrigen Bäume.

Europäische Birke, *Betula alba* .

Schnittblättrige Trauerbirke, *B. alba* var. *laciniata pendula* .‡

Amerikanische Weiß-Birke, *B. populifolia* .*

Papier- oder Kanupirke, *B. papyrifera* .*

Kirschbirke, *B. lenta* . *

Gut gewachsene Exemplare ähneln der Süßkirsche; sowohl diese als auch die Gelbbirke (*B. lutea* *) bilden attraktive hellblättrige Bäume; sie werden nicht geschätzt.

Hainbuche oder Blaubuche, *Carpinus Americana* .* Kastanie, *Castanea saliva* † und *C. Americana* .*†

Auffälliger Trompetenbaum, *Catalpa speciosa* .†‡ Sehr dunkler, weichlaubiger Baum von kleiner bis mittlerer Größe; auffällig in der Blüte; für nördliche Regionen sollte aus im Norden gewachsenem Saatgut gezüchtet werden.

Kleinerer Trompetenbaum, *C. bignonioides* .† Weniger auffällig als der letzte, blüht ein oder zwei Wochen später; weniger winterhart.

Japanischer Trompetenbaum, *C. ovata* (*C. Kæmpferi*).‡ In nördlichen Abschnitten verbleibt oft praktisch ein Busch.

Brennnesselbaum, *Celtis occidentalis* .*

Katsura-Baum, *Cercidiphyllum Japonicum* .‡ Ein kleiner oder mittelgroßer Baum mit sehr attraktivem Laub und Wuchs.

Rotknospen- oder Judasbaum, *Cercis canadensis* .* Bringt eine Fülle rosa-lila erbsenartiger Blüten hervor, bevor die Blätter erscheinen; Laub auch attraktiv.

Gelbholz oder Virgilia, *Cladrastis tinctoria* .* Einer der schönsten winterharten blühenden Bäume.

Buche, *Fagus ferruginea* .*† Exemplare, die symmetrisch entwickelt sind, gehören zu unseren besten Rasenbäumen; malerisch im Winter.

Rotbuche, *F. sylvatica* .† Viele Kulturformen, wobei die Purpurbuche überall bekannt ist. Es gibt ausgezeichnete dreifarbige Sorten und weinende Formen.

Schwarze Esche, *Fraxinus nigra* (*F. sambucifolia*).*† Einer der besten hellblättrigen Bäume; gedeiht gut auf trockenen Böden, kommt aber auch in Sümpfen vor; nicht geschätzt.

Weiße Esche, *F. Americana* .*†

Europäische Esche, *F. excelsior* .† Es gibt eine gute Trauerform davon.

Frauenhaarbaum, *Ginkgo biloba* (*Salisburia adiantifolia*).‡ Sehr seltsam und auffällig; Für Einzelexemplare oder Alleen geeignet.

Honigheuschrecke, *Gleditschia triacanthos* .*† Baum mit auffälligem Wuchs, mit großen, verzweigten Dornen und sehr großen Schoten; es gibt auch eine dornenlose Form.

Kentucky-Kaffeebaum, *Gymnocladus Canadensis* .* Leicht und anmutig; einzigartig im Winter.

Bitternuss, *Hicoria minima* (oder *Carya amara*).* Im Aussehen ähnlich wie schwarze Esche; nicht geschätzt.

Hickory, *Hicoria ovata* (oder *Carya*) *†‡ und andere.

Pecan, *H. Pecan* .*† Winterhart an Orten bis nördlich von New Jersey und noch weiter entfernt gemeldet.

Butternuss, *Juglans cinerea* .*

Walnuss, *J. nigra* .*

Lackbaum, *Kœlreuteria paniculata* . Ein mittelgroßer Baum mit gutem Charakter, der im Juli eine Fülle goldgelber Blüten hervorbringt; sollte besser bekannt sein.

Europäische Lärche, *Larix decidua (L. Europœa*).‡

Amerikanische Lärche oder Tamarack, *L. Americana* .*

Gummibaum, Amberbaum, *Liquidambar styraciflua* .*† Ein guter Baum, der bis nach Connecticut reicht und in Teilen des westlichen New York winterhart ist, obwohl er nicht groß wird; Laub ahornartig; ein charakteristischer Baum des Südens.

Tulpenbaum oder Weißholzbaum, *Liriodendron Tulipifera* .*† Einzigartig in Blattwerk und Blüte und verdient es, häufiger gepflanzt zu werden.

Gurkenbaum, *Magnolia acuminata* .*† Heimisch in den nördlichen Bundesstaaten; exzellent.

Weißer Lorbeerbaum, *M. glauca* .*† Sehr attraktiver kleiner Baum, heimisch an der Küste von Massachusetts; Wo es nicht winterhart ist, ist das junge Wachstum jedes Jahr gut.

Von den im Norden winterharten ausländischen Magnolien sind zwei Arten und eine Gruppe von Hybriden hervorzuheben: *M. stellata* (oder *M. Halleana*) und *M. Yulan* oder *(M. conspicua)*, beide weißblütig, die erstere sehr früh und blühend 9-18 Blütenblätter und der letztere (der ein größerer Baum ist) hat 6-9 Blütenblätter; *M. Soulangeana*, eine Hybridgruppe, die die als *Lennei, Nigra, Norbertiana, Speciosa und Grandis bekannten Formen umfasst* . Alle diese Magnolien sind Laubbäume und blühen, bevor die Blätter erscheinen.

Maulbeere, *Morus rubra* .*

Weiße Maulbeere, *M. alba* .

Russische Maulbeere, *M. alba* var. *Tatarica* . Die weinende Maulbeere des Tees ist eine Form des Russischen.

Pepperidge oder Gummibaum, *Nyssa sylvatica* * Einer der seltsamsten und malerischsten unserer einheimischen Bäume; besonders attraktiv im Winter; Laub leuchtend rot im Herbst; am besten für Tieflandgebiete geeignet.

Eisenholz, Hopfen-Hainbuche, *Ostrya Virginica* .* Ein guter kleiner Baum mit hopfenähnlichen Früchten.

Sauerampferbaum, Sauerampferbaum, *Oxydendrum arboreum* .* Interessanter kleiner Baum, der aus Pennsylvania im südlichen Hochland stammt und dort, wo er wild wächst, zuverlässig sein sollte.

Platane oder Knopfholz, *Platanus occidentalis* *†‡ Junge oder mittelalte Bäume sehen weich und angenehm aus, werden aber unten bald dünn und zackig; einzigartig im Winter.

Europäische Platane, *P. orientalis* .† Wird häufig zur Straßenbepflanzung verwendet, ist aber weniger malerisch als die amerikanische; mehrere Formen.

Espe, *Populus tremuloides* ,* Sehr wertvoll, wenn sie gut gewachsen ist; zu sehr vernachlässigt (Abb. 33). Die meisten Pappeln eignen sich für Vergnügungsparks und als Ammen für langsamer wachsende und ausdrucksstärkere Bäume.

Großzahnpappel, *P. grandidentata* .* Einzigartig in der Sommerfarbe; schwerer im Aussehen als die oben genannten; alte Bäume werden zerlumpt.

Trauerpappel, *P. grandidentata* , var. *Pendel* . Ein seltsamer, kleiner Baum, der für kleine Orte geeignet ist, aber wie alle Trauerbäume wahrscheinlich zu frei gepflanzt wird.

Pappel, *P. deltoides* (*P. monilifera*).* Wenn möglich, sollten nur die staminierten Exemplare gepflanzt werden, da die Baumwolle der

Samenkapseln unangenehm ist, wenn sie vom Wind getragen wird; var. *Aurea* ‡ ist einer der guten Goldblätterbäume.

Balsam von Gilead, *P. balsamifera* * und var. *candicans* .* Wünschenswert für abgelegene Gruppen oder Gürtel. Das Laub hat keine angenehme Farbe.

Lombardei-Pappel, *P. nigra* , var. *Italica* .

Für bestimmte Zwecke wünschenswert, aber zu wahllos verwendet, dürfte es in nördlichen Klimazonen nur von kurzer Dauer sein.

Silberpappel, Abele, *P. alba* .

Sprossen schlecht; mehrere Formen.

Bolles Pappel, *P. alba* , var. *Bolleana* .

Gewohnheit ähnlich der Lombardei; Die Blätter sind seltsam gelappt und auf der Unterseite sehr weiß, was einen angenehmen Kontrast bildet.

Certinensis-Pappel, *P. laurifolia* (*P. Certinensis*).

Eine sehr robuste sibirische Art, ähnlich wie *P. deltoides* , nützlich für raues Klima.

Wilde Schwarzkirsche, *Prunus serotina* .*

Europäische Vogelkirsche, *Prunus Padus* .

Ein kleiner Baum, der der Apfelkirsche sehr ähnlich ist, aber freier wächst, mit größeren Blüten und Trauben, die etwa eine Woche später erscheinen.

Apfelkirsche, *P. Virginiana* .*

Während der Blüte sehr auffällig.

Lila Pflaume, *Prunus cerasifera* , var. *atropurpurea* (var. *Pissardi*).

Einer unserer zuverlässigsten violettblättrigen Bäume.

Rosenknospenkirsche, *P. pendula* (*P. subhirtella*).

Ein Baum mit herabhängendem Wuchs und wunderschönen rosafarbenen Blüten vor den Blättern.

Japanische Blütenkirsche, *P. Pseudo-Cerasus.*

In vielen Formen sind die berühmten blühenden Kirschen Japans, aber nicht zuverlässig im Norden.

Es gibt Pfirsiche und Kirschen mit Zierblüten, die eher neugierig und interessant als nützlich sind.

Wildkrabbe, *Pyrus coronaria* * und *P. Iœnsis* .*

Während der Blüte sehr auffällig, blüht erst, nachdem die Apfelblüten abgefallen sind; alte Exemplare erhalten eine malerische Form. *P. Iœnsis flore pleno* ‡ (Bechtels Krabbe) ist eine hübsche Doppelform.

Sibirische Krabbe, *P. baccata* .‡ Ausgezeichneter kleiner Baum, sowohl in der Blüte als auch in den Früchten.

Blühende Krabbe, *Pyrus floribunda* . Sowohl in der Blüte als auch in der Frucht hübsch; ein großer Strauch oder kleiner Baum; verschiedene Formen.

Hall-Krabbe, *P. Halliana* (*P. Parkmani*). Eine der besten Blütenkrabben, insbesondere die gefüllte Form. Auf dem Markt sind verschiedene Formen von gefülltblühenden Äpfeln erhältlich.

Sumpfweißeiche, *Quercus bicolor* .*† Ein begehrter Baum, der normalerweise vernachlässigt wird; im Winter sehr malerisch.

Bur-Eiche, *Q. Macrocarpa* .*†

Kastanieneiche, *Q. Prinus* ,*† und insbesondere das eng verwandte *Q. Muhlenbergii* (oder *Q. acuminata*).*†

Weißeiche, *Q. alba* *†

Schindeleiche, *Q. imbricaria* .*†

Scharlach-Eiche, *Q. coccinea* .*† Diese und die nächsten beiden haben glänzende Blätter und eignen sich für helle Bepflanzung.

Schwarzeiche, *Q. velutina* (*Q. tinctoria*).*†

Roteiche, *Q. rubra* .*†‡

Kieferneiche, *Q. palustris* .*† Hervorragend für Alleen; lässt sich gut verpflanzen.

Weideneiche, *Q. Phellos* *

Englische Eiche, *Q. Robur* . Viele Formen werden durch zwei Arten repräsentiert, wahrscheinlich gute Arten, *Q. pedunculata* (mit gestielten Eicheln) und *Q. sessiliflora* (mit stieltlosen Eicheln). Einige der Formen sind in den nördlichen Bundesstaaten zuverlässig.

Die Eichen wachsen langsam und lassen sich normalerweise nur schwer verpflanzen. Natürliche Exemplare sind am wertvollsten. Eine große, gut gewachsene Eiche ist einer der prächtigsten Bäume.

Heuschrecke, *Robinia Pseudacacia* .*† Attraktive Blüte; in jungen Jahren als Einzelexemplare schön anzusehen; Viele Formen; Wird auch für Hecken verwendet.

Pfirsichblättrige Weide, *Salix amygdaloides* .* Sehr schöner kleiner Baum, der mehr Aufmerksamkeit verdient. Dieser und der nächste sind an niedrigen Stellen oder entlang von Wasserläufen wertvoll.

Schwarzweide, *S. nigra* .*

Trauerweide, *S. Babylonica* .

Sparsam pflanzen, vorzugsweise in der Nähe von Wasser; die als Wisconsin-Trauerweide bekannte Sorte scheint viel widerstandsfähiger zu sein als die gewöhnliche Art; Viele Formen.

Weiße Weide, *S. alba* und verschiedene Sorten, darunter die Goldene Weide.

Baumweiden sind in der Regel am wertvollsten, wenn sie für temporäre Pflanzungen oder als Ammen für bessere Bäume verwendet werden.

Lorbeerblättrige Weide, *S. laurifolia* ‡

Ein kleiner Baum, der in kalten Regionen als Schutzgürtel verwendet wird; auch ein guter Zierbaum. Siehe auch unter Sträucher.

Sassafras, *Sassafras officinalis* .*†

Geeignet für Gruppenränder oder für Einzelexemplare; eigenartig im Winter; zu sehr vernachlässigt.

Eberesche oder Europäische Eberesche, *Sorbus Aucuparia* (*Pyrus Aucuparia*).‡

Elsbeere, *S. Domestica* .

Früchte schöner als die der Eberesche und haltbarer; kleiner Baum.

Eichenblättrige Eberesche, *S. hybrida* (*S. quercifolia*).

Kleiner Baum, der es verdient, bekannter zu werden.

Sumpfzypresse, *Taxodium distichum* .*

Nicht ganz winterhart in Lansing, Michigan; wird oft nach fünfzehn oder zwanzig Jahren dürr, aber ein guter Baum; viele kulturelle Formen.

Amerikanische Linde oder Linde, *Tilia Americana* .*†

Sehr wertvoll für Einzelbäume auf großen Rasenflächen oder für Wegränder.

Europäische Linde, *T. vulgaris* und *T. platyphyllos* (*T. Europaea* der Baumschulen ist wahrscheinlich normalerweise letzteres).†

Hat den allgemeinen Charakter der amerikanischen Linde.

Europäische Silberlinde, *T. tomentosa* und Sorten.†

Sehr hübsch; Blätter unterseits silberweiß; unter anderem ist eine weinende Sorte.

Amerikanische Ulme, *Ulmus Americana* .*†

Einer der anmutigsten und variabelsten Bäume; nützlich für viele Zwecke und ein Standard-Straßenbaum.

Korkulme, *U. racemosa* .* Weicher im Aussehen als die letzte und malerischer im Winter, mit markanten Rindenkämmen auf den Zweigen; langsam wachsend.

Rot- oder Glattulme, *U. fulva* .* Gelegentlich nützlich in einer Gruppe oder einem Schutzgürtel; ein steifer Züchter.

Englische Ulme, *U. campestris* , und Wald- oder Bergulme, *U. scabra* (*U. mantana*). Wird oft gepflanzt, ist aber für die Straßenbepflanzung *U. Americana* unterlegen , obwohl sie in Sammlungen nützlich ist. Diese haben viele gärtnerische Formen.

Laubbäume für den Süden .

Unter den Laubbäumen für die Region Washington und den Süden können erwähnt werden: Acer, die amerikanischen und europäischen Arten für den Norden; *Catalpa bignonioides* und insbesondere *C. speciosa* ; Celtis; cercis, sowohl amerikanisch als auch japanisch; blühender Hartriegel, reichlich heimisch; Weisse Asche; Ginkgo; kœlreuteria; süßes Gummi (Liquidambar); Amerikanische Linde; Tulpenbaum; Magnolien ebenso wie im Norden; Chinabeere (*Melia Azedarach*); Texas-Regenschirmbaum (var. *umbraculiformis* des Vorhergehenden); Maulbeeren; Oxydrum; Paulownia; orientalische Platane; einheimische Eichen der Regionen; *Robinie Pseudacacia* ; Trauerweide; *Sophora Japonica; Sterculia platanifolia* ; Amerikanische Ulme.

Zwischen Kirschlorbeer, Magnolien und Eichen findet man immergrüne, immergrüne Pflanzen von echter Baumgröße, die für den Süden nützlich sind. Zu den Kirschlorbeergewächsen zählen: Portugal-Lorbeer (*Prunus Lusitanica*), Englischer Kirschlorbeer in verschiedenen Formen (*P. Laurocerasus*) und die „Mock-Orange“ oder „Wild-Orange“ (*P. Caroliniana*). In der Magnolie wird überall die prächtige *M. grandiflora* verwendet. Bei Eichen ist die Lebend-Eiche (*Quercus Virginiana* , auch bekannt als *Q. virens* und *Q. sempervirens*) die universelle Art. Empfehlenswert ist auch die Korkeiche (*Q. Suber*).

XVI: Der Blumengarten der China-Astern mit Rand, einer der Staubmüller (*Centaurea*).

8. Nadelbäume, immergrüne Sträucher und Bäume

In diesem Land versteht man unter dem Wort „immergrün" Nadelbäume mit hartnäckigen Blättern, wie Kiefern, Fichten, Tannen, Zedern, Wacholder, Lebensbäume, Retinosporas und dergleichen. Diese Bäume waren schon immer bei Pflanzenliebhabern beliebt, da sie sehr charakteristische Formen und andere Eigenschaften haben. Viele von ihnen sind von der einfachsten Kultur.

Man geht allgemein davon aus, dass Fichten und andere Nadelbäume einen Schnitt nicht vertragen, da sie so symmetrisch wachsen. aber das ist ein Fehler. Sie lassen sich genauso gut beschneiden wie andere Bäume, und wenn sie dazu neigen, zu hoch zu werden, kann der Baum ohne Angst gestoppt werden. Es wird ein neuer Leitbaum entstehen, aber in der Zwischenzeit wird das Aufwärtswachstum des Baumes etwas gebremst, und der Effekt wird sein, dass der Baum dichter wird. Mit dem gleichen Effekt können auch die Spitzen der Zweige nach innen gerichtet werden. Die Schönheit eines Immergrüns liegt in seiner natürlichen Form; Daher sollte es nicht in ungewöhnliche Formen geschnitten werden, aber ein sanfter Rückschnitt, wie ich vorgeschlagen habe, verhindert tendenziell, dass die Fichte und andere Fichten offen und ausgefranst wachsen. Wenn der Baum ein gewisses Alter erreicht hat, können alle ein oder zwei Jahre (im Frühjahr vor Beginn des Wachstums) 4 bis 5 Zoll von den Enden der Hauptzweige entfernt werden, was gute Ergebnisse bringt. Dieses leichte Beschneiden wird normalerweise mit der langstieligen Gartenschere von Waters durchgeführt.

Es gibt große Meinungsverschiedenheiten über den richtigen Zeitpunkt für das Umpflanzen immergrüner Pflanzen, was bedeutet, dass es mehr als eine Jahreszeit gibt, in der sie umgesetzt werden können. In nördlichen Klimazonen oder in trostlosen Gegenden ist es normalerweise nicht sicher, sie im Herbst zu verpflanzen, da die Verdunstung aus dem Laub im Winter die Pflanze wahrscheinlich schädigen kann. Die besten Ergebnisse werden normalerweise bei der Frühjahrs- oder Sommerpflanzung erzielt. Im Frühjahr kann es sein, dass sie relativ spät umgesetzt werden, gerade wenn neues Wachstum beginnt. Manche pflanzen sie auch im August oder Anfang September, da die Wurzeln vor dem Winter Halt im Boden bieten. In den südlichen Bundesstaaten kann das Umpflanzen zu den meisten Jahreszeiten erfolgen, in der Regel werden jedoch der Spätherbst und der frühe Frühling empfohlen.

Beim Umpflanzen von Nadelbäumen ist es sehr wichtig, dass die Wurzeln nicht der Sonne ausgesetzt sind. Sie sollten angefeuchtet und mit Sackleinen oder anderem Material abgedeckt werden. Die Löcher sollten für die Aufnahme bereit sein. Wenn die Bäume groß sind oder die Wurzeln beschnitten werden mussten, sollte die Spitze beim Setzen des Baumes abgeschnitten werden.

Große immergrüne Pflanzen (die 10 Fuß und mehr hoch sind) werden normalerweise am besten spät im Winter umgepflanzt, wenn ein großer Erdball mit ihnen bewegt werden kann. Um den Baum herum wird ein Graben ausgehoben, der täglich ein wenig vertieft wird, damit der Frost in die Erde eindringen und sie in Form halten kann. Wenn der Ball vollständig gefroren ist, wird er auf ein Steinboot oder einen Lastwagen gehievt (Abb. 148) und an seine neue Position gebracht.

Der vielleicht schönste aller einheimischen Nadelbäume im Nordosten der Vereinigten Staaten ist der Gewöhnliche Hemlock oder die Hemlock-Fichte (der so häufig für Bauholz verwendete Baum); aber es ist normalerweise schwierig, sich zu bewegen. Umgepflanzte Bäume aus Baumschulen sind in der Regel am sichersten. Wenn die Bäume aus der Wildnis stammen, sollten sie an offenen und sonnigen Standorten ausgewählt werden.

Für ordentliche und kompakte Effekte in der Nähe von Veranden und entlang von Gehwegen sind die Zwerg-Retinosporas sehr nützlich.

Die meisten Kiefern und Fichten sind zu groß, um in unmittelbarer Nähe des Wohnsitzes gepflanzt zu werden. Besser sind sie in einiger Entfernung, wo sie als Hintergrund für andere Bepflanzungen dienen. Wenn sie für einzelne Exemplare benötigt werden, sollte ihnen ausreichend Platz eingeräumt werden, damit die Äste nicht gedrängt werden und der Baum sich verformt. Was auch immer sonst mit den Fichten und Tannen gemacht wird, die unteren Äste sollten nicht beschnitten werden, zumindest nicht, bis der Baum so alt ist, dass die untersten Äste absterben. Manche Arten halten ihre Zweige viel länger als andere. Die orientalische Fichte (*Picea orientalis*) ist in dieser Hinsicht eine der besten. Das erwähnte gelegentliche leichte Einknicken schützt tendenziell die unteren Äste und ist nicht deutlich genug, um die Form des Baumes zu verändern.

Die Anzahl ausgezeichneter immergrüner Nadelbäume, die mittlerweile im amerikanischen Handel angeboten werden, ist groß. Sie wachsen langsam und benötigen viel Platz, um gute Exemplare zu erhalten; Aber wenn der Platz verfügbar ist und die richtige Belichtung gesichert ist, verleihen keine Bäume einem Anwesen mehr Würde und Vornehmheit. Verlässliche Kommentare zu den selteneren Nadelbäumen finden sich in den Katalogen der besten Baumschulen.

Liste der strauchigen Koniferen .

Die folgende Liste enthält die häufigsten strauchartigen immergrünen Nadelbäume, wobei die in diesem Land heimischen Arten mit einem * gekennzeichnet sind. Das ‡ in dieser und der folgenden Liste kennzeichnet die Arten, die in Ottawa, Ontario, als winterhart gelten und von der Central Experimental Farm of Canada empfohlen werden.

Zwerg-Lebensbaum, *Thuja occidentalis* .*

Es gibt viele Zwerg- und Kompaktarten von Lebensbäumen, von denen sich die meisten hervorragend für kleine Standorte eignen. Am begehrtesten für allgemeine Zwecke und auch am größten ist der sogenannte Sibirier. Andere sehr begehrte Formen werden als *Globosa, Ericoides, Compacta,‡ Hovey,‡ Ellwangeriana,‡ Pyramidalis,‡ Wareana* (oder *Sibirica*)‡ und *Aurea Douglasii verkauft* .‡

Japanische Arborvitæ oder Retinospora, *Chamæcyparis* verschiedener Arten.

Retinosporas‡ unter Namen wie folgt: *Cupressus ericoides* , 2 Fuß, mit feinem, weichem, zartgrünem Laub, das im Winter einen violetten Schimmer annimmt; *C. pisifera,* eine der besten, mit hängendem Wuchs und hellgrünem Laub; *C. pisifera* var. *filifera* , mit herabhängenden Zweigen und fadenförmigen herabhängenden Zweigen; *C. pisifera* var. *plumosa* , kompakter als *P. pisifera* und federartig; var. *aurea* des letzten, „einer der schönsten goldblättrigen immergrünen Sträucher im Anbau.“

Wacholder, *Juniperus communis* * und Gartensorten.

Der Wacholder ist eine teilweise hängende Pflanze mit lockerem Wuchs, die für Ufer und felsige Standorte geeignet ist. Es gibt aufrechte und sehr formelle Varianten davon, die besten sind die, die als Var verkauft werden. *Hibernica (fastigiata)* ,‡ „Irischer Wacholder“ und var. *Suecica* , „schwedischer Wacholder“.

Nördlicher Wacholder, *J. Sabina* , var. *prostrata* * Einer der besten niedrigen, diffusen Nadelbäume; var. *tamariscifolia* ,‡ 1–2 Fuß.

Chinesische und japanische Wacholder in vielen Formen, *J. Chinensis* .

Zwergfichte, *Picea excelsa* , Zwergformen. Es werden mehrere sehr kleinwüchsige Arten der Gemeinen Fichte angebaut, von denen einige zu empfehlen sind.

Zwergkiefer, *Pinus montana* , var. *pumilio* .

Mugho-Kiefer, *Pinus montana* , var. *Mughus* .‡ Es gibt noch andere begehrte Zwergkiefern.

Wilde Eibe, *Taxus Canadensis* .* In Wäldern häufig; eine weit verbreitete Pflanze, die als „gemahlene Hemlocktanne“ bekannt ist; 3-4 Fuß.

Baumartige Nadelbäume .

Die immergrünen Nadelbäume, die man wahrscheinlich pflanzt, können grob als Kiefern klassifiziert werden; Fichten und Tannen; Zedern und Wacholder; Lebensbaum; Eiben.

Weißkiefer, *Pinus Strobus* .*‡ Die besten einheimischen Arten für die allgemeine Bepflanzung; behält im Winter seine leuchtend grüne Farbe.

Österreichische Kiefer, P. *Austriaca* .‡ Winterhart, rau und robust; nur für große Flächen geeignet; Laub sehr dunkel.

Waldkiefer, P. *sylvestris* .‡ Nicht so grob wie Österreichische Kiefer, mit hellerem und blauem Laub.

Rotkiefer, P. *resinosa* *‡ Wertvoll in Gruppen und Gürteln; wird üblicherweise „Normal-Kiefer“ genannt; eher schwerfällig im Ausdruck.

Bullenkiefer, P. *Ponderosa* .*‡ Ein starker, majestätischer Baum, der es verdient, auf großen Grundstücken bekannter zu werden; heimisch im Westen.

Cembrische Kiefer, *Pinus Cembra* . Ein sehr schöner, langsam wachsender Baum; Eine der wenigen Standardkiefern, die für kleine Orte geeignet sind.

Buschkiefer, P. *divaricata* (P. *Banksiana*).*

Ein kleiner Baum, eher seltsam und malerisch als schön, aber an bestimmten Orten wünschenswert.

Mugho-Kiefer, P. *montana* var. *Mughus* .‡

Normalerweise eher ein Strauch als ein Baum (2 bis 12 Fuß), obwohl er eine Höhe von 20 bis 30 Fuß erreichen kann; unter Sträucher erwähnt.

Gemeine Fichte, *Picea excelsa* .‡

Die am häufigsten gepflanzte Fichte; verliert im Alter von dreißig bis fünfzig Jahren viel von seiner besonderen Schönheit; mehrere Zwerg- und Weinformen.

Weißfichte, P. *alba* .*‡

Eine der schönsten Fichten; ein kompakterer Wuchs als der letzte und nicht so grob; wächst langsam.

Orientalische Fichte, P. *orientalis* .

Besonders wertvoll ist die Angewohnheit, die untersten Gliedmaßen festzuhalten. wächst langsam; braucht etwas Schutz.

Colorado-Blaufichte, P. *pungens* .*‡

In der Farbe die schönsten Nadelbäume; wächst langsam; Sämlinge variieren stark in der Blaufärbung.

Alcocks Fichte, P. *Alcockiana* .‡

Exzellent; Das Laub hat eine silbrige Unterseite.

Hemlock-Fichte, *Tsuga Canadensis* .*

Die gewöhnliche Hemlocktanne, eignet sich aber hervorragend für Hecken und als Rasenbaum; Junge Bäume benötigen möglicherweise teilweisen Schutz vor der Sonne.

Weißtanne, *Abies concolor* .*‡

Wahrscheinlich die beste der einheimischen Tannen für die nordöstliche Region; Blätter breit, glasig.

Nordmann-Tanne, A. *Nordmanniana* .

In jeder Hinsicht ausgezeichnet; Die Blätter leuchten oben und sind unten heller.

Balsamtanne, A. *balsamea* .*

Verliert den größten Teil seiner Schönheit in fünfzehn oder zwanzig Jahren.

Douglasie, *Pseudotsuga Douglasii* .*‡

Majestätischer Baum des nördlichen Pazifikhangs, im Osten winterhart, wenn er aus Samen aus dem hohen Norden oder hohen Bergen gezogen wird.

Rote Zeder, *Juniperus Virginiana* *

Ein gewöhnlicher Baum, Nord und Süd; mehrere Gartenbausorten.

Lebensbaum (fälschlicherweise Weiße Zeder), *Thuja occidentalis* .*

Wird auf kargen Böden nach zehn bis fünfzehn Jahren unattraktiv; die Gartenbausorten sind ausgezeichnet; siehe S. 333 und Hedges, p. 220.

Japanische Eibe, *Taxus cuspidata* .

Winterharter kleiner Baum.

Nadelbäume für den Süden .

Immergrüne Nadelbäume, Bäume und Sträucher, für Regionen südlich von Washington: *Abies Fraseri* und *A. Picea* (*A. pectinata*); Gemeine Fichte; echte Zedern, *Cedrus Atlantica* und *Deodara* ; Zypresse, *Cupressus Goveniana, Majestica, Sempervirens; Chamæcyparis Lawsoniana;* praktisch alle Wacholder, einschließlich der einheimischen Zeder (*Juniperus Virginiana*); praktisch alle Arborvitæ, einschließlich der orientalischen oder Biota-Gruppe; Retinosporas (verschiedene Formen von Chamæcyparis und Thuja); Carolina-Hemlocktanne, *Tsuga Caroliniana* ; Englische Eibe, *Taxus baccata; Libocedrus decurrens* ; Cephalotaxus und Podocarpus; Kryptomerie; Bhotan-Kiefer, *Pinus excelsa* ; und die einheimischen Kiefern der Region.

9. FENSTERGÄRTEN

Auch wenn die Anlage von Fenstergärten nicht unbedingt Teil der Bepflanzung und Verzierung des Hausgrundstücks ist, hat das Erscheinungsbild des Wohnsitzes doch einen deutlichen Einfluss auf die Attraktivität oder Unattraktivität der Räumlichkeiten; und es gibt keinen besseren Ort als diesen, um das Thema zu diskutieren. Darüber hinaus ist die Fenstergärtnerei eng mit verschiedenen Formen des temporären Pflanzenschutzes rund um die Wohnung verbunden (Abb. 268).

Es gibt zwei Arten von Fenstergärten: den Fensterkasten- und den Verandakasten-Typ, bei denen die Pflanzen außerhalb des Fensters wachsen und die im Sommer oder bei warmem Wetter angebaut werden; der innere oder echte Fenstergarten, der zum Vergnügen der Familie in ihren inneren Beziehungen geschaffen wurde und der hauptsächlich eine Winter- oder Kaltwetteranstrengung ist.

***Der Fensterkasten für Außenwirkung* .**

268. A protection for chrysanthemums. Very good plants can be grown under a temporary shed cover. The roof may be of glass, oiled paper, or even of wood. Such a shed cover will afford a very effective and handy protection for many plants (p. 366).

Auf dem Markt sind hübsch gefertigte Kisten, Zierfliesen und Konsolen aus Holz und Eisen, die sich zum Einbau von Fenstern für den Pflanzenanbau eignen; aber solche sind zwar wünschenswert, aber keineswegs notwendig. Ein stabiler Kasten aus Kiefernholz mit einer Länge, die der Breite des Fensters entspricht, etwa 10 Zoll breit und 6 Zoll tief, eignet sich genauso gut wie ein schönerer Kasten, da er wahrscheinlich in einiger Entfernung über der Straße steht und seine Seiten darüber hinaus auch so sind bald von Weinreben bedeckt. Beim Blechschmied kann ein Zinktablett bestellt werden, das so groß ist, dass es in die Holzkiste passt . Dadurch wird verhindert, dass der Boden so schnell austrocknet, es ist jedoch keine Notwendigkeit. Ein paar kleine Löcher im Boden sorgen für die Entwässerung; Bei sorgfältiger Bewässerung sind diese jedoch nicht erforderlich, da der Kasten aufgrund seiner exponierten Position bei Sommerwetter leicht austrocknet, es sei denn, die Position ist schattig. Im letzteren Fall ist es immer ratsam, für eine gute Entwässerung zu sorgen.

Da die Wurzeln mehr oder weniger verkrampft sind, muss der Boden nährstoffreicher gemacht werden, als dies für das Wachstum der Pflanzen im Garten erforderlich wäre. Der wünschenswerteste Boden ist ein Boden, der nicht so hart wie Lehm ist und sich beim Trocknen nicht stark zusammenzieht, sondern porös und federnd bleibt. Eine solche Erde findet sich in der Blumenerde, die Floristen verwenden, und kann bei ihnen für 50 Cent bis 1 Dollar pro Barrel erworben werden. Oft ist es aufgrund der Beschaffenheit des Bodens wünschenswert, ein Fass mit scharfem Sand zum Mischen zur Hand zu haben, um ihn poröser zu machen und ein Anbacken zu verhindern. Eine gute Füllung für einen tiefen Kasten ist eine Schicht Klinker oder eine andere Drainage am Boden, eine Schicht Weiderasen, eine Schicht alter Kuhmist und das Auffüllen mit fruchtbarer Gartenerde.

Manche Fenstergärtner topfen die Pflanzen ein und setzen sie dann in den Blumenkasten, wobei sie die Zwischenräume zwischen den Töpfen mit feuchtem Moos füllen. Andere pflanzen sie direkt in die Erde. Im winterlichen Fenstergarten ist in der Regel die erstere Methode zu bevorzugen; Letzteres im Sommer.

Die wertvollsten Pflanzen für Außenkästen sind diejenigen mit hängendem Wuchs, wie Lobelien, Tropeolums, Othonna, Kenilworth-Efeu, Eisenkraut (Abb. 269), Steinkraut und Petunie. Solche Pflanzen können die vordere Reihe einnehmen, während hinten aufrecht wachsende Pflanzen wie Geranien, Heliotrope und Begonien stehen können (Tafel XX).

Für schattige Standorte sind Pflanzen mit anmutiger Form oder schönem Blattwerk am wichtigsten. Für das sonnige Fenster kann die Auswahl auf blühende Pflanzen fallen. Von den unten für diese beiden Positionen aufgeführten Pflanzen haben die mit einem Sternchen * gekennzeichneten Pflanzen einen kletternden Wuchs und können an den Seiten des Fensters hochgezogen werden.

269. Bouquet of verbenas.

Welche Pflanzen am besten geeignet sind, hängt von der Belichtung ab. Für die schattige Straßenseite können die empfindlicheren Pflanzenarten verwendet werden. Für eine optimale Sonneneinstrahlung ist es notwendig, die kräftiger wachsenden Sorten zu wählen. In der letzteren Position wären geeignete Pflanzen zum Herabhängen: Tropeolums*, Passionsblumen*, die einzelnen Petunien, Alyssum, Lobelien, Eisenkraut, Mesembryanthemen. Für aufrecht wachsende Pflanzen: Geranien, Heliotrope, Phlox. Wenn der Standort schattig ist, könnten die herabhängenden Pflanzen folgende sein: Tradescantia, Kenilworth-Efeu, Senecio* oder Salon-Efeu, Sedum, Geldkraut*, Vinca, Smilax*, Lygodium* oder Kletterfarn. Aufrecht wachsende Pflanzen wären Dracaena, Palmen, Farne, Coleus, Tausendgüldenkraut, gefleckte Calla und andere.

Nachdem die Pflanzen die Erde mit Wurzeln gefüllt haben, ist es wünschenswert, die Oberfläche zwischen ihnen im Sommer von Zeit zu Zeit ganz leicht mit Knochenstaub oder einer dickeren Schicht verrotteten Mists zu bestreuen; oder stattdessen etwa einmal pro Woche eine Bewässerung mit schwacher Jauche. Dies ist jedoch nicht erforderlich, bis das Wachstum zeigt, dass die Wurzeln den Boden nahezu erschöpft haben.

Im Herbst kann die Box auf der Innenseite des Fensters platziert werden. In diesem Fall ist es wünschenswert, das Laub etwas auszudünnen, einige Ranken zu kürzen und vielleicht einige Pflanzen zu entfernen. Es ist auch wünschenswert, eine frische Schicht nährstoffreicher Erde aufzutragen. Auch bei der Bewässerung ist erhöhte Sorgfalt erforderlich, da die Pflanzen weniger Licht als zuvor haben und außerdem möglicherweise keine Entwässerung vorgesehen ist.

Verandakästen können im gleichen Grundriss erstellt werden. Da die Pflanzen in Verandakästen leicht verletzt werden und diese Kästen eine gewisse architektonische Wirkung haben sollten, empfiehlt es sich, reichlich ziemlich schweres Grün zu verwenden, wie z. B. Schwertfarn (die häufigste Form von *Nephrolepis exaltata*) oder den Bostonfarn. *Spargel Sprengeri* , wandernder Jude, der große herabhängende Vinca (vielleicht die bunte Form), Aspidistra. Wenn diese oder ähnliche Dinge den Körper der Buchsbaumbepflanzung bilden, können die blühenden Pflanzen hinzugefügt werden, um den Effekt zu verstärken.

Der innere Fenstergarten oder „Zimmerpflanzen".

Der winterliche Fenstergarten kann einfach aus einer Jardinière oder ein paar ausgewählten Topfpflanzen auf einem Ständer am Fenster bestehen oder aus einer beträchtlichen Sammlung mit mehr oder weniger aufwändigen Arrangements für ihre Unterbringung in Form von Kisten, Halterungen, Regalen usw. und steht. Teure Arrangements sind keinesfalls notwendig, ebenso wenig wie eine große Sammlung. Die Pflanzen und Blumen selbst stehen im Mittelpunkt, und eine kleine, gut gepflegte Sammlung ist besser als eine große, es sei denn, sie lässt sich leicht unterbringen und in gutem Zustand halten.

Die Schachtel ist in der Nähe zu sehen und kann daher mehr oder weniger dekorativen Charakter haben. Die Seiten können mit Zierfliesen bedeckt sein, die durch Formen an Ort und Stelle gehalten werden. oder ein leichtes Gitterwerk aus Holz, das die Kiste umgibt, ist hübsch. Aber eine ordentlich gefertigte und stabile Schachtel mit etwa den auf Seite 337 genannten Abmessungen und einem Leistenstreifen oben und unten reicht genauso gut aus; und wenn es grün oder in einem neutralen Farbton gestrichen ist, sind nur die Pflanzen zu sehen oder an sie zu denken. Halterungen, Jardinières und Ständer können bei jedem größeren Floristen erworben werden.

Die Kiste kann lediglich aus dem Holzbehälter bestehen; Am besten ist es jedoch, die Tiefe etwa zwanzig statt sechs Zoll zu machen und dann den Blechschmied eine Zinkschale anfertigen zu lassen, die in die Kiste passt. Dieses ist mit einem falschen Holzboden mit Rissen für die Entwässerung versehen, der fünf Zentimeter über dem eigentlichen Boden des Tabletts liegt. Unter den Pflanzen entsteht dann ein freier Raum, in den das Drainagewasser fließen kann. Eine solche Box kann je nach Bedarf der Pflanzen gründlich bewässert werden, ohne dass die Gefahr besteht, dass das Wasser auf den Teppich läuft. Natürlich sollte an einer geeigneten Stelle auf Höhe des Bodens der Wanne ein Wasserhahn angebracht werden, damit dieser jeden Tag oder so abgelassen werden kann, wenn sich Wasser ansammelt. Es würde nicht genügen, das Wasser lange stehen zu lassen; Insbesondere sollte es niemals bis zum Zwischenboden aufsteigen, da sonst der Boden zu feucht gehalten würde.

Das Pflanzenfenster sollte nach Süden, Südosten oder Osten ausgerichtet sein. Pflanzen brauchen im Winter alles Licht, das sie bekommen können, insbesondere diejenigen, von denen erwartet wird, dass sie blühen. Das Fenster sollte dicht abschließen. Bei kaltem Wetter sind Fensterläden und ein Vorhang von Vorteil.

Pflanzen mögen eine gewisse Einheitlichkeit der Bedingungen. Es ist für sie sehr anstrengend und oft fatal für den Erfolg, sie in einer Nacht kuschelig warm und in der nächsten Nacht bei einer Temperatur von nur wenigen Grad über dem Gefrierpunkt zu haben. Einige Pflanzen werden trotzdem überleben, aber es ist nicht zu erwarten, dass sie gedeihen. Wer seine Räume mit Dampf, heißem Wasser oder heißer Luft beheizt, muss sich davor hüten, die Räume zu stark zu erwärmen und zu kühlen. Räume in Backsteinhäusern, die den ganzen Tag über warm waren, bleiben, wenn man sie abends abschließt und behaglich macht, oft auch über Nacht ohne Heizung warm, außer bei kältestem Wetter. Allseitig exponierte Räume in Fachwerkhäusern kühlen schnell aus.

In mit Gas beleuchteten Räumen ist es schwierig, Pflanzen anzubauen. In den meisten Wohnräumen ist die Luft für Pflanzen zu trocken. In solchen Fällen kann das Erkerfenster durch Glastüren vom Raum abgesetzt werden; man hat dann einen Miniatur-Wintergarten. Ein Topf mit Wasser auf dem Herd oder auf der Anrichte und feuchtes Moos zwischen den Töpfen helfen dabei, den Pflanzen die nötige Feuchtigkeit zu geben.

Das Laub muss von Zeit zu Zeit gereinigt werden, um es von Staub zu befreien. Eine Badewanne, die mit einem Wasserabfluss ausgestattet ist, eignet sich hierfür hervorragend. Die Pflanzen können auf die Seite gedreht und auf einer kleinen Kiste über dem Boden des Kübels abgestützt werden. Dann können sie frei gespritzt werden, ohne dass die Gefahr besteht, dass der Boden zu nass wird. Normalerweise ist es jedoch ratsam, die Blumen nicht zu benetzen, insbesondere bei weißwachsartigen Arten wie Hyazinthen. Das Laub von Rex-Begonien sollte mit einem Stück trockener oder nur leicht feuchter Baumwolle gereinigt werden. Wenn sich die Blätter jedoch schnell trocknen lassen, indem man sie an milden Tagen an die frische Luft oder in mäßiger Nähe des Ofens legt, kann das Laub abgespritzt werden.

Manche Leute befestigen den Kasten am Fenster oder stützen ihn auf Halterungen, die unterhalb der Fensterbank angebracht sind; Eine bevorzugte Anordnung besteht jedoch darin, die Box auf einem niedrigen und leichten Ständer geeigneter Höhe zu stützen, der mit Rollen ausgestattet ist. Anschließend kann es vom Fenster zurückgezogen, von Zeit zu Zeit umgedreht werden, um den Pflanzen Licht von allen Seiten zu geben, oder je nach Wunsch mit der attraktiven Seite nach innen gedreht werden.

Oftmals werden die Pflanzen direkt in die Erde gesetzt; aber wenn sie in Töpfen aufbewahrt werden, können sie umgestellt und verändert werden, um denen, die es brauchen, mehr Licht zu geben. Größere Pflanzen, die auf Regalen oder Konsolen stehen sollen, können in porösen Tontöpfen stehen; aber die kleineren, die den Fensterkasten füllen sollen, können in schwere Papiertöpfe gestellt werden. Die Seiten dieser sind flexibel, und die Pflanzen darin können daher platzsparend dicht zusammengedrängt werden. Wenn die Töpfe einen gewissen Abstand zueinander haben, werden sie durch feuchtes Torfmoos oder anderes Moos an Ort und Stelle gehalten, verhindern, dass die Erde zu schnell austrocknet, und geben gleichzeitig Feuchtigkeit ab, die das Laub so dankbar nutzt.

Zusätzlich zum Ständer oder Kasten wäre eine Halterung für einen oder mehrere Töpfe auf beiden Seiten des Fensters, etwa auf einem Drittel oder auf halber Höhe, wünschenswert. Die Halterung sollte sich an einem unteren Scharnier oder Drehpunkt befinden, damit sie nach vorne oder hinten geschwenkt werden kann. Diese Klammerpflanzen leiden normalerweise unter Feuchtigkeit und sind eher schwierig zu pflegen.

Heutzutage züchten Floristen in der Regel Pflanzen, die für Fenstergärten und Winterblüher geeignet sind, und jeder intelligente Florist wird, wenn er darum gebeten wird, Freude daran haben, eine geeignete Kollektion zusammenzustellen. Die Pflanzen sollten früh im Herbst bestellt werden; Der Florist ist dann zeitlich nicht so überfüllt und kann sich besser um die Sache kümmern.

Die meisten Pflanzen, die für den Fenstergarten im Winter geeignet sind, gehören zu den Gruppen, die Floristen in ihren mittelgroßen und kühlen Häusern anbauen. Erstere erhalten eine Nachttemperatur von etwa 60°, letztere etwa 50°. In jedem Fall liegt die Temperatur tagsüber um 10 bis 15° höher. Eine Abweichung von fünf Grad unterhalb dieser Temperaturen ist ohne schädliche Auswirkungen zulässig. noch mehr können vertragen werden, aber nicht ohne die Pflanzen mehr oder weniger in Schach zu halten. Bei hellem, sonnigem Wetter kann die Tagestemperatur höher sein als bei bewölktem und dunklem Wetter.

Pflanzen für eine durchschnittliche Nachttemperatur von 60° (Handelsnamen).

Aufrecht blühende Pflanzen : Abutilons, Browallien, Calceolaria „Lincoln Park", Begonien, Bouvardien, Euphorbien, Scharlachsalbei, Richardia oder Calla, Heliotrope, Fuchsien, Chinesischer Hibiskus, Jasmin, einzelne Petunien, Swainsona, Billbergia, Freesien, Geranien, Eupheas.

Aufrechte Blattpflanzen : Muehlenbeckia, *Cycas revoluta, Dracœna fragans* und andere, Palmen, Cannas, *Farfugium grande* , Achyranthes, Farne, Araukarien, Epiphyllum, Pandanus oder „Schraubenkiefer", *Pilea arborea, Ficus elastica, Grevillea robusta* .

Kletterpflanzen : *Spargel tenuissimus, A. plumosus, Coboea scandens,* Smilax, japanischer Hopfen, Madeira-Rebe (Boussingaultia), *Senecio mikanioides* und *S. Macroglossus* (Salon-Efeu). Siehe auch Liste unten.

Niedrig wachsende, hängende oder herabhängende Pflanzen . – Diese können für Körbe und Kanten verwendet werden. Blühende Arten sind: Steinkraut, Lobelie, *Fuchsia procumbens* , Mesembryanthemum, *Oxalis pendula, O. floribunda* und andere, *Russelia juncea, Mahernia odorata* oder Honigglocke.

Blattpflanzen mit herabhängendem Wuchs . – Vincas, *Saxifraga sarmentosa* , Kenilworth-Efeu, Tradescantia oder Wanderjude, *Festuca glauca* * othonna, *Isolepsis gracilis* *, Englischer Efeu, *Selaginella denticulata* und andere. Einige dieser Pflanzen blühen recht üppig, aber die Blüten sind klein und zweitrangig. Diejenigen mit einem Sternchen * hängen nur leicht herab.

Pflanzen für eine durchschnittliche Nachttemperatur von 50°.

Aufrecht blühende Pflanzen : Azaleen, Alpenveilchen, Nelken, Chrysanthemen, Geranien, Chinesische Primeln, Stevias, Margeriten oder Pariser Gänseblümchen, einzelne Petunien, *Anthemis Coronaria* , Kamelien, Ardisien (Beeren), Ascherien, Veilchen, Hyazinthen, Narzissen, Tulpen, Ostern Lilie, wenn sie blüht, und andere.

Aufrechte Blattpflanzen : Pittosporums, Palmen, Aucuba, Euonymus (golden und silbrig bunt), Araukarien, Pandanus, Dusty Millers.

Kletterpflanzen : Englischer Efeu, Maurandia, Senecio oder Salon-Efeu, Lygodium (Kletterfarn).

Herabhängende oder hängende Pflanzen . Zu den blühenden Arten gehören: Alyssum, *Mahernia odorata* , Russelia und Efeu-Geranie.

Blumenzwiebeln im Fenstergarten.

Den ganzen Winter über blühende Blumenzwiebeln ergänzen die Liste der Zimmerpflanzen um eine bezaubernde Vielfalt. Der Arbeits-, Zeit- und Geschicklichkeitsaufwand ist viel geringer als beim Anbau vieler größerer Pflanzen, die üblicherweise für Winterdekorationen verwendet werden (Anweisungen zum Anbau von Blumenzwiebeln im Freien finden Sie auf S. 281; auch die Einträge in Kapitel VIII).

Hyazinthen, Narzissen, Tulpen, Krokusse und andere können problemlos im Winter zum Blühen gebracht werden. Befestigen Sie die Zwiebeln so, dass Sie sie bis Mitte oder Ende Oktober, besser noch früher, eintopfen können. Der Boden sollte möglichst aus sandigem Lehm bestehen; Wenn nicht, das Beste, was man bekommen kann, zu dem etwa ein Viertel der Menge Sand hinzugefügt und gründlich gemischt wird.

Wenn gewöhnliche Blumentöpfe verwendet werden sollen, legen Sie auf den Boden ein paar zerbrochene Töpfe, Holzkohle oder kleine Steine zur Entwässerung und füllen Sie dann den Topf mit Erde, so dass, wenn die Blumenzwiebeln auf der Erde stehen, die Oberseite der Blumenzwiebeln bedeckt ist ist bündig mit dem Topfrand. Füllen Sie die Blumenzwiebel rundherum mit Erde auf und lassen Sie dabei nur die Spitze der Knolle aus der Erde herausragen. Wenn der Boden schwer ist, empfiehlt es sich, eine kleine Handvoll Sand unter die Zwiebel zu streuen, um das Wasser abzuleiten, wie es auch in den Beeten im Freien der Fall ist. Wenn man keine Töpfe hat, kann man Kisten verwenden. Stärkekartons haben eine gute Größe, da sie nicht schwer zu handhaben sind; und manchmal erhält man ausgezeichnete Blumen aus Blumenzwiebeln, die in alten Tomatendosen gepflanzt sind. Bei der Verwendung von Kisten oder Dosen ist darauf zu achten, dass Löcher im Boden vorhanden sind, damit das Wasser ablaufen kann. Eine große Hyazinthenzwiebel eignet sich gut für einen 5-Zoll-Topf. Der Topf gleicher Größe reicht für drei bis vier Narzissen oder acht bis zwölf Krokusse.

Nachdem die Zwiebeln in Töpfe oder andere Gefäße gepflanzt wurden, sollten sie an einem kühlen Ort platziert werden, entweder in einer kalten Grube oder einem Keller oder auf der schattigen Seite eines Gebäudes, oder noch besser, eingetaucht oder bis zum Rand eingegraben des Topfes in einem schattigen Rand. Dies geschieht, um die Wurzeln zum Wachsen zu zwingen, während die Spitze stillsteht, da nur die Zwiebeln mit guten

Wurzeln gute Blüten hervorbringen. Wenn das Wetter so kalt wird, dass eine Kruste auf dem Boden gefriert, sollten die Töpfe mit etwas Stroh abgedeckt werden, bei kälterem Wetter muss mehr Stroh verwendet werden. Sechs bis acht Wochen nach dem Pflanzen sollten die Zwiebeln genügend Wurzeln gebildet haben, um die Pflanze wachsen zu lassen. Sie können sie dann aufheben und etwa eine Woche lang in einem kühlen Raum aufbewahren können in einen wärmeren Raum gebracht werden, wo sie viel Licht haben. Sie werden jetzt sehr schnell wachsen und viel Wasser benötigen, und nachdem sich die Blüten zu zeigen beginnen, können die Töpfe die ganze Zeit über in einer Untertasse mit Wasser stehen. Zu Beginn der Blüte können die Pflanzen zeitweise volles Sonnenlicht haben, um die Farbe der Blüten hervorzuheben.

Hyazinthen, Tulpen und Narzissen erfordern alle eine ähnliche Behandlung. Wenn sie gut durchwurzelt sind, was in sechs bis acht Wochen der Fall sein wird, werden sie herausgebracht und einer Temperatur von etwa 55° bis 60° ausgesetzt, bis die Blüten erscheinen. Dann sollten sie bei einer kühleren Temperatur, sagen wir 50°, aufbewahrt werden. Die einzelne römische Hyazinthe ist eine ausgezeichnete Zimmerpflanze. Die Blüten sind klein, aber anmutig und eignen sich gut zum Schneiden. Es ist früh.

Die Osterlilie wird auf die gleiche Weise behandelt, außer dass sie nachts bei nicht weniger als 60 °C gehalten werden sollte, um ihre Blüte zu beschleunigen. Wärmer wird besser sein. Lilienzwiebeln können bis zu 2,5 cm tief in den Töpfen stehen.

Man kann sechs oder mehr Freesien in einen Topf mit weicher Erde pflanzen und dann sofort mit dem Wachstum beginnen. Zunächst kann ihnen eine Nachttemperatur von 50° gegeben werden; und 55° bis 60°, wenn sie zu wachsen begonnen haben.

Kleine Blumenzwiebeln wie Schneeglöckchen und Krokusse werden zu mehreren oder einem Dutzend in einen Topf gepflanzt und vergraben oder wie Hyazinthen behandelt; Sie sind jedoch sehr hitzeempfindlich und benötigen erst dann Licht, wenn sie zu wachsen begonnen haben, und zwar ohne jeglichen Zwang. 40 bis 45 °C sind so warm wie nie zuvor.

Zimmerpflanzen gießen .

Es ist unmöglich, Regeln für die Bewässerung von Pflanzen aufzustellen. Die Bedingungen, die bei einem Züchter herrschen, unterscheiden sich von denen eines anderen. Ratschläge müssen allgemein sein. Geben Sie zum Zeitpunkt des Eintopfens einmal reichlich Wasser. Danach sollte kein Wasser mehr gegeben werden, bis die Pflanzen es wirklich benötigen. Wenn beim Antippen des Topfes ein klarer Klang zu hören ist, ist das ein Zeichen dafür, dass Wasser benötigt wird. Bei Weichholzpflanzen ist es an der Zeit zu gießen, kurz bevor die Blätter zu welken beginnen. Wenn Pflanzen aus dem Boden genommen werden oder ihre Wurzeln beim Umtopfen zurückgeschnitten werden, verlassen sich Gärtner nach dem ersten reichlichen Gießen darauf, die Spitzen zwei- oder dreimal am Tag abzuspritzen, bis ein neues Wurzelwachstum eingesetzt hat, und dabei gleichzeitig zu gießen Wurzeln nur, wenn unbedingt notwendig. Pflanzen, die in größere Töpfe gepflanzt wurden, wachsen ohne die besondere Aufmerksamkeit des Spritzens, aber Pflanzen aus den Rabatten, deren Wurzeln verstümmelt oder gekürzt wurden, sollten an einem kühlen, schattigen Ort platziert und häufig mit Spritzen behandelt werden. Man wird schnell mit den Bedürfnissen einzelner Pflanzen vertraut und kann den Bedarf an Wasser genau beurteilen. Alle Weichholzpflanzen mit einer großen Blattoberfläche benötigen mehr Wasser als Hartholzpflanzen, und eine üppig wachsende Pflanze jeglicher Art benötigt mehr Wasser als eine, die zurückgeschnitten oder entblättert wurde. Wenn Pflanzen in Wohnräumen gezüchtet werden, muss Feuchtigkeit aus einer Quelle zugeführt werden, und wenn keine Vorkehrungen für die Sicherstellung feuchter Luft getroffen wurden, sollten die Pflanzen häufig mit Spritzen besprüht werden.

Alle Pflanzenzüchter sollten lernen, Wasser zurückzuhalten, wenn die Pflanzen „ruhen" oder sich nicht im aktiven Wachstum befinden. So befinden sich Kamelien, Azaleen, Rex-Begonien, Palmen und viele andere Dinge im Herbst und Mittwinter normalerweise nicht in ihrer Wachstumsphase und sollten dann nur ausreichend Wasser haben, um in gutem Zustand zu bleiben. Wenn das Wachstum beginnt, Wasser auftragen; und erhöhen Sie die Wassermenge, wenn das Wachstum schneller wird.

Hängende Körbe .

Um einen guten Blumenampel zu haben, müssen sorgfältige Vorkehrungen getroffen werden, um ein zu schnelles Austrocknen der Erde zu verhindern. Daher ist es üblich, den Topf oder Korb mit Moos auszukleiden. Offene Drahtkörbe, ähnlich einem Pferdemaulkorb, werden oft mit Moos ausgekleidet und für die Pflanzenzucht verwendet. Bereiten Sie die Erde vor, indem Sie etwas gut verrotteten Blattschimmel mit reichhaltigem Gartenlehm vermischen und so eine Erde herstellen, die Feuchtigkeit speichert. Hängen Sie den Korb an einen hellen Ort, aber nicht in direktes Sonnenlicht; und wenn möglich vermeiden Sie es, es an einem Ort aufzustellen, an dem es trocknendem Wind ausgesetzt ist. Um den Korb zu bewässern, empfiehlt es sich oft, ihn in einen Eimer oder eine Wanne mit Wasser zu versenken.

Verschiedene Pflanzen eignen sich gut für Hängekörbe. Zu den herabhängenden oder rankenartigen Arten gehören Erdbeergeranie, Kenilworth-Efeu, Maurandia, Deutscher Efeu, Kanarienvogelblume,

Spargel Sprengeri , Efeu-Geranie, Hängefuchsie, Wanderjude und Othonna. Unter den aufrecht wachsenden Pflanzen, die Blüten produzieren, sind *Lobelia Erinus* , Alyssum, Petunien, Oxalis und verschiedene Geranien zu empfehlen. Unter den Blattpflanzen sind solche wie Coleus, Dusty Miller, Begonie und einige Geranien anpassungsfähig.

Aquarium .

Eine schöne Ergänzung zu einem Fenstergarten, Wohnzimmer oder Wintergarten ist eine große Glaskugel oder ein Glaskasten mit Wasser, in dem Pflanzen und Tiere leben und wachsen. Ein massiver Glastank oder eine Glaskugel ist besser als eine Box mit Glaswänden, da sie nicht ausläuft, aber die Box muss verwendet werden, wenn man ein großes Aquarium möchte. Für die meisten Menschen ist es besser, die Aquarienbox zu kaufen, als zu versuchen, sie herzustellen. Bei der Einrichtung und Pflege eines Aquariums sind fünf Punkte wichtig :

(1) Das Gleichgewicht zwischen Pflanzen- und Tierleben muss gesichert und aufrechterhalten werden;

(2) Das Aquarium muss nach oben zur Luft hin offen oder gut belüftet sein.

(3) Bei gewöhnlichen Tieren und Pflanzen sollte die Temperatur zwischen 40° und 50° gehalten werden (nicht in der vollen Sonne an einem heißen Fenster platzieren);

(4) Es ist gut, solche Tiere für das Aquarium auszuwählen, die an das Leben in stillem Wasser angepasst sind.

(5) Das Wasser muss frisch gehalten werden, entweder durch das richtige Gleichgewicht der Pflanzen- und Tierwelt oder durch häufigen Wasserwechsel oder durch beides.

Die Wasserpflanzen der Nachbarschaft können im Aquarium gehalten werden, beispielsweise Myriophyllums, Charas, Aalgras, Entenfleisch oder Lemnas, Cabomba oder Fischgras, Pfeilblätter oder Sagittaria und dergleichen; auch die Papageienfeder, die man bei Blumenhändlern kaufen kann (eine Art von Myriophyllum). Zu den Tieren zählen Fische (insbesondere Elritzen), Wasserinsekten, Kaulquappen, Muscheln und Schnecken. Wenn das richtige Gleichgewicht zwischen Pflanzen- und Tierleben gewahrt bleibt, ist es nicht notwendig, das Wasser so häufig zu wechseln.

KAPITEL VIII
DER WACHSTUM DER ZIERPFLANZEN – ANWEISUNGEN ZU BESTIMMTEN ARTEN

Im vorangehenden Kapitel werden Ratschläge gegeben, die sich auf Pflanzengruppen oder -klassen beziehen, und es werden viele Listen eingefügt, um den Züchter bei seiner Wahl zu unterstützen oder ihm zumindest vorzuschlagen, welche Arten von Dingen für bestimmte Zwecke oder Bedingungen angebaut werden können. Jetzt müssen noch Anweisungen zum Anbau bestimmter Pflanzenarten oder -arten gegeben werden.

Es ist unmöglich, in einem solchen Buch Anleitungen zu einer großen Anzahl von Pflanzen aufzunehmen. Es wird davon ausgegangen, dass der Benutzer dieses Buches bereits weiß, wie man bekannte oder leicht zu handhabende Pflanzen anbaut; Wenn er es nicht tut, wird ihm ein Buch wahrscheinlich nicht viel helfen. In diesem Kapitel werden alle einjährigen und mehrjährigen Pflanzen sowie Sträucher und Bäume weggelassen. Wenn der Leser diesbezüglich Zweifel hat oder Informationen darüber wünscht, muss er die Kataloge verantwortlicher Saat- und Gärtnereien oder zyklopädischer Werke konsultieren oder sich an eine kompetente Person wenden, um Rat einzuholen.

In diesem Kapitel sind Anweisungen zum Anbau solcher Pflanzen zusammengestellt, die häufig auf Hausgrundstücken und in Fenstergärten zu finden sind und eine besondere oder besondere Behandlung zu erfordern scheinen oder nach denen der Anfänger wahrscheinlich fragen wird; Und natürlich müssen diese Anweisungen kurz sein.

XVII. Die Pfingstrose. Eine der beständigsten Gartenblumen.

An dieser Stelle sei noch einmal gesagt, dass ein Mensch nicht erwarten kann, eine Pflanze zufriedenstellend anzubauen, bis er den natürlichen Zeitpunkt des Wachstums und der Blüte der Pflanze kennt. Viele Menschen gehen mit ihren Begonien, Kakteen und Azaleen so um, als ob sie das ganze Jahr über aktiv sein sollten. Der Schlüssel zur Situation ist Wasser: Zu welchem Zeitpunkt des Jahres man es zurückhalten und zu welchem man es anwenden sollte, ist eines der allerersten Dinge, die man lernen muss.

Abutilons oder blühende Ahornbäume, wie sie oft genannt werden, eignen sich gut als Zimmer- und Beetpflanzen. Fast jeder Hausgärtner hat mindestens eine Pflanze.

Gewöhnliche Abutilons können aus Samen oder aus jungen Holzstecklingen gezogen werden. Im ersten Fall sollte die Aussaat im Februar oder März bei einer Temperatur von mindestens 60 °C erfolgen. Die Sämlinge sollten in einen nährstoffreichen Sandboden eingetopft werden, wenn etwa vier bis sechs Blätter gewachsen sind. Um ein schnelles Wachstum zu gewährleisten und die Pflanzen groß genug zu machen, um im Herbst zu blühen, sollte häufiges Eintopfen erfolgen. Oder die Sämlinge können in die Beete gepflanzt werden, wenn die Frostgefahr vorüber ist, und im Herbst vor dem Frost ausgepflanzt werden; Diese Pflanzen blühen den ganzen Winter über.

Etwa die Hälfte der neueren Triebe sollte bei der Aufnahme abgeschnitten werden, da sie beim Anbau im Haus sehr leicht zum Austrieb neigen. Beim Anbau aus Stecklingen sollte junges Holz verwendet werden, das nach guter Durchwurzelung wie die Sämlinge behandelt werden kann.

Die Sorten mit bunten Blättern wurden verbessert, bis die Blatteffekte denen der Blüten einiger Sorten entsprechen; und diese sind eine tolle Ergänzung für den Wintergarten oder den Fenstergarten. Der typische gefleckte Blatttyp ist *A. Thompsoni* . Eine kompakte Form, die heute häufig für Beete und andere Arbeiten im Freien verwendet wird, ist *Savitzii* , bei der es sich um eine Gartenbausorte und nicht um eine eigenständige Art handelt. Der altmodische grünblättrige *A. striatum* , aus dem *A. Thompsoni* wahrscheinlich hervorgegangen ist, ist einer der besten. *A. megapotamicum* oder *vexillarium* ist eine hängende oder herabhängende Art mit roten und gelben Blüten, die sich hervorragend für Körbe eignet, obwohl man sie heutzutage nicht mehr oft sieht. Es vermehrt sich leicht durch Samen. Es gibt eine Form mit gefleckten Blättern.

Abutilons eignen sich am besten für Zimmerpflanzen, wenn sie nicht viel älter als ein Jahr sind. Sie bedürfen keiner besonderen Behandlung.

Agapanthus oder Afrikanische Lilie *(Agapanthus umbellatus* und mehrere Sorten). – Eine bekannte Wintergarten- oder Fensterpflanze mit Knollenwurzeln, die im Sommer blüht. Hervorragend geeignet für die Dekoration von Veranda und Garten.

Sie eignet sich für viele Bedingungen und erweist sich die meiste Zeit des Jahres als zufriedenstellend, da die Blätter einen grünen Bogen über dem Topf bilden und ihn bei einem gut gewachsenen Exemplar vollständig bedecken. Die Blüten stehen in großen Büscheln an Stielen, die 2 bis 3 Fuß hoch werden. Oftmals bilden sich auf einer einzelnen Pflanze bis zu zwei- oder dreihundert leuchtend blaue Blüten. Eine große, gut gewachsene Pflanze wirft zu Beginn der Saison eine Reihe von Blütenstielen aus.

Für ein freies Wachstum ist eine ausreichende Wasserversorgung und die gelegentliche Anwendung von Güllewasser unerlässlich. Die Vermehrung erfolgt durch Teilung der Ableger, die im zeitigen Frühjahr von der Hauptpflanze abgetrennt werden können. Reduzieren Sie nach der Blüte die Wassermenge schrittweise, bis Sie sie in ein frostfreies und mäßig trockenes Winterquartier stellen. Der Agapanthus ist ein Starkzehrer und sollte in festem Lehm gezüchtet werden, dem gut verrotteter Mist und etwas Sand zugesetzt werden. Im Ruhezustand halten die Wurzeln etwas Frost stand.

Alstremeria. – Die Alstremerien (mehrere Arten) gehören zur Familie der Amaryllisgewächse und sind Pflanzen mit Knollenwurzeln und Blattstielen, die im Sommer in einer Gruppe von zehn bis fünfzig kleinen, lilienförmigen Blüten in satten Farben enden.

Die meisten Alstremerien sollten in Topfkultur kultiviert werden, da sie leicht zu kultivieren sind und im Norden im Freiland nicht winterhart sind. Die Kultur ähnelt fast der der Amaryllis – ein guter, faseriger Lehm mit etwas Sand, in den die Knollen im zeitigen Frühjahr oder Spätherbst eingetopft werden. Starten Sie die Pflanzen langsam und geben Sie nur so viel Wasser, dass das Wurzelwachstum gefördert wird. aber nachdem sich das Wachstum etabliert hat, kann eine Menge Wasser gegeben werden. Nach der Blüte können sie wie Amaryllis oder Agapanthus behandelt werden. Die Wurzeln können geteilt und die alten und schwachen Teile ausgeschüttelt werden. Die Pflanzen werden 1–3 Fuß hoch. Die Blüten haben oft seltsame Farben.

Amaryllis. – Der populäre Name einer Sorte zarter Haus- oder Wintergartenzwiebeln, der jedoch nur auf die Belladonna-Lilie richtig angewendet wird. Die meisten von ihnen sind Hippeastrums, aber die Kultur ist bei allen ähnlich. Sie sind zufriedenstellende Zimmerpflanzen für die Frühlings- und Sommerblüte. Eine Schwierigkeit bei ihrer Kultur ist die Angewohnheit, dass der Blütenstiel zu wachsen beginnt, bevor die Blätter wachsen. Dies wird in den meisten Fällen durch die Stimulierung des Wurzelwachstums verursacht, bevor die Zwiebel ausreichend Ruhe hatte.

Die Zwiebeln sollten vier bis fünf Monate an einem trockenen Ort bei einer Temperatur von etwa 50° ruhen. Wenn Sie die Zwiebeln zum Blühen bringen möchten, sollten Sie beim Umtopfen den gesamten Schmutz abschütteln und sie in Erde aus faserigem Lehm und Blattschimmel eintopfen, zu der etwas Sand hinzugefügt werden sollte. Wenn der Lehmboden schwer ist, stellen Sie den Topf an einen warmen Ort. Eine verbrauchte Brutstätte ist ein guter Ort. Bei Bedarf Wasser geben, und wenn sich die Blüten entwickeln, kann Gülle gegeben werden. Wenn sich große Klumpen in 8- oder 10-Zoll-Töpfen gut etabliert haben, können sie mit neuer Erde, die verrotteten Mist enthält, bedeckt werden. Wenn das Wachstum zunimmt, kann zweimal pro Woche Flüssigdünger verabreicht werden, bis sich die Blüten öffnen. Halten Sie nach der Blüte nach und nach das Wasser zurück, bis die Blätter absterben, oder stellen Sie die Töpfe an einen sonnigen Ort ins Freie. Die beliebteste Art für Fenstergärten ist *A. Johnsoni* (eigentlich ein Hippeastrum) mit roten Blüten. Feigen. 257, 261.

Von Händlern erhaltene Blumenzwiebeln sollten in Töpfe gestellt werden, die nicht viel breiter als die Zwiebel sind, und der Hals der Zwiebel sollte nicht bedeckt sein. Bis zum Beginn des aktiven Wachstums eher trocken halten. Die reifen Zwiebeln können im Herbst als Kartoffeln gelagert und dann im Frühjahr herausgebracht werden, sobald eine von ihnen Anzeichen von Wachstum zeigt.

Anemone. – Die Windblumen sind winterharte Stauden, die leicht zu kultivieren sind, wobei eine Gruppe (die *Anemone Coronaria-*, *Fulgens-* und *Hortensis* -Formen) als Zwiebeln behandelt wird. Diese Knollenwurzelpflanzen sollten Ende September oder Anfang Oktober in einem gut bepflanzten, geschützten Beet gepflanzt werden, wobei die Knollen 3 Zoll tief und 4 bis 6 Zoll voneinander entfernt sind. Während des strengen Winterwetters sollte die Oberfläche des Beetes mit Laub oder strohigem Mist gemulcht werden, sodass der Boden im März freigelegt werden kann. Die Blüten erscheinen im April oder Mai und im Juni oder Juli sollten die Knollen aufgenommen und bis zum nächsten Herbst in trockenen Sand gelegt werden. Diese Pflanzen sind nicht so bekannt, wie sie sein sollten. Die Farbpalette ist sehr breit. Die Blüten haben oft einen Durchmesser von 2 Zoll und sind langlebig. Die Knollen können in Töpfe gepflanzt werden und den ganzen Winter über in regelmäßigen Abständen in den Wintergarten oder ins Haus gebracht werden, wo sie während der Blüte hervorragend zur Geltung kommen.

Die japanische Anemone ist eine ganz andere Pflanze als die oben genannten. Es gibt weißblühende und rotblühende Sorten. Am bekanntesten ist *A. Japonica* var. *alba* oder Honorine Jobert. Diese Art blüht von August bis November und ist zu dieser Jahreszeit die schönste Rabattenpflanze. Die reinweißen Blüten mit zitronenfarbenen Staubgefäßen stehen gut auf 2 bis 3 Fuß hohen Stielen. Die Blütenstiele sind lang und eignen sich hervorragend zum Schneiden. Diese Art kann durch Teilung der Pflanzen oder durch Samen vermehrt werden. Die erstere Methode sollte im Frühjahr angewendet werden; Letzteres, sobald die Samen im Herbst reif sind. Säen Sie die Samen in Kisten an einem warmen, geschützten Ort im Beet oder unter Glas. Das Saatgut sollte leicht mit sandhaltiger Erde bedeckt werden und darf nicht austrocknen. Es sollte auf einen gut ausgestatteten, geschützten Standort in einer Grenze geachtet werden.

Die kleinen wilden Windblumen lassen sich leicht in einem winterharten Beet ansiedeln.

Aralia , *A. Sieboldii* (eigentlich *Fatsia Japonica* und *F. papyrifera),* wie es manchmal genannt wird, und die Sorte *Variegata* mit großen, palmenähnlichen Blättern werden wegen ihres tropischen Aussehens angebaut.

Aussaat im Februar in flachen Schalen und leichtem Boden bei einer Temperatur von 65 °C. Setzen Sie die Temperatur fort. Wenn sich zwei oder drei Blätter gebildet haben, verpflanzen Sie sie in andere Schalen im Abstand von 2,5 cm. Besprühen Sie sie mit einer feinen Rose oder einem Spray; und lass nicht zu, dass sie für Wasser leiden. Übertragen Sie sie später in kleine Töpfe und topfen Sie sie um, wenn sie wachsen. In Beeten auspflanzen, sobald das Wetter warm und stabil geworden ist. Halbharte Stauden im Norden, die 3 Fuß oder mehr hoch werden; ein Strauch im Süden und in Kalifornien. Wird häufig bei subtropischen Arbeiten verwendet.

Araucaria oder Norfolk-Inselkiefer wird heute von Floristen in Töpfen als Fensterpflanze verkauft. Es gibt mehrere Arten. Bei den Gewächshausexemplaren handelt es sich um den Jungzustand von Pflanzen, die in ihren Heimatregionen zu großen Bäumen werden; Daher ist nicht zu erwarten, dass sie auf unbestimmte Zeit in Form bleiben und sich in Grenzen halten.

Die häufige Art *(A. excelsa*) bildet ein symmetrisches immergrünes Motiv. Es hält sich gut an einem kühlen Fenster oder im Sommer auf der Veranda. Schützen Sie es vor direkter Sonneneinstrahlung und lassen Sie ausreichend Platz. Wenn die Pflanze zu versagen beginnt, geben Sie sie zur Genesung zum Floristen zurück oder beschaffen Sie eine neue Pflanze.

Auricula : Eine halb winterharte Staude aus dem Stamm der Primeln *(Primula Auricula), die* in Europa sehr beliebt ist, in Amerika jedoch wegen der heißen, trockenen Sommer kaum angebaut wird.

In diesem Land werden Aurikeln gewöhnlich durch Samen vermehrt, wie bei Cineraria; aber besondere Sorten werden durch Offsets verewigt. Samen, die im Februar oder März gesät werden, sollten blühende Pflanzen für den nächsten Februar oder März ergeben. Halten Sie die Pflanzen im Sommer kühl und feucht und vor direkter Sonneneinstrahlung geschützt. Gärtner bauen sie normalerweise in Rahmen an. Im Herbst werden sie in 3-Zoll-Topf gepflanzt. oder 4 Zoll. Töpfe und zum Blühen gebracht, entweder in Rahmen wie bei Veilchen oder in einem kühlen Wintergarten oder Gewächshaus. Im April, wenn die Blüte aufgehört hat, die Pflanzen umtopfen und wie im Vorjahr behandeln. Wie bei den meisten einjährig blühenden Stauden sind die besten Ergebnisse mit einjährigen oder zweijährigen Pflanzen zu erwarten. Aurikeln werden 6–8 Zoll hoch. Farben Weiß und viele Rot- und Blautöne.

Azaleen eignen sich hervorragend als Sträucher für den Außenbereich und für Gewächshäuser und sind manchmal auch in Fenstern zu sehen. Sie werden hierzulande weniger angebaut als in Europa, vor allem wegen unserer heißen, trockenen Sommer und strengen Winter.

Es gibt zwei häufige Arten oder Klassen von Azaleen: die winterharten oder Genter Azaleen und die indischen Azaleen. Letztere sind die aus Wintergärten und Fenstergärten bekannten großblumigen Azaleen.

Genter Azaleen gedeihen im Freien entlang der Meeresküste bis in den Norden bis ins südliche Neuengland. Sie benötigen einen sandigen, torfigen Boden, werden aber wie andere Sträucher behandelt. Die großen

Blütenknospen können durch die warme Sonne im späten Winter und frühen Frühling beschädigt werden. Um diese Schäden zu vermeiden, werden die Pflanzen häufig durch Abdeckungen oder Sträucher geschützt. Im Landesinneren werden kaum Versuche unternommen, Azaleen dauerhaft im Freien zu blühen, obwohl sie bei sorgfältiger Pflege und gutem Schutz durchaus angebaut werden können.

Sowohl die Genter Azalee als auch die Indische Azalee sind ausgezeichnete Topfpflanzen für die Blüte im Spätwinter und Frühling. Die Pflanzen werden im Herbst in großen Mengen aus Europa importiert, und es ist besser, diese Pflanzen zu kaufen, als zu versuchen, sie zu vermehren. Topfen Sie sie in große Töpfe, stellen Sie sie eine Zeit lang kühl und gedeckt, bis sie sich festgesetzt haben, und stellen Sie sie dann in einen Wintergarten mit Temperaturen, in denen Nelken und Rosen gedeihen. Sie sollten in eine Erde eingetopft werden, die zur Hälfte aus Torf oder gut verrottetem Schimmel und zur Hälfte aus reichhaltigem Lehm besteht. etwas Sand hinzufügen. Fest umtopfen und auf ausreichende Drainage achten. Halten Sie rote Spinnen durch Spritzen fern.

Nach der Blüte können die Pflanzen durch Herausschneiden der vereinzelten Triebe ausgedünnt und umgetopft werden. Stellen Sie sie im Sommer in einen Rahmen oder an einen halbschattigen Ort und achten Sie darauf, dass sie gut wachsen. Das Holz sollte im Herbst gut ausgereift sein. Halten Sie die indischen oder immergrünen Arten nach dem Einsetzen des kalten Wetters halb ruhend, indem Sie sie in einen kühlen, trüb beleuchteten Keller oder eine Grube stellen und sie bei Bedarf zur Blüte einbringen. Die Gent- oder Laubbaumarten können ohne Schaden mit Frost in Berührung kommen; und sie können in einem Keller aufbewahrt werden, bis sie gebraucht werden.

Begonien sind beliebte, zarte Beet- und Zimmerpflanzen. Begonien sind neben der Geranie wohl die beliebteste Zimmerkultur der gesamten Pflanzenliste. Die einfache Kultur, die große Artenvielfalt, die üppige Blüte oder der üppige Laubreichtum sowie ihre Anpassungsfähigkeit an den Schatten machen sie sehr begehrenswert.

Begonien können in drei Abschnitte eingeteilt werden: die Klasse mit faserigen Wurzeln, zu der die im Winter blühenden, verzweigten Arten gehören; die Rex-Formen oder Fleischgeranien mit großen Zierblättern; die Knollenwurzeln, die den ganzen Sommer über blühen, die im Winter ruhenden Knollen.

Die Arten mit faserigen Wurzeln können durch Samen oder Stecklinge vermehrt werden, wobei Letzteres die übliche Methode ist. Stecklinge aus halbreifem Holz wurzeln leicht, wodurch sie schnell wachsen und die Pflanzen innerhalb weniger Monate blühen.

Der Rex-Typ hat keine Zweige und wird aus den Blättern vermehrt. Es werden die großen reifen Blätter verwendet. Das Blatt kann in Abschnitte geschnitten sein, die an der Basis eine Verbindung aus zwei Rippen aufweisen. Diese Blattstücke können wie jeder andere Steckling in den Sand gesteckt werden. Alternativ kann ein ganzes Blatt verwendet werden, indem man die Rippen in Abständen durchschneidet und das Blatt flach auf die Anzuchtbank oder einen anderen warmen, feuchten Ort legt. In kurzer Zeit bilden sich junge Pflanzen mit eigenen Wurzeln. Wenn sie groß genug sind, können sie eingetopft werden und ergeben bald gute Pflanzen (Abb. 125).

Rex-Begonien wachsen im Winter normalerweise nur wenig und sollten daher ziemlich trocken gehalten werden und es darf kein Versuch unternommen werden, sie zu drängen. Achten Sie darauf, dass die Töpfe gut entwässert sind, damit die Erde nicht sauer wird. Neue Pflanzen – solche, die etwa ein Jahr alt sind – sind normalerweise am zufriedenstellendsten. Halten Sie sie von direkter Sonneneinstrahlung fern. Vor kurzem ist eine heimtückische Krankheit der Rex-Begonienblätter aufgetreten. Die beste bisher bekannte Behandlung besteht darin, frische Pflanzen zu vermehren und dabei den alten Bestand und den Schmutz, in dem sie wachsen, wegzuwerfen.

Die Knollenwurzel-Begonien eignen sich hervorragend als Beetpflanzen für diejenigen, die ihre einfachen, aber zwingenden Anforderungen kennen. Sie sind auch gute Topfpflanzen für den Sommer.

Der Amateur sollte besser nicht versuchen, die Knollenbegonien aus Samen zu züchten. Er sollte gute zweijährige Knollen kaufen. Diese sollten zwei bis drei Jahre lang laufen können, bevor sie so alt oder so verbraucht sind, dass sie unbefriedigende Ergebnisse liefern.

Im Norden werden die Knollen im Februar oder Anfang März bei recht warmen Temperaturen in Innenräumen zur Bepflanzung gepflanzt. Sie füllen einen 5-Zoll-Topf, bevor sie in die Erde gepflanzt werden können. Sie sollten nicht ausgepflanzt werden, bis sich das Wetter vollständig beruhigt hat, da sie Frost und ungünstigen klimatischen Bedingungen nicht standhalten.

Den Pflanzen sollte ein Boden gegeben werden, der Feuchtigkeit speichert, aber dennoch gut durchlässig ist. In wasserdurchtränktem Boden gedeihen sie nicht gut. Sie sollten Halbschatten haben; In der Nähe der Nordseite eines Gebäudes ist ein guter Ort für sie. Zu viel Wasser macht sie weich und neigt dazu, zu zerfallen. Halten Sie das Laub trocken, besonders bei sonnigem Wetter; Die Bewässerung sollte von unten erfolgen.

Nach der Blüte die Zwiebeln herausnehmen, trocknen und an einem kühlen Ort überwintern lassen. Sie können in flachen Kisten in trockener Erde oder Sand verpackt werden.

Floristen teilen die Knollen manchmal kurz nach Beginn des Wachstums im Frühjahr, damit man jede Pflanze gut im Auge behalten kann; aber der Amateur würde besser die ganze Knolle verwenden, es sei denn, er möchte eine bestimmte Pflanze vermehren oder vermehren.

Wenn der Hausgärtner Knollenbegonien aus Samen ziehen möchte, muss er bereit sein, viel Geduld aufzubringen. Die Samen sind, wie bei allen Begonien, sehr klein und sollten mit großer Sorgfalt ausgesät werden. Beginnen Sie mit der Aussaat im Spätwinter. Streuen Sie sie einfach auf die Erdoberfläche, die eine Mischung aus Blattschimmel und Sand sein sollte, unter Zugabe einer kleinen Menge faserigem Lehm. Die Bewässerung sollte erfolgen, indem der Topf oder die Kiste, in die die Samen gesät werden, in Wasser gestellt wird, damit die Feuchtigkeit durch den Boden aufsteigen kann. Wenn die Erde vollständig gesättigt ist, stellen Sie die Kiste an einen schattigen Ort und bedecken Sie sie mit Glas oder einem anderen Gegenstand, bis die winzigen Sämlinge erscheinen. Lassen Sie den Boden niemals austrocknen. Die Sämlinge sollten, sobald sie gehandhabt werden können, in Kisten oder Töpfe mit der gleichen Erdmischung umgepflanzt werden, wobei jede Pflanze bis zum Samenblatt abgesetzt werden sollte. Sie benötigen drei oder vier Umpflanzungen, bevor sie das Blütestadium erreichen, und bei jeder Umpflanzung nach der ersten kann der Anteil an faserigem Lehm erhöht werden, bis der Boden jeweils zu einem Drittel aus Lehm, Sand und Blattschimmel besteht. Bei der letzten Umpflanzung kann die Zugabe von etwas gut verrottetem Mist erfolgen.

Kaktus. —Verschiedene Arten von Kakteen sind oft in kleinen Sammlungen von Zimmerpflanzen zu sehen, denen sie Interessantes und Kurioses verleihen, da sie sich von anderen Pflanzen unterscheiden.

Die meisten Kakteen sind einfach zu züchten, erfordern wenig Pflege und ertragen die Hitze und Trockenheit eines Wohnzimmers viel besser als die meisten anderen Pflanzen. Ihre Anforderungen sind ausreichend Entwässerung und offener Boden. Kakteenzüchter stellen normalerweise einen Boden her, indem sie pulverisierten Gips oder Kalkabfälle mit Gartenlehm mischen, wobei sie etwa zwei Drittel des Lehms verwenden. Die sehr feinen Teile bzw. der Staub des Putzes werden herausgeblasen, sonst besteht die Gefahr, dass der Boden zementiert. Sie können zu jeder Jahreszeit ruhen, indem Sie sie einfach zwei oder drei Monate lang an einem trockenen Ort aufbewahren und bei Bedarf an Wärme und Licht bringen. Wenn neues Wachstum voranschreitet, sollten sie gelegentlich gegossen werden, und wenn sie blühen, sollten sie reichlich gegossen werden. Halten Sie das Wasser nach der Blüte schrittweise zurück, bis sie ruhen können.

Zu den am häufigsten kultivierten Arten gehören die Phyllocactus-Arten, die oft als nachtblühender Cereus bezeichnet werden. Dabei handelt es sich nicht um die echten nachtblühenden Cereusen, die eckige oder zylindrische Stängel haben, die mit Borsten bedeckt sind, während diese flache, blattartige Zweige haben; Ihre Blüten sind jedoch den Cereus-Blüten sehr ähnlich, sie öffnen sich abends und schließen sich vor dem Morgen, und da die Phyllocacti leichter gezüchtet werden können und auf kleineren und jüngeren Pflanzen blühen, sind sie zu empfehlen.

Die echten nachtblühenden Cereusen sind Arten der Gattung Cereus. Die häufigste Art ist *C. nycticalus* , aber gelegentlich werden auch *C. grandiflorus, C. triangularis* und andere gesehen. Diese Pflanzen haben alle lange, stabförmige Stängel, die zylindrisch oder eckig sind. Diese Stängel erreichen oft eine Höhe von 10 bis 30 Fuß und brauchen Unterstützung. Sie sollten an einer Säule befestigt oder an einen Pfahl gebunden werden. Den größten Teil des Jahres über sind sie uninteressante, blattlose Gebilde; aber im Hochsommer, nachdem sie drei oder mehr Jahre alt sind, werfen sie ihre großen röhrenförmigen Blüten aus, die sich bei Einbruch der Dunkelheit öffnen und verdorren und sterben, wenn das Licht sie am nächsten Morgen trifft. Sie lassen sich sehr einfach züchten, entweder in Töpfen oder in die natürliche Erde im Wintergarten pflanzen. Die einzige besondere Pflege, die sie benötigen, ist eine gute Drainage an den Wurzeln, damit der Boden nicht durchnässt wird.

Der Epiphyllum oder Hummerkaktus oder Krabbenkaktus ist einer der besten seiner Familie und lässt sich leicht kultivieren. Am Ende jedes Gelenks trägt es bunte Blüten. Zur Blütezeit, also in den Wintermonaten, benötigt er einen nährstoffreicheren Boden als die anderen Kakteen. Ein geeigneter Boden besteht zu zwei Dritteln aus faserigem Lehm und zu einem Drittel aus Laub; Normalerweise ist es am besten, Sand oder pulverisierten Ziegelstein hinzuzufügen. Halten Sie die Pflanze im Herbst und frühen Winter eher trocken und geben Sie mehr Wasser, wenn die Pflanze blüht.

Opuntien oder Kaktusfeigen werden den ganzen Sommer über oft als Rabattenpflanzen angebaut. Tatsächlich kann die ganze Familie ausgepflanzt werden, und wenn mehrere Arten zusammen in ein Beet gepflanzt werden, sind sie eine auffällige Bereicherung für den Garten. Achten Sie sehr darauf, die Pflanzen nicht zu verletzen. Es ist besser, sie in die Töpfe zu tauchen, als sie aus den Töpfen zu stürzen.

Caladium : Knollenwurzelige, zarte mehrjährige Pflanzen, die zur Dekoration von Wintergärten und auch für subtropische und kräftige

Effekte im Rasen verwendet werden (Tafel IV). Die unter diesem Namen allgemein bekannten Pflanzen sind eigentlich Kolokasien.

Die Wurzeln sollten im Winter ruhen und in einem warmen Keller oder unter einer Gewächshausbank aufbewahrt werden, wo sie weder Frost noch Feuchtigkeit ausgesetzt sind. Die Wurzeln werden meist mit Erde bedeckt, aber trocken gehalten. Zu Beginn des Frühlings werden die Wurzeln in Kisten oder Töpfe gepflanzt und beginnen zu wachsen, so dass sie bei Einsetzen des beruhigten Wetters 1 bis 2 Fuß hoch sind und direkt in die Erde gepflanzt werden können.

Im Freien sollten sie vor starkem Wind und direkter Sonneneinstrahlung geschützt werden. Der Boden sollte nährstoffreich und tiefgründig sein und die Pflanzen sollten reichlich Wasser haben. Sie eignen sich gut für Teiche (siehe Tafel X).

Caladien eignen sich hervorragend für auffällige Effekte, insbesondere vor einem Haus, hohem Gebüsch oder einem anderen Hintergrund. Wenn sie einzeln gepflanzt werden, sollten sie in Gruppen gepflanzt werden und nicht als einzelne Exemplare verstreut, da die Wirkung besser ist. Sorgen Sie für einen guten Start, bevor Sie sie ins Freiland pflanzen. Sobald sie durch Frost abgetötet sind, graben Sie sie aus, trocknen Sie die Wurzeln von überschüssiger Feuchtigkeit ab und lagern Sie sie bis zum Ende des Winters oder Frühlings.

Calceolaria . – Die Calceolarias sind kleine Gewächshauskräuter, die manchmal im Fenstergarten verwendet werden. Für die Fenstergestaltung eignen sie sich jedoch nicht sehr gut, da sie unter trockener Atmosphäre und plötzlichen Temperaturschwankungen leiden.

Die Calceolarias werden aus Samen gezüchtet. Wenn die Samen im Frühsommer ausgesät werden und die Jungpflanzen nach Bedarf umgepflanzt werden, können blühende Exemplare für den Spätherbst und den frühen Winter gewonnen werden. Vermeiden Sie bei der Aufzucht der Jungpflanzen unbedingt die direkte Sonneneinstrahlung; aber ihnen sollte ein Ort gegeben werden, der reichlich abgeschirmtes oder gedämpftes Licht bietet. Jedes Jahr sollte eine neue Pflanzenernte angebaut werden.

Es gibt eine Gattung strauchiger Calceolarias, die hierzulande jedoch wenig bekannt ist. Bei ein oder zwei Arten handelt es sich um einjährige Pflanzen, die sich für den Anbau im offenen Garten eignen und mit ihren kleinen, an Marienschuhen erinnernden Blüten sehr attraktiv sind. Als einjährige Gartenblumen sind sie jedoch von untergeordneter Bedeutung.

Calla (eigentlich *Richardia*), ägyptische Lilie. – Die Calla ist eine der zufriedenstellendsten Zimmerpflanzen für den Winter und eignet sich für verschiedene Bedingungen.

Die Anforderungen der Calla sind nährstoffreicher Boden und viel Wasser, wobei die Wurzeln auf möglichst kleinem Raum gehalten werden müssen. Wenn ein zu großer Topf verwendet wird, wächst das Laub zu stark und geht zu Lasten der Blüten. Wenn Sie jedoch einen kleineren Topf verwenden und Gülle ausbringen, können die Blüten frei wachsen. Ein 6-Zoll-Topf ist groß genug für alles außer einer außergewöhnlich großen Zwiebel oder Knolle. Bei Bedarf können auch mehrere Knollen in einem größeren Topf zusammengezogen werden. Der Boden sollte sehr nährstoffreich, aber faserig sein – mindestens ein Drittel gut verfaulter Mist sollte nicht zu viel sein, gemischt mit gleichen Teilen faserigem Lehm und scharfem Sand. Die Knollen sollten fest gepflanzt und die Töpfe an einem kühlen Ort aufgestellt werden, damit sie Wurzeln bilden können. Nachdem die Wurzeln den Topf teilweise gefüllt haben, kann die Pflanze an einen sonnigen Standort mit reichlich Wasser gebracht werden. Durch gelegentliches Abwischen oder Waschen der Blätter werden diese von Staub befreit. Bis zum Erscheinen der Blüten ist keine weitere Behandlung erforderlich, dann kann Gülle verabreicht werden. Umso besser gedeiht die Pflanze zu diesem Zeitpunkt, wenn der Topf in einen Untersetzer mit Wasser gestellt wird. Tatsächlich wächst die Calla gut in einem Aquarium.

Die Calla kann das ganze Jahr über angebaut werden, doch wenn sie einen Teil des Sommers ruhen lässt, ist sie sowohl hinsichtlich der Blätter als auch der Blüte zufriedenstellender. Dies kann erreicht werden, indem man die Töpfe auf die Seite stellt und sie an einen trockenen, schattigen Ort unter Sträuchern stellt oder sie im Freien leicht mit Stroh oder anderer Einstreu bedeckt, damit die Wurzeln nicht extrem austrocknen. Im September oder Oktober können sie, wie bereits erwähnt, ausgeschüttelt, von der alten Erde befreit und umgetopft werden. Die Ableger können abgenommen und in kleine Töpfe gepflanzt werden, wo sie ein Jahr lang wachsen, im zweiten Jahr ruhen und im Winter blühen.

Die gefleckte Calla hat bunte Blätter und ist eine gute Pflanze für gemischte Sammlungen. Diese blüht im Frühling, was die Blütezeit der Calla verlängert. Die Behandlung ähnelt der der gewöhnlichen Calla.

Kamelien sind halbwinterharte Gehölze, die im Spätwinter und Frühling blühen. Vor Jahren waren Kamelien sehr beliebt, aber in letzter Zeit wurden sie von den informellen Blumen verdrängt. Ihre Zeit wird wieder kommen.

Halten Sie sie während der Blütezeit kühl – beispielsweise nicht über 50 °C in der Nacht und etwas höher am Tag. Wenn die Blüte beendet ist, beginnen sie zu wachsen; Geben Sie ihnen dann mehr Hitze und viel Wasser. Achten Sie darauf, dass sie bis zum Winter gut reif sind und große, pralle Blütenknospen haben. Wenn sie während ihrer Vegetationsperiode (im Sommer) vernachlässigt oder zu trocken gehalten werden, lassen sie im

Herbst ihre Knospen fallen. Der Boden für Kamelien sollte faserig und fruchtbar sein und aus verrottetem Rasen, Blattschimmel, altem Kuhmist und ausreichend Sand für eine gute Drainage bestehen. Schützen Sie sie immer vor direkter Sonneneinstrahlung. Versuchen Sie nicht, sie zu Beginn des Winters zu forcieren, nachdem das Wachstum aufgehört hat. Ihr Sommerquartier liegt möglicherweise an einem geschützten Ort im Freien.

Kamelien werden im Winter durch Stecklinge vermehrt, die in zwei Jahren blühende Pflanzen hervorbringen sollen.

Cannas gehören zu den dekorativsten und wichtigsten Pflanzen im dekorativen Gartenbau. Sie bilden schöne krautige Hecken, Gruppen, Gruppen und – wenn gewünscht – gute Mittelpflanzen für Beete. Sie werden häufig für subtropische Effekte verwendet (siehe Tafel V).

Cannas werden 3 bis 10 Fuß oder mehr hoch. Früher wurden sie vor allem wegen ihres Blattwerks geschätzt, aber seit der Einführung der französischen Sorte Crozy Dwarf mit ihren auffälligen Blüten im Jahr 1884 werden Cannas sowohl wegen ihrer Blüte als auch wegen ihrer Blattwirkung angebaut. Die Blüten dieser neuen Arten sind so groß wie die der Gladiolen und weisen verschiedene Gelb- und Rottöne sowie gebänderte und gefleckte Formen auf. Diese blühenden Arten werden etwa 3 Fuß hoch. Die älteren Formen sind höher. In beiden Abschnitten gibt es grünblättrige und dunkelkupferrotblättrige Sorten.

Die Canna kann aus Samen gezogen werden und im ersten Jahr blühen, indem man sie im Februar oder März in Kisten oder Töpfen in Gewächshäusern oder in einem warmen Haus aussät, indem man die Samen zunächst für kurze Zeit in warmem Wasser einweicht oder eine kleine Kerbe hineinfeilt die Schale jedes Samens (wobei der runde Keimpunkt vermieden wird). Es dauert zwei Jahre, um aus Samen kräftige Pflanzen der altmodischen hohen Cannas heranzuziehen. In leichtem, sandigem Boden säen, wo die Erde bis nach der Keimung bei 70° gehalten werden kann. Nachdem die Pflanzen gut gewachsen sind, verpflanzen Sie sie in einem Abstand von etwa 7,6–10 cm oder stellen Sie sie in 7,6 cm breite Töpfe in gute, nährstoffreiche Erde. Sie können jetzt bei 60° gehalten werden.

Die meisten Cannas werden jedoch aus Wurzelstücken (Rhizomen) gezogen, wobei jedes Stück eine Knospe hat. Die Wurzeln können jederzeit im Winter geteilt werden, und wenn frühe Blüten und Blätter gewünscht werden, können die Stücke Anfang April in ein Frühbeet oder ein Warmhaus gepflanzt werden, mit dem Wachstum begonnen werden und an der gewünschten Stelle ausgepflanzt werden, sobald der Boden gereift ist erwärmt und alle Frostgefahr ist vorüber. Eine Abhärtung der Pflanzen, indem man die Schärpe von den Gewächsbeeten entfernt oder die Pflanzen in flache Kisten setzt und die Kästen bis Mai an einem geschützten Ort aufstellt, nicht zu vergessen eine großzügige Wasserversorgung, sorgt dafür, dass die Pflanzen bis zum Ende gut gedeihen auspflanzen.

Wurzeln oder Anpflanzungen auspflanzen, wenn keine Frostgefahr mehr besteht. Für Masseneffekte können die Pflanzen einen Abstand von 30 bis 40 Zentimetern haben; für eine einzelne Blüte von 20 bis 24 Zoll oder mehr. Manche Gärtner pflanzen sie für Massenbeete nicht tiefer als 20 bis 24 Zoll, wenn der Boden gut und die Pflanzen stark sind. Geben Sie ihnen einen warmen, sonnigen Ort.

Die alten (Laub-)Sorten können später weggelassen werden, damit die fleischigen Wurzelstöcke reifen können. Schneiden Sie die Spitzen sofort nach dem Frost ab. Die Wurzeln liegen sicher im Boden, solange dieser nicht gefriert. Graben Sie sie aus, lassen Sie sie ein paar Tage lang trocknen oder „pökeln" und überwintern Sie sie dann wie Kartoffeln im Keller. Es ist ein häufiger Fehler, Canna-Wurzeln zu früh auszugraben.

Es wird allgemein angenommen, dass die französischen Sorten am besten haltbar sind, wenn sie im Winter etwas wachsen; aber wenn sie richtig gehandhabt werden, können sie wie die anderen übertragen werden. Schneiden Sie unmittelbar nach dem Frost die Spitzen am Boden ab. Bedecken Sie die Stümpfe mit etwas Erde und lassen Sie die Wurzeln im Boden, bis sie gut ausgereift sind. Reinigen Sie sie nach dem Graben und lassen Sie sie eine Woche oder länger an der frischen Luft und in der Sonne aushärten oder trocknen, wobei Sie sie nachts ins Haus bringen. Anschließend frostsicher an einem kühlen, trockenen Ort aufbewahren.

Nelken gehören mittlerweile zu den beliebtesten Blumen bei Floristen; Es ist jedoch nicht allgemein bekannt, dass sie problemlos im Garten angebaut werden können. Es gibt zwei Arten: die Outdoor- oder Gartensorten und die Indoor- oder Triebsorten. Normalerweise ist die Nelke eine winterharte mehrjährige Pflanze, doch die Gartenarten oder Margeriten werden meist als einjährige Pflanzen behandelt. Die Triebarten blühen nur einmal, wobei jedes Jahr neue Pflanzen aus Stecklingen herangezogen werden.

Margeritennelken blühen in dem Jahr, in dem die Samen gesät werden, und blühen mit leichtem Schutz auch im zweiten Jahr reichlich. Wenn man sie im Herbst in einen Topf pflanzt, sind sie attraktive Zimmerpflanzen. Die Samen dieser Nelken sollten im März in Kisten ausgesät werden und die Jungpflanzen so früh wie möglich in den Austrieb gebracht werden, indem man die Mitte der Pflanze ausknipst, damit sie sich frei verzweigen können. Geben Sie den gleichen Platz wie für Gartennelken.

Die winterblühenden Nelken sind bei allen Blumenliebhabern zu den Lieblingen geworden, und eine Sammlung winterlicher Zimmerpflanzen scheint ohne sie unvollständig zu sein.

Nelken wachsen leicht aus Stecklingen, die aus den Trieben bestehen, die sich um die Basis des Stängels bilden, aus den Seitentrieben des Blütenstiels oder aus den Haupttrieben, bevor sie Blütenknospen zeigen. Die besten Pflanzen ergeben in den meisten Fällen Stecklinge vom Boden. Diese Stecklinge können jederzeit im Herbst oder Winter von einer Pflanze entnommen, in Sand verwurzelt und eingetopft werden, um sie bis zur Auspflanzzeit im Frühjahr, normalerweise im April, oder jederzeit, wenn der Boden bereit ist, in Töpfen aufzubewahren zu handhaben. Es ist darauf zu achten, dass die Spitzen der jungen Pflanzen während des Wachstums im Topf und später im Boden abgeklemmt werden, damit sie stämmiger werden und entlang des Stängels neue Triebe bilden. Die jungen Pflanzen sollten kühl kultiviert werden, eine Temperatur von 45° ist für sie gut geeignet. Achten Sie darauf, die Stecklinge täglich im Haus zu besprühen, um die Rote Spinne fernzuhalten, die eine große Vorliebe für die Nelke hat.

Im Sommer werden die Pflanzen auf dem Feld gezogen und nicht in Töpfen, sondern aus der Pflanzkiste umgepflanzt. Der Boden, in den sie gepflanzt werden sollen, sollte mäßig nährstoffreich und locker sein. Der saubere Anbau sollte den ganzen Sommer über erfolgen. Kneifen Sie häufig die Spitzen ab.

Die Pflanzen werden im September aufgenommen, fest eingetopft und gut gewässert; Stellen Sie die Pflanze dann an einen kühlen, halbschattigen Ort, bis das Wurzelwachstum begonnen hat, und gießen Sie die Pflanze, wenn sie Wasserbedarf zeigt.

Die üblichen Wohnraumbedingungen in Bezug auf Feuchtigkeit und Hitze entsprechen nicht den Anforderungen der Nelke, und es muss darauf geachtet werden, die Trockenheit zu überwinden, indem man das Laub besprüht und die Pflanze an einen Ort stellt, an dem sie nicht der direkten Hitze eines Ofens oder dergleichen ausgesetzt ist Sonne. In gewerblichen Häusern ist es nicht oft notwendig, etablierte Pflanzen zu besprühen. Pflücken Sie die meisten oder alle Seitenknospen, um die Größe der Hauptblüten zu erhöhen. Letztendlich ist es in den meisten Fällen wahrscheinlich ratsam, die Pflanzen in der Blütezeit bei einem Floristen zu kaufen und sie nach der Blüte entweder wegzuwerfen oder für die Auspflanzung im Frühjahr aufzubewahren, wo sie den ganzen Sommer über blühen.

Wenn die Bedingungen stimmen, sollte der Rost kein großes Problem darstellen, wenn mit sauberem Material begonnen wurde. Halten Sie alle verrosteten Blätter fern.

Jahrhundertpflanzen oder Agaven sind beliebte Pflanzen für den Fenstergarten oder den Wintergarten, da sie wenig Pflege erfordern und langsam wachsen, sodass sie nur in großen Abständen umgetopft werden müssen. Wenn die Pflanzen ihren Nutzen als Zimmerpflanzen verloren haben, sind sie immer noch wertvoll als Dekoration für die Veranda, zum Eintauchen in Felswände oder für rustikale Ecken. Die Sorte mit den gestreiften Blättern ist am begehrtesten, aber die normale Sorte mit ihren blaugrauen Blättern ist sehr dekorativ.

Es gibt eine Reihe von Zwergagavenarten, die nicht so häufig vorkommen, sich aber problemlos züchten lassen. Solche Pflanzen verleihen einer Sammlung etwas Neues und können, wie oben erwähnt, den ganzen Sommer über verwendet oder zusammen mit Kakteen in einem Beet aus tropischen Pflanzen gepflanzt werden. Alle gelingen gut mit Lehm und Sand zu gleichen Teilen, bei den kleinen Sorten mit etwas Blattschimmel.

Die häufiger vorkommenden Arten werden durch Ausläufer rund um die Basis der etablierten Pflanzen vermehrt. Einige Arten ohne Saugnäpfe müssen aus Samen gezogen werden.

Beim Gießen ist keine besondere Pflege erforderlich. Agaven vertragen keinen Frost.

Wenn der Kopf seinen großen Stiel hochwirft und blüht, kann er erschöpft sein und sterben; aber das dürfte weit weniger als ein Jahrhundert sein. Manche Arten blühen mehr als einmal.

von Chrysanthemen , einige sind einjährige Blumengartenpflanzen, einige mehrjährige Rabattenpflanzen, und eine Form ist die universelle Pflanze für Floristen. Zu den Chrysanthemen zählen heute auch die Pyrethren.

Die einjährigen Chrysanthemen dürfen nicht mit den bekannten herbstblühenden Arten verwechselt werden, da sie eine Enttäuschung darstellen, wenn man große Blüten in allen Farben und Formen erwartet. Bei den einjährigen Pflanzen handelt es sich meist um großwüchsige Pflanzen mit üppiger Blütenpracht und einem strengen Geruch. Die Blüten sind in den meisten Fällen einzeln und nicht sehr haltbar. Sie eignen sich zum Sammeln und auch für Schnittblumen. Sie gehören zu den am einfachsten zu züchtenden, winterharten einjährigen Pflanzen. Normalerweise eignet sich für sie der steinigste Teil des Gartens. Farben weiß und gelb, die Blüten ähneln Gänseblümchen; 1-3 Fuß.

Unter den mehrjährigen Arten ist *Chrysanthemum frutescens* das bekannte Pariser Gänseblümchen oder die Margerite, eine der beliebtesten dieser Gattung. Dies ist eine gute Topfpflanze für den Fenstergarten, die den ganzen Winter und Frühling über blüht. Die Vermehrung erfolgt meist durch Stecklinge, die, wenn man sie im Frühjahr pflückt, große, blühende Pflanzen für den nächsten Winter hervorbringen. Nach und nach in größere Töpfe oder Kisten umpflanzen, bis die Pflanzen schließlich in 6-Zoll- oder 8-Zoll-Töpfen oder in kleinen Seifenkisten stehen. Es gibt eine schöne Sorte mit gelben Blüten. Das Margeriten-Gänseblümchen wird in Kalifornien häufig im Freien angebaut.

Bei den winterharten Staudenarten handelt es sich um kleinblumige, spät blühende Pflanzen, die vielen alten Menschen als „Artemisias" bekannt sind. Sie wurden in den letzten Jahren verbessert und sind sehr zufriedenstellende Pflanzen für eine einfache Kultur. Die Pflanzen sollten alle ein bis zwei Jahre durch Aussaat erneuert werden.

Die Blumenchrysantheme ist aufgrund ihrer Vielfalt an Formen und Farben sowie der Größe ihrer Blüten eine der schönsten Pflanzen überhaupt. Es handelt sich um eine Spätherbstblume, die nur wenig künstliche Hitze benötigt, um ihre Vollkommenheit zu entfalten. Die großartigen Blüten der Ausstellungen entstehen dadurch, dass man einer Pflanze nur eine Blüte anbaut und die Pflanze kräftig düngt. Für den Amateur ist es kaum möglich, solche Einzelblumen zu züchten, wie es der professionelle Florist oder Gärtner tut; es ist auch nicht notwendig. Eine gut gewachsene Pflanze mit vierzehn bis zwanzig Blüten ist als Fensterpflanze weitaus zufriedenstellender als ein langer, steifer Stamm mit nur einer riesigen Blüte an der Spitze. Die Kultur ist einfacher, viel einfacher als die vieler Pflanzen, die üblicherweise zur Dekoration von Häusern angebaut werden. Obwohl die Blütezeit kurz ist, lohnt sich die Freude, im Herbst eine Blumenpracht zu haben, bevor sich die Geranien, Begonien und andere Zimmerpflanzen von der Entfernung aus dem Freien erholt haben, für alle Mühen. Sehr gute Pflanzen können unter einer temporären Schuppenabdeckung gezüchtet werden, wie in Abb. 268 gezeigt. Das Dach muss nicht unbedingt aus Glas sein. Unter einer solchen Abdeckung können auch blühende Topfpflanzen zum Schutz aufgestellt werden, wenn das Wetter zu kalt wird.

Stecklinge, die im März oder April geerntet, im Mai ins Beet gepflanzt, den ganzen Sommer über gut gepflegt und vor dem Frost im September ausgepflückt werden, blühen im Oktober oder November. Der Boden, auf dem die Pflanzen blühen sollen, sollte mäßig nahrhaft und feucht sein. Die Pflanzen können an Pfähle gebunden werden. Wenn die Knospen sichtbar sind, sollten alle bis auf die mittlere von jedem Büschel an den Vordertrieben abgepflückt werden, ebenso wie die kleinen Seitenzweige. Eine so behandelte, sparsame, buschige Pflanze wird in der Regel Blüten haben, die groß genug sind, um den Charakter der Sorte zu zeigen, und auch ausreichend viele, um eine schöne Präsentation zu ermöglichen.

Nach der Blüte werden die Pflanzen vom Beet abgehoben. Was den Behälter betrifft, in den man sie steckt, muss es kein Blumentopf sein. Ein Eimer oder eine Seifenkiste mit Löchern für die Entwässerung passt ebenso gut zu der Pflanze, und wenn man die Kiste mit Stoff oder Papier abdeckt, wird man den Unterschied nicht bemerken.

Wenn keine Stecklinge vorhanden sind, können junge Pflanzen beim Floristen gekauft und wie beschrieben behandelt werden. Kaufen Sie sie im Hochsommer oder früher.

Es ist am besten, nicht zu versuchen, die gleiche Pflanze zwei Saisons lang zum Blühen zu bringen. Nachdem die Pflanze geblüht hat, kann die Oberseite abgeschnitten und die Kiste in einen Keller gestellt und mäßig trocken gehalten werden. Stellen Sie die Pflanze im Februar oder März ans Wohnzimmerfenster und lassen Sie die Triebe an der Wurzel beginnen. Diese Triebe werden als Stecklinge verwendet, um Pflanzen für die Herbstblüte zu züchten.

Cineraria ist ein empfindliches Gewächshausgewächs, kann aber auch als Zimmerpflanze angebaut werden, obwohl die für die besten Ergebnisse erforderlichen Bedingungen außerhalb eines Gewächshauses nur schwer zu gewährleisten sind.

Die Bedingungen für Cinerarien sind kühle Temperaturen, häufiges Umtopfen und Schutz vor Angriffen der Blattlaus. Letzteres ist vielleicht das Schwierigste, und da man keine Möglichkeit zum Begasen hat, wird es fast unmöglich sein, diese Schwierigkeit zu verhindern. Ein Wohnzimmer hat normalerweise zu trockene Luft für Aschenarien.

Der sehr kleine Samen sollte im August oder September ausgesät werden, damit die Pflanzen im Januar oder Februar blühen. Säen Sie die Samen auf die Oberfläche feiner Erde und gießen Sie sie leicht, damit sich die Samen in der Erde festsetzen. Ein Stück Glas oder ein feuchtes Tuch kann über den Topf oder die Kiste, in die die Samen gesät werden, ausgebreitet werden, damit es dort bleibt, bis die Samen aufgegangen sind. Halten Sie den Boden immer feucht, aber nicht nass. Wenn die Sämlinge groß genug zum Umtopfen sind, sollten sie einzeln in 2- oder 3-Zoll-Töpfe eingetopft werden. Bevor die Pflanzen topfgebunden sind, sollten sie noch einmal in größere Töpfe umgetopft werden, bis sie in mindestens 15 cm großen Töpfen zum Blühen stehen.

Während dieser Zeit sollten sie kühl stehen und, falls eine Begasung mit Tabak nicht möglich ist, die Töpfe auf Tabakstielen stehen, die immer feucht sein sollten. Um buschige Pflanzen zu erhalten, besteht die allgemeine Praxis darin, die Mitte herauszuklemmen, wenn die Blütenknospen sichtbar werden, wodurch die seitlichen Zweige entstehen, was langsam geschieht, wenn man den zentralen Stiel wachsen lässt. Pflanzen blühen nur einmal.

Clematis : Eine der besten verholzenden Kletterpflanzen wie *C. Flammula, Virginiana, Paniculata* und andere, die häufig zur Abdeckung von Trennwänden oder Zäunen verwendet wird, Jahr für Jahr ohne jegliche Pflege wächst und Unmengen an Blüten hervorbringt. *C. paniculata* wird mittlerweile sehr extensiv gepflanzt. Die sternförmigen Blütenrispen bedecken die Rebe vollständig und verströmen einen angenehmen Duft. Es handelt sich um eine der besten herbstblühenden Reben und ist im Norden winterhart; Hält gut an einem Maschendrahtspalier.

Der großblumige Abschnitt, von dem Jackmani vielleicht der bekannteste ist, ist bei Säulen- oder Verandakletterern sehr beliebt. Die Blüten dieses Abschnitts sind groß und auffällig und reichen von reinem Weiß über Blau bis Scharlach. Ein brauchbares Lila dieser Klasse ist Jackmani; weiß, Henryi (Abb. 266); blau, Ramona; Purpur, Madame E. André.

Ein tiefgründiger, weicher, fruchtbarer Boden, der von Natur aus feucht ist, wird den Ansprüchen von Clematis gerecht. In trockenen Zeiten reichlich gießen, insbesondere bei großblumigen Sorten. Sorgen Sie auch für Spaliere oder andere Stützen, sobald sie zu laufen beginnen. Clematis blüht normalerweise am Holz der Saison: Beschneiden Sie sie daher im Winter oder frühen Frühling, um kräftige neue Blütentriebe zu gewährleisten. Die großblumigen Sorten sollten jedes Jahr bis auf den Boden zurückgeschnitten werden; Einige andere Arten können ähnlich behandelt werden, es sei denn, sie werden für dauerhafte Lauben benötigt.

Bei der Clematiswurzelkrankheit handelt es sich um die Zerstörung durch einen Nematoden oder Aalwurm. In Böden, die völlig gefroren sind, ist es selten problematisch, und das ist möglicherweise der Grund, warum es so oft versagt, wenn es an Gebäuden gepflanzt wird.

Coleus : Die häufigste „Blattpflanze“ in Fenstergärten. Früher wurde sie sehr häufig für Zierbeete und Zierbänder verwendet, aber aufgrund ihrer Zartheit hat sie an Beliebtheit verloren, und ihr Platz wird weitgehend von anderen Pflanzen eingenommen.

Coleus lässt sich am einfachsten durch Stecklinge oder Stecklinge züchten. Nehmen Sie Stecklinge nur von kräftigen und gesunden Pflanzen. Es kann auch aus Samen gezogen werden, obwohl die Arten nicht festgelegt sind und eine große Anzahl unterschiedlich markierter Pflanzen aus derselben Packung stammen kann. Dies wäre im Fenstergarten kein Nachteil, es sei denn, eine gleichmäßige Wirkung wird gewünscht; Tatsächlich werden die besten Ergebnisse oft mit Samen erzielt. Säen Sie die Samen im März bei milder Hitze aus.

Züchten Sie jedes Jahr neue Pflanzen und werfen Sie die alten weg.

Krokusse (siehe *Blumenzwiebeln*). – Krokusse sind eine der besten Frühlingszwiebeln, lassen sich leicht züchten und erfreuen sich sowohl im Beet als auch im Rasen verstreut gut. Sie werden auch zum Überwintern gezwungen (siehe S. 345). Sie sind so günstig und langlebig, dass sie in großen Mengen verwendet werden können. Ein Rand aus Krokussen entlang der

Wegränder, kleine Gruppen davon im Rasen oder Massen in einem Beet sorgen für den ersten Farbtupfer, wenn der Frühling beginnt.

Ein sandiger Boden passt hervorragend zum Krokus. Pflanzen Sie im Herbst im Freien, 3 bis 4 Zoll tief. Wenn sie Anzeichen eines Ausfalls zeigen, greifen Sie zu den Glühbirnen und setzen Sie sie zurück. Sie neigen dazu, aus dem Boden zu ragen, weil sich die neue Knolle oder Knolle oben auf der alten bildet. In zwei bis drei Jahren sind sie auf Rasenflächen erschöpft. Wenn Sie optimale Ergebnisse erzielen möchten, empfiehlt es sich, das Beet gelegentlich durch den Kauf neuer Glühbirnen zu erneuern. Krokusbeete können später in der Saison mit schnell wachsenden einjährigen Pflanzen gefüllt werden. Es ist wichtig, nur die besten Blumenzwiebeln zu sichern.

Sie lassen sich leicht pflügen, in Töpfe oder flache Kisten pflanzen, an einem kühlen Ort aufbewahren und den ganzen Winter über jederzeit ins Haus bringen. Bei niedrigen Temperaturen blühen sie etwa vier Wochen nach der Einbringung in Vollkommenheit. Sie können auf diese Weise im Fenstergarten genossen werden, der in der Sonne geöffnet ist.

Croton . – Unter diesem Namen werden viele Sorten und sogenannte Arten von Codiæum zur Dekoration von Wintergärten und neuerdings auch als Laubbeet im Freien angebaut. Die Farben und Formen der Blätter sind sehr vielfältig und attraktiv. Die Crotons eignen sich gut für den Fenstergarten, sind jedoch sehr anfällig für den Befall mit der Wollläuse.

Den Pflanzen sollte viel Licht gegeben werden, um ihre schönen Farben zur Geltung zu bringen; Beim Anbau unter Glas empfiehlt es sich jedoch, sie vor direkter Sonneneinstrahlung zu schützen. Wenn die Rote Spinne oder die Wollläuse sie angreifen, können sie mit Tabakwasser bespritzt werden. Pflanzen, die im Winter in Innenräumen vermehrt werden, können im Sommer in Massen in Beeten im Freien gepflanzt werden, wo sie sehr auffällige Effekte erzielen. Geben Sie ihnen kräftigen, tiefen Boden und stellen Sie sicher, dass sie häufig genug auf die Unterseite der Blätter gespritzt werden, um die rote Spinne fernzuhalten. Wenn die Pflanzen nach und nach starkem Licht ausgesetzt werden, bevor sie ins Freie gebracht werden, vertragen sie das volle Sonnenlicht und entwickeln ihre satten Farben perfekt. Im Herbst können sie hochgehoben, zurückgeschnitten und für Fenster- oder Wintergartenmotive verwendet werden.

Crotons sind Sträucher oder kleine Bäume und können in große Töpfe oder Wannen überführt und zu großen baumähnlichen Exemplaren herangezogen werden. Alte und dürre Exemplare sollten weggeworfen werden.

Crotons vermehren sich jederzeit im Winter oder Frühling leicht durch Stecklinge von halbreifem Holz.

Alpenveilchen : Eine zarte Gewächshaus-Knollenpflanze, die manchmal im Fenstergarten zu sehen ist. Das persische Alpenveilchen eignet sich am besten für den Hausgärtner.

Alpenveilchen können aus Samen gezüchtet werden, die im April oder September in Erde gesät werden, die einen großen Anteil an Sand und Blattschimmel enthält. Bei einer Aussaat im September sollten sie in einem Kühlhaus überwintert werden. Im Mai sollten sie in größere Töpfe umgetopft und in einen schattigen Rahmen gestellt werden. Bis Juli sind sie dann groß genug für ihren Blühtopf, der entweder 5 oder 6 Zoll groß sein sollte. Sie sollten vor Frostgefahr ins Haus gebracht und bis zur Blüte kühl gehalten werden. Während der Blüte ist eine Temperatur von 55 °C für sie geeignet. Nach der Blüte benötigen sie eine kurze Ruhepause, dürfen aber nicht zu stark austrocknen, da sonst die Zwiebel beschädigt wird. Wenn sie zu wachsen beginnen, sollte die alte Erde abgeschüttelt und in kleinere Töpfe umgetopft werden. Zu keinem Zeitpunkt sollte mehr als die Hälfte der Knolle unter der Erde liegen.

Im April gesäte Pflanzen sollten auf die gleiche Weise behandelt werden. Alpenveilchen sollten etwa fünfzehn Monate nach der Aussaat blühen. Der Samen keimt sehr langsam.

Knollen, die groß genug sind, um im ersten Jahr zu blühen, können zu moderaten Preisen beim Samenhändler erworben werden; Und wenn man nicht die Möglichkeit hat, die Setzlinge ein Jahr lang wachsen zu lassen, ist der Kauf der Knollen die beste Zufriedenheit. Besorgen Sie sich neue Knollen, denn alte sind nicht mehr so gut.

Der für das Alpenveilchen am besten geeignete Boden besteht aus zwei Teilen Blattschimmel, je einem Teil Sand und Lehm.

Dahlie ist eine alte Favoritin, die wegen ihrer formellen Blüten seit einigen Jahren in Ungnade fällt, obwohl sie in den ländlichen Gebieten schon immer einen festen Platz eingenommen hat. Mit dem Aufkommen der Kakteen- und Halbkaktusarten (bzw. lockerblühenden Formen) und der Verbesserung der Einzelkakteen hat sie jedoch wieder einen Spitzenplatz unter den Spätsommerblumen eingenommen und liegt knapp vor der Chrysantheme .

XVIII. Kornblumen- oder Junggesellenknopf. *Centaurea Cyanus* .

Die Einzelsorten können aus Samen gezogen werden, die Doppelsorten sollten jedoch aus Stecklingen junger Stängel oder durch Teilung der Wurzeln gezogen werden. Wenn Stecklinge gemacht werden sollen, ist es notwendig, die Wurzelbildung frühzeitig vorzunehmen, entweder in einem Gewächshaus oder im Haus. Wenn die Auswüchse eine Größe von 10 bis 12 cm erreicht haben, können sie von der Pflanze abgeschnitten und im Sand verwurzelt werden. Es ist darauf zu achten, dass der Schnitt direkt unterhalb einer Verbindungsstelle erfolgt, da sich bei einem Schnitt zwischen zwei Verbindungsstellen keine Knollen bilden. Die schnellste Methode zur

Vermehrung benannter Sorten besteht darin, auf diese Weise aus Stecklingen zu wachsen.

Beim Züchten der Pflanzen aus Wurzeln ist es am besten, die gesamte Wurzel leicht zu bedecken und in sanfte Hitze zu legen. Wenn das junge Wachstum begonnen hat, können die Wurzeln aufgenommen, geteilt und in einem Abstand von 3 bis 4 Fuß ausgepflanzt werden. Dieser Plan sichert eine Pflanze aus jedem Wurzelstück. Wenn die Wurzeln jedoch im ruhenden Zustand geteilt werden, besteht die Gefahr, dass am Ende jedes Wurzelstücks keine Knospe entsteht und in diesem Fall kein Wachstum beginnt. Allerdings werden die Wurzeln manchmal im Ruhezustand in Stücke geschnitten, man sollte jedoch darauf achten, dass sich auf jedem Stück ein Stück alter Stängel mit Knospe befindet.

Ein Einwand gegen die alte Dahlie war ihre späte Blüte. Wenn Sie die Wurzeln jedoch früh in einem Rahmen oder in Kisten ansetzen, die nachts abgedeckt sind, können die Pflanzen mehrere Wochen früher als gewöhnlich blühen. Sie können im April oder mindestens drei Wochen vor der Pflanzzeit beginnen. Bis zum Start wird nur wenig Wasser benötigt. Wenn sie anfangen zu schießen, sollten die Pflanzen an allen milden Tagen die volle Sonne und Luft haben. Sie wachsen dann langsam und kräftig. Jeglicher Zwang sollte vermieden werden. Wenn diese Pflanzen gepflanzt werden, wenn keine Frostgefahr mehr besteht, und gut bewässert werden, bevor sie die Wurzeln vollständig bedecken, wachsen sie sofort weiter und beginnen oft im Juli zu blühen.

Ruhende Wurzeln können im Mai gepflanzt werden. Die Wurzeln sollten, sofern sie nicht klein sind, vor dem Pflanzen geteilt werden, da eine einzelne starke Wurzel normalerweise besser ist als ein ganzer Klumpen. Die Wurzeln aller Pflanzen außer dem Zwerg sollten etwa einen Meter voneinander entfernt in Reihen angeordnet sein. Auf kargen Böden sind nur Pfähle der ersten Klasse erforderlich.

Die Dahlie gedeiht am besten in einem tiefen, lockeren und feuchten Boden; Auf sandigem Boden können sehr gute Ergebnisse erzielt werden, sofern für Pflanzennahrung und Feuchtigkeit gesorgt ist. Lehm sollte vermieden werden. Ist der Boden zu stark, blühen sie für die nördlichen Breiten wahrscheinlich zu spät.

Wenn die Pflanzen ohne Pfähle wachsen sollen, sollte die Mitte jeder Pflanze nach der Herstellung von zwei oder drei Verbindungen herausgedrückt werden. Dadurch beginnen die Seitenäste in Bodennähe und sind steif genug, um den Winden standzuhalten. In den meisten Hausgärten dürfen die Pflanzen ihre volle Höhe erreichen und werden bei Bedarf an Pfähle gebunden. Die hohen Arten erreichen eine Höhe von 5 bis 8 Fuß.

Dahlien sind sehr frostempfindlich. Nach dem ersten Frost heben Sie die Wurzeln heraus, lassen Sie sie in der Sonne trocknen, schütteln Sie den Schmutz ab, schneiden Sie Spitzen und abgebrochene Teile ab und lagern Sie sie wie bei Kartoffeln im Keller. Sie können in Sandfässern platziert werden, wenn der offene Keller nicht nutzbar ist. Cannas können am selben Ort gelagert werden.

Die Baumdahlie (*D. excelsa* , aber kultiviert als *D. arborea*) wird mehr oder weniger weit im Süden und in Kalifornien angebaut. Es wurde nicht viel verbessert.

Farne : Die einheimischen Farne lassen sich leicht in den Garten verpflanzen und sind eine attraktive Ergänzung an der Seite eines Hauses oder als Beimischung in einer winterharten Rabattenpflanze. Der Strauß, der Zimt und der Königsfarn sind die besten Motive. Geben Sie allen Freilandfarnen einen windgeschützten Platz, sonst schrumpfen sie und sterben möglicherweise ab. Schützen Sie sie vor der heißen Sonne oder stellen Sie sie auf die Schattenseite des Gebäudes. Achten Sie darauf, dass der Boden gleichmäßig feucht ist und nicht zu heiß wird. Im Herbst mit Blattschimmel mulchen. Es ist nicht schwierig, viele der einheimischen Farne an schattigen und geschützten Orten anzusiedeln, wo die Bäume dem Boden nicht die ganze Kraft entziehen.

Der wohl am häufigsten als Zimmerpflanze angebaute Farn ist der kleinblättrige Frauenhaarfarn (oder *Adiantum gracillimum*). Diese und andere Arten gehören zu den schönsten Zimmerpflanzen, wenn ausreichend Feuchtigkeit zugeführt werden kann. Sie sind schöne Exemplare und dienen auch als Grünpflanze für Schnittblumen. Andere Arten, die häufig als Zimmerpflanzen angebaut werden, sind *A. cuneatum* und *A. Capillus-Veneris.* All dies gedeiht gut in einer Mischung aus faseriger Grasnarbe, Lehm und Sand mit reichlich Drainagematerial. Sie können geteilt werden, wenn eine Erhöhung gewünscht wird.

Ein weiterer Farn für die Zimmerkultur ist *Nephrolepsis exaltata* . Dies ist zweifellos die am einfachsten zu züchtende Pflanze auf der Liste, die im Wohnzimmer gedeiht. Eine Sorte von *N. exaltata* , genannt Boston-Farn, ist eine entschiedene Ergänzung zu dieser Gruppe. Sie hat einen herabhängenden Wuchs, bedeckt den Topf und bildet eine schöne Stand- oder Konsolenpflanze. und es gibt jetzt mehrere andere Formen davon, die für die besten Fenstergärten geeignet sind.

Einige Pteris-Arten, insbesondere *P. serrulata* , sind wertvolle Zimmerfarne, benötigen aber einen wärmeren Standort als die oben genannten. Sie gedeihen auch besser in einer schattigen oder schlecht beleuchteten Ecke.

Eine perfekte Entwässerung und eine sorgfältige Bewässerung sind für das erfolgreiche Wachstum von Farnen wichtiger als eine spezielle Bodenmischung. Wenn das Drainagematerial im Topf- oder Kastenboden ausreichend ist, ist die Gefahr einer Überwässerung gering; aber durchnässter Boden ist immer zu vermeiden. Verwenden Sie keine Lehmböden. Farne brauchen Schutz vor direkter Sonneneinstrahlung und eine feuchte Atmosphäre. Sie gedeihen gut in einem geschlossenen Glaskasten oder Fenstergarten, wenn die Bedingungen gleichmäßig gehalten werden können.

Freesie . – Eine der besten und am einfachsten zu handhabenden zarten winterblühenden Blumenzwiebeln; Höhe 12 oder 15 Zoll. Die weiße Form *(Freesia refracta alba*) ist die beste.

Die weißen oder gelblichen glockenförmigen Blüten der Freesie wachsen an schlanken Stielen direkt über dem Blattwerk, in einer Anzahl von sechs bis acht in einem Büschel. Sie duften sehr stark und halten nach der Ernte eine ganze Weile. Die Zwiebeln sind klein und sehen aus, als könnten sie kein Blatt- und Blütenwachstum hervorbringen, aber selbst die kleinste reife Zwiebel reicht aus. Mehrere Blumenzwiebeln sollten zusammen in einen Topf, eine Kiste oder eine Pfanne gepflanzt werden, und zwar im Oktober, wenn dies für die Feiertage gewünscht ist, oder später, wenn dies zu Ostern gewünscht ist. Bei normaler Pflege blühen die Pflanzen zehn bis zwölf Wochen nach der Pflanzung.

Es ist keine besondere Behandlung erforderlich; Halten Sie die Pflanzen während der Vegetationsperiode kühl und feucht. Der Boden sollte etwas Sand und faserigen Lehm enthalten und der Topf sollte gut entwässert sein. Halten Sie nach der Blüte nach und nach das Wasser zurück, damit die Spitzen absterben. Danach können die Wurzeln ausgeschüttelt und ruhen gelassen werden, bis sie im Herbst gepflanzt werden können. Es ist darauf zu achten, dass sie vollkommen trocken bleiben.

Die Zwiebeln vermehren sich durch Absätze schnell. Pflanzen können auch aus Samen gezogen werden, die ausgesät werden sollten, sobald sie reif sind, damit die Pflanzen im zweiten oder dritten Jahr blühen.

Fuchsie . – Bekannter Fenster- oder Gewächshausstrauch, der als krautiges Thema behandelt wird; viele interessante Formen; Spätwinter, Frühling und Sommer.

Fuchsien lassen sich leicht aus Stecklingen züchten. Für die Stecklinge sollte weiches, grünes Holz verwendet werden, das in etwa drei Wochen Wurzeln schlägt, bevor die Stecklinge eingetopft werden. Achten Sie darauf, sie während des Wachstums nicht in den Topf zu binden, aber übertopfen Sie sie nicht, wenn die Blüte erwünscht ist. Bei Wärme und gutem Boden bilden sie in höchstens drei Monaten hervorragende Pflanzen. An gut geschützten, halbschattigen Standorten können sie ausgepflanzt werden und wachsen im Herbst zu Miniatursträuchern heran.

Pflanzen können von Jahr zu Jahr belassen werden; Und wenn die Zweige nach der Blüte gut zurückgeschnitten werden, kommt es zu reichlich neuer Blüte. Allerdings ist es in der Regel am besten, jedes Jahr neue Pflanzen aus Stecklingen zu züchten, da junge Pflanzen meist am üppigsten blühen und weniger Pflege erfordern. Fuchsien gehören zu den schönsten Fenstermotiven.

Geranien : Was allgemein als Geranien bekannt ist, sind streng genommen Pelargonien. (Siehe *Pelargonie* .)

Echte Geranien sind meist winterharte Stauden und sollten daher nicht mit den zarten Pelargonien verwechselt werden. Geranien verdienen einen Platz im Beet. Sie können zu Beginn des Frühlings umgepflanzt werden, wobei ein Abstand von 2 Fuß eingehalten werden muss. Höhe 10 bis 12 Zoll. Der Wilde Storchschnabel *(Geranium maculatum*) gedeiht in Kultur besser und ist eine attraktive Pflanze, wenn er vor höherem Laub steht.

Gladiole : Von den im Sommer und Herbst blühenden Zwiebelpflanzen ist die Gladiole wahrscheinlich die beliebteste. Die Farben reichen von Scharlach und Lila bis hin zu Weiß, Rosa und reinem Gelb. Die Pflanzen haben einen schlanken, aufrechten Wuchs und werden 2 bis 3 Fuß hoch.

Gladiolen mögen keinen schweren Lehmboden. Am besten eignet sich für sie ein leichter Lehm- oder Sandboden. In dem Jahr, in dem sie angebaut werden, sollte dem Boden kein frischer Dünger zugesetzt werden. Sie sollten nach Möglichkeit jedes Jahr einen neuen Standort und immer einen offenen, sonnigen Standort haben.

Die Knollen können in schweren Böden bis zu einer Tiefe von 2 Zoll und in leichten Böden bis zu einer Tiefe von 4 bis 6 Zoll bedeckt sein. Sie können 20 bis 25 Zentimeter voneinander entfernt sein, bei Masseneffekten auch die Hälfte dieses Abstands. Für eine Nachfolge können sie in kurzen Abständen gepflanzt werden, wobei die früheste Pflanzung kleinerer Knollen im zeitigen Frühjahr erfolgt, sobald der Boden trocken genug ist, um zu arbeiten; später sollen die größeren gepflanzt werden – die letzte Pflanzung erfolgt spätestens am 4. Juli. Diese letzte Bepflanzung wird schöne späte Blüten hervorbringen. Die Pflanzen sollten durch unauffällige Pfähle gestützt werden.

Die aufeinanderfolgenden Pflanzungen können im selben Beet wie die zuvor angelegten Pflanzungen erfolgen oder in unbesetzten Ecken oder Teilen der Grenze gruppiert werden. Die Pflanzen können bis zu 15 cm voneinander entfernt stehen. Die frühere Pflanzung kann einen Fuß voneinander entfernt sein, um spätere Pflanzungen dazwischen zu ermöglichen.

Spät im Herbst, nach dem Frost und vor dem Gefrieren, müssen die Knollen ausgegraben, gereinigt und einige Stunden lang in der Sonne und an der Luft getrocknet und dann in etwa 5 cm tiefen Kisten an einem kühlen, dunklen Ort gelagert werden , und trockener Ort. Die Spitzen sollten dran bleiben, zumindest bis sie vollständig geschrumpft sind. Die Sorten werden durch die kleinen Knollen verewigt und vermehrt, die an der Basis der großen neuen Knolle erscheinen, die jedes Jahr gebildet wird. Diese kleinen Knollen können im Frühjahr abgetrennt und dicht in Drillmaschinen gesät werden. Viele von ihnen werden in der zweiten Saison blühende Pflanzen hervorbringen. Im Herbst werden sie wie die großen Knollen behandelt.

Gladiolen lassen sich auch leicht aus Samen züchten, aber man kann sich nicht darauf verlassen, dass diese Methode die erwünschten Sorten aufrechterhält, die nur durch die Knollen vermehrt werden können. Einige der besten Blumen können kreuzbestäubt werden oder man lässt sie auf die übliche Weise Samen bilden; Der Samen wird dicht in Drillmaschinen gesät und beschattet, bis die Pflänzchen erscheinen. Anschließend wird er sorgfältig kultiviert und liefert im Herbst eine Ernte kleiner Knollen. Diese können wie die anderen jungen Knollen für den Winter gelagert werden, und wie diese blühen viele in der zweiten Saison, was eine große Vielfalt und höchstwahrscheinlich einige neue und auffällige Sorten ergibt. Diejenigen, die nicht blühen, sollten für weitere Versuche reserviert werden. Sie erweisen sich oft als schöner als diejenigen, die zuerst blühen.

Frühblühende Gladiolensorten können für die späte Winter- oder Frühlingsblüte gezwungen werden.

Schneiden Sie bei Blumensträußen die Ähre ab, wenn sich die unteren Blüten öffnen. In frischem Wasser aufbewahren, das Ende des Stiels häufig abschneiden, damit sich die anderen Blüten ausdehnen.

Gloxinia . – Ausgewählte, im Frühling und Sommer blühende Stauden mit Knollenwurzeln im Gewächshaus, dic man manchmal in Fenstergärten sieht, aber wirklich nicht an sie angepasst ist, obwohl einige geschickte Hausgärtner sie erfolgreich anbauen.

Gloxinien müssen eine gleichmäßig feuchte und warme Atmosphäre sowie Schutz vor der Sonne haben. Sie ertragen keinen Missbrauch oder unterschiedliche Bedingungen. Wird häufig durch Blattstecklinge vermehrt, die in einem Jahr blühende Pflanzen hervorbringen sollten. Aus dem Blatt, das zur Hälfte in die Erde gesteckt wird (manchmal auch nur mit dem Blattstiel), entsteht eine Knolle. Nachdem diese Knolle bis zur Wintermitte oder später geruht hat, wird sie gepflanzt und es entstehen bald blühende Pflanzen.

Gloxinien wachsen auch gut aus Samen, die bei einer Temperatur von etwa 70° zum Keimen gebracht werden können. Blühende Pflanzen sind im August möglich, wenn die Samen im Spätwinter, beispielsweise Anfang Februar, ausgesät werden. Dies ist die übliche Methode. Nach der Blüte wird die Knolle teilweise abgetrocknet und bis zur nächsten Saison ruhend gehalten. Normalerweise zeigt sie im Februar oder März Anzeichen von Aktivität, wenn sie aus der alten Erde geschüttelt wird und dann etwas Wasser hinzugefügt und die Menge erhöht werden kann, bis die Pflanze blüht. Dieselben Knollen können mehrmals blühen.

Der Erfolg beim Anbau von Gloxinien hängt weitgehend von der richtigen Bewässerung ab. Halten Sie die ruhende Knolle gerade so trocken, dass sie nicht schrumpft, und versuchen Sie niemals, sie ihrer Zeit zu verkürzen. Vermeiden Sie es, die Blätter zu benetzen. Vor direkter Sonneneinstrahlung schützen. Vor Zugluft auf die Pflanzen schützen.

Grevillea : Die „She Oak“, eine sehr anmutige Gewächshauspflanze, die auch für die Zimmerkultur geeignet ist. Die Pflanzen wachsen frei aus Samen und sind, bis sie zu groß werden, so dekorativ wie Farne. Grevilleas sind echte Bäume und eignen sich nur im jungen Zustand für Gewächshäuser und Zimmer. Sie halten viel Missbrauch stand. Mittlerweile erfreuen sie sich als Jardinière-Motive großer Beliebtheit. Im Frühling gesäte Samen werden im nächsten Winter schöne Pflanzen hervorbringen. Entsorgen Sie die Pflanzen, sobald sie verwelkt sind.

Stockrosen : Diese alten Gartenfavoriten wurden in den letzten Jahren vernachlässigt, vor allem weil der Malvenrost so weit verbreitet war, dass er die Pflanzen zerstörte oder sie unansehnlich machte.

Ihre Kultur ist sehr einfach. Die Aussaat erfolgt normalerweise im Juli oder August und die Pflanzen setzen sich im darauffolgenden Frühjahr an die gewünschte Stelle. Sie blühen im selben Jahr, in dem sie verpflanzt werden – im Jahr nach der Aussaat. Alle zwei Jahre sollten neue Pflanzen gesetzt werden, da die alten Kronen wahrscheinlich nach der ersten Blüte verfaulen oder absterben oder zumindest schwach werden.

Hyazinthen (siehe *Blumenzwiebeln*) sind beliebte Frühlingsblüher. Hyazinthen sind winterhart, werden aber gerne als Fenster- oder Gewächshauspflanzen verwendet. Sie sind einfach zu züchten und sehr zufriedenstellend (Abb. 262).

Für die Winterblüte sollten die Zwiebeln früh im Herbst beschafft und im Oktober in Erde aus Lehm, Blattschimmel und Sand eingetopft werden. Wenn gewöhnliche Blumentöpfe verwendet werden, legen Sie auf den Boden ein paar zerbrochene Töpfe, Holzkohle oder kleine Steine zur Entwässerung; Füllen Sie dann den Topf mit Erde, sodass die Oberseite beim Einpflanzen der Zwiebel auf gleicher Höhe mit dem Topfrand liegt. Füllen Sie den Bereich um die Zwiebel herum mit Erde auf und lassen Sie nur die Spitze sichtbar. Diese Blumenzwiebeltöpfe sollten in einer kalten Grube, im Keller oder auf der Schattenseite eines Gebäudes aufgestellt werden. Tauchen Sie den Topf in jedem Fall in etwas kühles Material (z. B. Asche). Bevor das Wetter so kalt wird, dass eine Kruste am Boden gefriert, sollten die Töpfe mit Stroh oder Blättern geschützt werden, um die Zwiebeln vor starkem Gefrieren zu schützen. Nach etwa sechs bis acht Wochen sollten die Zwiebeln genügend Wurzeln gebildet haben, damit die Pflanze wachsen kann. Die Töpfe können für kurze Zeit in einen kühlen Raum gestellt werden. Wenn die Pflanzen zu wachsen begonnen haben, können sie an einen wärmeren Ort gestellt werden. Ab diesem Zeitpunkt sollte sorgfältig auf die Bewässerung geachtet werden, und wenn die Pflanze blüht, kann der Topf auf eine Untertasse oder eine andere flache Schüssel mit Wasser gestellt werden. Nach der Blüte können die Zwiebeln reifen, indem nach und nach Wasser zurückgehalten wird, bis die Blätter absterben. Sie können dann im Beet ausgepflanzt werden, wo sie einige Jahre lang jeden Frühling blühen, sich aber nie wieder als zufriedenstellend für die Treibhausfrucht erweisen.

Die Freilandkultur von Hyazinthen ist die gleiche wie bei Tulpen und anderen holländischen Blumenzwiebeln.

Die Hyazinthe ist die beliebteste niederländische Blumenzwiebel für den Anbau in Wasservasen. Die Narzisse kann im Wasser gezüchtet werden und gedeiht genauso gut, aber in Gläsern ist sie nicht so attraktiv wie die Hyazinthe. Gläser für Hyazinthen sind bei Floristen erhältlich, die mit Bedarfsartikeln handeln, und zwar in verschiedenen Formen und Farben. Die übliche Form ist hoch und schmal, mit einer becherartigen Öffnung zur Aufnahme der Zwiebel. Sie sind mit Wasser gefüllt, so dass es gerade den Boden der Glühbirne erreicht, wenn es in die Tasse oder Schulter darüber gestellt wird. Gefäße aus dunklem Glas sind denen aus klarem Glas vorzuziehen, da Wurzeln Dunkelheit bevorzugen. Wenn die Gläser gefüllt sind, werden sie an einen kühlen, dunklen Ort gestellt, wo sich wie bei Blumenzwiebeln im Topf Wurzeln bilden. Im Wasser werden die Ergebnisse in der Regel früher gesichert als im Boden. Um das Wasser süß zu halten, können ein paar Klumpen Holzkohle in das Glas gegeben werden. Wenn das Wasser verdunstet ist, fügen Sie frisches hinzu; Fügen Sie so viel hinzu, dass es überläuft, und erneuern Sie dadurch das Glas. Stören Sie die Wurzeln nicht, indem Sie die Zwiebel herausnehmen.

Zur Iris gehören viele schöne Stauden, von denen die blaue Flagge in jedem altmodischen Garten bekannt ist. Wegen ihrer strahlenden Frühlings- und Sommerblüte sind sie überall beliebt. und sie sind einfach zu züchten.

Die meisten Schwertlilien gedeihen am besten in einem eher feuchten Boden, und einige von ihnen können sich auch im Wasser an Teichrändern ansiedeln.

Gärtner unterteilen sie normalerweise in zwei Abschnitte – den mit Knollenwurzeln oder Rhizomen und den Knollen. Manchmal wird eine dritte Unterteilung vorgenommen – die mit faserigen Wurzeln.

Die häufigsten und brauchbarsten Arten gehören zur Kategorie der Knollenwurzeln. Hier ist die wunderschöne und vielfältige japanische Schwertlilie *Iris lævigata* (oder *I. Kæmpferi*), die zu den wertvollsten aller winterharten Stauden zählt. Die meisten dieser Schwertlilien benötigen keine besondere Pflege. Die Vermehrung erfolgt durch Teilung der Wurzelstöcke. Pflanzen Sie die Stücke in einem Abstand von 30 cm auf, wenn Sie einen Masseneffekt erzielen möchten. Wenn die Pflanzen zu verkümmern beginnen, graben Sie sie aus, teilen Sie die Wurzeln, entsorgen Sie die alten Teile und bauen Sie wie zuvor einen neuen Bestand an. Die Japanische Schwertlilie benötigt viel Wasser und einen sehr nährstoffreichen Boden. Lässt sich leicht aus Samen ziehen und blüht bereits im zweiten Jahr. *I Susiana* aus diesem Abschnitt ist eine der seltsamsten Schwertlilien, aber im Norden ist sie nicht ganz winterhart.

Im Zwiebelbereich sind die meisten Arten weit im Norden nicht winterhart. Die Zwiebeln sollten alle zwei bis drei Jahre aufgenommen und neu gepflanzt werden. Hierher gehören die Persische und die Spanische Schwertlilie. Aus den Zwiebeln entsteht nur ein einziger Stiel.

Lilie . – Unter diesem Namen sind viele Arten von Zwiebelgewächsen zusammengefasst, von denen nicht alle echte Lilien sind. Von dieser Pflanzenfamilie wurde gesagt, dass sie keine „armen Verwandten“ habe, da jede von ihnen für sich genommen vollkommen sei. Viele der erlesensten Arten sind vergleichsweise unbekannt, obwohl sie leicht zu kultivieren sind. Tatsächlich können alle Lilien vergleichsweise problemlos in Regionen gezüchtet werden, in denen die jeweilige Art winterhart ist.

Ein leichter, fruchtbarer, gut durchlässiger Boden, der bis zu einer Tiefe von mindestens einem Fuß locker ist, eine Handvoll Sand unter jede Zwiebel, wenn der Boden dazu neigt, steif zu sein, und so gepflanzt werden, dass die Krone der Zwiebel mindestens 4 cm lang ist Zoll unter der Oberfläche sind die allgemeinen Anforderungen. Eine Ausnahme hinsichtlich der Pflanztiefe ist *Lilium auratum* , die Goldbandlilie. Diese sollten tiefer gepflanzt werden – 20 bis 30 cm unter der Oberfläche –, da sich die neuen Zwiebeln über den alten bilden und die Zwiebeln bald an die Oberfläche bringen, wenn sie nicht tief gepflanzt werden. Eine tiefe Bearbeitung des Bodens ist immer wünschenswert; 18 Zoll oder sogar 2 Fuß sind nicht allzu tief. *L. candidum* und *L. testaceum* sollten möglichst im August oder September gepflanzt werden; aber normalerweise werden Lilien im Oktober und November gepflanzt.

Für alle Lilien ist es sicherer, einen guten Winterschutz in Form von Laub- oder Mistmulch bereitzustellen, der über die Bepflanzungsgrenzen hinaus reicht. Diese sollte je nach Breitengrad oder Ort 5 Zoll bis 30 cm tief sein.

Während die meisten Lilien von Halbschatten profitieren (außer *L. candidum*), sollten sie niemals in der Nähe oder unter Bäumen gepflanzt werden. Der Schatten bzw. Schutz hochwachsender krautiger Pflanzen ist ausreichend. Tatsächlich können die besten Ergebnisse sowohl hinsichtlich des Wachstums als auch der Wirkung durch die Pflanzung zwischen niedrigen Sträuchern oder Randpflanzen erzielt werden.

Die meisten Arten bleiben besser mehrere Jahre lang ungestört; Wenn sie jedoch aufgenommen und geteilt oder in andere Viertel gebracht werden sollen, dürfen sie nicht austrocknen. Die kleinen Zwiebeln oder Ableger können in das Beet gepflanzt werden und werden, wenn sie geschützt sind, in zwei oder drei Jahren zur Blüte heranwachsen. Das Herausnehmen der Zwiebeln zur Teilung erfolgt am besten kurz nach dem Absterben der Spitzen nach der Blüte. Zumindest sollte dies früh im Herbst, spätestens im Oktober, erfolgen, damit die Pflanzen vor dem Frost eine Chance haben, sich zu etablieren.

Als Topfpflanzen eignen sich einige Lilienarten sehr gut, insbesondere solche, die im Winter zum Blühen gezwungen werden. Die besten Arten für diesen Zweck sind *L. Harrisii* (Osterlilie), *L. longiflorum* und *L. candidum* . Andere mögen mit Erfolg erzwungen werden, aber diese werden am häufigsten verwendet. Die Winterkultur zum Treiben ist praktisch die gleiche wie bei Hyazinthen im Topf.

Nachfolgend sind einige der besten Lilienarten aufgeführt:

L. candidum (Verkündigungslilie). Weiß; 3 bis 4 Fuß hoch; es wächst im Herbst und sollte daher im August gepflanzt werden; Stellen Sie die Zwiebeln 4 bis 6 Zoll tief ein.

L. speciosum (*L. lancifolium*), var. *praecox* . Weiß, rosa gefärbt; trägt mehrere Blüten an einem etwa 3 Fuß hohen Stiel.

L. speciosum , var. *Rubrum* . Rosafarben, rot gefleckt.

L. Brownii . Blüten innen weiß, außen schokoladenfarben; Die Stängel werden etwa einen Meter hoch und tragen zwei bis vier röhrenförmige Blüten. mit gutem Schutz und guter Entwässerung nicht schwer zu handhaben; Die Zwiebeln können es kaum erwarten, lange außerhalb der Erde gehalten zu werden. Nach dem Pflanzen sollten sie nicht gestört werden, solange sie gut blühen.

L. maculatum (L. Hansoni) . Dunkelgelb; Die Stängel sind 3 bis 4 Fuß hoch und bringen jeweils 6 bis 12 Blüten hervor.

L. testaceum (L. excelsum, L. Isabellinum) . Satte Buff-Farbe mit zarten Flecken; etwa 3 bis 5 Fuß hohe Pflanzen mit 3 bis einem Dutzend Blüten an einem Stiel; Pflanzen Sie die Zwiebeln im September.

L. longiflorum . Weiß; große röhrenförmige Blüten, 2 bis 8 an einem Stiel; Höhe, etwa 2 1/2 Fuß.

L. Batemanniae (eine Form von *L. elegans*). Aprikosengelb; 6 bis 12 Blüten an 3 bis 4 Fuß hohen Stielen.

L. auratum (Japanische Goldbandlilie). Riesige weiße Blüten mit gelben Streifen und roten oder violetten Punkten, 3 bis 12 an einem Stiel; Höhe: 3 bis 4 Fuß; Die Zwiebeln benötigen gründlichen Schutz, eine gute Drainage und sollten 10 bis 12 Zoll tief gepflanzt werden (Abb. 258).

L. tigrinum (Tigerlilie). Ein alter Favorit mit vielen herabhängenden, leuchtend rot gefleckten Blüten; var. *splendens* ist besonders gut; 3 bis 5 Fuß.

L. tenuifolium . Reiche scharlachrote Blüten, die in einer Traube oder Rispe nicken; 1 1/2 bis 2 Fuß.

L. Maximowiczii (L. Leichtlinii) . Blüten klar gelb, mit kleinen, dunklen Flecken, 10 bis 12 auf einem Stiel; Höhe: 4 Fuß.

L. monadelphum . Gelbe röhrenförmige Blüten in Büscheln von 6 bis einem Dutzend oder mehr; Stiele 2 1/2 Fuß hoch.

L. elegans (L. Thunbergianum), var. *Alice Wilson* . Zitronengelb; 2 Fuß hohe Stängel mit 2 bis 8 Blüten.

L. elegans , var. *Fulgens atrosanguineum* . Dunkles Purpur; Höhe: 1 Fuß.

Maiglöckchen: Eine vollkommen winterharte kleine mehrjährige Pflanze, die im zeitigen Frühjahr Rispen mit kleinen, weißen, glockenförmigen Blüten trägt; und auch viel von Floristen forciert.

Für den normalen Anbau können Grasnarben oder Wurzelmatten an jedem Ort gegraben werden, an dem die Pflanze besiedelt ist. Normalerweise gedeiht sie im Halbschatten am besten; und die Blätter bilden eine attraktive Matte auf der Nordseite eines Gebäudes oder an einem anderen schattigen Ort, an dem kein Gras wächst. Die Pflanzen kümmern sich Jahr für Jahr um sich selbst. Von guten kommerziellen Wurzeln sind bessere Ergebnisse zu erwarten. Die „Kerne“ können jederzeit ab November in einem Abstand von 7,5 bis 15 cm gepflanzt werden.

Für den Anbau in Innenräumen werden importierte Wurzeln oder „Kerne“ verwendet, da die Pflanzen in Teilen Europas zu diesem Zweck angebaut werden. Diese Wurzeln können in Töpfe gepflanzt und wie für winterblühende Blumenzwiebeln empfohlen behandelt werden. Floristen erhitzen sie jedoch stärker und geben ihnen oft eine Unterhitze von 80° oder 90°; Allerdings sind hier Geschick und Erfahrung erforderlich, um gleichbleibend gute Ergebnisse zu erzielen.

Mignonette . – Wahrscheinlich wird keine Blume allgemeiner wegen ihres Duftes angebaut als die Mignonette. Es handelt sich um eine halbwinterharte einjährige Pflanze, die sowohl im Freiland als auch unter Glas gedeiht.

Die Reseda benötigt einen kühlen, nur mäßig nährstoffreichen Boden, einen Teil des Tages schattig und sorgfältig darauf, die Blütenstiele abzuschneiden, bevor die Samen reif sind. Erfolgt eine Aussaat Ende April und eine zweite Aussaat Anfang Juli, kann die Saison bis zu starkem Frost verlängert werden. Es gibt nur wenige Blumen , die sich als enttäuschend erweisen, wenn die einfache Behandlung, die sie erfordert, unterlassen wird. Höhe: 1 bis 2 Fuß.

Es kann im Spätsommer in Töpfe gesät werden und im Winter im Haus stehen.

Mondblumen sind Arten aus der Familie der Prunkwinden, die nachts ihre Blüten öffnen. Eine gut gewachsene Pflanze, die über einem Spalier auf der Veranda gepflanzt oder willkürlich über einem niedrigen Baum oder Strauch wachsen gelassen wird, ist ein auffälliges Objekt, wenn sie in der Dämmerung oder an einem mondhellen Abend in voller Blüte steht. In den Südstaaten (wo sie häufig angebaut wird) ist die Mondblume eine mehrjährige Pflanze, überlebt aber selbst bei gutem Schutz die Winter im Norden nicht.

Stecklinge liefern in der Regel in den nördlichen Bundesstaaten die besten Ergebnisse, da die Jahreszeiten nicht lang genug sind, damit die Samenpflanzen eine gute Blüte hervorbringen können. Die Stecklinge können vor Frostgefahr geschnitten und im Haus überwintert werden, oder die Pflanzen können aus im Januar oder Februar gesäten Samen gezogen werden. Die Samen sollten kurz vor der Aussaat gebrüht oder gefeilt werden.

Die wahre Mondblume ist *Ipomœa Bona-Nox* weißblütig; aber es gibt auch andere Arten, die unter diesem Namen laufen. Wenn die Jahreszeiten lang genug sind, wächst er 20 bis 30 Fuß hoch.

Narzissen (siehe *Blumenzwiebeln*). – Narzissen, Narzissen und die Dichternarzisse gehören alle zu dieser Gruppe, und viele von ihnen sind vollkommen winterhart. Die Polyanthus-Sektion, zu der die Papierweiße Narzisse und die Heilige Lilie oder die Chinesische Räucherblume gehören, ist nur bei ungewöhnlich gutem Schutz winterhart und eignet sich daher am besten für den Innenanbau.

Es ist üblich, den winterharten Sorten nach der Pflanzung die Möglichkeit zu geben, für sich selbst zu sorgen. Dies wird zwar der Fall sein, weitaus zufriedenstellendere Ergebnisse lassen sich jedoch erzielen, wenn man die Klumpen alle drei oder vier Jahre aushebt und teilt. Eine einzelne Zwiebel bildet in ein paar Jahren einen großen Klumpen. In diesem Zustand werden die Zwiebeln nicht richtig ernährt und blühen daher nicht gut. Das Ernten erfolgt vorzugsweise im August oder September, wenn das Laub abgestorben ist und die Zwiebeln reif sind.

Die Narzissen eignen sich gut für halbschattige Standorte und gedeihen überall dort, wo der gute Geschmack sie platziert. Sie sollten frei verwendet werden, da sie duften, leuchtende Farben haben und leicht zu handhaben sind – sie wachsen zwischen Büschen, Bäumen und an Orten, an denen andere Blumen nicht wachsen würden. Sie sollten im September oder Oktober in Gruppen oder Massen gepflanzt werden, wobei die Zwiebeln je nach Größe 5 bis 8 Zoll voneinander entfernt und 3 bis 4 Zoll tief sind.

Es werden mehrere Arten und unzählige Sorten angebaut, sowohl gefüllte als auch einzelne. Es können nur einige gute Typen erwähnt werden (Abb. 260): –

Narzissen oder Trompetennarzissen (Narcissus Pseudo-Narcissus und Derivate).

Einzelblütig, Gelb . – Golden Spur, Trumpet Major, Van Sion.

Weiß . – Albicans.

Weiß und Gelb . – Kaiserin, Horsefieldi.

Doppelblütig, Gelb . – Unvergleichliche Blüte. pl., Van Sion.

Weiß . – Alba plena odorata.

Dichternarzisse (N. poeticus). Blüten weiß, mit gelben, purpurrot umrandeten Kelchblättern. Sehr duftend.

Jonquils (N. Jonquilla). Sie haben sehr duftende gelbe Blüten, sowohl gefüllte als auch einzelne, und sind alte Gartenfavoriten.

Polyanthus narcissus (N. Tazetta). Dazu gehören die papierweiße, chinesische heilige Lilie (var. *orientalis*) und andere.

Primel Peerless (N. biflorus).

Narzissen können über den Winter hinweg zum Blühen gezwungen werden, wie auf S. 10 beschrieben. 345. Eine beliebte Sorte für die Winterblüte ist die sogenannte Chinesische Heilige Lilie. Dies wächst im Wasser ohne jegliche Erde. Stellen Sie eine Schüssel oder Glasschale bereit, etwa dreimal so groß wie die Zwiebel. Legen Sie ein paar hübsche Steine in den Boden. Setzen Sie die Zwiebel ein und bauen Sie sie mit Steinen um sie herum auf, um sie steif zu halten, wenn die Blätter gewachsen sind. Legen Sie zwei oder drei kleine Stücke Holzkohle zwischen die Steine, um das Wasser süß zu halten. Füllen Sie dann die Schüssel mit Wasser und geben Sie alle paar Tage etwas hinzu, während es verdunstet. Stellen Sie die Schüssel an einen warmen, hellen Ort. In etwa sechs Wochen werden die duftenden, feinen weißen Blüten den Raum mit Duft erfüllen. Die damit eng verwandte Papier-Weißblume ist ebenfalls eine Zwangspflanze und eine der wenigen guten Blumenzwiebeln, die vor Weihnachten blühen können. Auch die Van Sions, einzeln und gefüllt (eine Form der Narzisse), sind stark gezüchtet.

Oleander . – Ein alter Lieblingsstrauch für den Fenstergarten, der häufig im offenen Süden gepflanzt wird.

Es gibt zwar viele benannte Sorten des Oleanders, zwei kommen jedoch häufig im allgemeinen Anbau vor. Dies sind die häufigsten roten und weißen Sorten. Sowohl diese als auch die genannten Sorten sind einfach zu pflegen und gut an die heimische Kultur angepasst; sie wachsen mehrere Jahre lang ohne besondere Pflege in Töpfen oder Kübeln. Gut gewachsene Exemplare eignen sich sehr gut als Veranda- oder Rasenpflanzen oder lassen sich gut in gemischten Beeten mit hochwüchsigen Pflanzen einsetzen, indem man den Topf oder Kübel bis zum Rand in die Erde eintaucht. Nach der Blüte sollten die Pflanzen zurückgeschnitten werden. Sie sollten den Winter über an einem abgelegenen Ort ruhen. Wenn sie im Frühjahr herausgebracht werden, sollten sie Sonne und Luft bekommen, um ein kräftiges Wachstum zu erzielen.

Die Vermehrung erfolgt durch Verwendung von gut ausgereiftem Stecklingsholz, das in einem engen Rahmen platziert wird; Alternativ können die Schößlinge auch in einer Flasche oder Dose mit Wasser bewurzelt werden, wobei darauf zu achten ist, dass beim Verdunsten Wasser zugeführt wird. Nach der Bewurzelung können sie in einen Topf mit Erde mit hohem Sandanteil eingetopft werden. Gut etablierte Pflanzen können in guten Lehm und gut verrotteten Mist umgetopft werden. Sie sollten im zweiten Jahr blühen.

Oxalis . – Eine Reihe winterharter Oxalis-Arten eignen sich hervorragend für Felsarbeiten und Kanten. Die Gewächshausarten sind sehr auffällig, wachsen ohne besondere Pflege und blühen in den späten Winter- und Frühlingsmonaten frei, und einige von ihnen eignen sich hervorragend als Motiv für den Fenstergarten.

Die Vermehrung der Hausarten erfolgt meist durch Zwiebeln, einige durch Teilung der Wurzel. *O. violacea* ist eine der häufigsten Zimmerpflanzen. Sorgen Sie für ein sonniges Fenster, denn die Blüten öffnen sich nur bei Sonnenschein oder sehr hellem Licht. Die Knollenarten werden wie für *Blumenzwiebeln empfohlen behandelt* , mit der Ausnahme, dass die Zwiebeln nicht einfrieren dürfen. Die Knollen werden im August oder September zur Winterblüte gepflanzt. Verwenden Sie am besten tiefe Töpfe, da die Knollen sonst herausschleudern. Die Krone sollte nahe der Oberfläche liegen. Nach der Blüte werden die Zwiebeln getrocknet und aufbewahrt, bis eine neue Blüte gewünscht wird.

Der „Bermuda-Hahnenfuß" ist *O. lutea* und *O. flava* of gardens (eigentlich *O. cernua*); Es handelt sich um eine Art vom Kap der Guten Hoffnung. Seine Kultur ist nicht eigenartig.

Palmen : Es gibt keine anmutigeren Pflanzen zur Raumdekoration als gut gewachsene Exemplare einiger Palmenarten. Die meisten Floristenpalmen eignen sich gut für diesen Zweck, wenn sie klein sind, und da das Wachstum normalerweise sehr langsam ist, kann eine Pflanze viele Jahre lang verwendet werden.

Am besten gedeihen Palmen im Halbschatten. Eine der häufigsten Ursachen für Misserfolge in der Kultur der Palme ist das Übertopfen und die anschließende Überwässerung. Eine Palme sollte erst umgetopft werden, wenn die Wurzelmasse den Boden ausgefüllt hat, und zwar am besten, wenn sie aktiv ist; dann sollte ein nur eine Nummer größerer Topf verwendet werden. Sorgen Sie für eine ausreichende Drainage am Boden, um überschüssiges Wasser abzuleiten. Obwohl die Pflanzen einen feuchten Boden benötigen, ist an den Wurzeln stehendes Wasser schädlich. Verzichten Sie auf die kostenlose Nutzung von Wasser, wenn die Pflanzen teilweise ruhen.

Ein Boden aus gut verfaulter Grasnarbe, Blattschimmel und etwas Sand wird den Anforderungen genügen.

Unter normalen Wohnbedingungen sind Palmen häufigem Missbrauch ausgesetzt. Das Wasser darf im Garten stehen, die Pflanze wird in dunklen Ecken und Fluren gehalten, die Luft ist trocken und die Blätter dürfen sich von Schuppen befallen lassen. Wenn die Pflanze zu versagen beginnt, wird die Hausfrau sie wahrscheinlich umtopfen oder ihr mehr Wasser geben, was beides falsch sein kann. Die Zugabe von Knochenmehl oder anderem Dünger kann besser sein als das Umtopfen. Halten Sie die Pflanze so weit wie möglich in gutem Licht (aber nicht in direktem Sonnenlicht). Schwammen Sie die Blätter mit Seifenlauge ab, um Staub und Ablagerungen zu entfernen . Wenn ein neues Blatt zu erscheinen beginnt, fügen Sie Knochenmehl hinzu, damit es kräftig wächst.

Zu den besten Palmen für die Zimmerkultur gehören Arecas, *Cocos Weddelliana,* Latania, Kentia, Howea, Caryota, Chamærops und Phœnix. Cycas können auch als Palmen betrachtet werden.

Die Dattelpalme kann aus Samen der handelsüblichen Dattel gezüchtet werden. Saatgut der anderen Sorten kann bei führenden Saatguthändlern erworben werden; Da der Samen jedoch nur unter günstigen Bedingungen keimt und die Palme in jungen Jahren eine sehr langsam wachsende Pflanze ist, ist es am besten, die Pflanzen bei Bedarf bei einem Händler zu kaufen. Wenn die Pflanzen schwach oder krank werden, bringen Sie sie zur Behandlung und Genesung zu einem Floristen oder kaufen Sie neue. Manchmal setzt der Florist zwei oder drei kleine Palmen in einen Topf und ergibt so ein sehr zufriedenstellendes Tischstück für zwei oder drei Jahre.

Im Sommer empfiehlt es sich, die Palmen ins Freie zu stellen und die Töpfe fast oder ganz bis zum Rand einzutauchen. Drehen oder heben Sie die Töpfe gelegentlich um, damit die Wurzeln nicht in die Erde eindringen. Wählen Sie einen halbschattigen Ort, wo die heiße Sonne sie nicht direkt trifft und der Wind ihnen nicht schadet.

Pandanus oder Schraubenkiefer. – Die Schraubenkiefern sind steifblättrige, sägekantige Pflanzen, die oft in Fenstergärten wachsen und zur Dekoration von Verandas verwendet werden.

Pandanus *utilis* und *P. Veitchii* (letzterer gestreift oder weißblättrig) sind äußerst dekorativ und eignen sich gut für die Zimmerkultur. Der einzigartige Wuchs, die leuchtend glänzenden Blätter und die Fähigkeit, dem Staub und Schatten eines Wohnzimmers standzuhalten, machen sie zu einer begehrenswerten Ergänzung der Haussammlung.

Sie werden durch die Ableger oder Jungpflanzen vermehrt, die um die Stammbasis herum wachsen; oder sie können durch Samen vermehrt werden. Bei der ersteren Methode sollten die Versätze abgeschnitten und bei einer Temperatur von 65° oder 70° in Sand gelegt werden. Die Stecklinge wurzeln langsam und die Pflanzen wachsen eine Zeit lang sehr langsam. Die allgemeine kulturelle Behandlung ist die der Palmen. Geben Sie im Sommer reichlich Wasser.

Das Stiefmütterchen (Abb. 244) ist zweifellos die beliebteste winterharte Frühlingsblume im Anbau. Es gibt viele Saatgutsorten, von denen jede großartige Möglichkeiten bietet.

Die Kultur ist einfach und die Ergebnisse sind sicher. Wenn die Samen im August oder September in Kisten oder einem Rahmen gesät werden, werden die Pflanzen groß genug, um sie im November (im Abstand von 7 bis 10 cm) umzupflanzen und im darauffolgenden März zu blühen; oder sie können bis März in offenen Saatbeeten belassen werden, bevor sie ausgesät werden. Wenn sie sehr dünn in die Rahmen gesät werden, können sie außerdem den Winter über ungestört bleiben und im folgenden Frühjahr sehr früh blühen.

Die Rahmen sollten durch Matten, Bretter oder andere Abdeckungen vor starker Kälte geschützt werden, und wenn die Sonne stärker wird, sollte darauf geachtet werden, dass sie durch abwechselndes Auftauen und Gefrieren nicht abstürzen. Wenn die Samen im Januar oder Februar in Kisten gesät werden, bilden sich bereits im April prächtig blühende Pflanzen, die früher blühende Pflanzen ersetzen.

Das Stiefmütterchen wird im Allgemeinen als Halbschattenpflanze bezeichnet, gedeiht aber auch an anderen Standorten, insbesondere dort, wo die Sonne nicht sehr heiß und das Wetter nicht sehr trocken ist. Die Voraussetzungen für eine zufriedenstellende Stiefmütterchenkultur sind fruchtbarer, feuchter und kühler Boden, Schutz vor der Mittagssonne und Aufmerksamkeit, um zu verhindern, dass die Pflanzen Samen bilden. Wenn sich der Boden erwärmt, sollte eine Mulchschicht aus Blattschimmel oder einem anderen leichten Material über das Beet ausgebreitet werden, um die Feuchtigkeit zu speichern und Hitze fernzuhalten. Frühling und Herbst bringen die beste Blüte. Bei heißem Sommerwetter werden die Blüten klein.

Pelargonien . Zu dieser Gattung gehören die als Geranien bekannten Pflanzen – die befriedigendsten Zimmerpflanzen, die häufig als Beetpflanzen verwendet werden. Keine Pflanze liefert bessere Blatt- und Blütenerträge; und diese Eigenschaften, zusammen mit der einfachen Verbreitung, machen sie zu allgemeinen Favoriten. Die Gewöhnliche Geranie ist eine der wenigen Pflanzen, die das ganze Jahr über blühen kann.

Es gibt mehrere Hauptgruppen von Pelargonien, wie die gewöhnlichen „Fischgeranien" (aufgrund des Geruchs des Laubs), die „Show"- oder Lady-Washington-Pelargonien, die Efeu-Geranien, die dünnblättrigen Bettgeranien (wie Madame Salleroi) und die „Rosen"-Geranien.

Stecklinge aus halbreifem Holz aller Pelargonien wurzeln sehr leicht, erreichen in kurzer Zeit blühende Größe und eignen sich sowohl ausgepflanzt als auch im Topf hervorragend als Dekoration. Die gewöhnlichen Geranien oder Fischgeranien gedeihen viel besser, wenn sie nicht älter als ein Jahr sind. Nehmen Sie mindestens einmal im Jahr Stecklinge von den alten Pflanzen. Nach vier bis fünf Monaten beginnen die Jungpflanzen zu blühen. Pflanzen können aus dem Garten geholt und eingetopft werden, aber sie bereiten selten so viel Freude wie junge, kräftige Exemplare; Jedes Jahr sollten neue Pflanzen angebaut werden. Häufig umtopfen, bis sie in 10 bis 12 cm großen Töpfen stehen; dann lass sie blühen.

Die Schaupelargonien haben nur eine Blütezeit, normalerweise im April, aber sie gleichen sich in Größe und Farbe aus. Dieser Abschnitt ist als Zimmerpflanze schwieriger zu pflegen als die gewöhnliche Geranie, da sie mehr direktes Licht benötigt, um gedrungen zu bleiben, und von Insekten belästigt wird. Dennoch wird die Mühe, die man sich für den Anbau der Pflanzen gemacht hat, durch die schönen Blüten entschädigt. Nehmen Sie die Stecklinge im späten Frühjahr, nach der Blüte, und schon im darauffolgenden Jahr können blühende Pflanzen entstehen . Gute Ergebnisse werden manchmal dadurch erzielt, dass diese Pflanzen zwei oder drei Jahre lang aufbewahrt werden. Nach jeder Blütezeit zurückschneiden.

Für die Zimmerkultur benötigen die Geranien einen fruchtbaren, faserigen Lehm, unter Beigabe von etwas Sand; Eine gute Entwässerung ist ebenfalls unerlässlich.

Pfingstrose : Die krautige Pfingstrose hat schon lange einen Platz im Garten; Mittlerweile wurde sie stark verbessert und ist eine der besten Pflanzen, die es im Anbau gibt. Es ist vollkommen winterhart und frei von den vielen Krankheiten und Insekten, die so viele Pflanzen befallen. Sie blüht Jahr für Jahr ohne Erneuerung weiter, wenn der Boden gut vorbereitet und fruchtbar ist. Abb. 250.

Da die Pfingstrose so stark wächst und so viele riesige Blüten hervorbringt, muss sie über einen Boden verfügen, der reichlich Pflanzennahrung und Feuchtigkeit liefert. Die altmodischen einfachen und halbgefüllten, vergleichsweise kleinblumigen Sorten liefern auf jedem gewöhnlichen Boden gute Ergebnisse, aber die neueren, stark verbesserten Sorten müssen besser behandelt werden. Dies ist eine der Pflanzen, die von einem sehr nährstoffreichen Boden profitieren. Der Platz sollte sehr tief gepflügt oder mit Gräben versehen sein; und wenn das Land mit Gras bedeckt ist oder nicht in gutem Zustand ist, sollte mit der Vorbereitung bereits in der Saison begonnen werden, bevor die Pfingstrosen gepflanzt werden. Ein tiefgründiger, feuchter Lehmboden steht ihnen am besten; und während die Pflanzen wachsen und blühen, fügen Sie Knochenmehl hinzu und streuen Sie sie mit Mist. Während ihres Wachstums und während der Blüte darf es ihnen nicht an Wasser mangeln.

Achten Sie beim Kauf von Pfingstrosenwurzeln darauf, nur gut gewachsene und ausgewählte Bestände zu erwerben. Billige Aktien, viele Stellenangebote und Krimskrams dürften sehr enttäuschend sein.

Die Pflanzen können im Herbst oder Frühjahr gepflanzt werden, wobei Letzteres im Norden zu bevorzugen ist. Decken Sie die Kronenknospe 2 bis 3 Zoll ab und achten Sie darauf, sie nicht zu verletzen. Wenn Sie die beste Blüte wünschen, geben Sie ausreichend Platz, bis zu 90 x 120 cm. Pfingstrosen werden 2 bis 3 Fuß oder sogar mehr hoch. Starke Wurzeln einiger Sorten sorgen im ersten Jahr für eine Blüte; Im zweiten Jahr kommt es zu einer beträchtlichen Blüte; Die volle Blüte ist bei den meisten Sorten jedoch erst im dritten Jahr zu erwarten. Die Blüten können während der

Blüte durch Halbschatten aufgehellt und ihre Lebensdauer verlängert werden.

Wenn alte Pflanzen schwach werden oder ihre Knospen abwerfen, graben Sie sie aus und prüfen Sie, ob die Wurzeln nicht mehr oder weniger tot und verfault sind; in frische Teile teilen und in gut angereicherten Boden umpflanzen; oder neue Pflanzen kaufen.

Pfingstrosen werden durch Teilung der Wurzeln im Frühherbst vermehrt, wobei an jedem Stück ein gutes, kräftiges Auge übrig bleibt.

Die Pfingstrose ist sowohl für ihr Laub als auch für ihre Blüte von Vorteil, insbesondere wenn der Boden reichhaltig ist und der Wuchs üppig ist. Dieser Wert der Pflanze wird häufig übersehen. Die Pfingstrose verdient ihre Popularität.

Phlox : Es gibt zwei Arten von Garten-Phloxen, die einjährigen und die mehrjährigen. Beide sind am wertvollsten.

Mit Ausnahme der Petunie gibt es keine Pflanze, die mit so wenig Pflege eine üppige Blütenpracht hervorbringt wie die einjährige Phlox *(Phlox Drummondii*). Die Vielfalt an klaren und brillanten Farben ist sicherlich konkurrenzlos. Die Zwergarten sind für Bandbeete die erwünschteren, da sie nicht so „langbeinig" sind. Es gibt Weiß-, Rosa-, Rot- und Bunttöne von der schillerndsten Brillanz. Die Zwerge werden zehn Zoll hoch und blühen ununterbrochen. Stellen Sie sie in einem Abstand von 20 cm in gutem Boden auf. Die Aussaat kann im Mai im Freiland oder bei frühen Pflanzen im März im Frühbeet erfolgen. Bei einer sehr späten Aussaat kann die Aussaat bereits im Herbst erfolgen, so dass die Samenbildung erst im Frühjahr erfolgt.

Der mehrjährige Phlox der Gärten wurde aus den einheimischen Arten *Phlox paniculata* und P. *maculata entwickelt* . Die Gartenformen werden oft zusammenfassend unter dem Namen *P. decussata bezeichnet* . In den letzten Jahren wurde der mehrjährige Phlox stark verbessert und ist heute einer der besten Blumengartenthemen. Sie wird einen Meter hoch und trägt vom Hochsommer bis zum Herbst eine Fülle feiner Blüten in schweren Rispen. Feigen. 246, 248.

Mehrjähriger Phlox ist eine einfache Kulturpflanze. Der wichtige Punkt ist, dass die Pflanzen etwa im dritten Jahr ihre beste Blüte verlieren und wahrscheinlich krank werden. und wenn die kräftigsten Blüten erwünscht sind, sollten Neupflanzungen vorgenommen werden. Die Pflanzen können im Herbst aufgenommen, die Wurzeln geteilt und von toten und schwachen Teilen gereinigt und die Stücke neu gepflanzt werden. In der Regel ist der Kauf neuer, durch Stecklinge gezogener Pflanzen jedoch für den Anfänger mit größerer Zufriedenheit verbunden. Dieser Phlox vermehrt sich leicht durch Samen, und wenn jemand nicht daran interessiert ist, die bestimmte

Sorte zu verewigen, wird er viel Freude daran haben, Sämlinge zu züchten. Einige Sorten werden mit ziemlicher Regelmäßigkeit aus Samen „erwachsen". Sämlinge sollten im zweiten Jahr blühen.

Fruchtbarer Gartenboden jeglicher Art sollte gute mehrjährige Phloxen hervorbringen. Achten Sie darauf, dass es den Pflanzen zur Blütezeit nicht an Wasser oder Pflanzennahrung mangelt. Gülle hilft oft dabei, sie am Laufen zu halten. Wenn sie während der Blüte wahrscheinlich unter Wassermangel leiden, befeuchten Sie den Boden jeden Abend gut.

Wenn die Haupttriebe früh in der Saison und erneut im Hochsommer abgeknipst werden, erfolgt die Blüte später, vielleicht eher im September als im Juli.

Primeln oder Primeln gibt es in verschiedenen Arten, von denen einige Randpflanzen sind, in unserem Land jedoch vor allem als Gewächshaus- und Fenstergartenpflanzen bekannt sind. Eine davon ist die Ohrmuschel. Die Echte oder Englische Schlüsselblume gehört zu den winterharten Rabattenpflanzen; auch die Pflanzen, die allgemein als Polyanthus bekannt sind.

Gewöhnliche winterharte Primeln (oder Polyanthus und verwandte Formen) werden 6 bis 10 Zoll hoch und bilden im zeitigen Frühjahr Rispen aus gelben und roten Blüten. Vermehrung durch Teilung oder durch Aussaat von Samen ein Jahr bevor die Pflanzen gezüchtet werden sollen. Geben Sie ihnen eher feuchte Erde.

Die Primel des Wintergartens ist meist die *P. Sinensis* (Chinesische Primel), die von Floristen sehr häufig als Weihnachtspflanze angebaut wird. Mit Ausnahme der vollgefüllten Sorten wird sie meist aus Samen gezogen. Es gibt eine beliebte Einzelform namens *P. stellata* . Aus Samen chinesischer Primeln, die im März oder April gesät werden, können im November oder Dezember große Blütenpflanzen entstehen, wenn die Jungpflanzen bei Bedarf in größere Töpfe umgesetzt werden. Das Saatgut sollte auf eine ebene Bodenoberfläche gesät werden, die zu gleichen Teilen aus Lehm, Blattschimmel und Sand besteht. Das Saatgut sollte leicht angedrückt und die Erde sorgfältig gewässert werden, um ein Auswaschen des Saatguts in die Erde zu verhindern. Sehr feines Torfmoos kann über den Samen gesiebt oder die Kiste an einen feuchten Ort gestellt werden, wo die Erde feucht bleibt, bis die Samen keimen. Wenn die Pflanzen groß genug sind, sollten sie separat eingetopft oder in flache Kästen pikiert werden. Häufiges Eintopfen oder Umpflanzen sollte bis September erfolgen, dann sollten sie sich in den Töpfen befinden, in denen sie blühen sollen. Die beiden wesentlichen Voraussetzungen für ein erfolgreiches Wachstum im heißen Sommer sind Schatten und Feuchtigkeit. Höhe: 6 bis 8 Zoll. Blüht im Winter und Frühling.

Derzeit erfreut sich die „Baby-Primel" (*Primula Forbesi*) großer Beliebtheit. Es wird im Wesentlichen genauso behandelt wie die Sinensis. Die Obconica (*P. obconica*) ist in verschiedenen Formen eine beliebte Zierpflanze, wird aber in Fenstergärten kaum verwendet. Die Haare vergiften die Hände mancher Menschen. Kultur praktisch wie bei *P. Sinensis* .

Alle Primeln können eine trockene Atmosphäre und schwankende Bedingungen nicht ertragen.

Rhododendren sind breitblättrige immergrüne Sträucher, die sich hervorragend dafür eignen, starke Pflanzeffekte zu erzielen. Einige von ihnen sind in den nördlichen Bundesstaaten winterhart.

Rhododendren benötigen einen faserigen oder torfigen Boden und Schutz vor kaltem Wind und strahlender Sonne im Sommer und Winter. Eine nördliche oder etwas schattige Ausrichtung ist ratsam, um die Kraft der Mittagssonne abzuwehren. Sie sollten jedoch nicht dort gepflanzt werden, wo große Bäume dem Boden Fruchtbarkeit und Feuchtigkeit entziehen. Sie schützen sich gegenseitig, wenn sie in Massen wachsen, und erzielen auch bessere Pflanzeffekte.

XIX. Pyracantha in Früchten. Eine der besten Zierpflanzen für die mittleren und milderen Breiten.

Sie benötigen einen tiefgründigen, faserigen Boden und es wird angenommen, dass sie auf Kalksteinböden oder dort, wo Holzasche frei verwendet wird, nicht gedeihen. Während Rhododendren manchmal auch ohne besondere Vorbereitung des Bodens gelingen, ist es ratsam, hier besondere Sorgfalt walten zu lassen. Es ist gut, ein 2 bis 3 Fuß tiefes Loch zu graben und es mit Erde zu füllen, die aus Blattschimmel, gut verfaulter Grasnarbe und Torf besteht. Die Feuchtigkeitsversorgung sollte nie enden, denn sie leiden unter Dürre. Sie sollten im Sommer und Winter gemulcht werden. Im Frühjahr pflanzen.

Die winterharten Gartenformen sind Abkömmlinge des *Rhododendron Catawbiense* aus den südlichen Appalachen. Die Pontica und andere Arten sind im Norden nicht winterhart.

Der „große Lorbeer“ der nördlichen Vereinigten Staaten ist *Rhododendron Maximum* . Dies wurde auf großen Flächen durch die Entnahme aus der Wildnis in Wagenladungen großflächig besiedelt. Wenn die einheimischen Bedingungen nachgeahmt werden, ist eine ungewöhnlich gute Massenpflanzung möglich. Wie alle Rhododendren ist er ungeduldig gegenüber Trockenheit, hartem Boden und voller Mittagssonne. Diese Art wird wegen ihres Laubs und ihres Wuchses mehr geschätzt als wegen ihrer Blüte. Auch die Wildform von *R. Catawbiense* wird in großen Mengen auf Böden übertragen.

Rose : Kein Haus ist komplett ohne Rosen. Es gibt so viele Arten und Klassen, dass Sorten für fast jeden Zweck zu finden sind, von Kletter- oder Säulenpflanzen bis hin zu stark duftenden Teesorten, großartigen Hybrid-Perpetuals, frei blühenden Beetpflanzen und guten Laubpflanzen für das Gebüsch. Es gibt keine Blume, bei deren Wachstum man so schnell das Temperament und den Geschmack des Kenners entwickelt.

Rosen sind im Wesentlichen eher Blumengartenmotive als Rasenmotive, da Blumen ihre größte Schönheit ausmachen. Dennoch ist das Laub vieler hoch entwickelter Rosen gut und attraktiv, wenn die Pflanzen gut gewachsen sind. Um die besten Ergebnisse mit Rosen zu erzielen, sollten sie wie andere Blumengartenpflanzen in ein eigenständiges Beet gepflanzt werden, wo sie bearbeitet und beschnitten und gut gepflegt werden können. Die gewöhnlichen Gartenrosen sollten nur selten in gemischten Rabatten gepflanzt werden. Normalerweise ist es am besten, auch Beete aus einer Sorte anzulegen, anstatt sie mit mehreren Sorten zu mischen.

Wenn Rosen in gemischten Rabatten gewünscht werden, sollten die Einzel- und informellen Sorten gewählt werden. Das Beste von allen ist *Rosa rugosa* . Sie hat nicht nur während des größten Teils der Saison attraktive Blüten, sondern auch ein sehr interessantes Blattwerk und einen auffälligen Wuchs. Die große Fülle an Borsten und Stacheln verleiht ihm einen individuellen und starken Charakter. Auch ohne Blüten ist es wertvoll, einer Laubmasse Charakter und Akzente zu verleihen. Das Laub wird nicht von Insekten oder Pilzen befallen, sondern bleibt das ganze Jahr über grün und glänzend. Die Früchte sind ebenfalls sehr groß und auffällig und bleiben den ganzen Winter über an den Büschen hängen. Einige der Wildrosen eignen sich auch sehr gut zum Einmischen in Laubmassen, allerdings sind ihre Laubeigenschaften in der Regel eher schwach und sie sind anfällig für den Befall durch Thripse.

Es gibt so viele Rosenklassen, dass der beabsichtigte Pflanzer wahrscheinlich verwirrt ist, wenn er nicht weiß, um welche es sich handelt. Unterschiedliche Klassen erfordern unterschiedliche Behandlung. Einige von ihnen, wie Tees und Hybrid-Perpetuals (letztere werden auch als Remontanten bezeichnet), blühen aus neuen Stöcken; während die Rugosa, die Österreichische, die Harrison-Gelbsträucher und einige andere Sträucher sind und sich nicht jedes Jahr von der Krone oder den Basen der Stöcke erneuern.

Die Freilandrosen lassen sich hinsichtlich ihrer Blühgewohnheiten in zwei große Gruppen einteilen:

(1) Die kontinuierlich oder intermittierend blühenden Sorten wie die Hybrid-Perpetuals (hauptsächlich im Juni blühend), Bourbon-Tees, Rugosa-Tees, wobei die Tees und Hybrid-Tees am kontinuierlichsten blühen;

(2) diejenigen, die nur einmal im Sommer blühen, wie Österreicher-, Ayrshire-, Süßbriers-, Prärie-, Cherokee-, Banksian-, Provence-, die meisten Moosrosen-, Damast-, Multiflora-, Polyantha- und Memorial-Rosen *(Wichuraiana).* „Perpetual" oder wiederkehrend blühende Rassen wurden in Ayrshire, Moos, Polyantha und anderen entwickelt.

Während sich Rosen über eine sonnige Lage freuen, schaden unsere trockene Atmosphäre und die heißen Sommer manchmal den Blumen, ebenso wie starke Winterwinde auf die Pflanzen. Obwohl es daher niemals ratsam ist, Rosen in der Nähe großer Bäume oder an Orten zu pflanzen, an denen sie von Gebäuden oder umliegenden Büschen überschattet werden, ist etwas Schatten während der Tageshitze von Vorteil. Die beste Position ist ein Ost- oder Nordhang und dort, wo Zäune oder andere Gegenstände die Kraft starker Winde abfangen, in den Abschnitten, in denen diese vorherrschen.

Rosen sollten alle vier bis fünf Jahre sorgfältig ausgepflückt, Spitzen und Wurzeln abgeschnitten und dann entweder an einen neuen oder alten Standort zurückgesetzt werden, nachdem der Boden mit frischem Dünger angereichert und tief eingesät wurde . In Holland dürfen Rosen etwa acht Jahre stehen. Anschließend werden sie herausgenommen und ihre Plätze mit Jungpflanzen gefüllt.

Boden und Pflanzung für Rosen .

Der beste Boden für Rosen ist ein tiefgründiger und nährstoffreicher Lehmboden. Wenn es durch das Vorhandensein von Graswurzeln mehr oder weniger faserigen Charakter hat, wie es bei frisch gepflügtem Rasenboden der Fall ist, umso besser. Dies ist zwar wünschenswert, aber auch jeder normale Boden reicht aus, sofern er gut gedüngt ist. Kuhmist ist stark und haltbar und hat keine erhitzende Wirkung. Es verursacht keinen Schaden, auch wenn es nicht verrottet. Pferdemist sollte jedoch gut verrottet sein, bevor er mit der Erde vermischt wird. Der Mist kann im Verhältnis 1:4 in den Boden eingemischt werden. Bei guter Verrottung schadet mehr jedoch nicht, da der Boden vor allem für die immerblühenden (Hybride-)Rosen kaum zu nährstoffreich gemacht werden kann. Es sollte darauf geachtet werden, den Mist gründlich mit der Erde zu vermischen und die Rosen nicht gegen den Mist zu pflanzen.

Beim Pflanzen muss darauf geachtet werden, dass die Wurzeln nicht der Austrocknung durch Sonne und Luft ausgesetzt werden. Wenn ruhende Freilandpflanzen gekauft wurden, müssen alle abgebrochenen und gequetschten Wurzeln glatt und gerade abgeschnitten werden. Auch die Spitzen müssen zurückgeschnitten werden. Der Schnitt sollte immer direkt über einer Knospe erfolgen, vorzugsweise an der Außenseite des Rohrstocks. Starkwüchsige Sorten können je nach gutem oder schlechtem Wurzelwerk um ein Viertel oder die Hälfte zurückgeschnitten werden. Schwachwüchsige Arten, wie die meisten immerblühenden Rosen, sollten am stärksten zurückgeschnitten werden. In beiden Fällen ist es sinnvoll, zuerst den schwachen Bewuchs zu entfernen. Pflanzen aus Töpfen müssen in der Regel nicht zurückgeschnitten werden.

Winterharte Rosen, insbesondere die kräftigen Freilandpflanzen, sollten nach Möglichkeit im Frühherbst gesetzt werden. Es ist wünschenswert, sie herauszuholen, sobald sie ihr Laub abgeworfen haben. Wenn nicht, können sie im zeitigen Frühjahr gepflanzt werden. Zu dieser Jahreszeit ist es ratsam, sie zu pflanzen, sobald der Boden trocken genug ist und bevor die Knospen zu wachsen beginnen. Ruhende Topfpflanzen können auch frühzeitig gepflanzt werden, sie sollten jedoch vollkommen inaktiv sein. In diesem Zustand ist es besser, sie frühzeitig ins Feld zu bringen, als zu warten, bis sie Blätter und volle Blüte haben, wie es von Käufern so oft gefordert wird. Wachsende Topfpflanzen können jederzeit im Frühjahr gepflanzt werden, wenn die Frostgefahr vorüber ist, oder sogar im Sommer, wenn sie einige Tage lang bewässert und beschattet werden.

Freilandpflanzen sollten etwa so tief gesetzt werden, wie sie vorher gestanden haben, mit Ausnahme von Knospen oder veredelten Pflanzen, die so gesetzt werden sollten, dass die Verbindung von Stamm und Veredelung 2 bis 4 Zoll unter der Erdoberfläche liegt. Pflanzen aus Töpfen können auch einen Zentimeter tiefer gesetzt werden, als sie im Topf standen. Der Boden sollte in einem lockeren Zustand sein. Bei Rosen sollte der Boden sofort um die Wurzeln herum verdichtet werden; aber wir sollten zwischen dem Pflanzen von Rosen und dem Setzen von Zaunpfählen unterscheiden. Je trockener der Boden, desto fester kann er angedrückt werden.

Als allgemeine Aussage kann man sagen, dass sich Rosen mit eigenen Wurzeln für die Gesamtbepflanzung von Pflanzgefäßen als zufriedenstellender erweisen als Knospen. Bei Beständen mit eigenen Wurzeln sind die Triebe oder Triebe unterhalb der Erdoberfläche von der gleichen Art, wohingegen bei Rosen mit Knospen die Gefahr besteht, dass der Bestand (normalerweise Manetti- oder Heckenrose) zu wachsen beginnt und, ohne entdeckt zu werden, aus der Knospe herauswachsen, Besitz ergreifen und schließlich das schwächere Wachstum abtöten. Wenn die Pflanzen jedoch tief genug gesetzt werden, um zu verhindern, dass sich zufällige Knospen bilden, und der Züchter wachsam ist, wird diese Schwierigkeit auf ein Minimum reduziert. Es steht außer Frage, dass trotz der Hitze des amerikanischen Sommers feinere Rosen gezüchtet werden können als aus Pflanzen mit eigenen Wurzeln, wenn der Züchter die richtigen Vorsichtsmaßnahmen trifft.

Rosen beschneiden .

Stellen Sie beim Beschneiden von Rosen fest, ob sie an Stöcken blühen, die jedes Jahr aus dem Boden oder in Bodennähe wachsen, oder ob sie mehrjährige Spitzen bilden. Machen Sie sich auch eine klare Vorstellung davon, ob eine Fülle von Blumen für Garteneffekte gewünscht wird oder ob große Einzelblüten erwünscht sind.

Wenn man die Hybrid-Perpetual- oder Remontant-Rosen (die heute die gewöhnlichen Gartenrosen sind) beschneidet, schneidet man unmittelbar nach der Juniblüte alle sehr kräftigen Stängel etwa um die Hälfte ihrer Länge zurück, um neue, kräftige Triebe für den Herbst zu bilden Blühen, und auch um einen guten Boden für die Blüte im nächsten Jahr zu schaffen. Ein sehr strenger Rückschnitt im Sommer führt jedoch wahrscheinlich zu einem zu starken Blattwachstum. Im Herbst können alle Stöcke auf 3 Fuß gekürzt werden, wobei vier oder fünf der besten Stöcke jeder Pflanze übrig bleiben. Im Frühjahr werden diese Stöcke erneut auf frisches Holz zurückgeschnitten, wobei an jedem Stock vielleicht vier oder fünf gute Knospen zurückbleiben; Aus diesen Knospen sollen die Blütenstände des Jahres entstehen. Wenn weniger Blüten, aber die beste Größe und Qualität erzielt werden sollen, können weniger Stöcke übrig bleiben und im nächsten Frühjahr jeweils nur zwei oder drei neue Triebe entstehen.

Beim Beschneiden aller Zuckerrohrrosen gilt die Regel, *schwach wachsende Arten stark zurückzuschneiden; Starkwüchser mäßig* .

Bei Kletter- und Säulenrosen müssen nur die schwachen Zweige und die Spitzen gekürzt werden. Bei anderen winterharten Arten muss im Frühjahr oder Herbst je nach Stärke der Zweige meist ein Viertel oder ein Drittel zurückgeschnitten werden.

Bei den immerblühenden oder hybriden Teerosen muss zum Zeitpunkt der Freilegung im Frühjahr das gesamte tote Holz entfernt werden. Auch ein gewisser Schnitt im Sommer ist hilfreich, um das Wachstum und die Blüte zu fördern. Die stärkeren Zweige, die geblüht haben, können um die Hälfte oder mehr zurückgeschnitten werden.

Die süßen, österreichischen und Rugosas können in Buschform gehalten werden; Die Stämme können jedoch alle zwei oder drei Jahre am Boden herausgeschnitten werden, wobei in der Zwischenzeit neue Triebe entstehen dürfen. Alle Wucherungen sollten zurückgeschnitten oder entfernt werden.

Insekten und Krankheiten der Rosen .

Die meisten Sommerinsekten, die die Rose belästigen, lassen sich am besten mit einem kräftigen Sprühstrahl klarem Wasser bekämpfen. Dies sollte früh am Tag und erneut am Abend erfolgen. Wer über Stadtwasser oder gute Sprühpumpen verfügt, wird feststellen, dass dies eine einfache Methode ist, Rosenschädlinge in Schach zu halten. Wer über diese Möglichkeiten verfügt, kann Walölseife, Tannenöl, gute Seifenlauge, Tabakpräparate oder persisches Insektenpulver verwenden.

Der Rosenkäfer oder Käfer sollte frühmorgens von Hand gepflückt oder abgeklopft und in eine Pfanne mit Kohleöl gegeben werden. Der Blattroller muss zerkleinert werden.

Die Schimmelpilze werden durch die verschiedenen Schwefelsprays bekämpft.

Winterschutz für Rosen .

Alle Gartenrosen sollten im Herbst gut mit Laub oder grobem Mist gemulcht werden. Auch das Anhäufen von Erde um die Wurzel herum bietet einen hervorragenden Schutz. Auch bei Arten, bei denen der Verdacht besteht, dass sie durch den Winter geschädigt werden, ist es empfehlenswert, sich über die Wipfel zu beugen und sie mit Gras oder immergrünen Zweigen zu bedecken; Die Zweige sind vorzuziehen, da sie keine Mäuse anlocken.

Nördlich des Ohio River sind alle immerblühenden Rosen besser geschützt, auch wenn sie den Winter ungeschützt überstehen. Dies kann in Richtung Süden leicht sein, sollte aber in Richtung Norden vollständig sein. Der Boden, der Standort und die Umgebung bestimmen häufig das Ausmaß des Schutzes. Wenn die Situation nicht so günstig ist, ist mehr Schutz erforderlich. Entlang des Ohio wird ein Haufen Stallmist oder leichter Boden, der sich nicht verfestigt und nicht durchnässt, um die Basis der Pflanzen gelegt und viele der Teerosen mitgerissen. Die Spitzen werden zurückgetötet; aber im Frühjahr sprießen die Pflanzen aus der Basis der alten

Zweige. Bon Silene, Etoile de Lyon, Perle des Jardins, Mme. Camille und andere überwintern dort problemlos auf diese Weise.

Über Chicago (*American Florist* , x., Nr. 358, S. 929, 1895) wurden Beete erfolgreich geschützt, indem man die Spitzen nach unten beugte, sie befestigte und dann über und zwischen den Pflanzen eine Schicht abgestorbener Blätter bis in die Tiefe legte ein Fuß. Die Blätter und der Boden müssen vor dem Auftragen trocken sein; das ist sehr wichtig. Nach den Blättern wird eine Schicht Rasenschnitt, die in der Mitte am höchsten ist und 10 bis 12 cm dick ist, über die Blätter gelegt, um sie an Ort und Stelle zu halten und Wasser abzuleiten. Dieser Schutz gilt auch für die widerstandsfähigsten immerblühenden Rosenarten, einschließlich der Teesorten. Die Spitzen werden abgetötet, wenn sie nicht nach unten gebogen werden, aber dieser Schutz schont die Wurzeln und Kronen; Beim Biegen gingen die Oberteile ohne Schaden durch. Sogar die Kletterrose Gloire de Dijon überstand den Winter 1894-1895 in Chicago ohne die geringste Verletzung der Zweige.

Starke Pflanzen der immerblühenden oder hybriden Teerosen sind mittlerweile zu sehr günstigen Preisen erhältlich, und anstatt sich die Mühe zu machen, sie im Herbst zu schützen, kaufen viele Menschen jedes Frühjahr solche, die sie als Beet benötigen. Wenn der Boden der Beete gut angereichert ist, wachsen die Pflanzen schnell und üppig und blühen den ganzen Sommer über üppig.

Wenn man sich die Mühe machen möchte, kann man diese und auch die Teerosen sogar in den nördlichen Bundesstaaten schützen, indem man Erde um die Pflanzen schüttet und dann einen kleinen Schuppen oder ein Haus um sie herum baut (oder eine große Kiste umdreht) und verpackt über die Pflanzen mit Blättern oder Stroh. Manche Leute stellen Kisten her, die im Frühjahr abgebaut und aufbewahrt werden können. Das Dach sollte wasserabweisend sein. Diese Methode ist besser, als die Pflanzen in Stroh und Sackleinen zu binden. Einige der Hybridtees benötigen selbst im Zentrum von New York nicht so viel Schutz wie diesen.

Sorten von Rosen .

Die Auswahl der Sorten sollte im Hinblick auf den Standort und den Verwendungszweck der Rosen erfolgen. Bei Beetrosen sollten solche gewählt werden, die einen freiblühenden Wuchs haben, auch wenn die einzelnen Blüten nicht groß sind. Für dauerhafte Beete gelten die sogenannten Hybrid-Perpetual- oder Remontant-Rosen, die hauptsächlich im Juni blühen, im Norden als winterhart. – Aber wenn man ihnen im Winter einen angemessenen Schutz bieten kann, dann sind die Bengal-, Tee-, Bourbon-, und Hybridtees oder immerblühende Rosen können ausgewählt werden.

In Abschnitten, in denen die Temperatur nicht unter 20° über Null fällt, leben alle Monatsrosen ohne Schutz. Im Süden gedeihen die Remontanten und andere Laubrosen nicht so gut wie weiter nördlich. Die zarten Kletterpflanzen – Noisettes, Klettertees, Bengalen und andere – eignen sich hervorragend für Säulen, Lauben und Veranden im Süden, eignen sich jedoch nur für den Wintergarten in den Teilen des Landes, in denen starker Frost herrscht. Für den Freilandanbau im Norden sind wir bei Kletterrosen vor allem auf die Präriekletterpflanzen und die Rambler (Polyanthas) mit ihren jüngsten rosa und weißen Sorten angewiesen. Die hängende *Rosa Wichuraiana* ist auch eine nützliche Ergänzung als ausgezeichnete, winterharte Rose für Banken.

Für die Nordstaaten lautet eine kleine Auswahlliste wie folgt: Hybrid Perpetuals, Mrs. John Laing, Wilder, Ulrich Brunner, Frau Karl Druschki, Paul Neyron; Zwergpolyanthas, Clothilde Soupert, Madame Norbert Levavasseur (Baby Rambler), Mlle. Cécile Brunner; Hybridtees, Grus an Teplitz, La France, Caroline Testout, Kaiserin Victoria, Killarney; Tees, Pink Maman Cochet, White Maman Cochet.

Die folgenden klassifizierten Listen umfassen einige der Arten anerkannter Verdienste für verschiedene Zwecke. Es gibt viele andere, aber es ist wünschenswert, die Liste auf einige gute Arten zu beschränken. Der beabsichtigte Pflanzer sollte aktuelle Kataloge konsultieren.

Frei blühende Monatsrosen als Beet . – Diese werden nicht wegen der individuellen Schönheit der Blüte empfohlen – obwohl einige sehr schön sind –, sondern wegen ihrer Eignung für den angegebenen Zweck. Wenn sie über den Winter im Freien getragen werden sollen, müssen sie nördlich von Washington geschützt werden. In Beeten empfiehlt es sich, die Äste festzunageln. Die mit (A) gekennzeichneten Arten haben sich in Süd-Indiana ohne Schutz als robust erwiesen, obwohl sie damit besser zurechtkommen . (Der Name der Klasse, zu der die Sorte gehört, wird durch den oder die Anfangsbuchstaben des Klassennamens angegeben: C., China; T., Tea; HT, Hybrid Tea; B., Bourbon; Pol., Polyantha; N ., Noisette; HP, Hybrid Perpetual; Pr., Prairie Climber):—

Rot – Sanguinea, C.
Agrippina, C. Marion Dingee, T.
(A) Meteor, HT

Pink –(A)Hermosa, B.
Souvenir d'un Ami, T. Pink Soupert, Pol. (A)Gen. Tartas, T.

Erröten –(A)Cels, C.
Mme. Joseph Schwartz, T. (A)Souvenir de la Malmaison, B. Mignonette,

Pol.

Weiß –(A)Clothilde Soupert, Pol.
(A)Sombreuil, B. Snowflake, T. Pacquerette, Pol.

Gelb –(A)Isabella Sprunt, T.
Mosella (Yellow Soupert), Pol. La Pactole, T. Marie van Houtte, T.

Frei blühende Monatsrosen für Sommerschnitte und Beete . – Diese sind für reine Beetzwecke etwas weniger wünschenswert als die vorhergehenden; aber sie liefern feinere Blüten und sind nützlich wegen ihrer feinen Knospen. Die mit (A) gekennzeichneten Pflanzen sind in Süd-Indiana ohne Schutz winterhart:

Rot –(A)Meteor.
(A)Dinsmore, HP (A)Pierre Guillot, HT Papa Gontier, T.

Hellrosa –(A)La France, HT
Countess de Labarthe, T. (A)Appoline, B.

Weiß – Die Braut, T.
Senator McNaughton, T. (A)Marie Guillot, T. (A)Mme. Bavay, T. Kaiserin Augusta Victoria, HT

Dunkelrosa – (A)American Beauty, HT
(A)Duchess of Albany, HT
Mme. C. Testout, HT
Adam, T. (A)Marie Ducher, T.

Gelb – Perle des Jardins, T.
Mme. Welch, T. Sunset, T. Marie van Houtte, T.

Hybride ewige oder remontante Rosen – Diese blühen nicht so üppig wie die zuvor erwähnten Gruppen; aber die einzelnen Blüten sind sehr groß und werden von keiner anderen Rose erreicht. Sie blühen hauptsächlich im Juni. Die genannten Sorten gehören zu den schönsten und einige von ihnen blühen mehr oder weniger ununterbrochen:

Rot – Alfred Colomb.
Graf von Dufferin. Glorie de Margottin. Anna de Diesbach. Ulrich Brunner.

Rosa – Frau. John Laing.
Paul Neyron. Königin der Königinnen. Magna Charta. Baronin Rothschild.

Weiß – Margaret Dickson.
Merveille de Lyon.

Robuste Kletter- oder Säulenrosen . – Diese blühen nur einmal während der Saison. Sie kommen jedoch nach den Juni-Rosen – einer guten Jahreszeit – und blühen zu dieser Zeit in Hülle und Fülle. Sie erfordern nur einen leichten Rückschnitt.

Weiß – Baltimore Belle, Pr.
Washington, N. Rosa Wichuraiana (nachfolgend).

Pink – Königin der Prärie, Pr.
Tennessee Belle, Pr. Klettern Jules Margotten, HP

Crimson – Crimson Rambler, Pol.

Gelb – Gelber Rambler, Pol.

Zarte Kletter- oder Säulenrosen. Für Wintergärten und den Süden bis nach Tennessee . – Die mit (A) gekennzeichneten Sorten sind nördlich des Ohio River halb winterhart oder etwa so winterhart wie die Hybrid-Tees. Diese müssen nicht beschnitten werden, außer einer leichten Kürzung der Triebe und einer Ausdünnung des schwachen Wachstums.

Gelb – Maréchal Niel, N.
Solfaterre, N. (A)Gloire de Dijon, T. Gelbe Banksia (Banksiana). *Weiß* – (A) Aimée Vibert, N.
Bennetts Sämling (Ayrshire). Weiße Banksia (Banksiana). *Rot* –(A)Reine Marie Henriette, T.
James Sprunt, C.

Rosen im Winter (von CE Hunn).

Obwohl die Züchtung von Rosen unter Glas hauptsächlich Floristen überlassen werden muss, können Ratschläge für diejenigen, die einen Wintergarten haben, hilfreich sein:

Beim Anbau von Treibrosen als Winterblumen stellen Floristen in der Regel Hochbeete in den am besten beleuchteten Häusern zur Verfügung. An der Unterseite des Bettes oder der Bank sind zwischen den Brettern Risse für die Entwässerung vorhanden; Die Risse werden mit umgedrehten Grasnarbenstreifen abgedeckt, und die Bank wird dann mit 10 bis 12 cm dickem, frischem, faserigem Lehm bedeckt. Dieser wird aus verrotteten Grasnarben hergestellt, in die etwa ein Viertel verrotteter Mist eingearbeitet ist. Rasen aus entwässertem Weideland ergibt einen guten Boden. Die Pflanzen werden im Frühjahr oder Frühsommer in einem Abstand von 30 bis 45 Zentimetern auf das Beet gesetzt und wachsen dort den ganzen Sommer über.

Im Winter werden sie nachts bei einer Temperatur von 58° bis 60° gehalten, tagsüber sind es 5° bis 10° wärmer. Die Heizungsrohre werden oft unter den Bänken verlegt, nicht weil die Rose Unterhitze mag, sondern um Platz zu sparen und das Austrocknen der Beete zu unterstützen, falls diese zu nass werden. Bei der Bewässerung, der Temperaturüberwachung und der Belüftung ist größte Sorgfalt erforderlich. Zugluft führt zu Wachstumsstörungen und schimmeligem Laub.

Trockenheit der Luft, insbesondere durch die Hitze des Feuers, führt zum Erscheinen der winzigen roten Spinne auf den Blättern. Die Aphis oder Grünlaus tritt unter allen Bedingungen auf und muss durch den Einsatz einiger Tabakpräparate (von denen mehrere auf dem Markt sind) bekämpft werden.

Bei der Roten Spinne ist das wichtigste Mittel zur Bekämpfung das Spritzen mit klarem Wasser oder Seifenwasser. Wenn die Pflanzen intelligent belüftet werden und stets so viel frische Luft wie möglich erhalten, ist das Auftreten der Roten Spinne weniger wahrscheinlich. Gegen Mehltau, der leicht an seinem weißen, pudrigen Aussehen auf den Blättern zu erkennen ist und mit einer mehr oder weniger starken Verformung der Blätter einhergeht, hilft Schwefel in irgendeiner Form. Die Schwefelblüten können dünn über das Laub gestreut werden; Es genügt, das Laub leicht aufzuhellen. Es kann von der Hand aufgestäubt oder mit einem Puderbalg aufgetragen werden, was eine bessere und weniger verschwenderische Methode ist. Auch hier kann auf einen Teil eines der Dampf- oder Heißwasserheizrohre eine Farbe aus Schwefel und Leinöl aufgetragen werden. Die dabei entstehenden Dämpfe sind nicht angenehm einzuatmen, für Schimmel jedoch tödlich. Auch hier kann hier und da etwas Schwefel auf die kühleren Teile des Gewächshausabzugs gestreut werden. Zünden Sie jedoch auf keinen Fall Schwefel in einem Gewächshaus an. Der Dampf brennenden Schwefels ist für Pflanzen der Tod.

Vermehrung von Hausrosen . – Der Autor hat Frauen gekannt, die Rosen mit größter Leichtigkeit wurzeln konnten. Sie brachen einfach einen Zweig der Rose ab, steckten ihn in das Blumenbeet, bedeckten ihn mit einer Glasglocke und schon hatten sie in ein paar Wochen eine starke Pflanze. Auch hier würden sie auf Schichten zurückgreifen; In diesem Fall wurde ein Ast, der an der Unterseite zur Hälfte eingekerbt war, zum Boden gebogen und so befestigt, dass der eingekerbte Teil mit einigen Zentimetern Erde bedeckt war. Die geschichtete Stelle wurde von Zeit zu Zeit bewässert. Nach drei oder vier Wochen wurden Wurzeln aus der Kerbe hervorgetrieben und der

Zweig oder die Knospen begannen zu wachsen, als bekannt wurde, dass die Schicht Wurzeln gebildet hatte.

Vor einigen Jahren nahm ein Freund eine Käseschachtel, füllte sie bis zum Rand mit scharfem Sand und stellte sie in eine Wanne mit Wasser, so dass die untere Hälfte der Schachtel untergetaucht war. Der Sand wurde festgestampft, bestreut und einteilige Rosenstecklinge mit einer Knospe und einem Blatt oben fast auf ihrer gesamten Länge in den Sand gesteckt. Das war im Juli, einem heißen Monat, in dem es normalerweise schwierig ist, Stecklinge jeglicher Art zu bewurzeln; außerdem stand die Kiste an einem Südhang, der heißen Sonne zugewandt, ohne ein bisschen Schatten. Die einzige Aufmerksamkeit, die der Schachtel gewidmet wurde, bestand darin, den Wasserstand in der Wanne so hoch zu halten, dass er den Boden der Käseschachtel berührte. In etwa drei Wochen entfernte er drei oder vier Dutzend so gut bewurzelte Stecklinge, wie man sie in einem Gewächshaus hätte züchten können.

Von ähnlicher Natur ist das „Untertassensystem", bei dem Stecklinge in feuchten Sand gesteckt werden, der sich in einer Untertasse mit einer Tiefe von ein bis zwei Zoll befindet, sodass sie jederzeit dem vollen Sonnenlicht ausgesetzt sind. Das Wesentliche ist, den Stecklingen die „volle Sonne" zu geben und den Sand mit Wasser gesättigt zu halten.

Welche Methode auch immer verwendet wird: Wenn Stecklinge nach der Wurzelbildung verpflanzt werden sollen, ist es wichtig, sie in kleine Töpfe umzutopfen, sobald sie eine Ansammlung von Wurzeln von einem halben oder einem Zoll Länge aufweisen. Wenn man sie zu lange im Sand lässt, wird der Schnitt geschwächt.

Smilax der Floristen ist eng mit dem Spargel verwandt (es ist *Asparagus medeoloides* der Botaniker). Für die Zimmerkultur ist es zwar nicht zu empfehlen , aber die einfache Anzucht und die Einsatzmöglichkeiten der Blättergirlanden rechtfertigen einen Platz im Wintergarten oder Gewächshaus.

Wenn die Samen im Januar oder Februar in Töpfe oder Kisten gesät werden und die Pflanzen je nach Bedarf umgestellt werden, bis sie im August auf der Bank gepflanzt werden, bilden sich bis zu den Feiertagen feine grüne Stränge. Die Temperatur sollte ziemlich hoch sein. Die Pflanzen sollten auf niedrige Bänke gestellt werden, sodass über ihnen möglichst viel Platz bleibt. Für das Klettern der Ranken sollten grüne Schnüre verwendet werden. Die Ranken sollten häufig mit Spritzen besprüht werden, um die rote Spinne fernzuhalten, die für diese Pflanze sehr schädlich ist, und während des Wachstums der Ranken sollte flüssiger Dünger verabreicht werden. Der

Boden sollte einen guten Sandanteil enthalten und mit gut verrottetem Mist angereichert sein.

Nachdem die ersten Fäden abgeschnitten sind, kann ein zweites Wachstum erreicht werden, das genauso gut ist wie das erste, indem man die Pflanzen reinigt und den Boden mit verrottetem Mist aufstreut. Manchmal werden die alten Wurzeln drei oder vier Jahre aufbewahrt. Eine leichte Beschattung des Hauses bis August verstärkt die Farbe der Blätter. Der Geruch einer Smilax-Rebe, die dicht mit kleinen Blüten bedeckt ist, ist sehr angenehm.

Bestände : Die Zehnwöchigen und die zweijährigen oder Brompton-Bestände (Arten von *Matthiola*) kommen in fast allen altmodischen Gärten vor. Man geht davon aus, dass die meisten Gärten ohne sie unvollständig sind, und die Verwendung der zweijährlich blühenden Arten als Zimmerpflanzen nimmt zu.

Der Zehn-Wochen-Stamm wird normalerweise aus Samen gezogen, die im März in Frühbeeten oder Kisten ausgesät werden. Die Sämlinge werden mehrmals umgepflanzt, bevor sie Anfang Mai ausgepflanzt werden. Bei jeder Umpflanzung sollte der Boden etwas angereichert werden. Die gefüllten Blüten werden zahlreicher, wenn der Boden reichhaltig ist.

Die zweijährigen Arten (oder Brompton-Stämme) sollten in der Saison vor der gewünschten Saison gesät werden, die Pflanzen sollten in einem kühlen Haus überwintert werden und im darauffolgenden Frühjahr angebaut werden. Sie können den ganzen Sommer über ausgepflanzt und im August oder September zur Winterblüte in Töpfe gepflanzt werden. Diese können durch Stecklinge aus den Seitentrieben vermehrt werden; aber die Aussaat von Saatgut ist eine sicherere Methode, und wenn nicht eine besonders schöne Sorte gerettet werden soll, wäre sie die beste. Höhe: 10 bis 15 Zoll.

Edelwicke : Eine winterharte, rankenkletternde einjährige Pflanze, die allgemein als Gartenpflanze im Freien geschätzt wird. teilweise auch von Floristen forciert. Bei jeder Gelegenheit ist die Edelwicke an Ort und Stelle. Ein Strauß schattierter Farben mit ein paar Spritzern Galium oder dem mehrjährigen Schleierkraut ist eine der erlesensten Tischdekorationen.

Tiefer, weicher Boden, frühes Pflanzen und starkes Mulchen passen hervorragend zu ihnen. Es ist leicht, dass Böden zu stickstoffreich für Edelwicken werden; In diesem Fall rennen sie auf Kosten der Blumen zum Weinstock.

Sobald der Boden im Frühjahr arbeitsfähig ist, säen Sie die Samen mit einem 5 Zoll tiefen Bohrer. Dick säen und mit 5 cm Erde bedecken. Wenn die Pflanzen 2 bis 3 Zoll über der Erde gewachsen sind, füllen Sie den Bohrer fast vollständig und lassen Sie eine leichte Vertiefung frei, in der sich Wasser auffangen kann. Nachdem der Boden gründlich mit Wasser durchtränkt ist, hält ein guter Mulch die Feuchtigkeit. Um den Boden im zeitigen Frühjahr fertig zu haben, empfiehlt es sich, den Boden im Herbst auszugraben. Im Frühjahr trocknet die Bodenoberseite dann sehr schnell aus und bleibt in einem guten körperlichen Zustand.

In den mittleren und südlichen Bundesstaaten kann die Aussaat im Herbst erfolgen, insbesondere auf leichteren Böden.

Durch häufiges Ausspritzen mit klarem Wasser wird die rote Spinne ferngehalten, die oft das Laub zerstört, und durch sorgfältiges Pflücken der Samenkapseln wird die Blütezeit verlängert. Wenn Sie die schönsten Blüten wünschen, lassen Sie die Pflanzen nicht weniger als 20 bis 30 cm voneinander entfernt stehen.

In regelmäßigen Abständen bis Mai und Juni kann eine Aussaat erfolgen und eine gute Herbsternte gesichert werden, wenn auf Wasser und Mulch geachtet wird. Die besten Ergebnisse werden jedoch mit einer sehr frühen Pflanzung erzielt. Wenn die Pflanzen gegossen werden, tragen Sie ausreichend Wasser auf, um den Boden zu durchnässen, und gießen Sie nicht häufig.

Swainsona . – Diese Pflanze wird als Winterwicke bezeichnet, aber die Blüten duften nicht. Sie ist eine sehr beliebte Zimmerpflanze, die im späten Winter und frühen Frühling blüht. Die Blüten, die denen der Erbse ähneln, stehen in langen Trauben. Das Blattwerk ist fein geschnitten und ähnelt kleinen Robinienblättern. Es trägt zur Schönheit der Pflanze bei und wirkt insgesamt überaus anmutig. Swainsona kann aus Samen oder Stecklingen gezogen werden. Im Spätwinter geerntete Stecklinge sollten im Sommer zu blühenden Pflanzen führen; Diese Pflanzen können für die Winterblüte verwendet werden, es ist jedoch besser, neue Pflanzen zu züchten. Manche Gärtner schneiden alte Pflanzen zurück, um neues blühendes Holz zu erhalten; Dies ist wünschenswert, wenn die Pflanzen mehr oder weniger dauerhaft im Gewächshausrand wachsen, für Töpfe sollten jedoch neue Pflanzen herangezogen werden.

Die Gewöhnliche Swainsona ist weißblütig; aber es gibt eine gute rosafarbene Sorte.

Tuberose (eigentlich *Knollenrose,* nicht *Röhrenrose,* nach ihrem spezifischen Namen *Polianthes tuberosa*). – Diese Pflanze mit ihren hohen Wachsähren und duftenden weißen Blüten ist in den mittleren Breiten gut bekannt, benötigt aber normalerweise mehr Wärme und eine längere Saison als in den nördlichsten Bundesstaaten üblich.

Die Tuberose ist ein starker Futterfresser und liebt Wärme, viel Wasser beim Wachsen und einen tiefen, nährstoffreichen und gut durchlässigen Boden. Die Zwiebeln können im letzten Mai oder im Juni in den Garten oder ins

Beet gesetzt werden und sie etwa 2,5 cm tief bedecken. Vor dem Pflanzen sollten die alten toten Wurzeln an der Basis der Zwiebel abgeschnitten und die Kerne oder jungen Zwiebeln an den Seiten entfernt werden. Nachdem man sie aufbewahrt hat, bis ihre Narben getrocknet sind, können diese Kerne in einem Abstand von 5 bis 6 Zoll in Bohrer gepflanzt werden, und bei gutem Boden und guter Bodenbearbeitung bilden sie blühende Blumenzwiebeln für das folgende Jahr.

Vor dem Pflanzen der großen Zwiebeln kann es sinnvoll sein, die Spitzen zu untersuchen, um festzustellen, ob sie wahrscheinlich blühen. Die Tuberose blüht nur einmal. Wenn sich inmitten der trockenen Schuppen an der Spitze der Zwiebel ein hartes, holziges Stück eines alten Stängels befindet, hat es geblüht und ist außer der Bildung von Kernen wertlos. Wenn statt eines festen Kerns ein bräunlicher, trockener Hohlraum vorhanden ist, der sich von der Spitze bis in die Mitte der Knolle erstreckt, ist das Herz verfault oder ausgetrocknet und die Knolle blüht nicht mehr.

Blühgroße Zwiebeln, die im Juni im Beet gepflanzt werden, blühen gegen Ende September. Sie können die Blüte drei oder vier Wochen früher veranlassen, indem Sie sie früh an einem warmen Ort einsetzen, wo die Temperatur etwa 60 bis 70 °C beträgt. Bereiten Sie die Zwiebeln wie oben beschrieben vor und platzieren Sie sie mit der Spitze knapp über der Oberfläche in etwa 3 bis 4 Zoll großen Töpfen in leicht sandiger Erde. Gießen Sie sie gründlich und anschließend sparsam, bis die Blätter deutlich gewachsen sind. Diese Pflanzen können Ende Mai oder im Juni ins Freiland gepflanzt werden und werden voraussichtlich Anfang September blühen.

XX. Ein einfacher, aber wirkungsvoller Blumenkasten mit Geranien, Petunien, Eisenkraut, Heliotrop und Weinreben.

Wenn sie in den nördlichen Bundesstaaten im Beet gepflanzt werden, beginnen sie erst dann zu wachsen, wenn der Boden vollständig warm geworden ist – normalerweise nach Mitte Juni –, wodurch die Jahreszeit vor dem Frost zu kurz für ihr perfektes Wachstum und ihre Blüte ist. Wenn Herbstfrostgefahr zu befürchten ist, können sie in Töpfe oder Kisten gehoben und ins Haus gebracht werden, wo sie ohne Kontrolle blühen. Wie bei anderen Blumenzwiebeln eignet sich auch hier ein sandiger Boden.

Graben Sie die Zwiebeln kurz vor dem Frost aus und schneiden Sie die Spitzen bis auf 5 cm an der Spitze der Zwiebel ab. Anschließend können sie in flache Kisten gelegt und zum Aushärten eine Woche oder länger der Sonne und der Luft ausgesetzt werden. Wenn die Nächte kalt sind, sollten sie jeden Abend in einen Raum gebracht werden, in dem die Temperatur nicht unter 40° fällt. Wenn die äußeren Schuppen trocken sind, kann die restliche Erde abgeschüttelt und die Zwiebeln für den Winter in flachen Kisten aufbewahrt werden. Am besten halten sie sich bei einer Temperatur von 45° bis 50°. Die Temperatur sollte niemals unter 40° fallen.

Die Dwarf Pearl stammt aus dem Jahr 1870 und erfreut sich seit langem großer Beliebtheit, und das ist auch heute noch bei vielen der Fall. Aber andere bevorzugen inzwischen die alte, hohe Sorte, deren Blüten, auch wenn sie nicht so groß sind, eine perfekte Form haben und sich besser zu öffnen scheinen.

Tulpen sind zweifellos die wertvollsten Frühlingszwiebeln. Sie sind robust und leicht zu züchten. Sie blühen auch im Winter in einem sonnigen Klima gut. Das Gartenbeet hält bei guter Pflege mehrere Jahre, aber die beste Blüte wird gewährleistet, wenn die alten Blumenzwiebeln alle zwei bis drei Jahre entnommen und neu gepflanzt werden, während alle minderwertigen Blumenzwiebeln beiseite geworfen werden. Wenn der Vorrat zur Neige geht, kaufen Sie erneut. Der alte Bestand kann, wenn er nicht vollständig verbraucht ist, ins Gebüsch oder in Staudenrabatten gepflanzt werden.

September ist die beste Zeit zum Pflanzen von Tulpen, aber da die Beete zu dieser Zeit normalerweise belegt sind, wird die Pflanzung häufig auf Oktober oder November verschoben. Für die Gartenkultur eignen sich die einzelnen frühen Tulpen am besten. Es gibt ausgezeichnete frühgefüllte Sorten. Manche bevorzugen die gefüllte Sorte, da ihre Blüten länger halten. Späte Tulpen sind wunderschön, stehen aber im Frühling zu lange im Beet. Während Tulpen winterhart sind, profitieren sie von einem Wintermulch.

Bei der Ausarbeitung von Designmustern sollte größte Sorgfalt darauf verwendet werden, dass die Linien und Kurven gleichmäßig sind, was nur durch Anzeichnen des Designs und sorgfältiges Pflanzen sichergestellt werden kann. Eine formale Bepflanzung ist für eine erfreuliche Wirkung jedoch keineswegs notwendig. Ränder, Linien und Massen einzelner Farben oder Gruppen gemischter Farben, die harmonieren, sind immer geordnet und ansprechend. Klare Farben sind neutralen Farbtönen vorzuziehen. Da die Sorten in Höhe und Blütezeit variieren, sollten nur benannte Sorten bestellt werden, wenn eine gleichmäßige Beetwirkung gewünscht wird. Siehe S. 286 und 345; Abb. 255.

Veilchen : Während sich die Kultur von Veilchen als Zimmerpflanzen selten als erfolgreich erweist, gibt es keinen Grund, warum sie während des größten

Teils der Winter- und Frühlingsmonate nicht anderswo gut versorgt werden könnten.

Bei Wahl eines geschützten Standortes können Jungpflanzen aus Ausläufern im August oder September gesetzt werden. Sorgen Sie für einen fruchtbaren und gut entwässerten Boden. Diese Pflanzen bilden bis Dezember schöne Kronen und blühen oft, bevor das Wetter kalt genug ist, um sie einzufrieren.

Um den Winter über blühen zu können, ist ein gewisser Schutz erforderlich. Dies kann am besten erreicht werden, indem ein Rahmen aus Brettern gebaut wird, der groß genug ist, um die Pflanzen zu bedecken. Der Rahmen sollte auf die gleiche Weise wie bei einem Frühbeet gestaltet werden, nämlich hinten 10 bis 15 cm höher als vorne. Decken Sie den Rahmen mit einem Flügel oder Brettern ab. Wenn das Wetter ungünstiger wird, sollten Sie Matten oder Stroh über und um den Rahmen legen, um die Pflanzen vor dem Einfrieren zu schützen. Wann immer das Wetter es zulässt, sollte die Abdeckung entfernt und für Luftzufuhr gesorgt werden. Es entsteht jedoch kein Schaden, wenn die Rahmen mehrere Wochen lang nicht bewegt werden. Viel Sonnenlicht und hohe Temperaturen mitten im Winter sollten vermieden werden, denn wenn die Pflanzen stimuliert werden, führt dies zu einer kürzeren Blütezeit. Im April kann der Rahmen entfernt werden, sodass die Pflanzen den späteren Teil der Ernte ohne Schutz abgeben.

Veilchen gehören zu den „coolen" Pflanzen der Floristen. Wenn sie gut ausgehärtet sind, kann ihnen starker Frost nichts anhaben. Sie sollten immer stämmig gehalten werden. Beginnen Sie jedes Jahr eine neue Parzelle mit Ausläuferpflanzen. Sie gedeihen bei einer Temperatur von 55° bis 65°. Seiten 190, 206.

Wachspflanze : Die Wachspflanze oder Hoya ist eine der häufigsten Fenstergartenpflanzen, und doch haben Hausgärtner normalerweise Schwierigkeiten mit der Blüte. Sie ist jedoch eine der am einfachsten zu handhabenden Pflanzen, wenn man ihre Natur versteht.

Es ist von Natur aus eine sommerblühende Pflanze und sollte im Winter ruhen. Bewahren Sie es im Winter einfach an einem kühlen und eher trockenen Ort auf. Wenn die Temperatur nicht über 50° Fahrenheit steigt, umso besser; Es sollte auch nicht viel tiefer gehen. Im späten Winter oder Frühling wird die Pflanze auf warme Temperaturen gebracht, mit Wasser versorgt und mit dem Wachstum begonnen. Die alten Blütenstiele sollten nicht abgeschnitten werden, da sowohl aus ihnen als auch aus dem neuen Holz neue Blüten entstehen. Wenn es zum Wachsen herausgebracht wird, kann es umgetopft werden, manchmal in einen größeren Topf, aber immer mit mehr oder weniger frischer Erde. Die Anlage soll jedes Jahr an Wert gewinnen. In Wintergärten wird es manchmal in die Erde gepflanzt und über eine Mauer laufen gelassen, wobei es dann eine Höhe von mehreren Metern erreicht.

Kapitel IX
: Der Anbau der Obstpflanzen

Früchte sollten zum festen Bestandteil des Wohnraums gezählt werden. Es gibt nur wenige Wohngrundstücke, die so klein sind, dass keine Früchte angebaut werden können. Wenn es keine Möglichkeit gibt, die Früchte des Obstgartens in regelmäßigen Abständen selbst anzupflanzen, gibt es immer noch Grenzen zum Ort, und entlang dieser Grenzen und verstreut in den Randmassen können Äpfel, Birnen und andere Früchte gepflanzt werden.

Es ist nicht zu erwarten, dass die Früchte dort so gut gedeihen wie in gut bearbeiteten Obstgärten, aber man kann etwas tun und die Ergebnisse sind oft sehr zufriedenstellend. Entlang eines hinteren Zauns oder Weges kann man eine oder zwei Reihen Johannisbeeren, Stachelbeeren oder Brombeeren pflanzen oder ein Gitter aus Weintrauben bauen. Befinden sich im vorderen oder hinteren Bereich des Beetes keine Bäume, können die Obstpflanzen dicht nebeneinander in der Reihe platziert werden und die stärkste Entwicklung der Spitzen kann seitlich erfolgen. Wenn man einen Hinterhof mit einer Seitenlänge von 50 Fuß hat, gibt es an drei Rändern Platz für sechs bis acht Obstbäume und Buschfrüchte dazwischen, ohne den Rasen stark zu beeinträchtigen. In solchen Fällen werden die Bäume knapp innerhalb der Grenzlinie gepflanzt.

Ein Vorschlag für die Gestaltung eines Obstgartens von einem Hektar ist in Abb. 270 gegeben. Ein solcher Plan ermöglicht eine kontinuierliche Bewirtschaftung in eine Richtung und erleichtert das Besprühen, Beschneiden und Ernten; und die Zwischenräume können zumindest für einige Jahre für den Anbau einjähriger Pflanzen genutzt werden.

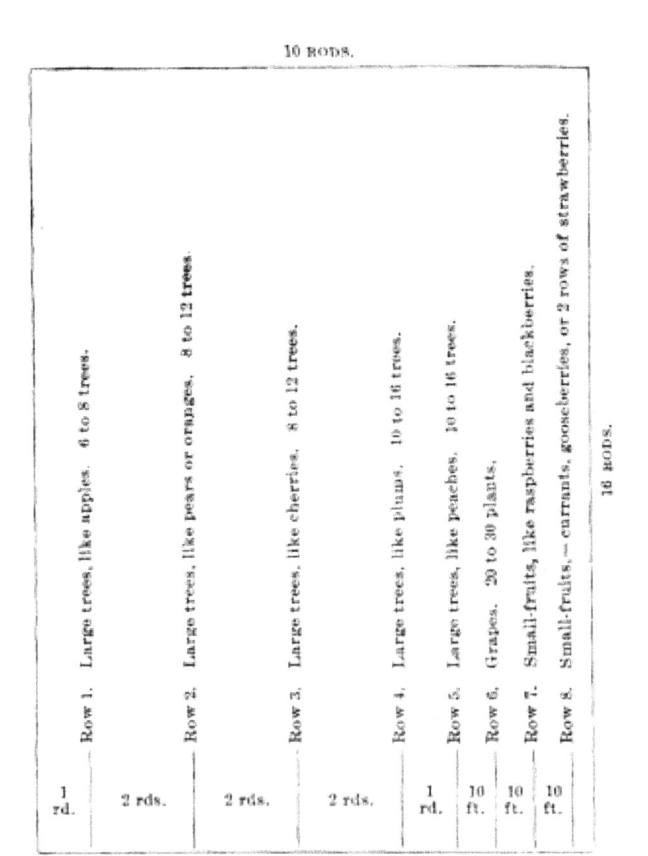

270. Plan for a fruit-garden of one acre. From "Principles of Fruit-growing."

Zwergobstbäume.

Für sehr kleine Flächen und für den Anbau feinster Tafelfrüchte können Zwergbäume aus Äpfeln und Birnen angebaut werden. Der Apfel wird in den Schatten gestellt, wenn er an bestimmten kleinen und langsam wachsenden Apfelbaumarten wie dem Paradise- und dem Doucin-Apfelbaum bearbeitet wird. Das Paradies ist umso schöner, wenn man sich einen sehr kleinen und ertragreichen Baum oder Strauch wünscht. Der Doucin macht nur einen Halbzwerg. Die Birne wird klein, wenn sie auf der Wurzel einer Quitte wächst. Zwergbirnen können in einem Abstand von jeweils bis zu drei Metern gepflanzt werden, wenn möglich sollte ihnen jedoch mehr Platz eingeräumt werden. Paradieszwerge (Äpfel) können in jeder Richtung acht bis zehn Fuß lang gepflanzt werden, wobei die Entfernung doppelt so groß ist. Alle Zwerge sollten durch kräftiges jährliches Eintreiben klein gehalten werden. Wenn der Baum ein gutes Wachstum erzielt, sagen wir ein bis drei Fuß, kann im Winter die Hälfte bis zwei Drittel des Wachstums entfernt werden. Ein Zwergapfel- oder -

birnbaum sollte eine Höhe von höchstens zwölf bis fünfzehn Fuß haben und diese Wuchshöhe nicht in weniger als zehn oder zwölf Jahren erreichen. Ein Zwergapfelbaum sollte in voller Blüte durchschnittlich zwei Picks bis zu einem Scheffel Äpfel erster Qualität schaffen, und eine Zwergbirne sollte etwas mehr leisten.

Wenn jemand Zwergobstbäume anbaut, sollte er damit rechnen, ihnen beim Beschneiden und Kultivieren besondere Aufmerksamkeit zu widmen. Nur in ganz Ausnahmefällen kann erwartet werden, dass die Zwergfrüchte in kommerziellen Ergebnissen den Standards des freien Anbaus entsprechen. Dies gilt insbesondere für Zwergäpfel, die hierzulande praktisch zu den Hausgartenpflanzen zählen. Aus diesem Grund sollten nur die erlesenen Dessertfrüchte auf Paradies- und Doucin-Wurzeln probiert werden. Für Hausgärten wird das Paradies wahrscheinlich mehr Freude bereiten als der Doucin.

Wenn der Baum jung genommen wird, kann er entlang einer Mauer oder auf einem Spalierspalier erzogen werden; und unter solchen Bedingungen sollten die Früchte von besonderer Qualität sein, wenn die Sorten ausgewählt werden. Tafel XXII zeigt die Ausbildung einer Zwergbirne an einer Wand. Dieser Baum hat sich viele Jahre lang gut entwickelt. In den meisten Teilen des Landes ist es wahrscheinlich, dass eine Exposition gegenüber der Südwand die Blüte so früh erzwingt, dass Gefahr durch Frühlingsfröste besteht.

Alter und Größe der Bäume .

Für die normale Pflanzung ist es wünschenswert, Bäume zu wählen, die zwei Jahre nach der Knospen- oder Veredelungszeit alt sind, außer im Fall des Pfirsichs, der ein Jahr alt sein sollte. Viele Züchter bevorzugen starke einjährige Bäume . Eine gute Größe hat einen Durchmesser von etwa fünf Achtel Zoll direkt über dem Kragen und eine Höhe von fünf Fuß. Wenn sie gut gewachsen sind, liefern Bäume dieser Größe genauso gute Ergebnisse wie diese sieben Achtel Zoll. oder mehr, im Durchmesser und sechs bis sieben Fuß hoch. Kaufen Sie erstklassige Bäume bei zuverlässigen Händlern. Es lohnt sich selten, ein paar Cent an einem Baum zu sparen, da die Qualität wahrscheinlich darunter leidet.

Bei richtiger Verpackung können Bäume über weite Strecken transportiert werden und eignen sich möglicherweise genauso gut wie solche, die in einer heimischen Baumschule gezüchtet werden. Im Allgemeinen ist es jedoch am besten, die Bäume so nah wie möglich am Wohnort zu sichern, vorausgesetzt, dass die Qualität der Bäume und der Preis zufriedenstellend sind . Wenn Sie eine große Anzahl kaufen möchten, ist es besser, die Bestellung direkt an eine zuverlässige Baumschule zu senden oder die Bäume persönlich auszuwählen, als sich auf Baumhändler zu verlassen.

Beschneiden .

Nachdem die Bäume gepflanzt wurden, sollten sie sorgfältig beschnitten werden. Generell sind Bäume mit niedrigen Fallhöhen wünschenswert. Bei Pfirsichen und Zwergbirnen sollten die unteren Äste 12 bis 24 Zoll über dem Boden liegen, bei Süßkirschen und Hochbirnen im Allgemeinen nicht mehr als 30 Zoll; Pflaumen, Sauerkirschen und Äpfel können etwas höher sein, aber bei richtiger Handhabung, wenn man sie 3 Fuß über dem Boden ansetzt, behindern die Spitzen die Bearbeitung des Obstgartens nicht.

Für alle außer dem Pfirsich in den nördlichen Bundesstaaten wäre eine Pyramidenform wünschenswert. Um dies zu gewährleisten, lässt man vier bis fünf Seitenzweige mit jeweils drei bis vier Knospen wachsen und schneidet den Mitteltrieb in einer Höhe von 25 bis 30 Zentimetern ab. Nachdem das Wachstum begonnen hat, sollten die Bäume gelegentlich untersucht und alle überschüssigen Triebe entfernt werden, um so die volle Kraft der Pflanze in die verbleibenden Triebe zu bringen. In der Regel können an jedem Ast drei bis vier Triebe belassen werden. Im folgenden Frühjahr sollten die Triebe um die Hälfte zurückgeschnitten und etwa die Hälfte der Äste entfernt werden. Es ist darauf zu achten, dass keine Astgabeln entstehen, und wenn sich Zweige kreuzen, so dass die Gefahr besteht, dass sie reiben, sollte der eine oder andere herausgeschnitten werden. Dieses Zurückschneiden und Ausschneiden sollte zwei bis drei Jahre lang fortgesetzt werden, und im Fall von Zwergbirnbäumen sollte das regelmäßige Zurückschneiden jedes Jahr fortgesetzt werden. Obwohl ein gelegentliches Zurückkehren für die Bäume von Vorteil ist, erfordern Apfel-, Pflaumen- und Kirschbäume, die in jungen Jahren ordnungsgemäß beschnitten wurden, nach dem Aufblühen nicht mehr so viel Aufmerksamkeit.

Starkes Beschneiden der Oberseite fördert die Bildung von Holz; Daher führt das starke Beschneiden von Obstbäumen nach drei oder vier Jahren der Vernachlässigung dazu, dass die Bäume stark holztragend sind und kräftiger werden. Eine solche Behandlung tendiert im Allgemeinen dazu, keine Früchte zu tragen. Dieser starke Rückschnitt ist jedoch in vernachlässigten Obstgärten meist notwendig, um Bäume wieder in Form zu bringen und zu revitalisieren; Aber die beste Schnittbehandlung eines Obstgartens besteht darin, ihn jedes Jahr ein wenig zu beschneiden. Der Schnitt sollte so erfolgen, dass die Baumkronen offen sind, dass keine zwei Äste einander behindern und dass die Früchte selbst nicht so reichlich vorhanden sind, dass sie den Baum überlasten.

Im Allgemeinen ist es am besten, Obstbäume spät im Winter oder früh im Frühjahr zu beschneiden. Manchmal ist es jedoch besser, Pfirsiche und andere zarte Früchte stehen zu lassen, bis die Knospen angeschwollen sind oder sogar nachdem die Blüten abgefallen sind, damit man feststellen kann, wie sehr sie durch den Winter geschädigt wurden. Weinreben sollten im Winter oder spätestens (in New York) am 1. März beschnitten werden. Wenn sie später beschnitten werden, kann es zu Blutungen kommen. Die obigen Ausführungen gelten sowohl für andere Bäume als auch für Früchte.

Ausdünnen der Früchte .

Wenn die beste Größe und Qualität der Früchte gewünscht wird, muss darauf geachtet werden, dass die Pflanze nicht zu stark wächst.

Das Ausdünnen von Früchten hat vier allgemeine Zwecke: die verbleibenden Früchte größer werden zu lassen; um die Chancen auf einjährige Ernten zu erhöhen; um die Vitalität des Baumes zu retten; um Insekten und Krankheiten durch Vernichtung der verletzten Früchte bekämpfen zu können.

Das Ausdünnen erfolgt fast immer kurz nach dem vollständigen Abbinden der Früchte. Dann lässt sich feststellen, welche Früchte wahrscheinlich bestehen bleiben. Pfirsiche werden normalerweise ausgedünnt, wenn sie die Größe eines Daumens haben. Wenn sie vor diesem Zeitpunkt verdünnt werden, sind sie so klein, dass es schwierig ist, sie abzutrennen; und es ist nicht so einfach, die Arbeit des Curculio zu erkennen und dadurch die verletzten Früchte auszuwählen. Ähnliches gilt auch für andere Früchte. Die allgemeine Tendenz besteht darin, selbst bei denen, die ihre Früchte verdünnen, nicht ausreichend zu verdünnen. Normalerweise ist es sicherer, scheinbar zu viele abzuheben, als nicht genug abzunehmen. Die restlichen Exemplare sind besser. Sorten, die dazu neigen, durch Ausdünnung sehr stark zu profitieren. Dies ist insbesondere bei vielen japanischen Pflaumen der Fall, die, wenn sie nicht verdünnt werden, sehr minderwertig sind.

Eine Ausdünnung kann auch durch Beschneiden erfolgen. Durch das Abschneiden der Fruchtknospen werden die Früchte entfernt. Bei zarten Früchten, wie z. B. Pfirsichen, ist es jedoch möglicherweise nicht ratsam, sie durch Beschneiden stark zu verdünnen, da die Früchte durch die verbleibenden Wintertage, durch späten Frühlingsfrost oder durch das Blatt noch weiter ausgedünnt werden können -Curl oder andere Krankheit. Der richtige Schnitt eines Pfirsichbaums im Winter führt jedoch teilweise zu einer Ausdünnung der Früchte. Der Pfirsich wird vom Holz des Wachstums der vorherigen Saison getragen. Von den besten Früchten ist der stärkste und schwerste Wuchs zu erwarten. Es ist die Praxis der Pfirsichzüchter, das gesamte schwache und unreife Holz aus dem Inneren des Baumes zu entfernen. Dadurch werden die minderwertigen Früchte ausgedünnt und die Energie des Baumes kann für den Rest aufgewendet werden.

Äpfel werden selten ausgedünnt; In vielen Fällen kann die Ausdünnung jedoch mit Gewinn erfolgen.

Waschen und Schrubben der Bäume .

Das Waschen von Obstbäumen ist eine alte Praxis. Dies führt normalerweise dazu, dass ein Baum kräftiger wird. Ein Grund dafür ist, dass es Insekten und Pilze zerstört, die sich unter der Rinde festsetzen; aber wahrscheinlich liegt der Hauptgrund darin, dass es die Rinde weicher macht und es dem Stamm ermöglicht, sich auszudehnen. Es ist auch möglich, dass das Kali aus der Seife oder Lauge schließlich in den Boden gelangt und etwas Pflanzennahrung liefert. Normalerweise werden Bäume mit Seifenlauge oder einer Laugenlösung gewaschen. Das Material wird üblicherweise mit einem alten Besen oder einer harten Bürste aufgetragen. Das Schrubben des Baumes ist möglicherweise fast oder genauso wohltuend wie das Auftragen des Waschmittels selbst.

Es ist üblich, Bäume im Spätfrühling oder Frühsommer und noch einmal im Herbst zu waschen, mit der Vorstellung, dass durch dieses Waschen die Eier und Jungen der Bohrer zerstört werden. Zweifellos wird es die Bohrer vernichten, wenn sie gerade erst anfangen, aber es wird die Insekten, die die Eier legen, nicht fernhalten und die Bohrer, die ihren Weg unter die Rinde gefunden haben, nicht vernichten. Vielleicht ist es auch besser, die Bäume sehr früh im Frühling zu waschen, wenn sie anfangen zu wachsen.

Es ist eine alte Praxis, Bäume mit starker Lauge zu waschen, wenn sie von der Austernschalen-Borkenlaus befallen sind. Die moderne Methode zur Behandlung dieser Schädlinge besteht jedoch darin, zu Beginn des jungen Wachstums etwas Kerosin oder eine Ölverbindung zu besprühen, da die jungen Insekten zu diesem Zeitpunkt in das neue Holz wandern und sehr leicht zerstört werden können.

Das Tünchen der Baumstämme dient auch dazu, sie von Insekten und Pilzen zu befreien; und es ist wahrscheinlich, dass in heißen und trockenen Regionen die weiße Abdeckung Schutz vor dem Klima bietet.

Früchte sammeln und aufbewahren .

Fast alle Früchte sollten gepflückt werden, sobald sie sich leicht von den Stielen lösen lassen, an denen sie getragen werden. Bei vielen verderblichen Früchten hängt der richtige Zeitpunkt für die Ernte weitgehend von der Entfernung ab, über die sie transportiert werden sollen. Mit Ausnahme der winterlichen Apfel- und Birnensorten sowie einiger Weintraubensorten ist es am besten, die Früchte gleich nach der Ernte zu entsorgen, es sei denn, sie werden für den Familiengebrauch aufbewahrt.

Wenn das Obst im Winter verwendet werden soll, sollte es sofort in den Keller oder das Obsthaus gebracht werden, in dem es gelagert werden soll, und dort so nahe wie möglich am Gefrierpunkt aufbewahrt werden. Die Gefahr des Schrumpfens ist geringer, wenn die Früchte sofort in geschlossene Fässer oder andere dichte Verpackungen gegeben werden. Bei ausreichender Belüftung können sie jedoch mit geringem Verlust in Behältern aufbewahrt werden. Auch wenn kein Eis verwendet wird, ist es möglich, eine relativ niedrige Temperatur aufrechtzuerhalten, indem man die Fenster nachts öffnet, wenn die Außenatmosphäre kälter ist als im Inneren des Gebäudes, und sie tagsüber schließt, wenn die Außenluft wärmer wird.

Mit Früchten sollte stets äußerst vorsichtig umgegangen werden, denn wenn die Zellen durch unsachgemäße Handhabung zerbrechen, wird die Haltbarkeit stark beeinträchtigt. Die Abbildungen (Abb. 187-189) zeigen drei Arten von Obstlagerhäusern.

Äpfel und Winterbirnen können im Keller (in Kisten) in Sand oder Laub verpackt werden und so vor dem Schrumpfen bewahrt werden.

Mandel : Der Mandelbaum ist in den östlichen Bundesstaaten selten zu sehen, aber ab und zu findet man einen in einem Garten, der keine Früchte trägt. Das Ausbleiben der Fruchtbildung kann auf Frostschäden oder mangelnde Bestäubung zurückzuführen sein.

Die Mandel ist ungefähr so winterhart wie der Pfirsich, blüht aber so früh im Frühling, dass sie östlich des Pazifikhangs kaum angebaut wird. Es handelt sich um einen interessanten Zierbaum, dessen frühe Blüte ein Vorteil ist, wenn die Fruchtbildung unerwünscht ist. Die von Baumschulen im Osten üblicherweise verkauften Mandeln sind hartschalige Sorten und die Nüsse sind für den Handel nicht gut genug. Die Mandelfrucht ist eine Steinfrucht, wie der Pfirsich, aber das Fruchtfleisch ist dünn und hart und der Kern ist die „Mandel" des Handels. Kultur wie für Pfirsich.

Bei den „blühenden Mandeln" handelt es sich um Sträucher verschiedener Arten des fruchttragenden Baumes. Normalerweise werden sie auf Pflaumen aufgepfropft, und der Bestand kann Ausläufer auswerfen und Ärger verursachen.

Äpfel gedeihen in einem größeren Gebiet und unter vielfältigeren Bedingungen als jede andere Baumfrucht. Das bedeutet, dass sie leicht zu züchten sind. Tatsächlich sind sie so einfach anzubauen, dass sie normalerweise vernachlässigt werden.

Äpfel gedeihen am besten auf einem festen, sandigen Lehmboden oder einem leichten Lehmboden. Obwohl ein Boden, der sehr reich an organischen Stoffen ist, nicht wünschenswert ist, können gute Ergebnisse nur erzielt werden, wenn er eine angemessene Menge an pflanzlichen Stoffen enthält. Für dieses, aber auch für andere Früchte, ist eine Kleerasen besonders wünschenswert.

Für einen kommerziellen Obstgarten sollten die meisten Sorten einen Abstand von 35 bis 40 Fuß haben; aber die langsam wachsenden und langlebigen Sorten können in einer Höhe von 40 Fuß stehen, und auf halbem Weg dazwischen in beiden Richtungen können einige der kurzlebigen, früh tragenden Sorten platziert werden, um sie zu entfernen, sobald sie anfangen, sich zu drängen. Auf heimischen Grundstücken können die Bäume etwas näher als 35 bis 40 Fuß stehen, insbesondere wenn sie an den Grenzen gepflanzt werden, damit die Äste frei in eine Richtung ragen können.

Insbesondere in den feuchten Klimazonen östlich der Großen Seen ist es normalerweise ratsam, den Körper des Baumes 3 1/2 bis 4 1/2 Fuß lang zu haben. Bis zu diesem Punkt sollten die Äste beim Setzen des Baumes beschnitten werden. Es können drei bis fünf Hauptzweige übrig bleiben, die das Gerüst der Spitze bilden. Diese sollten beim Setzen des Baumes um ein Viertel oder die Hälfte gekürzt werden. (Abb. 142-145) Durch den anschließenden Schnitt sollte die Spitze des Baumes offen bleiben und eine mehr oder weniger symmetrische Form erhalten. Westlich der Großen Seen, insbesondere in den Ebenen und in den halbtrockenen Regionen, beginnt der Gipfel möglicherweise viel näher am Boden.

Unter Obstgartenbedingungen sollten die Bäume vor allem in den ersten Jahren in sauberer Kultur gehalten werden; Dies ist jedoch im heimischen Garten nicht immer möglich. Anstelle der Bodenbearbeitung kann die Grasnarbe jeden Herbst mit Stallmist gemulcht werden und im Herbst oder Frühjahr kann handelsüblicher Dünger ausgebracht werden. Wenn Früchte statt Laub und Schatten erwünscht sind, sollte darauf geachtet werden, den Boden nicht zu reichhaltig zu machen, sondern ihn in einem solchen Zustand zu halten, dass der Baum ein ziemlich kräftiges Wachstum mit gutem, starkem Laub macht, aber nicht überwuchert. Ein volltragender Apfelbaum ist normalerweise in gutem Zustand, wenn die Zweige jede Saison 10 bis 18 Zoll wachsen.

Apfelbäume sollten nach drei bis fünf Jahren gepflanzt werden und nach zehn Jahren gute Erträge bringen. Bei guter Behandlung dürften sie in den nordöstlichen Bundesstaaten dreißig oder mehr Jahre lang aushalten.

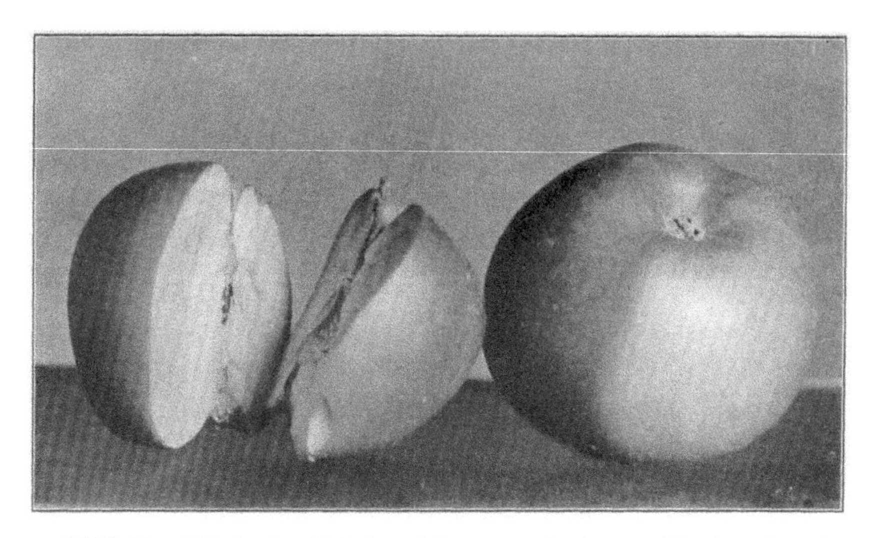

XXI. Der König der Früchte. Newtown ist im pazifischen Land gewachsen.

Insekten und Krankheiten des Apfels .

Zu den Insekten, die man am häufigsten am Apfelbaum findet, gehören der Kabeljau, der Krebswurm und die Zeltraupe. Der Apfelwickler legt sein Ei kurz nach dem Fallen der Blüten auf die Frucht, und die Larven fressen sich beim Schlüpfen hinein. Ein gründliches Besprühen der Bäume mit Arseniten innerhalb einer Woche nach dem Blütenfall wird viel dazu beitragen, sie zu zerstören; und eine zweite Anwendung in etwa drei Wochen ist unerlässlich. Der Krebswurm (Abb. 217) und die Zeltraupen ernähren sich von den Blättern und können auch durch Arsenite zerstört werden. Um gegen Erstere wirksam zu sein, müssen die Anwendungen jedoch kurz nach dem Schlüpfen und sehr gründlich erfolgen.

Auf Bohrer sollte man genau achten. Wenn die Rinde abgestorben oder stellenweise eingesunken erscheint, entfernen Sie sie und suchen Sie nach der Ursache. Unter der Rinde findet man meist einen Bohrer. An der Basis des Baumes kommt es zu den schwersten Verletzungen durch Bohrer, da das Insekt, das dort eindringt, sich in das harte Holz bohrt. Seine Anwesenheit kann anhand der Splitter festgestellt werden, die aus seinen Höhlen geworfen werden. Wenn die Bäume gut gepflegt werden und sich in einem sparsamen Wachstumszustand befinden, wird die Verletzung deutlich reduziert. Es empfiehlt sich, die Stämme und größeren Äste im Frühjahr mit mit Wasser verdünnter Schmierseife zu waschen, damit sie mit einem Pinsel oder Besen aufgetragen werden kann. Die Zugabe einer Unze Pariser Grün zu je fünf Gallonen Waschmittel ist von Nutzen. Die einzige wirkliche Abhilfe besteht jedoch darin, die Bohrer auszugraben.

Die schlimmste Krankheit des Apfels ist der Apfelschorf, der die Frucht verunstaltet und ihre Größe verringert. Es schadet auch oft dem Laub und hemmt so das Wachstum der Bäume (Abb. 214). Besonders anfällig für diese Krankheit sind Baldwin, Fameuse, Northern Spy und Red Canada, die in feuchten Jahreszeiten weitaus problematischer ist als bei trockenem Wetter. Der Einsatz von Fungiziden trägt wesentlich dazu bei, die durch diese Krankheit verursachten Schäden zu lindern.

Apfelsorten .

Die Auswahl der Apfelsorten für den Heimgebrauch ist zu einem großen Teil eine persönliche Angelegenheit; und niemand darf sagen, was man pflanzen soll. Eine Sorte, die in einem Abschnitt erfolgreich angebaut wird, kann sich in einem anderen Abschnitt als enttäuschend erweisen. Man sollte den Ort studieren, an dem man pflanzen möchte, und diejenigen Sorten auswählen, die dort am erfolgreichsten angebaut werden. Unter den erfolgreichen Arten sollte man diejenigen auswählen, die ihm am besten gefallen und die am besten zu den Zwecken passen, für die er sie anbauen möchte .

Für die nördlichen und östlichen Bundesstaaten erweisen sich im Allgemeinen die folgenden Sorten als wertvoll:

[Die mit * gekennzeichneten Sorten sind sowohl für den Markt als auch für den Heimgebrauch besonders wertvoll; die anderen sind hauptsächlich für den Heimgebrauch wünschenswert.]

Früh . – Gelb Transparent, Frühe Ernte, Frühe Erdbeere, Primat, Färber, Sommerrose, Früher Joe, Roter Astrachan, Golden Sweet, Oldenburg,* Summer Pearmain, Williams (Favorit), Chenango, Bough (Süß), Summer Queen, Gravenstein ,* Jefferis, Porter, Maiden Blush.

Herbst . – Bailey (Sweet), Fameuse,* Jersey Sweet, Fall Pippin, Wealthy,* Mother, Twenty Ounce, Magnate.

271. The Jonathan.

Winter .-Jonathan* (Abb. 271), Hubbardston,* Grimes,* Tompkins King,* Wagener* (Abb. 272), Baldwin,* Yellow Bellflower, Tolman (Sweet), Northern Spy,* Red Canada,* Roxbury, McIntosh,* Yellow Newtown (Platte XXI), Golden Russet, Belmont, Melon, Lady, Rambo, York Imperial, Pomme Gris, Esopus (Spitzenburgh), Swaar, Peck (Pleasant), Rhode Island Greening, Sutton, Delicious, Stayman Winesap, Westfield (Suche nicht weiter).

Für den Süden und Südwesten sind die in der folgenden Liste genannten Sorten von Wert:

Früh . – Red June, Yellow Transparent, Red Astrachan, Summer Queen, Benoni, Oldenburg, Gravenstein, Maiden Blush, Earlyripe,* Williams,* Early Cooper,* Horse.

272. The Wagener.

Herbst . – Haas, Late Strawberry, Oconee, Rambo, Peck (Peck Pleasant), Carter Blue, Bonum,* Smokehouse,* Hoover.

273. Pewaukee Apple.

Winter .-Shockley, Rome Beauty,* Smith Cider, Grimes, Buckingham, Jonathan,* Winesap, Kinnard, York Imperial, Gilpiri (Romanite), Ralls (Genet), Limbertwig, Royal Lumbertwig, Stayman Winesap,* Milam, Virginia Beauty, * Terry,* Ingram.*

Im Nordwesten werden nur solche Sorten zufriedenstellend sein, die äußerst robust sind, und unter denen, die wahrscheinlich erfolgreich sind, können wir erwähnen:

Früh . – Gelb transparent, Tetofski, Oldenburg.*

Herbst . – Fameuse, Longfield, Wealthy, McMahan,* McIntosh,* Shiawassee.

Winter . – Wolf River,* Winterschlaf, Northwestern (Greening), Pewaukee (Abb. 273), Switzer, Golden Russet, Patten (Greening).*

Aprikose : Diese Frucht kommt in östlichen Hausgärten nicht oft vor, obwohl sie eine größere Bekanntheit verdient. Wenn es überhaupt wächst, wird es nach englischem Brauch wahrscheinlich an Wänden erzogen.

274. Roman Apricot.

In den Breiten von New York hat sich die Aprikose als ebenso winterhart erwiesen wie der Pfirsich. Unter den richtigen Bedingungen hinsichtlich Boden und Lage wird er reichliche Ernten einbringen und seine Früchte reifen etwa drei Wochen vor den frühen Pfirsichen.

Auf festem Boden gedeiht die Aprikose meist am besten; aber ansonsten passt die Behandlung des Pfirsichs sehr gut. Der Boden sollte eher trocken sein; Insbesondere sollte der Untergrund so beschaffen sein, dass kein Wasser um die Wurzeln stehen kann. Die Ausrichtung sollte nach Norden oder Westen erfolgen, um die Blütezeit zu verzögern, da der einzige große Nachteil für eine erfolgreiche Fruchtbildung das frühe Aufblühen und das anschließende Einfrieren der Blüten oder kleinen Früchte ist.

Die beiden gravierenden Schwierigkeiten beim Anbau von Aprikosen sind die Verwüstung durch den Curculio und die Gefahr für die Blumen durch den Frühlingsfrost. Normalerweise ist es fast unmöglich, sich Früchte von einem oder zwei isolierten Aprikosenbäumen zu sichern, da die Curculios sie alle fressen. Es ist auch möglich, dass einige Sorten eine Fremdbestäubung benötigen.

Zu den besten Aprikosensorten zählen Montgamet, Jackson, Royal, St. Ambroise, Early Golden, Harris, Roman (Abb. 274) und Moorpark. Im Osten werden Aprikosen häufig an Pflaumen verarbeitet, sie gedeihen aber auch am Pfirsich.

Durch die Einführung der russischen Sorten vor einigen Jahren wurden der Liste einige wünschenswerte Arten hinzugefügt, die sich als widerstandsfähiger erwiesen haben und etwas später blühen als die alten

Sorten. Die Früchte der russischen Sorten sind zwar nicht so groß wie die der anderen Sorten, gleichen ihnen aber im Geschmack voll und ganz und sind sehr ertragreich. Sie gebären reichlicher und mit weniger Sorgfalt als die altmodischen und größeren Arten.

Brombeere. —Im Allgemeinen ist die Bepflanzung und Pflege einer Brombeerplantage die gleiche wie bei Himbeeren. Aufgrund der Tatsache, dass sie später in der Saison reifen, wenn es am häufigsten zu Dürren kommt, sollte der Platzierung auf feuchtigkeitsspeicherndem Boden und der Bereitstellung eines effizienten Mulchs, der im Allgemeinen am besten mit einem Grubber bearbeitet werden kann, noch mehr Aufmerksamkeit gewidmet werden . Die kleinwüchsigen Sorten (wie Early Harvest und Wilson) können in einer Größe von 4 x 7 Fuß gepflanzt werden, die in Ranken wachsenden Sorten (wie Snyder) in einer Größe von 6 x 8 Fuß. Eine gründliche Kultivierung während der gesamten Saison trägt dazu bei, den Ertrag deutlich zu halten die nötige Feuchtigkeit, um eine gute Ernte zu erzielen. Der Boden sollte jedoch sehr flach bearbeitet werden, um die Wurzeln nicht zu stören, da durch das Brechen der Wurzeln eine große Anzahl von Ausläufern entsteht, die herausgeschnitten und zerstört werden müssen. Während die Hügelkultur (wie oben empfohlen) für den Garten wünschenswert ist, verwenden kommerzielle Züchter im Allgemeinen durchgehende Reihen.

Brombeeren tragen wie Kratzbeeren und Himbeeren nur eine Ernte am Stock. Das heißt, Stöcke, die dieses Jahr sprießen, tragen im nächsten Jahr Früchte. Es genügen 3 bis 6 Stöcke, um auf jedem Hügel verbleiben zu können. Die überflüssigen werden kurz nach dem Auftauchen aus dem Boden ausgedünnt. Die alten Stöcke sollten kurz nach der Fruchtbildung herausgeschnitten und verbrannt werden. Die neuen Triebe sollten in einer Höhe von 6 bis 90 cm zurückgeknipst werden, damit sich die Pflanzen selbst ernähren können. Wenn sie an Drähten befestigt werden sollen, können sie die ganze Saison über wachsen und im Winter oder Frühjahr zurückgeschnitten werden, wenn sie an Drähten befestigt werden.

Brombeerpflanzen werden manchmal in kalten Klimazonen niedergelegt, wobei die Spitzen umgebogen und durch Erde oder Grasnarben, die auf ihre Spitzen geworfen werden, am Boden gehalten werden (Abb. 155).

Die lästigste Krankheit der Brombeere ist Orangenrost (auffällig an der Unterseite der Blätter), der sich oft als sehr zerstörerisch erweist, insbesondere für Kittatinny und einige andere Sorten. Es gibt kein Heilmittel und beim ersten Auftreten der Krankheit sollten die infizierten Pflanzen ausgegraben und verbrannt werden.

Sorten von Brombeeren .

Vielen der besseren Brombeersorten mangelt es an Winterhärte und sie können nur an günstigeren Standorten angebaut werden. Snyder und Taylor sind im Allgemeinen am erfolgreichsten, obwohl Wilson und Early Harvest oft in großem Maßstab für den Markt angebaut werden und sich gut als Winterschutz eignen. Eldorado ist Snyder sehr ähnlich, er wirkt robust und produktiv. Erie, Minnewaski, Kittatinny und Early King sind in vielen Abschnitten große und wertvolle Sorten.

275. Sour or pie cherries.

Kirsche : Von den Kirschen gibt es zwei häufig vorkommende Arten, die Süßkirschen und die Sauerkirschen. Die Süßkirschen sind größere und höher wachsende Bäume. Sie umfassen die Sorten Hearts, Bigarreaus und Dukes. Zu den Sauerkirschen (Abb. 275) gehören die verschiedenen Arten von Schattenmorellen und Tortenkirschen, die meist nach den Süßkirschen reifen.

Die Sauerkirschen bilden niedrige, rundköpfige Bäume. Die Früchte werden häufig zum Einmachen verwendet. Sauerkirschen gedeihen gut auf tonigen Lehmböden. Die Sauerkirsche sollte in einem Abstand von 18 x 18 Fuß in gut vorbereiteter, wenig entwässerter Erde gepflanzt werden. Die Bäume können jedes Jahr leicht zurückgeschnitten werden, damit der Baumstamm niedrig und buschig bleibt.

Die Süßkirschen erwiesen sich in vielen Fällen als enttäuschend, da die Früchte verrotteten. Das lässt sich vielleicht nie ganz vermeiden, aber eine gute Kultivierung, ein nicht zu stickstoffreicher Boden, sorgfältiges Besprühen und das Pflücken der Früchte im trockenen Zustand werden den Verlust deutlich vermindern. In Jahren mit starkem Fäulnis sollten die Früchte vor der vollständigen Reife gepflückt, in einen kühlen, luftigen Raum gestellt und dort verfärbt werden. Es wird fast so gut schmecken, als ob es am Baum belassen würde; und da der Pilz normalerweise nur die reifen Früchte befällt, kann ein beträchtlicher Teil der Ernte gerettet werden.

Stellen Sie die Bäume in einem Abstand von 25 bis 30 Fuß auf. Für den Anbau von Süßkirschen sollten nur sehr gut entwässerte Flächen, vorzugsweise solche mit etwas kiesiger Beschaffenheit, genutzt werden.

Blattfäule lässt sich leicht durch rechtzeitiges Besprühen mit Bordeaux-Mischung bekämpfen. Der Curculio- oder Fruchtwurm kann durch Einrütteln, wie bei Pflaumen, oder durch Besprühen bekämpft werden. Das Einrütteln wird bei Kirschen für die Curculio selten angewendet, da das Giftspray aus irgendeinem Grund bei diesen Früchten besonders wirksam zu sein scheint.

Kirschsorten .

Von den sauren Sorten sind May Duke (Abb. 36), Richmond, Dyehouse, Montmorency, Ostheim, Hortense (Abb. 34), Late Kentish, Suda und Morello (englisch Morello) (Abb. 35) die wertvollsten. Die folgenden süßen Sorten sind dort von Wert, wo sie Erfolg haben: Rockport, (Yellow) Spanish, Elton, (Governor) Wood, Coe, Windsor, (Black) Tartarian und Downer.

Cranberry . – Der Anbau von Cranberries in künstlichen Mooren ist ein amerikanischer Wirtschaftszweig. Auch die auf Märkten häufig vorkommende große Preiselbeere ist eine besonders amerikanische Frucht, da sie in anderen Ländern unbekannt ist, es sei denn, die Früchte werden dorthin verschifft.

Cranberries werden in Mooren angebaut, die überflutet sein können. Das gesamte Gebiet wird im Winter unter Wasser gehalten, vor allem um zu verhindern, dass die Pflanzen im Winter durch das Heben und Gefrieren und Auftauen der Moore geschädigt werden. In regelmäßigen Abständen werden auch Überschwemmungen eingesetzt, um Insekten zu übertönen, Dürre zu mildern und vor Frost und Bränden zu schützen. Die übliche Praxis besteht darin, ein Moor zu wählen, durch das ein Bach fließt oder durch das ein Bach oder Graben umgeleitet werden kann. An der Unterseite des Moores sind Schleusentore angebracht, so dass bei geschlossenen Toren das Wasser zurückstaut und das Gebiet überschwemmt. Am besten ist es, wenn das Moor vergleichsweise flach ist, sodass das Wasser über die gesamte Fläche ungefähr gleich tief ist. An den flachsten Stellen sollte das Wasser etwa 30 cm über den Pflanzen stehen. Das Wasser wird normalerweise Anfang Dezember auf das Moor gelassen und bis April oder Anfang Mai belassen. Während des restlichen Jahres kommt es nicht zu Überschwemmungen, es sei denn, es liegt ein besonderer Anlass vor.

Der gesamte Wild- und Rasenbewuchs sollte vor dem Setzen der Reben aus dem Moor entfernt werden. Dies geschieht entweder durch Ausgraben und körperliche Entfernung oder durch Überflutung durch einjährige Überschwemmung. Die erstere Methode wird allgemein als die bessere angesehen. Nachdem der Rasenbewuchs entfernt wurde, wird das Moor geglättet und 2 bis 3 Zoll tief mit sauberem Sand bedeckt. Die Ranken werden nun aufgestellt, wobei die unteren Enden durch den Sand in die nährstoffreichere Erde gesteckt werden. Um ein zu schnelles und verworrenes Wachstum der Rebe zu verhindern, ist es üblich, das Moor alle drei bis vier Jahre bis zu einer Tiefe von einem Viertel bis einem halben Zoll neu zu sanden. Wenn das Schleifen nicht möglich ist, können die Reben gemäht werden, wenn sie zu üppig werden.

Bei den Setzpflanzen handelt es sich lediglich um Stecklinge oder Zweige der Weinreben. Diese Stecklinge können 5 bis 10 Zoll lang sein. Sie werden in ein mit einem Brecheisen oder Stock gebohrtes Loch in den Boden gesteckt. Sie werden normalerweise in Abständen von 12 bis 18 Zoll in jede Richtung gepflanzt und die Reben dürfen den gesamten Boden wie mit einer Matte bedecken. In drei Jahren sollte eine gute Ernte gesichert sein, wenn Unkraut und Wildwuchs gering gehalten werden. Eine Ernte liegt zwischen 50 und 100 Barrel pro Acre.

Johannisbeere : Da die Johannisbeere zu den widerstandsfähigsten und ertragreichsten Früchten des Nordens gehört, wird sie oft vernachlässigt, die Stelle darf mit Gras verschmutzt werden, sie wird nie ausgedünnt oder beschnitten, und die Würmer fressen bis dahin die Blätter Mit der Zeit werden die Pflanzen schwächer und sterben ab. Entlang des Zauns gibt es keinen Platz, um Johannisbeeren oder andere Früchte anzupflanzen; Pflanzen Sie im Freien, mindestens 5 Fuß von allem entfernt, was die Kultivierung beeinträchtigen könnte.

Keine Obstpflanze reagiert besser auf eine gute Pflege als die Johannisbeere. Ein sauberer Anbau und ein großzügiger Einsatz von Gülle oder Düngemitteln werden mit Sicherheit zu gut ertragreichen Pflanzen führen. Ein- oder zweijährige Pflanzen können in einer Größe von 4 x 6 Fuß gesetzt werden. Schneiden Sie den Busch, indem Sie die meisten Triebe unter der Erdoberfläche abschneiden. Die Johannisbeere sollte einen kühlen, feuchten Boden haben. Wenn die Jahreszeit trocken ist, hilft ein Mulch aus Stroh oder Blättern den Pflanzen, sich zu etablieren.

Johannisbeeren lassen sich leicht durch reife Stecklinge der neuen oder vorjährigen Stöcke vermehren.

Die roten und weißen Johannisbeeren tragen meist zwei Jahre altes oder älteres Holz. An die Stelle des alten tragenden Holzes sollte eine Reihe junger Triebe wachsen. Schneiden Sie die Stöcke heraus, wenn sie älter werden. Der Halbschatten, den ein junger Obstgarten bietet, passt gut zu den Johannisbeeren, und wenn der Boden in gutem Zustand ist, wird der Obstgarten keine schlechten Folgen haben, vorausgesetzt, die

Johannisbeeren werden entfernt, bevor die Bäume den gesamten Nahrungsraum benötigen.

Bei richtiger Handhabung sollte ein Johannisbeerbeet 10 bis 20 Jahre lang in gutem Zustand bleiben. Ein sehr wichtiger Punkt besteht darin, die alten, schwachen Stöcke herauszuschneiden und jedes Jahr nacheinander zwei bis vier neue aus der Wurzel zu bilden.

Um den Johannisbeerwurm zu bekämpfen, sprühen Sie ihn gründlich mit Pariser Grün ein, um die erste Brut abzutöten, sobald Löcher in den unteren Blättern sichtbar sind – normalerweise bevor die Pflanzen blühen. Für die zweite Brut, falls sie erscheint, mit Weißer Nieswurz besprühen (S. 203). Schneiden Sie bei Bohrern die betroffenen Stöcke aus und verbrennen Sie sie.

Sorten von Johannisbeeren .

In den meisten Abschnitten wird sich herausstellen, dass die Red Dutch die zufriedenstellendste Sorte ist, da die Pflanzen viel weniger durch Bohrer geschädigt werden als Cherry (Tafel XXIII), Fay und Versailles, die größere und bessere Sorten sind und vorzuziehen sind in Abschnitten, in denen die Bohrer keine Probleme bereiten. Victoria ist eine wertvolle Marktsorte, wo es zahlreiche Bohrer gibt, da sie von ihnen kaum verletzt wird. Gleiches gilt auch für (Prince) Albert, der kaum von Johannisbeerwürmern befallen wird und als Spätsorte besonders wertvoll ist. White Dutch und White Grape sind wertvolle helle Sorten, (Black) Naples als Gelee-Sorte. Auch London (London Market) erweist sich in einigen Abschnitten als zufriedenstellend.

276. Lucretia dewberry.

Kratzbeere . – Die Kratzbeere kann als frühe Brombeere bezeichnet werden. Die Kultur ist sehr einfach. Die Stöcke sollten gestützt werden, da sie sehr schlank und stark wachsend sind. Ein Drahtspalier oder ein großmaschiger Zaundraht antworten bewundernswert; oder (und das ist die bessere allgemeine Methode) sie können an Einsätze gebunden sein. Die Früchte sind groß und auffällig, was sie in Kombination mit ihrer Frühzeitigkeit begehrenswert macht; aber es mangelt ihnen meist an Geschmack. Die Lucretia (Abb. 276) ist die führende Sorte.

Legen Sie die Stöcke im Winter auf den Boden. Binden Sie im Frühjahr alle Stöcke jeder Pflanze an einen Pfahl. Schneiden Sie nach der Fruchtbildung die alten Stöcke ab und verbrennen Sie sie (wie bei Brombeeren). In der Zwischenzeit wachsen die jungen Stöcke (für die Fruchtbildung im nächsten Jahr). Diese können beim Wachsen festgebunden werden, damit sie dem Kultivierenden nicht im Weg sind. Kratzbeeren blühen ein bis zwei Wochen früher als Brombeeren.

Abb . – Die Feige wird im Osten kaum angebaut, außer als Kuriosität, aber an der Pazifikküste hat sie als Obstgartenfrucht beträchtliche Bedeutung erlangt. Feigen halten erheblichem Frost stand und Sämlinge oder minderwertige Sorten wachsen ohne Schutz im Freien bis nach Virginia. Viele der Sorten tragen an jungen Trieben Früchte, und da die Wurzeln beträchtlicher Kälte standhalten, bringen diese Sorten in den nördlichen Bundesstaaten oft ein paar Feigen hervor. Feigen wurden in Michigan im Freiland geerntet. In Regionen mit zehn Grad Frost sollte die Feige im Winter gepflanzt werden. Zu diesem Zweck werden die Pflanzen so beschnitten, dass sie sich vom Boden aus verzweigen, die weichen Spitzen werden an die Oberfläche gebogen und mit Erde bedeckt. Im kommerziellen Anbau werden Feigenbäume groß und stehen 18 bis 25 Fuß voneinander entfernt; aber in Gärten, wo man sie bücken muss, soll man sie als Sträucher halten.

Adria ist die am häufigsten angebaute weiße Feige. Zu den anderen Sorten gehören California Black oder Mission Fig, Brown Ischia, Brown Turkey, White Ischia und Celeste (Celestial).

277. One of the English-American gooseberries.

Stachelbeere : Die Stachelbeere unterscheidet sich in ihren Ansprüchen an Boden, Schnitt und allgemeine Pflege kaum von der Johannisbeere. Die Pflanzen sollten einen Abstand von 3 bis 4 Fuß haben; Reihen im Abstand von 5 bis 7 Fuß. Wählen Sie einen nährstoffreichen, eher feuchten Boden. Die Oberteile benötigen keinen Winterschutz. Wenn Schimmel und Würmer unter Kontrolle gehalten werden sollen, muss mit dem Sprühen bereits beim ersten Anzeichen einer Störung begonnen und gründlich durchgeführt werden.

Die Vermehrung der Stachelbeere ähnelt der der Johannisbeere, obwohl bei den europäischen Sorten die Praxis praktiziert wird, eine ganze Pflanze zu erden, wodurch jeder so bedeckte Zweig Wurzeln auswirft. Die bewurzelten Zweige werden im folgenden Frühjahr abgeschnitten und in Baumschulreihen oder manchmal auch direkt ins Freiland gepflanzt. Um mit dieser Methode erfolgreich zu sein, sollte die Pflanze bis auf den Boden zurückgeschnitten worden sein, sodass alle Triebe einjährig sind.

Seitdem das Besprühen mit Fungiziden zur Vorbeugung von Mehltau eingeführt wurde, hat die Kultur der Stachelbeere zugenommen. Es gibt keinen Grund, warum mit ein wenig Sorgfalt nicht gute Ernten vieler der besten englischen Sorten angebaut werden könnten.

Ein großer Teil der Stachelbeerernte wird für kulinarische Zwecke grün gepflückt. Mehrere der englischen Sorten und ihre Derivate haben sich als wertvoll erwiesen, da sie größere Früchte als die einheimischen Sorten haben (Abb. 277).

Sorten von Stachelbeeren .

Für den normalen Gebrauch kann grundsätzlich das Downing empfohlen werden. Es ist winterhart, produktiv, von mittlerer Größe und grünlich-weiß gefärbt. Houghton ist noch robuster und ertragreicher, allerdings sind die Früchte eher klein und von dunkelroter Farbe. Zu den Sorten europäischen Ursprungs, die erfolgreich angebaut werden können, wenn der Mehltau verhindert werden kann, gehören Industry, Triumph, Keepsake, Lancashire Lad und Golden Prolific. Zu den weiteren vielversprechenden Sorten gehören Champion, Columbus, Chautauqua und Josselyn (Red Jacket).

Traube : Eine der sichersten Obstkulturen ist die Traube, eine Ernte, die jedes Jahr nach dem dritten Jahr nach dem Setzen der Reben einigermaßen sicher ist; und die guten Amateurarten sind zahlreich.

Die Traube gedeiht gut auf jedem Boden, der gut kultiviert und gut entwässert ist. Ein Boden mit viel Lehm ist unter diesen Umständen besser als ein leichter, sandiger Lehm. Die Exposition sollte der Sonne ausgesetzt sein; und der Ort sollte von allen Seiten bebaubar sein.

Für die Pflanzung sollten 1 oder 2 Jahre alte Reben verwendet werden, die entweder im Herbst oder im zeitigen Frühjahr gesetzt werden. Beim Pflanzen wird die Rebe auf drei oder vier Augen zurückgeschnitten und die Wurzeln werden gut eingekürzt. Das Loch, in das die Pflanze gesetzt werden soll, sollte groß genug sein, um eine vollständige Ausbreitung der Wurzeln zu ermöglichen. Wenn die Jahreszeit trocken sein sollte, kann ein Mulch aus grober Streu rund um den Weinstock verteilt werden. Wenn alle Knospen entstehen, können die stärksten Knospen wachsen. Die aus diesen Knospen entstehenden Stöcke sollten abgesteckt werden und die ganze Saison über wachsen; oder in großen Plantagen können die einjährigen Stöcke auf dem Boden liegen gelassen werden.

Im zweiten Jahr sollte ein Stock auf die gleiche Anzahl Augen wie im ersten Jahr zurückgeschnitten werden. Nachdem das Wachstum im Frühjahr begonnen hat, sollten zwei der stärksten Knospen übrig bleiben. Diese beiden jetzt entstehenden Stöcke können im zweiten Sommer zu einem einzigen Pfahl zusammengewachsen oder horizontal auf einem Spalier ausgebreitet werden. Dies sind die Stöcke, die die bleibenden Arme oder Teile der Rebe bilden. Von ihnen gehen die aufrechten Triebe aus, die in den folgenden Jahren Früchte tragen sollen.

Um das Beschneiden von Weintrauben zu verstehen, muss der Betreiber dieses Prinzip vollständig verstehen: *Früchte werden auf Holz der aktuellen Saison getragen, das aus Holz der vorherigen Saison entsteht* . Zur Veranschaulichung: Ein wachsender Trieb oder Zuckerrohr von 1909 bildet Knospen. Im Jahr 1910 entspringt aus jeder Knospe ein Spross; und in der Nähe der Basis dieser Triebe werden die Trauben getragen (jeweils 1 bis 4 Trauben). Während jede Knospe des Triebs von 1909 im Jahr 1910 Triebe oder Stöcke hervorbringen kann, werden nur die stärksten dieser neuen Stöcke Früchte tragen. Der erfahrene Weinbauer kann anhand des Aussehens seines Stocks (wenn er ihn im Winter beschneidet) erkennen, aus welchen Knospen in der folgenden Saison das Weinholz entstehen wird. Die größeren und kräftigeren Knospen liefern normalerweise die besten Ergebnisse; Aber wenn der Stock selbst sehr groß und kräftig oder sehr schwach und schlank ist, erwartet er von keiner seiner Knospen gute Ergebnisse. Ein harter, gut ausgereifter Stock mit dem Durchmesser eines kleinen Fingers eines Mannes hat die ideale Größe.

Ein weiteres zu beherrschendes Prinzip ist folgendes: *Ein Weinstock sollte nur eine begrenzte Anzahl von Trauben tragen* , etwa 30 bis 80. Ein Trieb trägt Trauben in der Nähe seiner Basis; Jenseits dieser Büschel wächst der Trieb zu einem langen, blättrigen Rohr heran. Zu einem Trieb kann man durchschnittlich zwei Büschel zählen. Wenn die Rebe stark genug ist, um 60 Trauben zu tragen, müssen beim Beschneiden (der von Dezember bis Ende Februar erfolgt) 30 gute Knospen übrig bleiben.

Der wesentliche Vorgang beim Beschneiden einer Weinrebe besteht daher darin, jedes Jahr eine begrenzte Anzahl guter Stöcke auf wenige Knospen zurückzuschneiden und alle verbleibenden Stöcke oder das restliche Holz des Wachstums der vorherigen Saison vollständig abzuschneiden. Wenn ein Stock auf 2 oder 3 Knospen zurückgeschnitten wird, wird der verbleibende stummelartige Teil als Sporn bezeichnet. Gegenwärtige Systeme schneiden jedoch jeden Stock auf 8 oder 10 Knospen (bei starken Sorten) zurück, und es bleiben 3 oder 4 Zweige übrig, die alle strahlenförmig in der Nähe des Kopfes oder Stamms der Rebe wachsen. Die Spitze der Rebe wächst nicht von Jahr zu Jahr, nachdem sie das Spalier einmal bedeckt hat, sondern wird jedes Jahr auf praktisch die gleiche Anzahl an Knospen zurückgeschnitten. Da sich diese Knospen auf neuem Holz befinden, ist es offensichtlich, dass sie sich jedes Jahr immer weiter vom Kopf der Rebe entfernen. Um dieser Schwierigkeit vorzubeugen, werden alle ein bis zwei Jahre neue Stöcke nahe dem Kopf der Rebe herausgenommen und das 2- oder 3-jährige Holz abgeschnitten.

Die Erziehung der Trauben ist eine andere Sache. Auf demselben Spalier und mit derselben Schnittart können ein Dutzend verschiedene

Trainingssysteme praktiziert werden – denn Training ist nur die Anordnung oder Anordnung der Teile.

Bei Lauben ist es am besten, einen festen Arm oder Stamm von jeder Wurzel über das Gerüst bis zur Spitze zu tragen. Jedes Jahr werden die Stöcke entlang der Seiten dieses Stammes in kurze Sporen (mit 2 oder 3 Knospen) zurückgeschnitten.

Die Trauben werden in einem Abstand von 6 bis 8 Fuß in Reihen mit einem Abstand von 8 bis 10 Fuß angeordnet. Ein Rankgitter aus 2 oder 3 Drähten ist die beste Stütze. Lamellenspaliere fangen zu viel Wind ein und wehen herunter. Vermeiden Sie stimulierende Düngemittel. In sehr kalten Klimazonen können die Reben zu Beginn des Winters vom Spalier genommen, auf den Boden gelegt und leicht mit Erde bedeckt werden. Entlang der Grundstücksgrenzen, auf denen häufig Weintrauben gepflanzt werden, ist aufgrund der schlechten Bodenbearbeitung kaum mit Früchten zu rechnen.

Die Traube ist vielen Insekten und Krankheiten ausgesetzt, von denen einige sehr zerstörerisch sind. Die Schwarzfäule ist das häufigste Problem. Siehe S. 209.

Um Trauben von hoher Qualität zu produzieren, die frei von Fäulnis und Frostschäden sind, werden die Trauben manchmal in Säcken verpackt. Wenn die Trauben etwa zur Hälfte ausgewachsen sind, wird die Traube mit einer Manila-Tüte eines Lebensmittelhändlers abgedeckt. Die Beutel bleiben, bis die Früchte reif sind. Die Trauben reifen in der Regel früher in den Säcken. Die Oberseite des Beutels ist gespalten und die Klappen werden mit einer Nadel über dem Ast befestigt; Feigen. 278, 279, 280 erläutern die Funktionsweise.

278. Bag ready to be applied.

279. The second stage in adjusting the bag.

280. The bagging complete.

Bei allen obigen Diskussionen werden ausschließlich die sogenannten einheimischen Trauben betrachtet. In Kalifornien werden die europäischen oder Vinifera-Arten angebaut, deren Anforderungen sich grundlegend von denen der östlichen Arten unterscheiden.

XXII. Wandausbildung eines Birnbaums.

Sorten von Trauben .

Unter fast allen Bedingungen wird die Concord eine wertvolle schwarze Sorte sein, obwohl Worden, das ein paar Tage früher wächst, von vielen bevorzugt werden dürfte. Moore (Moore Early) war unsere beste sehr frühe schwarze Sorte, wird aber wahrscheinlich von Campbell abgelöst, einer stärkeren Rebe, produktiver, mit größeren Trauben, Früchten von besserer Qualität und besseren Haltbarkeitseigenschaften, was sie wertvoll macht Versandzwecke. Catawba, Delaware und Brighton gehören zu den besten roten Sorten, obwohl Agawam und Salem häufig verwendet werden. Winchell (Green Mountain) ist die beste frühweiße Sorte, und in den meisten Abschnitten gedeiht Niagara, eine spätweiße Sorte, gut. Diamond (Moore Diamond) ist eine weiße Traube von besserer Qualität als Niagara.

Trauben unter Glas (SW Fletcher).

Die europäischen Trauben gedeihen in Ostamerika nur selten im Freien. Traubenhäuser sind notwendig, mit oder ohne künstliche Heizung. Obst für den Heimgebrauch lässt sich sehr gut in einer kalten Weintraube (ohne künstliche Hitze) anbauen. Ein einfacher Anlehnbereich an der Südseite eines Gebäudes oder einer Wand ist kostengünstig und praktisch. Wenn ein separates Gebäude gewünscht wird, ist ein Haus mit gleichmäßiger Spannweite, das nach Norden und Süden verläuft, vorzuziehen. Ein gebogenes Dach hat keinen Vorteil, außer aus optischen Gründen. Ein Kompost aus vier Teilen verrottetem Rasen und einem Teil Mist wird auf einen schrägen Betonboden außerhalb des Hauses gelegt, sodass ein Rand von 12 Fuß Breite und 2 Fuß Tiefe entsteht. Der Zement kann auf gut entwässerten Böden durch Schutt ersetzt werden, aber das ist ein schlechter Notbehelf. Alle drei Jahre sollten die oberen 6 Zoll der Grenze mit Mist erneuert werden. Die Umrandung im Inneren des Hauses wird ebenfalls vorbereitet. Zwei Jahre alte Topfreben werden in einem Abstand von etwa 1,20 m in einer Reihe gepflanzt. Ein Teil der Wurzeln gelangt durch einen Spalt in der Wand zum Außenrand und ein Teil bleibt im Inneren; oder alle können nach draußen gehen, wenn das Haus für andere Zwecke benötigt wird. Ein starker Stock wird an einem Drahtgitter befestigt, das mindestens 18 Zoll vom Glas entfernt hängt, und wird im ersten Jahr auf 3 Fuß, im zweiten auf 6 und im dritten Jahr auf 9 Fuß zurückgeschnitten. Beeilen Sie sich nicht, einen langen Stock zu bekommen. Der Schnitt erfolgt am Spornsystem, wie für Lauben auf Seite empfohlen. 430. Die Reben werden für den Winter meist auf den Boden gelegt und mit Blättern bedeckt oder mit Stoff umwickelt.

Sobald die Knospen im zeitigen Frühjahr anschwellen, binden Sie die Ranken an das Spalier und treiben an jedem Trieb einen Trieb aus, während Sie alle anderen Triebe abreiben. Nachdem sich die Beeren jedoch zu färben beginnen, ist es besser, das weitere Wachstum zu belassen, um die Früchte zu beschatten. Drücken Sie jedes dieser Seitenteile zwei Gelenke über das zweite Bündel hinaus zurück. Um Rote Spinnen und Thripse fernzuhalten, sollten die Blätter jeden hellen Morgen außer während der Blütezeit mit Wasser besprüht werden. Von jedem Bund sollte mindestens ein Drittel der Beeren ausgedünnt werden; Haben Sie keine Angst, zu viele herauszunehmen. Bewässern Sie den Innenbeetrand den ganzen Sommer über häufig und den Außenbereich gelegentlich, wenn die Jahreszeit trocken ist. Im Juli kann Schimmel auftreten. Die beste Vorbeugung besteht darin, vorsichtig zu spritzen, reichlich Luft einzulassen und Schwefel auf den Boden zu streuen.

Die Früchte können bis Ende Dezember in einer warmen (oder künstlich beheizten) Weinkellerei frisch an den Rebstöcken gehalten werden; In einem Kühlhaus muss es vor dem Frost gepflückt werden. Nachdem die Früchte abgefallen sind, lüften Sie sie von oben und unten und halten Sie Wasser zurück, damit das Holz gründlich reifen kann. Im November werden die Stöcke beschnitten, mit Stroh bedeckt oder mit Matten umwickelt und bis zum Frühjahr abgelegt. Black Hamburg ist allen anderen Sorten für eine kalte Traube überlegen; Bowood Muscat, Muscat of Alexandria und Chasselas Musque können im Warmhaus hinzugefügt werden. Gute Reben werden fast unbegrenzt leben und tragen.

Maulbeere : Sowohl als Obst- als auch als Zierpflanze sollte die Maulbeere generell gepflanzt werden. Auch wenn die Frucht nicht Ihren Geschmack trifft, hat der Baum von Natur aus eine offene Mitte und einen runden Kopf und ist ein interessantes Motiv. Einige Sorten haben fein geschnittene Blätter. Die Früchte sind bei den Vögeln sehr gefragt und sobald sie zu reifen beginnen, sind die Erdbeerbeete und Kirschbäume freier von Rotkehlchen und anderen fruchtfressenden Vögeln. Schon allein deshalb sind sie für den Obstbau ein wertvoller Baum. Bäume können günstiger eingekauft werden, als man sie vermehren kann.

Wenn Sie sie in Obstgartenform pflanzen, platzieren Sie sie in einem Abstand von 25 bis 30 Fuß. Über die Grenzen eines Ortes können sie sich nähern. Die russischen Sorten werden oft als Windschutz gepflanzt, denn sie sind sehr winterhart und gedeihen auch unter größter Vernachlässigung; und zu diesem Zweck können sie in einem Abstand von 8 bis 20 Fuß gepflanzt werden. Die Russen machen hervorragende Bildschirme. Sie halten dem Scheren gut stand. Die Früchte der Russen sind von unterschiedlicher Qualität, da die Bäume meist direkt aus Samen stammen; aber hin und wieder trägt ein Baum ausgezeichnete Früchte.

New American, Trowbridge und Thorburn sind die führenden Arten fruchttragender Maulbeeren für den Norden. Der echte Downing ist in den nördlichen Bundesstaaten nicht winterhart; aber New American wird oft unter diesem Namen verkauft. Maulbeeren gedeihen in jedem guten Boden und bedürfen keiner besonderen Behandlung.

Nüsse : Die Nussbäume benötigen zu viel Platz für die meisten selbstgebauten Obstplantagen, obwohl sie auch als Windschutz und Schattenspender nützlich sind. Die ausschließlich amerikanischen Hickorybäume eignen sich hervorragend als Rasenbäume und sollten besser bekannt sein. Die Haselnüsse und Haselnüsse, kleine Bäume oder Sträucher, werden in diesem Land außer in ganz besonderen Fällen nicht erfolgreich angebaut.

Der kommerzielle Nussanbau in den Vereinigten Staaten und Kanada besteht hauptsächlich aus Mandeln, Walnüssen und Pekannüssen, mit einigen Versuchen auch aus Kastanien. Von diesen ist die Kastanie am anpassungsfähigsten für Heimatstandorte im nordöstlichen Teil.

Von der Kastanie werden drei Arten angebaut: die europäische, die japanische und die amerikanische. Die amerikanischen oder einheimischen Kastanien, von denen es mehrere verbesserte Sorten gibt, sind die robustesten und zuverlässigsten, und die Nüsse sind die süßesten, aber auch die kleinsten. Die japanischen Sorten werden im Zentrum von New York normalerweise durch den Winter geschädigt. Die europäischen Sorten sind etwas widerstandsfähiger und einige Sorten gedeihen auch in den nördlichen Bundesstaaten. Kastanien lassen sich sehr leicht züchten, auch wenn sie jetzt von der Rindenkrankheit bedroht sind. Normalerweise gedeihen sie besser, wenn zwei oder mehr Bäume nahe beieinander gepflanzt werden. Sprossen auf alten Kastanienlichtungen werden oft belassen und manchmal werden sie auf die verbesserten Sorten veredelt. Die jungen Bäume können im Frühjahr mit der Whip-Graft- oder Cleft-Graft-Methode veredelt werden; aber die Keime sollten vollkommen ruhen und die Operation sollte sehr sorgfältig durchgeführt werden. Selbst bei bester Verarbeitung ist es wahrscheinlich, dass ein erheblicher Prozentsatz der Transplantate nach zwei oder drei Jahren versagt oder abbricht. Die beliebteste Einzelkastaniensorte ist die Paragon, die schon in jungen Jahren große und ausgezeichnete Nüsse trägt. Wenn das Heimgrundstück groß genug ist, sollten zwei oder drei dieser Bäume in der Nähe der Grenzen gepflanzt werden.

Orangen : Orangen werden in Florida, an Orten entlang des Golfs und in vielen Teilen Kaliforniens in großem Umfang angebaut, aber in den beliebtesten Gegenden kommt es gelegentlich zu Schäden durch Kälte oder Frost an den Bäumen oder Früchten.

Der bevorzugte Boden für Orangen in Kalifornien ist ein nährstoffreiches, tiefes Schwemmland, auf dem harte Böden oder Lehmböden vermieden werden. Stehendes Wasser im Untergrund ist ein fataler Mangel. Obwohl sie auch in Meeresnähe auf einer niedrigeren Ebene angebaut werden können, ist eine Höhe von 600 bis 1200 Fuß im Allgemeinen wünschenswert. Während Südkalifornien besonders für den Orangenanbau geeignet ist, werden die Früchte erfolgreich an den Ausläufern der Täler San Joaquin und Sacramento sowie in anderen Teilen des Staates angebaut.

In Florida werden für den Orangenanbau im Allgemeinen Kieferngebiete mit lehmigem Untergrund bevorzugt, aber bei richtiger Behandlung können auch mit Hängemattengebieten gute Ergebnisse erzielt werden. Da erhöhte Stellen nicht gesichert werden können, ist ein Holzgürtel rund um den Obstgarten oder entlang der Nord- und Westseite wünschenswert.

Der Abstand für die großwüchsigen Orangenarten im Obstgarten beträgt 25 bis 30 Fuß in jede Richtung, aber die Halbzwergarten wie Bahia oder Washington Navel können bis zu 20 Fuß in jede Richtung erreichen, obwohl dies bei 25 Fuß der Fall sein wird wünschenswert sein. Wenn die Wurzeln ausgehöhlt werden, sollten die Bäume in das Loch gesetzt werden, ohne die Abdeckung zu entfernen, und die Erde sollte dann um sie herum gepackt werden; aber wenn sie Pfützen bilden, sollte am Boden des Lochs ein Hügel gebildet werden. In der Mitte sollte eine Öffnung angebracht werden, in die die Pfahlwurzel eingeführt werden kann. Nachdem die Erde fest verdichtet wurde, sollten die anderen Wurzeln ausgebreitet und das Loch sorgfältig mit guter Erde gefüllt werden. Es ist darauf zu achten, dass die Wurzeln beim Umgang mit den Bäumen nicht freigelegt werden. Bei heißem und trockenem Wetter sollten die Wipfel beschattet werden. Bei der Beruhigung des Bodens um die Wurzeln kann häufig Wasser verwendet werden, das gute Ergebnisse liefert.

Beim Umpflanzen sollten die Spitzen im Verhältnis zur Menge der Wurzeln, die beim Ausgraben der Bäume verloren gehen, zurückgeschnitten werden. Der Kopf beginnt normalerweise mit den Ästen etwa 2 Fuß über dem Boden. Während die Bäume klein sind, sollten jedes Jahr die starken Triebe zurückgeschnitten werden, um eine symmetrische Form zu erhalten, und die schwachen und überzähligen Triebe sollten entfernt werden.

Der Anbau von Orangenplantagen sollte auf die gleiche Weise erfolgen wie für andere Früchte empfohlen, mit der Ausnahme, dass sie, da sie in heißen, trockenen Klimazonen wachsen, noch gründlicher sein sollte, damit die Verdunstung von Feuchtigkeit aus dem Boden auf ein Minimum reduziert werden kann. Kalifornische Landwirte haben herausgefunden, dass sie durch häufige flache Bodenbearbeitung die Wassermenge reduzieren können, die durch Bewässerung aufgebracht werden muss, und dass häufige Bodenbearbeitung und wenig Wasser bessere Ergebnisse liefern als wenig oder keine Bodenbearbeitung und viel Wasser. Die erforderliche Wassermenge hängt auch von der Jahreszeit und der Beschaffenheit des

Bodens ab. Daher ist auf starken Böden und nach starken Regenfällen keine Bewässerung erforderlich, während sandige Böden von Mai bis Oktober alle drei bis vier Wochen einmal bewässert werden müssen. Im Allgemeinen reichen zwei oder drei Bewässerungen pro Saison aus. Wenn überhaupt, sollte Wasser in ausreichender Menge aufgetragen werden, um die Wurzeln der Bäume zu benetzen. Häufiges, spärliches Gießen kann großen Schaden anrichten. Das Wasser wird normalerweise in Furchen aufgetragen, und bei jungen Bäumen sollte es auf jeder Seite jeder Reihe eine geben, aber wenn sich die Wurzeln ausdehnen, sollte die Anzahl erhöht werden, bis zum Alter von fünf oder sechs Jahren der gesamte Obstgarten aus Furchen 4 bewässert werden sollte oder 5 Fuß voneinander entfernt. In Florida wird Bewässerung nicht praktiziert.

Zwischenfruchtanbau im Winter ist mittlerweile in Florida und Kalifornien üblich, wobei einige der Hülsenfrüchte verwendet werden.

Sorten der Orange .

Zu den besten Sorten gehören: Bahia, allgemein bekannt als Washington Navel, Thompson Improved, Maltese Blood, Mediterranean Sweet, Paper Rind St. Michael und Valencia. Homosassa, Magnum Bonum, Nonpareil, Boone, Parson Brown, Pineapple und Hart sind die Favoriten in Florida. Die Mandarinen und Mandarinen, auch Ziegenorangen genannt, haben eine dünne Schale, die sich leicht vom eher trockenen Fruchtfleisch lösen lässt. Orangenbäume werden häufig von verschiedenen Schildläusen geschädigt, aber bei einigen der lästigsten Arten wurden Insektenparasiten gefunden, die sie teilweise oder vollständig in Schach halten, und bei anderen werden die Bäume mit Blausäuregas besprüht oder begast.

Pfirsich : Bei richtiger Belichtung können Pfirsiche in vielen Abschnitten Früchte tragen, in denen es derzeit für unmöglich gehalten wird, sie zu ernten. Normalerweise ist es bei Amateuren üblich, Pfirsichbäume im Schutz eines Gebäudes zu pflanzen, im Süden oder Osten der Sonne ausgesetzt und in Bezug auf den Wind „in einer Tasche“. Dies sollte umgekehrt werden, außer in der Nähe großer Gewässer. Die Fruchtknospen von Pfirsichen überstehen sehr kaltes Wetter, wenn sie vollkommen ruhen, in New York oft bei nur 12° oder 18° unter Null; Wenn die Knospen jedoch einmal anschwellen, wird die Ernte durch vergleichsweise leichtes Einfrieren zerstört. Wenn die Bäume daher auf Höhen gepflanzt werden, wo eine konstante Luftableitung gewährleistet ist, und wenn überhaupt, im Süden und Osten vor dem wärmenden Einfluss der Sonne geschützt sind, bleiben die Knospen ruhend, bis der Boden warm wird, und die Die Wahrscheinlichkeit eines Scheiterns wird verringert. Dieser Rat gilt hauptsächlich für Innenbereiche.

Ein gut durchlässiger, sandiger Lehm- oder Kiesboden passt besser zum Pfirsich als ein schwerer Boden; aber wenn der schwerere Boden gut entwässert ist, können gute Ernten gesichert werden.

Pfirsiche sind bestenfalls kurzlebig und man sollte mit drei oder vier Ernten von jedem Baum zufrieden sein. Sie gebären Junge, meist im dritten Jahr eine Teilernte. Wenn alle zwei Jahre geerntet werden kann, bis die Bäume acht oder zehn Jahre alt sind, haben sie sich für die Mühe des Anbaus gut gelohnt. Aber sie halten oft doppelt so lange aus. Alle vier bis fünf Jahre können junge Bäume gesetzt werden, um ältere zu ersetzen, so dass auf kleinem Raum immer Bäume im tragfähigen Alter zur Verfügung stehen. Die Bäume sollten jeweils einen Abstand von 14 bis 18 Fuß haben.

Pfirsichbäume werden immer im Alter von einem Jahr gekauft, also ein Jahr nach der Knospenbildung. Beispielsweise wird die Knospe im Herbst 1909 eingesetzt. Sie bleibt bis zum Frühjahr 1910 ruhend und beginnt dann kräftig zu wachsen; und im Herbst 1910 steht der Baum zum Verkauf bereit. Pfirsichbäume, die älter als ein Jahr sind, lohnen sich kaum. Beim Setzen von Pfirsichbäumen ist es üblich, sie auf einen Peitschenhieb zurückzuschneiden, so dass an jedem abgeschnittenen Zweig ein Stumpf mit nicht mehr als einer Knospe zurückbleibt.

Die drei großen Feinde des Pfirsichs sind der Bohrer, der Gelbpfirsich und der Curculio.

Der Bohrer lässt sich am besten bekämpfen, indem man ihn jeden Frühling und Herbst ausgräbt. Bäume, die vom Bohrer befallen sind, bilden an der Krone Zahnfleischabsonderungen. Wenn die Bohrer zweimal im Jahr ausgegraben werden, bekommen sie nicht genügend Startkraft, was den Vorgang sehr mühsam macht. Es ist der einzig sichere Weg.

281. Seckel pear.

Die Gelbsucht ist eine übertragbare Krankheit, deren Ursache nicht genau bekannt ist. Es zeigt sich in der vorzeitigen Reifung der Früchte mit deutlichen roten Flecken, die sich durch das Fruchtfleisch erstrecken, und später durch das Auswerfen feiner, verzweigter Zweigbüschel entlang der Hauptzweige (Abb. 215). Die einzige Behandlung besteht darin, die Bäume auszureißen und zu verbrennen. Andere Bäume können an den gleichen Stellen aufgestellt werden.

Der Curculio muss durch Rütteln auf Blättern erfasst werden (siehe *Pflaume*).

Sorten des Pfirsichs .

Für den Heimgebrauch ist es ratsam, Sorten bereitzustellen, die nacheinander reifen, für Marktzwecke sollten jedoch in den meisten Abschnitten die mittleren und späten Sorten am häufigsten gepflanzt werden. Obwohl es viele Sorten gibt, die einen lokalen Ruf haben, aber nicht häufig in Baumschulen zu finden sind, sind die folgenden Arten gut bekannt und können im Allgemeinen mit Erfolg angebaut werden: Alexander, Hale Early, Rivers, St. John, Bishop, Connett (Southern Early), Carman, Crawford (Early und Late), Oldmixon, Lewis, Champion, Sneed, Greensboro, Kalamazoo, Stump, Elberta, Ede (Capt. Ede), Stevens (Stevens' Rareripe), Crosby, Gold Drop, Reeves, Stühle, Smock, Salway und Levy (Henrietta).

Birne . – Keine Obstplantage sollte als vollständig betrachtet werden ohne Bäume verschiedener Birnenarten, deren Früchte von Anfang August bis zum Winter reifen. Die späten Sorten sind im Allgemeinen gut haltbar und verlängern die Saison bis in den Februar hinein, sodass sie sechs bis sieben Monate lang Früchte liefern.

Da die Birne auf Quitten perfekt wächst, eignet sich der Zwergbaum besonders für die Bepflanzung kleinerer Grundstücke und wird häufig als Grenzpflanze oder als Sichtschutzpflanze verwendet. Diese Zwergbäume sollten tief gepflanzt werden – 10 bis 15 cm unterhalb der Verbindung –, um zu verhindern, dass der Bestand wächst. Zwergbäume können bis zu einem Abstand von 10 bis 16 Fuß zueinander stehen, während die Standard- oder Hochbirnen einen Abstand von 18 bis 25 Fuß haben sollten. Bäume werden gepflanzt, wenn sie zwei oder drei Jahre alt sind.

282. Duchesse d'Angoulême pear.

283. The Kieffer pear.

Die Birne gedeiht auf lehmigem Boden, wenn dieser gut entwässert ist, und kann aus diesem Grund an Orten gedeihen, an denen andere Früchte versagen könnten. Ein gutes, gleichmäßiges Wachstum sollte aufrechterhalten werden, die Verwendung stickstoffhaltiger Düngemittel sollte jedoch vermieden werden, da diese dazu neigen, ein Rankenwachstum zu erzeugen und den Befall mit Birnenfäule, dem schlimmsten Feind der Birne, begünstigen (S. 211).

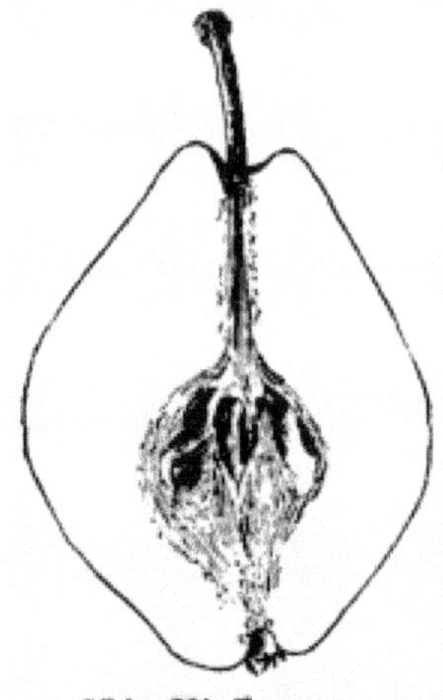

284. Kieffer pear.

Sorten der Birne .

Als Auswahl zur Bereitstellung einer Reihe von Sorten während der gesamten Saison wird die folgende Liste empfohlen:

Früh . – Summer Doyenne, Bloodgood, Clapp, Osband, Elizabeth (Mannings Elizabeth).

Herbst .-Bartlett, Boussock, Flemish (Flämische Schönheit), Buffum, Howell, Seckel (Abb. 281), Louise Bonne, Angoulême (Duchesse d'Angoulême) (Abb. 282), Sheldon.

Winter . – Anjou, Clairgeau, Lawrence, Kieffer (Abb. 283, 284), Winter Nelis und Easter Beurre.

Für gewöhnliche Marktzwecke haben sich die folgenden als wertvoll erwiesen: Bartlett, Howell, Anjou, Clairgeau und Lawrence. In den zentralen und südlichen Bundesstaaten wird Kieffer erfolgreich angebaut. Für den Heimgebrauch ist diese Sorte im Norden aufgrund der schlechten Qualität und der geringeren Größe nicht zu empfehlen.

Für den Zwerganbau sind Angoulême (Duchesse d'Angoulême), Louise Bonne, Anjou, Clairgeau und Lawrence am beliebtesten, aber auch viele andere Sorten gedeihen auf der Quitte.

Pflaume . Von den Pflaumen gibt es drei allgemeine oder verbreitete Arten: erstens die gewöhnliche Domestica oder europäische Pflaume, aus der alle älteren Sorten hervorgehen, wie Lombard, Bradshaw, Green Gage, die Prunes, die Egg Plums, die Damsons und dergleichen; zweitens die japanischen Pflaumen, die in den letzten zwanzig Jahren populär geworden sind und an ein breiteres Spektrum von Ländern angepasst sind als die Domesticas; Drittens die einheimischen Pflaumen verschiedener Arten oder Typen, die an die Ebenen, die mittleren und südlichen Staaten und einige Arten an den kalten Norden angepasst sind.

Überall dort, wo die Domestica und die Japanische Pflaume angebaut werden können, werden die heimischen Pflaumen keine große Popularität erlangen; aber viele der Eingeborenen sind viel robuster als andere und daher an Regionen angepasst, in denen die Domestica und die Japaner nicht sicher sind. Andere von ihnen sind gut an die mittleren und südlichen Bundesstaaten angepasst. Die Domestica und die Japanische Pflaume sind deutlich widerstandsfähiger als Pfirsiche, aber nicht so winterhart wie der Apfel. Die nördliche Grenze ihres allgemeinen Anbaus ist die südliche Halbinsel von Michigan, Zentral- und Südontario, Zentral-New York und Zentral-Neuengland.

Pflaumen gedeihen auf den unterschiedlichsten Böden, am besten gedeihen sie jedoch in der Regel auf Böden, die eher schwer sind und viel Lehm enthalten. Tatsächlich gedeihen viele der Sorten auf Lehm, der so hart ist wie der, in dem Birnen wachsen. Andererseits gedeihen sie oft auch auf leichten und sogar fast sandigen Böden gut.

Die Bäume werden gesetzt, wenn sie zwei bis drei Jahre nach der Knospenbildung alt sind. Es ist vorzuziehen, Pflaumenbäume auf Beständen derselben Art zu halten, es ist jedoch nicht immer möglich, diese in den Baumschulen zu sichern. Im Süden werden Pflaumen hauptsächlich an Pfirsichwurzeln verarbeitet, und diese eignen sich hervorragend als Bäume, wenn das Klima nicht zu streng ist, und insbesondere auf den leichteren Böden, auf denen sie im Süden gepflanzt werden. Im Norden wird der größte Teil der Pflaumenbestände auf den Myrobalan-Pflaumenwurzeln angebaut. Diese Myrobalane ist eine Pflaumenart aus der Alten Welt, die kleiner wächst als die Domestica. Dieser Bestand neigt daher dazu, den Baum klein erscheinen zu lassen, und es ist auch wahrscheinlich, dass er Sprossen aus den Wurzeln austreibt.

Pflaumenbäume stehen in einem Abstand von 12 bis 18 Fuß zueinander. Viele Züchter stellen sie gerne in Reihen mit einem Abstand von 8 Fuß auf und haben einen Reihenabstand von 16 bis 20 Fuß.

Pflaumen werden ähnlich wie Äpfel und Birnen beschnitten. Das heißt, die Krone wird von Jahr zu Jahr ausgelichtet und alle überflüssigen Äste sowie abgebrochenes oder krankes Holz entfernt. Wenn der Boden sehr fest ist und die Bäume dicht beieinander stehen, kann es sinnvoll sein, sie jedes Jahr ein wenig zu schneiden, insbesondere bei Sorten, die sehr stark und robust wachsen.

Schädlinge und Krankheiten .

Es gibt vier Hauptschwierigkeiten beim Pflaumenanbau: Blattfäule, Fruchtfäule, Schwarzfäule und Krautfäule.

Die Krautfäule tritt meist im Hochsommer auf, wobei die Blätter fleckig werden und abfallen. Die Abhilfe besteht darin, gründlich mit der Bordeaux-Mischung zu besprühen, beginnend kurz nachdem die Früchte fest geworden sind und bevor sich die Probleme zeigen.

Die Fruchtfäule kann auf die gleiche Weise verhindert werden, nämlich durch Besprühen mit Bordeaux-Mischung. In der Regel ist es am besten, gleich dann zu beginnen, wenn die Früchte fest sind. Eine sehr wichtige Überlegung bei der Bekämpfung dieser Krankheit besteht darin, die Früchte so auszudünnen, dass sie nicht in Büscheln hängen. Berührt eine Frucht eine andere, breitet sich die Fäule trotz Besprühung von Frucht zu Frucht aus. Einige Sorten wie Lombard und Abundance sind besonders anfällig für diese Schädigung.

Der Schwarzknoten lässt sich am besten in Schach halten, indem man die Knoten, wann immer sie sichtbar sind, herausschneidet und verbrennt. Sobald die Blätter fallen, sollte der Obstgarten durchsucht und alle Äste entfernt werden. Obstgärten, die gründlich mit einer Bordeaux-Mischung gegen Blattfäule und Fruchtfäule besprüht werden, sind weniger anfällig für den Befall mit dem Blattfäulepilz.

Das Curculio oder das Insekt, das die Mutter der Würmer in der Frucht ist, ist der eingefleischte Feind der Pflaume und anderer Steinfrüchte. Der ausgewachsene Käfer legt die Eier in die Früchte, wenn diese noch sehr klein sind, und beginnt normalerweise mit seiner Arbeit, sobald die Blüten abfallen. Bald schlüpfen diese Eier und die kleine Made bohrt sich in die Frucht. Die Früchte, die befallen werden, während sie noch sehr jung sind, fallen normalerweise vom Baum, aber diejenigen, die befallen werden, wenn sie halb oder mehr ausgewachsen sind, können am Baum haften, bleiben aber zum Zeitpunkt der Ernte wurmig und gummiartig. Die ausgewachsenen Käfer sind morgens träge und können leicht von den Bäumen geschleudert werden. Der Obstbauer macht sich diese Tatsache zunutze und gießt sie möglicherweise auf Laken ein. oder, in großen Obstgärten, in einen großen Trichter aus Segeltuch, der auf einem schubkarrenähnlichen Rahmen von Baum zu Baum gerollt wird und unter dessen Spitze sich eine Blechdose befindet, in die die Insekten rollen. An einer Seite des Trichters befindet sich ein Schlitz oder eine Öffnung, die es dem Baum ermöglicht, fast in der Mitte der Leinwand zu stehen. Der Bediener gibt dem Baum dann zwei oder drei scharfe Gläser mit einer gepolsterten Stange oder einem Holzhammer. Dann werden die Ränder des Trichters schnell mit den Händen geschüttelt und die Insekten rollen in das Blechgefäß. In diesem Behälter befindet sich Kerosinöl, oder er kann von Zeit zu Zeit geleert werden. Wie lange diese Maschine im Obstgarten betrieben werden soll, hängt ganz von den Umständen ab. Es empfiehlt sich, den Fänger kurz nach dem Blütenabfall einzusetzen, um herauszufinden, wie viele Insekten vorhanden sind. Wenn von jedem Baum ein paar Insekten gefangen werden, deutet das darauf hin, dass es genug Schädlinge gibt, um ernsthafte Probleme zu verursachen. Wenn die Insekten nach einigen Tagen verschwunden zu sein scheinen, ist eine Fortsetzung der Jagd nicht erforderlich. In manchen Jahren, vor allem in denen, die eine sehr starke Ernte haben, kann es notwendig sein, den Curculio-Catcher vier oder fünf Wochen lang jeden Morgen laufen zu lassen; aber in der Regel wird es in dieser Saison nicht notwendig sein, es öfter als zwei- oder dreimal pro Woche zu verwenden; und manchmal kann die Saison um die Hälfte verkürzt werden. Die Insekten fallen am leichtesten, wenn das Wetter kühl ist, und es ist daher am besten, den gesamten Obstgarten möglichst vor Mittag zu durchqueren. An bewölkten Tagen können die Insekten jedoch den ganzen Tag über gefangen werden. Ein kluger Mann kann sich in sechs Stunden um 300 oder 400 volltragende Bäume kümmern, wenn der Boden gut gewalzt oder gefestigt wurde, wie es sein sollte, bevor mit dem Abholzen begonnen wird. Die gleiche Behandlung gilt für das Einsparen von Pfirsichen und selten auch von Sauerkirschen.

Sorten der Pflaume .

Die folgenden Sorten europäischen Ursprungs werden für den Anbau in den nördlichen und östlichen Bundesstaaten wünschenswert sein: Bradshaw, Imperial Gage, Lombard, McLaughlin, Pond, Quackenbos, Copper, Jefferson, Italian Prune (Fellenberg), Shropshire, Golden Drop (Coe Golden Drop).), Bavay oder Reine Claude, Großherzog, Monarch.

Einige der japanischen Sorten eignen sich auch gut für den Anbau in diesen Gebieten sowie in den weiter südlich gelegenen Bundesstaaten. Die Bäume sind im Allgemeinen winterhart, blühen jedoch früh und können an manchen Orten durch Spätfröste geschädigt werden. Zu den besseren Arten gehören Red June, Abundance, Chabot, Burbank und Satsuma.

Nur wenige der oben genannten Sorten sind im Nordwesten winterhart, und die dortigen Erzeuger sind auf Sorten einheimischer Arten angewiesen. Dazu gehören: Forest Garden, Wyant, De Soto, Rollingstone, Weaver, Quaker und Hawkeye. Weiter südlich wurden noch andere Pflaumenklassen eingeführt, darunter Wildgoose, Clinton, Moreman, Miner und Golden Beauty. Und noch weiter südlich werden Transparent, Texas Belle (Paris Belle), Newman, Lone Star und El Paso angebaut.

285. Meech Quince (Meech's Prolific).

Quitte. —Obwohl Quitten nicht groß angebaut werden, werden sie im Allgemeinen leicht verkauft und sind für den Heimgebrauch wünschenswert. Die Bäume werden normalerweise etwa 12 Fuß pro Weg gepflanzt und können entweder in Strauch- oder Baumform erzogen werden, im Allgemeinen ist es jedoch am besten, sie mit einem kurzen Stamm zu züchten. Sie gedeihen am besten auf einem tiefgründigen, feuchten und fruchtbaren Boden. Sie benötigen fast die gleiche Pflege wie die Birne. Auch die Insekten und Krankheiten, von denen sie befallen werden, sind die gleichen wie bei dieser Frucht. Besonders schlimm ist die Seuche. Die Früchte werden an kurzen Trieben derselben Saison getragen, und durch starkes Eintreiben des Wachstums im Winter wird ein großer Teil der Knospen entfernt, aus denen die Triebe entstehen. Die Orange ist die häufigste Sorte, aber manchmal werden auch Champion, Meech (Abb. 285) und Rea angebaut.

286. A rooting tip of the black raspberry.

Himbeere : Sowohl die roten als auch die schwarzen Himbeeren sind unverzichtbar für einen guten Garten. Jeweils ein paar Pflanzen liefern sechs bis acht Wochen lang einen Beerenvorrat für eine Familie, vorausgesetzt, dass sowohl frühe als auch späte Sorten gepflanzt werden.

Eine kühle Lage, ein Boden, der Feuchtigkeit speichert, ohne nass zu werden, und eine gründliche Vorbereitung des Bodens sind die Voraussetzungen für den Erfolg. Die Mönchsgras-Himbeeren sollten in einem Abstand von 3 bis 4 Fuß aufgestellt werden, die Reihen in einem Abstand von 6 bis 7 Fuß; die roten Sorten im Abstand von 3 Fuß, die Reihen im Abstand von 5 Fuß. Normalerweise ist die Federeinstellung vorzuziehen.

Die Triebe von Himbeeren trugen in einer Saison Früchte und starben im folgenden Jahr ab, wie bei Brombeeren und Kratzbeeren.

Die meisten Mönchsgrasmückensorten werfen in der ersten Saison von Natur aus Seitenzweige ab, daher empfiehlt es sich, die neuen Zweige zurückzuschneiden, sobald sie eine Höhe von 2 bis 3 Fuß erreicht haben, entsprechend der Gesamthöhe der Sorte . Dies beschleunigt das Abwerfen der Seitentriebe, an denen im folgenden Jahr Früchte getragen werden. Sobald der starke Frost im Frühjahr vorüber ist, sollten diese Seitentriebe je nach Stärke der Stöcke und Anzahl der Seitenzweige um 23 bis 30 Zentimeter zurückgeschnitten werden.

Die gleiche Schnittmethode empfiehlt sich bei roten Sorten wie Cuthbert, die sich von Natur aus frei verzweigen. Andere Arten wie King, Hansell, Marlboro, Turner und Thwack, die sich selten verzweigen, sollten im Sommer nicht zurückgeschnitten werden, da die Zweige, auch wenn sie dadurch möglicherweise zum Austrieb verleitet werden, schwach sind und sie überleben Im Winter werden sie weniger Früchte hervorbringen als die starken Knospen an den Hauptstöcken, wenn sie nicht zum Wachstum gezwungen worden wären.

Sobald die Ernte eingebracht ist und die alten Stöcke abgestorben sind, sollten diese entfernt und gleichzeitig alle überschüssigen neuen Triebe abgeschnitten werden. Für jeden Hügel genügen vier bis fünf gute Stöcke, während in Reihen die Zahl zwei bis drei pro Fuß betragen kann.

Auf diese Weise beschnitten, haben fast alle Sorten Stängel, die groß genug sind, um sich selbst zu stützen. Da die Früchte jedoch durch das Umbiegen der Stöcke mehr oder weniger abbrechen und beschädigt werden, ziehen es viele Züchter vor, sie mit Pfählen zu stützen oder Spaliere. In jedem Hügel können Pfähle aufgestellt werden, oder für verfilzte Reihen werden kräftige Pfähle mit einer Höhe von 3 Fuß in Abständen von 40 Fuß eingetrieben und ein verzinkter Draht Nr. 10 wird entlang der Reihe gespannt, an dem die Stöcke festgebunden werden. Es wäre eine Arbeitsersparnis, wenn auf beiden Seiten der Reihe ein Draht gespannt würde, da dann keine Bindung erforderlich ist.

XXIII. Kirsche Johannisbeere.

Wenn man neue Pflanzen sichern möchte, sollten die Enden der Zweige der schwarzen Sorten etwa Mitte August mit Erde bedeckt werden, wenn man sieht, dass sich die Spitzen in mehrere schlanke Triebe teilen und Wurzeln schlagen (Abb. 286). ; Diese können im folgenden Frühjahr aufgenommen und gepflanzt werden. Während bei der Vermehrung die aus den Wurzeln roter Sorten entspringenden Triebe (Abb. 287) verwendet werden können, ist es besser, aus Wurzelstecklingen gezogene Pflanzen zu verwenden, da diese viel bessere Wurzeln haben.

287. Sprouting habit of red raspberry.

Himbeeren können in rauen Klimazonen auf den Boden gebogen werden, damit der Schnee sie schützt.

Bei rotem Rost entfernen Sie die Pflanze samt Wurzel und Zweig und verbrennen sie. Kurze Umtriebe – die Pflanzen tragen nur zwei bis drei Jahre lang Früchte – und das Verbrennen der alten Stöcke und Schnittreste tragen viel dazu bei, Himbeerplantagen gesund zu halten. Das Sprühen hat eine gewisse Wirkung bei der Bekämpfung von Anthracnose.

Sorten von Himbeeren .

Von den schwarzen Sorten werden die folgenden wünschenswert sein: Palmer, Conrath, Kansas und Eureka, die in der genannten Reihenfolge reifen. In einigen Abschnitten ist der Gregg immer noch wertvoll, aber es mangelt ihm etwas an Widerstandsfähigkeit. Ohio ist eine beliebte Sorte zum Verdampfen. Von den Purple-Cap-Sorten sind Shaffer und Columbian im Allgemeinen erfolgreich. Unter den roten Sorten ist keine allgemein erfolgreicher als Cuthbert. King ist eine vielversprechende Frühsorte und Loudon ist eine wertvolle Spätsorte. Viele Züchter halten Marlboro und Turner für durchaus kultivierungswürdig, obwohl sie in ihren Anpassungen eher lokal sind; Für den Heimgebrauch hingegen ist Golden Queen, ein gelber Cuthbert, sehr beliebt.

Erdbeere : Jeder kann Erdbeeren anbauen, doch das Sprichwort, dass Erdbeeren auf jedem Boden wachsen, ist irreführend, wenn auch wahr. Einige Erdbeersorten gedeihen auf bestimmten Böden besser als andere Sorten. Um welche Sorten es sich handelt, kann nur durch einen tatsächlichen Test festgestellt werden, aber es ist eine sichere Regel, solche Sorten auszuwählen, die sich an vielen Orten als gut erweisen.

Was die Kulturmethoden betrifft, so hängt so viel von der Größe des Grundstücks, dem Zweck, für den die Früchte benötigt werden, und dem Ausmaß der Sorgfalt ab, die man bereit ist, zu geben, dass keine feste Regel für einen Garten aufgestellt werden kann, in dem dies der Fall ist Es werden nur wenige Pflanzen angebaut und es kann besondere Pflege geboten werden. Der Züchter muss immer sicher sein, dass seine Sorten „düngen“; das heißt, dass er über genügend pollentragende Arten verfügt, um eine Ernte zu gewährleisten.

Mit der höchsten Kultur können mit dem Hügelsystem des Erdbeeranbaus gute Ergebnisse erzielt werden. Zu diesem Zweck können die Pflanzen in Reihen mit einem Abstand von 3 Fuß und einem Abstand von 1 Fuß in der Reihe angeordnet werden, oder wenn in beide Richtungen gearbeitet wird, können sie in jeder Richtung einen Abstand von 2 bis 2 1/2 Fuß haben. In kleinen Gärten, in denen kein Pferd eingesetzt werden kann, werden die Pflanzen häufig in einem Abstand von 30 cm in jede Richtung gesetzt und in Beeten mit drei bis fünf Reihen mit 60 cm breiten Wegen dazwischen angeordnet. Sobald sich Ausläufer bilden, sollten diese entfernt werden, damit die gesamte Kraft der Pflanze zur Stärkung der Krone genutzt werden kann. Wenn besonders feine Exemplare von Beeren gewünscht werden, kann die Pflanze mit einem Drahtrahmen über dem Boden gehalten werden, wie in Abb. 288 gezeigt.

288. Strawberry plant supported by a wire rack.

Oder Erdbeeren können mit dem schmalen, verfilzten Reihensystem angebaut werden, bei dem die Ausläufer vor der Wurzelbildung in einem

Abstand von 10 bis 15 cm von der Mutterpflanze entlang der Reihen gedreht werden sollten. Diese Ausläufer sollten die ersten sein, die von der Pflanze gebildet werden, und es sollte ihnen nicht gestattet werden, sich selbst zu verwurzeln, sondern sie sollten „einsetzen". Dies ist keine schwierige Operation; und wenn die Ausläufer von der Mutterpflanze getrennt werden, sobald sie sich gut etabliert haben, ist der Abfluss für diese Pflanze nicht groß. Alle anderen Läufer sollten beim Start abgeschnitten werden. Die Reihe sollte zum Zeitpunkt der Fruchtbildung etwa 12 Zoll breit sein (Abb. 289). Jede Pflanze sollte ausreichend Nährboden, volles Sonnenlicht und einen festen Halt im Boden haben. Dieses verfilzte Reihensystem ist vielleicht die beste Methode, die in einem privaten Garten oder in einer Feldkultur praktiziert werden kann. Mit ein wenig Sorgfalt beim Hacken, Jäten und Abschneiden von Ausläufern scheinen die Beete im zweiten Jahr ebenso große Ernten zu produzieren wie im ersten.

Die alte Art, eine Nutzpflanze anzubauen, bestand darin, die Pflanzen in einem Abstand von 10 bis 12 Zoll in Reihen von 3 Fuß voneinander anzuordnen und ihnen zu erlauben, nach Belieben zu laufen und zu wurzeln. Das Ergebnis war eine Masse kleiner, dicht gedrängter Pflanzen, von denen jede danach strebte, Pflanze zu bekommen -Essen und keinem von ihnen gelingt es, genug zu bekommen. Die letzten oder Außenläufer, deren Wurzelspitzen nur im Boden stecken, werden vom Wind bewegt, vom Frost hochgehoben oder ihre freiliegenden Wurzeln werden durch Wind und Sonne ausgetrocknet.

Kalihaltiger Boden bringt die feststen und aromatischsten Beeren hervor. Eine übermäßige Verwendung von Stallmist, der normalerweise reich an Stickstoff ist, sollte vermieden werden, da dies dazu führt, dass das Laub und die Beeren zu stark wachsen und eine weiche Konsistenz haben.

289. A narrow matted row of strawberries.

Für die meisten Zwecke sollten Erdbeeren so früh im Frühjahr gepflanzt werden, dass der Boden bearbeitet werden kann. Das Pflanzen kann mit einer Kelle, einem Spaten oder einem Dibbler erfolgen. Dabei ist darauf zu achten, dass die Wurzeln so weit wie möglich ausgebreitet werden und die Erde fest um sie herum gedrückt wird. Halten Sie die Pflanze dabei so, dass sich die Knospe knapp über der Oberfläche befindet. Wenn die Saison spät ist und das Wetter heiß und trocken ist, sollten einige oder alle älteren Blätter entfernt werden. Wenn Wasser verwendet wird, sollte es um die Wurzeln gegossen werden, bevor das Loch gefüllt wird, und sobald es aufgeweicht ist, sollte die restliche Erde um die Pflanzen gepackt werden. Während der ersten Saison sollten die Blütenstiele entfernt werden, sobald sie erscheinen, und die Ausläufer sollten auf einen Raum von etwa 30 cm Breite beschränkt werden. Manche Menschen ziehen es vor, die Anzahl der Pflanzen noch weiter zu reduzieren und nach der Schichtung von drei bis vier Pflanzen zwischen den ursprünglich gepflanzten Pflanzen alle anderen zu entfernen.

Erdbeeren werden oft im August oder September gepflanzt, dies empfiehlt sich jedoch nur für kleine Flächen oder wenn der Boden in bestmöglichem Zustand ist und die höchste Kultur gegeben ist. Für die Gartenkultur kann es sich lohnen, Topfpflanzen zu sichern (Abb. 290). Diese werden von vielen Baumschulen verkauft und können erhalten werden, indem man Töpfe unter die Ausläufer stellt, sobald die Fruchtsaison vorüber ist. Im August sollte die Pflanze den Topf füllen (der 3 oder 4 Zoll groß sein sollte) und die Pflanze ist bereit für die Pflanzung. Solche Pflanzen sollten im folgenden Frühjahr eine gute Ernte bringen.

Während der ersten Saison sollten Erdbeeren häufig und zunächst ziemlich tief bearbeitet werden. Wenn das Wetter jedoch wärmer wird und die Wurzeln den Boden füllen, sollte die Bodenbearbeitung auf eine Tiefe von nicht mehr als 5 cm beschränkt werden. Das Unkraut darf niemals entstehen, und wenn die Jahreszeit trocken ist, sollte die Bearbeitung so häufig erfolgen, dass die Bodenoberfläche immer locker und offen ist und einen Staubmulch bildet, um die Feuchtigkeit zu bewahren. Wenn der Herbst feucht und die Plantage frei von Unkraut ist, gibt es nach dem 1. September nur noch wenig Gelegenheit zur Kultivierung, bis kurz vor dem Gefrieren des Bodens eine gründliche Kultivierung erfolgen sollte. Zusätzlich zum Pferdeanbau sollte die Hacke bei Bedarf eingesetzt werden, um den Boden um die Pflanzen herum aufzulockern und eventuell in der Reihe entstehendes Unkraut zu vernichten.

290. A potted strawberry plant.

Nachdem der Boden gefroren ist, ist es ratsam, die Pflanzen zu mulchen, indem Sie den Raum zwischen den Reihen etwa 5 cm tief mit etwas Abfallmaterial bedecken. Direkt über den Pflanzen ist im Allgemeinen eine 2,5 cm dicke Abdeckung ausreichend. Das verwendete Material sollte frei von Gras- und Unkrautsamen sein und so beschaffen sein, dass es auf den Beeten verbleibt, ohne wegzufliegen, und dass es sich nicht zu sehr an den Pflanzen festsetzt. Sumpfheu ist ein idealer Mulch, aber wo es nicht befestigt werden kann, reicht Stroh aus. Maisfutter ergibt einen sauberen, aber eher groben Mulch, und wo es durch anderes Material an Ort und Stelle gehalten werden kann, eignen sich Waldblätter gut als Mulch zwischen den Reihen. Im Frühjahr sollte das Stroh über den Pflanzen entfernt werden und als Mulch zwischen den Reihen verbleiben, oder es kann vollständig entfernt und der Boden mit einem Grubber bearbeitet werden.

In der zweiten Saison sollte eine große Ernte erzielt werden; Viele Menschen halten es für das Beste, die Plantage jedes Jahr zu erneuern, aber wenn die Pflanzen gesund und der Boden frei von Gras und Unkraut sind, kann die Plantage oft für eine zweite Ernte beibehalten werden. Es empfiehlt sich, den Boden von den Reihen wegzupflügen, so dass nur ein schmaler Streifen übrig bleibt, und entlang dieses Streifens sollten die alten Pflanzen so herausgeschnitten werden, dass die neuen Pflanzen etwa einen Fuß voneinander entfernt bleiben. Erfolgt dies im Juli, sollten sich die Reihen bis zum Winter füllen, sodass sie in etwa im Zustand eines neuen Beetes sind.

Insekten und Krankheiten der Erdbeere .

Das für den Erdbeeranbauer am häufigsten störende Insekt ist der Junikäfer oder Maikäfer, dessen Larven oft sehr häufig auf Flächen vorkommen, auf denen bereits Grasnarben angelegt wurden. Es sollten zwei Jahre vergehen, bevor Rasenflächen für diese Kultur genutzt werden.

Schnittwürmer sind oft lästig, aber das Pflügen des Bodens im Herbst vor dem Setzen der Pflanzen wird viele von ihnen zerstören. Sie können durch Streuen über den Ackerklee oder andere Grünpflanzen, die mit Pariser Grünwasser getränkt wurden, vergiftet werden (S. 203).

Die häufigste Pilzkrankheit der Erdbeere ist die Krautfäule oder der „Rost", der häufig schwere Schäden am Laub verursacht und zum Verlust der Ernte führen kann. Für die Anpflanzung sollten Sorten ausgewählt werden, die am wenigsten von der Krankheit betroffen sind. Auf geeigneten und gut gepflegten Böden dürften die Verluste durch diese Krankheit gering sein, wenn die Plantage häufig erneuert wird. Rost und Schimmel können durch eine Bordeaux-Mischung in Schach gehalten werden. Normalerweise reicht es aus, nach der Blütezeit (oder jederzeit im ersten Jahr, in dem die Pflanzen gepflanzt werden) zu sprühen, um gesundes Laub für das nächste Jahr zu sichern (S. 213).

Sorten von Erdbeeren .

In den meisten Teilen des Landes sind Haverland, Warfield, Bubach und Gandy eine Sukzessionssorte und allesamt robuste und produktive Sorten. Bei den ersten drei handelt es sich um unvollkommen blühende Sorten, und einige so perfekt blühende Sorten wie Lowett oder Bederwood sollten zur Düngung bereitgestellt werden. Zu den anderen Sorten, die in den meisten Abschnitten gut gedeihen, gehören Brandywine, Greenville, Clyde und Woolverton. Parker Earle wächst sehr spät und eignet sich sowohl für den Hausgebrauch als auch für den Markt auf festen, feuchten Böden, wo er am besten gepflegt werden kann. Belt (William Belt) und Marshall haben große, auffällige Früchte und gedeihen gut auf festem Boden.

Excelsior oder Michel könnten sehr früh hinzugefügt werden; Aroma wird in einigen Abschnitten sehr intensiv angebaut; auch Tennessee (Tennessee Prolific) ist eine vielversprechende neue Sorte aus Tennessee.

KAPITEL X
DER WACHSTUM DER GEMÜSEPFLANZEN

Ein Gemüsegarten gehört natürlich zu jedem Haus, das über einen guten Hinterbereich verfügt. Ein gekauftes Gemüse ist niemals dasselbe wie eines, das vom eigenen Boden stammt und seine eigene Anstrengung und Fürsorge widerspiegelt.

291. Cultivating the backache.

Für die Zufriedenheit mit dem Gemüseanbau ist es wichtig, dass der Boden reichhaltig und gründlich gedämpft und geklärt ist. Die Plantage sollte außerdem so angelegt sein, dass die Bodenbearbeitung mit Radwerkzeugen und, sofern der Platz es zulässt, mit Pferdewerkzeugen erfolgen kann. Das altmodische Gartenbeet (Abb. 291) kostet Zeit und Arbeit, verschwendet Feuchtigkeit und verursacht mehr Ärger und Kosten, als es wert ist.

EAST. — WEST.

Width	Row
6 ft.	Asparagus. Rhubarb. Artichoke.
6 ft.	Parsnip. Salsify. Cucumbers, followed by Fall Spinach.
4 ft.	Peas
4 ft.	Early Potatoes or Peas, followed by Celery.
3 ft.	Early Cabbage and Cauliflower.
3 ft.	Beets. Turnips.
$2\frac{1}{2}$ ft	Lettuce, early and late. Winter Radish. Endive. Parsley.
$2\frac{1}{2}$ ft.	Onions, with early Radish sown in row.
$2\frac{1}{2}$ ft.	Bush Beans.
4 ft.	Late Cabbage.
4 ft.	Early Corn and Summer Squash.
4 ft.	Late Corn.
4 ft.	Tomatoes and Pole Beans.
6 ft.	Musk and Watermelon.
8 ft.	Winter Squash.
8 ft.	

292. Tracy's plan for a kitchen-garden.

Die Gemüsereihen sollten möglichst lang und durchgehend sein, um eine Bodenbearbeitung mit Radwerkzeugen zu ermöglichen. Wenn es nicht erwünscht ist, eine ganze Reihe eines Gemüses anzubauen, kann die Reihe aus mehreren Arten bestehen, eine nach der anderen, wobei darauf zu achten ist, solche Arten zusammenzustellen, die ähnliche Anforderungen haben; Eine lange Reihe könnte beispielsweise alle Pastinaken, Karotten und Schwarzwurzeln enthalten. Eine oder zwei lange Reihen mit jeweils einem

Dutzend Gemüsesorten sind in der Regel einem Dutzend kurzer Reihen mit jeweils einer Gemüsesorte vorzuziehen.

Pflügen oder Pflügen nicht behindert . Das einjährige Gemüse sollte in den Folgejahren auf verschiedenen Teilen der Fläche angebaut werden, so dass so etwas wie eine Fruchtfolge praktiziert wird. Wenn sich Radieschen- oder Kohlmaden oder Bärlauch in der Plantage fest etabliert haben, lassen Sie das Gemüse, von dem sie leben, für ein Jahr oder länger weg.

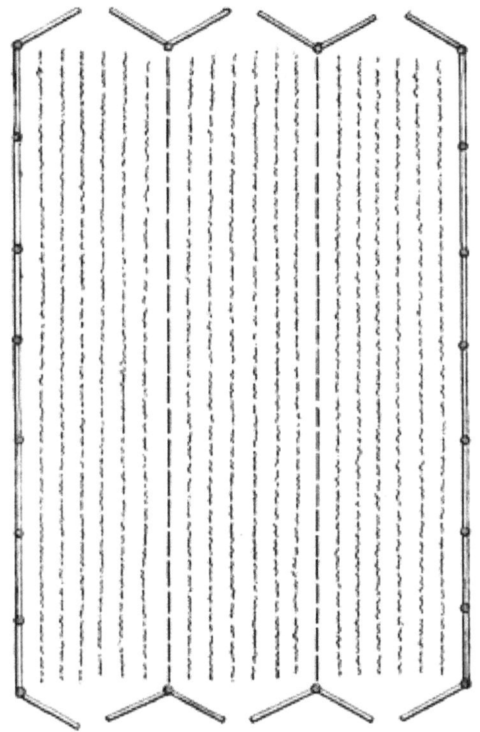

293. A garden fence arranged to allow of horse work.

Eine andeutende Anordnung für einen Küchengarten ist in Abb. 292 dargestellt. In Abb. 293 ist ein Plan eines umzäunten Gartens zu sehen, in dem an den Enden Tore angebracht sind, um das Wenden eines Pferdes und eines Grubbers zu ermöglichen (Webb Donnell, auf *amerikanisch)* . *Gartenarbeit*). Abbildung 294 zeigt einen Garten mit durchgehenden Reihen, aber mit zwei quer über die Fläche verlaufenden Brüchen, die die Plantage in Blöcke unterteilen. Der Bereich ist mit einem Windschutz umgeben und die Rahmen und Dauerpflanzen befinden sich auf einer Seite.

Es ist keineswegs notwendig, dass der Gemüsegarten nur Produkte aus dem Küchengarten enthält. Überall dort, wo eine freie Ecke entsteht oder eine

Pflanze stirbt, können hier und da Blumen hineingeworfen werden. Solche informellen und gemischten Gärten haben normalerweise einen persönlichen Charakter, der ihr Interesse und damit ihren Wert erheblich erhöht. Man ist allgemein beeindruckt von diesem informellen Charakter der Hausgärten in vielen europäischen Ländern, einer Bepflanzungsart, die aus der Notwendigkeit entsteht, jeden Quadratzentimeter Land optimal zu nutzen. Es war dem Autor eine Freude, über den Zaun eines bayerischen Bauerngartens zu schauen und auf einer Fläche von etwa 40 Fuß mal 100 Fuß eine herrliche Mischung aus Zwiebeln, Stangenbohnen, Pfingstrosen, Sellerie, Springkraut, Stachelbeeren, Buntlippen, Kohl, Sonnenblumen, Rüben, Mohn, Gurken, Prunkwinden, Kohlrabi, Eisenkraut, Buschbohnen, Nelken, Brühen, Johannisbeeren, Wermut, Petersilie, Karotten, Grünkohl, Staudenphlox, Kapuzinerkresse, Mutterkraut, Salat, Lilien!

Gemüse für sechs (von CE Hunn).

Ein heimischer Gemüsegarten für eine sechsköpfige Familie würde, abgesehen von Kartoffeln, eine Fläche von nicht mehr als 100 mal 150 Fuß erfordern. Beginnend an einer Seite des Gartens und in kurzen Reihen (jede Reihe 100 Fuß lang) kann, sobald der Boden für die Bearbeitung geeignet ist, Folgendes gesät werden:

Jeweils fünfzig Fuß Pastinaken und Schwarzwurzeln.

100 Fuß Zwiebeln, 25 Fuß davon können Kartoffeln oder Steckzwiebeln sein, der Rest sind Schwarzkümmel für den Sommer- und Herbstgebrauch.

Fünfzig Fuß frühe Rüben; 50 Fuß Salat, mit dem Rettich gesät werden kann, um den Boden aufzulockern, und geerntet werden kann, bevor der Salat den Raum braucht.

100 Fuß Frühkohl, dessen Pflanzen aus einem Rahmen stammen oder gekauft werden sollten. Stellen Sie die Pflanzen in einem Abstand von 18 Zoll bis 2 Fuß auf.

Hundert Fuß früher Blumenkohl; Kultur wie für Kohl.

450 Fuß Erbsen, wie folgt gesät:

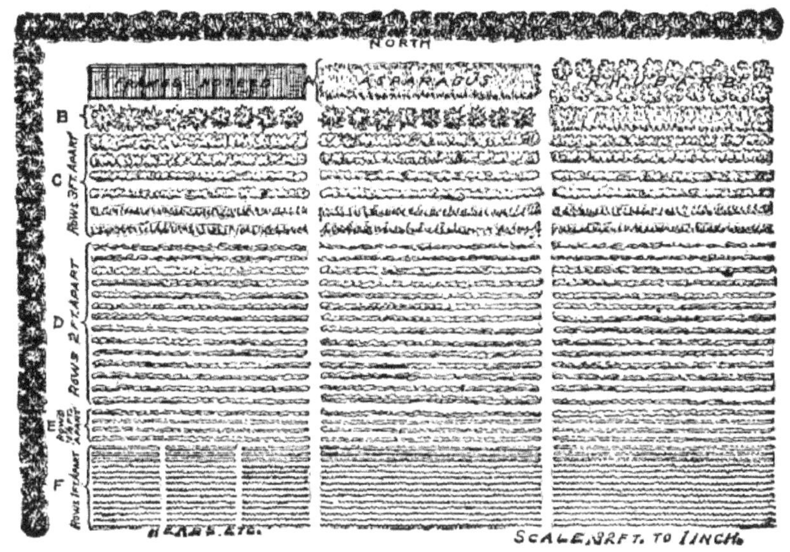

294. A family kitchen-garden.

100 Fuß extra früh.
100 Fuß extra früh, spät gesät. 100 Fuß mittelschwer. 100 Fuß spät. 50 Fuß Zwergsorten.

Wenn kein Spalier oder Gestrüpp verwendet werden soll, sorgt eine häufige Aussaat der Zwerge für einen ausreichenden Nachwuchs.

Nachdem sich der Boden erwärmt hat und keine Frostgefahr mehr besteht, wird das zarte Gemüse wie folgt gepflanzt:

Mais in fünf Reihen im Abstand von 3 Fuß, drei Reihen früh und mittel und zwei Reihen spät.

Hundert Fuß lange Bohnen, frühe bis späte Sorten.

Reben wie folgt:—

10 Gurkenhügel, 6x6 Fuß.
6 Hügel Frühkürbis, 6 x 6 Fuß. 20 Hügel Zuckermelone, 6 x 6 Fuß. 10 Hügel Hubbard, 6 x 6 Fuß.

Hundert Fuß Okra.

Zwanzig Auberginen. 100 Fuß (25 Pflanzen) Tomaten.

Sechs große Rhabarberbüschel.

Ein Spargelbett von 25 Fuß Länge und 3 Fuß Breite.

Spätkohl, Blumenkohl und Sellerie sollen den frei gewordenen Platz einnehmen, indem frühe Ernten von Früh- und Zwischenerbsen und Bohnen entfernt werden.

Ein Rand an einer Seite oder am Ende bietet Platz für alle Kräuter wie Petersilie, Thymian, Salbei, Ysop und Minze.

Die Gemüseklassen .

Bevor man versucht, bestimmte Gemüsesorten anzubauen, hilft es dem Anfänger, das Thema zu verstehen, wenn er bestimmte kulturelle Gruppen oder Klassen erkennt und weiß, welche Hauptanforderungen sie haben.

Hackfrüchte – Rüben, Karotten, Pastinaken, Schwarzwurzeln.

Bei den Hackfrüchten handelt es sich um Kaltwetterpflanzen; das heißt, sie können sehr früh gesät werden, noch bevor der leichte Frost verschwindet; und die Winterarten wachsen sehr spät im Herbst oder können im Boden bleiben, bis die meisten anderen Feldfrüchte geerntet sind. Sie werden nicht oft transplantiert.

Für das Wachstum gerader und gut entwickelter Wurzeln ist lockerer und tiefer Boden ohne Klumpen erforderlich. Das Land muss außerdem perfekt entwässert sein, nicht nur um überschüssige Feuchtigkeit zu entfernen, sondern auch um einen tiefen und brüchigen Boden zu schaffen. In harten Böden ist die Bodenlockerung sinnvoll. Eine große Beimischung von Sand ist im Allgemeinen wünschenswert, sofern der Boden bei sonnigem Wetter nicht überhitzen kann.

Um die Wurzeln im Keller frisch zu halten, packen Sie sie in Fässer, Kisten oder Behälter mit Sand, der von Natur aus feucht ist, sodass jede Wurzel ganz oder teilweise mit dem Sand in Kontakt kommen kann. Das beste Material, um sie zu verpacken, ist Torfmoos, dasselbe, das Baumschulen zum Verpacken von Bäumen für den Versand verwenden und das in vielen Teilen des Landes in Mooren gewonnen werden kann. Weder im Sand noch im Torfmoos schrumpfen die Wurzeln; aber wenn der Keller warm ist, können sie anfangen zu wachsen. Wurzeln können auch eingegraben werden, ähnlich wie bei Kartoffeln.

Alliaceae-Gruppe – Zwiebel, Lauch, Knoblauch.

Eine Gruppe sehr robuster Kaltwetterpflanzen, die eine ungewöhnlich sorgfältige Vorbereitung des Oberflächenbodens erfordern, um die Samen aufzunehmen und die Jungpflanzen in Gang zu bringen. Sie halten Frost und kühlem Wetter stand und können sehr früh gesät werden. Die Aussaat erfolgt direkt dort, wo die Pflanzen stehen sollen. Für Frühzwiebeln hat sich jedoch in letzter Zeit die besondere Praxis herausgebildet, sie aus dem Saatbeet zu verpflanzen.

Kohlgruppe: Kohl, Grünkohl, Blumenkohl.

Dabei handelt es sich um Kaltwetterkulturen, die alle erheblichem Frost standhalten. Der Kohl- und Grünkohlanbau beginnt in den mittleren und südlichen Breiten oft im Herbst und wird geerntet, bevor heißes Wetter eintrifft.

In den nördlichen Bundesstaaten gedeihen diese Pflanzen alle am besten, wenn sie früh im Gewächshaus, im Gewächshaus oder im Gewächshaus gepflanzt werden – vom letzten Februar bis April – und vom ersten Mai bis zum ersten Juni ins Freiland verpflanzt werden, was teilweise auf die Wachstumssaison zurückzuführen ist lang sein und zum Teil dazu dienen, der Hitze des Hochsommers zu entfliehen. Dennoch gelingt es einigen, Spätkohl, Grünkohl und Blumenkohl anzubauen, indem sie die Samen auf Hügeln und im offenen Boden säen, wo die Pflanzen reifen sollen. Es ist am besten, die jungen Pflänzchen zweimal zu verpflanzen, zunächst aus dem Saatbeet in Kisten oder Rahmen, etwa zu dem Zeitpunkt, an dem der zweite Satz echter Blätter erscheint, wobei die Pflanzen jeweils 24 Zoll voneinander entfernt platziert werden und erneut ins Freiland verpflanzt werden Reihen mit einem Abstand von 4 bis 5 Fuß, wobei die Pflanzen in der Reihe 2 bis 4 Fuß voneinander entfernt sind. Wenn die Pflanzen unter Deckung gepflanzt werden, sollten sie mehrere Tage vor dem endgültigen Umpflanzen in den wärmeren Stunden durch Licht- und Lufteinwirkung abgehärtet werden.

Der größte Feind kohlartiger Pflanzen ist die Wurzelmade. Siehe Diskussion dieses Insekts auf den Seiten 187 und 201.

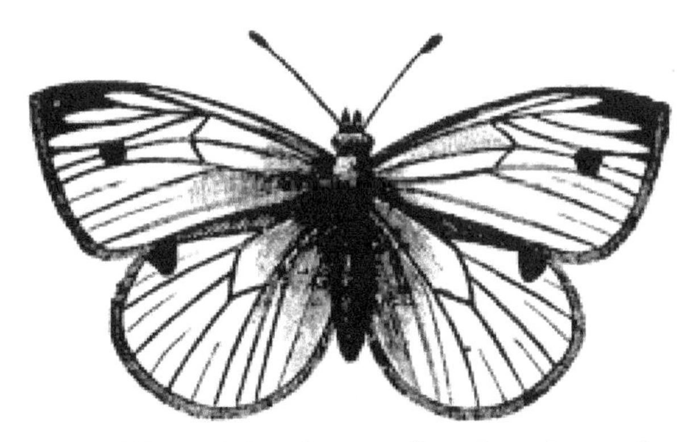

295. The white butterfly that lays the eggs for the cabbage-worm.

Der Kohlwurm (Larve des in Abb. 295 gezeigten weißen Schmetterlings) kann mit Pyrethrum oder Kerosinemulsion bekämpft werden . Die

Behandlung muss sehr früh erfolgen, bevor der Wurm weit in den Kopf vordringt (S. 200).

Die Kohl- oder Stumpfwurz ist eine Pilzkrankheit, gegen die es kein gutes Heilmittel gibt. Nutzen Sie neues Land, wenn die Krankheit vorhanden ist (S. 208).

Gruppe der Nachtschattengewächse: Tomate, Aubergine, roter Pfeffer.

Dies sind Warmwetterpflanzen, die sehr frostunempfindlich sind. Sie stammen alle aus den südlichen Zonen und haben sich im Norden noch nicht so weit akklimatisiert, dass sie die Vorteile unserer längsten Jahreszeiten nicht benötigen.

Pflanzen sollten früh unter Glas gepflanzt werden. Sie sollten „abgepflückt" werden, wenn die zweiten Blätter im Abstand von 3 bis 4 Zoll voneinander entfernt sind, und in flache oder Kisten gepflanzt werden. Diese Kästen sollten in einem Frühbeet aufbewahrt werden, in das an warmen, sonnigen Tagen viel Licht und Luft gelassen wird, um sie abzuhärten. Nachdem die Frostgefahr vorüber ist und der Gartenboden gut erwärmt ist, können die Pflanzen endgültig umgepflanzt werden.

Wenn der Boden zu nährstoffreich ist, wachsen diese Pflanzen in den nördlichen Jahreszeiten wahrscheinlich zu spät.

Kürbisgewächse: Gurke, Melone, Kürbis, Kürbis.

Alle Mitglieder dieser Gruppe sind sehr frostempfindlich und dürfen erst gepflanzt werden, wenn die Jahreszeit vollständig geöffnet und besiedelt ist. Die Pflanzen werden nicht umgepflanzt, es sei denn, sie werden aus Kisten oder Töpfen umgesetzt.

Die Samen müssen vom frühen Frühling bis zum Hochsommer etwas flach gepflanzt werden. Für die frühesten Gurken und Melonen werden Samen in Rahmen gepflanzt. Das heißt, jeder Hügel ist von einem tragbaren Kastenrahmen von etwa 3 Fuß im Quadrat umgeben, der normalerweise über eine bewegliche Schieberabdeckung verfügt. An warmen Tagen wird die Abdeckung angehoben oder entfernt, und der Rahmen wird entfernt, wenn keine Frostgefahr mehr besteht. Bei der Feldkultur werden die Samen 2,5 bis 2,5 Zentimeter tief auf einem Hügel gepflanzt, wobei die Hügel einen Abstand von 1,20 mal 1,80 Meter haben. Diese Abstände variieren je nach Standort und Sorte leicht. Gute Gurken werden manchmal auf Hügeln rund um ein Fass angebaut, in das Mist gegeben wird, der durch aufeinanderfolgendes Gießen ausgewaschen wird.

Die allgegenwärtigen Feinde aller Kürbisgewächse sind der Kleine Gurkenkäfer und die große schwarze „Stinkwanze". Asche, Kalk oder

Tabakstaub scheinen gelegentlich eine gewisse Wirksamkeit bei der Verhinderung der Verwüstungen dieser Insekten zu zeigen, aber die einzige einigermaßen sichere Immunität besteht in der Verwendung von Abdeckungen über den Hügeln (Abb. 229) und beim Pflücken von Hand (S. 202).). Abdeckungen können auch durch Spannen von Moskitonetzen über Bögen aus Fassreifen oder gebogenen Drähten hergestellt werden. Wenn die Pflanzen auf diese Weise insektenfrei gehalten werden, bis sie aus dem Schutz herauswachsen, werden sie danach in der Regel von ernsthaften Schäden durch Insekten verschont bleiben. Es empfiehlt sich, vor der regulären Pflanzung Fall- oder Lockhügel aus Gurken, Kürbissen oder Melonen zu pflanzen, auf denen die Käfer geerntet werden können.

Hülsenfrüchte – Erbsen und Bohnen.

Zu den Hülsenfrüchten zählen zwei Kulturgruppen: die Bohnengruppe (einschließlich aller Feld-, Garten- und Kidneybohnen sowie der Kuherbse), die Warmwetterpflanzen umfasst; die Erbsengruppe (einschließlich Acker- und Gartenerbse, Windsor- oder Saubohne), die Kaltwetterpflanzen umfasst. Erstere sind schnell frostempfindlich und sollten erst gepflanzt werden, wenn sich die Witterung beruhigt hat. Letztere gehören zu den Gemüsesorten, die am frühesten gepflanzt wurden. Die Hülsenfrüchte werden nicht umgepflanzt, sondern die Samen werden dort platziert, wo die Pflanzen wachsen sollen.

Salatpflanzen und Topfkräuter („Greens").

Diese Pflanzen werden alle wegen ihrer zarten, frischen und saftigen Blätter angebaut und daher sollten alle angemessenen Anstrengungen unternommen werden, um ein schnelles und kontinuierliches Blattwachstum zu gewährleisten. Es ist offensichtlich sinnvoll, sie auf warmem, mildem Boden zu kultivieren, gut zu kultivieren und reichlich zu bewässern. Kleine Pflanzen wie Kresse, Maissalat und Petersilie können in kleinen Beeten oder sogar in Kisten oder Töpfen angebaut werden; aber in einem Garten, in dem der Platz nicht zu knapp ist, können sie bequemer in Reihen gepflanzt werden, wie Erbsen oder Rüben. Fast alle Salatpflanzen können im Frühjahr und von Zeit zu Zeit den ganzen Sommer über zur Sukzession gesät werden. Die Gruppe ist kulturell nicht homogen, da einige Pflanzen einer besonderen Behandlung bedürfen; aber die meisten von ihnen sind Motive für kühles Wetter.

Süße Kräuter.

Der Kräutergarten sollte auf jedem Amateurgelände seinen Platz finden. Süßkräuter können manchmal rentabel gemacht werden, indem der Überschuss an den Gemüsehändler und den Apotheker abgegeben wird. Letzterer kauft oft alles, was die Hausfrau entsorgen möchte, da der allgemeine Vorrat an Heilkräutern von Spezialisten angebaut wird, in die Hände des Großhändlers gelangt und beim örtlichen Händler oft schon alt ist.

In den Katalogen der Saatgutsammler werden über vierzig verschiedene Heil- und Küchenkräuter erwähnt. Die meisten von ihnen sind mehrjährig und wachsen bei guter Pflege viele Jahre lang. Besser ist jedoch eine Neuaussaat alle drei bis vier Jahre. Beete mit jeweils 1,20 m im Quadrat reichen für die Versorgung einer gewöhnlichen Familie.

Die mehrjährigen Süßkräuter lassen sich durch Teilung vermehren, meist werden sie jedoch aus Samen gezogen. Im zweiten Jahr – und manchmal sogar im ersten Jahr – sind die Pflanzen stark genug für den Schnitt. Die häufigsten mehrjährigen Süßkräuter sind: Salbei, Lavendel, Pfefferminze, Grüne Minze, Ysop, Thymian, Majoran, Melisse, Katzenminze, Rosmarin, Andorn, Fenchel, Liebstöckel, Winterbohnenkraut, Rainfarn, Wermut, Johanniskraut.

Die häufigsten einjährigen Arten (oder diejenigen, die als einjährige Arten behandelt werden) sind: Anis, Basilikum, Bohnenkraut, Koriander, Königskraut, Kümmel (zweijährig), Muskatellersalbei (zweijährig), Dill (zweijährig), Majoran (zweijährig).

Die Kultur des führenden Gemüses .

Nachdem wir nun einen Überblick über die Gestaltung des Gemüsegartens und eine gute Vorstellung von den führenden Kulturgruppen erhalten haben, können wir mit der Diskussion der verschiedenen Gemüsearten selbst fortfahren. Gute Erfahrungen sind besser als Buchtipps; Aber wer ein Buch zu Rate zieht, dem mangelt es an Erfahrung. Alle gedruckten Anweisungen sind zwangsläufig unvollständig und können möglicherweise nicht an die besonderen Bedingungen angepasst werden, unter denen der Amateur arbeitet. aber sie sollten ihn in die richtige Richtung lenken, damit er seinen Weg leichter finden kann. Die Kataloge von Seedsmen enthalten oft viele nützliche und zuverlässige Ratschläge dieser Art.

Spargel : Das beste aller Frühlingsgemüse; eine robuste, krautige Staude, die wegen der weichen, essbaren Triebe angebaut wird, die aus der Krone entspringen.

Der Spargelanbau ist in den letzten Jahren vereinfacht worden, und heutzutage muss das Wissen, das für den erfolgreichen Anbau und Anbau eines guten Spargelvorkommens erforderlich ist, nicht mehr das eines Profis sein. Die alte Methode besteht darin, bis zu einer Tiefe von 3 Fuß oder mehr auszuheben, 4 bis 6 Zoll Schotter oder Ziegel zur Entwässerung hineinzuwerfen und dann bis zu einer Tiefe von 16 bis 18 Zoll unter der Oberfläche mit gut verrottetem Mist aufzufüllen, wobei 6 Zoll dick sind Der

Boden, auf dem die Wurzeln gepflanzt werden, ist der einfachen Praxis des Pflügens oder Grabens eines Grabens von 14 bis 16 Zoll Tiefe gewichen, wobei gut verrotteter Mist bis zu einer Tiefe von 3 bis 4 Zoll auf dem Boden verteilt wird. Sobald der Mist gut gestampft ist, bedecken Sie den Mist mit 3 bis 4 Zoll guter Gartenerde, setzen Sie dann die Pflanzen mit gut ausgebreiteten Wurzeln auf, bedecken Sie sie sorgfältig mit Erde bis zur Höhe des Gartens und festigen Sie den Boden mit den Füßen. Dadurch bleiben die Kronen der Pflanzen 4 bis 5 Zoll unter der Oberfläche.

Bei hartnäckigem, schwerem Boden besteht die beste Methode zur Herstellung eines dauerhaften Bettes darin, den gesamten Schmutz aus dem Graben auszuwerfen und ihn durch guten, faserigen Lehm zu ersetzen.

Im Setzling erweisen sich 1-jährige Pflanzen als zufriedenstellender als ältere, da sie weniger anfällig für Schäden am Wurzelsystem sind als solche, die ein größeres Wachstum erzielt haben. Zwei Jahre nach dem Absetzen kann die Pflanze etwas zurückgeschnitten werden, jedoch nicht früher, wenn ein dauerhaftes Beet gewünscht wird, da der Aufwand, die Stängel auszutauschen, dazu führt, dass die Pflanze geschwächt wird, sofern die Wurzeln nicht gut etabliert sind. Das Schneiden sollte im Juni oder Anfang Juli beendet werden, da sonst die Wurzeln stark geschwächt werden könnten. Beim Schneiden ist darauf zu achten, dass das Messer senkrecht eingeführt wird, damit angrenzende Kronen nicht verletzt werden (Abb. 296).

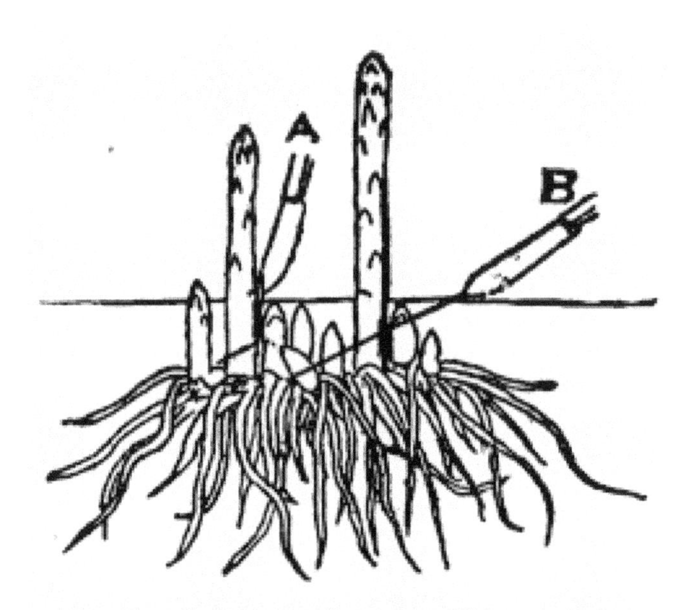

296. Good (*A*) and poor (*B*) modes of inserting the knife to cut asparagus. Some careful growers pull or break the shoots rather than cut them.

Die jährliche Behandlung eines Spargelbeetes besteht darin, im Herbst Spitzen und Unkraut zu entfernen und bis zu einer Tiefe von 7,5 bis 10 cm eine Beizung aus gut verfaultem Mist aufzutragen, wobei dieser Mist im folgenden Frühjahr leicht in das Beet gegabelt wird; oder man lässt die Spitzen als Winterschutz stehen und lässt den Mulch weg. Eine Top-Dressing mit Natronlauge in einer Menge von 200 Pfund pro Acre ist häufig als Frühlingsstimulans nützlich, insbesondere bei einem alten Beet. Gute Ergebnisse werden auch nach der Anwendung von Knochenmehl oder Superphosphat in einer Menge von etwa 300 bis 500 Pfund pro Hektar erzielt. Die Praxis, Salz auf ein Spargelbeet zu säen, ist nahezu universell; Dennoch erweisen sich Beete, die noch nie ein Pfund Salz erhalten haben, als genauso produktiv wie solche, die eine jährliche Behandlung erhalten haben. Dennoch empfiehlt sich ein Salzdressing. Zwei Spargelreihen mit einer Länge von 25 Fuß und einem Abstand von 3 Fuß sollten eine große Familie die ganze Saison über mit reichlich Spargel versorgen und bei guter Pflege mehrere Jahre halten.

Conover Colossal ist die am häufigsten angebaute Sorte und vielleicht die zufriedenstellendste Sorte. Sehr beliebt ist auch die aus dem Süden stammende Palmetto-Sorte.

Artischocke . – Die Artischocke der Literatur ist eine große, derbe Staude des Distelstamms, die essbare Blütenköpfe hervorbringt. Cardoon ist eine verwandte Pflanze.

Die fleischigen Schuppen des Kopfes und die weiche „Unterseite" des Kopfes sind die verwendeten Teile. Die jungen Triebe oder Triebe können auch zusammengebunden und blanchiert und wie Spargel oder Mangold verwendet werden. Für eine Familie werden jedoch nur wenige dieser Pflanzen benötigt, da sie eine Reihe von Blütenköpfen und eine Menge Saugnäpfe produzieren. Die Pflanzen sollten in der Reihe einen Abstand von 2 bis 3 Fuß haben, wobei die Reihen einen Abstand von 3 Fuß haben sollten. Dieses Gemüse ist im Norden nicht ganz winterhart, aber eine fußtiefe Abdeckung mit Blättern oder Stallstreu schützt es gut. Die Pflanze ist mehrjährig, der beste Ertrag wird jedoch mit jungen Pflanzen erzielt. Wenn die Köpfe reifen, verringern sie die Vitalität der Pflanze.

Artischocken waren hierzulande noch nie so beliebt, dass es eine lange Sortenliste gab. Large Green Globe wird am häufigsten von Samenhändlern angeboten. Essbare Köpfe sollten im zweiten Jahr nach der Aussaat gesichert werden. Sämlinge können sehr unterschiedlich sein, und wenn jemand Artischocken mag, ist es besser, sie durch Ausläufer der besten Pflanzen zu vermehren.

Diese Pflanzen sind weder in Massen noch in gemischten Beeten ein dekoratives Objekt, und aufgrund der Seltenheit ihrer Kultur sind sie immer Objekte von Interesse.

Artischocke, Jerusalem , ist eine völlig andere Pflanze als die oben genannten, obwohl sie hierzulande allgemein als „Artischocke" bekannt ist. Es handelt sich um eine Sonnenblumenart, die kartoffelähnliche Knollen produziert. Diese Knollen können anstelle von Kartoffeln verwendet werden. Sie sind für Schweine sehr schmackhaft; und wenn die Pflanze zu Unkraut wird – was oft der Fall ist – kann sie ausgerottet werden, indem die Schweine auf das Feld gebracht werden. Winterhart und wächst überall.

Bohne . – In jedem Garten werden Bohnen der einen oder anderen Sorte angebaut. Unter diesem allgemeinen Namen werden viele Pflanzenarten kultiviert. Sie sind alle zart und die Samen sollten daher erst gepflanzt werden, wenn sich das Wetter vollständig beruhigt hat. und der Boden sollte warm und locker sein. In nördlichen Ländern sind sie alle einjährig oder werden als solche behandelt.

Die Bohnenpflanzen können auf verschiedene Arten klassifiziert werden. Hinsichtlich ihrer Statur können sie in drei allgemeine Kategorien eingeteilt werden; nämlich. die Stangen- oder Kletterbohnen, die Buschbohnen und die streng wachsenden oder aufrechten Bohnen (wie die Sau- oder Windsorbohne).

Hinsichtlich ihrer Verwendung können Bohnen wiederum in drei Kategorien eingeteilt werden; nämlich. solche, die als Bohnen oder Bohnen verwendet werden, wobei die ganze Schote gegessen wird; solche, die als Schalenbohnen verwendet werden, wobei die vollwertigen, aber unreifen Bohnen aus der Schale geschält und gekocht werden; trockene Bohnen oder solche, die in trockenem oder winterlichem Zustand verzehrt werden. Die gleiche Bohnensorte kann für alle diese drei Zwecke in unterschiedlichen Entwicklungsstadien verwendet werden; aber tatsächlich gibt es Sorten, die für einen Zweck besser sind als für den anderen.

Auch hier können Bohnen nach ihrer Art klassifiziert werden. Die bekanntesten Arten sind folgende:

(1) Gartenbohne oder *Phaseolus vulgaris* , von der es sowohl hohe als auch buschige Formen gibt. Hierher gehören alle gewöhnlichen Bohnen und Bohnen, aber auch die Stangenbohnen der Sorte Speckled Cranberry und die gewöhnlichen Ackerbohnen.

(2) Die Limabohnen oder *Phaseolus lunatus* . Der größte Teil davon sind Stangenbohnen, in letzter Zeit sind jedoch auch Zwerg- oder Buschsorten aufgetaucht.

(3) Der Scharlachrote Läufer, *Phaseolus multiflorus* , für den der Scharlachrote Läufer und der Weiße Holländische Läufer bekannte Beispiele sind. Der Scharlachläufer wird üblicherweise als Zierpflanze angebaut und ist in warmen Ländern eine mehrjährige Pflanze, die Samen sind jedoch als geschälte Bohnen essbar. Der Weiße Holländische Läufer wird häufig zu Nahrungszwecken kultiviert.

(4) Die Yard-Long- oder Spargelbohne *Dolichos sesquipedalis* , die lange und schwache Ranken und sehr lange, schlanke Schoten hervorbringt. Die grünen Schoten werden gegessen, ebenso die geschälten Bohnen. Die French Yard-Long ist die einzige Sorte dieser Art, die hierzulande allgemein bekannt ist. Diese Bohnensorte ist im Orient beliebt.

(5) Die Saubohnen, deren häufigste Sorte die Windsor-Bohne ist. Diese werden in der Alten Welt häufig als Viehfutter angebaut und manchmal auch für die menschliche Ernährung verwendet. Sie wachsen zu einem strengen, zentralen, steifen Stiel mit einer Höhe von 2 bis 4 bis 5 Fuß heran und unterscheiden sich optisch stark von anderen Bohnenarten. Aufgrund unserer heißen und trockenen Sommer werden sie hierzulande kaum angebaut. In Kanada werden sie etwas gezüchtet und manchmal zur Herstellung von Silage verwendet.

Vigna -Art) handelt, die im Süden häufig als Heu- und Gründüngungspflanze angebaut wird, ist auch ein sehr gutes Tafelgemüse, das für den Hausgebrauch immer beliebter werden wird.

Der Anbau der Bohne ist zwar der einfachste, erweist sich jedoch bei der ersten Ernte oft als Fehlschlag, da die Saat gepflanzt wird, bevor der Boden warm und trocken geworden ist. Kein Gemüsesamen verrottet schneller als Bohnen, und die Verzögerung, die durch das Warten darauf entsteht, dass der Boden warm und frei von übermäßiger Feuchtigkeit ist, wird durch das schnelle Wachstum bei der endgültigen Pflanzung mehr als wettgemacht. Bohnen wachsen auf den meisten Böden, die besten Ergebnisse lassen sich jedoch erzielen, wenn der Boden gut angereichert und in gutem Zustand ist.

Vom 5. bis 10. Mai ist es auf dem Breitengrad von Zentral-New York sicher, Bohnen für eine frühe Ernte anzupflanzen. Die Bohnen können 5 cm tief in flache Bohrer geworfen werden, wobei die Samen 7,6 cm voneinander entfernt liegen. Bedecken Sie die Oberfläche des Bodens und festigen Sie ihn bei trockenem Boden mit dem Fuß oder der Rückseite der Hacke. Lassen Sie bei den Buschsorten einen Abstand von 2 Fuß zwischen den Drillreihen, bei den Zwerg-Limas sind jedoch 2 1/2 Fuß besser. Pole Limas werden normalerweise in Hügeln mit einem Abstand von 2 bis 3 Fuß in den Reihen gepflanzt. Zwerg-Limas können dünn in Drills gesät werden.

Viele Sorten sowohl der Grün- als auch der Wachsbohnen werden fast ausschließlich als Bohnen verwendet, die zart mit der Schote verzehrt werden. Die verschiedenen Sorten des Black Wax sind die beliebtesten Bohnen. Die Stangen- oder Laufbohnen werden entweder grün oder getrocknet verwendet, und die Limabohnen, sowohl große als auch Zwergbohnen, sind bekannt für ihren hervorragenden Geschmack, sowohl als geschälte als auch als getrocknete Bohnen. Die altmodische Cranberry- oder Horticultural Lima-Sorte (eine Stangenform von *Phaseolus vulgaris*) ist wahrscheinlich die beste Schalenbohne, aber die Schwierigkeit beim Stangen macht sie unbeliebt. Zwerg-Limas sind für kleine Gärten viel wünschenswerter als die Stangensorten, da sie viel dichter gepflanzt werden können, die Mühe der Beschaffung von Stangen oder Schnüren entfällt und der Garten ein ansprechenderes Erscheinungsbild erhält. Sowohl die Zwerg-Limas als auch die Stangen-Limas benötigen eine längere Reifezeit als die Buschbohnen, und normalerweise wird nur eine Pflanzung vorgenommen.

Die gewöhnlichen Buschbohnen können im Abstand von zwei Wochen von der ersten Pflanzung bis zum 10. August gepflanzt werden. Jede Pflanzung kann auf einem Boden erfolgen, auf dem zuvor eine frühreifende Kulturpflanze stand. So kann die erste bis dritte Pflanzung auf Boden erfolgen, von dem Spinat, Frühradieschen oder Salat geerntet wurden; danach auf Böden, auf denen Früherbsen angebaut wurden; und die späteren

Aussaaten, bei denen Rüben oder Frühkartoffeln gewachsen sind. Bohnen für die Konservenherstellung werden in der Regel aus der letzten Ernte entnommen.

Mit einem Liter Saatgut können Sie 100 Fuß dicke Buschbohnen säen. oder 1 Liter Limas wird 100 Hügel pflanzen.

Limabohnen sind die reichhaltigsten Bohnen, aber in den nördlichen Bundesstaaten reifen sie oft nicht. Der Boden sollte nicht sehr viel Stickstoff (oder Stallmist) enthalten, sonst laufen die Pflanzen zu stark zum Weinstock und kommen zu spät. Wählen Sie einen fruchtbaren Sand- oder Kiesboden mit warmem Standort, verwenden Sie etwas löslichen handelsüblichen Dünger zum Anpflanzen und sorgen Sie für eine optimale Kultur. Versuchen Sie, die Schoten zu setzen, bevor die Dürreperioden im Hochsommer kommen. Gute Gitter für Bohnen bestehen aus Wollschnur, die zwischen zwei horizontalen Drähten gespannt ist, von denen einer einen Fuß über dem Boden und der andere 6 bis 7 Fuß hoch ist.

Bohnenpflanzen werden in keiner Weise von Insekten befallen, werden aber manchmal von der Knollenfäule befallen. Wenn dies der Fall ist, pflanzen Sie ein oder zwei Jahre lang keine erneuten Bohnen auf demselben Boden an.

Rote Bete : Dieses Gemüse wird wegen seiner dicken Wurzel und seines Krauts (das als „Grünzeug" verwendet wird) angebaut. und Zierblattsorten werden manchmal in Blumengärten gepflanzt.

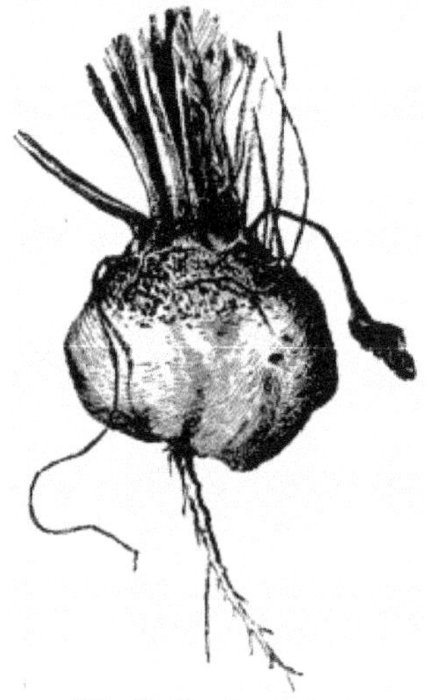

297. Bastian turnip beet.

Da es sich um eines der widerstandsfähigsten Frühlingsgemüse handelt, kann die Aussaat bereits im Frühjahr erfolgen, wenn der Boden bearbeitet werden kann. Ein leichter, sandiger Boden eignet sich am besten für den perfekten Rübenanbau, aber auch jedes gut bearbeitete Gartenland bringt zufriedenstellende Erträge. Auf schwerem Boden liefert die Rübe die besten Ergebnisse, da der Wuchs fast vollständig an oder über der Oberfläche erfolgt. Bei den langen Sorten mit spitz zulaufenden Wurzeln, die tief in den Boden hineinragen, besteht die Gefahr einer Verformung, es sei denn, der physikalische Zustand des Bodens ist so, dass die Wurzeln kaum auf Hindernisse stoßen. Bis zum Spätsommer sollte eine Aussaat im Abstand von zwei bis drei Wochen erfolgen, da die Rüben im jungen Stadium viel begehrenswerter sind als wenn sie alt und holzig geworden sind. Die Mangelwurzel und die Zuckerrübe werden üblicherweise als Feldfrüchte angebaut und gehen nicht in die Berechnungen des Hausgartens ein.

Um die Saison der besonders frühen Rübenernte zu beschleunigen, können die Samen im Februar oder März in Kisten oder in die Erde eines Frühbeets gesät werden, wobei die kleinen Pflanzen zum Zeitpunkt der ersten Aussaat ins Freiland gepflanzt werden wird gemacht. Da die Sorten mit Flach- oder Rübenwurzeln an der Erdoberfläche wachsen, kann das Saatgut dicht gesät werden. Da die fortgeschritteneren Wurzeln groß genug sind, um sie zu nutzen, können sie herausgezogen werden, sodass den späteren Wurzeln Raum bleibt, sich zu entwickeln und so zu wachsen eine große Menge auf kleiner Fläche und eine lange Saison mit kleinen Rüben aus einer Aussaat.

Für den Wintergebrauch liefert der Ende Juli gesäte Samen die besten Wurzeln, wächst in den kühlen Herbstmonaten zu einer mittleren Größe und bleibt fest, ohne zäh oder fadenziehend zu sein. Diese können nach leichtem Frost und vor starker Kälte ausgegraben und in Fässern oder Kisten im Keller gelagert werden. Dabei sollte ausreichend trockener Boden verwendet werden, um die Zwischenräume zwischen den Wurzeln zu füllen und sie bis zu einer Tiefe von 15 cm zu bedecken. So verpackt in einem kühlen Keller sind die Wurzeln über die gesamten Wintermonate nutzbar. Wenn es verfügbar ist, ist Blumen- oder Torfmoos ein ausgezeichnetes Medium, um Wurzeln für den Winter einzupacken.

Die Frührund- oder Rübensorten (Abb. 297) eignen sich am besten für den Früh- und Sommergebrauch. Die langen Blutrüben können zur Lagerung verwendet werden, diese erfordern jedoch eine längere Wachstumsperiode.

Brokkoli ist fast identisch mit Blumenkohl, außer dass er normalerweise eine längere Saison benötigt und im Herbst reift. Der Anbau erfolgt allgemeiner in Europa als hierzulande. Der besondere Vorzug von Brokkoli ist seine Anpassungsfähigkeit für die Spätsommerpflanzung und sein schnelles Wachstum in der Spätsaison. Man sagt, dass ein Großteil des Brokkolis für die Herstellung von Gurken verwendet wird. Die Kultur ist die gleiche wie beim Blumenkohl: tiefgründiger, feuchter, gut angereicherter Boden, kühles Wetter und die Vernichtung des Kohlwurms.

298. Brussels sprouts.

Rosenkohl . – Die Pflanze wird wegen der Knöpfe oder Sprossen (Miniaturkohlköpfe) angebaut, die dicht am Stängel entlang wachsen (Abb. 298). Er sollte allgemeiner bekannt sein, da er zu den erlesensten der Kohlfamilie gehört und am besten gegessen werden kann, nachdem die Blumenkohlsaison vorbei ist. Es ist umso besser, von den Herbstfrösten berührt zu werden. Die Knöpfe sollten abgeschnitten und nicht kaputt sein. Am besten eignen sich die ganz kleinen harten „Sprossen" oder Knöpfe. Die Kultur ist im Wesentlichen die gleiche wie bei Spätkohl oder Brokkoli. Eine Unze reicht für die Aussaat von 100 Fuß Bohrmaterial oder für mehr als 2000 Pflanzen. Setzen Sie die Pflanzen auf dem Feld in einem Abstand von 2 bis 3 Fuß oder bei Zwergsorten näher aneinander. Sie benötigen die gesamte Saison zum Wachsen.

Kohl . – Der Kohl wird heute in so großem Umfang als Feldfrucht angebaut, mit der der Markt versorgt wird, und die Pflanzen benötigen so viel Platz, dass viele Hausgärtner dazu neigen, den Anbau aufzugeben; aber zumindest die frühen Sorten sollten zu Hause angebaut werden.

Für eine frühe Ernte im Norden müssen die Pflanzen entweder im Februar oder Anfang März oder im September davor gepflanzt und in Frühbeeten überwintert werden. Diese letztere Methode war einst eine gängige Praxis von Gärtnern in der Nähe von Großstädten, aber der Bau von Gewächshäusern als Ersatz für die vielen Brutstätten der Gärtner hat die Praxis an vielen Orten verändert, und heute werden die meisten Frühkohlsorten im Norden daraus angebaut Aussaat im Januar, Februar oder

März. Die Pflanzen werden im März und Anfang April abgehärtet und so früh wie möglich ausgepflanzt. Der private Züchter oder jemand mit einem kleinen Garten kann seine frühen Pflanzen oft viel günstiger beim Gärtner kaufen, als er sie anbauen kann, da normalerweise nur eine begrenzte Anzahl früher Kohlpflanzen benötigt wird; Für die Zwischensaison und die Haupternte kann die Aussaat jedoch im Mai oder Juni in ein Saatbeet erfolgen, sodass die Pflanzen im Juli wachsen.

Das Saatbett sollte weich und reichhaltig sein. Eine gute Grenze reicht aus. Die Aussaat erfolgt vorzugsweise in Reihen, so dass die Pflanzen ausgedünnt und keimendes Unkraut entfernt werden kann. Die jungen Pflanzen werden das Gießen und Ausdünnen gut erwidern. Die Reihen sollten einen Abstand von 3 bis 4 Zoll haben. Wenn die Pflanzen groß genug zum Umpflanzen sind, können sie dort gepflanzt werden, wo Frühgemüse angebaut wurde. Stellen Sie die Pflanzen in einem Reihenabstand von 18 bis 24 Zoll auf, wobei die Reihen bei mittelgroßen Sorten einen Abstand von 3 Fuß haben. Eine Unze Saatgut reicht für etwa 2000 Pflanzen.

Alle Kohlsorten benötigen einen tiefen und nährstoffreichen Boden, der die Feuchtigkeit gut speichert. Um Feuchtigkeit zu speichern und ein kontinuierliches Wachstum zu gewährleisten, sollte eine regelmäßige Kultivierung erfolgen.

Bei einer frühen Pflanzung ist die Sortenzahl auf drei bis vier beschränkt. Für eine Zwischenfrucht ist die Liste umfangreicher und die späten Sorten sind sehr zahlreich. Die frühe Liste wird von Jersey Wakefield angeführt, einer Sorte, die sehr schnell wächst und, obwohl sie nicht zu den soliden Sorten gehört, im Allgemeinen angebaut wird. Als Nachfolgesorten eignen sich Early York und Winnigstadt. Vor allem Letzteres ist solide und von sehr guter Qualität. Für die Zwischensaison sind Succession und All Season am besten geeignet, und für die Winterversorgung sind die Typen Drumhead, Danish Ball und Flat Dutch führend. Einer der besten Kohlsorten für den Tischgebrauch ist im Garten selten anzutreffen: der Wirsingkohl. Es handelt sich um eine Art mit vernetzten Blättern, die einen großen, niedrig wachsenden Kopf bilden, dessen Mitte sehr fest und von ausgezeichnetem Geschmack ist, besonders spät im Herbst, wenn die Köpfe einen leichten Hauch von Frost hatten. Wirsing sollte in jedem privaten Garten angebaut werden.

Das beste Mittel gegen den Kohlwurm besteht darin, die erste Brut der ganz jungen Pflanzen mit Pariser Grün abzutöten. Nachdem die Pflanzen zu wachsen beginnen, können Pyrethrum, Kerosinemulsion oder Salzwasser verwendet werden. Auf einer kleinen Fläche kann die Handlese empfohlen werden (S. 200).

Die Made ist der schlimmste Kohlschädling. Nachdem Slingerland die etwa siebzig vorgeschlagenen Heilmittel untersucht hat, kommt er zu dem Schluss, dass sechs wirksam und praktikabel sind: das Züchten der jungen Pflanzen in dicht abgedeckten Rahmen; geteerte Papierkarten, die fest um die Basis der Pflanzen gelegt werden, um die Fliege fernzuhalten; Reiben der Eier von der Basis der Pflanze; Pflücken der Maden von Hand; Behandlung der Pflanzen mit Karbolsäureemulsion; Behandlung mit Schwefelkohlenstoff. Die insektiziden Materialien werden rund um die Basis der Pflanze in den Boden injiziert oder gegossen (S. 187, 201).

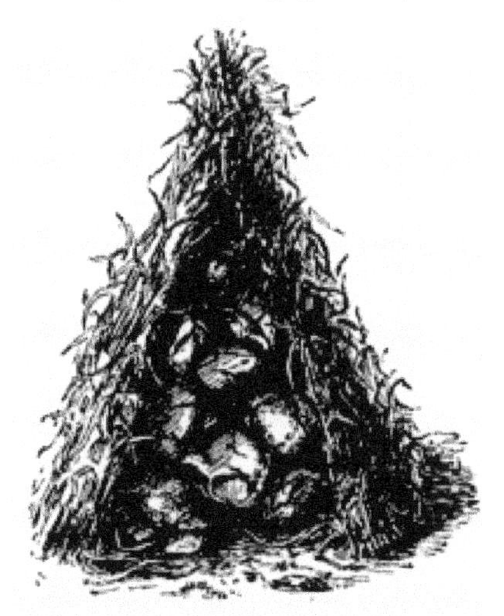

299. A method of storing cabbages.

Die Kohlwurzel, die zu einer starken Verdickung und Verformung der Wurzeln führt, ist schwer zu bekämpfen, wenn Kohl oder verwandte Pflanzen kontinuierlich auf Flächen angebaut werden, auf denen erkrankte Pflanzen gezüchtet wurden. Am besten ändern Sie den Standort des Kohl- oder Blumenkohlbeetes. Wenn auf dem Land sehr unterschiedliche Nutzpflanzen wie Mais, Kartoffeln, Erbsen, Tomaten angebaut werden, wird die Krankheit in zwei oder drei Jahren ausgehungert sein (S. 208).

Es gibt viele Möglichkeiten, Kohl für den Winter- und Frühlingsgebrauch aufzubewahren, aber keine davon ist durchweg erfolgreich. Das allgemeine Thema wird auf S. 158. Zu diesem Punkt schreibt T. Greiner wie folgt: „Ich habe bisher viele vom Stumpf abgeschnittene Kohlköpfe zu einem kegelförmigen Haufen auf dem Feld aufgeschichtet und sie mit Büscheln der mit einem Stück des Stumpfes abgeschnittenen Außenblätter bedeckt.“ . Die Blätter werden vorsichtig schindelartig über den Haufen gelegt, um das Wasser abzuleiten. Auf diese Weise gestapelte und abgedeckte Kohlköpfe können weggelassen werden, bis richtiges Winterwetter einsetzt. Aber ich finde, dass Schnecken und Regenwürmer häufig die so gelagerten Kohlköpfe befallen und großen Schaden anrichten. Es könnte sinnvoll sein, eine feste Schicht aus Kalk oder Salz auf den Boden zu legen und dann die Kohlköpfe darauf zu packen. Soll der Haufen nach starkem Frost weggelassen werden, sollte man ihn zusätzlich mit Stroh, Maisstängeln oder Sumpfheu abdecken." Mr. Burpees kleines Buch „Kohl und Blumenkohl für Profit", geschrieben von JM Lupton, einem bekannten Kohlanbauer, schlägt den folgenden Plan für den frühen Winterverkauf vor: „Nehmen Sie den Kohl mit den Wurzeln hoch und lagern Sie ihn an einem gut belüfteten Ort Keller, wo sie bis zum Winter aufbewahrt werden. Oder stapeln Sie sie an einer geschützten Stelle rund um die Scheune, legen Sie sie in Reihen übereinander, mit den Wurzeln nach innen, und bedecken Sie sie tief mit Algen. Wenn dies nicht möglich ist, können Maisstängel verwendet werden, um sie so weit wie möglich vor Witterungseinflüssen zu schützen (Abb. 299). Wenn sie so gelagert werden, können sie jederzeit im Winter erworben werden, wenn die Preise günstig sind."

300. A half-long carrot.

Karotte : Obwohl die Karotte in diesem Land im Wesentlichen eine landwirtschaftliche Nutzpflanze ist, ist sie dennoch ein äußerst akzeptables Gartengemüse. Es ist winterhart und leicht zu züchten. Die besonders frühen Sorten können in ein Frühbeet getrieben werden, oder die Aussaat erfolgt, sobald der Boden im Frühjahr arbeitsfähig ist. Die stumpfwurzeligen oder halblangen Sorten (Abb. 300) werden für den allgemeinen Gartenanbau gesät.

Gut angereicherter, weicher Lehm, tief umgegraben oder gepflügt, ist am besten für die Ansprüche von Karotten geeignet. Die Aussaat der Hauptfrucht kann erst am 1. Juli erfolgen. Die Aussaat erfolgt dicht und in der Reihe auf 7,6 bis 10 cm ausgedünnt. Wenn es sich um einen von Hand angelegten Garten handelt, können die Reihen einen Abstand von 12 Zoll haben. Wenn die Kultivierung mit einem Pferd erfolgt, sollten die Reihen einen Abstand von 2 bis 3 Fuß haben. Eine Unze reicht für die Aussaat von 100 Fuß Bohrmaterial.

Blumenkohl . – Dies ist das erlesenste aller Gemüsesorten der Kohlgruppe und sein Anbau ist bei weitem das schwierigste. Obwohl es nur wenige spezielle Anforderungen gibt, müssen diese vollständig erfüllt werden, um gute Ergebnisse zu erwarten.

Die allgemeine Kultur des Blumenkohls ist der des Kohls sehr ähnlich, mit der Ausnahme, dass der Blumenkohl, da er zarter ist, vor dem Anbau gründlicher abgehärtet werden sollte, die Köpfe vor heißer Sonne geschützt werden müssen, die Pflanzen niemals unter Feuchtigkeit leiden dürfen und die Es muss größte Sorgfalt darauf verwendet werden, nur hochgezüchtetes Saatgut zu sichern.

301. Cauliflower head with leaves trimmed off.

Es ist wichtig, dass die Pflanzen so früh wie möglich gepflanzt werden, da das warme Juniwetter dazu führt, dass sie unvollständige Köpfe bilden, sofern der Boden nicht mit Feuchtigkeit gefüllt ist. Keine Gartenpflanze kann die Kosten und die Zeit einer gründlichen Bewässerung so gut ausgleichen, indem das Wasser entweder zwischen den Reihen geleitet oder direkt auf die Pflanzen aufgetragen wird. Wenn es unmöglich ist, Wasser bereitzustellen, und die Gefahr besteht, dass die Bodenfeuchtigkeit verloren geht, empfiehlt es sich, den Boden reichlich mit Stroh oder einer anderen Substanz zu mulchen. Wenn dieser Mulch direkt nach einem starken Regen aufgetragen wird, hält er die Feuchtigkeit lange. Blumenkohl gedeiht am besten in einem kühlen Klima.

Wenn sich die Köpfe zu bilden beginnen, können die äußeren Blätter zusammengebracht und über dem Kopf zusammengebunden werden, um die direkte Sonneneinstrahlung auszuschließen und den Kopf weiß und zart zu halten. Abb. 301 zeigt einen guten Kopf.

Kein Gemüse reagiert schneller auf eine gute Kultur und einen gut gedüngten Boden als der Blumenkohl, und keines wird so völlig versagen, wenn es vernachlässigt wird. Es ist unbedingt darauf zu achten, dass alle Kohlwürmer vor dem Einbinden der Blätter abgetötet werden, da man sie danach weder sehen noch erreichen kann. Aus 1 Unze Samen können 1000 bis 1500 Pflanzen gezogen werden. Gute Blumenkohlsamen sind sehr teuer.

Bei der Winterernte kann die Aussaat wie beim Spätkohl im Juni oder Juli erfolgen.

Erfurt, Snowball und Paris sind beliebte frühe Sorten. Nonpareil und Algiers sind gute Spätsorten.

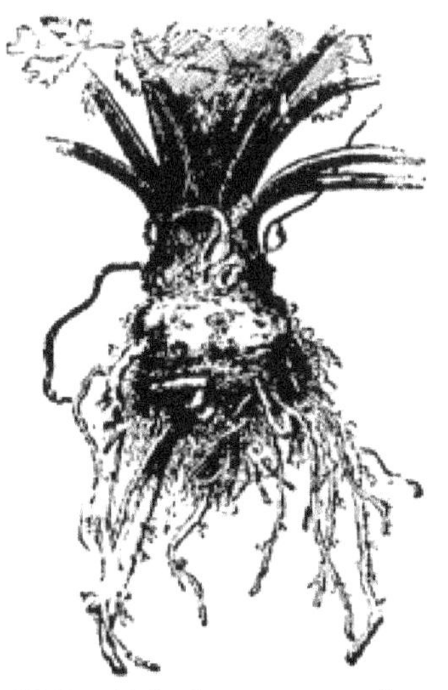

302. Celeriac or turnip-rooted celery.

Knollensellerie : Eine Form der Selleriepflanze, bei der die Knollenwurzel der essbare Teil ist (Abb. 302). Die Knolle hat einen ausgeprägten Selleriegeschmack und wird zum Würzen von Suppen und für Selleriesalat verwendet. Es kann roh, in Essig und Öl geschnitten oder gekocht serviert werden.

Die Kultur ist die gleiche wie bei Sellerie, außer dass kein Erden oder Blanchieren erforderlich ist. Aus dem gleichen Samengewicht erhält man etwa die gleiche Anzahl Pflanzen wie aus Selleriesamen. Knollensellerie wird im Ausland häufig verwendet, ist in Amerika jedoch leider wenig bekannt.

Sellerie : Obwohl Sellerie mittlerweile bei allen Bevölkerungsschichten zu einem Grundnahrungsmittel geworden ist , wird sich der Hobbygärtner wahrscheinlich nicht mit dem Anbau befassen; Dennoch ist es nicht schwierig, ihn in den meisten guten Gartenflächen in kleinen Mengen anzubauen. Während der kommerzielle Sellerie größtenteils auf trockengelegten Sumpfgebieten angebaut wird, sind solche Gebiete für seinen Anbau überhaupt nicht unbedingt erforderlich.

Die selbstblanchierenden Sorten haben den Sellerieanbau vereinfacht, sodass sowohl der Amateur als auch der Experte mindestens sechs Monate im Jahr über einen guten Vorrat verfügen können. Die sogenannte Neukultur, die darin besteht, die Pflanzen eng zusammenzustellen und sich gegenseitig zu beschatten, kann für den Garten empfohlen werden, wenn gut verrotteter Mist vorhanden sein muss und genügend Wasser zur Verfügung steht. Diese Methode ist wie folgt: Gabeln oder spaten Sie eine große Menge Mist bis zu einer Tiefe von 10 bis 12 Zoll in den Boden; Pulverisieren Sie den Boden, bis der Boden in einer Tiefe von 10 bis 15 cm in sehr gutem Zustand ist. Stellen Sie die Pflanzen dann in Reihen mit einem Abstand von 10 Zoll und in einem Abstand von 5 bis 6 Zoll in den Reihen auf. Man sieht, dass Pflanzen, die so nah stehen, den Boden bald mit einer Masse von Wurzeln füllen und über große Mengen pflanzlicher Nahrung sowie eine große Menge Wasser verfügen müssen; und die Herstellung eines solchen Bettes kann nur denen empfohlen werden, die diese Bedürfnisse erfüllen können.

In Hausgärten ist es üblich, einen flachen Graben zu pflügen oder zu graben, die Pflanzen auf den Boden zu setzen und den Boden zu hacken, während die Pflanzen wachsen. Der Abstand zwischen den Reihen und den Pflanzen hängt von der Sorte ab. Bei den Zwergsorten wie White Plume, Golden Self-blanching und anderen dieser Art können die Reihen einen Abstand von bis zu 3 Fuß und die Pflanzen 6 Zoll in den Reihen haben. Bei den großwüchsigen Sorten wie Kalamazoo, Giant Pascal und tatsächlich den meisten späten Sorten können die Reihen 4 1/2 bis 5 Fuß voneinander entfernt sein und die Pflanzen 7 bis 8 Zoll in der Reihe.

Das Saatgut für eine frühe Ernte sollte im Februar oder Anfang März in flache Kisten gesät werden, die in ein Gewächsbeet oder an ein sonniges Fenster gestellt werden können, oder direkt in die Erde eines Gewächsbeets gesät werden. Decken Sie die Samen dünn ab und drücken Sie die Erde fest darüber. Wenn die Sämlingspflanzen etwa 2,5 cm hoch sind, sollten sie in andere Kisten oder Brutstätten umgepflanzt werden, wobei die Pflanzen 2,5 cm voneinander entfernt in Reihen mit 7,6 cm Abstand aufgestellt werden. Bei dieser Umpflanzung, wie auch bei den folgenden, sollten die hohen Blätter abgeschnitten oder abgeklemmt werden, sodass nur der aufrechte Wuchs übrig bleibt, da es bei größter Sorgfalt kaum zu verhindern ist, dass die äußeren Blattstiele welken und absterben. Auch die Wurzeln sollten bei jedem Umpflanzen zurückgeschnitten werden, um die Nahrungswurzeln zu vergrößern. Die Pflanzen sollten so tief wie möglich gesetzt werden, wobei darauf zu achten ist, dass das Herz der Pflanze nicht verdeckt wird. Die üblicherweise für eine frühe Ernte angebauten Sorten sind die sogenannten selbstblanchierenden Sorten. Sie können mit viel weniger Arbeit als die Späternte für den Tisch zubereitet werden, da der zum Bleichen der Stiele erforderliche Schatten viel geringer ist. Wenn in einem privaten Garten nur wenige kurze Reihen angebaut werden, können Abschirmungen aus Latten hergestellt werden, indem man auf jeder Seite der Reihe Pfähle eintreibt und die Latten darauf festheftet, so dass Platz für das Licht von mindestens einem Zoll bleibt. oder jeder Kopf kann in Papier eingewickelt werden, oder ein gefliestes Abflussrohr kann über die Pflanze gelegt werden. Tatsächlich macht jedes Material, das das Licht ausschließt, die Stiele weiß und spröde.

Das Saatgut für die Haupt- oder Herbsternte sollte im April oder Anfang Mai in ein Saatbeet gesät werden, das durch kurzes, gut verrottetes Einstreuen in einen feinen Boden vorbereitet wird. Dabei wird das Saatgut dünn in Reihen mit einem Abstand von 20 bis 25 cm ausgesät, wobei das Saatgut leicht bedeckt wird und mit den Füßen, der Hacke oder der Rückseite eines Spatens den Samen festigen. Dieses Saatbett sollte stets feucht gehalten werden, bis der Samen keimt, entweder durch sorgfältige Bewässerung oder durch ein Lattensieb. Oft wird die Verwendung eines direkt auf den Boden gelegten Tuchs und das Befeuchten des Beetes durch das Tuch empfohlen. Wenn das Tuch immer nass ist und vom Beet abgenommen wird, sobald der Samen sprießt, kann es verwendet werden. Nachdem die jungen Pflanzen eine Höhe von 1 bis 2 Zoll erreicht haben, müssen sie ausgedünnt werden, wobei die Pflanzen so belassen werden, dass sie einander nicht berühren, und die ausgedünnten Pflanzen – falls gewünscht – auf anderen Boden umgepflanzt werden, der auf die gleiche Weise vorbereitet wurde Saatbeet. Alle diese Pflanzen können geschoren oder zurückgeschnitten werden, um sie stämmiger zu machen.

Eine Unze Samen ergibt etwa dreitausend Pflanzen.

303. Storing celery in a trench in the field.

304. A celery pit.

Wenn es sich um einen privaten Garten handelt, wird der Boden, auf dem die Herbsternte normalerweise angebaut wird, wahrscheinlich der Boden sein, von dem eine frühe Gemüseernte geerntet wurde. Dieses Land sollte wiederum gut mit feinem, gut verfaultem Mist angereichert werden, dem eine großzügige Menge Holzasche hinzugefügt werden kann. Wenn der Mist oder die Asche nicht leicht zu gewinnen ist, kann eine kleine Menge verwendet werden, indem man eine 20 bis 30 cm tiefe Furche pflügt oder aushebt, den Mist und die Asche auf dem Boden des Grabens verstreut und ihn fast bis zur Oberfläche auffüllt. Die Pflanzung sollte etwa Mitte Juli erfolgen , am besten kurz vor einem Regenfall. Das Pflanzenbeet sollte kurz vor dem Anheben der Pflanzen gründlich eingeweicht werden, und jede Pflanze sollte vor dem Setzen sowohl an der Spitze als auch an der Wurzel beschnitten werden. Die Pflanzen sollten in den Reihen in einem Abstand von 5 bis 6 Zoll angeordnet sein und die Erde um jede einzelne herum gut festigen.

Die Nachbearbeitung besteht in der gründlichen Bodenbearbeitung bis zur „Bearbeitung" bzw. dem Erden der Pflanzen. Dieser Handhabungsprozess wird dadurch erreicht, dass man mit einer Hand die Erde hochzieht und mit der anderen die Pflanze festhält, wodurch die Erde gut um die Stängel herum gepackt wird. Dieser Vorgang kann so lange fortgesetzt werden, bis nur noch die Blätter zu sehen sind. Für den privaten Züchter ist es viel einfacher, den Sellerie mit Brettern oder Papier zu blanchieren, oder wenn der Sellerie erst im Winter benötigt wird, kann man die Pflanzen ausgraben, dicht in Kisten packen, die Wurzeln mit Erde bedecken und in einen Topf stellen dunklen, kühlen Keller, wo die Stängel blanchieren. So kann Sellerie in Kisten im heimischen Keller gelagert werden. Geben Sie Erde auf den Boden einer tiefen Kiste und pflanzen Sie den Sellerie hinein.

Sellerie wird manchmal in Gräben im Freien gelagert (Abb. 303), wobei die Wurzeln im Spätherbst an solche Orte verpflanzt werden. Die Pflanzen werden dicht aneinander gesetzt und die Gräben mit Brettern abgedeckt. Es kann ein breiterer Graben oder eine größere Grube angelegt (Abb. 304) und mit einem Schuppendach abgedeckt werden.

Mangold oder **Mangold** ist eine Entwicklung der Rübenart, die sich durch große saftige Blattstiele anstelle vergrößerter Wurzeln auszeichnet. (Abb. 305). Die Blätter sind sehr zart und bilden ein „Grün", ähnlich wie junge Rüben. Sie werden genau wie Rüben angebaut. In diesem Land wird von den meisten Sämlern nur eine Sorte angeboten, obwohl in Frankreich und Deutschland mehrere Sorten angebaut werden.

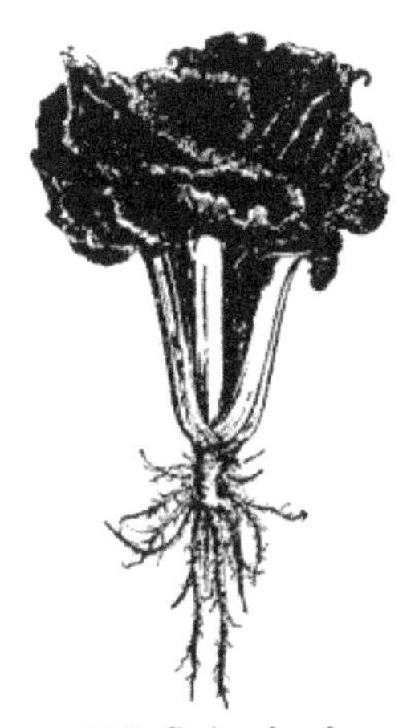

305. Swiss chard.

Chicorée wird aus zwei Gründen angebaut: als Wurzelpflanze und als Kräuterpflanze. „Barbe de capucin" ist ein Salat aus jungen Chicorée-Sprossen.

Am häufigsten wird vom Magdeburger Chicorée gesprochen, da er die am häufigsten angebaute Sorte ist. Die gemahlenen und gerösteten Wurzeln werden entweder als Kaffeeersatz oder als Verfälschungsmittel für Kaffee verwendet.

Der Witloof, eine Art Chicorée, wird als Salat verwendet oder gekocht und auf die gleiche Weise wie Blumenkohl serviert. Die Pflanzen sollten auf 6 Zoll ausgedünnt werden. In der zweiten Hälfte des Sommers sollten sie wie Sellerie aufgeschichtet und die Blätter verwendet werden, nachdem sie weiß und zart geworden sind. Dieser und der wilde Chicorée werden oft im Herbst ausgegraben, die Blätter abgeschnitten, die Wurzeln in einem Keller in Sand gepackt und bewässert, bis ein neues Blattwachstum einsetzt. Diese Blätter wachsen schnell und sind sehr zart, was ein feines Salatgemüse ergibt. Eine

Packung Witloof-Samen reicht aus, um eine große Familie mit ausreichend Pflanzen zu versorgen.

Kerbel . – Der Kerbel wird in zwei Formen angebaut: für die Blätter und für die Knollenwurzeln.

Der gekräuselte Kerbel ist eine gute Ergänzung für die Liste zum Garnieren und Würzen von Gemüse. Samen aussäen und wie Petersilie kultivieren.

Der Knollenkerbel ähnelt einer kurzen Karotte oder Pastinake. Es genießt in Frankreich und Deutschland großes Ansehen. Die Knollen haben ein wenig den Geschmack einer Süßkartoffel, vielleicht etwas süßer. Sie sind vollkommen winterhart und, wie die Pastinake, besser gegen Frost. Die Aussaat kann im September oder Oktober erfolgen, da sie nicht gut haltbar ist; oder sobald der Boden im Frühjahr arbeitsfähig ist, keimt er nur langsam, wenn das Wetter heiß und trocken wird. Eine Packung Samen liefert alle für eine Familie notwendigen Pflanzen.

XXIV. Goldener Zwerghuhn-Zuckermais.

Kohl . – Dies ist ein Name für eine Art Grünkohl, der in jungen Jahren als Grünkohl verwendet wird. auch für junge Kohlköpfe, die in gleicher Weise verwendet werden.

Der Samen jedes Frühkohls kann vom frühen Frühling bis zum Spätherbst dicht in Reihen mit einem Abstand von 18 Zoll ausgesät werden. Die Pflanzen werden, wenn sie 15 bis 20 cm hoch sind, abgeschnitten und wie andere Grünpflanzen gekocht.

Der Grünkohl oder Georgia-Collard wird im Süden angebaut, wo der Kohl nicht wächst. Sie erreicht eine Höhe von 2 bis 6 Fuß und liefert eine große Menge Blätter. Die jungen Blätter und Büschel, die beim Abreißen der alten Blätter entstehen, ergeben hervorragende Grünpflanzen.

Cives : Eine kleine Staude aus der Familie der Zwiebeln, die zum Würzen verwendet wird.

Die Vermehrung erfolgt durch Teilung der Wurzel. Es kann an einem festen Platz im Beet gepflanzt werden und bleibt, da es völlig winterhart ist, über Jahre hinweg bestehen. Als Teile werden die Blätter verwendet, da die Wurzeln einen sehr intensiven Geschmack haben. Die Blätter können häufig geschnitten werden, da sie leicht nachwachsen.

Maissalat : Dies ist eines der frühesten Frühlingssalatgemüse, das mit Spinat in Einklang kommt und die gleiche Kultur benötigt.

Wird im Herbst gesät und bei Einbruch der Kälte mit Stroh oder Heu bedeckt, beginnt das rasante Wachstum, wenn die Abdeckung im März oder April entfernt wird. Alternativ kann die Aussaat im zeitigen Frühjahr erfolgen und die Pflanzen sind in sechs bis acht Wochen einsatzbereit. Eine Packung Saatgut reicht für eine kleine Familie.

Mais, süß oder zuckerhaltig . – Dies ist das charakteristische amerikanische Tafelgemüse, das jeder Hobbygärtner anbauen möchte. Allzu oft erfolgt jedoch nur eine Bepflanzung einer Sorte. Die Ähren erreichen fast gleichzeitig die essbare Reife, was eine kurze Saison zur Folge hat.

Die erste Aussaat von Zuckermais sollte vom 1. bis 10. Mai erfolgen, wobei frühe, mittlere und späte Sorten gleichzeitig gepflanzt werden, dann im Abstand von zwei Wochen bis Mitte Juli, dann sollten die späten Sorten gepflanzt werden eine Abfolge von der ersten Ernte bis Oktober.

Der Boden für Mais sollte fruchtbar und „schnell" sein. Der gröbere Mist, der bei der Bodenvorbereitung für Kleinkulturen anfällt, kann sinnvoll genutzt werden. Mais für den Garten wird besser in Drillmaschinen gepflanzt, wobei die Drillmaschinen einen Abstand von 3 Fuß haben und die Samen in einem Abstand von 10 bis 12 Zoll in die Drillmaschinen fallen. Mit einem Liter Saatgut können 200 Hügel gepflanzt werden.

Für besonders früh sind Marblehead, Adams, Vermont, Minnesota und Early Corey die Favoriten. Ein hervorragender extra früher gelber Zuckermais mit Körnern, die wie kleiner Feldmais aussehen, ist Golden Bantam; Die Ähren sind klein und würden den Marktkäufer wahrscheinlich nicht anlocken, aber für den Heimgebrauch ist die Sorte unübertroffen (Tafel XXIV). Für die spätere Ernte sind jetzt Crosby, Hickox, Shoe Peg und Stowell Evergreen beliebt.

Kresse . Unter dem Namen Kresse werden zwei sehr unterschiedliche Pflanzenarten angebaut: die Hochlandkresse und die Brunnenkresse. Es gibt noch andere Arten, von denen hierzulande jedoch nicht viel bekannt ist.

Die Hochlandkresse bzw. das Echte Pfeffergras kann auf jedem Gartenboden angebaut werden. Aussaat zeitig im Frühjahr. Es wächst schnell und kann nach vier bis fünf Wochen geschnitten werden. Die Aussaat muss nacheinander erfolgen, da die Aussaat schnell erfolgt. Am häufigsten wird die gekräuselte Sorte angebaut, da die Blätter sowohl zum Garnieren als auch für Salate verwendet werden können. Für jede Aussaat reicht ein Päckchen Saatgut. Jeder gute Boden reicht aus. Säen Sie dicht in Bohrern mit einem Abstand von 12 bis 18 Zoll. Im Sommer kommt es schnell zur Samenbildung, so dass der Anbau meist im Frühjahr und Herbst erfolgt.

Die Brunnenkresse ist in ihrer Kultur anspruchsvoller und kann nur an feuchten Orten erfolgreich angebaut werden, beispielsweise an den Rändern flacher, langsam fließender Bäche, offenen Abflüssen oder in der Nähe solcher Bäche ausgegrabenen Beeten. Einige Pflanzen für den privaten Gebrauch können in einem Rahmen gepflanzt werden, vorausgesetzt, dass ein speicherfähiger Boden verwendet wird und darauf geachtet wird, dass das Beet häufig gegossen wird. Brunnenkresse kann aus Stängelstücken vermehrt und als Stecklinge verwendet werden. Wenn man Brunnenkresse mag, ist es gut, sie in einem sauberen Bach oder Teich anzusiedeln. Es wird Jahr für Jahr für sich selbst sorgen. Zur Vermehrung können auch Samen verwendet werden.

Gurke : Der Brauch, in der heimischen Küche Gurken einzulegen, ist wahrscheinlich in Vergessenheit geraten; Aber sowohl das Einlegen als auch das Schneiden von Gurken, insbesondere Letzteres, sind immer noch ein wesentlicher Bestandteil eines guten Hausgartens. Eine abgestandene oder verwelkte Gurke ist ein sehr schlechtes Nahrungsmittel.

Für die frühe Verwendung wird die Gurke normalerweise in einem Frühbeet oder Frühbeet gepflanzt, indem die Samen auf 4 bis 6 Zoll große Rasenstücke mit der Grasseite nach unten gesät werden. Drei oder vier Samen werden auf jedes Grasnarbenstück gelegt oder hineingedrückt und mit 1 bis 2 Zoll feiner Erde bedeckt. Der Boden sollte gut bewässert und das Glas oder Tuch über den Rahmen gelegt werden. Die Wurzeln verlaufen durch die Grasnarbe. Wenn die Pflanzen groß genug zum Auspflanzen sind, kann eine flache Kelle oder eine Schindel unter die Grasnarbe geschoben und die Pflanzen ohne Kontrolle auf den Hügel gebracht werden. Anstelle von Grasnarben sind alte Quart-Beerenkisten gut; Nachdem sie sich im Hügel niedergelassen haben, dringen die Wurzeln möglicherweise durch die Ritzen in den Körben. Auch die Körbe verrotten schnell. Es können

Blumentöpfe verwendet werden. Diese Pflanzen aus den Rahmen können gepflanzt werden, wenn die Frostgefahr vorüber ist, normalerweise bis zum 10. Mai, und sollten sehr schnell wachsen und innerhalb von zwei Monaten große Früchte hervorbringen. Die Hügel sollten angereichert werden, indem man eine Menge gut verfaulten Mist einstreut und sie leicht über den Garten erhebt – nicht hoch genug, damit der Wind den Boden austrocknen kann, aber leicht erhöht, damit kein Wasser um die Wurzeln herum stehen bleibt .

Der Hauptanbau erfolgt aus Samen, die direkt im Freiland gepflanzt werden, und die Pflanzen werden in Flachkultur angebaut.

Mit einer Unze Saatgut können fünfzig Gurkenhügel gepflanzt werden. Die Hügel können in jeder Richtung 4 bis 5 Fuß voneinander entfernt sein.

Die White Spine ist die führende Allzwecksorte. Für sehr frühe oder eingelegte Sorten eignen sich Chicago, Russian und andere Beizen.

Der Streifenkäfer ist ein eingefleischter Schädling an Gurken und Kürbissen (siehe Seite 201).

306. West Indian gherkin
(*Cucumis Anguria*).

Der Name Gurke wird auf kleine Einlegegurken angewendet. Die Westindische Gurke ist eine völlig eigenständige Art, wird aber wie Gurken angebaut. (Abb. 306.)

Löwenzahn : Während der Domestikation hat sich der Löwenzahn entwickelt, bis er für den zufälligen Beobachter kaum noch wiederzuerkennen ist. Die Pflanzen werden groß und die Blätter sind deutlich zarter.

Im Frühjahr in gut gedüngten Boden säen, entweder in Sämaschinen oder auf Hügeln im Abstand von 30 cm. Ein Blattschnitt kann im September oder Oktober erfolgen, und einige der Stühle können bis zum Frühjahr stehen bleiben. Die Zartheit der Blätter kann durch Blanchieren verbessert werden, entweder unter Verwendung von Brettern oder Erde. Eine Handelspackung Saatgut reicht für eine Familie aus. Bei der Blatternte wird die gesamte Pflanze zerstört.

Das Saatgut kann aus den besten im Freiland angebauten Pflanzen ausgewählt werden, es ist jedoch besser, das französische Saatgut des Saatguthändlers zu kaufen.

Aubergine : Die Aubergine oder der Guinea-Kürbis ist im Norden nie zu einem beliebten Hausgartenprodukt geworden. Im Süden ist es besser bekannt.

307. Black Pekin egg-plant.

Sofern man kein Gewächshaus oder ein sehr warmes Brutbeet hat, sollte der Anbau von Auberginen im Norden dem professionellen Gärtner überlassen werden, da die jungen Pflanzen sehr empfindlich sind und ohne Kontrolle angebaut werden sollten. Die Aussaat sollte etwa am 10. April im Frühbeet oder Gewächshaus erfolgen, wobei eine Temperatur von 65° bis 70° einzuhalten ist. Wenn die Sämlinge drei grobe Blätter gebildet haben, können sie in flache Kisten oder, noch besser, in 3-Zoll-Töpfe pikiert werden. Die Töpfe oder Kisten sollten in einem Frühbeet oder Frühbeet bis zum Rand in die Erde eingetaucht werden, damit sie in kühlen Nächten geschützt sind. Der 10. Juni ist früh genug, um sie im Zentrum von New York auszupflanzen.

Der Boden, auf dem Auberginen wachsen sollen, darf nicht zu „schnell" gemacht werden, da sie nur eine kurze Saison haben, in der sie ihre Früchte entwickeln können. Die Pflanzen werden normalerweise in einem Abstand von jeweils 90 cm aufgestellt. Ein Dutzend Pflanzen reichen für den Bedarf einer großen Familie aus, da jede Pflanze zwei bis sechs große Früchte tragen sollte. Die Früchte sind in allen Wachstumsstadien genießbar, von der Größe eines großen Eies bis zu ihrer größten Entwicklung. Eine Unze Saatgut ergibt 600 bis 800 Pflanzen.

Die New York Improved Purple ist die Standardsorte. Black Pekin (Abb. 307) ist gut. Für frühes oder kurzes Klima ist die Early Dwarf Purple hervorragend geeignet.

Endivie : Eines der besten Herbstsalatgemüse, da es dem damaligen Salat weit überlegen und ebenso leicht anzubauen ist.

Für den Einsatz im Herbst kann die Aussaat von Juni bis August erfolgen, und da die Pflanzen nach der Aussaat etwa zur gleichen Zeit wie Salat essbar werden, kann eine Sukzession bis zum kalten Wetter erfolgen. Die Pflanzen müssen vor den starken Herbstfrösten geschützt werden. Dies kann durch vorsichtiges Anheben der Pflanzen und Umpflanzen in einen Rahmen gewährleistet werden, wo sie bei eisigem Wetter mit einer Schärpe oder einem Tuch abgedeckt werden können.

308. Endive tied up.

Die Blätter, die praktisch die ganze Pflanze ausmachen, werden vor der Verwendung blanchiert, entweder durch Zusammenbinden mit etwas weichem Material (Abb. 308) oder durch Aufstellen von Brettern auf jeder Seite der Reihe, so dass die Oberseite der Bretter übereinanderliegt Mitte der Reihe. Binden Sie die Blätter erst zusammen, wenn sie trocken sind.

Die Reihen sollten einen Abstand von 1 1/2 bis 2 Fuß haben, die Pflanzen sollten in den Reihen einen Abstand von 1 Fuß haben. Eine Unze Saatgut reicht für die Aussaat von 150 Fuß Drillmaschine.

Knoblauch : Eine zwiebelartige Pflanze, deren Zwiebeln zum Würzen verwendet werden.

Knoblauch ist in diesem Land kaum bekannt, außer bei Menschen ausländischer Herkunft. Die Vermehrung erfolgt auf die gleiche Weise wie bei Vermehrungszwiebeln – die Zwiebel wird auseinandergebrochen und aus jeder Zwiebel oder „Nelke" entsteht innerhalb weniger Wochen eine neue zusammengesetzte Zwiebel. Winterhart; Pflanzen Sie im zeitigen Frühjahr oder im Süden im Herbst. Pflanzen Sie in der Reihe 2 bis 3 Zoll voneinander entfernt.

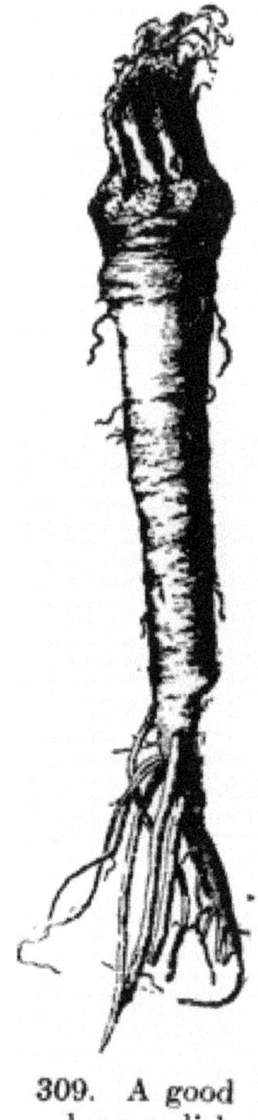

309. A good horseradish root.

Meerrettich : Wird häufig als Vorspeise verwendet und wird heute kommerziell angebaut. Da es sich um ein Gemüse im Küchengarten handelt, wird es normalerweise an einem abgelegenen Ort gepflanzt und so oft wie nötig ein Stück der Wurzel ausgegraben, wobei die Wurzelfragmente im Boden belassen werden, um zur weiteren Verwendung zu wachsen. Diese Methode führt dazu, dass nur zähe, fadenförmige Wurzeln entstehen, ganz anders als das Produkt eines ordnungsgemäß bepflanzten und gepflegten Beets. Eine gute Meerrettichwurzel sollte gerade und wohlgeformt sein (Abb. 309).

Der beste Meerrettich wird aus Sätzen gewonnen, die im Frühjahr zum Zeitpunkt des Frühkohlansatzes gepflanzt und so spät wie möglich im Herbst desselben Jahres ausgegraben werden, wenn das Wetter es zulässt. Es handelt sich daher um eine einjährige Ernte. Die zu pflanzenden Wurzeln sind kleine, 10 bis 15 cm lange Stücke, die man beim Beschneiden der im Herbst ausgegrabenen Wurzeln erhält. Diese Stücke können in Sand gepackt und bis zur Verwendung im nächsten Frühjahr gelagert werden.

Beim Pflanzen sollten die Wurzeln so platziert werden, dass das obere Ende 7,6 cm unter der Erdoberfläche liegt, wobei zum Bohren der Löcher ein Dibber oder ein spitzer Stock verwendet werden sollte. Die Kulturpflanze kann zwischen Reihen früh gesäter Rüben, Salat oder anderer Kulturpflanzen gepflanzt werden und erhält bei der Ernte dieser Kulturpflanzen die volle Kontrolle über den Boden. Wenn der Boden steif ist oder sich der Untergrund in der Nähe der Oberfläche befindet, können die Wurzeln schräg gestellt werden. Tatsächlich praktizieren viele Gärtner diese Pflanzmethode, weil sie denken, dass die Wurzeln besser wachsen und eine gleichmäßigere Größe haben.

Grünkohl . – Unter diesem Namen wird eine große Vielfalt an Kohlpflanzen angebaut, von denen einige eine Höhe von mehreren Fuß erreichen. Normalerweise wird der Name jedoch für eine niedrig wachsende, ausladende Pflanze verwendet, die häufig für Winter- und Frühlingsgrünpflanzen verwendet wird.

Geeignet ist die Kultur für Spätkohl. Beim Herannahen strenger Frostwetter ist im Norden ein leichter Schutz gegeben. Die Blätter bleiben den ganzen Winter über grün und können zu einer Zeit, in der das Material für Grünpflanzen knapp ist, unter dem Schnee hervorgeholt werden. Einige Grünkohlarten sind aufgrund ihrer blau-violetten, gekräuselten Blätter sehr dekorativ. Die Scotch Curled ist die beliebteste Sorte. Lassen Sie die Pflanzen 18 bis 30 Zoll voneinander entfernt stehen. Junge Kohlpflanzen werden manchmal als Grünkohl verwendet. Collards und Borecole sind Grünkohlarten. Meerkohl ist ein ganz anderes Gemüse (siehe).

Grünkohl wird in Norfolk, Virginia, und weiter südlich in großem Umfang angebaut und im Winter nach Norden verschifft, wobei die Pflanzen im Spätsommer oder Herbst gepflanzt werden.

Kohlrabi ist in den Vereinigten Staaten wenig bekannt. Es sieht aus wie eine über der Erde wachsende Blattrübe.

Wenn es klein (2 bis 3 Zoll im Durchmesser) verwendet wird und nicht hart und zäh wird, ist es von höchster Qualität. Es sollte allgemeiner angebaut werden. Die Kultur ist sehr einfach. Vom frühen Frühling bis zur Mitte des Sommers sollte eine Reihe von Aussaaten in Sämaschinen mit einem Abstand von 18 Zoll bis 2 Fuß erfolgen, wobei die jungen Pflanzen in den Reihen auf 6 bis 8 Zoll ausgedünnt werden. Sie reift genauso schnell wie Rüben. Eine Unze Saatgut für 100 Fuß Drillmaschine.

Lauch : Der Lauch wird in diesem Land kaum angebaut, außer von Personen ausländischer Herkunft. Die Pflanze gehört zur Familie der Zwiebeln und wird hauptsächlich als Gewürz für Suppen verwendet. Gut gewachsener Lauch hat einen sehr angenehmen und nicht sehr starken Zwiebelgeschmack.

Lauch ist die einfachste Kultur und wird normalerweise als Zweitfrucht angebaut, nach Rüben, Früherbsen und anderen Früherbsen. Der Samen sollte im April oder Anfang Mai in ein Saatbeet gesät werden und die Sämlinge im Juli in Reihen mit einem Abstand von 60 cm in den Garten gepflanzt werden, wobei die Pflanzen in den Reihen einen Abstand von 15 cm haben sollten. Wenn der Hals oder der untere Teil der Blätter im blanchierten Zustand verwendet werden soll, sollten die Pflanzen tief gesetzt werden. Beim Hacken kann der Boden zu den Pflanzen gezogen werden, um das Blanchieren zu fördern. Da die Pflanzen sehr robust sind, können sie im Spätherbst ausgegraben und wie Sellerie in Gräben oder in einem kühlen Wurzelkeller gelagert werden. Eine Unze Saatgut für 100 Fuß Drillmaschine.

Salat ist das am häufigsten angebaute Salatgemüse. Mittlerweile ist es jeden Monat im Jahr gefragt und erhältlich. Die Winter- und Vorfrühlingsfrüchte werden in Treibhäusern und Frühbeeten angebaut, aber von April bis November kann durch die Verwendung eines billigen Rahmens, in dem die ersten und letzten Pflanzen angebaut werden, eine Versorgung aus dem Garten erfolgen, abhängig von einer Sukzession von Aussaaten für die Zwischenversorgung.

Das Saatgut für die erste Ernte kann im März in einem Frühbeet gesät werden, wobei die Pflanze dicht wächst und viele kleine und zarte Pflanzen aufweist; Oder indem man die Pflanzen auf einen Abstand von 3 Zoll ausdünnt und ihnen ein größeres Wachstum ermöglicht, können die ausgerissenen Pflanzen für die nächste Ernte ins Freiland gesetzt werden.

Die Aussaat sollte in kurzen Abständen von April bis Oktober im Garten erfolgen . Für die Aussaat im Juli und August sollte ein feuchter Standort gewählt werden. Bei der Früh- und Spätsaat sollte es sich um locker wachsende Sorten handeln, da diese früher in den essbaren Zustand gelangen als die Kohl- oder Kohlsorten.

Für den Salat sind die Kohlsorten den locker wachsenden Sorten weit überlegen. Für einen perfekten Anbau benötigen sie einen sehr nährstoffreichen Boden, häufige Bearbeitung und gelegentliche Stimulanzien wie Gülle oder Salpeternatron.

Der Romana-Salat ist eine aufrecht wachsende Sorte, die in Europa sehr geschätzt wird, hier aber weniger angebaut wird. Die Blätter der ausgewachsenen Pflanze werden zusammengebunden, wodurch die Mitte weiß wird, was sie zu einer beliebten Salat- oder Garnitursorte macht. Im Sommer gedeiht es am besten.

Mit einer Unze Saatgut können 3.000 Pflanzen wachsen oder 100 Fuß Bohrer gesät werden. Im Garten dürfen die Pflanzen in den Reihen einen Abstand von 15 cm haben und die Reihen dürfen so dicht beieinander liegen, wie es das Bodenbearbeitungssystem zulässt.

Pilz : Früher oder später möchte der Anfänger Pilze züchten. Obwohl es einfach ist, die Bedingungen zu beschreiben, unter denen sie angebaut werden können, bedeutet dies nicht, dass eine Ernte mit Sicherheit vorhergesagt werden kann.

In letzter Zeit wurden sorgfältige Studien über die Züchtung von Pilzen aus Sporen und über die Prinzipien bei der Herstellung von Pilzbrut durchgeführt, in der Hoffnung, das gesamte Thema der Pilzzucht auf eine rationale Grundlage zu bringen. Einen guten Eindruck von dieser Arbeit erhält man, wenn man Duggars Beitrag zu diesem Thema im Bulletin 85 des Bureau of Plant Industry des US-Landwirtschaftsministeriums liest. An dieser Stelle dürfen wir uns jedoch auf die übliche gärtnerische Praxis beschränken.

Die folgenden Absätze stammen aus dem „Farmers' Bulletin“, Nr. 53 (von William Falconer) des US-Landwirtschaftsministeriums (März 1897): –

Pilze sind eine Winterernte, die von September bis April oder Mai angebaut wird – das heißt, die Vorbereitungsarbeit für den Mist beginnt im September und endet im Februar, und das Verpacken der Ernte beginnt im Oktober oder November und endet im Mai. Unter außergewöhnlichen Bedingungen kann die Saison früher beginnen und länger dauern und sogar den ganzen Sommer über andauern.

Pilze können fast überall im Freien gezüchtet werden, aber auch in Innenräumen, wo ein trockener Boden für die Beete vorhanden ist, eine gleichmäßige und gemäßigte Temperatur aufrechterhalten werden kann und die Beete vor Nässe und Wind geschützt werden können , Trockenheit und direkte Sonneneinstrahlung. Zu den begehrtesten Orten für den Pilzanbau gehören Scheunen, Keller, geschlossene Tunnel, Schuppen, Gruben, Gewächshäuser und normale Pilzhäuser. Völlige Dunkelheit ist nicht zwingend erforderlich, denn Pilze gedeihen gut im offenen Licht, wenn sie vor der Sonne geschützt sind. An dunklen Orten sind Temperatur und Feuchtigkeit eher ausgeglichen als an offenen, hellen Orten, und vor allem aus diesem Grund werden Pilzhäuser dunkel gehalten.

Der beste Dünger für Pilze ist nach Erfahrung des Autors frischer Pferdemist. Sammeln Sie viel von diesem Material (kurz und strohig), das im Stall gut zertrampelt und durchnässt wurde. Werfen Sie es auf einen Haufen, befeuchten Sie es gut, wenn es überhaupt trocken ist, und lassen Sie es erhitzen. Wenn es anfängt zu dampfen, drehen Sie es um, schütteln Sie es gut, damit es gründlich und gleichmäßig vermischt wird, und drücken Sie es dann fest aus. Danach lassen Sie es stehen, bis es wieder ganz warm wird; Dann wenden, schütteln, stampfen wie zuvor und reichlich Wasser hinzufügen, wenn es trocken wird. Wiederholen Sie dieses Wenden, Befeuchten und Stampfen so oft wie nötig, damit der Mist nicht „verbrennt". Wenn es sehr heiß wird, breiten Sie es aus, um es abzukühlen, und werfen Sie es dann noch einmal zusammen. Nachdem es auf diese Weise mehrmals gewendet wurde und die Hitze darin nicht über 130° F steigen darf, sollte es bereit sein, in den Betten zubereitet zu werden. Durch die Zugabe von einem Viertel oder einem Fünftel der Lehmmenge zum Mist beim zweiten oder dritten Wenden wird die Tendenz zu starker Erhitzung verringert und seine Nützlichkeit überhaupt nicht beeinträchtigt. Einige Landwirte bevorzugen ausschließlich Kurzmist, also Pferdemist, während andere lieber viel Stroh untermischen möchten. Die Erfahrung des Autors zeigt jedoch, dass es bei richtiger Vorbereitung kaum darauf ankommt, was verwendet wird.

Normalerweise sind die Beete nur 20 bis 25 Zentimeter tief; Das heißt, sie sind mit 10 Zoll breiten Hemlock-Brettern verkleidet und haben nur die Tiefe dieses Bretts. Legen Sie in solche Beete eine Schicht frischen, feuchten, heißen Mist und stampfen Sie ihn fest, bis er die halbe Tiefe des Beetes ausmacht; Füllen Sie dann den vorbereiteten Mist auf, der bei der Verwendung eher kühl sein sollte (45 bis 50 °C), und verpacken Sie alles fest. Auf Wunsch können die Beete komplett aus dem vorbereiteten Mist hergestellt werden. Regalbetten sind normalerweise 9 Zoll tief; Das heißt, das Regal ist mit 1-Zoll- Brettern ausgestattet und mit 10 Zoll breiten Brettern verkleidet. Dies ermöglicht etwa 20 cm für Mist und 2,5 cm bis zu 5 cm Lehm darüber. Beim Füllen der Regalbeete kann die untere Hälfte aus frischem, feuchtem oder nassem, heißem Mist bestehen, der fest verdichtet ist, und die obere Hälfte aus eher kühlem, vorbereitetem Mist, oder sie kann vollständig aus vorbereitetem Mist bestehen. Da die Regalbetten nicht betreten und mit dem Gabelrücken nicht stark geschlagen werden können, wird zusätzlich zur Gabel ein Ziegelstein verwendet.

Die Beete sollten gelaicht werden, nachdem die Hitze in ihnen unter 100 °F gefallen ist. Der Autor hält 90 °F für die beste Temperatur zum Laichen.

Sollten die Beete mit Heu, Stroh, Einstreu oder Matten bedeckt sein, sollten diese entfernt werden. Brechen Sie jeden Stein in zwölf oder fünfzehn Stücke. Die Reihen sollten beispielsweise einen Abstand von 30 cm haben, wobei die erste Reihe 15 cm vom Rand entfernt sein sollte, und die Teile sollten in der Reihe einen Abstand von 23 cm haben. Beginnen Sie mit der ersten Reihe, heben Sie jedes Stück an, heben Sie 2 bis 3 Zoll des Mists mit der Hand an und legen Sie das Stück in dieses Loch, wobei Sie es fest mit dem Mist bedecken. Wenn das gesamte Beet besiedelt ist, füllen Sie die Oberfläche vollständig aus. Es empfiehlt sich, die Beete erneut mit Stroh, Heu oder Matten abzudecken, um die Oberfläche gleichmäßig feucht zu halten. Die Flockenbrut wird auf die gleiche Weise gepflanzt wie die Ziegelbrut, nur nicht ganz so tief.

Nach acht oder neun Tagen sollte die Mulchschicht entfernt und die Beete mit einer 5 cm dicken Schicht guten Lehms bedeckt werden, damit die Pilze darin und durch sie hindurch wachsen können. Dadurch erhalten sie einen festen Halt und verbessern ihre Qualität und Textur erheblich. Jeder vernünftige Lehm reicht aus. Das von einem gewöhnlichen Feld, Wegesrand oder Garten wird im Allgemeinen verwendet, und es reagiert bewundernswert. Es besteht die Vorstellung, dass mit altem Mist übersäter Gartenboden für Pilzbeete ungeeignet sei, da er dazu neigt, unechte Pilze zu produzieren. Dies ist jedoch nicht der Fall. Tatsächlich ist es die Erde, die am häufigsten verwendet wird. Zum Formen der Beete sollte der Lehm eher fein, locker und weich sein, damit er sich leicht und gleichmäßig verteilen und fest im Mist verdichten lässt.

Wenn eine gleichmäßige Lufttemperatur von 55 bis 60 °F aufrechterhalten werden kann und das Haus oder der Keller mit den Pilzbeeten dicht und frei von Zugluft gehalten wird, können die Beete unbedeckt bleiben und sollten bewässert werden, wenn sie trocken werden . Aber egal wo die Beete stehen, es ist gut, etwas loses Heu oder Stroh oder eine alte Matte oder einen alten Teppich darüber zu legen, um sie feucht zu halten. Die Abdeckung sollte jedoch entfernt werden, sobald die jungen Pilze an der Oberfläche erscheinen. Bei trockener Atmosphäre sollten die Wege und Mauern mit Wasser besprüht werden. Der Mulch sollte ebenfalls gestreut werden, aber nicht so viel, dass das Wasser in das Beet eindringt. Sollte das Beet dennoch trocken werden, zögern Sie nicht, es zu wässern.

Senf : Fast alle Senfsorten eignen sich gut für Gemüse, obwohl weißer Senf normalerweise am besten ist. Auch chinesischer Senf ist wertvoll.

Das Saatgut sollte in Drillmaschinen mit einem Abstand von 90 bis 90 cm gesät und mit einem halben Zoll Erde bedeckt werden. Die Leichtigkeit, mit der sie angebaut werden können, und die Fülle an Kräutern, die sie liefern, kennzeichnen ihren besonderen Nutzen. Für Frühlingsgrüns sehr früh säen, für Herbstgrüns im Spätsommer oder Anfang September.

Warzenmelone : Das köstlichste aller Gartengemüse, das aus der Hand gegessen wird und aus einfachem Anbau stammt; Aber wie viele andere Pflanzen, die einfach zu züchten sind, scheitert sie oft völlig. Die Jahreszeit und der Boden müssen warm sein und das Wachstum kontinuierlich sein.

Der natürliche Boden für Melonen besteht aus leichtem, sandigem Lehm, der gut mit verrottetem Mist angereichert ist. Wenn die Hügel jedoch speziell präpariert sind, können auch auf von Natur aus schweren Böden gute Ernten angebaut werden. Wenn nur schwerer Boden zur Verfügung steht, sollte die Erde, auf der die Samen gepflanzt werden sollen, gründlich pulverisiert und mit feinem, gut verrottetem Mist vermischt werden. Eine Prise Blattschimmel oder Späneschmutz trägt zur Aufhellung bei. Auf diesem Hügel können zehn bis fünfzehn Samen gesät werden, die auf vier oder fünf Ranken ausgedünnt werden, wenn die Insektengefahr vorüber ist.

Die Saison kann verlängert und der Schaden durch Insekten verringert werden, indem die Pflanzen in Gewächshäusern gepflanzt werden. Dies kann erreicht werden, indem man frische Grasnarbe verwendet, sie in 15 cm große Stücke schneidet, sie mit der Grasseite nach unten in das Brutbeet legt, auf jedes Stück acht bis zehn Samen sät und sie mit 5 cm leichter Erde bedeckt. Wenn alle Frostgefahr vorüber ist und der Boden warm geworden ist, können diese Grasnarben vorsichtig angehoben und in die vorbereiteten Hügel gelegt werden. Die Pflanzen wachsen in der Regel unkontrolliert und tragen zwei bis vier Wochen früher Früchte als Pflanzen aus Samen, die direkt in den Hügel gepflanzt werden. Alte Quart-Beerenkästen eignen sich hervorragend zum Einpflanzen von Samen, da sie beim Einsetzen in die Erde sehr schnell verrotten und keine Behinderung der Wurzeln verursachen.

Netzed Gem, Hackensack, Emerald Gem, Montreal, Osage und die Muskatmelone. Mit einer Unze Samen können etwa fünfzig Hügel gepflanzt werden.

Okra : Eine Pflanze aus der Familie der Baumwollgewächse, aus deren grünen Schoten die bekannte Gumbo-Suppe des Südens hergestellt wird, wo die Pflanze häufiger angebaut wird als im Norden. Die Schoten werden auch im grünen Zustand für Eintöpfe verwendet und im Winter getrocknet und verwendet, wenn sie nahrhaft sind und in bestimmten Teilen des Landes einen nicht geringen Teil der Ernährung ausmachen.

Die Samen sind sehr kälte- und feuchtigkeitsempfindlich und sollten erst ausgesät werden, wenn der Boden warm geworden ist – in New York ist dies in der letzten Maiwoche oder am 1. Juni früh genug. Der Samen sollte in einer 1 Zoll tiefen Drillmaschine ausgesät werden, die Pflanzen sollten so ausgedünnt werden, dass sie 12 Zoll in der Reihe stehen. Geben Sie die gleiche Kultur wie für Mais. Eine Unze reicht für die Aussaat von 40 Fuß Bohrmaterial. Für den Norden eignen sich am besten Zwergsorten. Green Density und Velvet sind die führenden Sorten.

Zwiebeln : Ein paar Zwiebeln der einen oder anderen Art verleihen jedem guten Küchengarten Charakter. Sie werden aus Samen („Schwarzkümmel") für die Haupternte gezogen. Sie werden auch aus Steckzwiebeln gezüchtet (das sind sehr kleine Zwiebeln, die in ihrer Entwicklung gestoppt werden); von „Spitzen" (bei denen es sich um Bläschen handelt, die anstelle von Blüten entstehen); und aus Multiplikatoren oder Kartoffelzwiebeln, bei denen es sich um zusammengesetzte Zwiebeln handelt.

Die extrem frühe Zwiebelernte wird in Reihen angebaut, die späte oder Herbsternte wird aus Samen gezogen, die im April oder Anfang Mai gesät werden. Die Sätze können aus der Ernte des vorangegangenen Herbstes entnommen werden, sodass keine Zwiebeln mit einem Durchmesser von mehr als drei Viertel Zoll erhalten bleiben, oder, noch besser, sie können beim Sämann gekauft werden. Diese Sets sollten so früh wie möglich im Frühjahr gepflanzt werden, vorzugsweise auf Flächen, die im Herbst gedüngt und gegraben wurden. Pflanzen Sie in Reihen mit einem Abstand von 12 Zoll, wobei die Reihen einen Abstand von 2 bis 3 Zoll haben. Drücken Sie die Sets tief in den Boden, bedecken Sie sie mit Erde und festigen Sie sie mit den Füßen oder einer Walze. Bei der Kultivierung sollte die Erde nach oben geworfen werden, da die weißen Stängel meist als Hinweis auf die Milde gesucht werden. Die Ernte ist in drei bis vier Wochen einsatzbereit und kann so lange gehalten werden, bis kleine Saatzwiebeln geerntet werden. Für die Früherernte können auch Tops oder Multiplikatoren verwendet werden.

310. 'Bunch-onions, grown from seed.

Beim Anbau von Zwiebeln aus Samen muss nur gesagt werden, dass die Samen sehr früh in der Erde sein sollten, damit die Zwiebeln vor dem extrem heißen Wetter im August wachsen, wenn sie aus Mangel an Feuchtigkeit und wegen der Hitze austrocknen. Die Zwiebeln reifen, solange sie noch klein sind. Anfang April sollte in New York, wenn der Boden in gutem Zustand ist, die Saat dicht in Sämaschinen mit einem Abstand von 12 bis 16 Zoll gesät werden und der Boden über den Samen gut gefestigt werden. Guter Anbau und ständiges Jäten sind der Preis für eine gute Zwiebelernte. Beim Kultivieren und Hacken sollte der Boden von den Reihen ferngehalten werden, damit die wachsenden Zwiebeln nicht bedeckt werden, sondern sie sich über die Bodenoberfläche ausbreiten können. Wenn die Ernte zur Ernte bereit ist, können die Zwiebeln herausgezogen oder herausgezogen werden, mehrere Tage lang in Doppelreihen trocknen gelassen, die Spitzen und Wurzeln entfernt und die Zwiebeln an einem trockenen Ort gelagert werden. Später in der Saison kann man sie einfrieren lassen, sie mit Spreu oder Stroh abdecken, um sie gefroren zu halten, und sie bis zum Frühjahr aufbewahren; Diese Methode ist jedoch für Anfänger in der Regel unsicher, und das gilt immer für ein wechselhaftes Klima. Zwiebelsamen sollten bei der Aussaat immer frisch sein – vorzugsweise aus der letztjährigen Ernte. Eine Unze Zwiebelsamen reicht für die Aussaat von 100 Fuß Drill.

Eine der neueren Methoden, besonders große und frühe Blumenzwiebeln aus Samen zu gewinnen, besteht darin, die Samen im Februar oder Anfang März in ein Frühbeet zu säen und im April ins Freiland zu verpflanzen. Ein Bündel Zwiebeln zum Essen aus der Hand ist in Abb. 310 dargestellt.

Die beliebtesten Sorten sind Danvers, Prizetaker, Globe und Wethersfield, ergänzt durch White Queen oder Barletta zum Einlegen.

Petersilie. – Dies ist die universellste Garnitur. Es wird auch als Würzmittel in Suppen verwendet.

Der Samen keimt nur langsam, und oft wird bei der zweiten oder dritten Aussaat davon ausgegangen, dass die erste gescheitert ist. aber normalerweise werden die jungen Pflanzen erst nach scheinbar langer Zeit zu sehen sein. Bei der Aussaat im Freiland sollte das Saatgut so ausgedünnt werden, dass es in der Reihe 3 bis 4 Zoll lang steht, wobei die Reihen einen Abstand von 10 bis 12 Zoll haben sollten. Ein paar Pflanzen in einem Beet reichen aus, um eine große Familie zu ernähren, und mit ein wenig Schutz kann sie über den Winter überleben.

Die Wurzeln können im Herbst ausgehoben, in Kisten oder alten Dosen gesteckt und für den Winter an einem sonnigen Fenster herangezogen werden. Die gewellte Petersilie ist die am häufigsten verwendete Form.

311. The Student parsnip, a leading variety.

Pastinake. – Ein Standard-Winter- und Frühlingsgemüse, das am einfachsten in tiefem Boden angebaut werden kann (Abb. 311).

Pastinaken eignen sich am besten für den Winterfrost, obwohl sie von guter Qualität sind, wenn man sie nach dem Herbstfrost aufnimmt und im Keller in Erde, Sand oder Moos einpackt.

Das Saatgut, das nicht älter als ein Jahr sein darf, sollte so früh wie möglich in gut vorbereiteten Boden gesät und mit den Füßen oder der Walze gefestigt werden. Da der Samen relativ langsam keimt, verkrustet oder verkrustet der Boden oft über den Samen. In diesem Fall sollte er mit einem Gartenrechen aufgebrochen und feingereinigt werden. Dieser Vorgang bedeutet oft den Erfolg der Ernte. Rettich- oder Kohlsamen können zusammen mit den Pastinakensamen ausgesät werden, um die Reihe zu markieren und die Kruste aufzubrechen. Eine Unze Saatgut reicht für die Aussaat von 200 Fuß Drillmaschine. In der Reihe auf einen Abstand von 15 cm verdünnen.

Erbse. – Vielleicht wird kein Gemüse mit größerer Erwartung angebaut als die Erbse. Es ist einer der ersten Samen, der in die Erde gelangt, und das Pflanzfieber ist ungeduldig.

Es gibt große Qualitätsunterschiede zwischen glatten und runzligen Erbsen. Die ersten sind etwas die frühesten, die gepflanzt werden und für den Gebrauch geeignet werden, und aus diesem Grund sollten sie in kleinem Umfang gepflanzt werden; aber die faltigen Sorten sind qualitativ viel besser.

Die frühe Erbsenernte kann durch das Keimen der Samen im Innenbereich vorangetrieben werden. Der Boden ist möglicherweise zu reichhaltig oder zu stark für Erbsen.

Für den Küchengarten eignen sich die Zwerg- und Halbzwergsorten am besten, da die hohen Arten Bürsten oder Draht als Stütze benötigen, was erhebliche Mühe und Arbeit verursacht und nicht so ordentlich aussieht. Die Zwergsorten sollten in vier Reihen in einem Block gepflanzt werden, wobei jede Reihe nur 6 bis 8 Zoll voneinander entfernt sein sollte. Die Erbsen in den beiden mittleren Reihen dürfen von außen gepflückt werden. Lassen Sie einen Abstand von 2 Fuß und pflanzen Sie ihn ein.

Die hohen Sorten bringen eine größere Ernte als die Zwergsorten, aber da die Reihen einen Abstand von 3 bis 5 Fuß haben müssen, liefern die Zwergsorten, die nur 6 bis 8 Zoll voneinander entfernt gepflanzt werden, auf derselben Fläche einen ebenso hohen Ertrag. Pflanzen Sie die hohen Sorten immer in doppelten Reihen; das heißt, zwei Reihen im Abstand von 4 bis 6 Zoll, mit der Bürste oder dem Draht dazwischen, wobei die Doppelreihen je nach Sorte 3 bis 5 Fuß voneinander entfernt sind.

Bei der ersten Aussaat sollten nur die glatten Sorten ausgesät werden, aber bis Mitte April wird der Boden in New York warm und trocken genug für faltige Sorten sein. Es sollten Folgefrüchte gesät werden, die nacheinander zur Reife gelangen und so die Saison um sechs bis acht Wochen verlängern. Wenn ein weiterer Nachschub erforderlich ist, können die frühen, schnell reifenden Sorten im August gesät werden, was normalerweise im September und Anfang Oktober zu einer guten Erbsenernte führt. Im heißen Hochsommer gedeihen sie nicht so gut. Mit einem Liter Saatgut können etwa 100 Fuß Bohrer gepflanzt werden.

312. One of the bell peppers.

Pfeffer : Der Gartenpfeffer ist nicht der Handelspfeffer; Es ist besser bekannt als roter Pfeffer (obwohl die Schoten nicht immer rot sind), Chili und Paprika. Die Schoten werden im Süden häufig verwendet, und die meisten Haushalte im Norden verwenden sie mittlerweile in gewissem Umfang.

Paprikaschoten sind in jungen Jahren zart, obwohl sie im Herbst starken Frost aushalten. Ihre Kultur ist die für Auberginen empfohlene. Eine kleine Packung Samen reicht für eine große Anzahl Pflanzen, sagen wir zweihundert. Die großen Paprikaschoten (Abb. 312) sind die mildesten und werden zur Herstellung von „gefüllten Paprikaschoten“ und anderen Gerichten verwendet. Die kleinen, scharfen Paprikaschoten werden zum Würzen und für Soßen verwendet.

Kartoffel . – Die Kartoffel ist eher eine Feldfrucht als ein Hausgartenprodukt; Dennoch möchte der Hobbygärtner oft eine kleine, frühe Parzelle anbauen.

Die übliche Praxis, Kartoffeln auf erhöhten Bergrücken oder Hügeln anzubauen, ist falsch, es sei denn, der Boden ist so feucht, dass diese Praxis notwendig ist, um eine ordnungsgemäße Entwässerung sicherzustellen (in diesem Fall ist das Land jedoch nicht für den Kartoffelanbau geeignet), oder es sei denn, dies ist der Fall an einem bestimmten Ort notwendig, um eine sehr frühe Ernte sicherzustellen. Wenn das Land zu Bergrücken oder Hügeln ansteigt, kommt es zu einem großen Feuchtigkeitsverlust durch Verdunstung. Bei der letzten Kultivierung können die Kartoffeln leicht angehäuft werden, um die Knollen zu bedecken; Aber wenn das Land und die Bedingungen stimmen, sollten die Hügel nicht gleich zu Beginn für die Haupternte angelegt werden.

Land für Kartoffeln sollte von eher lehmigem Charakter sein und über eine großzügige Kaliversorgung verfügen, entweder natürlich oder im Bohrer durch Anwendung von Kalisulfat. Achten Sie darauf, dass das Land tief gepflügt oder gespatet wird, damit die Wurzeln tiefer eindringen können. Pflanzen Sie die Kartoffeln 3 bis 4 Zoll unter der natürlichen Erdoberfläche. Normalerweise ist es am besten, die Teile in Bohrern abzulegen. Eine durchgehende Bohrmaschine oder Reihe kann hergestellt werden, indem alle 6 Zoll ein Stück fallen gelassen wird. Normalerweise wird jedoch davon ausgegangen, dass es am besten ist, etwa alle 12 bis 18 Zoll zwei Stücke fallen zu lassen. Die Bohrer sind weit genug voneinander entfernt, um eine gute Kultivierung zu ermöglichen. Bei der Pferdezucht sollten die Drillmaschinen einen Abstand von mindestens 90 cm haben.

Kleine Kartoffeln gelten als nicht so gut zum Anpflanzen geeignet wie große. Ein Grund dafür ist, dass aus jedem einzelnen zu viele Sprossen entstehen und diese Sprossen sich wahrscheinlich gegenseitig drängen. Das Gleiche gilt für das Spitzenende bzw. Samenende der Knolle. Selbst wenn die Spitze abgeschnitten ist, sind die Augen so zahlreich, dass man viele schwache Triebe erhält, statt zwei oder drei starke. Normalerweise ist es am besten, die Kartoffeln in zwei oder drei Augen zu schneiden und so viel Knolle wie möglich in jedem Stück übrig zu lassen. Für die Bepflanzung eines Hektars werden 7 bis 10 Scheffel Kartoffeln benötigt.

XXV. Der im Herbst angebaute Gartenrettich gehört zu den üblichen Frühlingssorten.

Für eine sehr frühe Ernte im Garten werden die Knollen manchmal auch im Keller gekeimt. Wenn die Sprossen eine Höhe von 10 bis 15 cm erreicht haben, werden die Knollen vorsichtig gepflanzt. Es ist wichtig, dass die Sprossen bei der Handhabung nicht zerbrechen. Auch bei dieser Praxis werden die Knollen zunächst in große Stücke geschnitten, damit sie nicht zu sehr austrocknen.

Das Hauptmittel gegen die Kartoffelwanze ist Pariser Grün, 2 Pfund oder mehr Gift auf 150 bis 200 Gallonen Wasser mit etwas Limette. Bei der Krautfäule mit Bordeaux-Mischung besprühen und gründlich besprühen. Auch die Bordeaux-Mischung hält den Flohkäfer weitestgehend fern.

Rettich (Tafel XXV). – In allen Teilen des Landes ist der Rettich als Beilage, als Vorspeise und wegen seines dekorativen Charakters beliebt. Es ist jedoch ein schlechtes Produkt, wenn es unförmig, wurmig oder zäh ist.

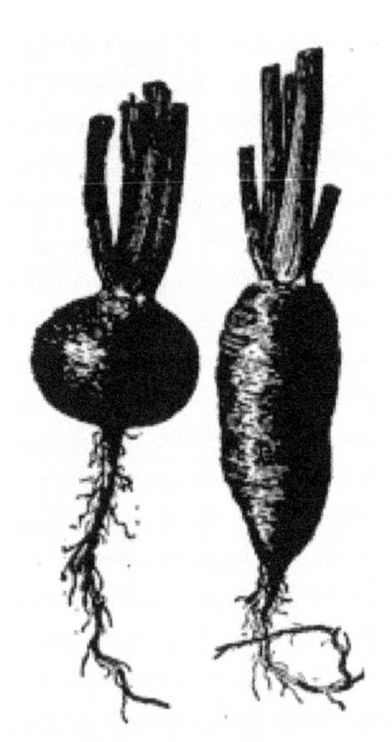

313. French Breakfast and olive-shaped radishes.

Radieschen sollten schnell angebaut werden, damit sie optimal gedeihen. Sie werden zäh und holzig, wenn sie langsam wachsen oder zu lange im Boden bleiben. Auf einem leichten, gut angereicherten Boden wachsen die meisten frühen Sorten in drei bis fünf Wochen auf Tischgröße heran. Um die Versorgung in den ersten Monaten zu gewährleisten, sollte die Aussaat alle zwei Wochen erfolgen. Für den Frühlingsgebrauch ist das French Breakfast immer noch eine Standardsorte (Abb. 313).

Für den Sommer eignen sich am besten die großen weißen oder grauen Sorten. Die Wintersorten können im September gesät, vor starkem Frost geerntet und im Sand in einem kühlen Keller gelagert werden. Bei der Verwendung erhalten sie durch kurzes Einlegen in kaltes Wasser ihre Knusprigkeit wieder.

Säen Sie Radieschen dicht in Sämaschinen mit einem Abstand von 12 bis 18 Zoll aus. Nach Bedarf verdünnen.

Rhabarber oder Kuchenpflanze . – Ein starkes mehrjähriges Kraut, das in einem Beet oder in einer Reihe allein an einem Ende oder einer Seite des Gartens angebaut werden kann. Es ist ein schwerer Futterspender.

Rhabarber wird normalerweise durch Teilung der fleischigen Wurzeln vermehrt, von denen kleine Stücke wachsen, wenn sie von den alten Wurzeln getrennt und in nährstoffreiche, weiche Erde gepflanzt werden. Schlechter Boden sollte angereichert werden, indem man mindestens 90 cm der

Oberfläche ausspachtelt, ihn bis zu einer Höhe von 30 cm mit gut verfaultem Mist auffüllt, die oberste Erdschicht hineinwirft und die Wurzeln mit den Kronen 10 cm unter der Oberfläche festsetzt sie mit den Füßen. Die Stängel sollten erst im zweiten Jahr für den Verzehr geschnitten werden. Achten Sie darauf, dass es der Pflanze während des starken Blattwachstums nicht an Wasser mangelt . Im Herbst sollte grober Mist über die Kronen geworfen werden, der im Frühjahr leicht gegabelt oder gespatet werden muss.

Beim Anbau von Rhabarbersämlingen kann der Samen im März oder April in einem vor Frost geschützten Frühbeet gesät werden, und in zwei Monaten sind die Pflanzen bereit, in Reihen mit einem Abstand von 12 Zoll gepflanzt zu werden. Pflegen Sie die Pflanzen gut, und im nächsten Frühjahr können sie an einen festen Standort gesetzt werden. Zu diesem Zeitpunkt sollten die Pflanzen in einem Abstand von jeweils 4 bis 5 Fuß in gut vorbereiteten Boden gesetzt und wie solche mit Wurzelstücken behandelt werden.

Bei guter Pflege und guter Düngung werden die Pflanzen jahrelang leben und reichliche Erträge erbringen. Zwei Dutzend gute Wurzeln reichen für eine große Familie.

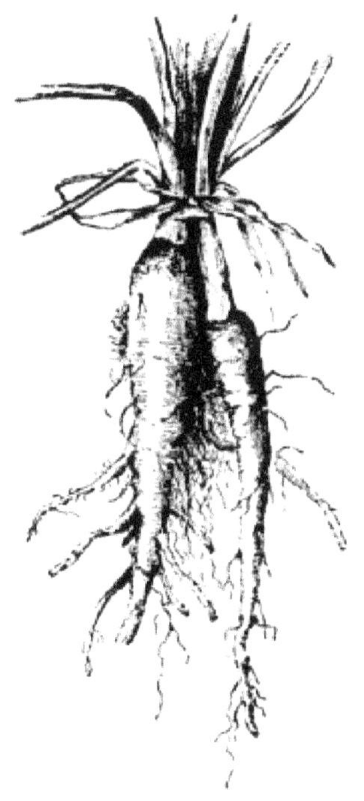

314. Salsify, or oyster plant.

Schwarzwurzel oder **Gemüseauster** (Abb. 314). – Schwarzwurzel ist eines der besten Winter- und Frühlingsgemüse und sollte in jedem Garten angebaut werden. Es kann auf verschiedene Arten zubereitet werden, um den Austerngeschmack hervorzuheben.

Die Aussaat sollte möglichst früh im Frühjahr erfolgen. Behandeln Sie es in jeder Hinsicht wie Pastinaken. Die Wurzeln sind, wie bei Pastinaken, besser für den Winterfrost geeignet, aber ein Teil der Ernte sollte im Herbst ausgegraben und für den Wintergebrauch in Erde oder Moos in einem Keller gelagert werden.

Meerkohl ist eine stark wurzelnde Staude, deren Triebe blanchiert als Delikatesse sehr geschätzt werden.

Das Saatgut sollte früh im Frühling in ein Frühbeet gesät werden, die Pflanzen sollten in den Garten gepflanzt werden, wenn sie 2 bis 3 Zoll hoch sind, und während der gesamten Saison gut kultiviert werden, wobei sie bei Herannahen des Winters mit Streu bedeckt werden. Die jungen Stängel werden im Frühjahr des folgenden Frühjahrs blanchiert, indem man sie mit großen Töpfen oder Kisten abdeckt oder sie mit Sand oder anderem sauberen Material aufschüttet. Zu den führenden Sorten gehören der Dwarf Green Scotch, der Dwarf Brown und der Siberian. Meerkohl wird genauso gegessen wie Spargel. Es wird von denen, die es kennen, sehr geschätzt.

Meerkohl wird auch durch 10 bis 12 cm lange Wurzelstecklinge vermehrt, die im Frühjahr direkt in die Erde gepflanzt werden. Da die Pflanze mehrjährig ist, können die frühen Triebe Jahr für Jahr gebleicht werden.

Sauerampfer der europäischen Gartenart kann im Frühjahr in Beeten mit einem Abstand von 16 Zoll oder in Reihen mit einem Abstand von 3 bis 3 1/2 Fuß gesät werden. Nachdem sich die Pflanzen gut etabliert haben, sollten sie in den Reihen auf einen Abstand von 10 bis 12 Zoll ausgedünnt werden. Sie sind mehrjährig und können mehrere Jahre lang am selben Ort wachsen. Breitblättriges Französisch ist die beliebteste Sorte.

Grüne Minze wird von vielen Menschen als Gewürz geschätzt, insbesondere für die Thanksgiving- und Feiertagsküche.

Es handelt sich um eine mehrjährige Pflanze, die absolut winterhart ist und Jahr für Jahr im offenen Garten wächst. Wenn im Winter ein Vorrat an frischen Gräsern benötigt wird, entfernen Sie die Grasnarben sechs Wochen vorher im Haus. Legen Sie die Grasnarben in Kisten und behandeln Sie sie wie Zimmerpflanzen. Die Pflanzen sollten vor dem Entfernen bereift sein und sich in einer vollkommenen Ruhephase befinden.

Spinat : Die am häufigsten angebaute aller „Grünpflanzen", da sie im ersten Frühling sowie im Herbst und Winter Saison hat.

Der früheste Spinat, der auf den Markt kommt, wird aus Samen gewonnen, die im September oder Oktober gesät werden, während des strengen Winters oft durch Rahmen oder andere Mittel geschützt werden und kurz nach Beginn des Wachstums im zeitigen Frühjahr geschnitten werden. Selbst im Norden bis nach New York kann Spinat ohne Schutz den Winter überstehen.

Der Spinat wird durch das Anbringen von Schärpen über den Rahmen im Februar und März forciert, um die jungen Blätter durch Matten oder Stroh, die über die Rahmen geworfen werden, vor starkem Einfrieren zu schützen.

Für eine Sukzession kann die Aussaat im zeitigen Frühjahr erfolgen; Später in der Saison können Samen des neuseeländischen Sommerspinats ausgesät werden, die in der Hitze des Sommers wachsen und Blätter von guter Qualität liefern. Da die Samen dieser Art sehr hart sind, sollten sie vor der Aussaat einige Stunden lang abgebrüht und einweichen gelassen werden. Dieser Samen wird normalerweise in Hügeln mit einem Abstand von etwa 90 cm ausgesät, wobei auf jedem Hügel vier bis sechs Samen ausgesät werden.

Der Frühlings- und Winterspinat sollte in Sämaschinen mit einem Abstand von 30 bis 35 Zentimetern gesät werden, wobei eine Unze für 30 Meter Sämaschine ausreichend ist. Denken Sie daran, dass gewöhnlicher Spinat eine Ernte bei kühlem Wetter (Herbst und Frühling) ist.

Kürbis : Die Sommerkürbisse verlieren selten eine Ernte, wenn sie einmal der Geißel des Streifenkäfers entkommen sind. Die späten Sorten sind nicht so sicher; Sie müssen einen guten Start gewährleisten und sich auf „schnellem", fruchtbarem, warmem Land befinden, um vor den kühlen Herbstnächten eine Ernte einfahren zu können (Abb. 315).

315. One of the so-called Japanese type of squash (*Cucurbita moschata*).

Der Pflanzzeitpunkt, die Methode zur Vorbereitung der Hügel und die Nachkultur sind die gleichen wie bei Gurken und Melonen, mit der Ausnahme, dass die Hügel bei den frühen Buschsorten einen Abstand von 4 bis 5 Fuß und bei den später wachsenden Sorten einen Abstand von 6 bis 5 Fuß haben sollten 8 Fuß voneinander entfernt. Auf jeden Hügel sollten acht bis zehn Samen gepflanzt werden, die auf vier Pflanzen ausgedünnt werden, sobald die Gefahr durch Insekten vorüber ist. Von den Frühkürbissen reicht eine Unze Samen, um fünfzig Hügel zu pflanzen; Von den späteren Sorten reicht eine Unze aus, um nur achtzehn bis zwanzig Hügel zu bepflanzen. Für den Wintereinsatz eignen sich am besten Sorten vom Typ Hubbard. Im Sommer sind die Crooknecks- und Scallop-Kürbisse beliebt. Beim Anbau von Winterkürbissen in einem nördlichen Klima ist es wichtig, dass die Pflanzen schnell und kräftig wachsen: Ein wenig chemischer Dünger hilft.

Kürbisse werden genauso angebaut wie Kürbisse.

Süßkartoffeln werden nördlich von Philadelphia selten angebaut; im Süden ist es eine universelle Gartenpflanze.

Süßkartoffeln werden aus Sprossen gezüchtet, die auf Bergrücken oder Hügeln gepflanzt werden, und nicht durch das Einpflanzen der Knollen, wie es bei gewöhnlichen oder irischen Kartoffeln der Fall ist. Die Methode zur Gewinnung dieser Sprossen ist wie folgt: Im April werden Süßkartoffelknollen in ein teilweise erschöpftes Brutbeet gepflanzt, indem man die ganze Knolle verwendet (oder, wenn es sich um eine große handelt, indem man sie der Länge nach in zwei Teile schneidet) und sie bedeckt Knollen mit 2 Zoll leichter, gut fester Erde. Der Flügel sollte auf den Rahmen aufgesetzt werden und nur so viel Belüftung gewährleistet sein, dass die Kartoffeln nicht verfaulen. Nach zehn bis zwölf Tagen sollten die jungen Sprossen erscheinen und das Beet sollte bewässert werden, wenn es trocken ist. Wenn man die Sprossen aus der Knolle zieht, erkennt man, dass sie am unteren Ende und entlang der Stängel Wurzeln haben. Diese Sprossen sollten etwa 3 bis 5 Zoll lang sein, wenn der Boden warm genug ist, um sie auf ihren Graten auszupflanzen.

Die Grate oder Hügel sollten durch das Auspflügen einer 10 bis 15 cm tiefen Furche vorbereitet werden. Streuen Sie Mist in die Furche und pflügen Sie den Boden so weit zurück, dass die Mitte mindestens 15 cm über dem Boden liegt. Auf diesen Grat werden die Pflanzen gesetzt, wobei die Pflanzen tief in die Blätter hinein und in einem Abstand von etwa 12 bis 18 Zoll in den Reihen platziert werden, wobei die Reihen einen Abstand von 3 bis 4 Fuß haben.

Die Nachbearbeitung besteht darin, den Boden zwischen den Dämmen aufzurühren; und wenn die Reben zu wachsen beginnen, sollten sie häufig angehoben werden, um eine Wurzelbildung an den Verbindungsstellen zu verhindern. Wenn die Spitzen der Rebstöcke vom Frost berührt sind, kann die Ernte geerntet werden, die Knollen einige Tage trocknen gelassen und an einem trockenen, warmen Ort gelagert werden.

Um Süßkartoffeln aufzubewahren, lagern Sie sie schichtweise in Fässern oder Kisten in trockenem Sand und bewahren Sie sie in einem trockenen Raum auf. Achten Sie darauf, dass alle angeschlagenen oder gekühlten Kartoffeln weggeworfen werden.

316. A good form or type of tomato.

Tomate . – Die Tomate ist ein Bewohner praktisch jedes Hausgartens, und jeder versteht ihre Kultur (Abb. 316).

Die frühen Früchte lassen sich sehr leicht züchten, indem man die Pflanzen in einem Gewächshaus, einem Frühbeet oder in flachen Kästen in Fenstern anpflanzt. Mit einer Prise Samen, die Sie im März säen, erhalten Sie alle Frühpflanzen, die eine große Familie nutzen kann. Wenn die Pflanzen eine Höhe von 2 bis 3 Zoll erreicht haben, sollten sie in 3-Zoll-Blumentöpfe, alte Beerenkästen oder andere Gefäße umgepflanzt werden und dort langsam und gedrungen wachsen, bis die Zeit zum Auspflanzen gekommen ist 15. Mai (in New York). Sie sollten in Reihen mit einem Abstand von 4 bis 5 Fuß angeordnet werden, wobei die Pflanzen in den Reihen den gleichen Abstand haben.

317. A tomato trellis.

Es sollte etwas Unterstützung gegeben werden, um die Früchte vom Boden fernzuhalten und die Reifung zu beschleunigen. Ein Maschendrahtgitter ist eine hervorragende Stütze, ebenso wie der leichte Lattenzaun, den Sie kaufen oder selbst herstellen können. Stabile Pfähle mit über die gesamte Länge der Reihen gespanntem Draht bieten eine hervorragende Stütze. Eine sehr auffällige Methode ist die eines Rahmens in Form eines umgekehrten V, bei dem die Früchte frei hängen können. Mit ein wenig Aufmerksamkeit beim Beschneiden erreicht das Licht die Früchte und lässt sie perfekt reifen (Abb. 317). Diese Stütze wird durch das Aneinanderlehnen zweier Lattenrahmen hergestellt.

Die späten Früchte können grün gepflückt und auf einem Regal in der Sonne gereift werden; Andernfalls reifen sie, wenn sie in eine Schublade gelegt werden.

Eine Unze Samen reicht für zwölf- bis fünfzehnhundert Pflanzen. Ein wenig Dünger auf dem Hügel lässt die Pflanzen schnell wachsen. Die Fäulnis ist weniger schwerwiegend, wenn die Reben vom Boden ferngehalten werden und die wuchernden Triebe herausgeschnitten werden. Sorten verschwinden und neue tauchen auf, so dass eine Liste von geringem bleibendem Wert ist.

Rüben und **Rutabagas** werden in Hausgärten kaum angebaut; und doch könnte eine bessere Qualität des Gemüses erzielt werden, als die meisten Menschen wissen, wenn diese Pflanzen auf dem eigenen Boden gezüchtet und frisch auf den Tisch gebracht würden. Normalerweise werden sie im Herbst gesät und aus Samen gesät, die im Juli und Anfang August gesät werden. In manchen Gemüsegärten werden sie jedoch auch im Frühjahr gesät. Die Kultur ist einfach.

Für die Früherernte sollten Rüben wie Rüben in Drillmaschinen angebaut werden. Die jungen Pflanzen vertragen leichten Frost. Wählen Sie nach Möglichkeit einen regnerischen Tag zum Pflanzen. Decken Sie den Samen ganz leicht ab. Die jungen Pflanzen in der Reihe auf 5 bis 7 Zoll ausdünnen. Wenn eine konstante Versorgung gewünscht ist, säen Sie alle zwei Wochen, da Rüben bei warmem Sommerwetter schnell hart und holzig werden. Für die Herbst- und Winterernte im Norden

„Am vierzehnten Tag im Juli
säen Sie Ihre Rüben, nass oder trocken."

In vielen Teilen der nördlichen und mittleren Bundesstaaten ist der 25. Juli traditionell der richtige Zeitpunkt für die Aussaat von Flachrüben für den Wintergebrauch. In den Mittelstaaten werden Rüben manchmal erst Ende August gesät. Bereiten Sie ein Stück sehr weichen Bodens vor und säen Sie die Samen dünn und gleichmäßig aus. Trotz des alten Sprichworts ist dann eine sanfte Dusche akzeptabel. Diese Rüben werden nach dem Frost gepflückt, die Spitzen entfernt und die Wurzeln in Kellern oder Gruben gelagert.

Für die frühe Ernte sind Purple-top Strap-leaf, Early White Flat Dutch und Early Purple-top Milan die beliebtesten Sorten. Gelbfleischige Sorten wie Golden Ball eignen sich sehr gut für den frühen Tischgebrauch, wenn sie gut gewachsen sind, aber die meisten Esser bevorzugen im Frühling weiße Rüben, obwohl sie im Herbst gelegentlich die gelben Sorten bevorzugen. Yellow Globe ist die beliebteste gelbe Herbstrübe, obwohl manche Leute gelbe Steckrüben anbauen und sie Rüben nennen. Für die Späternte von weißen Rüben sind auch die gleichen Sorten wünschenswert, die für die Frühjahrssaat ausgewählt wurden.

Rutabagas unterscheiden sich von Rüben durch ihr glattes, bläuliches Laub, ihre lange Wurzel und ihr gelbes Fruchtfleisch. Sie sind reicher als Rüben; Sie erfordern die gleiche Behandlung, nur dass die Wachstumsperiode länger ist. Im Herbst oder Sommer gesäte Bagas sollten einen Monat vor dem Beginn der flachen Rüben stehen.

Außer der Made (siehe Kohlmade) gibt es keine ernsthaften Insekten oder Krankheiten, die für Rüben und Bagas typisch sind.

Wassermelone : Die Wassermelone wird überall in so großen Mengen verschifft und nimmt so viel Platz im Garten ein, dass Hausgärtner im Norden sie selten anbauen. Wenn man Platz hat, sollte man ihn dem Küchengarten hinzufügen.

Die Kultur entspricht im Wesentlichen der Kultur der Zuckermelonen (siehe), mit der Ausnahme, dass die meisten Sorten einen wärmeren Standort und eine längere Wachstumsphase benötigen. Geben Sie den Hügeln einen Abstand von 6 bis 10 Fuß. Wählen Sie einen warmen, „schnellen" Boden und eine sonnige Lage. Im Norden ist es wichtig, dass die Pflanzen schnell wachsen und früh blühen. Mit einer Unze Saatgut können dreißig Hügel gepflanzt werden.

Es gibt mehrere Sorten mit weißem oder gelbem Fleisch, aber abgesehen von ihrem merkwürdigen Aussehen sind sie von geringem Wert. Eine gute Wassermelone hat ein festes, leuchtend rotes Fruchtfleisch, vorzugsweise mit schwarzen Kernen, und eine starke schützende Schale. Kolb Gem, Jones, Boss, Cuban Queen und Dixie gehören zu den besten Sorten. Es gibt frühe Sorten, die in der nördlichen Jahreszeit reifen und eine viel bessere Melone ergeben als die auf dem Markt erhältlichen.

Die sogenannte „Zitrone“ mit hartem weißem Fruchtfleisch, die zur Herstellung von Konfitüren verwendet wird, ist eine Form der Wassermelone.

KAPITEL XI
SAISONALE ERINNERUNGEN

Der Autor geht davon aus, dass eine Person, die intelligent genug ist, einen Garten anzulegen, keinen willkürlichen Betriebskalender benötigt. Eine zu genaue Beratung ist irreführend und unpraktisch. Die meisten älteren Gartenbücher waren vollständig nach der Kalendermethode geordnet und gaben für jeden Monat im Jahr spezifische Anweisungen. Mittlerweile haben wir jedoch genügend Fakten und Erfahrungen gesammelt, um Grundsätze darlegen zu können; und diese Prinzipien können überall angewendet werden – wenn sie durch gutes Urteilsvermögen ergänzt werden –, während bloße Regeln willkürlich und im Allgemeinen für andere Bedingungen als die, für die sie speziell erstellt wurden, nutzlos sind. Die Bereiche der Gartenarbeit haben sich in den letzten 50 und 75 Jahren enorm erweitert. Jahreszeiten und Bedingungen variieren in den verschiedenen Jahren und an den verschiedenen Orten so sehr, dass keine konkreten Ratschläge für die Durchführung von Gartenarbeiten gegeben werden können. Kurze Hinweise für die ordnungsgemäße Arbeit in den verschiedenen Monaten können jedoch als Anregung und Erinnerung nützlich sein.

Die Monthly Reminders wurden aus Akten des „American Garden" von vor einigen Jahren zusammengestellt, als der Autor die redaktionelle Verantwortung für dieses Magazin innehatte. Der Ratschlag für den Norden (Seiten 504 bis 516) wurde von T. Greiner, La Salle, NY, verfasst, der als Gärtner und Autor bekannt ist. Das für den Süden (Seiten 516 bis 526) wurde von HW Smith, Baton Rouge, La., für die ersten neun Monate erstellt und von FH für „Garden-Making" auf die Monate Oktober, November und Dezember ausgedehnt Burnette, Gärtner der Louisiana Experiment Station.

Pflanztisch für Küche und Garten

EIN LEITFADEN FÜR DEN RICHTIGEN ZEITPUNKT FÜR DIE AUSSAAT VERSCHIEDENER SAMEN, UM EINE KONTINUIERLICHE NACHFOLGE DER PFLANZEN ZU ERZIELEN

Erläuterung der in der Tabelle verwendeten Zeichen.

(0)Zur Aussaat im Freiland ohne Umpflanzen. Die Pflanzen müssen bei entsprechendem Abstand ausgedünnt werden.

(1) Im Saatbeet im Garten säen und von dort an einen dauerhaften Ort verpflanzen.

(2) Führen Sie im Laufe des Monats zwei Aussaaten im Freiland durch.

(3) Führen Sie im Laufe des Monats drei Aussaaten im Freiland durch.

(4) Beginnen Sie im Gewächshaus oder im Warmbeet und pflanzen Sie die Pflanze aus, sobald der Boden in gutem Zustand ist und das Wetter es zulässt.

(5) Im Freiland säen, sobald es bearbeitet werden kann.

(6) Darf nur im Warmbeet oder Gewächshaus angebaut werden.

(7) Im Frühbeet säen, die Pflanzen dort mit etwas Schutz über den Winter halten; Im Frühjahr auspflanzen, sobald der Boden bearbeitet werden kann.

(8) Im Freiland säen und über den Winter mit Streu schützen.

(9) Im Rahmen pflanzen. Wenn kaltes Wetter einsetzt, decken Sie es mit einer Schärpe und Strohmatten ab. Die Pflanzen werden im Dezember und Januar einsatzbereit sein.

(10) Im Keller, in der Scheune oder unter Bänken im Gewächshaus pflanzen.

(11) Im Freien auf vorbereiteten Beeten pflanzen.

(12) Jede Woche im Gewächshaus oder Rahmen säen, um eine gute Sukzession zu gewährleisten.

GEMÜSE IM KÜCHENGARTEN

	Jan	Febr	Beschädigen	Apr	Mai	Jun	Juli	Aug	Sept	Okt	Nov	Dez
Artischocke, amerikanisch	-	-	-	(0)	(0)	-	-	-	-	-	-	-
Artischocke, Französisch	-	(4)	-	(1)	(1)	-	-	-	-	-	-	-
Bohnen, Bush	(6)	(6)	(6)	(0)	(2)	(2)	(2)	(0)	-	-	-	-
Bohnen, Pole und Lima	-	-	-	-	(0)	(0)	-	-	-	-	-	-
Rüben	-	-	(4)	(4)	(0)	(0)	(0)	(0)	-	-	-	-
Borecole, Kale	-	-	-	-	(1)	(1)	(1)	-	-	-	-	-
Brokkoli	-	(4)	(4)	(1)	(1)	(1)	-	-	(7)	(7)	-	-

Der Rosenkohl	-	-	-	-	(1)	(1)	-	-	-	-	-	-
Kohl, alle Sorten	-	(4)	(4)	(1)	(1)	(1)	-	-	(7)	(7)	-	-
Kardon	-	(4)	(4)	(1)	(1)	(1)	-	-	-	-	-	-
Karotte	(6)	(6)	(5)	(0)	(0)	(0)	(0)	-	-	-	-	-
Blumenkohl	(6)	(4)	(4)	(1)	(1)	(1)	-	-	-	-	-	-
Sellerie	-	(4)	(4)	(1)	(1)	(1)	-	-	-	-	-	-
Sellerie	-	(4)	(4)	(1)	(1)	(1)	-	-	-	-	-	-
Chicoree	-	-	(5)	(0)	(0)	(0)	-	-	-	-	-	-
Kohl	-	-	-	-	-	-	(0)	(0)	(0)	-	-	-
Mais, Feld	-	-	-	(0)	(0)	(0)	-	-	-	-	-	-
Mais, süß	-	-	-	(2)	(2)	(2)	(2)	(0)	-	-	-	-
Mais, Pop	-	-	-	(0)	(0)	(0)	-	-	-	-	-	-
Feldsalat	-	-	(5)	(0)	(0)	(0)	-	-	(8)	-	-	-
Kresse	(12)	(12)	(12)	(12)	(0)	(0)	-	-	(12)	(12)	(12)	(12)
Gurke	(6)	(6)	(6)	(4)	(0)	(0)	-	(6)	(6)	-	-	-
Auberginen	-	(6)	(4)	(1)	(1)	(1)	-	-	-	-	-	-
Endivie	-	-	-	(1)	(1)	(1)	(1)	-	-	-	-	-
Kohlrabi	(6)	(6)	(4)	(1)	(1)	(1)	(1)	-	-	-	-	-
Lauch	-	(4)	(4)	(1)	(1)	(1)	-	-	-	-	-	-
Kopfsalat	(6)	(4)	(4)	(1)	(2)	(2)	(2)	(0)	(9)	(9)	(7)	-
Mangold	-	-	(5)	(0)	(0)	(0)	-	-	-	-	-	-
Melone	(6)	(6)	(6)	(4)	(0)	(0)	(9)	(6)	-	-	-	-
Pilz	(10)	(10)	(11)	-	-	-	-	(11)	(10)	(10)	(10)	(10)

Senf	(12)	(12)	(12)	(0)	(0)	(0)	-	(0)	(0)	(12)	(12)	(12)
Kapuzinerkresse	-	-	-	(0)	(0)	-	-	-	-	-	-	-
Okra	-	-	(4)	(4)	(2)	(2)	(2)	-	-	-	-	-
Zwiebel	-	(4)	(4)	(1)	(1)	-	-	-	-	-	-	-
Pastinaken	-	-	(5)	(0)	(0)	(0)	-	-	-	-	-	-
Petersilie	(6)	(6)	(4)	(0)	(0)	(0)	(0)	-	-	-	-	-
Erbsen	-	-	(5)	(2)	(2)	(2)	(2)	(0)	-	(0)	-	-
Pfeffer	-	(4)	(4)	(4)	(1)	-	-	-	-	-	-	-
Kartoffeln	-	-	-	(0)	(0)	-	-	-	-	-	-	-
Kürbis	-	-	-	(4)	(0)	(0)	-	-	-	-	-	-
Rettich	(12)	(12)	(12)	(3)	(3)	(3)	-	-	(9)	(9)	-	-
Steckrübe	-	-	-	-	-	-	-	(0)	(0)	-	-	-
Schwarzwurzeln	-	-	(5)	(0)	-	-	-	(0)	(0)	-	-	-
Seakale	-	-	(5)	(0)	(0)	(0)	-	-	-	-	-	-
Spinat	-	-	(5)	(0)	(0)	-	-	-	(2)	(8)	-	-
Quetschen	-	-	(4)	(4)	(0)	(0)	-	-	-	-	-	-
Tomate	(6)	(6)	(4)	(1)	(1)	(1)	-	(6)	(6)	(6)	-	-
Rüben	-	-	-	-	-	-	-	(0)	(0)	-	-	-

Hinweis: Nehmen Sie für die letzte Pflanzung von Bohnen, Zuckermais, Kohlrabi, Erbsen und Radieschen oder sogar Tomaten die frühesten Sorten, genauso wie für die erste Pflanzung.

—Die Spätaussaat von Schwarzwurzeln soll über den Winter ungestört bleiben. Die Wurzeln dieser Aussaaten werden im nächsten Jahr doppelt so groß sein wie normalerweise.

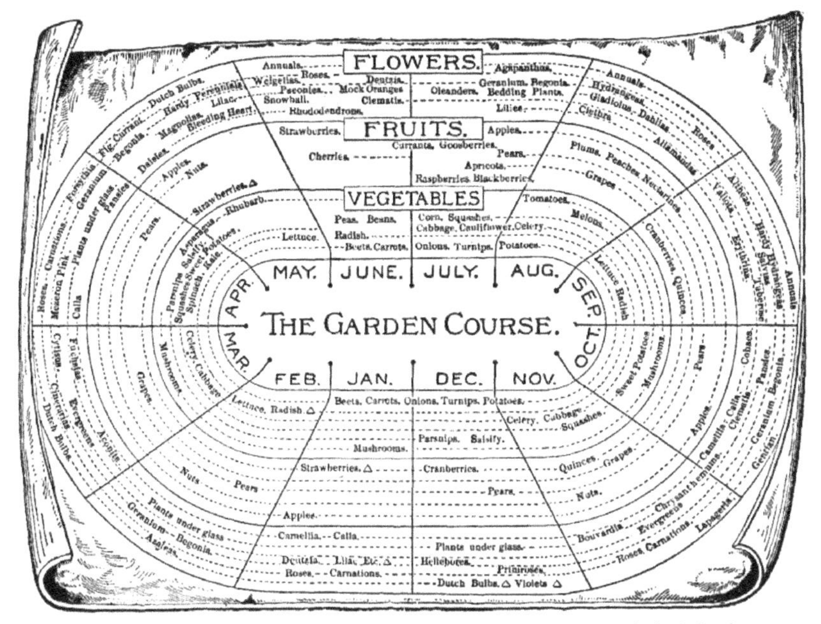

256. Bird's-eye view of the seasons in which the various garden products may be in their prime.

VORSCHLÄGE UND ERINNERUNGEN. – I. FÜR DEN NORDEN

JANUAR

Kohlpflanzen in Rahmen benötigen eine freie Belüftung, wenn die Temperatur über dem Gefrierpunkt liegt oder solange der Boden des Beets nicht gefroren ist. In diesem Fall sollte der Schnee bald nach dem Fall entfernt werden. Solange der Boden gefroren ist, kann der Schnee problemlos mehrere Tage liegen bleiben. Kohl-, Blumenkohl- und Salatsamen sollten in regelmäßigen Abständen ausgesät werden, um die Pflanzen für einen besonders frühen Verkauf oder Ansatz zu sichern. Einen Monat später können sie in Kartons umgefüllt werden, die dann ins Frühbeet kommen und durch Matten oder Fensterläden geschützt werden.

An warmen, sonnigen Tagen müssen *Frühbeete gut belüftet sein;* Lassen Sie die Flügel so lange wie möglich offen, ohne die Pflanzen zu verletzen. Halten Sie den Boden in einem lockeren Zustand und achten Sie sorgfältig auf mögliche Stellen, an denen Wasser stehen und gefrieren kann. Wenn die Rahmen zu kalt erscheinen, füllen Sie sie mit grobem Mist auf.

Brutstätten . – Schauen Sie nach und reparieren Sie die Flügel. Bewahren Sie den Pferdemist von Tag zu Tag auf, entsorgen Sie trockene Einstreu und häufen Sie den Kot und die mit Urin getränkte Einstreu in dünnen Schichten auf, um eine starke Erhitzung zu verhindern.

Salat in Rahmen wie für Kohlpflanzen empfohlen behandeln.

über einen Rückschnitt nachgedacht werden. Vielleicht ist es am besten, Obstbäume im März oder April zu beschneiden, aber Weintrauben, Johannisbeeren und Stachelbeeren können jetzt beschnitten werden. Januar und Februar sind gute Monate, um Pfirsichbäume zu beschneiden. Die Pfirsichbäume gut auslichten und dabei darauf achten, dass sämtliches tote Holz entfernt wird. Wenn Sie in Apfel-, Birnen- oder Pflaumenplantagen viele Schnittarbeiten durchführen müssen, sparen Sie Zeit, indem Sie die warmen Tage jetzt nutzen. Machen Sie sich gut mit den verschiedenen Schnittmethoden vertraut. Lassen Sie niemals zu, dass ein umherziehender Baumschneider Ihre Bäume berührt, bis Sie überzeugt sind, dass er sein Handwerk versteht.

die Werkzeuge überprüft und repariert werden und bei Bedarf neue angefertigt oder bestellt werden.

FEBRUAR

Kohl : In der letzten Woche dieses Monats Samen von Jersey Wakefield in mit leicht lehmiger Erde gefüllten Ebenen säen. Dünn säen, leicht abdecken und die Kisten in ein sanftes Frühbeet oder an einen warmen, sonnigen Ort stellen. Wenn die Pflanzen stark sind, verpflanzen Sie sie in flache Pflanzgefäße mit einem Abstand von jeweils 1 1/2 Zoll. Wenn das Wachstum beginnt, setzen Sie sie bei allen günstigen Gelegenheiten nach und nach der frischen Luft aus. Bringen Sie sie Ende März in ein Frühbeet und lassen Sie sie gut abhärten, bevor Sie sie ins Freiland stellen.

Sellerie . – Wir raten jedem, der einen großen oder kleinen Garten hat, dringend, die neue Selleriekultur auszuprobieren. Sie brauchen zunächst einmal gute Pflanzen. Holen Sie sich etwas Samen von White Plume oder Golden Self-blanching und säen Sie ihn dicht in mit feinem Lehm gefüllten Pflanzflächen. Bedecken Sie es mit einer dünnen Schicht Sand oder feiner Erde und verfestigen Sie es gut. An einem mäßig warmen Ort aufbewahren und nach Bedarf gießen, bis die Pflanzen erscheinen. Wenn Sie mehrere Wohnungen haben, können diese übereinander gelegt werden. Bringen Sie die Flächen bei den ersten Anzeichen von Pflanzenwachstum nach und nach ans Licht. Wenn die Pflanzen 1 1/2 oder 2 Zoll hoch sind, verpflanzen Sie sie in andere flache Pflanzen und stellen Sie sie in Reihen mit einem Abstand von 2 1/2 Zoll auf, wobei die Pflanzen in den Reihen einen halben Zoll voneinander entfernt sind. Stellen Sie die Wohnungen dann in ein Frühbeet, bis die Pflanzen groß genug sind, um sie im Freiland auszupflanzen.

Brutstätten für die Aufzucht von Frühpflanzen angelegt werden. Den Mist immer fein zerkleinern und gut festtreten. Stellen Sie sicher, dass ausreichend

Platz in der Mitte des Bettes vorhanden ist, damit es nicht zu einem Durchhängen kommt. Am besten ist frischer Mist von hart arbeitenden und gut ernährten Pferden, frei von trockener Einstreu. Eine Zugabe von Blättern, die als Einstreu verwendet werden, sorgt für eine moderatere, aber nachhaltigere Wärme. Dem Pferdemist kann auch Schafsmist beigemischt werden, wenn letzterer nicht mehr vorhanden ist.

Zwiebeln : Wir empfehlen dringend, die neue Zwiebelkultur auszuprobieren. Kaufen Sie als Saatgut ein Päckchen oder eine Unze Prizetaker-, Spanish King-, White Victoria- oder eine andere große Kugelzwiebelsorte. Säen Sie das Saatgut Ende des Monats in Wohnungen, in einem Gewächshaus oder in einem Gewächshaus aus und verpflanzen Sie die Zwiebeln ins Freiland, sobald dieses funktionsfähig ist. Stellen Sie die Pflanzen in Reihen mit einem Abstand von 1 Fuß und einem Abstand von etwa 3 Zoll in der Reihe auf.

Pflaumen : Untersuchen Sie alle wild wachsenden und kultivierten Pflaumen- und Kirschbäume gründlich auf Pflaumenknoten. Schneiden und verbrennen Sie alle gefundenen Knoten. Entfernen Sie alle „Mumien"-Pflaumen, denn sie verbreiten die Fruchtfäule.

Rhabarber : Geben Sie den Pflanzen im Garten eine kräftige Düngerschicht aus feinem alten Kompost. Wenn Sie ein paar frühe Stängel wünschen, stellen Sie Fässer oder Kisten über einige der Pflanzen und häufen Sie erhitzenden Pferdemist darüber.

MARSCH

Rüben : Einige Samen können in das Brutbeet gesät werden.

Für die Früherente können *Kohl-, Blumenkohl- und Selleriesamen ausgesät werden.*

Auberginen. —Samen sollten gesät werden. Achten Sie darauf, dass die Jungpflanzen niemals verkümmern.

Die Veredelung kann bei günstigem Wetter erfolgen. Kirschen und Pflaumen müssen frühzeitig veredelt werden. Bei kaltem Wetter flüssiges Pfropfwachs verwenden.

Brutstätten können jederzeit angelegt werden, aber werden Sie bei der Arbeit nicht ungeduldig, denn es wird noch kaltes Wetter geben. Es ist sauberer, frischer Mist erforderlich, und eine 60 cm dicke Schicht sollte fest gestampft werden. Sobald Sie mit der Aussaat beginnen, achten Sie darauf, dass die Beete nicht zu heiß werden. Geben Sie ihnen an schönen Tagen Luft und geben Sie den Sämlingen reichlich Wasser. Verwenden Sie zwei Thermometer – eines zum Testen der Atmosphäre und das andere zur Messung der Bodentemperatur.

Salat im Frühbeet gesät werden.

Am Monatsende kann die Aussaat von *Zwiebelsamen für die neue Zwiebelkultur erfolgen.*

Erbsen . – Jetzt säen, wenn der Boden bearbeitet werden kann.

Paprika kann spät im Monat gesät werden.

Kartoffeln , die zur Aussaat bestimmt sind, dürfen nicht keimen. Bewahren Sie sie bei einer Temperatur nahe dem Gefrierpunkt auf. Reiben Sie die Sprossen von Speisekartoffeln ab und entfernen Sie alle verfaulten Exemplare.

Spinat : Säen Sie einige Samen für eine frühe Ernte.

Tomatensamen können in die Brutbeete gesät werden.

APRIL

Artischocken : Säen Sie die Samen für die Ernte im nächsten Jahr. Am besten eignet sich ein tiefer, nährstoffreicher, sandiger Lehm. Geben Sie einen Verband aus gut verfaultem Mist um die alten Pflanzen herum.

Spargel : Spaten Sie etwas guten Dünger in das Beet und bearbeiten Sie den Boden gründlich, bevor Sie mit der Kronenbildung beginnen. Säen Sie im Freiland Samen für Jungpflanzen für ein neues Beet.

Bohnen : Limas können gegen Ende des Monats auf Grasnarben in einem Frühbeet oder Frühbeet gepflanzt werden.

Rüben : Der Boden sollte vorbereitet und die Saat für Rüben für das Vieh ausgesät werden, sobald das Wetter es zulässt. Setzen Sie sie ein, bevor Sie Mais pflanzen. Sie halten erheblicher Kälte stand und sollten früh gepflanzt werden, um den Unkrautbefall zu verhindern.

Brombeeren sollten beschnitten, der Strauch entfernt, gestapelt und verbrannt werden. Wenn es nötig ist, sie abzustecken, versuchen Sie es mit einem Drahtspalier, genau wie bei Weintrauben, und befestigen Sie einen 2 1/2 Fuß hohen Draht. Die Jungpflanzen sollten vor dem Austrieb der Knospen ausgegraben werden.

Kohlsamen können im Freiland, in Frühbeeten oder in Pfannen oder Kisten im Haus gesät werden. Mit frühen Sorten sollte sofort begonnen werden. Kohl mag einen reichhaltigen und schweren Lehmboden mit guter Drainage. Geben Sie ihnen so viel Mist, wie Sie kriegen können.

Blumenkohlsamen können gegen Ende des Monats ausgesät werden. Von der Aussaat bis zur Ernte sollte niemals eine Kontrolle durchgeführt werden.

Karotte : Säen Sie die Samen früher Sorten, z. B. der frühen Treibsorte, aus, sobald der Boden bearbeitet werden kann.

Sellerie . – Planen Sie, Sellerie mit der neuen Methode anzubauen. Dazu sind reichlich Mist und Feuchtigkeit erforderlich. Säen Sie den Samen in leichtem, nährstoffreichem Boden im Haus, im Frühbeet, im Frühbeet oder im Freiland. Verpflanzen Sie die Pflanzen einmal, bevor Sie sie ins Freiland setzen. Seite 505.

Kresse : Frühe Aussaat alle zwei bis drei Wochen. Brunnenkresse sollte in feuchten Boden oder in Bachläufe gesät werden. Auch die Außenkanten einer Brutstätte können genutzt werden. Bei richtiger Handhabung ist Kresse oft eine ertragreiche Ernte.

Gurkensamen können auf Rasenflächen im Frühbeet gesät werden.

Aubergine. – Im Brutbeet säen und bei einer Höhe von 5 cm in andere Beete oder Töpfe umpflanzen. Sie müssen gut gepflegt werden, denn die Kontrolle ihres Wachstums macht den Unterschied zwischen Gewinn und Verlust aus.

Salat : Säen Sie die Samen im Frühbeet und im Freiland, sobald sie bearbeitet werden können. Vor einem Monat gesäte Pflanzen sollten umgepflanzt werden.

Lauch : Säen Sie die Samen im Freiland in Sämaschinen mit einem Abstand von 15 cm und einer Tiefe von 2,5 cm aus. Wenn sie groß genug sind, verdünnen Sie sie auf 2,5 cm in der Reihe.

Warzenmelone : Pflanzen Sie Samen in Grasnarben im Brutbeet.

Pastinaken : Graben Sie die Wurzeln aus, bevor sie wachsen und weich und kernig werden. Die Aussaat kann erfolgen, sobald der Boden trocken genug ist.

Petersilie : Die Samen einige Stunden in warmem Wasser einweichen und ins Freiland säen.

Erbsen : Säen Sie die Samen, sobald der Boden bearbeitet werden kann. Sie vertragen erhebliche Kälte und auch das Umpflanzen. Sie können Zeit gewinnen, indem Sie einige Samen in feuchten Sand in einer Kiste im Keller säen und sie umpflanzen, wenn sie gut gekeimt sind. Tief in leichte, trockene Erde pflanzen; Bedecken Sie zunächst einen Zentimeter und ziehen Sie die Erde ein, während die Reben wachsen.

Kartoffeln : Frühzeitig auf fruchtbarem Boden pflanzen, der frei von Fäulnis und Schorf ist. Für eine sehr frühe Ernte können die Kartoffeln vor dem Pflanzen gekeimt werden.

Paprika : Säen Sie die Samen in das Frühbeet oder in die Kisten im Haus.

Rettichsamen können im Freiland oder im Gewächsbeet ausgesät und von dort geerntet werden. Hierfür eignen sich am besten die kleinen, runden Sorten.

Erdbeeren : Sorgen Sie für eine gute und gründliche Kultivierung zwischen den Reihen, entfernen Sie dann den Mulch von den Pflanzen und legen Sie ihn in die Reihen, wo er hilft, das Unkraut niedrig zu halten.

Schwarzwurzeln : Säen Sie die Samen, sobald der Boden bearbeitet werden kann. Achten Sie auf die gleiche Pflege und Pflege wie bei Karotten oder Pastinaken.

Spinatsamen müssen früh und dann alle zwei Wochen nacheinander ausgesät werden. Die Pflanzen ausdünnen und verwenden, bevor sie Blütenstiele austreiben.

Kürbisse : Hubbard- und Sommerkürbisse können auf Rasenflächen im Brutbeet gepflanzt werden.

Tomate : Im Gewächshaus oder in flachen Kisten im Haus säen. Probieren Sie einige der gelben Sorten; Sie haben den besten Geschmack von allen.

MAI

Bohnen : Die Buschsorten können im Freiland gepflanzt werden, und Limabohnen können in Töpfen oder Grasnarben in einem Frühbeet oder einem verbrauchten Brutbeet gepflanzt werden. Limas brauchen eine lange Saison zum Reifen und sollten früh begonnen werden.

Rüben . – Aussaat für eine Nachfolge. Die begonnene Transplantation erfolgt unter Glas.

Kohl gedeiht immer am besten auf einer frisch umgelegten Grasnarbe und sollte gesetzt werden, bevor das Land nach dem Pflügen Zeit zum Trocknen hatte. Das Erfolgsgeheimnis zur Erzielung eines großen Kohlertrags besteht darin, mit fruchtbarem Land zu beginnen und den gesamten verfügbaren Dünger auszubringen. Räumen Sie zu diesem Zweck den Schweinestall auf.

Gurken : Gegen Ende des Monats im Freiland säen. Einige können wie für Limabohnen empfohlen begonnen werden.

Salat : Nacheinander säen und in den Reihen auf 10 cm verdünnen.

Melonen : Gegen Ende des Monats ins Freiland pflanzen. Es ist sinnlos, Melonen und andere Kürbisgewächse zu pflanzen, bis das Wetter stabil ist.

Zwiebeln : Beenden Sie das Pflanzen und Umpflanzen und halten Sie alles Unkraut fern, sowohl im Saatbeet als auch auf dem offenen Feld.

Erbsen. – Aussaat für eine Nachfolge.

Kürbisse : Pflanzen Sie wie für Melonen und Gurken empfohlen. Sie benötigen einen nährstoffreichen, gut gedüngten Boden.

Erdbeeren : Entfernen Sie die Blüten von frisch gepflanzten Pflanzen. Mulchen Sie mit Salzheu oder Sumpfheu oder sauberem Stroh oder Laub, das getragen werden soll. Mulchen spart Feuchtigkeit, hält die Beeren sauber und verhindert das Wachstum von Unkraut.

Zuckermais : Pflanzen Sie frühe und späte Sorten, und indem Sie jeweils zwei oder drei Mal in Abständen pflanzen, kann eine Sukzession den ganzen Sommer und Herbst über aufrechterhalten werden. Zuckermais ist köstlich und man kann kaum genug davon haben.

Tomaten : Setzen Sie einige frühe Pflanzen bis zur Monatsmitte oder am Ende des Jahres, wenn der Boden warm ist und die Saison früh und schön ist. Sie können vor der Kälte geschützt werden, indem Sie sie mit Heu, Stroh, Stoff oder Papier oder sogar mit Erde bedecken. Der Hauptanbau sollte erst am 20. oder 25. erfolgen bzw. bis alle Frostgefahr vorüber ist. Tomaten vertragen jedoch kühleres Wetter, als normalerweise angenommen wird.

JUNI

Spargel : Hören Sie mit dem Schneiden auf und lassen Sie die Triebe wachsen. Halten Sie das Unkraut niedrig und rühren Sie den Boden gut um. Eine Ausbringung eines handelsüblichen Schnelldüngers oder von Gülle ist von Vorteil.

Bohnen . – Wachssorten für die Nachfolge aussäen. Sobald eine Ernte ausbleibt, ziehen Sie die Reben heraus und bepflanzen Sie den Boden mit Spätkohl, Rüben oder Zuckermais.

Rüben : In Reihen mit einem Abstand von 1 bis 3 Fuß und 6 Zoll in der Reihe verpflanzen. Schneiden Sie den größten Teil der Oberseite ab, gießen Sie gründlich, und schon bald beginnen sie.

Kohl und Blumenkohl . – Pflanzen für die Späternte setzen. Reichhaltige, frisch umgelegte Grasnarbe und eine kräftige Beizung mit gut verrottetem Mist tragen wesentlich dazu bei, eine gute Ernte zu gewährleisten.

Sellerie : Setzen Sie die Hauptkultur an und probieren Sie die neue Methode aus, die Pflanzen in einem Abstand von 7 Zoll in jede Richtung zu setzen, wenn Sie über fruchtbares Land verfügen und bewässern können, aber nicht, es sei denn, diese Bedingungen sind gegeben. Seite 505.

Gurken können noch gepflanzt werden, wenn dies zu Beginn des Monats erfolgt.

Johannisbeeren : Besprühen Sie den Johannisbeerwurm mit Pariser Grün, bis die Früchte fest werden. Nieswurz ist gut, aber es ist schwierig, sie von guter Stärke zu bekommen; Verwenden Sie es für alle Spätspritzarbeiten.

Salat : Zur Nachfolge an einem feuchten, kühlen und halbschattigen Standort säen. Bei heißem Wetter keimt der Samen nicht gut.

Limabohnen sollten häufig gehäckselt werden, und wenn sie brüchig sind, sollten sie an den Stangen gepflanzt werden.

Melonen : Häufig kultivieren und auf Ungeziefer achten. Um die Ranken abzudecken, kann ein Schirm aus engmaschigem Draht oder Moskitonetz verwendet werden, oder es kann dicker Tabakstaub aufgesiebt werden.

Zwiebeln : Halten Sie Unkraut frei und rühren Sie den Boden häufig um, insbesondere nach jedem Regen.

Kürbisse : Halten Sie den Boden gut kultiviert und achten Sie auf Ungeziefer. (Siehe *Melonen* .) Legen Sie die Reben in Schichten und bedecken Sie die Verbindungsstellen mit frischer Erde, um das Absterben der Reben durch Angriffe des Bohrers zu verhindern.

Erdbeeren : Pflügen Sie das alte Beet um, das zwei Ernten hervorgebracht hat, da es sich normalerweise nicht lohnt, es zu behalten. Stellen Sie den Boden auf Spätkohl oder eine andere Kulturpflanze ein. Das junge Beet, das die erste Ernte getragen hat, sollte gründlich bearbeitet werden und der Pflug sollte nahe an den Reihen entlang fahren, um sie auf die erforderliche Breite zu verengen. Entfernen oder hacken Sie alles Unkraut und halten Sie den Boden für den Rest der Saison sauber. Dies gilt in gleicher Weise auch für das neu aufgestellte Bett. Ein Bett kann Ende nächsten Monats von jungen Läufern bezogen werden. Kneifen Sie das Ende nach der ersten Verbindung ab und lassen Sie es auf einer Grasnarbe oder in einem kleinen Topf auf gleicher Höhe mit der Oberfläche wurzeln.

Tomaten : Für eine frühe Ernte an einem Spalier alle Seitentriebe abschneiden und die gesamte Kraft auf den Hauptstiel konzentrieren. Sie können, genau wie Limabohnen, auch an Stangen herangezogen werden und auf diese Weise näher an die Stangen gesetzt werden. Besprühen Sie die Pflanze mit der Bordeaux-Mischung gegen die Knollenfäule, halten Sie das Laub dünner und halten Sie die Ranken vom Boden fern.

Rüben : Aussaat für eine frühe Herbsternte.

JULI

Bohnen . – Wachssorten für eine Nachfolge aussäen.

Rüben : Aussaat von Early Egyptian oder Eclipse für junge Rüben im nächsten Herbst.

Brombeeren : Ziehen Sie die jungen Stöcke auf 3 Fuß zurück, und auch die Seitentriebe, wenn sie länger werden. Sie können an einer kleinen Stelle mit dem Daumennagel und dem Finger eingeklemmt werden, aber dadurch werden die Finger bald wund, und wenn viele Büsche bearbeitet werden müssen, ist es besser, eine Schere oder eine scharfe Sichel zu verwenden.

Kohl . – Pflanzen für die Späternte setzen.

Mais : Pflanzen Sie Zuckermais für die Sukzession und den späten Gebrauch.

Gurken : Es ist spät zum Pflanzen, aber sie können zum Einlegen verwendet werden, wenn sie vor dem Vierten fertig sind. Kultivieren Sie diejenigen, die aktiv sind, und halten Sie Ausschau nach Ungeziefer.

Johannisbeeren : Decken Sie einige Sträucher mit Musselin oder Sackleinen ab, bevor die Früchte reifen. Im August können Sie dann Johannisbeeren essen. Verwenden Sie Nieswurz anstelle von Pariser Grün für die letzte Brut der Johannisbeerwürmer und wenden Sie diese an, sobald die Würmer erscheinen. Die Verwendung birgt kaum Gefahren, auch wenn die Johannisbeeren reif sind.

Salatsamen keimen bei heißem Wetter nicht gut. Für eine Sukzession an einem feuchten, schattigen Ort säen.

Limabohnen . – Hacken Sie sie häufig und helfen Sie dabei, an die Stangen zu gelangen.

Melonen : Achten Sie auf Ungeziefer und verteilen Sie Tabakstaub rund um die Pflanzen. Halten Sie sie gut kultiviert. Eine leichte Anwendung von Knochenmehl lohnt sich.

Pfirsiche, Birnen und Pflaumen sollten ausgedünnt werden, um schöne Früchte zu erhalten und die Vitalität des Baumes zu erhalten. Die Reifung des Samens ist es, die die Vitalität des Baumes beansprucht, und wenn die Anzahl der Samen um die Hälfte oder zwei Drittel reduziert werden kann, wird ein Teil der für die Reifung erforderlichen Kraft in die Vervollkommnung der verbleibenden Früchte und Samen fließen und einen großen Beitrag dazu leisten das feine Aussehen, der Geschmack und die Qualität des essbaren Teils.

Radieschen : Säen Sie die frühen Sorten für eine Reihe aus, und gegen Ende des Monats können die Wintersorten eingebracht werden.

Himbeeren : Schneiden Sie die Stängel auf eine Länge von 60 cm zurück, genau wie bei Brombeeren.

Kürbisse : Halten Sie den Boden gut umgerührt und verwenden Sie Tabakstaub frei für Insekten und Käfer. Decken Sie die Fugen mit frischer Erde ab, um Verletzungen durch den Weinbohrer zu vermeiden.

AUGUST

Rüben . – Eine letzte Aussaat der frühen Tafelsorten kann für eine Nachfolge erfolgen.

Kohl : Ernten Sie die Früherernte und sorgen Sie für einen guten Anbau der Haupternte. Halten Sie die Insekten und Würmer fern.

Sellerie . – Die letzte Ernte steht möglicherweise noch bevor. Früher gesetzte Pflanzen sollten behandelt werden, sobald sie eine ausreichende Größe erreicht haben. Gewöhnliche Abflussfliesen eignen sich hervorragend zum Blanchieren, sofern vorhanden, und müssen angelegt werden, wenn die Pflanzen etwa zur Hälfte ausgewachsen sind. Hacken Sie häufig, damit die Pflanzen weiter wachsen.

Zwiebeln : Ernte, sobald die Zwiebeln gut ausgebildet sind. Lassen Sie sie auf dem Boden liegen, bis sie ausgehärtet sind, stellen Sie sie dann auf den Scheunenboden oder an einen anderen luftigen Ort und verteilen Sie sie dünn. Vermarkten Sie, wenn Sie einen guten Preis erzielen können, und je früher, desto besser.

von Tomaten kann beschleunigt werden, indem man sie gerade dann pflückt, wenn sie anfangen zu färben, und sie in einzelnen Schichten in ein Frühbeet oder Frühbeet legt, wo sie mit einer Schärpe abgedeckt werden können.

SEPTEMBER

In vielen Teilen des Nordens ist es noch nicht zu spät, Roggen, Erbsen oder Mais zu säen, um Obstgärten vor dem Winter zu schützen. Von einem Pflügen im Obstgarten im Spätherbst ist grundsätzlich abzuraten. Jetzt ist ein guter Zeitpunkt, die Zaunreihen abzuschneiden und die Buschhaufen niederzubrennen, um die Brutstätten von Kaninchen, Insekten und Unkraut zu zerstören. Es dürfen Stecklinge von Stachelbeeren und Johannisbeeren genommen werden. Verwenden Sie nur das Holz des Wachstums des laufenden Jahres und machen Sie die Stecklinge etwa einen Fuß lang. Entfernen Sie die Blätter, wenn sie noch nicht abgefallen sind, binden Sie die Stecklinge in großen Bündeln zusammen und vergraben Sie sie in einem kalten Keller oder auf einem sandigen, gut durchlässigen Hügel. oder wenn das Schnittbeet gut vorbereitet und gut entwässert ist, können sie sofort gepflanzt werden, wobei das Beet bei Herannahen des Winters gut gemulcht wird. September und Oktober sind gute Monate zum Anlegen von Obstgärten, vorausgesetzt, der Boden ist gut vorbereitet und gut entwässert und nicht zu starken Winden ausgesetzt. Feuchte Böden sollten niemals im Herbst angelegt werden; und solche Länder sind jedoch nicht für Obstgärten geeignet. Erdbeeren dürfen noch angesetzt sein; auch Buschfrüchte.

Für die Winterblüte können jetzt Samen verschiedener Blumen ausgesät werden, wenn man einen Wintergarten oder ein gutes Fenster hat. Petunien, Phloxen und viele einjährige Pflanzen eignen sich gut als Fensterpflanzen. Schnellere Ergebnisse werden jedoch erzielt, wenn Randpflanzen von Petunien und anderen Pflanzen kurz vor dem Frost ausgegraben und in Töpfe oder Kisten gepflanzt werden. Bewahren Sie sie ein paar Wochen lang kühl und schattig auf, schneiden Sie die Spitzen ab, dann werden sie ein kräftiges und blühendes Wachstum hervorbringen. Winterrosen sollten nun im Beet oder im Topf stehen.

Es wird Tage geben, an denen man in den Wald und auf die Felder gehen und Wurzeln von Wildkräutern und Sträuchern sammeln kann, um sie im Garten oder entlang der ungenutzten Gartenränder zu pflanzen.

OKTOBER

Spargel . – Alte Plantagen sollten jetzt gereinigt und die Spitzen sofort entfernt werden. Dies ist ein guter Zeitpunkt, um die Beete zu düngen. Wählen Sie für junge Plantagen, die sowohl jetzt als auch im Frühjahr begonnen werden können, einen warmen Boden und eine sonnige Lage und geben Sie jeder Pflanze viel Platz. Wir platzieren sie gerne in Reihen mit einem Abstand von 5 Fuß und einem Abstand von mindestens 2 Fuß in den Reihen.

Kohl : Die Kohlköpfe, die am besten überwintern, sind die gerade voll entwickelten, nicht die überreifen. Vergraben Sie für den Familiengebrauch ein leeres Fass an einem gut durchlässigen Ort und füllen Sie es mit guten Köpfen. Legen Sie viele trockene Blätter darauf und decken Sie das Fass ab, damit es nicht regnen kann. Oder stapeln Sie einige Kohlköpfe in einer Ecke des Scheunenbodens und decken Sie sie mit ausreichend Stroh ab, um ein festes Gefrieren zu verhindern. Seiten 159, 470.

Kohlpflanzen, die letzten Monat mit der Aussaat begonnen wurden, sollten in Frühbeeten pikiert werden, indem man etwa 600 cm in die gewöhnliche Schärpe steckt und sie ziemlich tief setzt.

Chicorée : Graben Sie den Salat aus und lagern Sie ihn in Sand in einem trockenen Keller.

Endivie : Zum Blanchieren die Blätter aufsammeln und an den Spitzen leicht zusammenbinden.

Allgemeine Gartenbewirtschaftung : Die einzige Pflanzung, die derzeit im Freiland durchgeführt werden kann, beschränkt sich auf Rhabarber, Spargel und möglicherweise Steckzwiebeln. Beginnen Sie, über die Pflanzung im nächsten Jahr nachzudenken und Vorkehrungen für den benötigten Dünger zu treffen. Oftmals kann man es jetzt günstig kaufen und transportieren, solange die Straßen noch gut sind. Räumen Sie den Boden auf und pflügen Sie ihn, wenn die Ernte eingebracht ist.

Salat : Pflanzen, die überwintert werden sollen, sollten wie Kohlpflanzen in Rahmen gesetzt werden.

Zwiebeln : Pflanzen Sie Sätze von Extra Early Pearl oder einer anderen winterharten Sorte auf die gleiche Weise wie im zeitigen Frühjahr. Sie werden wahrscheinlich gut überwintern und eine frühe Ernte feiner Büschelzwiebeln liefern. Für den Norden ist die Aussaat von Zwiebelsamen im Herbst nicht zu empfehlen.

Petersilie : Heben Sie einige Pflanzen hoch und stellen Sie sie in einen Frühbeetkasten mit einem Abstand von 10 bis 12 cm oder in eine mit guter Erde gefüllte Kiste und stellen Sie sie in einen hellen Keller oder unter einen Schuppen.

Birnen : Pflücken Sie die Wintersorten kurz bevor Frostgefahr besteht. Stellen Sie sie an einen kühlen, dunklen Ort, wo sie weder schimmeln noch schrumpfen. Um die Reifung zu beschleunigen, können sie bei Bedarf in einen warmen Raum gebracht werden.

Rhabarber : Wenn in diesem Herbst Pflanzen gesetzt oder neu gepflanzt werden sollen, bereichern Sie den Boden mit reichlich feinem alten Stallmist und geben Sie jeder Pflanze in jede Richtung ein paar Fuß Platz. Um im

Winter frische Tortenpflanzen zu haben, graben Sie einige Wurzeln aus und pflanzen Sie sie in guter Erde in einem Fass im Keller.

Süßkartoffeln. – Graben Sie sie aus, wenn sie nach dem ersten Frost reif sind. Die Ranken abschneiden und die Kartoffeln mit einer Kartoffelgabel oder einem Pflug ausstechen. Gehen Sie vorsichtig damit um, um Blutergüsse zu vermeiden. Nur gesunde, gut ausgereifte Wurzeln sind für die Überwinterung geeignet.

NOVEMBER

Spargel . – Mist vor Wintereinbruch.

Rüben . – Sie halten sich am besten in Gruben. Einige können für den Winter im Keller aufbewahrt werden, aber decken Sie sie mit Sand oder Grasnarben ab, um ein Schrumpfen zu verhindern.

Brombeeren : Schneiden Sie das alte Holz ab und mulchen Sie die Wurzeln. Zarte Sorten sollten hingelegt und an den Spitzen leicht mit Erde bedeckt werden.

Karotten : Wie für Rüben empfohlen behandeln.

Sellerie : Graben Sie die Stängel aus, lassen Sie die Wurzeln dran und stellen Sie sie dicht aneinander in einen schmalen Graben, dessen Spitzen gerade eben mit dem Boden abschließen. Bedecken Sie sie nach und nach mit Brettern, Erde und Mist. Eine andere Möglichkeit besteht darin, sie aufrecht auf den Boden eines feuchten Kellers oder Wurzelhauses zu stellen und dabei die Wurzeln feucht und die Spitzen trocken zu halten. Sellerie verträgt etwas Frost, darf aber nicht weniger als 22° F ausgesetzt werden. Die Stängel, die vor Weihnachten verwendet werden sollen, können in den meisten Gegenden im Freien gelassen werden, um nach Bedarf verwendet zu werden. Sollte es früh kalt werden, müssen sie irgendwie abgedeckt werden. Seite 475.

Bewirtschaftung des Obstgartens : Junge Bäume sollten als Stütze und Schutz vor Mäusen usw. einen Erdhaufen um den Stamm herum haben. Bei kleinen und kürzlich gepflanzten Bäumen können Pfähle angebracht und mit einem breiten Band an den Pfählen festgebunden werden. Apfel- und Birnbäume dürfen noch gepflanzt werden. Schneiden Sie überflüssiges oder ungesundes Holz aus den alten Streuobstwiesen.

Spinat : Decken Sie die Beete leicht mit Blättern oder Streu ab, bevor der Winter hereinbricht.

Erdbeeren . – Bald wird es Zeit, die Beete zu mulchen. Stellen Sie Sumpfheu oder andere grobe Streu bereit, die frei von Unkrautsamen ist. Wenn der

Boden etwa einen Zentimeter gefroren ist, verteilen Sie ihn dünn und gleichmäßig auf der gesamten Oberfläche.

DEZEMBER

Kohl: Pflanzen in Frühbeeten sollten frei gelüftet und kühl gehalten werden. Köpfe, die für den Winter- und Frühlingsgebrauch bestimmt sind, müssen jetzt gepflegt werden, sofern sie noch nicht aufgenommen oder vor starkem Frost geschützt sind. Decken Sie sie nicht zu tief ab und lagern Sie sie nicht an einem zu warmen Ort.

Karotten : Lagern Sie sie in Kellern oder Gruben. Halten Sie die Wurzeln im Keller mit Sand oder Rasen bedeckt, um ein Welken zu verhindern.

Allgemeine Gartenverwaltung: Beginnen Sie jetzt mit der Planung Ihrer Arbeiten für die nächste Saison. Informieren Sie sich sorgfältig über die Fruchtfolge und darüber, wie Sie Ihre Pflanzen auf die effektivste und wirtschaftlichste Weise ernähren. Reparieren Sie Rahmen, Flügel und Werkzeuge. Räumen Sie den Garten und das Gelände auf. Wo nötig, Unterdrainage durchführen. Beete für Frühgemüse sollten in hohen, schmalen Dämmen angelegt werden, mit tiefen Furchen dazwischen. Dadurch können Sie sie mehrere Tage oder Wochen früher als sonst pflanzen.

Grünkohl: An sehr exponierten oder nördlichen Standorten leicht mit grober Streu bedecken.

Zwiebeln : Wählen Sie für die Winterlagerung nur gut gereifte, vollkommen trockene Zwiebeln. Lagern Sie sie an einem trockenen, luftigen Ort, nicht im Keller. Man verteilt sie dünn auf dem Boden, entfernt von den Wänden, lässt sie festfrieren und bedeckt sie dann mehrere Fuß tief mit Heu oder Stroh.

Pastinaken : Nehmen Sie einige Wurzeln für den Winter und lagern Sie sie im Sand im Keller.

Sobald der Boden fest gefroren ist, sollten *Erdbeerbeete im Winter mit Sumpfheu etc. abgedeckt werden.*

VORSCHLÄGE UND ERINNERUNGEN. – II. FÜR DEN SÜDEN

JANUAR

Einjährige Pflanzen : Alle Arten winterharter einjähriger und mehrjähriger Pflanzen, z. B. Steinkraut, Löwenmaul, Fingerhut, Stockrose, Phlox, Mohn,

Stiefmütterchen, Lobelie, Schleifenblume, Duftwicke, Chinesisches Rosa, Süßer William, Rittersporn, Laub-Zinerarien, Tausendgüldenkraut, Reseda usw viele andere derselben Klasse können gesät werden. Die meisten von ihnen sollten dünn und dort gesät werden, wo sie blühen sollen, da sie sich in diesem Breitengrad nur schlecht verpflanzen lassen.

Cannas, Kaladien, mehrjährige Phloxen, Chrysanthemen und Eisenkraut können aufgenommen, geteilt und neu gepflanzt werden.

Rosen können in großen Mengen gepflanzt werden. Sorgen Sie dafür, dass der für sie vorgesehene Boden gründlich mit Mist behandelt wird. Gelegentlich kann eine Pflanze aufgenommen und geteilt werden. Die Hybridsorten dürfen nun geschichtet werden. Dies geschieht wie folgt: Wählen Sie einen Trieb aus und biegen Sie ihn flach auf den Boden. Halten Sie es mit beiden Händen und halten Sie dabei einen Abstand von etwa 15 cm ein. Halten Sie die linke Hand fest und drehen Sie den Trieb mit der rechten kräftig; Bedecken Sie es nun mit 10 cm Erde und binden Sie das freie Ende an einen aufrechten Pfahl.

Spargelbeete sollten reichlich gedüngt werden. Jetzt sollten neue Betten gemacht werden. Setzen Sie die Pflanzen 6 Zoll tief ein. Jetzt Samen säen.

Rüben und alle winterharten Gemüsesorten (Karotten, Pastinaken, Rüben, Steckrüben, Kohlrabi, Spinat, Salat, Kräuter usw.) können jetzt gesät, gepflanzt oder verpflanzt werden.

Kohlpflanzen sollten auf stark gedüngtem Boden gepflanzt werden. Aussaat der Samen im Frühsommer zur späteren Versorgung.

Früchte : Wenn möglich, sollten alle Pflanzungen und Umpflanzungen von Obstbäumen und Weinreben in diesem Monat abgeschlossen sein. Der Schnitt sollte so bald wie möglich abgeschlossen sein und Vorbereitungen getroffen werden, um die Blüten der zarten Früchte im nächsten Monat zu schützen. Stellen Sie Erdbeerpflanzen auf und lassen Sie den Grubber bei trockenem Wetter durch alle alten Beete laufen, die überhaupt von Unkraut befallen sind. Es empfiehlt sich, die Beete, sofern möglich, zu mulchen. Hier gibt es für diesen Zweck reichlich Kiefernstroh . Untersuchen Sie Pfirsichbäume auf Bohrer. Himbeeren und Brombeeren sollten jetzt beschnitten werden, wenn die Arbeit noch nicht erledigt ist. Stecklinge von Le Conte-Birnen, Marianna-Pflaumen, Weinreben und Granatäpfeln sollten sofort eingesetzt werden, wenn sie bisher vergessen wurden. Die Wurzelveredelung sollte schnell voranschreiten; Dies ist die beste Zeit für diese wichtige Arbeit.

Zwiebelsamen : Sofort säen und so schnell wie möglich auspflanzen.

Erbsen : Frühe und späte Sorten säen. Die späten Sorten gelingen am besten, wenn sie zu dieser Jahreszeit gesät werden.

Saisonale Arbeit . – Dies ist ein guter Monat, um Stöcke zum Pfählen von Erbsen, Tomaten und Bohnen, zum Transport von Mist, zur Durchführung von Reparaturen und zur Überprüfung von Werkzeugen usw. zu besorgen. Während die Herbsternte geerntet wird, sollte das Land für eine weitere Ernte vorbereitet werden. Das Entwässern der Fliesen ist nun angesagt. Bereiten Sie die Rahmen für die Verwendung im nächsten Monat mit Leinwand vor.

Süßkartoffeln. —Einige können in einen Rahmen gebettet werden, von dem man „Ziehungen" für den Aufbruch um den 15. März erhalten kann.

Tomaten, Auberginen und Paprika . – Jetzt auf einem leichten Brutbeet säen. Wenn die Pflanzen aufgehen, sollte tagsüber so viel Luft wie möglich zugeführt werden. Sie können ohne Hitze gezüchtet werden, aber zu dieser Jahreszeit sollte dieser Plan besser nur von erfahrenen Menschen in Angriff genommen werden.

FEBRUAR

Astern, Cannas, Dahlien, Heliotrope, Lobelien, Petunien, Pyrethrums, Ricinus, Salvias und Eisenkraut werden am besten in einem Frühbeet gesät, wo sie vor starkem Regen geschützt sind.

Cannas sollten jetzt verpflanzt werden.

Chrysanthemen müssen in gut gedüngtem Boden an einem Ort gepflanzt werden, an dem sie problemlos mit Wasser versorgt werden können.

Dahlien können sofort nach Beginn des Wachstums aufgenommen und geteilt werden.

Gladiolen- und Tuberosenzwiebeln sollten jetzt gepflanzt werden. Es empfiehlt sich, die Pflanzung bis März und April zu verlängern.

Stiefmütterchen : Pflanzen Sie sie in die Beete, wo sie blühen sollen.

Routinearbeit . – Das Durchnässen sollte jetzt schnell voranschreiten. Wenn keine Grasnarben gewonnen werden können, kann der Boden mit Bermudagras bepflanzt werden. Pflanzen Sie kleine Grasstücke im Abstand von etwa 30 cm und gießen Sie sie, wenn das Wetter trocken ist, dann wachsen sie schnell. Hecken sollten gerodet und in einen guten Zustand gebracht werden. Alle Pflanzungen von Bäumen und Sträuchern sollten in diesem Monat abgeschlossen sein. Der gesamte Baumschnitt muss zu Beginn des Monats erfolgen. Junge Rosen können nicht zu früh im Februar gepflanzt werden. Sie gedeihen am besten, wenn sie im Herbst gepflanzt werden. Rollen Sie die Laufwerke ein und reparieren Sie sie bei Bedarf. Der Rasen muss nun ständig gepflegt werden und der Rasenmäher sollte eingesetzt werden, bevor das Gras 3,8 cm hoch wird.

Buschbohnen können am 14. Februar gepflanzt werden. Auf Schwemmland ist es am besten, sie auf leichten Anhöhen zu pflanzen, um sie vor den Regenfällen zu schützen, die manchmal gegen Ende des Monats auftreten. Sollte Frost drohen, sobald die Bohnen hervorlugen, bedecken Sie sie einen Zentimeter tief mit dem Pflug oder Handgrubber. Säen Sie zuerst Early Mohawk und am Ende des Monats Early Valentine. eine Woche später die Wachssorten aussäen.

Kohl : Frühe Sorten wie Early Summer, Early Drumhead und Early Flat Dutch säen. Etampes, Extra Early Express und Winnigstadt, die in der genannten Reihenfolge für kleine Köpfe gesät wurden, haben sich in Süd-Louisiana sehr gut entwickelt. Die früher gesäten Pflanzen sollten so oft wie möglich umgepflanzt werden. Sollten Würmer Probleme verursachen, bestäuben Sie die Pflanzen mit einer Mischung aus einem Teil Pyrethrumpulver und sechs Teilen Feinstaub.

Jetzt müssen *Karotten, Sellerie, Rüben, Endivien, Kohlrabi, Steckzwiebeln, Petersilie, Pastinaken, Radieschen und Purpurrüben gesät werden.*

Mais : Pflanzen Sie gegen Mitte des Monats Extra Early Adams, Yellow Canada, Stowell Evergreen und White Flint. Eine Woche später erneut aussäen und nach einer weiteren Woche erneut. Wenn die ersten beiden Aussaaten fehlschlagen, führt die letzte Aussaat zu einer frühen Ernte.

Gurken : An kalten Tagen und Nächten in kleinen Kisten säen und schützen, oder in Töpfen oder auf Grasnarben säen. Schützen Sie die Setzlinge mit Schärpen oder Planen und pflanzen Sie sie spät aus.

Salat : Säen Sie Samen aus und verpflanzen Sie die vorhandenen Pflanzen. Diese Kulturpflanze benötigt einen gut mit pflanzlichen Nährstoffen versorgten Boden.

Melonen : Pflanzen Sie Samen auf die gleiche Weise wie für Gurken empfohlen.

Okra : Säen Sie Samen auf Grasnarben und setzen Sie die Pflanzen nächsten Monat aus.

Erbsen : Samen verschiedener Sorten aussäen.

Paprika und Auberginen sollten jetzt gesät werden, wenn sie nicht letzten Monat gesät wurden. Säen Sie sie unter verglaste Schärpen und halten Sie sie in der Nähe. Wenn die Pflanzen erscheinen, geben Sie etwas Luft und erhöhen Sie die Menge je nach Wetterlage. Wenn eine große Anzahl Pflanzen benötigt wird, kann die Aussaat auf den nächsten Monat verschoben werden. Sollten Ihnen Flohkäfer Probleme bereiten, verwenden Sie bei Auberginen reichlich Bordeaux.

Kartoffeln, Irisch . – Die Haupternte sollte so früh wie möglich gepflanzt werden. Standardsorten sind Early Rose, Peerless und Burbank.

Erdbeeren : Lassen Sie den Grubber mindestens alle drei Wochen durch sie laufen; Wenn sie gemulcht werden sollen, sammeln Sie das erforderliche Material. Erdbeeren, die im Februar gepflanzt werden, bringen selten einen großen Ertrag.

Süßkartoffeln können jetzt eingestreut und mit einer Plane geschützt werden, oder es können eine oder zwei Reihen ganzer Knollen als „Schubladen" und Ranken gepflanzt werden.

Tomaten in Rahmen sollten so viel Luft und Licht wie möglich haben und viel Platz haben, wenn sie mit einer Leinwand geschützt sind, damit sich die Pflanzen nicht drängen.

MARSCH

Bohnen : Säen Sie alle Sorten für eine Herbsternte. Sobald die Pflanzen erscheinen, muss der Grubber so oft wie nötig durch die Kultur geführt werden.

Mais : Weiter pflanzen; und wir empfehlen, das Feld zu eggen, sobald der junge Mais erscheint. Im Allgemeinen wird es in Hügeln mit einem Abstand von 3 bis 4 Fuß gepflanzt. Bessere Ergebnisse lassen sich jedoch erzielen, indem man es in Reihen pflanzt und alle 12 Zoll einen Stiel stehen lässt.

Gurken : Säen Sie in Hügeln mit einem Abstand von 1,20 m, wobei Sie für jeden Hügel eine großzügige Menge Saatgut verwenden. Wenn die Pflanzen wachsen, verdünnen Sie sie auf dem Hügel auf etwa sechs. Wenn die Pflanzen beginnen, raue Blätter zu bekommen, reißen Sie von jedem Hügel ein oder zwei weitere ab. Gestreifte Gurkenkäfer sind manchmal sehr zahlreich, und um einen Bestand an Pflanzen zu bekommen, ist es notwendig, jeden Morgen früh durch das Beet zu gehen und alle Hügel mit luftgelöschtem Kalk zu bestreuen.

Auberginen. —Gegen Ende des Monats können die in Rahmen wachsenden Pflanzen in ihre Fruchtviertel verpflanzt werden. Die Aussaat im Freien ist ab dem 15. März möglich; früher, wenn ein warmer und geschützter Ort gewählt wird.

Salat : In Drills säen und, wenn die Pflanzen groß genug sind, auf einen Abstand von 30 cm verdünnen. Wenn sie zu dieser Jahreszeit umgepflanzt werden, kommt es häufig zur Samenausbreitung.

Okra : Eine Aussaat kann jetzt erfolgen, die Hauptpflanzung sollte jedoch am besten auf die Zeit nach dem 15. März verschoben werden. Säen Sie in Bohrern mit einem Abstand von 3 Fuß und verdünnen Sie die Pflanzen in den Bohrern auf einen Abstand von 18 Zoll.

Erbsen . – Frühe Sorten können gesät werden; Für die Aussaat hochwüchsiger Sorten ist es jetzt zu spät.

Paprika : Wie für Auberginen empfohlen behandeln.

Kartoffeln, Irisch . – Es ist noch nicht zu spät, sie zu pflanzen, aber je früher, desto besser. Die im Februar gepflanzte Ernte sollte geeggt werden, sobald die Triebe zu sprießen beginnen, und wenn die Reihen gut sichtbar sind, muss der Grubber an die Arbeit gehen, um Unkraut und Gras zu bekämpfen.

Kürbisse : Pflanzen Sie Samen in Hügeln mit einem Abstand von 6 Fuß. Die Anweisungen zum Pflanzen von Melonen können befolgt werden. Dasselbe gilt auch für Kürbisse und anderes Gemüse dieser Art.

Süßkartoffeln. – Wenn Ausläufer oder Ranken zur Hand sind, können diese spät im Monat gepflanzt werden, um die frühesten Knollen zu erhalten. Die ganzen Kartoffeln können auf einem Damm gepflanzt werden, um Weinreben für die spätere Pflanzung zu bilden.

Erdbeeren : Das Mulchen von Beeten oder Reihen sollte nicht länger verzögert werden, wenn saubere und reichliche Früchte gewünscht werden.

Tomaten : Ungefähr am 15. März können die Rahmenpflanzen in ihre Fruchtquartiere gehen. In dieser Angelegenheit ist ein gewisses Urteilsvermögen erforderlich, da sie durch einen Aprilfrost getötet oder verletzt werden können. Für Pflanzen mit später Fruchtbildung kann das Saatgut im Freiland ausgesät werden. Stellen Sie die Pflanzen jeweils 1,20 m voneinander entfernt auf.

APRIL

Alternantheras sollte jetzt rausgehen.

Einjährige Pflanzen aller Art können möglicherweise noch dort gesät werden, wo sie blühen sollen, da sie zu dieser Jahreszeit nur schwer umgepflanzt werden können.

Coleuses . – Jetzt in die Beete pflanzen. Stecklinge wurzeln leicht und müssen lediglich eingesteckt werden.

Bohnen aller Art gepflanzt werden, insbesondere Limabohnen.

Rüben . – Machen Sie eine weitere Aussaat.

Kohlpflanzen , die aus der Frühjahrssaat stammen, sollten so bald wie möglich gepflanzt werden. Der Boden muss sehr nährstoffreich sein, um diese Ernte zu tragen.

Gurken . – Diese können jetzt überall gesät werden.

Mais : Machen Sie eine Aussaat, um nach der Aussaat im letzten Monat Röstähren zu erhalten.

Okra : Säen Sie in Sämaschinen mit einem Abstand von 3 bis 4 Fuß.

Erbsen : Machen Sie zum letzten Mal eine Aussaat früher Sorten.

Kürbis (Strauch) und Kürbis können jetzt gepflanzt werden.

Tomaten sollten so früh wie möglich im Monat in ihr Fruchtquartier gebracht werden. Lassen Sie sie in jeder Richtung mindestens 4 Fuß voneinander entfernt stehen.

MAI

Bohnen : Pflanzen Sie noch ein paar Busch- und Stangenbohnen.

mit dem Sellerie begonnen werden. Das Beet oder die Kiste benötigt viel Wasser und sollte vor der Sonne geschützt sein.

Salat erfordert eine sorgfältige Handhabung, damit er zum Keimen anregt. Die Aussaat erfolgt am besten in einem Kasten, der schattig und feucht gehalten wird.

Melonen, Gurken, Kürbisse und Kürbisse gesät werden.

Radieschen . – Aussaat der gelben und weißen Sommersorten.

Bemerkungen : Den ganzen Monat über gibt es einen ständigen Kampf mit Unkraut, und der Grubber und der Pflug sind ständig im Einsatz. Wenn das Land frei wird, säen Sie Mais oder pflanzen Sie Süßkartoffeln – Reben oder Weinreben. Etwas späten italienischen Blumenkohl säen. Sorgen Sie für eine kontinuierliche und gründliche Pflege des Obstgartens und entfernen Sie alle unnötigen Triebe von den Bäumen, sobald sie erscheinen. Halten Sie immer Ausschau nach Bohrern. Halten Sie die Erdbeeren möglichst frei von Gras und Kokos bzw. Grashalmen.

JUNI

Bohnen . – Alle Arten können jetzt gesät werden.

Blumenkohl . – Aussaat der italienischen Sorten.

Mais : Machen Sie eine Pflanzung am Anfang des Monats und noch einmal am Ende.

Gurken : Pflanzen Sie noch ein paar Hügel. Den Pflanzen muss zu dieser Jahreszeit reichlich Wasser gegeben werden.

Endivie : Säen Sie aus und achten Sie auf das Hochbinden der Pflanzen, die ausreichend groß sind.

Melonen : Säen Sie nacheinander noch ein paar Wasser- und Zuckermelonen.

Okra darf noch gesät werden.

Radieschen : Jetzt Sommersorten säen.

Kürbisse und Kürbisse dürfen noch gesät werden.

Süßkartoffelreben dürfen nun in Mengen gepflanzt werden.

Tomaten : Etwa Mitte des Monats für die Herbsternte säen.

JULI

Bohnen : Busch- und Stangenbohnen können gegen Ende des Monats gepflanzt werden.

Kohl und Blumenkohl dürfen jetzt gesät werden, die Hauptsaat sollte jedoch auf den nächsten Monat verschoben werden.

Karotten . – Eine Aussaat sollte erfolgen.

Sellerie : Säen und verpflanzen Sie die Pflanzen, die gerade vorhanden sind.

Gurken . – Diese können jetzt zum Beizen gesät werden.

Endivie . – Umpflanzen und säen.

Die Trauben sollten gut am Spalier befestigt und unnötiger Bewuchs entfernt werden, damit das Holz die Chance hat, gründlich zu reifen. Wenn Grubber und Pflug nicht umsichtig eingesetzt werden, kommt es zu einem zweiten Wachstum, was unerwünscht ist.

Salat : Der Samen muss vor der Aussaat gekeimt werden, und wenn die Aussaat an einem trockenen Tag erfolgt, sollten die Drillmaschinen bewässert werden.

Radieschen . – Sommersorten säen.

Erdbeeren : Halten Sie die Beete frei von Unkraut und Gras.

Tomaten : Machen Sie die Aussaat früh im Monat, oder, was viel besser ist, nehmen Sie Stecklinge von noch tragenden Pflanzen.

Rüben : Nach einem Regenschauer gegen Ende des Monats einige aussäen.

Bemerkungen : In diesem Monat kann nicht viel getan werden, da das Wetter heiß und trocken ist, aber die Gelegenheit sollte nicht verpasst werden, Unkraut zu vernichten und sich auf die Pflanzsaison vorzubereiten, die jetzt schnell näher rückt.

AUGUST

Artischocken . – Samen des Green Globe können jetzt gesät werden und große Pflanzen werden bis zum Frühjahr gewonnen. Das Saatbett muss beschattet werden.

Buschbohnen, Rüben, Stangenbohnen, Karotten, Sellerie, Endivien, Kohlrabi, Salat, Senf, Black Spanish und Rose China Radieschen, Petersilie, Rüben, Steckrüben und Salatpflanzen aller Art gesät werden. Die Aussaat sollte auf kleinen, an die Pflanzenart angepassten Dämmen erfolgen, da eine ebene Kultur im Gemüsegarten in diesem Abschnitt nicht erfolgreich ist.

Brokkoli sollte stärker angebaut werden, da er widerstandsfähiger als Blumenkohl ist. Viele können den Unterschied zwischen den beiden nicht erkennen. Jetzt säen.

Kohl muss bis Mitte des Monats gesät werden. Machen Sie den Boden sehr nährstoffreich, beschatten Sie das Saatbeet und halten Sie es die ganze Zeit über feucht.

Blumenkohl sollte gesät werden.

Kartoffeln, irische Kartoffeln , sollten nach Möglichkeit bis zur Monatsmitte gepflanzt werden. Pflanzen Sie nur diejenigen, die gekeimt sind, und statt sie auf den Damm zu pflanzen, setzen Sie sie in die Furche und bedecken Sie sie 5 cm tief; Wenn die Kartoffeln wachsen, bearbeiten Sie mehr Erde.

Schwarzwurzeln . – Aussaat jetzt oder Anfang nächsten Monats.

Schalotten . – Pflanzen Sie sie jetzt.

Kürbis : Straucharten können jetzt jederzeit gepflanzt werden.

Süßkartoffeln. —Es können noch Weinstöcke gepflanzt werden, mit Aussicht auf eine gute Ernte.

Tomaten : Wenn es an Pflanzen mangelt, schneiden Sie große Zweige von tragenden Pflanzen ab und pflanzen Sie sie tief ein. Halten Sie sie feucht, dann werden sie in ein paar Tagen Wurzeln schlagen. Tun Sie dies, kurz bevor es regnet.

SEPTEMBER

einjährige Pflanzen der winterharten Klasse gesät werden. Die folgende Liste hilft bei der Auswahl: Kalliopsis, Schleifenblume, Ringelblume, Canterbury-Glocken, Akelei, Kornblume, Gänseblümchen, Vergissmeinnicht, Gaillardia, Godetia, Rittersporn, *Limnanthes Douglasii* , Mignonette, Stiefmütterchen, *Phlox Drummondii* , Primeln, Mohn aller Art, *Saponaria Calabrica, Silene pendula* , Zuckerwicken und Wicken.

Blumenzwiebeln : Studieren Sie die Kataloge und machen Sie sich Gedanken über Ihre Wünsche, denn die Pflanzzeit steht kurz bevor.

Lilien : Wenn die St.-Josephs- oder Jungfernlilie (*L. candidum*) erfolgreich sein soll, muss sie sofort gepflanzt werden.

Stauden und Zweijährige sollten Anfang dieses Monats ausgesät werden. Sie haben zwei gute Wachstumsmonate vor sich, müssen aber noch nennenswerte Fortschritte machen. Das Saatbeet muss mitten am Tag beschattet werden, bis die jungen Pflanzen aufgehen. Häufiges Unkrautjäten wird erforderlich sein, da das Wachstum der Kokosnuss noch nicht aufgehört hat und jetzt Winterunkräuter auftauchen.

Anmerkungen : Alle für Salatzwecke verwendeten Pflanzen können in diesem Monat gesät werden. Der Boden zwischen den Reihen wachsender Pflanzen sollte in einem guten, brüchigen Zustand gehalten werden. Gemüsesamen aller Art sollten auf allen außer sehr sandigen Böden immer auf leichten Hügeln ausgesät werden. Wenn die Saat auf einem ebenen Beet gesät wird, wie es im Norden praktiziert wird, wird der Boden bei starkem Regen so hart wie eine Schlagbaumstraße; und sollte dieser Regen kommen, bevor die Pflanzen aufgewachsen sind, wird sich eine Kruste von einem Viertel Zoll Tiefe bilden, und die Pflanzen werden nie das Tageslicht sehen. Auf einen Damm gesät gedeihen sie gut, da das Wasser nach und nach abfließt und die Oberseite des Damms locker und weich bleibt.

OKTOBER

Alle Frühlingsblumensamen sollten in Kisten oder Schalen im Wintergarten ausgesät und alle Frühlingszwiebeln gepflanzt werden. Hyazinthen, Narzissen, Tulpen und Anemonen, Ranunkeln und verschiedene

Lilienzwiebeln werden in einer guten Jahreszeit blühen, wenn sie zu dieser Zeit gepflanzt werden. Die Beetpflanzen sollten sorgfältig überwacht werden, damit ein Blattlausbefall sofort behandelt werden kann. Edelwicken können am ersten Tag dieses Monats gepflanzt werden, die Aussaat erfolgt jedoch üblicherweise im September. Für sie sollte ein geeigneter Standort ausgewählt werden. Jetzt ist es an der Zeit, den neuen Rasen anzulegen. Der Boden sollte gründlich umgerührt und gut pulverisiert werden, wobei ein gutes Dressing aus handelsüblichem Dünger oder, wenn man es vorzieht, eine Mischung, die man zu Hause herstellen kann, bestehend aus Baumwollsamenmehl, saurem Phosphat und Kalisulfat, untergemischt wird. mit einer Rate von 1000 Pfund, 300 Pfund bzw. 100 Pfund pro Acre. Ein reichhaltiger, gut verrotteter Kompost als Top-Dressing wäre ebenfalls von großem Nutzen. Rosen, die Ende September oder Anfang dieses Monats beschnitten werden, bringen schöne Winterblüten hervor.

Im Garten ist dies ein arbeitsreicher Monat; Einige der Wintergemüse wachsen, andere sollten gesät werden. Die Artischockenknospen sollten getrennt und in einem Abstand von mindestens 90 cm platziert werden. Zu Beginn des Monats dürfen noch Zwiebeln gesät werden, Schalotten sollten geteilt und gesetzt werden. Einige Bohnen können gefährdet sein und englische Erbsen werden für die Winterernte gesät. Vielleicht probieren Sie ein paar Blumenkohl und pflanzen im nächsten Monat Gurken in Töpfe für die Brutstätten. Folgende Gemüsesorten sollten ausgesät werden: Karotten, Feldsalat, Kerbel, Rosenkohl, Brokkoli, Rüben, Endivie, Kohlrabi, Grünkohl, Salat, Lauch, Senf, Petersilie, Pastinaken, Rettich, Roquette, Spinat, Mangold, Schwarzwurzeln. Etwas Kohl und ein paar Blumenkohl sollten der Liste hinzugefügt werden. Rüben sollten bis April oder Mai alle zwei Wochen nacheinander gesät werden. Der Sellerie sollte weiter wachsen und mit der Anzucht begonnen werden.

Dies ist ein ausgezeichneter Zeitpunkt, um das neue Erdbeerbeet zu pflanzen. Machen Sie das Beet reich an gut verfaultem Mist und wählen Sie gute, gesunde Beete aus. Michel's Early und Cloud sind wahrscheinlich die beliebtesten Sorten für die allgemeine Bepflanzung und sollten in abwechselnden Reihen gepflanzt werden.

NOVEMBER

Blumensamen und Blumenzwiebeln der gleichen Sorten wie im Oktober gepflanzt werden. Von allen krautigen Pflanzen sollten Stecklinge angefertigt und eingetopft werden, um sie in der nächsten Saison im Haus und für die Rabatten zu verwenden. Auch die Frühbeete sollten in Ordnung gebracht werden. Einige der Zwiebeln für den Wintertrieb sollten ausgewählt und eingetopft werden. Einer der besten Gärtner aus Louisiana empfiehlt die folgende Behandlung: Wählen Sie gute, starke Zwiebeln aus und pflanzen Sie sie in 5-Zoll-Zwiebeln in reichhaltiger, leichter Erde. Töpfe und bedecken sie etwa einen halben Zoll. Gießen Sie gut und vergraben Sie die Töpfe 6 bis 8 Zoll tief im Boden. Lassen Sie sie dort etwa fünf Wochen lang stehen, bis sich herausstellt, dass die Zwiebeln gut verwurzelt sind. Von diesem Zeitpunkt an allmählich dem Licht aussetzen, und sie werden bald Blüten hervorbringen.

das gleiche Gemüse wie im Oktober gesät und die späten Kohlsamen gepflanzt werden. Die Sorten Flat Dutch und Drumhead sind die Hauptfavoriten. Es sollten neue Erbsen, Rüben, Senf und Radieschen gesät und die Brutstätten für Gurken vorbereitet und angelegt werden. Es kann nicht zu sehr darauf geachtet werden, dass der Mist in bestmöglichem Zustand ist, so dass eine gute Wärmeversorgung gewährleistet ist. Die im letzten Monat gepflanzten Gurken können jetzt in die Gewächsbeete gepflanzt und im Winter angebaut werden.

Anpflanzung von Obstgärten und Weinbergen . Dies ist die Zeit, das Land vorzubereiten. Der Boden, auf dem eine späte Ernte von Kuherbsen gewachsen ist, eignet sich gut für diesen Zweck und sollte tief umgepflügt und gut bearbeitet werden. Gegen Ende des Monats sollte erneut kultiviert werden, um im nächsten Monat für die Bäume bereit zu sein.

DEZEMBER

Rasenflächen und Höfe überwacht werden. Dabei sollte auf alte Blätter und Herbstabfall geachtet werden, die den Garten unordentlich aussehen lassen. Ein guter Ort für die Blätter ist der Komposthaufen. Hecken sollten in Form gebracht und die Oberflächenabläufe offen gehalten werden. Für eine frühzeitige Blütenbildung sollten Sträucher und Rosen beschnitten werden. Die Camellia Japonicas blühen jetzt und es sollte darauf geachtet werden, dass die kleinen Zweige nicht abgerissen, sondern richtig abgeschnitten werden. Viele dieser schönsten Zierbäume des Südens wurden durch unvorsichtiges Pflücken der Blumen zerstört.

Garten und Obstgarten . – Viele der Herbstgemüse können in diesem Monat gesät werden, andere werden später gesät. Außerdem sollten Erbsen, Spinat, Roquette, Radieschen, Salat, Endivien und etwas Frühkohl gesät werden. In den alten, verbrauchten Brutstätten können Tomaten, Paprika und Auberginen gepflanzt werden; Es wird nicht genug Hitze geben, um sie zu beschleunigen, und wenn man vorsichtig ist, erhält man gute, kräftige, stämmige Pflanzen. Wenn sich in der zweiten Monatshälfte ein günstiger Zeitpunkt für die Aussaat ergibt, besteht möglicherweise ein Risiko für irische Kartoffeln. Normalerweise werden sie im Januar gepflanzt. Die

Chancen stehen etwa gleich, wenn sie Ende dieses Monats gepflanzt werden. Es sollten Nüsse aller Art gepflanzt werden, sowohl für die Knospenbildung als auch für andere Zwecke. Einige der besten Louisiana-Pekannüsse sollen aus Samen entstehen und dort gesät werden, wo sie wachsen sollen.

Milton Keynes UK
Ingram Content Group UK Ltd.
UKHW011943120624
444110UK00015BA/286

9 789359 253893